AF347469

LES

POISSONS

DES

EAUX DOUCES DE LA FRANCE

———

DU MÊME AUTEUR :

L'ORGANISATION DU RÈGNE ANIMAL. Paris, 1852-1864. Livraisons 1 à 38, gr. in-4. Prix de chaque livraison.   **6 fr.**

Se publie par livraisons contenant 2 pl. gravées et une feuille et demie de texte. La 1re livraison a paru en décembre 1851. — Les 38 livraisons en vente comprennent :

a Mollusques acéphales (livr. 1, 9, 15).

b. Arachnides (livr. 2, 4, 6, 7, 10, 12, 13, 16, 18, 21, 22, 25, 27, 29, 32, 34, 36, 37).

c. Reptiles (livr. 3, 5, 8, 11, 14, 17, 19, 26, 31, 33).

d. Oiseaux (livr. 20, 23, 24, 28).

e. Mammifères (livr. 30, 35, 38).

Doivent paraître prochainement les livr. 39e (5e des Oiseaux) et 40e (19e des Arachnides).

Corbeil, typ. et ster. de Crété.

LES
POISSONS
DES EAUX DOUCES
DE LA FRANCE

ANATOMIE — PHYSIOLOGIE
DESCRIPTION DES ESPÈCES — MŒURS — INSTINCTS — INDUSTRIE
COMMERCE — RESSOURCES ALIMENTAIRES — PISCICULTURE
LÉGISLATION CONCERNANT LA PÊCHE

PAR

ÉMILE BLANCHARD

MEMBRE DE L'INSTITUT
PROFESSEUR AU MUSÉUM D'HISTOIRE NATURELLE, ETC.

Avec 151 figures dessinées d'après nature.

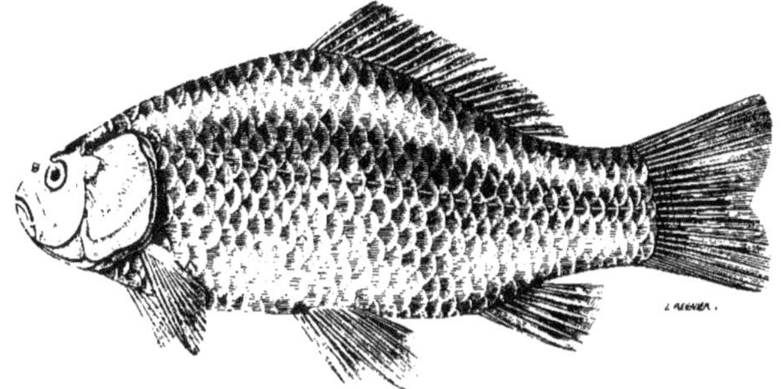

PARIS
J. B. BAILLIÈRE ET FILS
LIBRAIRES DE L'ACADÉMIE IMPÉRIALE DE MÉDECINE,
Rue Hautefeuille, 19

Londres	**Madrid**	**New-York**
HIPPOLYTE BAILLIÈRE	C. BAILLY-BAILLIÈRE	BAILLIÈRE BROTHERS

LEIPZIG, F. JUNG-TREUTTEL, QUERSTRASSE. 10
1866

PRÉFACE.

De nos jours, il n'est guère d'esprits cultivés qui ne s'a-
bandonnent volontiers aux séductions des conquêtes de la
science, qui ne reconnaissent un intérêt d'une grandeur
singulière et un charme particulier, dans les études des
mœurs souvent si curieuses, des instincts si merveilleux,
dont les animaux offrent des exemples variés à l'infini et
toujours saisissants; car c'est le spectacle de la création
animée, le plus grand spectacle que l'homme puisse
contempler sur la terre.

S'agit-il des animaux de son pays? combien alors s'ac-
croît l'attrait pour toute connaissance qui les concerne;
combien l'intérêt devient général, si ces animaux ont
un rôle dans l'économie sociale! C'est le cas, assurément, pour les Poissons qui peuplent les eaux intérieures
de la France.

Nul ouvrage général n'existait sur un pareil sujet. Où
trouver à acquérir des notions sur les habitudes de ces
êtres encore trop peu étudiés, où apprendre à les distinguer les uns des autres? En partie seulement, dans des
livres traitant indifféremment des Poissons de toutes les

mers et des eaux de tous les continents ; ensuite, dans des publications étrangères.

L'Angleterre possède des ouvrages sur la faune de ses terres et de ses eaux, et les habitants de la Grande-Bretagne saluent toujours avec joie, l'étude apportant une connaissance qui se rattache à la patrie. L'Allemagne a aussi des livres pour apprendre par quels animaux est peuplée chacune de ses régions. Et la France, la patrie de Réaumur et de Buffon, de Vicq d'Azyr et de Cuvier ; la France, privilégiée parmi les autres contrées de l'Europe, par la variété de son climat, ayant ainsi une faune remarquable par sa diversité ; la France n'a pas encore fourni à ses habitants les moyens d'instruction qui existent pour l'Angleterre et pour l'Allemagne.

Cette situation regrettable a fait naître ici, le désir de remplir un espace dans le cercle encore vide. Présenter avec une entière exactitude l'histoire de tous les Poissons des eaux douces de la France, de ces animaux intéressants sous les rapports les plus divers, devint une pensée pour atteindre un but offrant un caractère d'utilité générale.

C'est le but de ce livre.

Pour accomplir la tâche, il a paru indispensable de se reporter aux écrits de la foule des auteurs auxquels on doit déjà bien des connaissances acquises, mais il a été jugé particulièrement essentiel d'étudier à nouveau la plupart des faits et de chercher le plus possible à éclairer les détails restés obscurs ; il a été surtout arrêté de ne rien dire sans l'observation constante de la nature elle-même. Quatre années ont été employées à cette observation.

Préciser les caractères des espèces ; énoncer tout ce que l'on a pu recueillir touchant les mœurs, les instincts, les conditions d'existence de chacune d'elles, devaient être l'objet de la première préoccupation. Cette préoccupation cependant ne pouvait être la seule.

A côté de l'*histoire particulière* des espèces, il fallait montrer comment s'est constituée, à travers les siècles, la partie de la science qui est l'*Ichthyologie* ou la *connaissance des Poissons* ; il fallait exposer les particularités d'organisation essentielles d'animaux des plus remarquables par leur conformation : c'était l'*Histoire générale*.

Depuis l'origine du monde, très-certainement, les hommes estiment les Poissons, parce que les Poissons sont *bons à manger*. Un semblable point de vue méritait d'être pris en sérieuse considération, dans une histoire des Poissons des rivières, des étangs et des lacs de la France. La valeur comestible, l'importance industrielle et commerciale des espèces, les moyens de propagation, ce que l'on appelle aujourd'hui la *Pisciculture* ou l'*Aquiculture*, étaient autant de sujets dignes de la plus grande attention. Ils composent dans ce livre l'*Histoire économique des Poissons*.

Depuis des siècles, les pouvoirs publics ont eu la juste préoccupation de conserver au pays les ressources alimen-

taires que fournissent les eaux ; il y a profit à suivre, aux
diverses époques, les prescriptions légales, édictées en vue
d'empêcher la destruction des Poissons ou d'en organiser
la vente. L'*Histoire de la législation* relative à la pêche et à
la vente de ses produits, a paru le complément nécessaire
d'un ouvrage où l'on traite spécialement des Poissons des
eaux douces de la France.

Un ouvrage sur nos animaux indigènes s'adressant
d'une manière indifférente à toutes les classes de la société,
l'auteur a pris soin dans ses récits et dans ses descriptions
de n'employer aucune forme, aucune expression peu intel-
ligibles pour les personnes étrangères à la science. Toutes
les espèces sont désignées par leurs noms français ; les
appellations vulgaires dans chaque contrée, sont mentionnées pour faciliter les recherches du grand nombre.
Les dénominations scientifiques se cachent sous les noms
français ; les citations des livres où les espèces ont été
précédemment décrites, indications utiles pour quelques-
uns, sont placées dans des notes, de façon à ne point gêner
les lecteurs auxquels elles sont inutiles.

Les figures qui accompagnent les descriptions ont été
dessinées d'après nature, le plus souvent d'après des sujets vivants. Il n'y a pas d'exception pour une seule. Rien
n'a été emprunté à autrui.

Pour rassembler les matériaux nécessaires à son étude,
pour recueillir des renseignements locaux, malgré de lon-

gues recherches, malgré des explorations nombreuses, dans la plupart de nos départements, l'auteur eût été faible encore dans ce vaste champ d'études, s'il n'avait reçu aucun secours étranger. Des amitiés personnelles, des sentiments inspirés par l'intérêt scientifique ou par un intérêt plus général, sont venus à son aide. Nommer ici tous ceux qui ont apporté à l'auteur le tribut de leur coopération, est justice, mais c'est dire aussi, combien ont été considérables les matériaux réunis, combien ont pu être multipliées les comparaisons pour cette étude des Poissons de la France.

M. Lereboullet, le doyen de la Faculté des sciences de Strasbourg, dont nous déplorons la perte récente, a recueilli les espèces qui vivent dans l'Ill, dans le Rhin, dans les étangs des environs de Strasbourg. M. Godron, le doyen de la Faculté des sciences de Nancy, l'auteur d'une *Zoologie de la Lorraine*, a bien voulu prendre la peine de réunir les espèces de la Meurthe et des petits cours d'eau des environs de Nancy. Un entomologiste distingué de la ville de Metz, M. Géhin, a fourni un gros contingent; il a procuré les Poissons de la Moselle et de ses affluents, de la Meuse, des lacs des Vosges, ainsi que des remarques personnelles et des renseignements obtenus auprès des pêcheurs. M. le docteur Baudelot s'est occupé des espèces que l'on pêche dans les eaux des Ardennes; M. Charles Bouchard, à Gisors, de celles qui vivent dans les rivières du département de l'Eure. M. Grenier, le professeur d'histoire naturelle de la Faculté des sciences de Besançon, a formé en vue de ce livre une collection très-complète des Poissons du Doubs, de la Loue, de l'Ognon. A Dijon, le doyen de la Faculté des sciences, M. Brullé, et M. Lespès, alors professeur à la même Faculté, ont bien voulu rechercher les espèces des eaux d'une portion de la Bourgogne.

M. le professeur H. Lecoq, de Clermont-Ferranad, mis à la disposition de l'auteur, une collection des Poissons recueillis dans les rivières et les lacs de l'Auvergne.

Pour le midi de la France, M. Fabre, professeur au Lycée d'Avignon, a prêté un concours qui a été précieux, les Poissons des eaux de nos départements méridionaux ayant été peu observés jusqu'à présent par les naturalistes. M. Fabre a recueilli les espèces qui vivent dans le cours inférieur du Rhône, et il a exploré la Sorgue et la Durance. M. le docteur Dufossé, à Marseille, s'est occupé des Poissons qui remontent le Rhône à certaines époques de l'année.

D'un autre côté, M. Lacaze-Duthiers, aujourd'hui professeur au Muséum d'histoire naturelle, qui s'était chargé pendant son séjour à Lille de réunir les espèces que l'on pêche dans les eaux du département du Nord, a ensuite recueilli avec un grand soin les Poissons du Lot, de la Dordogne, etc., et M. Drème, avocat général à Agen, a complété la collection des espèces de la même contrée. M. le docteur Thomas s'est occupé en particulier des eaux du Tarn. M. Joly, le professeur de la Faculté des sciences de Toulouse, a

réuni les Poissons de la haute Garonne et du canal du Midi.
M. le capitaine Duvoisin, à Biarritz, a pris la peine d'envoyer les espèces peu nombreuses que l'on prend dans le petit lac Mariscot.

M. Aug. Duméril, le professeur du Muséum d'histoire naturelle, chargé des collections des reptiles et des poissons, a fourni à l'auteur les moyens de comparer les individus étudiés par Cuvier et Valenciennes.

Ce n'est pas tout encore ; M. Ch. Millet, inspecteur des forêts, qui depuis quinze ans s'occupe de la manière la plus sérieuse de l'étude des Poissons, principalement sous le rapport économique, et qui a rassemblé une multitude d'observations et de renseignements d'un grand intérêt, a tout mis à la disposition de l'auteur.

Ainsi, ce sont des éléments déjà fort considérables qui ont servi à la composition de ce livre. Cependant on est bien loin encore d'avoir tout vu, tout exploré, tout observé pour les Poissons de nos rivières ; peut-être cet ouvrage donnera-t-il à plusieurs le goût de poursuivre des observations, la facilité de les faire connaître, l'envie de contribuer à rendre plus parfaite l'histoire des Poissons des eaux douces de la France, le désir de s'occuper de la multiplication des espèces utiles en suivant les indications fournies par la méthode scientifique. C'est la seule ambition que l'auteur puisse concevoir.

TABLE DES MATIÈRES.

FIN DE LA TABLE DES MATIÈRES.

LES POISSONS

DES

EAUX DOUCES DE LA FRANCE .

HISTOIRE GÉNÉRALE

§ 1. — L'abondance des Poissons dans les eaux de la France.

La France, arrosée par de grands fleuves, par de nombreuses
rivières, les unes rapides, les autres lentes dans leur cours,
devait autrefois être merveilleusement peuplée de Poissons. De
nos jours, les eaux douces en fournissent encore à la consommation des quantités appréciables, mais les fleuves, les rivières, les lacs, les étangs, tendent à se dépeupler, et la dépopulation semble même marcher assez rapidement pour que de
vieux pêcheurs se rappellent un temps où leurs filets rappor-
taient de plus lourdes charges, où le travail donnait plus d'ai-
sance à la famille.

A cette époque où commence l'histoire de notre patrie, lorsque les légions de César envahissaient la Gaule, alors que le sol
était couvert de forêts qui s'étendaient jusqu'aux rives des
fleuves, les animaux aquatiques abondaient certainement dans
les grands cours d'eau, comme ils abondent encore aujourd'hui

dans quelques misérables ruisseaux échappés à l'attention des hommes.

Il n'y avait point de bateaux à vapeur sillonnant les rivières et envoyant l'eau frapper les berges, de manière à éparpiller et à faire périr les œufs des Poissons cachés parmi les herbes. Il n'y avait pas de ces villes immenses dont les égouts viennent charger l'eau d'un fleuve de matières infectes. Il n'y avait point d'usines versant dans les rivières, des déjections qui tuent tous les êtres vivants. Il n'y avait point d'ingénieurs des ponts et chaussées, qui, sous le prétexte de curage, faisaient enlever toutes les herbes, détruire toute la végétation aquatique servant de refuge ou de nourriture à une foule d'animaux. Il n'y avait pas, enfin, de ces vastes cités qui attirent à elles et consomment une grande partie de ce qui est produit au loin.

Les Poissons des eaux douces devaient constituer une très-grande ressource alimentaire pour nos ancêtres d'il y a dix-huit ou vingt siècles. Les populations établies dans le voisinage des fleuves et des rivières, ou groupées autour des lacs ; celles des pays couverts d'étangs et de marais, étaient habituées sans doute à voir des pêches qui de nos jours paraîtraient des plus *miraculeuses*.

Dans les contrées où la civilisation n'a point pénétré, ou s'est peu étendue, les hommes vivent presque exclusivement des productions naturelles de leur sol. Ils tirent leur subsistance en grande partie des végétaux qui croissent spontanément dans la contrée, et d'animaux dont il suffit de s'emparer. Dans les temps primitifs, il en fut ainsi dans les régions du monde qui éblouissent aujourd'hui par les merveilles de l'industrie de leurs habitants. Partout où l'homme n'a d'autre ressource propre à assurer sa vie matérielle, que les animaux de ses forêts, de la mer qui baigne ses côtes, des lacs qui s'étendent sur ses terres, ou des fleuves qui les parcourent, il respecte les biens dont la nature l'a entouré. Le sauvage ne fait tomber l'oiseau sous sa flèche qu'au moment où la faim l'y oblige. Son intérêt lui conseille de ne pas détruire, de ne rien sacrifier quand la nécessité ne le commande pas.

Nous ne pouvons, à la vérité, juger d'une manière absolument certaine de l'abondance des Poissons dans l'ancienne Gaule ; mais connaissant d'ailleurs la multiplicité des êtres vivants dans les eaux qui ont été épargnées par les hommes ; considérant les heureuses conditions naturelles de la plupart de nos fleuves et de nos rivières, on demeure convaincu qu'avec le développement de l'industrie et du commerce, une des ressources alimentaires du pays a été presque tarie.

Dans les premiers temps de la domination romaine, il commença sans doute à s'effectuer bien des changements dans nos cours d'eau. Lorsque la navigation s'étendit sur les fleuves et les rivières, les animaux aquatiques durent nécessairement en souffrir. Pour rendre facile le passage des bateaux, on ne manque jamais d'arracher les herbes autant qu'il est possible ; alors la subsistance des Poissons herbivores est anéantie, et, avec elle, la multitude des mollusques et des insectes servant de pâture aux Poissons carnassiers, qui sont les plus nombreux et en général les plus estimés. D'un autre côté, les armées conquérantes regardent peu à ravager le pays conquis, et les invasions des Romains, des Francs, des Bourguignons, n'ont pas été probablement sans faire quelque tort aux giboyeuses forêts, aux poissonneuses rivières de la Gaule. Mais, à cet égard, on serait embarrassé s'il s'agissait de préciser des faits ; l'histoire ne garde pas le souvenir de ces détails.

Vint une époque en France où les Poissons des eaux douces furent en grande estime. On cherchait à les multiplier; on les protégeait sur beaucoup de points du territoire. Au moyen âge, parmi les maisons religieuses, les abbayes qui s'élevaient si nombreuses; les unes étaient situées à peu de distance des rivières, les autres étaient entourées d'étangs qui devaient fournir une partie de la subsistance de la communauté. L'intendant des eaux, le frère *Aquarius* [1], que l'on voyait à certains jours, monté sur une barque, jetant ses filets, s'efforçait certainement, avec toute la sagesse imaginable, d'entretenir dans les meilleures conditions les sources d'un précieux revenu.

Dans les premiers siècles de la monarchie française, alors que la plupart des âmes étaient pleines de la foi chrétienne, alors que chacun, pour ainsi dire, se soumettait sans hésitation à toute prescription de l'Église, les Poissons étaient bien nécessaires pour les jours de l'année où il était interdit de faire usage de la viande. Les habitants des côtes avaient la mer pour nourrice, mais les produits de la mer ne pouvaient être portés loin, dans ces temps où l'idée seule de communications rapides n'entrait dans l'esprit de personne. L'agriculture encore restreinte, les rivières durent être mises à contribution d'une manière excessive, et ainsi se dépeupler dans des proportions notables. Le braconnage ne pouvait manquer d'être une industrie lucrative, que ne réussirent guère à arrêter les édits, les ordonnances, les peines même les plus sévères. Les étangs et les marais étaient nombreux en France, et plusieurs espèces de Poissons

---

[1] C'est sous ce nom, que l'on désignait dans les communautés de différents ordres, le moine spécialement chargé de l'entretien des eaux et en particulier de la pêche. — Voir : Ducange, *Glossarium*; D'Arbois de Jubainville, *Études sur l'état intérieur des Abbayes cisterciennes et principalement de Clairvaux, aux douzième et treizième siècles*, etc.

s'y trouvaient en grande quantité. C'était une immense ressource pour certaines provinces. Les étangs de la Bresse et de la Dombes contribuaient, dans une assez large mesure, à nourrir les habitants de la ville de Lyon. L'extension des cultures, l'appauvrissement des eaux, le besoin d'assainissement dans les contrées marécageuses, ont poussé les communes et les propriétaires à opérer le desséchement d'une infinité d'étangs. Une des sources de l'alimentation publique s'est beaucoup amoindrie de la sorte, sans, peut-être, avoir toujours eu sa compensation.

Ce sont là des faits d'une incontestable certitude dans leur généralité, mais il est impossible de savoir d'une manière approximative pour quelle part les Poissons des eaux douces entraient dans l'alimentation publique aux différentes époques, par conséquent de préciser l'importance du dépeuplement des eaux de la France, dépeuplement qui n'a jamais pu s'effectuer d'une façon assez rapide pour attirer aussitôt l'attention. Aucune espèce ne semble avoir disparu, mais chaque espèce est devenue moins abondante qu'elle n'était antérieurement.

De nos jours, l'attention est éveillée. On a gémi sur la disparition des Poissons les plus estimés de nos fleuves et de nos rivières. On a songé à faire renaître l'abondance qui n'existe plus depuis longtemps. Il faut applaudir aux efforts dont le but est d'augmenter le bien-être général, et l'idée de repeupler les fleuves, les rivières, les lacs, devenus presque déserts, est trop sage pour qu'on ne s'y attache point avec énergie. Seulement, l'expérience paraît l'avoir déjà démontré, pour obtenir d'heureux résultats, il ne suffit pas, dans la plupart des circonstances, de jeter en quantité de jeunes Saumons et de jeunes Truites dans les rivières. Ces Poissons ont besoin, pour grandir et se multiplier, de conditions sans lesquelles on ne saurait concevoir l'espérance de les conserver longtemps. C'est là une question importante que nous aurons à examiner ailleurs.

§ 2. — De quelle manière les Poissons ont été observés dans l'antiquité et au moyen âge.

Les Poissons ont été nécessairement, à toutes les époques, l'objet de quelques observations.

Sur les rivages de la mer, les populations trouvent à leur portée une nourriture abondante. Là surtout où manque l'industrie, vivent des peuples pêcheurs, des peuples ichthyophages. Dans l'intérieur des terres, les fleuves, les rivières, les ruisseaux même, les étangs, ont leurs Poissons, qui n'ont jamais suffi, sans doute, à l'alimentation des habitants, mais qui, néanmoins, ont pu compter parfois pour une part notable dans leur consommation alimentaire.

Pour la chasse, l'adresse, l'agilité sont indispensables; il faut tendre des piéges, avoir des engins assez compliqués. Pour la pêche, tout est facile relativement; quelques hameçons attachés au bout d'un fil, une nasse, l'engin le plus simple, en un mot, permet de se procurer de quoi faire un bon repas. On a un aliment sain, agréable, obtenu avec peu de peine.

Vers le cours inférieur des fleuves, comme sur les côtes maritimes, la pêche n'a plus servi seulement à des besoins journaliers, elle s'est élevée à la hauteur d'une industrie. Différentes espèces de Poissons qui habitent la mer viennent frayer dans les eaux douces. A certaines saisons de l'année, ces animaux remontent les fleuves en colonnes serrées. Ils sont attendus; les pêcheurs ont leurs embarcations et leurs vastes filets préparés. D'immenses quantités de poissons sont bientôt prises; elles ne

peuvent être consommées de suite ; les Poissons seront séchés
ou salés, et formeront des provisions pour les temps improductifs, ils serviront même à un commerce. Ces pêches ont été pratiquées annuellement vers l'embouchure des fleuves à toutes
les époques, comme elles le sont encore aujourd'hui dans l'ancien et le nouveau monde. Les hardis aventuriers de l'Amérique du Nord, qui les premiers s'avancèrent dans le *far-west*,
trouvèrent par delà les montagnes Rocheuses les Indiens des
rives du Columbia et de l'Orégon, occupés à la pêche des Saumons de l'océan Pacifique, qui viennent au printemps déposer
leurs œufs dans les eaux courantes des rivières.

Certaines observations ont été ainsi faites partout dès l'origine, sur les habitudes de quelques Poissons. Parmi ces animaux, tous n'ayant pas la même valeur comme aliment, ils ont
dû nécessairement être l'objet de remarques sur les particularités pouvant conduire à distinguer au moins les espèces les
plus vulgaires.

On se tromperait cependant, si l'on pensait que les Poissons
si utiles à l'homme, lui arrivant comme une manne pour subvenir à sa subsistance, ont été de bonne heure bien observés, si
l'on s'imaginait que leurs espèces, sans cesse sous les yeux de
tous, ont dû être parfaitement distinguées. Il n'en est rien. Les
hommes, en général, ne s'inquiètent guère d'acquérir des connaissances, lorsqu'ils n'aperçoivent pas, dans la possession de
ces connaissances, un avantage direct et immédiat.

Les lumières de l'antiquité touchant l'histoire naturelle des
Poissons ne furent donc pas très-étendues.

Les Hébreux ne nous ont rien transmis. La pêche, du reste,
ne pouvait avoir une importance considérable dans la Judée,
pays éloigné de la mer, arrosé par un seul fleuve assez mé

diocre, et n'ayant que deux petits lacs d'eau douce. Néanmoins les eaux poissonneuses du Jourdain et du lac de Tibériade permettaient encore, à certains jours, de faire de belles captures.

Lorsqu'on jette un regard sur l'Égypte, parsemée de lacs et traversée par son immense fleuve, il vient à la pensée qu'au sein de l'antique civilisation de ce pays, les Poissons ont dû être beaucoup recherchés et assez bien observés. Cependant, sur cette terre, où s'élevaient les plus vastes monuments du monde, les prêtres s'étaient attachés à inspirer à la nation une sorte d'horreur pour la mer, et l'usage de se nourrir de Poissons avait été proscrit. Les peuples ichthyophages, comme il s'en trouvait sur les côtes de la mer Rouge et de la mer des Indes, ne possédant aucune autre industrie que celle de la pêche, étaient réputés les plus grossiers parmi les hommes. L'idée de défendre aux Égyptiens de manger du poisson, avait été conçue sans doute dans le but de les forcer à s'adonner davantage à l'agriculture. Mais comment obliger une nation à repousser des biens qu'il est facile de se procurer. L'interdiction n'était évidemment pas destinée à avoir un effet général. Aussi voit-on les Égyptiens se livrer activement à la pêche, et en consommer le produit sous toutes les formes. Des peintures en ont retracé des scènes, où les espèces de Poissons se trouvent représentées d'une façon assez exacte pour qu'on puisse les reconnaître [1].

Les adorateurs de tous les animaux ne pouvaient guère manquer de tenir en haute considération certains Poissons, et Strabon apprend, en effet, qu'une grande espèce de Cyprinides [2],

---

[1] *Description de l'Égypte.* — *Antiquités*, t. II, pl. LXXXVII. — Caillaud, *Voyage au Méroé*, Paris, 1823, t. II, pl. LXXV.

[2] On donne le nom de Cyprinides à une famille de Poissons dont la Carpe peut être considérée comme le type.

le Lépidote ou Binny, et l'Oxyrrhynque, sorte de Brochet du Nil,
étaient révérés par toute l'Égypte. En outre, dans plusieurs régions, dans différentes villes, une espèce particulière était spécialement en honneur. Des momies conservées de ces animaux
sont encore aujourd'hui les témoins de ce culte étrange.

L'habitude de voir et de contempler les espèces sacrées, la nécessité de les ouvrir après leur mort pour les embaumer, avaient
dû inévitablement conduire à constater des particularités relatives à leur organisation, ceux qui avaient mission de s'occuper
de ces animaux. Rien de ce qui nous est parvenu de l'histoire
des Égyptiens n'autorise à aller au delà de cette supposition.

L'Ichthyologie, ainsi qu'on appellera plus tard la science ayant
pour objet les Poissons, ne commence que chez les Grecs à prendre le caractère d'un ensemble de connaissances. Cet ensemble
se trouve à peu près tout entier dans les écrits du grand naturaliste de l'antiquité.

C'est Aristote, en effet, qui semble résumer en lui presque
tout le savoir sur l'histoire naturelle des animaux, non-seulement pour les anciens, mais encore pour toute la longue période
du moyen âge.

Les Grecs se sont moins occupés des Poissons d'eau douce
que des espèces marines, et on le conçoit : les rivières de leur
pays étant le plus souvent à sec, pendant la saison chaude, et
la mer, avec ses hôtes innombrables, étant partout à leur portée.
Chez cette nation, les Poissons frais ou salés étaient de grande
importance comme denrée alimentaire. Byzance et Sinope trouvèrent dans ce commerce lucratif une prospérité qui eut la durée
de plusieurs siècles.

Dans la patrie d'Homère, certains personnages avaient pour
le poisson un goût assez prononcé et assez connu de leurs com-

patriotes, pour les avoir exposés aux plaisanteries et aux sarcasmes des poëtes. Ce qui, au reste, dénote le mieux des observations poussées assez loin et des distinctions fort nombreuses entre les différentes espèces de Poissons, de la part des Grecs, c'est la grande quantité de noms attribués dans leur langue à ces animaux, ainsi que Buffon et Cuvier en ont fait la remarque. Athénée, d'ailleurs, cite une foule d'ouvrages sur ce sujet, dont il ne nous est rien parvenu.

Aristote nous apparaît, seul entre tous ses compatriotes, comme le véritable savant. Nous ne devons, ni rappeler les services immenses que ce grand homme a rendus à l'histoire naturelle, ni retracer l'étendue de sa science, ni faire ressortir la haute portée de ses vues générales, mais constater simplement ce qu'il fit pour l'Ichthyologie. Le fondateur de l'école péripatéticienne précise avec une admirable netteté les caractères communs à tous les Poissons, ainsi que les particularités les plus essentielles de leur organisation qui les séparent des autres animaux : il signale avec la même justesse les principales modifications de leurs organes, la variété de leurs instruments de locomotion, de leur genre de vie, de leurs habitudes. On va jusqu'à s'étonner de l'exactitude d'une foule d'observations dues à un homme dont la vie s'est trouvée partagée entre tant de sujets divers.

A la vérité, tout n'est pas absolument exempt d'erreurs ou de suppositions mal fondées, et les animaux dont parle l'auteur sont souvent désignés d'une manière bien vague. Il a nommé cent dix-sept Poissons, et, en présence de cette longue nomenclature, les naturalistes modernes ont vu leurs efforts échouer en maintes circonstances quand ils se sont efforcés de reconnaître un grand nombre d'espèces signalées par le philosophe de Stagire.

L’impulsion donnée aux études d’histoire naturelle par Aristote s’affaiblit après sa mort, sans cependant s’éteindre de suite. Il nous serait permis de citer de ses disciples, des observations relatives à notre sujet, et en particulier celles de Théophraste. Mais l’intérêt de ces observations est médiocre; nous ne jugeons pas nécessaire de nous y arrêter.

La science, on le sait, n’est pour rien dans la grandeur de Rome. Il fut une époque où, parmi les principaux personnages de l’antique capitale du monde, on s’occupa prodigieusement des Poissons; mais, dans cette occupation, personne ne songea à acquérir des notions exactes sur les êtres recherchés comme objets d’amusement ou de gourmandise. C’est l’amour de tous les genres de spectacle, c’est la passion du luxe, qui poussèrent les riches à se livrer aux plus folles dépenses pour faire construire des viviers et y entretenir une multitude de Poissons. Les piscines d’eau douce étaient déjà fort répandues au temps de César et d’Auguste, comme l’apprennent Varon et Columelle. On ne devait pas s’en contenter. Des viviers établis près de la côte et souvent construits dans des proportions immenses, furent alimentés par l’eau de la mer. Lucullus dépassa tous les autres dans ses fastueuses dépenses; aux environs de Naples, il fit creuser une montagne dans le seul but de faire arriver l’eau de la mer dans l’un de ses bassins.

Dans les habitations somptueuses, des rigoles étaient ménagées pour alimenter des réservoirs dans lesquels nageaient des Mulles; on se plaisait à voir le spectacle des changements de couleur, des dégradations de nuance, que présentent ces animaux sur le point d’expirer.

C’était peu encore pour les Romains d’avoir les espèces de leurs côtes. On allait en pêcher au delà des colonnes d’Hercule, et un amiral, Optatus Elipertius, commandant de la flotte sous l'empereur Claude, fut employé à répandre dans la mer depuis Ostie jusqu'aux rives de la Campanie, le Scare, qui ne se trouvait que dans la mer de Grèce.

Toutes ces magnificences qui procuraient tant de sujets dignes d'étude, étaient condamnées à demeurer stériles. Il n'y avait pas à Rome d'Aristote pour faire profiter l'esprit humain de la présence de ces nombreuses richesses de la nature. Pline s'est contenté de puiser dans l'auteur grec, de recueillir quelques assertions, et il paraît surtout avoir pris plaisir à faire le récit des folles dépenses auxquelles se livraient les vainqueurs du monde pour déployer un faste inouï.

Les naturalistes, poussés par le désir de retrouver toutes les lumières de l'antiquité, ont fouillé et commenté les écrits des Latins postérieurs à Pline, lorsqu'il y avait espérance de saisir un fait concernant l'histoire des animaux. On ne peut dire que leurs recherches aient été fécondes; elles ont montré néanmoins qu'à l'époque de la décadence romaine, beaucoup de notions vagues ou incomplètes existaient sur une infinité de sujets.

Un poëte qui vivait au commencement du troisième siècle, Oppien, l'auteur des *Halieutiques*, semble s'être efforcé de recueillir tous les faits connus avant lui. Dans son poëme sur la pêche, il ne cite pas moins de cent vingt-cinq Poissons, parmi lesquels on en compte environ le cinquième dont il n'est fait aucune mention dans les écrits précédents.

Athénée, supposant dans une assemblée d'érudits assis au même festin une conversation sur les mets [1], a donné aussi l'occasion de rechercher des traces des connaissances en his-

[1] *Deipnosophistæ.*

toire naturelle que possédaient les anciens. Le profit de ces recherches a été très-faible. Voici encore Claude Élien, qui a laissé un ouvrage en dix-sept livres sur les propriétés des animaux. On s'attendrait à rencontrer dans un traité, des renseignements ne figurant pas ailleurs ; mais le goût et le talent de l'observation manquaient à peu près universellement. L'œuvre d'Élien est une misérable compilation.

Cependant, au quatrième siècle, survient un poëte qui est en même temps un véritable naturaliste, un observateur parlant de ce qu'il a vu lui-même. C'est Ausone [1], un Gallo-Romain né à Bordeaux, précepteur de l'empereur Gratien, puis consul, et enfin, auteur d'un poëme de *la Moselle*. Il décrit d'une manière reconnaissable quatorze espèces de Poissons qui étaient demeurées, pour le plus grand nombre, inconnues des Grecs et des Romains. Pour la première fois, il est question des Truites et du Barbeau.

Les écrivains postérieurs sont pour nous absolument dénués d'intérêt. Les connaissances de l'antiquité étaient perdues pour la plupart. L'esprit humain était endormi pour la durée d'une suite de siècles.

D'après une comparaison attentive des ouvrages des Grecs et des Romains, Cuvier a compté que les anciens avaient distingué environ cent cinquante espèces de Poissons. Ils les avaient nommées sans jamais chercher à en fixer les caractères ; aussi bien des fois, suivant toute probabilité, des noms différents s'appliquent-ils à la désignation de la même espèce. L'organisation de ces animaux n'avait été, depuis Aristote, l'objet d'aucune étude.

---

[1] Decius Magnus Ausonius, mort en 394.

Au treizième siècle, lorsque le désir de reconquérir le savoir de l'antiquité commence à se manifester, de nobles aspirations s'élèvent. Albert le Grand conçoit un large plan pour un traité sur les animaux; mais l'œuvre était immense, les matériaux étaient rares, les copies ou les traductions des vieux auteurs étaient fautives. Il devenait difficile, dans de semblables conditions, de bien remplir un aussi vaste programme.

Néanmoins, Albert le Grand, dans son livre consacré aux Poissons, cite plusieurs espèces d'après ses observations particulières.

Les mêmes remarques s'appliquent aux travaux d'un autre frère prêcheur de la même époque, Vincent de Beauvais, qui a également écrit sur les Poissons, avec plus d'étendue qu'Albert le Grand, d'après des textes plus corrects et aussi d'après quelques investigations personnelles. Rien, ailleurs, de cette longue période du moyen âge ne mérite d'être mentionné. Nous comprenons à peine aujourd'hui jusqu'à quel point on a pu demeurer ignorant des choses les plus vulgaires.

Mais l'époque de la Renaissance arrive, les œuvres de l'antiquité se répandent, le goût des lettres, la passion des découvertes, l'amour des recherches scientifiques se propagent, et bientôt les êtres animés seront le sujet des études les plus sérieuses.

§ 3. — Des études sur les Poissons, depuis le commencement de la Renaissance jusqu'à la fin du dix-huitième siècle.

Avec le seizième siècle s'ouvre cette grande période, magnifique pour les sciences naturelles. L'Ichthyologie ne tarde pas à recevoir les avantages du nouveau mouvement intellectuel dont toutes les branches des connaissances humaines vont profiter. Avant de s'engager dans l'étude directe de la création, on paraît sentir qu'un point de départ est nécessaire ; ce point de départ sera fourni par les écrivains de l'antiquité. Il s'agit d'abord de les bien entendre, d'être fixé sur la nature des êtres dont ils ont parlé. Alors on voit Paul Jove [1], l'historien illustre, s'adonnant à la recherche des noms attribués aux Poissons par les anciens Romains ; Massaria [2], commentant de la même manière le neuvième livre de Pline ; Gilles, interprétant Élien et comparant les noms latins et français des Poissons de Marseille [3], d'autres encore s'engageant dans les mêmes voies.

A certains moments, des questions auxquelles personne n'avait songé, des besoins que nul n'avait reconnus, viennent tout à coup, comme par une sorte d'enchantement, occuper à la fois l'esprit de plusieurs hommes qui s'imaginent chacun être seul en possession de son idée.

Le seizième siècle avait accompli la moitié de son cours, et il n'était venu dans la pensée d'aucun savant de rassembler les espèces d'animaux de l'une ou l'autre des principales formes zoologiques, et d'en donner des descriptions et des figures propres à faire connaître leurs caractères les plus remarquables, leurs particularités les plus curieuses. Voilà que presque en même temps, de 1553 à 1555, paraissent des travaux sur les Poissons conçus d'après ces vues, par trois naturalistes dont les noms sont restés dans la science en grand honneur.

[1] Paolo Giovio, né à Côme en 1483, mort à Florence en 1552. — *De romanis piscibus Libellus ad Ludovicum Borbonium cardinalem.* — Rome, fol. 1524. — 8°, 1527.

[2] Francisci Massarii *In nonum Plinii de Naturali Historia librum Castigationes et annotationes.* — Bâle, 1537, et Paris, 1542. — Le neuvième livre de Pline est celui qui traite des Poissons.

[3] Pierre Gilles ou *Gyllius*, né à Albi en 1490, mort en 1555. — *De nominibus gallicis et latinis Massiliensium*, 1533.

Ces trois naturalistes, c'est Pierre Belon, né vers 1518, qui se livre avec ardeur à l'étude des animaux, qui voyage en Grèce, dans l'Asie Mineure, en Égypte et qui est assassiné dans le bois de Boulogne en 1564 ; c'est Salviani, de Citta di Castello, dans les États pontificaux, né en 1513, médecin des papes Marcel II et Jules III, mort en 1572 ; c'est enfin Rondelet, né en 1507 à Montpellier, qui devient professeur dans cette ville, qui voyage en France, en Italie, dans les Pays-Bas, avec le cardinal de Tournon ; qui trouve un collaborateur dans l'évêque de Montpellier, Guillaume Pellicier, et qui meurt en 1566.

Belon, Salviani, Rondelet, ne sont plus des compilateurs, comme tous ceux qui les avaient précédés depuis Aristote. Ils ont vu et examiné les Poissons dont ils parlent ; sous leurs yeux, ils en ont fait tracer des représentations qui, sans être d'une vérité parfaite, permettent de reconnaître les espèces qu'ils ont observées. Ces naturalistes, il est vrai, sont loin de s'être appliqués à décrire avec toute la rigueur désirable les sujets dont ils s'occupaient. Ils subissaient l'influence de leur époque, en croyant qu'il importait surtout de déterminer les noms que les différents animaux portaient chez les anciens, en jugeant que leur histoire devait acquérir de la valeur par des fragments empruntés aux vieux auteurs, plutôt, que par le simple récit de leurs observations. Mais Belon, Salviani, Rondelet, ont donné de nombreuses figures qui ont beaucoup contribué aux progrès de l'Ichthyologie. Sous ce rapport, Rondelet a conservé un avantage très-marqué sur ses deux contemporains.

On penserait volontiers que le champ préparé par ces naturalistes va être bientôt cultivé avec plus de soin, que de nouvelles études vont perfectionner une histoire encore à l'état d'ébauche. Il n'en fut rien cependant. De vastes compilations qui n'ont pas été inutiles, comme celles de Conrad Gesner et d'Ulysse Aldrovande, des recherches particulières entreprises la plupart sur des animaux des pays lointains, sont pour une longue période les seuls ouvrages dont on trouve à faire mention.

D'un autre côté, vers le milieu du seizième siècle, on commença à s'occuper sérieusement de la conformation intérieure de l'homme et des animaux. Le célèbre professeur de Padoue, Fabrizio d'Aquapendente, entreprend des recherches anatomiques sur les Poissons, étudie leur mode de reproduction, leurs écailles, etc. Son élève, son successeur dans sa chaire, Casserio, porte ses investigations sur les organes des sens de ces animaux. Un professeur de Naples, Severino, examine différentes parties de leur organisation et s'attache à prouver que les Poissons respirent l'air dans l'eau, tout en se méprenant néanmoins d'une manière complète à l'égard de leur organe respiratoire. Borelli de Naples, successivement professeur à Pise et à Florence, s'attache à déterminer le mécanisme de la natation et indique l'usage de la vessie natatoire. Plusieurs autres anatomistes constatent des faits isolés.

Un peu plus tard, un savant français resté célèbre, Joseph Duverney, membre de l'Académie des sciences, professeur au Jardin du roi, de 1679 à 1730, eut le mérite de faire connaître le premier, les organes et le mécanisme de la respiration des Poissons, ainsi que le cours du sang dans leurs branchies. Vers le même temps, divers auteurs enrichissaient la science d'observations particulières sur certaines espèces. On ne savait encore presque rien sur les formes du cerveau de ces êtres aquatiques dont l'intelligence et les instincts paraissent si faibles ; un médecin anglais, Samuel Collins, combla cette lacune par une publication accompagnée de planches bien exécutées [1].

Une foule de matériaux disséminés, de connaissances éparses, s'était formée pendant le seizième et le dix-septième siècle. Beaucoup d'écrits auraient pu facilement rester inconnus aux nouveaux scrutateurs de la nature; mais, par bonheur, surviennent le plus souvent des hommes animés du désir de satisfaire au besoin qui domine. Des recueils où se trouvaient rassemblés la plupart des mémoires relatifs à l'organisation des animaux furent mis au jour [2].

Les animaux avaient toujours été décrits presque sans ordre; l'idée de les grouper d'après des caractères communs s'était à peine manifestée depuis Aristote; les avantages d'une véritable méthode n'avaient frappé l'esprit de personne, lorsque parut l'un des plus grands naturalistes du dix-septième siècle. C'était Rai, un théologien anglais, qui fut le premier à concevoir la pensée des classifications zoologiques.

Il poursuivit son œuvre de concert avec son élève et son ami, Willughby, et en 1686, ce dernier fit paraître une histoire des Poissons, qui marque une époque pour l'Ichthyologie [3]. Pour la première fois, les Poissons sont décrits d'après nature et avec une certaine précision; ils sont classés d'après des caractères tirés de leur conformation. Si les faits ne sont pas toujours en

[1] *A System of Anatomy treating of the body of man, beasts, birds, fishes*, etc., 2 vol. in-fol. Lond., 1685.

[2] Blasius, *Anatome animalium terrestrium, volatilium, aquatilium*, etc., *structuram naturalem, ex veterum recentiorumque propriis observationibus exponens*, in-4. Amsterdam, 1681. — Valentin, *Amphitheatrum zootomicum*, in-fol. Francfort, 1720.

[3] Francisci Willughbeii, armigeri, *De Historia Piscium libri IV, jussu et sumptibus Societatis regiæ Londinensis editi*, etc., *totum opus recognovit, coaptavit, supplevit, librum etiam primum et secundum adjecit* Joh. Raius; Oxford, fol. 1686.

accord avec la méthode, si les genres ne sont pas encore nettement définis, l'heureuse inspiration qui a conduit l'auteur, n'en est pas moins appelée à porter ses fruits.

Après la publication de Rai et Willughby, un demi-siècle s'écoule sans que l'histoire naturelle des Poissons se perfectionne d'une manière éclatante. Un certain nombre d'écrits et de figures viennent accroître le domaine des connaissances, sans porter le cachet d'aucune vue générale, le signe d'aucune véritable découverte.

Il faut arriver vers le tiers du dix-huitième siècle pour voir la zoologie revêtir définitivement sa forme et prendre le caractère d'une vaste science ; c'est l'époque de Linné et de Buffon : d'un côté la précision, l'ordre, la méthode ; de l'autre, l'observation des détails caractéristiques et des particularités biologiques, revêtue de toutes les magnificences et de tous les charmes de la pensée.

Un contemporain de ces hommes illustres, un jeune Suédois plein de génie, Pierre Artedi, passionné pour l'étude des Poissons, va accomplir une tâche brillante. Il prend pour guide et pour point de départ l'ouvrage de Willughby ; il en saisit les défauts et se donne pour mission de combler une lacune de la science. Il formule des règles pour les divisions zoologiques, pour la nomenclature des genres et des espèces, et répartit tous les Poissons dans quatre ordres, s'appuyant pour sa classification sur la consistance du squelette, sur la forme des opercules et des branchies, sur la nature des rayons des nageoires, sans tenir compte des conditions de séjour qui avaient conduit les anciens naturalistes aux rassemblements les plus étranges. Artedi imagine pour désigner les ordres, ces noms de Malacoptérygiens, d'Acanthoptérygiens, de Chondroptérygiens, si généralement employés depuis, qu'ils sont presque devenus des mots de la langue française. Il caractérise les genres d'après le nombre des rayons de la membrane des ouïes, d'après le nombre et la position des nageoires, d'après les dents, la conformation des écailles et même les parties internes, comme l'estomac et les appendices pyloriques. On voit par ces détails que l'auteur comprenait son sujet tout autrement que ses devanciers. Artedi, mort par accident, à l'âge de trente ans, laissa ses travaux inédits[1]. Ce fut Linné, qui, après avoir racheté ses manuscrits, les mit en ordre, les compléta et fit paraître l'ouvrage à Leyde, en 1738[2].

Avec Linné, il est inutile de le rappeler tant le fait est connu, la zoologie descriptive revêt une forme toute nouvelle, elle acquiert un caractère de précision ignoré jusqu'alors, le système de nomenclature est désormais fixé d'une façon si heureuse, qu'on ne trouve rien d'aussi parfait à lui comparer. Les naturalistes avaient, sous un nom commun, constitué des réunions d'espèces, c'est-à-dire des genres, et, afin de distinguer les espèces entre elles, ils n'avaient rien trouvé de mieux que de les désigner par une phrase plus ou moins longue, exprimant leurs particularités les plus manifestes. Linné imagine d'appliquer aux espèces un nom simple, qualificatif, qui s'ajoute au nom du genre. De là, cette nomenclature binaire, bientôt universellement adoptée, ayant l'avantage d'offrir pour tous les êtres une désignation étroite et toujours claire, et de fournir en même temps à l'esprit un aperçu plus large par le nom générique.

---

[1] Né dans la paroisse d'Anunds, en Angermanie, en 1705 ; il se noya dans un des canaux d'Amsterdam, le 5 septembre 1735.

[2] *Ichthyologia sive opera omnia de Piscibus*, 8°. Leyde, 1738.

Linné adopte dans ses premiers ouvrages la classification
d'Artedi, n'ajoutant d'abord que fort peu de chose à l'œuvre de
celui qui avait été son maître pour l'Ichthyologie. Cependant, le
grand naturaliste de la Suède, destiné à exercer une immense
influence sur les sciences naturelles et à être un jour l'une des
plus rayonnantes gloires de son pays, était sans cesse animé du
désir de perfectionner toutes les parties de l'œuvre gigantesque
dont il avait conçu le plan dès sa jeunesse. Il s'aperçoit bientôt
de l'utilité, dans la caractérisation des espèces, de l'indication du
nombre de rayons composant les nageoires, dont on ne s'était
pas occupé avant lui. Plus tard, il rejette de la classe des Poissons, pour les placer dans la classe des Mammifères, les Baleines
et les Dauphins; car, par suite de la tendance ordinaire des
naturalistes antérieurs au dix-huitième siècle, à se préoccuper
moins de la conformation des êtres que de leur séjour ou de
certaines ressemblances grossières, on s'était obstiné à associer
les Cétacés avec les Poissons, malgré les faits précis signalés par
Aristote, relativement à l'organisation de ces animaux [1]. Linné
en vint à restreindre singulièrement la circonscription de la
classe des Poissons [2]. Il en sépara les Lamproies, les Raies, les
Squales, les Esturgeons, les Baudroies, les Coffres, qui n'ont pas
l'apparence des Poissons ordinaires [3]. Cette séparation a fourni
matière à de vives critiques, mais on verra par la suite que
tout ici ne doit pas être imputé à erreur.

Le naturaliste scandinave n'avait pas seulement apporté dans
son inventaire de la nature, la rigueur scientifique et des vues

---

[1] Brisson fut le premier qui, en 1756, sépara les Cétacés des Poissons,
mais il en forma une classe particulière.

[2] *Systema naturæ*, 12e édit., 1766.

[3] Ces types forment pour l'auteur du *Systema naturæ*, la division des
Amphibia nantes.

nouvelles sur la classification des animaux, il avait fait connaître et caractérisé une foule d'espèces.

A partir de ce moment, la voie est bien tracée ; les naturalistes devenus plus nombreux recueillent avec plus d'ardeur les productions naturelles, les voyageurs rapportent celles des contrées lointaines, les expéditions maritimes ordonnées par les souverains contribuent pour une large part à enrichir les musées. Tous ces matériaux donnent lieu à des publications plus ou moins spéciales qui agrandissent chaque jour davantage le domaine de la zoologie.

Peu de temps après la mort de Linné, le nombre des espèces animales de toutes les classes s'était ainsi prodigieusement accru dans les collections. Un auteur allemand, Bloch, entreprit, à partir de l'année 1780, un travail général sur les Poissons [1]. Cet ouvrage divisé en deux parties : l'*Histoire économique des Poissons de l'Allemagne* et l'*Histoire des Poissons étrangers*, est devenu presque classique. Présentant des descriptions tracées pour les espèces européennes d'après des sujets vivants ou encore frais, des figures en général bien exécutées, des observations intéressantes et exactes, il a été jusqu'à présent d'une utilité extrême pour tous ceux qui se sont adonnés à l'Ichthyologie.

Pour ne pas scinder cet aperçu sur les travaux concernant la description et la classification des Poissons, il faut maintenant nous transporter à la dernière limite du dix-huitième siècle et atteindre même les premières années du dix-neuvième. L'auteur dont nous avons à parler est d'ailleurs si bien du dix-huitième siècle et si peu du siècle actuel, qu'on lui ferait vrai-

---

[1] Bloch, chirurgien israélite de Berlin, né à Anspach en 1723, mort en 1799.

ment tort, en ne le laissant pas tout entier dans la période de
sa plus grande activité. Cet auteur, c'est de Lacépède qui eut
la fortune de jouir d'une réputation et d'honneurs bien supérieurs à ses talents. De Lacépède, garde du Cabinet du Roi
en 1785, professeur du Muséum d'histoire naturelle en 1795,
membre de l'Institut en 1796, sénateur en 1800, grand-
chancelier de la Légion d'honneur en 1802 [1], avait la noble
ambition d'être un nouveau Buffon. Malheureusement, le désir
ne devait pas suffire chez lui pour atteindre le but. Son habileté
d'observation, son élégance de style étaient condamnées à demeurer, à bien des degrés, inférieures au modèle. Après avoir
écrit une *Histoire des Reptiles*, qu'il nommait les Quadrupèdes
ovipares, puis une *Histoire des Serpents*, Lacépède composa une
volumineuse *Histoire des Poissons* [2], dont le plan, comme le
remarque Cuvier, était conçu d'une manière large et élevée ;
mais l'auteur n'était ni doué du tact qui conduit à apprécier justement les ressemblances et les différences des êtres entre eux,
ni pourvu de cette patience soutenue pour l'investigation qui
produit encore de meilleurs résultats. On était à une époque où
les relations de la France étaient presque entièrement interrompues avec le reste du monde ; il était fort difficile de se procurer les sujets d'étude, de connaître et d'obtenir les livres publiés à l'étranger. Dans ces conditions déplorables, Lacépède
emprunta, sans examen, des descriptions à ses devanciers, il en
traça d'après des notes et des figures souvent imparfaites qui lui
avaient été communiquées. Alors, il lui arriva d'assigner des
noms nouveaux à des espèces qui avaient été qualifiées précé-

---

[1] Bernard-Germain-Étienne de la Ville, comte de Lacépède, né à
Agen en 1756, mort à Paris en 1826.

[2] 5 vol. in-4°, publiés de 1798 à 1803.

demment, et que lui-même avait déjà enregistrées dans son livre sous leur premier nom. En résumé, on serait porté à juger d'une manière bien sévère l'ouvrage de Lacépède, si l'on ne tenait largement compte des circonstances défavorables dans lesquelles il a été composé. Cuvier, en signalant les erreurs du naturaliste dont il avait été longtemps le collègue, a insisté en termes éloquents sur ces circonstances vraiment de nature à imposer une grande réserve dans l'appréciation. Il est d'ailleurs équitable de constater que des qualités de style ont amené beaucoup de lecteurs à l'*Histoire des Poissons*, et qu'ainsi la vulgarisation de faits intéressants y a trouvé profit.

En même temps que se poursuivaient sur les Poissons les études des caractères génériques et spécifiques, des recherches d'une autre nature se multipliaient. Des investigations anatomiques conduisaient à la connaissance des faits les plus remarquables de l'organisation de ces animaux. Plusieurs anatomistes étudiaient spécialement certains points. Réaumur, l'admirable historien des insectes, s'occupa de l'appareil électrique des Torpilles et de la matière qui colore les écailles des Ablettes et dont on fait usage pour la confection des fausses perles [1]. Le grand Haller [2], le savant presque universel, s'efforça de reconnaître dans l'encéphale des Poissons les parties correspondantes à celles du cerveau de l'homme, et il examina surtout avec soin la conformation des yeux. Pierre Camper [3], dont on compte toujours les services rendus à l'anatomie comparée, fournit aussi plusieurs observations intéressantes.

[1] Réné-Antoine Ferchaud de Réaumur, né à la Rochelle en 1683, mort à Paris en 1757. — *Mémoires de l'Académie des Sciences*, 1714 et 1716.

[2] Albert de Haller, né à Berne en 1708, mort en 1777.

[3] Né à Leyde en 1722, mort à La Haye, en 1789.

Jusque-là, les anatomistes restaient toujours étrangers aux études de ceux qui se proposaient d'écrire l'histoire des animaux, et ces derniers ne portaient aucune attention aux découvertes des anatomistes. Le premier, qui tenta de relier les deux ordres de recherches appartenant en réalité à une science unique, fut Vicq-d'Azyr, dont la vie a été trop courte pour la gloire des sciences naturelles [1].

Mais l'auteur, qui a eu le mérite de dévoiler une grande partie des principaux faits de l'organisation interne des Poissons, est Alexandre Monro, professeur de l'Université d'Édimbourg. Les travaux de ce savant, sur l'appareil digestif, sur l'appareil de la circulation du sang, sur le système nerveux, sur les organes des sens des Poissons, ont une importance telle, qu'aujourd'hui encore, les naturalistes sont obligés de les consulter, malgré les nombreuses recherches anatomiques dont les Poissons ont été l'objet [2].

Des observations plus restreintes sont venues aussi, d'autre part, ajouter bien des renseignements précieux sur la structure de ces êtres aquatiques qui représentent dans le Règne animal un type parfaitement caractérisé. Les organes des sens de ces animaux excitèrent à un haut degré l'intérêt des physiciens et des physiologistes. Antoine Scarpa, le dernier des grands anatomistes de l'Italie, livra les résultats de ses belles études sur le sens de l'odorat et sur le sens de l'ouïe. Un professeur de Padoue, Comparetti, s'occupa également de l'appareil auditif.

En France, Broussonnet traita de la respiration des Poissons,

---

[1] Félix Vicq-d'Azyr, né à Valognes en 1748, mort en 1794, secrétaire perpétuel de l'Académie française, membre de l'Académie des sciences.

[2] *Observations on the structure and functions of the nervous system*, fol. Edinburgh, 1783. — *The structure and physiology of fishes explained and compared with those of man and other animals*, fol. Edinburgh, 1785.

et en Italie, l'habile naturaliste, Spallanzani, fit à ce sujet des expériences des plus remarquables.

Si nous voulions énumérer absolument tous les écrits se rapportant à notre sujet, qui furent mis au jour pendant le dix-huitième siècle, il faudrait accumuler encore bien des citations. Aussi nous pensons devoir nous arrêter après avoir signalé ce qui se produisit de plus important.

Mais un ouvrage d'une valeur scientifique très-médiocre, rédigé dans un esprit fort différent de ceux dont il a été ici question, ayant eu une popularité assez grande, ne peut être passé sous silence, à cause de son caractère spécial. C'est le *Traité des pêches* par Duhamel, où l'on trouve des figures assez exactes, et parfois des renseignements curieux sur les Poissons.

Ainsi, quand le dix-huitième siècle fut achevé, les connaissances de toute nature, relatives à l'Ichthyologie, formaient déjà un ensemble imposant.

§ 4. — Des études sur les Poissons, depuis le commencement du dix-neuvième siècle jusqu'à la mort de Cuvier en 1832.

Dès l'origine du dix-neuvième siècle, la zoologie apparaît sous un jour presque entièrement nouveau. La scène s'agrandit. Des recherches sur l'organisation de la plupart des grands types du Règne animal sont entreprises; poursuivies avec ardeur, elles donnent à la science de magnifiques résultats. Les études anatomiques, entre les mains de plusieurs naturalistes habiles, prennent un caractère d'exactitude, de précision, inconnu aux époques antérieures. Il est surtout un signe du temps, essentiel à rappeler; c'est l'idée de la comparaison qui commence à dominer, et qui sera désormais le guide des investigateurs. Déjà, il est vrai, Vicq-d'Azyr avait montré la voie; l'honneur d'une

conception pleine de profondeur revient pour une part importante à ce brillant observateur. Mais c'était là un fait isolé, qui
ne devait être compris que plus tard. Dès l'instant où l'on sentit la nécessité de déterminer d'une façon rigoureuse les ressemblances et les différences de toutes les parties de l'organisme
des animaux, et d'apprécier ainsi les affinités naturelles, les
classifications étaient destinées à acquérir une signification que
les premiers méthodistes n'avaient pas même soupçonnée. Quand
Linné et ses successeurs s'efforçaient de caractériser les genres
et les groupes d'un rang plus élevé, leur but principal était de
fournir un moyen rapide et commode pour arriver sûrement à
la détermination du genre et de l'espèce. C'était déjà un grand
but, car, avant Linné, précédé par les premières tentatives de
Rai, la zoologie descriptive était une sorte de chaos rempli de
ténèbres. Le jour où un esprit puissant s'est dit : Une classification zoologique doit être le tableau de toutes les connaissances
acquises sur les animaux, et, dans l'avenir, elle sera l'expression
fidèle de l'ensemble des rapports naturels existant entre les représentants des divers types, une nouvelle lumière a conduit
d'un travail presque mécanique à une opération de la plus haute
philosophie.

Cuvier a une part bien large dans ce mouvement scientifique
qui se dessine sur la limite du dix-huitième et du dix-neuvième
siècle. Georges Cuvier : tout le monde connaît ce nom, qui retentit aux oreilles comme l'une des plus nobles gloires de la
France. Cuvier, devenu professeur au Muséum d'histoire
naturelle [1], entreprit de faire, sous le titre alors nouveau

---

[1] Georges Cuvier, né à Montbéliard, le 23 août 1769, d'une famille
pauvre, prit le goût de l'histoire naturelle dès l'âge de douze à treize ans,
en copiant les figures d'animaux jointes aux œuvres de Buffon, que

de *Cours d'anatomie comparée*, une exposition des particularités de conformation de tous les appareils organiques
chez tous les principaux types du Règne animal. C'était alors

possédait un de ses parents, ministre protestant dans une campagne.
Devenu le protégé du duc Charles de Wurtemberg, il alla terminer ses
études à l'Académie de Stuttgart, et se familiariser avec cette langue
allemande, qui devait plus tard lui donner tant de facilité pour connaître les écrits de l'Allemagne, pendant longtemps beaucoup trop
négligés en France. Dans cette situation, le jeune homme auquel était
réservé le plus brillant avenir, ne manqua pas de se distinguer dans
toutes les branches de l'instruction, tout en continuant à cultiver l'histoire naturelle. Sur le point d'obtenir un emploi en Allemagne, la position de sa famille le détermina à revenir en France, et bientôt à
entrer comme précepteur dans une maison particulière. Il arriva
ainsi à Caen au mois de juillet 1788, n'ayant pas encore accompli sa
dix-neuvième année. Tous ses moments de loisir furent consacrés à des
études zoologiques, et en 1791, il adressa au célèbre entomologiste Oli-
vier, un mémoire sur les Cloportes. Néanmoins, sans quelques circonstances fortuites, un talent destiné à s'élever au plus haut degré, pouvait rester à jamais dans l'ombre. Heureusement que la fortune lui
procura pour le conduire à la lumière, la rencontre de bons apprécia-
teurs. L'abbé Tessier, fuyant la terreur, était venu à Fécamp prendre
l'emploi de médecin en chef de l'hôpital de cette ville ; il eut l'occasion
de connaître le jeune Cuvier, au moment où celui-ci traitait pour une
place analogue à celle qu'il remplissait depuis 1788, se croyant condamné pour longtemps à l'existence précaire et subordonnée à laquelle
il était attaché. L'abbé Teissier l'engagea à faire un cours de botanique
aux élèves de son hôpital, et bientôt il parla du jeune professeur dans
ses lettres, à de Jussieu et à Geoffroy Saint-Hilaire. Cuvier envoya alors
quelques mémoires dont Geoffroy fut enthousiasmé, et l'espoir lui ayant
été donné d'être choisi comme suppléant du professeur d'*Anatomie* au
Muséum d'histoire naturelle, il se rendit à Paris. Les premiers temps
furent pénibles, mais nommé le 2 juillet 1795 au poste qui lui avait été
promis et logé au Jardin des plantes, sa brillante carrière commença.
Ses travaux le grandirent de suite aux yeux de ses contemporains, d'une
façon qui n'est pas ordinaire. Cuvier fut élu membre de l'Institut le
17 décembre 1795, professeur à l'École centrale du Panthéon le 2 janvier 1796, professeur au Collège de France le 8 janvier 1800, professeur
titulaire au Muséum en 1802, secrétaire perpétuel de l'Académie des

une manière absolument neuve d'envisager l'étude des animaux. Les leçons du maître sur les organes du mouvement
et sur le système nerveux, recueillies par Duméril, furent publiées en 1800. Duvernoy prit des notes pour les autres sujets
et les trois derniers volumes de l'ouvrage, revus par Cuvier lui-
même, où il est traité des organes de la digestion, des appareils
respiratoire et circulatoire, des organes de la génération, ont
été mis au jour en 1805 [1]. Les *Leçons d'anatomie comparée*,
qui ont été le point de départ des recherches ultérieures, résu-
maient avec une admirable clarté, au grand profit de la marche
de la science, à peu près tous les faits connus au commencement
du siècle actuel touchant l'organisation des Poissons.

On avait à cette époque fort peu étudié le squelette des Poissons, mais l'idée des comparaisons, qui commençait à pénétrer
dans l'esprit des naturalistes, allait conduire à un genre d'investigations inconnu auparavant. Un professeur de Tubingue,
plus tard chancelier de l'Université de cette ville, Autenrieth,
conçut la pensée de retrouver dans la charpente osseuse des
Poissons les parties correspondantes à celles du squelette des
Mammifères [2]. Geoffroy Saint-Hilaire [3] poussa plus loin les re-

sciences le 31 janvier 1803, membre du conseil de l'Instruction publique en 1808, maître des requêtes en 1813, vice-recteur de l'Académie
de Paris en 1815, conseiller d'État, membre de l'Académie française
en 1819, président du comité de l'Intérieur, chancelier de l'Instruction
publique, membre libre de l'Académie des inscriptions et belles lettres
le 24 décembre 1830, pair de France en 1831. Cuvier est mort le 13 mai
1832.

[1] *Leçons d'anatomie comparée*, t. I et II, an VIII (1800), t. III, IV et V, 1805.

[2] Autenrieth, né en 1772, mort en 1835. — *Bemerkungen über den Bau
der Scholle* (*Pleuronectes platessa*). — In Wiedemann's Archiv. Bd. I. s. 47
(1800).

[3] Étienne-Geoffroy Saint-Hilaire, né à Étampes le 15 avril 1772,
nommé professeur de zoologie au Muséum d'histoire par décret de la

cherches dans cette direction, et, à partir de l'année 1807, il donna une suite de mémoires sur les os des Poissons comparés à ceux des Vertébrés supérieurs. On ne saurait dire que l'ingénieux professeur du Muséum ait toujours été heureux dans ses déterminations, mais on doit constater qu'il contribua puissamment aux progrès de la zoologie, en insistant sur des rapports de conformation très-réels, dont les naturalistes s'étaient à peine occupés avant lui [1].

Une observation neuve, vraie dans sa généralité, une conception hardie, avaient révélé que la tête est un assemblage de plusieurs vertèbres ayant subi un développement extrême et des modifications très-prononcées. Ce fait généralement admis de nos jours, dont la démonstration toutefois n'est pas encore fournie d'une manière suffisante pour écarter les discussions, a été l'origine de travaux d'un grand intérêt, qui ont contribué aussi à rendre plus exactes les connaissances relatives aux pièces osseuses des Poissons. Duméril avait reconnu que l'occipital est constitué à peu près comme une vertèbre ordinaire chez les Reptiles [2]. Un philosophe allemand, naturaliste plein d'imagination, prenant le plus souvent des rêveries pour des réalités, ayant parfois des vues qui n'étaient pas sans justesse, des idées qui avaient leur grandeur, Oken [3], qui eut ses admirateurs et

convention le 10 juin 1793, membre de la commission des sciences de l'expédition d'Égypte en 1798, membre de l'Institut en 1807, professeur à la Faculté des sciences en 1809, mort le 19 juin 1844.

[1] Voir les *Annales du Muséum d'histoire naturelle*, t. IX, p. 357 et 413 ; t. X, p. 85 et 345, etc.

[2] Constant Duméril, né à Amiens, le 1er janvier 1774, professeur au Muséum d'histoire naturelle et à la Faculté de médecine, membre de l'Institut en 1816, mort le 14 octobre 1860.

[3] Lorenz Oken, né le 1er août 1779, professeur à Zurich, mort le 11 août 1851.

ses détracteurs, avait été frappé de la ressemblance de certaines zones du crâne avec les vertèbres, en considérant une tête de chevreuil, dépouillée de ses chairs et parfaitement blanchie, qu'il avait rencontrée à ses pieds en errant dans la forêt de Hartz. N'est-on pas touché au souvenir de ce penseur qui, dans sa promenade solitaire, ramasse le débris le plus méprisable en apparence, et sent son esprit saisi d'un trait de lumière, après avoir jeté les yeux sur l'objet échappé à la destruction [1].

D'autre part, on poursuivait des recherches sur les parties profondes de l'organisme des Poissons. Biot, notre illustre physicien [2], Configliacchi, de Pavie [3], Humboldt et Provençal [4], faisaient des expériences sur les gaz contenus dans la vessie natatoire. Tiedemann, l'un des premiers zoologistes de l'Allemagne [5], se livrait à des investigations comparatives sur le cœur d'espèces assez nombreuses. Des aperçus généraux sur le même organe étaient fournis par Döllinger [6].

Dans la plupart des classes du Règne animal, il y a des espèces qui, s'éloignant beaucoup des formes ordinaires, deviennent pour les naturalistes des sujets de prédilection. L'attention s'est trouvée appelée de la sorte sur les Lamproies qui constituent un type ichthyologique remarquablement dégradé. Du-

---

[1] *Ueber die Bedeutung der Schædelknochen*, 4°, 1807.

[2] Né en 1774, membre de l'Institut le 11 avril 1803, professeur au Collége de France, etc., mort le 3 février 1862. — *Mémoires de la Société d'Arcueil*, t. I, p. 252, 1807, et t. II, p. 487.

[3] *Sull' analise dell' aria contenuta nella vesica natatoria*, 4°. Pavie, 1809.

[4] *Mémoires de la Société d'Arcueil*, t. II, p. 359, 1809.

[5] Friedrich Tiedemann, né en 1781, successivement professeur à Landshut et à Heidelberg, mort à Munich, en 1860.

[6] *Annalen der Weteravisch-Gesellschaft*, Bd. II, s. 311, 1811.

méril a examiné l'organisation de la grande Lamproie [1], et quelques années plus tard, un savant zoologiste de l'Allemagne, Rathke, a repris la même étude sur la petite Lamproie de rivière [2].

Le cerveau des Poissons n'avait encore été observé que d'une manière assez superficielle, lorsqu'en 1813, un médecin grec, Arsaky, donnant des descriptions et des figures exactes de l'encéphale de plusieurs espèces, émit des vues neuves sur les analogies des parties qui le composent, avec celles du cerveau des Vertébrés supérieurs [3]. Du premier coup, Arsaky se montra heureux dans ses déterminations des lobes de l'encéphale des Poissons. Cet auteur a été discuté, critiqué par une foule d'anatomistes, et après les nombreuses contradictions venues de tous côtés, on en est arrivé à penser qu'il avait plus approché de la vérité que ses contradicteurs.

Cependant la conformation si curieuse du squelette continuait surtout à exciter au plus haut degré l'intérêt des anatomistes. Un auteur allemand, Rosenthal [4], chercha d'abord à faire connaître exactement les os de la tête, et donna plus tard un atlas contenant la représentation du système osseux tout entier de beaucoup d'espèces chez lesquelles on ne l'avait pas encore examiné. Depuis que l'existence d'une sorte d'unité de plan fondamental, dans la constitution de la charpente osseuse de tous les animaux vertébrés avait été constatée, chacun s'efforçait de retrouver chez les Poissons les pièces de la tête humaine; mais les divisions multipliées de plusieurs os, des déve-

[1] *Dissertation sur les Poissons qui se rapprochent le plus des animaux sans vertèbres*, 4°. Paris, 1812.

[2] Meckel's *Archiv für physiologie*, Bd. VIII, s. 45, 1823.

[3] *De Piscium cerebro et medulla spinali*, Halle, 1813.

[4] Mort en 1829. — Reil's *Archiv für physiologie*, Bd. X, s. 340, 1811.

loppements particuliers, des changements considérables dans
les formes et parfois dans les rapports de certaines pièces, dus
à des adaptations biologiques spéciales, rendant beaucoup de
déterminations fort difficiles, des opinions étranges et absolument contradictoires surgissaient en foule. Geoffroy Saint-Hilaire, qui le premier s'était vaillamment engagé dans cette voie,
poursuivait son œuvre sans relâche, sous l'empire de son idée
préconçue, et s'enthousiasmait lorsqu'il étonnait le monde savant par les assertions les plus aventureuses, comme si la lumière d'en haut l'avait pénétré [1]. Il s'inquiétait, en effet, assez
médiocrement de justifier ses opinions, même lorsqu'il annonçait, par exemple, que les opercules des Poissons, ces lames
destinées à la protection de l'appareil branchial, sont les osselets de l'oreille des Vertébrés supérieurs, étrangement mo-
difiés et détournés de leurs usages, de leurs relations ordinaires.
En présence d'assertions dont la hardiesse était extrême, puisqu'elles ne s'appuyaient en aucune façon sur des découvertes
résultant d'observations patientes et bien suivies, les anatomistes reprenaient les questions presque avec acharnement.
C'était Cuvier, c'était, en Allemagne, Bojanus, Spix, d'autres
encore, qui, par la diversité des résultats de leurs recherches,
montraient ce que le sujet présentait de difficultés.

On ne s'en tenait pas heureusement à ces seules considérations relatives à l'ostéologie. Un auteur anglais, auquel on aurait
reconnu davantage quelque mérite, si son honorabilité personnelle avait été irréprochable, sir Everard Home, a donné, de
1814 à 1828, une suite de mémoires sur différentes parties de
l'organisation des animaux, entre autres des descriptions et des

---

[1] *Philosophie anatomique*, 1818. — *Mémoires du Muséum*, t. IX et X. —
Annales des Sciences naturelles, 1824, etc.

figures de l'appareil alimentaire d'un assez grand nombre de Poissons, et des observations plus ou moins étendues sur leurs autres viscères [1]. Mais c'est surtout à Henri Rathke que la science est redevable des recherches les plus importantes sur l'appareil digestif et les organes de la reproduction des principaux représentants de cette classe du Règne animal, ainsi que sur le foie, l'oreillette du cœur, etc. [2].

Des observations sur quelques points du système nerveux par le professeur Weber [3]; des recherches sur le même appareil organique, et en particulier sur l'encéphale, dues à M. Serres [4], à Magendie et Desmoulins [5]; une étude comparative de l'œil par Sömmering [6]; d'autres investigations encore, portant sur des points spéciaux de l'organisme des Poissons, enrichissaient l'Ichthyologie de la connaissance de faits précis.

Dans le même temps, de nouvelles études ostéologiques étaient mises au jour par deux savants hollandais, Van der Hoeven [7] et Bakker [8]. M. Carus, de Dresde, publiait un atlas remarquable contenant des figures des principaux organes des Poissons [9].

[1] Everard Home, né en 1756, mort en 1832. — *Lectures on comparative Anatomy.*

[2] Martin Heinrich Rathke, né en 1793, professeur à Kœnigsberg, mort en 1860. — *Mémoires de la Société des naturalistes de Dantzig*, t. I, 1824. — Meckel's *Archiv für Anatomie und Physiologie*, 1826, et *Annales des Sciences naturelles*, t. IX, 1826.

[3] *Anatomia comparata nervi sympathici*, in-8°. Leipzig, 1817.

[4] *Anatomie comparée du cerveau dans les quatre classes d'animaux vertébrés*, t. I, 1824.

[5] *Anatomie du système nerveux des animaux à vertèbres*, 1825.

[6] *De oculorum hominis animaliumque sectione horizontali Commentatio*, in-fol. Göttingen, 1818.

[7] *Dissertatio philosophica inauguralis de sceleto Piscium*, in-8°. Leyde, 1822.

[8] *Osteographia Piscium*, in-8°. Groningue, 1822.

[9] *Tabulæ anatomiam comparatam illustrantes*, 1828-1843.

D'un autre côté, de 1821 à 1828, un anatomiste célèbre de l'Allemagne, Meckel, dont l'ouvrage a été traduit en français, s'attachait à résumer dans un traité d'anatomie comparée ce qui était acquis à la science relativement à l'organisation des animaux par tous les travaux exécutés depuis la publication de l'ouvrage de Cuvier, qu'il avait pris pour modèle, sans manquer d'y joindre ce qu'il devait à ses propres observations[1].

Les premiers qui abordent un sujet se contentent en général de l'examen des choses les plus apparentes ; mais lorsque le sujet a été étudié dans le plus grand nombre de ses parties, ce que l'on a négligé d'explorer à cause d'une difficulté exceptionnelle, séduit par l'espoir de découvertes importantes ceux qui viennent les derniers. On était arrivé à connaître déjà d'une manière assez satisfaisante les différents appareils organiques des Poissons, et l'on ne savait presque rien touchant leurs vaisseaux lymphatiques. Un habile anatomiste, Fohmann, combla cette lacune en homme de talent[2].

La théorie de la constitution du squelette, contre laquelle venaient se briser tant d'efforts, ne pouvait cesser d'inquiéter les naturalistes. En 1828, le professeur Carus exposait à cet égard ses vues particulières, vues assez éloignées de celles de ses prédécesseurs[3]. Bien d'autres tentatives du même genre se produiront dans la suite, et la question restera néanmoins toujours susceptible d'être discutée.

Une foule de notions importantes sur l'organisation des Pois-

J. F. Meckel, professeur à Halle, mort en 1833. — *Traité général d'anatomie comparée*, 1828-1838.

[2] Fohmann, né en 1794, mort en 1837.—*Système lymphatique dans les animaux vertébrés*, in-fol. Leipzig et Heidelberg, 1827.

[3] *Ueber die Urtheilen des Knochen-und Schalengerüstes*, in-fol. Leipzig, 1828.

sons avaient été ainsi acquises successivement, et ces notions allaient permettre aux zoologistes de mieux apprécier les formes typiques et les rapports naturels d'êtres dont la diversité est extrême. On en était venu à envisager l'étude des animaux sous les points de vue les plus élevés. Les classifications, les descriptions des formes extérieures des espèces, les détails sur leur séjour habituel, n'étaient plus désormais l'histoire des animaux, si les caractères organiques n'étaient particulièrement pris en considération.

Pendant la première période du siècle actuel, pendant que les anatomistes exécutaient ces laborieuses recherches qui dans un très-court espace de temps avaient changé la face d'une science ; des voyageurs exploraient la plupart des régions du monde, enrichissant les musées de leurs abondantes récoltes et étendant de la sorte, dans des proportions énormes, le domaine de l'Ichthyologie. Mais les résultats de ces lointaines explorations n'étant pas de ceux qui ont profité au sujet restreint dont nous avons à nous occuper dans ce livre, nous devons renoncer à en faire l'énumération. Durant une suite d'années assez longue, les observations sur les Poissons d'Europe, et en particulier sur ceux des eaux douces, devinrent assez rares. Néanmoins, en Angleterre, Donovan avait publié une histoire des Poissons de la Grande-Bretagne, un naturaliste de Genève, Jurine, une histoire des Poissons du lac Léman, madame Bowdich, un ouvrage sur les Poissons d'eau douce de l'Angleterre.

Les travaux qui avaient révélé de nombreux faits touchant la conformation intérieure des Poissons, permettant de mieux saisir les rapports naturels, les degrés de parenté existant entre ces êtres, le désir de présenter de meilleures classifications que celles des auteurs du dix-huitième siècle, ne pouvait manquer

de se produire. On ne tira pas cependant, de suite, tout le parti
possible de cet avantage. Duméril avait surtout tenté de donner
la clarté à la classification de Lacépède et avait imaginé, pour
les ordres et les familles, une nomenclature dont il est resté le
possesseur. Un zoologiste, Français d'origine, devenu Sicilien,
Rafinesque [1], avait modifié à certains égards et sans trop de
bonheur, les groupements de Lacépède. De Blainville, souvent
heureux appréciateur des affinités zoologiques, avait proposé
aussi une classification des Poissons, mais ce n'est pas dans ce
travail qu'il eut le plus de succès. L'idée principale consistait
dans la caractérisation d'après le mode d'implantation des dents,
des deux grandes divisions primaires qui correspondent aux
osseux et aux *cartilagineux* des précédents auteurs. Cuvier
connaissait déjà beaucoup mieux son sujet que ses contemporains, lorsque en 1817, il publia son *Règne animal ;* aussi, per-
fectionna-t-il d'une manière très-sensible les circonscriptions
et les caractérisations des différents groupes. Enfin, de nouveaux essais, entrepris dans le même but, par Goldfuss [2], par
Risso de Nice [3], furent sans influence sur la marche de la
science, parce que ces auteurs n'étaient pas suffisamment éclai-
rés sur tous les points de la structure des êtres qu'ils s'efforçaient de classer, parce que, très-préoccupés d'introduire des
noms nouveaux, en général fort inutiles, ils n'étaient pas guidés
par des vues d'un ordre bien élevé.

Une phase nouvelle se dessine pour l'Ichthyologie ; phase
marquée par l'apparition en 1828, des premiers volumes d'une

[1] Mort aux États-Unis, en 1840.

[2] Né en 1782, professeur à l'Université de Bonn, mort en 1848. —
Handbuch der Zoologie, Bd. II, 1820.

[3] Né en 1777, mort en 1845.

histoire générale des Poissons de Cuvier qui, pour l'exécution d'une œuvre aussi vaste, s'est adjoint comme collaborateur un savant zoologiste, M. Valenciennes.

Le plan de l'ouvrage est tracé d'une manière large, digne de l'homme éminent qui l'a conçu. Il s'agissait de faire connaître avec la plus rigoureuse précision tous les Poissons recueillis, déjà à cette époque, en nombre immense par le monde entier. Les auteurs se proposaient ainsi de donner des descriptions détaillées de l'ensemble des caractères extérieurs des espèces, des indications sur les particularités les plus remarquables de leurs organes internes, des aperçus sur leurs habitudes, sur leur distribution géographique, sur les ressources qu'elles fournissent aux populations comme denrée alimentaire, enfin, des renseignements sur les écrits concernant les Poissons qui avaient déjà été enregistrés dans les inventaires de la nature. Cuvier, cet esprit toujours attaché à la poursuite de la vérité et de la clarté dans l'exposition, regardait comme particulièrement essentiel, la définition nette des genres, des familles, des ordres, par des caractères véritablement communs à tous leurs représentants. C'était là une préoccupation bien sérieuse quant à ses résultats ; car trop souvent, la caractéristique des groupes avait été donnée d'après quelques espèces, parfois d'après une seule, et l'on pouvait ensuite s'étonner de voir placées dans le même groupe des espèces auxquelles la caractéristique assignée ne convenait en aucune façon.

Ce plan eut aussitôt un très-beau commencement de réalisation. Cuvier n'avait pas entendu traiter d'une classe d'animaux, sans avoir fait une étude approfondie de l'organisation de ces mêmes animaux ; aussi, le premier volume de l'ouvrage qui débute par une histoire de l'Ichthyologie est-il en grande partie consacré à une exposition des caractères anatomiques des Poissons où la Perche fluviatile est choisie comme exemple. Deux parties d'une même science, la zoologie descriptive et l'anatomie, ayant aux époques précédentes suivi leur voie particulière, presque sans se toucher, étaient venues se confondre. On ne cessera jamais d'admirer Cuvier pour la part immense qu'il a prise dans ce mouvement.

L'*Histoire naturelle des Poissons* de MM. Cuvier et Valenciennes était parvenue au huitième volume, lorsque notre grand naturaliste mourut en 1832. Son collaborateur continua le travail qui était en pleine voie d'exécution. Pendant dix-sept années, il employa tous ses efforts à le conduire à bonne fin ; malheureusement des circonstances vinrent l'arrêter en 1849, de sorte que l'ouvrage est demeuré inachevé [1].

Le progrès que Cuvier a fait faire à l'Ichthyologie ; l'influence que ses travaux relatifs à cette partie de la science ont exercée sur la direction des études ultérieures, sont immenses. Sa classification, son aperçu général de l'organisation des Poissons, ont été le point de départ des recherches qui se sont produites en si grand nombre depuis trente-cinq ans.

Sa classification est loin d'être parfaite ; personne n'en était mieux persuadé que lui-même, mais elle marque une amélioration prodigieuse sur celles qui l'avaient précédée, car on y trouve, pour la première fois, une définition précise des groupes. Ses investigations anatomiques ne s'étendent pas sans doute à tous les détails, mais elles forment déjà un ensemble fort remarquable, où l'on admire encore ce caractère de précision, de clarté, qui se montre à un si haut degré dans toutes

---

[1] Vingt-deux volumes de cet ouvrage ont ainsi été publiés de 1828 à 1849.

les œuvres du grand naturaliste. Dans l'impossibilité d'étudier tout l'organisme chez beaucoup d'espèces ; pour atteindre plus sûrement son but, il avait choisi un type en particulier (la Perche de rivière), afin de pouvoir décrire tous les organes dans le même animal et employer ses observations moins complètes sur les autres représentants de la classe, à fournir des termes de comparaison.

A ce tableau, il faut ajouter que les descriptions exactes de l'*Histoire naturelle des Poissons*, avancèrent considérablement la connaissance des espèces de toutes les régions du monde. La part de Cuvier dans le développement de cette science qu'on appelle l'Ichthyologie, a donc en réalité une importance hors ligne.

§ 5. — Des études sur les Poissons depuis la mort de Cuvier jusqu'au moment actuel.

Les travaux sur les Poissons se sont singulièrement multipliés durant la période qui s'étend de l'époque de la mort de Cuvier au moment actuel. Nous n'entreprendrons pas d'en faire l'énumération complète ; un grand nombre de ces travaux portant sur des points très-spéciaux peuvent être négligés dans un simple aperçu historique. Il nous suffira de donner une idée des recherches qui ont eu pour résultats, soit des vues particulières d'une certaine portée, soit la connaissance de faits nouveaux.

Depuis un temps qui n'est pas encore fort éloigné, on a fait de grands efforts pour découvrir, à l'aide du microscope, la structure intime de la plupart des tissus organiques. Les téguments des Poissons et particulièrement leurs écailles, sont ainsi devenus le sujet des investigations de MM. Agassiz [1], Mandl [2], Peters [3], etc.

De nouvelles recherches sur l'ostéologie des Poissons ont été entreprises ; de nouvelles appréciations relatives à la constitution du squelette de ces animaux ont été produites, par Hallmann [4], Reichert [5], Köstlin [6], en Allemagne ; Jacobson [7], en Suède ; M. Hollard [8], en France.

Le plus éminent zoologiste de l'Angleterre, M. Richard Owen, a contribué d'une manière bien sensible aux progrès de l'Ichthyologie. Par ses grands travaux sur la composition fondamentale du squelette des animaux vertébrés, ce savant a réussi à faire apprécier exactement la nature de certaines pièces de la charpente solide des Poissons, et à l'égard du mode de constitution des vertèbres de la tête osseuse, il nous paraît avoir plus approché de la vérité que les autres naturalistes qui ont traité le même sujet [9]. Par de belles recherches sur la structure des dents, M. Owen a mis en lumière une foule de faits

[1] *Recherches sur les Poissons fossiles* et *Annales des Sciences natu. elles*, 2ᵉ série, t. XIII, p. 58, et t. XIV, p. 97. 1840.

[2] *Annales des Sciences naturelles*, 2ᵉ série, t. XII, p. 337 ; t. XII, p. 62. 1839-1840.

[3] *Müller's Archiv für Anatomie und Physiologie*, p. 119. 1841.

[4] *Vergleichende Osteologie des Schlæfenbeines*. Hanovre, 1837.

[5] *Vergleich. Entwickelungsgeschichte des Kopfes der nachten Reptilien.* Königsberg, 1838.

[6] *Der Bau des Knöchernen Kopfes in den vier Klassen der Wirbelthiere.* Stuttgart, 1844.

[7] *Forhandlingar vid de Skandinaviske Naturforskarnes*, 1842, et Müller's *Archiv*, 1844, p. 36.

[8] *Annales des Sciences naturelles*, t. XX, p. 71, 1853 ; t. VII, p. 121, 1857 ; t. VIII, p. 275, 1857 ; t. XIII, p. 1, 1860 ; t. II, p. 5 et 242, 1864.

[9] Voir surtout *Principes d'anatomie comparée ou Recherches sur l'Archétype*. Paris, 1855.

précieux pour la science, car ils révèlent, pour les espèces de chaque groupe, des particularités utiles, soit pour les distinctions entre les divisions zoologiques, soit pour la détermination des espèces fossiles [1].

L'étude du système nerveux des Poissons n'a pas cessé d'être poursuivie, sans cependant avoir encore à beaucoup près fourni tous les résultats les plus désirables sur ce point. On peut citer plus spécialement des observations importantes sur le cerveau, dues à un naturaliste danois, M. Gottsche [2], des recherches assez considérables de M. Stannius, le professeur de l'université de Rostock [3], des investigations sur la structure de la moelle épinière par M. Owsjannikow [4].

Les organes des sens ont aussi été examinés sous certains rapports avec plus de soin qu'on ne l'avait fait antérieurement, par Breschet, Krieger, Steifensand, Gottsche, etc.

De nombreux détails sur l'appareil alimentaire ont été consignés par M. Valenciennes, par MM. Brandt et Ratzeburg [5], sur les différentes glandes par Rathke [6], par Steenstra Toussaint [7], par M. Hyrtl [8].

L'appareil respiratoire des Poissons, si remarquable par sa structure, si intéressant dans ses modifications suivant les types,

[1] *Odontography*. London, 1840.

[2] Müller's *Archiv*, 1835, p. 244 et 433.

[3] *Das peripherische Nervensystem der Fische.* Rostock, 1849.

[4] *Disquisitiones anatomicæ de medullæ spinalis textura imprimis in Piscibus.* Dorpat, 1854.

[5] J. F. Brandt et Ratzeburg, *Medizinische Zoologie.* Berlin, 1829-33, 2 vol. in-4.

[6] Müller's *Archiv*, 1837.

[7] *Descriptio anatomica organorum urinam secernentium in Piscibus.* Groningue, 1834.

[8] *Mémoires de l'Académie de Vienne*, t. I, 1850, t. II, 1852 ; t. VIII, 1854.

a donné lieu à divers travaux importants, parmi lesquels se distinguent ceux de Rathke [1], de M. Lereboullet [2], d'Alessandrini [3], de M. Williams [4].

Sur la vessie natatoire, on a acquis beaucoup de notions nouvelles depuis une trentaine d'années. Au point de vue de la conformation organique, on pourrait citer des observations nombreuses [5]; au point de vue physiologique, les résultats des expériences de M. Armand Moreau [6].

Pour l'appareil de la circulation du sang, des investigations en général limitées à certaines parties ont été faites chez différents types de la classe des Poissons [7].

Les recherches sur l'ensemble de l'organisation d'un type, réclamant un labeur immense, se produisent toujours en nombre beaucoup plus restreint que les études ayant pour objet soit un seul organe, soit un seul appareil organique ; cependant nous avons à mentionner comme exemple de ces investigations générales, l'anatomie des Salmones par MM. Vogt et Agassiz [8].

Ce n'est pas tout encore. Il est un magnifique faisceau de connaissances sur l'organisation des Poissons que l'on doit à un

[1] *Anatomisch-philosophische Untersuchungen über den Kiemenapparat und das zungenbein der Wirbelthiere.* Riga, 1832.

[2] *Anatomie de l'appareil respiratoire dans les animaux vertébrés.* 1838.

[3] *Commentationes Academiæ scientiarum Instituti Bononiensis,* t. III, p. 363. 1839.

[4] Todd's *Cyclopædia of Anatomy and Physiology.* Supplément, p. 286.

[5] Voir Jacobi, *Dissertatio de vesica aerea Piscium.* Berolini, 1840.

[6] *Comptes rendus de l'Académie des Sciences,* t. LVI, p. 629. 1863.

[7] Duvernoy, *Annales des Sciences naturelles,* 2ᵉ série, t. VIII, p. 35. 1837. — Hyrtl, *Medicinische Jarhbücher des östreischischen Staates,* t. XV. 1838. — Brücke, *Denkschriften der Akademie der Wissenschaften zu Wien,* t. III. 1852, etc.

[8] *Mémoires de la Société des Sciences naturelles de Neufchâtel,* t. III. 1843.

auteur moderne, Jean Müller, le célèbre professeur de Berlin [1]. Les travaux de ce naturaliste, exécutés avec une perfection peu ordinaire, portent l'empreinte d'une haute conception. On y remarque dans l'exposition, une clarté et une précision qu'on trouve rarement dans les œuvres des savants de l'Allemagne. J. Müller, né à Coblentz, paraît avoir senti de près le souffle qui vient d'Occident. On le voit à différentes époques de sa vie modifier la direction de ses études, appréciant avec une rare sagacité de quel côté il est le plus utile de se porter [pour réaliser un progrès. Adonné plus spécialement à la physiologie de l'homme, pendant ses jeunes années, J. Müller mettra au jour un Traité de physiologie qui compte parmi les livres les plus recommandables [2]. Le champ restreint où l'on peut expérimenter pour reconnaître directement les fonctions des organes, en agissant sur un petit nombre d'espèces, semble lui avoir bientôt paru étroit. Il ne tarde pas à se consacrer entièrement à des investigations approfondies sur l'organisation des animaux les plus curieux, sur le développement de certains types remarquablement caractérisés. Mais nous n'avons pas à examiner ici le brillant ensemble des travaux de l'éminent naturaliste; nous devons indiquer seulement la part considérable qu'il a prise aux progrès de l'Ichthyologie.

Pour cette partie de la Zoologie, J. Müller a enrichi la science de l'une des plus belles monographies qui aient jamais été exécutées. Le type choisi est un animal marin (le *Myxine gluti-*

[1] Jean Müller, né à Coblentz, le 14 juillet 1801, professeur d'anatomie et de physiologie à l'Université de Berlin, membre de l'Académie royale des Sciences de cette ville, correspondant de l'Institut de France, etc., mort à Berlin, le 28 avril 1858.

[2] Müller, *Manuel de physiologie*, traduit de l'allemand, par A. J. L. Jourdan, 2e édition. Paris, 1851.

nosa) appartenant à la même grande division naturelle que les Lamproies, et l'étude de ce type est accompagnée de nombreuses observations destinées à fournir des termes de comparaison qui ont éclairé plusieurs points de la structure des principaux représentants de la classe des Poissons, en même temps qu'ils ont donné à l'auteur le moyen de s'élever à des considérations générales [1].

Les recherches de J. Müller se sont étendues, en outre, aux réseaux admirables, artériels et veineux, de l'organe hépatique du Thon [2], à l'organisation et aux fonctions des fausses branchies [3], à la vessie natatoire [4], aux organes sexuels des Plagiostomes [5], à l'organisation des Ganoïdes [6], à la voix des Poissons [7], etc.

Nous avons déjà eu l'occasion de voir que des êtres d'une organisation très-spéciale excitent d'ordinaire au plus haut degré l'intérêt des investigateurs qui espèrent à bon droit y trouver un champ de découvertes. De nouveaux exemples sont à citer. Il y a de vingt à vingt-cinq ans, un type ayant à la fois des branchies comme un Poisson, et des poumons comme un Batracien, établissant ainsi un lien véritable entre deux classes d'animaux

---

[1] *Anatomie der Myxinoiden*, etc., in *Physikalische Abhandlungen der Königlichen Akademie der Wissenschaften zu Berlin* (*Mém. de l'Académie des Sciences de Berlin*), pour 1834, 1836, 1837, 1838, 1839, 1843 et 1845.

[2] *Mémoires de l'Académie de Berlin* pour 1835 et 1837, en commun avec Eschricht.

[3] *Comptes rendus de l'Académie des Sciences*, t. X, p. 422, 1840, et Müller's *Archiv*, 1841, p. 263.

[4] Müller's *Archiv*, 1842, p. 307.

[5] *Ibid.*, p. 414.

[6] *Mémoires de l'Académie de Berlin* pour 1844, p. 117. 1846.

[7] Müller's *Archiv*, 1857, p. 219.

vertébrés, le genre Lépidosiren [1], devint le sujet d'études particulières de la part de M. Owen de Londres [2], de M. Bischoff de Munich [3], de M. Peters de Berlin [4], de M. Hyrtl de Vienne [5].

D'autre part, un Poisson d'une organisation relativement si imparfaite, que Pallas, l'un des plus savants zoologistes du siècle dernier, l'avait pris pour une limace, avait été récemment observé, après être resté longtemps complétement oublié des naturalistes. Cet animal, connu sous le nom d'Amphioxus, a été l'objet des recherches successives de M. Costa à Naples, de Yarrell et de M. Goodsir en Angleterre, de M. Retzius en Suède, de Rathke, de Jean Müller, de Kölliker en Allemagne, de M. de Quatrefages en France [6], d'autres encore.

Une des voies les plus profitables à la science dans lesquelles se soient engagés les naturalistes du dix-neuvième siècle est l'étude du développement embryonnaire. Ces études, toujours fort longues et souvent fort difficiles, ont donné des résultats d'une haute importance au point de vue de la physiologie générale comme au point de vue de la philosophie de la science. Elles ont déjà fourni sur les relations naturelles des animaux, des lumières qui n'avaient pas été obtenues par les recherches sur les

---

[1] Les Lépidosirens regardés comme appartenant à la classe des Batraciens, par plusieurs naturalistes, sont aujourd'hui considérés comme des Poissons par le plus grand nombre des zoologistes.

[2] *Transactions of the Linnean Society.* 1839.

[3] Lepidosiren paradoxa, *Anatomisch untersucht und beschrieben*, in-4°. Leipzig, 1840.

[4] Müller's *Archiv*, p. 1, 1845.

[5] Lepidosiren paradoxa, *Monographie*, in-4°. Prague, 1845.

[6] Voir le *Mémoire* de M. de Quatrefages qui contient une énumération des travaux antérieurs. — *Annales des Sciences naturelles*, 2e série, t. IV, p. 197. 1845.

adultes. Par suite de la constatation de ce grand fait, que les êtres se ressemblent d'autant plus que leur développement est moins avancé, on a pu saisir des rapports évidents entre des types que l'on pensait être extrêmement éloignés par les caractères de leur organisation.

Cette voie d'investigation déjà si féconde, qui sans aucun doute deviendra bien plus féconde encore dans l'avenir, commença à être ouverte, de la manière la plus brillante, par un professeur depuis longtemps célèbre de l'Université de Saint-Pétersbourg, M. Baër, et suivie aussitôt avec un grand succès par Rathke, l'habile naturaliste de Königsberg dont le nom a déjà été cité dans cet aperçu historique.

Les travaux particuliers sur le développement embryonnaire des Poissons se sont succédé rapidement depuis trente-cinq ans, de sorte qu'ils sont aujourd'hui assez nombreux. Nous mentionnerons ceux de Rathke [1], de Baër [2], de Rusconi [3], de M. de Filippi [4], de M. Vogt [5], de Valentin [6], de M. Lereboullet [7].

---

[1] *Entwickelungsgeschichte der Haifische und Rochen. Schriften der naturforschenden Gesellschaft*, in Danzig. Bd. II, 1827.

[2] *Untersuchungen über die Entwickelungsgeschichte der Fische*, in-4°. Leipzig, 1835.

[3] Müller's *Archiv*, 1836, p. 278.

[4] *Memoria sullo sviluppo del Ghiozzo d'acqua dolce*. Milano, 1840. — *Giornale del Istituto lombardo*, t. VI, 1845. — *Annales des Sciences naturelles*, 3ᵉ série, t. VIII, p. 117, 1847, etc.

[5] *Embryologie des Salmones*, in *Histoire naturelle des Poissons d'eau douce de l'Europe centrale*, par Agassiz. Neufchâtel, 1842.

[6] Siebold und Kölliker's *Zeitschrift für Wissenschaftliche Zoologie*, Bd. II, s. 257. 1850.

[7] *Recherches d'embryologie comparée sur le développement du Brochet, de la Perche et de l'Écrevisse*, in-4°, 1862 (*Mém. des Savants étrangers à l'Académie des Sciences*, 1862), et *Recherches sur le développement de la Truite, du Lézard et du Limnée*, in-8°, 1863. — *Annales des Sciences naturelles*.

Ne pouvant faire ici l'énumération complète de tous les travaux plus ou moins importants qui, depuis trente années, ont amené la connaissance d'une foule de détails relatifs à l'organisation des Poissons, nous indiquerons enfin les ouvrages où l'on trouve les citations toujours si nécessaires pour ceux qui, voulant s'engager dans la voie des recherches, ont besoin de savoir de la façon la plus exacte ce qui est déjà acquis à la science.

Pour ce qui concerne seulement la conformation des organes, le Manuel d'anatomie comparée de M. Stannius est fort utile à consulter pour les renseignements bibliographiques [1]. Mais au-dessus de tout, il y a le grand ouvrage de notre illustre zoologiste, M. Milne Edwards, qui sera pendant longtemps bien précieux pour les hommes d'étude [2]. M. Milne Edwards, résumant avec l'habileté consommée et la justesse d'appréciation d'un véritable maître de la science, ce que l'on possède actuellement de connaissances sur les organes des êtres et sur les fonctions de ces organes, a pris soin de citer en détail, avec la plus scrupuleuse exactitude, absolument tous les écrits où l'on rencontre quelque observation originale, quelque opinion d'une certaine portée.

A côté des travaux relatifs à l'organisation et au développement des Poissons vivants, il s'en est produit d'autres sur les Poissons des époques géologiques.

Une des conquêtes les plus brillantes pour les sciences naturelles, accomplie pendant la première période du dix-neuvième

[1] Stannius und Siebold, *Lehrbuch der vergleichenden Anatomie.* Berlin, 1846-48. *Manuel d'anatomie comparée*, traduit de l'allemand, par MM. Spring et Lacordaire. 3 vol. *Handbuch der Zootomie.* Berlin, 1854.

[2] Milne Edwards, *Leçons sur la physiologie et l'anatomie comparée de l'homme et des animaux.* Paris, 1857-63. T. I à VIII.

siècle, est celle qui a procuré cet admirable faisceau de connaissances sur les êtres qui vivaient aux époques antérieures à celle
du monde actuel. Cuvier, ce fondateur de la paléontologie,
avait, par ses savantes études, fait revivre en quelque sorte, une
foule des espèces appartenant aux premiers âges de la terre ;
mais, dans cet immense travail, notre grand zoologiste n'avait
pu parcourir en entier la carrière qu'il avait mesurée du regard,
en traçant le plan d'une œuvre gigantesque. Il s'était arrêté,
après avoir exécuté une série magnifique de mémoires sur les
Mammifères et sur les Reptiles. Les Poissons restaient à étudier,
et l'on savait que leurs débris étaient en nombre fort considérable
dans diverses couches de la terre. Un naturaliste, qui s'est acquis
à juste titre une haute réputation, M. Agassiz, conçut la pensée
de compléter l'œuvre de Cuvier par l'étude des Poissons fossiles. Les travaux de M. Agassiz, avec l'intérêt attaché à la
constatation des formes ichthyologiques qui avaient existé aux
différentes périodes géologiques, devaient conduire à perfectionner la science entière à l'égard des Poissons. Ce qui a échappé
à la destruction, ce sont des os ou leurs empreintes, des dents,
des écailles ou des pièces cutanées ossifiées. La comparaison de
ces parties ne pouvait manquer de jeter du jour sur les relations naturelles des types et d'amener la connaissance de formes
particulières n'ayant plus de représentants dans le monde actuel, capables ainsi de fournir des éléments propres à éclairer
sur la nature de certaines modifications dans les caractères de
plusieurs groupes de Poissons. C'est de la sorte que les recherches de M. Agassiz ont révélé l'existence, aux époques géologiques, de nombreux Poissons (les Ganoïdes) seulement représentés dans nos faunes actuelles par quelques espèces isolées.
C'est de la sorte que M. Agassiz, ayant recours, pour la déter-

mination des espèces fossiles, aux écailles, fut conduit à examiner ces pièces dont on s'était trop peu occupé avant lui, à montrer le parti avantageux que la Zoologie et la Paléontologie pouvaient en tirer, en exagérant néanmoins l'importance des caractères fournis par ces organes [1].

Des travaux particuliers ont été publiés d'autre part sur les Poissons fossiles, par M. Pictet, de Genève, M. Troschel, le professeur de l'Université de Bonn, Heckel de Vienne, M. Leidy de Philadelphie, Andreas Wagner de Munich, etc.

Tant de recherches sur l'organisation des animaux d'une classe entière ; tant d'études sur les espèces éteintes appartenant à cette même classe, devaient faire surgir bien des vues nouvelles sur la classification. Les vues les plus importantes à cet égard, produites dans la science depuis la mort de Cuvier, sont dues encore à M. Agassiz [2] et à Jean Müller [3].

Pendant la période comprenant les trente dernières années écoulées, de nombreux zoologistes se sont attachés avec prédilection à décrire exactement les Poissons des différentes régions du globe. La liste des travaux de ce genre est immense et ne saurait ici trouver sa place. Nous devons nous borner à mentionner les écrits ayant pour but de faire connaître la faune de diverses régions de la France et les faunes de certaines parties de l'Europe qui ressemblent trop à celle de notre pays pour qu'on puisse s'occuper de l'une sans s'occuper des autres.

Dans nos départements, plusieurs naturalistes ont dressé l'inventaire des animaux de leur contrée.

---

[1] *Recherches sur les Poissons fossiles.* Neufchâtel, 1833-43, 5 vol. in-4 et Atlas de 394 pl.

[2] *The Edinburg's new philosophical Journal,* vol. XVIII, p. 176. 1834-35.

[3] *Annales des Sciences naturelles,* 3e série, t. IV, p. 1. 1845.

Vallot, de Dijon, s'est occupé des Poissons de la Côte-d'Or [1];
Fournel et Holandre ont décrit ceux de la Moselle [2]; M. Mauduyt, ceux de la Vienne [3]; M. Ernest Laporte, ceux de la Gironde [4]; M. Anjubault, ceux du département de la Sarthe [5];
M. Godron a énuméré les espèces de la Lorraine [6].

Parmi les publications dues à des naturalistes étrangers qui sont d'un intérêt général pour la connaissance des Poissons des différentes parties de l'Europe, nous avons des études de M. Agassiz sur les Cyprins [7]; l'*Iconographie de la faune italienne* [8], et le *Catalogue des Poissons d'Europe*, par le prince Charles Bonaparte [9]; un ouvrage d'une fort belle exécution sur les Poissons de la Grande-Bretagne, par Yarrell [10]; des observations sur les Poissons de la Russie méridionale, par M. Nordmann [11]; une étude de la faune de Belgique, par M. de Sélys-Longchamps [12]; des travaux, de MM. Fries et Ekström sur les Poissons de la Scandinavie [13]; de M. de Filippi sur les Poissons

[1] *Ichthyologie française.* (*Mémoires de l'Académie de Dijon*, 1836 et 1850).

[2] Fournel, *Faune de la Moselle*, 1836. — Holandre, *Faune de la Moselle*, 1836.

[3] *Tableau méthodique et descriptif des Poissons de la Vienne*, 1853.

[4] *Histoire naturelle des Poissons qui se trouvent dans le département de la Gironde.* 1856.

[5] *Revue des Poissons qui habitent le département de la Sarthe. Mém. de la Soc. d'Agric. sciences et arts de la Sarthe.* T. I, 1855.

[6] Godron, *Zoologie de la Lorraine.* — Nancy, 1863.

[7] *Mémoires de la Société des Sciences naturelles de Neufchâtel*, t. I, p. 33, 1835, etc.

[8] *Iconografia della fauna d'Italia.* 1834-1842.

[9] *Catalogo metodico dei Pesci di Europa.* Napoli, 1848.

[10] *History of the Fishes of the Great-Britain.* 1836.

[11] *Voyage dans la Russie méridionale*, sous la direction de M. le comte Demidoff. 1839.

[12] *Faune de Belgique.* 1842.

[13] *Skandinaviens Fiskar.* — Stockholm, 1836-1840.

d'eau douce de la Lombardie [1]; de M. Kröyer sur les espèces de la Scandinavie [2]; sur les Poissons du Bodensée, en Bavière, par M. Rapp [3]; sur les Poissons du Neckar, par M. Günther [4]; divers mémoires de Heckel, et surtout la faune des Poissons d'eau douce de l'empire d'Autriche, par Heckel et Kner [5]; une monographie des Cyprinides de la Livonie, par M. Dybowski [6]; un bel ouvrage sur les Poissons de l'Europe centrale, par M. de Siebold [7], etc.

A ce tableau, il faut ajouter que, depuis une quinzaine d'années, une foule de publications ont été mises au jour, sur les moyens de propager les Poissons, d'empoissonner les rivières et les étangs, en un mot, sur cette application de la science à l'industrie qu'on appelle aujourd'hui la *pisciculture*.

On le voit, c'est là un magnifique ensemble de recherches. Nous allons maintenant en résumer les résultats les plus importants. On comprendra alors combien les investigations doivent être nombreuses encore avant que la science soit près d'être jugée à peu près complète.

§ 6. Des caractères qui distinguent les Poissons des autres groupes du Règne animal.

Aujourd'hui, par suite de la diffusion des connaissances scientifiques élémentaires, il est peu de personnes qui ne sachent distinguer un Poisson de tout animal d'une autre classe.

---

[1] *Pesci di acqua dolce*. Milano, 1844.

[2] *Danmarks Fiske*. Kjöbenhavin, 1838-1853.

[3] *Fische aus dem Bodensee*. 1854.

[4] *Fische des Neckars*. 1853.

[5] *Die Süsswasserfische der Oestreichischen Monarchie*. Vienne, 1858.

[6] *Versuch einer Monographie der Cyprinoïden Livlands*. 1862.

[7] *Die Süsswasserfische der Mittel-Europa*. 1863.

Les caractères généraux que présentent les Poissons, sont en effet assez remarquables pour être reconnus sans un grand effort.

Les Poissons sont les animaux vertébrés à sang froid, organisés pour vivre dans l'eau et pour respirer par l'intermédiaire de ce liquide.

Ils ont des formes extrêmement variées. Il y en a qui sont arrondis; d'autres qui sont allongés et presque cylindriques comme des Serpents (les Anguilles, par exemple). Mais parmi eux, la forme oblongue, comprimée latéralement, atténuée aux deux extrémités et surtout à l'extrémité postérieure, est la plus ordinaire. Chez tous néanmoins, quelle que soit leur forme générale, la tête est en continuité avec le tronc; il n'y a aucun rétrécissement semblable au cou des Mammifères, des Oiseaux ou des Reptiles.

Un caractère très-ordinaire chez ces animaux, mais qui est loin cependant d'être commun à toutes les espèces, consiste dans la présence d'écailles sur le corps.

Les Poissons conformés essentiellement pour la natation, plongés dans un liquide presque aussi lourd qu'eux-mêmes, ont des organes de locomotion réduits à des proportions très-médiocres. Les parties correspondantes aux membres antérieurs et postérieurs des Vertébrés à sang chaud, sont peu développées et plus ou moins complétement cachées sous les téguments; les mains et les pieds sont représentés par des tiges grêles, habituellement désignées sous le nom de *rayons*, qui soutiennent une membrane; ce sont les nageoires. Celles qui répondent aux membres antérieurs portent le nom de *pectorales*; celles qui répondent aux membres postérieurs, le nom de *ventrales*. En outre, des rayons fixés à des os particuliers, placés tantôt sur les apophyses des vertèbres, tantôt entre ces vertèbres soutiennent des nageoires verticales. Il y en a qui s'élèvent sur le dos et qu'on appelle les nageoires *dorsales ;* il y en a une autre, attachée à la face inférieure du corps, en arrière de l'orifice anal, qu'on nomme la nageoire *anale ;* une enfin, située au bout de la queue, qui est la nageoire *caudale.* Dans un grand nombre d'exemples, on observe l'absence d'un ou de plusieurs de ces organes locomoteurs.

Mais les caractères les plus importants des Poissons sont fournis par l'appareil respiratoire et par l'appareil de la circulation du sang.

L'appareil respiratoire est constitué par des branchies placées sur les côtés de la partie postérieure de la tête. Ces branchies formées de lamelles traversées par d'innombrables vaisseaux sanguins et attachées à des arceaux fixés à l'os hyoïde et quelquefois simplement adhérentes à la peau, reçoivent l'eau qui est introduite par la bouche et rejetée au dehors par des orifices que l'on appelle les *ouïes.*

L'appareil circulatoire est également très-caractéristique. Le cœur présente un seul ventricule et une seule oreillette répondant au ventricule droit et à l'oreillette droite des Mammifères et des Oiseaux. Le sang, après avoir respiré dans les branchies, est ramené dans un tronc artériel régnant sous la colonne vertébrale, pour être de là distribué à toutes les parties du corps, d'où il revient au cœur en passant par les veines.

§ 7. Des téguments.

Les téguments présentent une extrême variété dans la classe des Poissons. La peau est toujours un tissu formé de fibres entre-croisées, les unes étant longitudinales, les autres transversales, tissu tantôt assez mince, tantôt fort épais suivant les différents types et même suivant les différentes parties du corps, et tapissé inférieurement par une couche gélatineuse. L'épiderme est toujours une délicate membrane formée de cellules juxtaposées.

Mais chez les Poissons, la peau est le plus souvent revêtue d'écailles ou de plaques osseuses. Ces écailles que nous voyons chez une infinité d'espèces, superposées à la manière des tuiles d'un toit, sont en partie renfermées dans des capsules constituées par des prolongements de la peau ; chacune d'elles étant en outre enveloppée d'une tunique ou membrane extrêmement mince, quelquefois garnie d'une substance d'un blanc d'argent, comme nous aurons l'occasion d'en voir des exemples. Les écailles, qui ont en général une assez grande résistance, offrent assez fréquemment des corpuscules osseux dans leur épaisseur. Chez beaucoup de Poissons, la peau est protégée par des plaques complétement ossifiées.

Les écailles affectant des caractères très-variés suivant les types, les zoologistes n'ont pas manqué de s'attacher à ces caractères pour établir des distinctions entre des groupes plus ou moins étendus. Néanmoins le développement et la structure intime de ces productions cutanées n'ont pas encore été étudiés d'une manière aussi parfaite qu'on pourrait le souhaiter. Les écailles présentant des stries circulaires très-nettes, M. Agassiz a pensé que leur accroissement avait lieu par l'addition successive de nouvelles lames se déposant à l'extérieur ; mais comme en comparant les écailles des plus petits et des plus grands individus d'une même espèce de Poisson, on s'aperçoit bien vite que le nombre des stries n'est pas moins considérable dans les premiers que dans les derniers, il semble difficile de s'arrêter à l'opinion du célèbre naturaliste.

Les écailles remplissent évidemment un rôle dans la fonction respiratoire ; rôle dont l'importance doit varier dans une assez large mesure suivant les types : il reste, à cet égard, des recherches à entreprendre.

Le tissu des écailles est très-perméable à l'eau ; c'est ce que nous avons constaté, en plongeant successivement de ces pièces protectrices de la peau, dans deux dissolutions, de façon à obtenir un précipité d'une couleur vive. D'un autre côté, on remarque, notamment chez les Cyprinides, des écailles traversées par des canaux dans lesquels l'eau peut pénétrer ; indice certain d'une respiration cutanée chez les Poissons.

Dans ces animaux, on observe de chaque côté du corps, une file entière d'écailles portant une éminence allongée qui n'est autre chose que la paroi d'un tuyau. Cette rangée de petites saillies est toujours désignée sous le nom de *ligne latérale*, et il en est question d'une manière à peu près constante dans les descriptions d'espèces.

Le tuyau ou canal de chaque écaille de la ligne latérale, renferme un petit appareil, consistant en une sorte de glande sécrétant le mucus qui se répand à la surface du corps de l'animal. Dans les espèces dont les écailles sont très-petites, les glandes *mucipares* sont logées dans la peau où elles se trouvent souvent plus ou moins ramifiées. Il en est de même pour les Poissons dont la peau est complétement nue, où les conduits excréteurs des glandes forment également une ligne latérale indiquée par une suite de petits godets, comme nous en trouverons chez quelques-uns de nos Poissons des eaux douces de la France. Il n'est pas rare que de semblables orifices pour l'évacuation du mucus destiné à protéger la peau de l'animal, ne se montrent aussi sur différentes parties de la tête.

§ 8. — De la charpente solide des Poissons.

Le squelette de ces animaux varie d'une manière remarquable sous le rapport de la consistance. Il est osseux chez les uns, cartilagineux chez les autres, et l'on sait que cette différence de texture a motivé, pour un grand nombre de naturalistes, la séparation des représentants de la classe des Poissons en deux groupes principaux. Au point de vue zoologique le caractère n'était pourtant pas heureusement choisi, comme il est facile de s'en convaincre en s'arrêtant à la considération de l'ensemble des autres caractères organiques. D'ailleurs, entre le tissu osseux et le tissu cartilagineux il existe beaucoup d'intermédiaires. Le tissu de la charpente du corps de l'animal peut être *fibro-cartilagineux*. Parfois, la plus grande partie du squelette restant cartilagineuse, certaines pièces s'ossifient, et dans l'état plus ou moins avancé de l'ossification, les divers types de la classe des Poissons présentent tous les degrés.

On a vu précédemment, combien avaient été nombreux, combien avaient été ardents, les efforts des zoologistes, pour parvenir à *identifier* les pièces du squelette des Poissons avec celles qui constituent la charpente solide des Vertébrés supérieurs. A cet égard, des vues ingénieuses, des aperçus pleins de justesse ont profité à la science, mais en même temps, des assertions lancées presque au hasard, bientôt reconnues en contradiction avec les faits, ont contribué plus d'une fois à répandre des doutes sur la possibilité d'arriver à des résultats susceptibles d'une complète démonstration, des doutes même sur l'existence réelle de cette *unité* de plan fondamental, objet de tant de préoccupations.

Tandis que la recherche des *homologies* [1] du squelette des Oiseaux et des Reptiles avec celui des Mammifères n'amenait que des divergences d'opinion assez restreintes, il en était autrement dès qu'il s'agissait des Poissons. Il y a en effet pour ces derniers des difficultés infiniment plus considérables; car on y trouve une modification immense de tout l'organisme, destiné à un genre de vie spécial ; des adaptations à des fonctions qui n'existent pas dans les autres classes du Règne animal; une division extrême des pièces osseuses de la tête, dont on n'a pu se former une idée qu'en portant la comparaison sur les embryons des Vertébrés supérieurs ; enfin, la présence de pièces particulières constituées par une ossification de certaines parties du système cutané.

Le guide des zoologistes dans cet ordre d'investigations a été fourni essentiellement par les rapports des parties entre elles, ce qu'on a appelé le principe des *connexions ;* guide précieux, auquel on a été redevable de résultats d'une grande portée, guide néanmoins insuffisant, et capable dans une foule de circonstances de conduire à l'erreur.

L'avortement ou l'amoindrissement de certaines pièces dont la fonction perd de son importance ou se modifie; le développement excessif d'autres parties ayant reçu de la nature une destination qu'elles n'ont pas dans les autres types du Règne

---

[1] On emploie le nom d'*homologie* et de *partie homologue* pour désigner l'identité fondamentale d'un organe dans différents animaux dans toutes ses formes et dans toutes ses fonctions possibles, par opposition aux mots *analogie* et *analogue* qui s'appliquent au rôle, à la fonction à peu près semblable que peuvent présenter des organes différents.

animal, changent fatalement les rapports, les connexions, si nous voulons employer le terme aujourd'hui consacré dans la science. De là, les embarras pour les investigateurs; de là, les opinions contradictoires ; de là, les discussions interminables, parce que de chaque côté on s'appuie sur un fait en négligeant les autres.

Cependant, à force de multiplier les comparaisons, à force de suivre dans les différents genres les modifications de chaque pièce, on est parvenu à fournir assez de preuves en faveur de la détermination de beaucoup de parties du squelette des Poissons, pour que l'accord se soit établi sur plusieurs points. Il n'en est pas ainsi pour toutes les pièces, et à l'égard de quelques-unes d'entre elles particulièrement, on voudrait, pour être assuré de leur véritable nature, acquérir des connaissances qui aujourd'hui font encore défaut.

On est heureusement en droit d'attendre de l'observation, de nouveaux faits assez concluants, pour espérer la solution définitive de ces questions d'ostéologie qui depuis soixante ans sont le sujet de tant d'études et de tant de débats.

Ce ne sont plus seulement les rapports des os entre eux qu'il s'agirait d'examiner. Les muscles qui prennent leurs attaches aux pièces solides devraient être comparés à ceux des Vertébrés supérieurs. Mais les modifications du système musculaire étant encore fort imparfaitement appréciées, même dans la classe des Mammifères, des recherches immenses sont nécessaires, avant qu'on arrive à entrevoir un résultat applicable à la détermination des pièces du squelette. Ce n'est sans doute pas, au reste, à l'aide de la considération des muscles que l'on parviendra le mieux à atteindre le but; le mode de distribution des nerfs a une tout autre importance. Le système nerveux étant, de tous les appareils organiques, celui qui dans chacune des grandes divisions zoologiques conserve partout au plus haut degré ses caractères essentiels, le jour où l'on aura constaté rigoureusement les origines et le trajet des nerfs dans quelques types de Poissons, où l'on aura dans toutes les circonstances mieux reconnu par quelles ouvertures pratiquées dans les os du crâne a lieu leur passage, on trouvera, dans les connexions des nerfs avec les os, un élément de comparaison qui dans l'état actuel est trop imparfait pour être d'un grand secours.

D'autre part, il s'agirait d'examiner le squelette des Poissons lorsqu'il est en voie de formation. Selon toute apparence, l'étude des pièces osseuses pendant les diverses phases de leur développement conduira souvent à mettre en lumière ce qui est resté incertain quand l'observation a porté uniquement sur des animaux adultes. L'idée de cette recherche s'est déjà manifestée dans la science, mais c'est à peine s'il y a eu un commencement d'exécution.

Nous ne pouvons ici que donner une idée très-générale du squelette des Poissons. Une description détaillée de toutes les pièces qui le composent, entraînant avec elle une discussion approfondie des opinions émises au sujet de ces pièces, aurait une étendue que ne comporte pas l'objet de ce livre.

Le squelette des Poissons offrant des différences fort considérables entre les principaux types, il est nécessaire, pour ne pas nuire à la clarté, de procéder par division.

Les Poissons les plus importants par le nombre, ceux dont la charpente est osseuse, seront ainsi pris d'abord pour exemple.

On distingue dans le squelette de ces animaux : la tête, la charpente solide qui constitue la chambre respiratoire, le tronc se composant du corps et de la queue avec les nageoires verticales du dos et de l'anus ainsi que celle de la queue, les membres qui sont les nageoires pectorales et ventrales.

La tête offrant plus de parties mobiles que chez les autres Vertébrés, elle semble se partager naturellement en plusieurs régions. Le crâne, ou la boîte cérébrale, apparaît ainsi plus séparé de la face que partout ailleurs. Il est composé de pièces dont les rapports avec celles qui constituent le crâne des Reptiles et des Oiseaux sont d'une entière évidence.

En dirigeant son examen de la tête osseuse, d'arrière en avant, on reconnaît à la base du crâne une première zone ; c'est l'occipital formé de quatre pièces principales ; l'une basilaire (*basioccipital*) ayant en arrière une facette articulaire correspondante à celle de la première vertèbre, deux latérales (*paroccipitaux*) pourvues chacune d'une apophyse, et une supérieure (*suroccipital*) complétant le cercle. A ces pièces s'en ajoutent souvent deux accessoires (*exoccipitaux*) intercalées entre l'occipital supérieur et les occipitaux latéraux dont elles sont un démembrement.

En avant de l'occipital se dessine, avec moins de netteté que la première, une seconde zone.

Celle-ci est constituée par un os impair et par trois os pairs. Le premier (*basisphénoïde*), fort étroit, inséré au-devant du basioccipital, figure une sorte de pont à la partie inférieure du crâne. De chaque côté, s'étend une pièce (*alisphénoïde, aile temporale* de Cuvier), répondant à ce que l'on nomme en anatomie humaine, la grande aile du sphénoïde, et une autre pièce contribuant avec le frontal postérieur à fournir la face articulaire de l'appareil palatin et tympanique. La voûte de cette zone est formée par deux ou trois pièces (*pariétaux* et *interpariétal*) intercalées entre les bords supérieurs des deux précé-

dentes. Mais l'os basilaire, en général fort étroit, de même que
sa portion antérieure (*présphénoïde*) dépendant de la zone orbitaire située en avant, ne forme pas le plancher de la cavité
crânienne comme chez les autres Vertébrés ; ce sont les os
d'enveloppe des organes de l'audition (*rochers* ou *pétrosaux*),
qui ordinairement ferment le crâne en dessous et contribuent
ainsi à en former les parois latérales.

Une troisième zone, la zone orbitaire et frontale, est conformée à peu près de la même manière que la précédente. Il y
a une partie basilaire étroite (*présphénoïde*) complétement sou-
dée avec le sphénoïde basilaire, de chaque côté une pièce latérale (*orbitosphénoïde* ou *aile orbitaire*) formant le fond de
l'orbite, et une pièce dépendante du frontal (*postfrontal* ou
frontal postérieur) qui constitue la paroi supérieure de l'orbite ;
enfin, la voûte, composée de deux larges pièces engrenées
sur la ligne médiane de la tête, qui répondent à l'os frontal des
Mammifères.

Une quatrième zone, qui forme le museau, se montre composée de quatre pièces ; une basilaire (*vomer*), insérée au-devant du sphénoïde et garnie de dents chez beaucoup de Poissons, une de chaque côté (*préfrontal* ou *frontal antérieur*) et
une supérieure (*nasal*) souvent double, qui est l'os du nez.

Ces quatre zones de la tête osseuse, regardées par plusieurs
naturalistes comme autant de vertèbres céphaliques, sont composées de pièces véritablement *homologues* de celles qui entrent
dans la constitution du crâne des Vertébrés supérieurs ; il ne peut
guère subsister de doute aujourd'hui sur leur détermination. Il
n'en est pas absolument de même pour toutes les autres parties
de la tête, considérées par M. Owen comme des dépendances
ou des accessoires des quatre zones ou vertèbres céphaliques.

Examinons ces parties.

Au-devant du museau, se voient les pièces maxillaires, douées d'une mobilité très-grande chez les Poissons osseux, où elles peuvent s'avancer plus ou moins pour la préhension des aliments. Ce sont les intermaxillaires (*prémaxillaires* Owen) et les maxillaires, c'est-à-dire les os propres de la mâchoire supérieure. Les premiers, rarement soudés, mais d'ordinaire unis l'un à l'autre par des ligaments, se recourbent en arc et fournissent chacun une branche ascendante fixée d'une manière variable à la partie antérieure du museau. Le maxillaire est formé de deux branches parallèles, faiblement maintenues entre elles sur la ligne médiane, situées en dehors des intermaxillaires et articulées avec les pièces environnantes, (intermaxillaires, vomer, palatins). A cette zone nasale, appartiennent encore des plaques osseuses constituant la voûte du palais ; ce sont, en avant à la base du museau, les palatins, souvent pourvus de dents, et en arrière, des pièces qui paraissent représenter les os ptérygoïdes des autres Vertébrés (*ptérygoïdes* et *transverses*, de Cuvier, *entoptérygoïdes* et *ptérygoïdes* d'Owen).

Si les interprétations de M. R. Owen sont justes, la mâchoire supérieure et les os qui lui servent de support, seraient des dépendances de la zone orbitaire (*arc prosencéphalique*, Owen) ainsi que les pièces operculaires.

La mâchoire inférieure est composée de deux branches [1] unies en avant et suspendues en arrière par une sorte de tige attachée à la base du crâne. Cette tige est en général formée de trois pièces, quelquefois de cinq. La pièce supérieure (*temporal*

---

[1] Chacune de ces branches est ordinairement formée de quatre pièces : le *dentaire*, qui souvent porte des dents ; l'*articulaire*, l'*angulaire* et l'*operculaire*.

de Cuvier, *épitympanique* d'Owen) est articulée avec une cavité située sur la paroi latérale du crâne ; la pièce inférieure (*jugal* de Cuvier, *hypotympanique* d'Owen) avec la mâchoire [1].

En arrière de l'insertion du suspenseur de la mâchoire, s'articule le préopercule, pièce servant de support à l'appareil operculaire, dirigée en bas et un peu incurvée en avant, de manière à rejoindre l'os qui fournit l'articulation de la mâchoire inférieure. Le préopercule considéré par certains anatomistes comme correspondant rigoureusement à l'os (*os carré*, ou *tympanique*) qui chez les Oiseaux et les Reptiles porte la mâchoire inférieure, offre ordinairement à sa surface une rigole dans laquelle passe une branche des canaux de la peau qui sécrètent la mucosité.

Plusieurs pièces osseuses destinées à la protection de l'appareil respiratoire, demeurent libres par leur côté extérieur, de façon à constituer cette fente sur la partie postérieure et latérale de la tête que tout le monde connaît sous le nom de *ouïe*. Ce sont les pièces operculaires que l'on appelle, *opercule*, *subopercule* et *interopercule*. Très-variables dans leurs formes suivant les types, elles sont habituellement employées ainsi que le préopercule à la caractérisation des genres et des espèces. La pièce principale est l'opercule, situé en arrière du préopercule auquel il est attaché par des ligaments et articulé par son angle antéro-supérieur avec une saillie du suspenseur de la mâchoire inférieure (*temporal* de Cuvier). Il demeure libre en arrière et en dessous de façon à pouvoir se soulever et s'abaisser comme un battant de porte. A son bord postérieur est fixé le

---

[1] La pièce intermédiaire, souvent en partie cachée à la face interne de l'os qui fournit l'articulation de la mâchoire, est le *symplectique* de Cuvier ou le *mésotympanique* d'Owen.

subopercule, ordinairement long et étroit; au bord inférieur des deux premières pièces, se trouve l'interopercule qui se

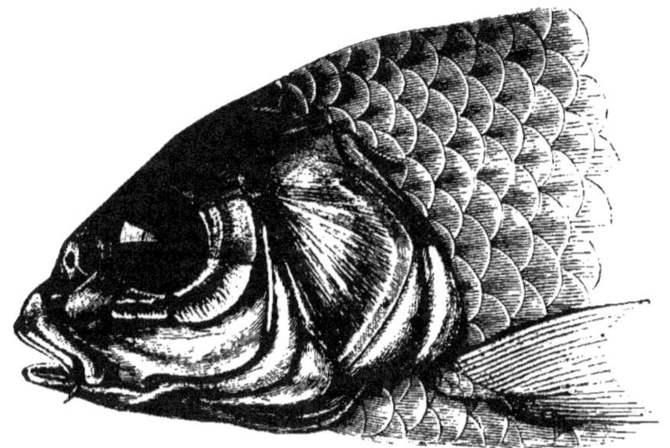

Fig. 1. — Tête de Carpe commune montrant les pièces operculaires [1].

prolongeant vers la mâchoire inférieure s'attache à celle-ci par des ligaments.

Les naturalistes ont fait des efforts inouïs pour reconnaître la véritable nature des pièces operculaires sans qu'aucun d'eux ait réussi à apporter un résultat désormais hors de contestation. Pour Cuvier, ces parties sont des os particuliers aux Poissons; pour M. Agassiz, ce sont des productions cutanées comparables aux écailles, ce qui est peut-être la vérité; pour M. Owen, ce sont des dépendances de la zone orbitaire du crâne, sans compter bien d'autres interprétations moins sérieuses.

---

[1] On a représenté très-distinctement les *os sous-orbitaires*, formant une ceinture à la partie inférieure de l'œil; on reconnaît le *préopercule* qui se dirige vers la mâchoire inférieure au-dessous de la joue; l'*opercule*, dont les dimensions sont énormes; au-dessous, le *subopercule*; dans l'intervalle des précédents et du préopercule, l'*interopercule*; en arrière des pièces operculaires, la ceinture des os de l'épaule; enfin, au-dessous de ces pièces, une portion de la membrane branchiostége.

La tête des Poissons présente encore d'autres pièces regardées par les auteurs modernes comme des *os accessoires*. Plusieurs anatomistes ont cherché à retrouver dans ces pièces, des parties correspondantes à celles de la tête des Vertébrés supérieurs, mais ils ont échoué dans leur tentative et aujourd'hui on admet d'une manière assez générale que ces pièces appartiennent au système cutané. Elles donnent presque toujours passage à des canaux dans lesquels se produit la mucosité qui suinte à la surface de la tête de la même façon que la mucosité qui sort de la ligne latérale et se répand à la surface du corps. Ces pièces sont les *sous-orbitaires*, qu'il est souvent utile de remarquer pour la caractérisation des espèces. Ces sous-orbitaires forment une chaîne qui limite les orbites inférieurement, se soudent parfois non-seulement entre eux, mais encore avec le préopercule et en viennent à constituer un bouclier qui couvre toute la joue. Des os analogues (*surtemporaux* de Cuvier) se montrent chez certaines espèces sur la région postérieure de la tête, s'avançant quelquefois jusqu'au point où la ceinture des os de l'épaule s'attache au crâne. D'autres pièces accessoires de même nature (*os nasaux*) peuvent encore exister sur le museau et au fond des fosses nasales.

Dans les Poissons cartilagineux comme les Raies et les Squales, toutes les parties du crâne demeurent presque molles et en général composées d'un tissu uniforme ; les pièces operculaires sont à l'état rudimentaire, mais celles-ci, chez les Lamproies, constituent une charpente cartilagineuse assez compliquée.

Chez les Vertébrés supérieurs, l'os de la langue, *os hyoïde*, suivant la dénomination scientifique, est peu développé et d'une conformation fort simple. Chez les Poissons, au contraire, cet os acquiert un développement énorme et devient un appareil extrêmement compliqué, qui prend un rôle important dans la constitution de la chambre respiratoire et dans l'acte de la respiration.

Une portion antérieure et moyenne (*os lingual*) est le support de la langue; une suite de pièces osseuses placées en arrière, également sur la ligne moyenne, constitue le corps de l'hyoïde; deux branches formées d'une chaîne de pièces osseuses et réunies un peu en arrière de l'os propre de la langue, remontant sur les côtés de la tête pour s'attacher sur les parties latérales du crâne (à l'os *temporal* de Cuvier ou *épitympanique* d'Owen) par une tige ordinairement assez grêle (*osselet styloïde* de Cuvier), sont les suspenseurs de tout l'appareil; un os impair (*queue de l'os hyoïde*), inséré dans l'angle formé par la réunion de deux branches et situé ainsi au-dessous des branchies, établit inférieurement la séparation entre les deux ouvertures des ouïes.

De la portion moyenne de l'os hyoïde, en arrière des branches de suspension, naissent les arcs branchiaux, au nombre de quatre paires, qui, contournant le fond de l'arrière-bouche, remontent jusque sous la base du crâne pour aller s'appuyer sur d'autres pièces osseuses dépendantes de l'appareil hyoïdien, les *os pharyngiens supérieurs*. Enfin, en arrière des arcs branchiaux, se trouvent encore deux tiges ou plutôt deux plaques, désignées sous le nom d'*os pharyngiens inférieurs*, qui, chez beaucoup de Poissons, portent des dents, aussi bien que les os pharyngiens supérieurs.

Des rayons sont tantôt articulés, tantôt fixés par des ligaments aux deux pièces principales de chaque branche de l'os hyoïde; ce sont les rayons *branchiostèges*, dont le nombre, variable dans les différents groupes de Poissons, est habituellement mentionné dans les descriptions génériques et spécifiques. Une membrane soutenue par ces rayons, la *membrane branchiostége*, complète la fermeture de la chambre respiratoire [1].

L'appareil hyoïdien pouvant s'élever et s'abaisser, rétrécit ou agrandit de la sorte la chambre banchiale, en entraînant les branchies dans ses mouvements. Les rayons branchiostèges ayant leurs mouvements particuliers, étendent ou plissent la membrane qu'ils soutiennent.

Dans les Poissons cartilagineux, l'appareil hyoïdien est construit sur le même plan général que chez les Poissons osseux, mais dans les Lamproies, il est d'une structure très-compliquée et très-spéciale.

La colonne vertébrale est en général composée, comme dans les animaux supérieurs, d'une suite de vertèbres s'étendant de la base du crâne à l'extrémité du corps. Les vertèbres des Poissons sont très-reconnaissables à la présence d'une fosse conique creusée tant à leur face antérieure qu'à leur face postérieure. Ces cavités sont remplies par une substance molle qui passe par un trou pratiqué au centre de chaque vertèbre; en sorte qu'il existe un véritable cordon de substance fibro-gélatineuse. C'est la *corde dorsale* qui dans la plupart des Poissons cartilagineux s'avance jusque dans l'intérieur du crâne, et qui, dans les Lamproies, constitue presque toute la colonne vertébrale.

---

[1] Toutes les parties de l'appareil hyoïdien ont reçu des noms particuliers, et, comme chaque auteur qui s'est occupé du sujet a tenu à proposer une nomenclature, il en est résulté une multitude de dénominations. On trouvera à cet égard un excellent résumé dans : Milne Edwards, *Leçons de Physiologie et d'Anatomie comparée*, t. II, p. 219, note 2. — L'appareil hyoïdien est considéré par M. Owen comme une dépendance de la zone ou vertèbre pariétale du crâne.

Au-dessus du corps de la vertèbre ainsi évidée en avant et en arrière, s'élèvent deux arcs réunis à leur sommet ; c'est une sorte d'anneau formant le canal de la moëlle épinière, surmonté d'une lame verticale (*apophyse épineuse*). A la base de ces mêmes arcs se montrent chez la plupart des Poissons osseux de petites apophyses (*apophyses articulaires*) et sur les corps des vertèbres, il existe souvent des apophyses transverses qui peuvent même devenir assez longues pour se réunir inférieurement, de façon à constituer un anneau, pourvu d'une lame descendante (*apophyse épineuse*). C'est ce que l'on observe ordinairement pour les vertèbres de la partie postérieure de l'abdomen. Il y a dans le nombre des vertèbres, dans leurs formes, des modifications infinies, déjà très-bien décrites, mais dont on n'a pas encore reconnu la valeur véritable pour l'appréciation des affinités naturelles. Dans les Poissons cartilagineux, Raies, Squales, etc., les vertèbres ne sont pas toujours nettement séparées les unes des autres et chez les Poissons inférieurs (Lamproies), la colonne vertébrale est réduite à une corde dorsale pourvue d'une enveloppe fibro-membraneuse qui, en s'étendant vers la partie supérieure, circonscrit le tube que traverse la moëlle épinière.

Les côtes qui manquent chez certains Poissons, existent chez le plus grand nombre de ces animaux. Ordinairement insérées sur les apophyses transverses, quelquefois attachées au corps des vertèbres, mais toujours par une seule tête, elles ont peu de mobilité. Dans beaucoup d'espèces, les côtes portent des appendices grêles, sortes de stylets, comme on en voit aussi, qui adhèrent au corps des vertèbres et traversent les chairs. Ce sont là ces arêtes si fines qui rendent plusieurs Poissons fort désagréables à manger.

Dans ces animaux, où il y a absence de sternum, les os qui supportent les membres antérieurs forment en arrière de l'orifice des ouïes, une ceinture qui limite postérieurement la chambre respiratoire. Les deux portions de cette ceinture se rapprochent et s'attachent au sommet du crâne chez la plupart des Poissons osseux et chez les Esturgeons pour se réunir au-dessous de la gorge. On les trouve ordinairement composées de trois os qui représentent l'épaule ; le plus élevé des trois, est le *surscapulaire*, fixé aux parois latérales du crâne, le second ou l'intermédiaire, est le *scapulaire*, correspondant à l'omoplate, le troisième, le plus grand, a été déterminé de toutes les manières imaginables, c'est l'*huméral* selon Cuvier, le coracoïde selon Owen, la clavicule selon d'autres auteurs. En général, ces pièces se montrent à l'extérieur.

Chez certains Poissons (les Anguilles, etc.), la ceinture des os de l'épaule est rudimentaire et libre d'adhérence à sa partie supérieure. Il en est ainsi chez la plupart des Cartilagineux, mais dans les Raies, elle est en rapport avec la portion antérieure de la colonne vertébrale.

Au bord interne de la troisième pièce de la ceinture, sont attachés deux os placés l'un au-dessus de l'autre, représentant l'avant-bras (*cubitus* et *radius* de Cuvier, *radius* et *cubitus* d'Owen) et dans plusieurs types, il en existe un troisième, l'*humerus* selon Owen, appuyé également au bord interne de la pièce inférieure de la ceinture. En outre, une sorte de stylet adhérent aussi à cette dernière, correspondrait au coracoïde selon Cuvier, à la clavicule selon d'autres auteurs.

A la suite de l'avant-bras, se trouve une rangée de petits os (les représentants du carpe) qui supportent les rayons de la nageoire pectorale, véritables représentants des doigts [1].

Les os des membres postérieurs, qui manquent souvent chez les Poissons, sont toujours rudimentaires lorsqu'ils existent. C'est ordinairement une seule pièce, en général triangulaire, plus ou moins pourvue de lames saillantes, sans rapport direct avec la colonne vertébrale, tantôt libre dans les chairs, tantôt attachée par son extrémité antérieure au troisième os de la ceinture thoracique et portant à son extrémité postérieure les rayons des nageoires ventrales. Chez la plupart des Cartilagineux, le bassin se compose de deux pièces réunies sur la ligne médiane et pourvues chacune d'un arc servant de support aux rayons de la nageoire.

Les nageoires verticales des Poissons sont de véritables arêtes, que rien ne représente dans la charpente des Vertébrés supérieurs. Ces nageoires qui se montrent à l'extérieur, comme une file de tiges ou de rayons soutenant une membrane, ont une partie intérieure pour chaque rayon. Cette partie consiste en une pièce osseuse (*os interépineux*), en forme de poignard à quatre tranchants, dont la base est au niveau de la peau et la pointe engagée dans les apophyses des vertèbres. Quelquefois ces os sont entièrement détachés des vertèbres et l'on en trouve qui ne portent pas de rayons. Dans les Poissons Plagiostômes, ils sont cartilagineux, et dans les Raies en particulier, ils sont formés d'une suite d'articles. Chez les Poissons osseux, les rayons de la nageoire caudale sont fixés à la dernière vertèbre qui est comprimée latéralement et fort étendue dans le sens de la hauteur.

[1] On verra par l'examen particulier de nos Poissons des eaux douces, de nombreux exemples des caractères variés, qu'affectent les rayons.

§ 9. — Des muscles et des mouvements.

Les muscles des Poissons sont en général peu colorés. Beaucoup de ces animaux ont la chair presque blanche, et si elle est rougeâtre chez un grand nombre d'espèces, elle reste toujours pâle comparativement à la couleur de la chair des Mammifères et des Oiseaux.

Une grande masse musculaire occupe chaque côté du corps, offrant à sa surface des stries tendineuses qui ne sont autre chose que des ligaments, séparant les muscles en autant de parties qu'il y a de vertèbres. Ce muscle latéral, ainsi fixé au corps des vertèbres, s'attache d'autre part à l'extrémité postérieure de la tête et tout le long de la ceinture des os de l'épaule. Cette grande masse musculaire est en outre partagée dans le sens de la longueur du corps par un sillon traçant la séparation entre une partie dorsale et une partie ventrale. C'est par les contractions de ces muscles latéraux, que le corps peut se courber d'un côté ou de l'autre ; c'est ainsi qu'il se fléchit alternativement à droite et à gauche pour déterminer la progression.

Les nageoires dorsale et anale sont mises en jeu par de petits muscles superficiels, formant plusieurs couches, embrassant d'une part les os interépineux et d'autre part les rayons. Dirigés en sens divers de façon à agir comme antagonistes, les uns servent à dresser les rayons des nageoires, les autres à les abaisser.

La nageoire caudale, dont les mouvements sont des plus énergiques, a des muscles plus puissants que les autres nageoires verticales ; il y en a deux couches superposées, et de plus petits muscles étendus d'un rayon à l'autre.

Les nageoires pectorales ont aussi pour moteurs des couches musculaires superposées, qui s'attachent à la ceinture des os de l'épaule ; les couches antérieures déterminent l'extension ou l'écartement de la nageoire, les couches postérieures son abaissement.

La même disposition se répète pour les nageoires ventrales dont les muscles sont fixés au bassin.

Les mâchoires, dont les mouvements ont une puissance extrême, sont mises en jeu par une grosse masse musculaire divisée en plusieurs portions, qui s'insère par deux tendons aux deux mâchoires, et s'attache en arrière à l'appareil palatin, et aux pièces supportant la mâchoire inférieure. Les deux branches de celle-ci peuvent être rapprochées au moyen d'un muscle placé en travers.

L'arcade palatine est élevée ou abaissée par des muscles presque toujours volumineux. L'opercule est pourvu d'un élévateur décomposé en plusieurs parties et d'un abaisseur.

Les muscles de l'appareil hyoïdien ont une assez grande complication, mais le principal d'entre eux est étendu de la face interne de la mâchoire inférieure à la branche de l'os hyoïde. Des muscles situés entre les rayons de la membrane branchiostège ont pour usage de resserrer la cavité branchiale. Les mouvements de l'appareil branchial sont exécutés par un ensemble de muscles très-compliqué. Des élévateurs des arcs branchiaux fixés à chacun de ces arcs, s'attachent à la base du crâne. Un élévateur plus puissant part en outre de chaque arc et prend son point fixe à la face inférieure de la colonne vertébrale. Les mouvements contraires, ou d'abaissement de l'appareil branchial, sont produits par des muscles étendus des os pharyngiens à l'os hyoïde et à la ceinture de l'épaule.

Cette disposition des principaux muscles que nous ne pouvons qu'indiquer, s'applique aux Poissons osseux, en général, mais elle diffère à beaucoup d'égards chez les Poissons cartilagineux.

§ 10. — Du système nerveux.

La considération du système nerveux, l'appareil, qui met l'être en relation avec le monde extérieur, l'agent de la sensibilité et des mouvements, est, dans tous les groupes du Règne animal, d'un intérêt hors ligne. L'état de développement des parties centrales du système nerveux donne de suite une idée relative d'un degré de perfection organique plus ou moins grand; les fonctions de ces différentes parties, lorsqu'elles peuvent être sûrement constatées, apportent les notions les plus curieuses sur les facultés des animaux, et donnent lieu aux comparaisons de l'ordre le plus élevé. Les caractères, la disposition du système nerveux, fournissent, mieux que tous les autres caractères, la mesure des affinités naturelles qui existent entre les représentants des divers groupes zoologiques.

Chez les Poissons, les parties centrales du système nerveux se composent, de même que chez tous les animaux vertébrés, de l'encéphale et de la moëlle épinière : l'encéphale logé dans la boîte crânienne, la moëlle occupant le canal vertébral qu'elle remplit d'ordinaire dans presque toute sa longueur. Il n'y a, à cet égard, qu'un petit nombre d'exceptions [1].

Relativement à la grosseur de la tête de la plupart des Poissons, relativement à la capacité de leur boîte cérébrale, les proportions de l'encéphale se montrent extrêmement réduites. Comme il existe un accord à peu près général entre l'étendue

---

[1] Comme la Baudroie (*Lophius piscatorius*), comme le Poisson lune *Orthragoriscus mola*), où la moëlle épinière est extrêmement courte.

des manifestations intellectuelles et le volume du cerveau, on se trouve assez fondé à voir dans les Poissons des créatures très-imparfaitement douées sous le rapport de l'intelligence et même de l'instinct. Cependant on s'est fort exagéré cette imperfection ; des faits, aujourd'hui bien connus, en sont la preuve évidente.

L'encéphale, au lieu d'être moulé sur les parois de la boîte crânienne, ainsi que cela se voit chez tous les Vertébrés supérieurs, n'occupe ordinairement qu'un espace assez limité dans cette boîte. Une secousse un peu violente suffirait donc pour le déplacer, si une abondante matière huileuse ne comblait le vide entre la *pie-mère*, la délicate membrane dont l'encéphale est revêtu, et la *dure-mère*, l'épaisse tunique qui tapisse les parois de la boîte cérébrale.

Les différences considérables que présentent les appareils organiques entre les principaux types de la classe des Poissons, oblige à examiner séparément l'encéphale dans chacune des grandes divisions de ce vaste groupe zoologique.

Chez les Poissons osseux, le cerveau paraît fort étrange à la première inspection. On y reconnaît difficilement d'abord les parties qui constituent le cerveau des Mammifères et des Oiseaux. C'est une suite de lobes se succédant de façon à figurer une sorte de double chapelet. Ces lobes, le plus souvent d'un beau blanc nacré à la surface, ont leur contour extérieur parfaitement arrondi. Pour se rendre compte, tout à la fois, de l'aspect général de l'encéphale et de la position qu'il occupe dans la tête, il est un moyen simple à la disposition de chacun. Il suffit de choisir un de ces Poissons, le Merlan, par exemple, dont les os offrent presque la transparence du verre. Après avoir enlevé la peau qui couvre le crâne, et détaché les tissus qui peuvent y adhérer, on distingue le cerveau dans toute sa longueur, et avec une admirable netteté, au travers des parois diaphanes de la boîte crânienne.

La détermination des différents lobes qui composent ce cerveau n'a pas été sans causer beaucoup d'embarras aux naturalistes de notre siècle. Les naturalistes antérieurs n'avaient guère songé qu'il fût possible de reconnaître dans ces lobes des parties exactement correspondantes à celles de l'encéphale des Vertébrés supérieurs. C'est Arsaky, ce médecin grec que nous avons cité, qui, le premier, en a fait ressortir les rapports les plus manifestes.

Chez un grand nombre de Poissons, les lobes de l'encéphale, situés tout à fait en avant, sont les tubercules olfactifs. Il n'y en a le plus souvent qu'une seule paire, mais il est des espèces où l'on en voit deux paires. Dans quelques cas, ces tubercules se trouvent à l'extrémité des nerfs de l'odorat. Aux tubercules olfactifs succèdent les hémisphères, le cerveau proprement dit. Ceux-ci sont pleins, et leur dimension, toujours peu considérable, est souvent inférieure à celle des lobes qui viennent à la suite. Cette double circonstance avait empêché plusieurs zoologistes, et Cuvier en particulier, de vouloir les regarder comme les organes correspondants aux hémisphères du cerveau des Vertébrés supérieurs, mais la considération de leurs relations avec les autres parties de l'encéphale, ne laisse presque aucun doute sur la justesse de l'appréciation aujourd'hui généralement acceptée.

Exactement en arrière des hémisphères, se montrent les lobes optiques, dont le volume dépasse très-ordinairement celui des hémisphères. Ils fournissent la plupart des fibres des nerfs optiques, et leur grosseur est d'autant plus considérable que les yeux de l'animal sont plus grands. Ces lobes sont creux et leur cavité est spacieuse, ce qui leur donne un caractère très-différent de celui des tubercules optiques des autres animaux vertébrés. Au fond de la cavité, il existe des organes nombreux, et notamment de petits tubercules qui ont été décrits avec soin et même assez bien représentés. Mais malgré les efforts tentés pour en déterminer la nature, on est loin encore, à cet égard, d'être arrivé à une certitude.

Sur la ligne moyenne, entre les hémisphères et les lobes optiques, s'élève une petite glande vasculaire plus ou moins apparente ; c'est la glande pinéale, unie aux hémisphères par deux petits cordons.

A la suite des lobes optiques vient le cervelet, placé en travers sur la portion antérieure de la moëlle allongée. Très-variable dans ses proportions relatives, le cervelet présente ordinairement une surface lisse avec une faible ligne longitudinale ; dans quelques types seulement il a des sillons transversaux. Il offre toujours une cavité intérieure en communication avec le ventricule qui précède. Après le cervelet et sur un plan inférieur, se voit la moëlle allongée, qui est très-fréquemment accompagnée de renflements ou de petits tubercules désignés par Cuvier sous le nom de lobes postérieurs.

Les parties de l'encéphale d'un Poisson osseux que l'on peut observer sans dissection et même sans déplacer aucun organe, sont donc : les tubercules olfactifs, les hémisphères, les lobes optiques, le cervelet et la moëlle allongée ; mais si l'on examine le cerveau par sa face inférieure, on découvre encore, au-dessous des lobes optiques, deux protubérances (*lobes inférieurs* de Cuvier) offrant des cavités qui communiquent avec celles de ces derniers, et, en avant, un petit corps impair, généralement regardé comme la glande pituitaire.

D'après la manière dont se succèdent les lobes supérieurs, d'après les caractères les plus importants de ces organes, il paraît certain que l'on est dans la vérité en ce qui concerne leur détermination. Il n'en est pas de même pour les parties profondes. Les comparaisons que l'on en a faites avec les différents organes qui composent le cerveau des Mammifères n'ont rien fourni d'assez concluant pour qu'il soit possible d'en tirer un argument propre à établir un fait.

De nouvelles recherches sont nécessaires; une étude de la structure, une investigation minutieuse des origines des nerfs crâniens, une observation approfondie du cerveau à toutes les phases de son développement, conduiront sans doute à la solution cherchée en vain par l'examen seul de la configuration et de la situation des parties.

Le cerveau des Poissons osseux a été l'objet de quelques expériences physiologiques. Magendie et Desmoulins, M. Flourens, ont tenté, en pratiquant des lésions ou l'ablation de certains lobes, de reconnaître le rôle particulier, la véritable fonction de ces organes. Tout récemment, un jeune naturaliste, M. E. Baudelot, a repris ce sujet. Les résultats constatés dans ces expériences peuvent être rapidement énoncés.

Aucun trouble bien appréciable n'apparaît chez le Poisson après la destruction des hémisphères ou lobes cérébraux. L'animal semble avoir conservé toutes ses facultés; on le voit se diriger avec la même agilité et la même sûreté qu'auparavant. C'est un résultat très-différent de celui qui se produit, soit chez les Mammifères, soit chez les Oiseaux où l'ablation des hémisphères amène une profonde stupeur et un anéantissement total des facultés intellectuelles.

Une lésion qui intéresse seulement la voûte des lobes opti-

ques cause un désordre plus apparent; le Poisson paraît avoir
perdu le sens de la vue; il reste souvent immobile, se heurte
contre les obstacles et ne se dérobe aux attouchements qu'on lui
fait subir, qu'avec lenteur et en fuyant au hasard. Mais si le
plancher des lobes optiques a été atteint, même par une très-
légère piqûre, un trouble des plus curieux se manifeste aussitôt.
L'animal se courbe et décrit en nageant un mouvement de
rotation autour de son axe, qui s'effectue toujours du côté
opposé à la lésion. Ce mouvement s'exécute parfois avec une
telle rapidité, que les tours de l'animal sur lui-même peuvent
aller jusqu'à cent ou cent vingt dans l'espace d'une minute.
Néanmoins, dans beaucoup de circonstances, ils sont moins pré-
cipités. Lorsque le crâne a été ouvert pour pratiquer la lésion,
la substance cérébrale devenant bientôt diffluente par suite du
contact de l'eau, l'animal périt en moins de quelques heures.
Au contraire, si les expériences sont faites sur de petits Poissons, tels que des Epinoches, auxquels M. Baudelot a eu recours,
comme on réussit à l'aide d'une aiguille fine à piquer le plancher des lobes optiques en traversant le crâne, sans l'endomma-
ger d'une manière sensible, le Poisson peut vivre douze ou
quinze jours, en exécutant presque sans cesse le même mouvement giratoire auquel il obéit fatalement. Rien n'est plus singulier, que de voir dans un vase, des Epinoches exécutant ainsi
le perpétuel manége, sans qu'aucune blessure apparente ait
changé leur physionomie habituelle.

C'est un phénomène semblable à celui qui se manifeste chez
les Mammifères et les Oiseaux après une lésion des pédoncules
cérébraux ou des pédoncules cérébelleux moyens; phénomène
très-bien décrit par M. Flourens, par M. Longet, par d'autres
physiologistes encore, mais inexpliqué d'une façon satisfaisante.

Il est certain seulement que le mouvement giratoire n'est pas dû à une paralysie, soit d'une partie du corps, soit des membres d'un côté.

L'ablation du cervelet n'influe pas chez les Poissons comme chez les Mammifères sur la régularité, sur la coordination des mouvements. Il faut atteindre les fibres profondes en communication directe avec la moëlle allongée, pour voir apparaître à cet égard des désordres qui se prononcent davantage quand la moëlle elle-même a reçu une lésion.

L'encéphale des Poissons, comparé à celui des Vertébrés supérieurs, se fait remarquer par la faible centralisation des parties qui le composent; c'est une dégradation organique. Les fonctions des centres nerveux paraissent être moins localisées que chez ces mêmes Vertébrés supérieurs; c'est une dégradation physiologique. L'une ne manque jamais de coïncider avec l'autre.

Nous nous sommes jusqu'ici occupé exclusivement du cerveau des Poissons osseux, il est nécessaire de lui comparer maintenant l'encéphale des Poissons cartilagineux.

Dans les Ganoïdes (Esturgeons), on observe, à la suite des hémisphères, un petit lobe simplement fermé en dessus par les membranes du cerveau; celles-ci enlevées, la cavité du petit lobe reste ouverte. Le cervelet est volumineux et présente des traces de circonvolutions. La moëlle allongée, remarquablement élargie, offre un large sinus rhomboïdal et sur les côtés des lobes grêles et allongés [1].

Chez les Poissons plagiostômes (Raies, Squales, etc.), le

[1] On trouve une description détaillée et des figures du cerveau de l'Esturgeon dans un mémoire de M. Stannius. — Müller's *Archiv*. 1843, p. 36, tab. 14.

cerveau ressemble bien davantage à celui des Vertébrés supérieurs. On ne distingue plus de tubercules olfactifs, les hémisphères sont très-volumineux, surtout fort larges, et ils ont une
cavité. Il y a deux lobes inférieurs, des lobes optiques creux,
assez convexes à l'extérieur, un cervelet très-développé, recou-
vrant en grande partie les lobes optiques.

Nous ne pouvons décrire ici en particulier, chaque nerf provenant soit de l'encéphale, soit de la moëlle épinière. Conten-
tons-nous d'un simple aperçu.

Les nerfs cérébraux ont présenté aux anatomistes beaucoup
d'uniformité dans leur mode de distribution.

Les nerfs olfactifs naissent des lobes antérieurs ou des
hémisphères eux-mêmes (Poissons Plagiostomes); les nerfs
optiques toujours entre-croisés, très-volumineux, à l'exception
de ceux des Lamproies, proviennent des lobes optiques et
paraissent recevoir des fibres d'autres parties du cerveau. A
leur suite viennent les nerfs oculo-moteurs, les nerfs pathé-
tiques se distribuant exclusivement au muscle oblique supérieur du bulbe oculaire, les nerfs trijumeaux, toujours très-
gros, se ramifiant dans les diverses parties de la tête, puis
les nerfs acoustiques naissant des parties latérales de la moëlle
allongée par trois, quatre ou cinq racines molles, en arrière
les nerfs glosso-pharyngiens se ramifiant dans la langue, à la
voûte palatine, à l'appareil respiratoire, les pneumogastri-
ques toujours volumineux, ayant leur origine près de celle
des précédents et se distribuant à l'appareil branchial, au
pharynx, à l'œsephage, à l'estomac, au cœur, à la vessie natatoire.

Un nerf provenant de la moëlle épinière et donnant sa branche principale à des muscles de l'os hyoïde (sterno-hyoïdien) a

été regardé comme représentant le nerf hypoglosse des Vertébrés supérieurs.

Un nerf grand sympathique offrant de nombreux ganglions et de nombreuses anastomoses avec les nerfs crâniens et les nerfs spinaux règne de chaque côté de la colonne vertébrale.

Les nerfs spinaux naissent ordinairement, comme dans les Vertébrés supérieurs, par deux racines, l'une antérieure simple, l'autre postérieure pourvue d'un renflement ganglionnaire, et ils sortent par les intervalles des arcs vertébraux et **parfois** en traversant ces arcs eux-mêmes.

Les racines se confondent bientôt en un seul tronc, mais dans certaines espèces au moins, l'union de leurs fibres (motrices et sensibles) est assez faible pour qu'on ait réussi à les séparer par la dissection [1]. Ces nerfs se distribuent à toutes les parties du corps.

§ 11. — Des organes des sens.

Les Poissons ne semblent pas très-mal partagés sous le rapport des organes des sens.

Selon toute apparence, la vision est très-nette et capable de porter à des distances assez considérables chez ces animaux; la sûreté avec laquelle ils se jettent sur un appât en témoigne manifestement.

Les yeux des Poissons, chacun en a fait la remarque, sont d'ordinaire très-grands, relativement au volume de la tête; parfois même, ils sont énormes. Dans quelques types, cependant, les Anguilles par exemple, leur dimension est petite. Presque toujours, ils occupent régulièrement les côtés de la tête; c'est d'une manière exceptionnelle, comme dans les Pleu-

[1] Armand Moreau, *Annales des sciences naturelles*, 4ᵉ sér., t. XIII, p. 380.

ronectes (la Raie, le Turbot, la Sole, le Flet, etc.) qu'ils sont tournés d'un même côté de la tête.

Le bulbe oculaire assez aplati en avant, globuleux en arrière, est entouré d'une matière graisseuse ou gélatineuse sur tous les points en contact avec l'orbite. Les mouvements de ce bulbe, toujours peu étendus, sont produits en général par l'action de quatre muscles droits et de deux muscles obliques.

Il n'y a point de véritables paupières chez les Poissons ; le plus ordinairement, la peau passe au-devant de l'œil, où elle acquiert assez de transparence pour permettre aux rayons lumineux de la traverser. Dans certains types cependant, elle forme deux replis libres, l'un supérieur, l'autre inférieur, et dans quelques cas (les Pleuronectes, les Plagiostômes), elle se renfle en manière de bourrelet.

Il n'existe ni glandes lacrymales, ni points lacrymaux, et l'on comprend sans peine, combien aurait été inutile à des animaux vivant dans l'eau, un liquide particulier destiné à laver et à lubréfier l'organe de la vision.

La tunique extérieure de l'œil, la sclérotique, est épaisse, fibreuse et soutenue chez la plupart des espèces par deux lamelles cartilagineuses, souvent ossifiées et constituant alors une capsule solide, ouverte en avant pour l'insertion de la cornée, en arrière pour le passage du nerf optique. La cornée transparente, plus mince dans son milieu qu'à sa circonférence, est toujours peu convexe.

Intérieurement, l'œil est tapissé par la choroïde ; celle-ci, séparée de la sclérotique par un tissu cellulaire graisseux, est composée de trois feuillets : un feuillet externe fort mince, enveloppant toutes les parties profondes et offrant, par suite de la présence d'innombrables cristaux microscopiques, l'aspect d'un enduit de couleur argentée ou dorée, qui en avant forme l'iris et lui donne le magnifique éclat si ordinaire aux yeux des Poissons, un feuillet moyen vasculaire et un feuillet interne noirâtre (la *ruyschienne*) couvert de cellules pigmentaires hexagonales.

L'iris paraît être toujours fort peu mobile et dans plusieurs Poissons (Pleuronectes, Raies, etc.), son bord supérieur se prolongeant en une sorte de voile découpé, la pupille peut être fermée à la volonté de l'animal.

Souvent la membrane interne (*ruyschienne*) présente des plis rayonnants très-fins, qui paraissent représenter les *procès ciliaires* des yeux des Mammifères, mais ces plis n'arrivent jusqu'à la capsule du cristallin que dans un petit nombre de types.

Le cristallin est volumineux et de forme parfaitement sphérique. C'est un véritable globule diaphane, logé dans une capsule mince, faisant saillie à travers la pupille et remplissant presque en entier la chambre antérieure de l'œil.

Le corps vitré, entouré de sa membrane hyaloïde, occupe très-peu d'espace.

Le nerf optique traverse les membranes de l'œil en suivant, dans la plupart des cas, une direction oblique. Il offre l'aspect d'une membrane plissée dont les bords sont interrompus; ses fibres rayonnant en manière d'éventail, constituent la rétine, où l'on aperçoit très-distinctement les corpuscules en bâtonnet.

Une particularité singulière de l'œil des Poissons consiste dans la présence d'un ligament en forme de faux (*processus falciforme*) qui passe dans une fissure de la rétine, traverse le corps vitré et s'attache à la capsule du cristallin par une sorte de tubercule (*campanule de Haller*).

Comme les yeux dont nous venons d'indiquer la structure
générale, ne semblent pas présenter toute la perfection des
yeux des Vertébrés supérieurs, Cuvier a pensé que les Poissons
ne devaient recevoir que des impressions confuses des objets ;
supposition peu fondée, car les Poissons se dirigent par le sens
de la vue dans l'accomplissement de la plupart de leurs actes.
Notre illustre naturaliste lui-même rappelle ce fait si connu,
que ces animaux, trompés par l'apparence, se jettent sur des
appâts artificiels [1]. Au reste, le temps est proche, peut-être, où
un naturaliste saura montrer la véritable nature de la vision
chez les différents types du Règne animal.

Les manifestations du sens de l'ouïe sont continuelles chez les
Poissons. Il est facile, en toute occasion, de reconnaître combien ces animaux sont affectés par les bruits. Les pêcheurs doivent demeurer silencieux pour ne pas les effrayer. On sait que
les Romains, se plaisant à donner des noms particuliers aux
hôtes de leurs viviers, réussissaient à faire venir chacun d'eux à
l'appel de son nom. L'observation simple porte donc à croire
que le sens de l'ouïe n'est pas très-imparfait chez les Poissons, et
cependant leur appareil auditif, d'une structure fort dégradée,
si on le compare à celui des Mammifères et des Oiseaux, donne
à penser que la perception des sons doit être assez vague chez
ces animaux.

Il n'y a jamais d'oreille extérieure, et l'oreille interne, logée
dans une cavité du crâne, circonscrite chez les Poissons osseux
par le rocher et l'occipital, est dépourvue de limaçon, de tympan
et de trompe d'Eustache. Elle se trouve ainsi réduite à un labyrinthe membraneux en rapport, chez certaines espèces, avec la

---

[1] *Histoire naturelle des Poissons*, t. I, p. 658.

vessie natatoire. Ce labyrinthe est entouré d'une liqueur huileuse et formé d'un premier sac (*vestibule*) de proportions variables, attaché à la paroi interne du crâne, d'une seconde petite poche séparée de la première par un étranglement et de canaux semi-circulaires pourvus chacun d'une ampoule. Une humeur gélatineuse d'une complète transparence remplit et distend toutes les parties du labyrinthe ; des osselets, des pierres, comme on les a appelés (*otolithes*), d'une forme déterminée, existent toujours à l'intérieur du vestibule et du petit sac qui lui succède. En général, on en trouve un dans le premier, deux dans le second.

Chez les Poissons cartilagineux (*Raies*, etc.), outre le labyrinthe membraneux, il y a un labyrinthe cartilagineux ; les canaux semi-circulaires offrant une disposition spéciale, aboutissent à un vestibule en forme de tube, adhérant par son extrémité supérieure à une fenêtre ovale, dont on ne trouve pas de trace dans les Poissons osseux.

Chacun constate aisément l'existence du sens de l'odorat dans les Poissons ordinaires à la présence des narines qui sont percées de chaque côté du museau. Ces narines ont le plus souvent deux ouvertures, placées l'une derrière l'autre. La première, presque toujours munie d'une petite saillie de la peau, d'une sorte de valvule, est quelquefois supportée par un prolongement tubuleux et contractile.

Ces ouvertures extérieures communiquent avec une fosse nasale, tapissée par une membrane muqueuse, plus ou moins plissée et soutenue par des rayons convergeant vers le centre ou disposés des deux côtés d'un axe. Cette membrane pituitaire est revêtue d'un épithélium ciliaire.

Dans les Poissons cartilagineux, comme les Raies, les fosses nasales situées au voisinage de la bouche, sont fermées par des valvules contenant des cartilages dans leur épaisseur (cartilages des ailes du nez).

Dans les Lamproies et dans toutes les espèces du même groupe, l'organe olfactif est impair ; c'est un simple tube, parfois garni de cercles cartilagineux, ouvert sur le sommet du museau et étendu en arrière, jusqu'au travers de la voûte palatine.

Selon toute apparence, le goût est fort peu prononcé chez les Poissons ; car la plupart de ces animaux avalent leur proie sans la mâcher ; leur langue à peu près immobile, lorsqu'elle existe, n'est pas charnue, leur bouche n'est point humectée par de la salive. Cependant, chez des espèces herbivores privées de langue (*Cyprinides*), la présence d'une substance molle et épaisse, à l'entrée du gosier où s'effectue une trituration des aliments, semble indiquer une faculté gustative.

Sous le rapport du tact, les Poissons ne sont certainement pas très-favorisés, et les mieux doués à cet égard, sont ceux dont la bouche est garnie de ces appendices charnus si connus sous le nom de barbillons[1].

§ 12. — De la respiration et des organes respiratoires.

L'introduction continuelle de l'air dans l'organisme, personne ne l'ignore aujourd'hui, est pour tous les êtres une condition essentielle à l'entretien de la vie. C'est la respiration ; phénomène mal compris, et d'ailleurs inexplicable, avant

---

[1] Après l'examen du système nerveux et des organes des sens des Poissons, il serait naturel de jeter un coup d'œil sur les facultés instinctives de ces animaux ; mais dans le cours de ce livre, les exemples d'instinct les mieux connus devant être rapportés, il n'est pas nécessaire de nous y arrêter en ce moment.

la découverte de la composition de l'air atmosphérique et de la
nature du gaz acide carbonique. Dans l'opinion des anciens,
l'air introduit dans les poumons est simplement destiné à rafraîchir le sang, et chez les animaux aquatiques, c'est l'eau qui,
en baignant leurs branchies, doit déterminer un effet analogue.
Au dix-septième siècle, l'observation du changement de couleur
qu'éprouve le sang veineux en présence de l'atmosphère, les
recherches des chimistes, les expériences des physiologistes,
commencent à jeter quelques lueurs et à faire pressentir de
nouvelles lumières sur le phénomène de la respiration. Jean
Bernouilli, l'illustre géomètre, constate que les bulles qui se
dégagent de l'eau exposée à la chaleur sont de l'air qui était
dissous dans le liquide, et il s'assure que les Poissons ne peuvent
vivre dans l'eau dont l'air a été expulsé par l'ébullition. Mais il
fallait les découvertes de Lavoisier pour établir que l'oxygène
de l'atmosphère absorbé par la respiration, se combine avec le
carbone fourni par l'organisme pour produire, par une véritable
combustion, du gaz acide carbonique qui est rejeté au dehors.

Chez les animaux aquatiques, l'eau étant amenée d'une manière incessante au contact des surfaces respiratoires, le sang
qui afflue vers ces surfaces s'empare de l'oxygène de l'air
qu'elle tient en dissolution.

On donne le nom de *branchies* aux organes conformés pour
la respiration aquatique. Dans les Poissons osseux et les Poissons Ganoïdes, les branchies sont logées dans une cavité, ou
chambre respiratoire, située de chaque côté de la région cervi-
cale, où elle a pour paroi extérieure les pièces operculaires, et
pour limite en arrière les os de l'épaule qui supportent les
nageoires pectorales. Ces branchies sont constituées par des

lamelles étroites, longues et aplaties, rendues constamment
rouges par le sang qu'elles contiennent. Disposées en séries

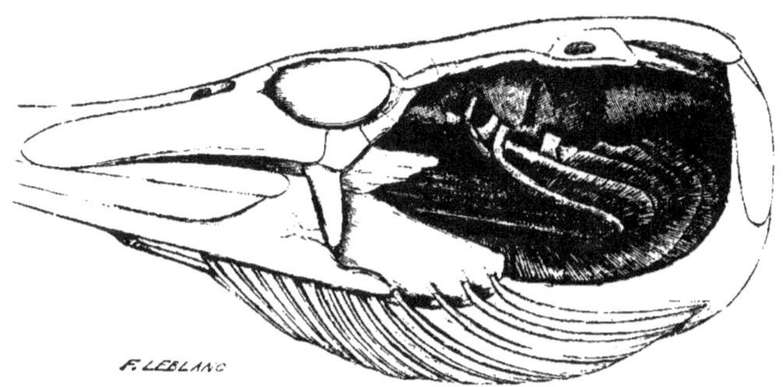

Fig. 2. — Appareil branchial du Brochet.

parallèles à la manière de dents de peigne sur les tiges osseuses
désignées sous le nom d'arcs branchiaux, elles flottent, leur
extrémité libre dirigée en arrière, dans l'eau qui remplit la
chambre respiratoire. Ces organes fragiles, d'une si grande importance pour la vie de l'animal, avaient besoin d'être protégés
contre toutes les chances d'accidents. Rien ne leur manque
sous ce rapport. Un prolongement de la membrane muqueuse
de la bouche, voile d'une admirable délicatesse, vient en une
multitude de replis leur fournir un abri. Malgré cette protection, les lamelles branchiales devaient encore être maintenues
de façon à ne jamais s'affaisser les unes sur les autres. Une tige
osseuse ou cartilagineuse garnie de dents assez semblables à
celles d'un râteau, maintient chacune d'elles par son bord
interne.

Les formes de ces lamelles, ordinairement indépendantes les
unes des autres, mais réunies dans quelques espèces par de
petites traverses, les particularités des tiges qui les soutiennent,
variées à l'infini, suivant les espèces de Poissons, offrent des

sujets d'observations comparatives des plus curieux, et cette infinie variété dans les caractères des instruments permet de prévoir un avenir, où des modifications dans la fonction physiologique qui nous échappent encore, seront révélées.

Le nombre des lamelles de l'appareil respiratoire d'un Poisson est très-considérable. On en a compté, sur une seule rangée, 55 chez le Goujon, 96 chez la Tanche, 106 chez le Barbeau, 135 chez la Carpe. Il y en a deux rangées à chaque branchie, et il existe quatre branchies des deux côtés. L'appareil respiratoire du Goujon présente donc, en totalité, environ 880 lamelles, celui de la Tanche près de 1 500, celui du Barbeau 1 700, celui de la Carpe 2 160. Malgré la petitesse de ces lamelles, converties en filaments chez certains Poissons (Syngnathes, Hippocampes), il y a ainsi en contact continuel avec l'eau une surface respiratoire immense, comparativement à l'espace occupé par l'appareil branchial.

Dans la plupart des Poissons osseux, il existe, comme dans les espèces qui viennent d'être citées, deux rangées de lamelles sur chacun des arcs branchiaux, mais, chez beaucoup de ces animaux, le dernier arc, celui qui est extérieur, n'en porte qu'une seule rangée. Le Chabot, dont nous aurons à faire l'histoire, en est un exemple, et l'on en trouve d'autres parmi les Poissons de mer. Enfin, dans plusieurs genres, on ne voit plus que trois branchies de chaque côté, et, dans quelques types, deux seulement.

Certains Poissons meurent à peine hors de leur élément ; chez d'autres, la vie persiste pendant quelques heures. Il en est qui éprouvent le besoin de sortir de l'eau à des intervalles plus ou moins éloignés, et qui accomplissent des voyages sur terre sans en éprouver d'inconvénient. Personne n'ignore que des

Anguilles se promènent fréquemment dans les prairies humides et se portent parfois à de grandes distances, soit des rivières, soit des étangs où elles vivaient.

On se rend parfaitement compte de cette faculté. Ce qui entraîne rapidement la mort de l'animal aquatique, c'est l'affaissement et la dessiccation de ses branchies, qui cessent de fonctionner dès que leur tissu perd de sa mollesse. Or, si la chambre branchiale, comme chez les Harengs, par exemple, est assez largement ouverte pour laisser échapper toute l'eau au moment où le Poisson est amené à l'air, l'organe respiratoire étant mis à sec, l'animal expirera presque aussitôt. Au contraire, si la chambre branchiale est conformée pour retenir l'eau, tout en permettant à l'air extérieur d'y pénétrer, l'animal pourra continuer à vivre. C'est ainsi que les Anguilles, ayant l'orifice des *ouies* très-étroit, ne souffrent point d'un séjour à terre, même pendant un temps assez prolongé.

Mais il y a des Poissons bien mieux organisés pour entreprendre sans danger des voyages sur terre. Chez ceux-ci, il existe un réservoir constitué par des prolongements lamelliformes des os pharyngiens supérieurs. Ces lames irrégulières, contournées en divers sens, circonscrivent des cellules. C'est une masse spongieuse qui retient l'eau, la laisse écouler lentement, et humecte les branchies lorsque le Poisson est à sec. Admirable prévoyance de la nature ; les espèces qui présentent cette conformation au plus haut degré [1], habitent des contrées chaudes, où les

---

[1] L'*Anabas testudineus*, Cuvier, des Indes orientales, qui, d'après une assertion du reste démentie, aurait la faculté de monter sur les arbres. Le Gourami (*Osphromenus olfax*, Commerson), de la Chine, introduit depuis le dernier siècle dans l'île de France, aujourd'hui île Maurice, et plus récemment à la Guyane. Les Ophicéphales de l'Inde et de la Chine, etc.

rivières, les mares, les étangs sont souvent desséchés. Une autre disposition tout aussi favorable pour le séjour hors de l'eau, se rencontre chez des Poissons du Nil, de la Sénégambie et du Gange [1]. Dans ces derniers, les arcs branchiaux portent à leur extrémité supérieure, de grosses touffes d'appendices arborescents très-propres à retenir l'humidité ; ces appendices, logés dans une cavité au-dessus des branchies, agissent également à la manière d'une éponge imprégnée d'eau.

Dans ces exemples, tout s'explique à merveille ; il n'en est pas de même pour d'autres conditions d'existence qui dépendent de l'activité de la respiration.

Il est facile de se convaincre qu'il y a dans les besoins respiratoires des Poissons des différences fort remarquables. Des espèces périssent asphyxiées dans une eau où d'autres espèces peuvent parfaitement vivre. Des Cyprinides trouvent, pendant plusieurs jours, assez d'air dans l'eau d'un bassin où des Truites, même d'un très-petit volume, succomberaient dans l'espace de quelques minutes, par le défaut d'une suffisante quantité d'oxygène. Tout le monde sait que des Poissons habitent des eaux stagnantes souvent très-impures, tandis que beaucoup d'espèces n'existent qu'à la condition d'avoir des eaux claires, limpides, roulant sur un fond de pierres et de gravier, où des chocs multipliés favorisent leur aération. Le fait est constant, l'explication satisfaisante est encore aujourd'hui impossible à donner.

La respiration est unie de la manière la plus intime au phénomène de la circulation du sang, et, dans l'état actuel de la science, on est loin de pouvoir préciser tout ce qu'il y a de

[1] Les Hétérobranches de la famille des Silurides.

semblable et tout ce qu'il y a de dissemblable dans les appareils circulatoire et respiratoire de deux Poissons destinés à vivre, l'un dans l'eau claire d'un torrent, l'autre dans une mare bourbeuse. Ce qui nous manque de connaissances intimes sur les organes, nous empêche de comprendre des manifestations *biologiques*, sensibles pour l'observateur le plus superficiel. Exemple entre mille, de cette nécessité d'acquérir les notions les plus certaines sur la forme, sur la disposition, sur la structure des instruments, pour parvenir à expliquer le rôle de ces mêmes instruments, pour arriver à se rendre compte des modifications dans les grandes fonctions, entre les divers types du Règne animal, et souvent entre les espèces appartenant à la même division zoologique. L'expérience physiologique seule, dans sa simplicité, ne saurait conduire au but, sans le secours de ces études fondamentales.

Chez presque tous les Poissons osseux, il y a quatre paires de branchies, mais, déjà nous l'avons vu, la dernière est quelquefois incomplète ; elle manque même entièrement dans certains types et il est des espèces où il n'existe que deux paires de branchies.

D'un autre côté, chez les Ganoïdes (Esturgeons), il existe une branchie *accessoire* adhérente à la face interne de l'opercule et composée d'une seule rangée de lamelles.

Chez les Poissons cartilagineux, les branchies sont fixes ; la chambre branchiale est partagée par des cloisons qui limitent ainsi, d'ordinaire, cinq poches respiratoires, quelquefois six ou sept, ayant chacune un orifice extérieur particulier. Tout le monde a observé, sur les Raies, ces fentes branchiales situées au-dessous des nageoires pectorales. Dans ces Poissons, les lamelles branchiales, du reste très-semblables à celles des Poissons osseux, sont disposées en deux séries, à l'exception de celles de la dernière branchie, sur les arcs immobiles d'où s'élève la cloison, le diaphragme qui limite chacune des poches respiratoires.

Dans les Poissons suceurs (Lamproie, etc.), la conformation de l'appareil respiratoire est différente. Ce sont des sacs branchiaux n'ayant pas de communication directe avec le tube digestif, mais recevant l'eau par un conduit impair dont l'orifice est au fond de la cavité buccale et s'ouvrant au dehors par des trous.

§ 13. — De la vessie natatoire.

Quand un organe joue un rôle considérable dans l'économie de beaucoup d'êtres, s'il arrive que des conditions d'existence particulières le rendent inutile à d'autres animaux médiocrement éloignés des premiers par l'ensemble de leur conformation, l'organe se retrouve ordinairement, soit à l'état de vestige, soit sous la forme d'un instrument destiné à une fonction spéciale. Les Poissons fournissent un exemple remarquable de cette tendance habituelle de la nature.

Chez le plus grand nombre des Poissons, il existe à la partie supérieure de la cavité viscérale, une grosse vessie que l'on désigne sous le nom de *vessie natatoire* par suite de l'opinion généralement acceptée que cet organe sert à l'animal, d'appareil hydrostatique en lui permettant d'augmenter ou de diminuer le poids spécifique de son corps. On a pensé depuis longtemps que la vessie natatoire n'était autre chose qu'un poumon très-dégradé, n'ayant pas de rôle dans la fonction respiratoire ou n'ayant qu'un rôle de très-minime importance, puisque certains Poissons sont entièrement privés de cet organe. Des observations assez récentes, faites sur des espèces peu étudiées jusqu'alors (le *Lépidosiren*, le *Polyptère* du Nil, le *Lépidostée*, le

Gymmarche du Nil, etc.), ont montré qu'il existait des intermédiaires entre les poumons et la vessie natatoire de nos Poissons ordinaires.

Chez ces derniers, la vessie natatoire est extrêmement modifiée dans ses formes, suivant les types, mais toujours elle est formée d'une membrane muqueuse interne et d'une tunique fibreuse extérieure, luisante et d'un blanc éclatant. Le plus souvent, un tube partant de sa portion inférieure débouche dans l'œsophage, près du pharynx, et établit ainsi une communication extérieure (Malacoptérygiens). Mais il est des espèces où cette communication qui existe dans le jeune âge, s'oblitère rapidement et chez un très-grand nombre de Poissons la vessie natatoire n'a jamais aucune communication extérieure, de sorte que les gaz qui la remplissent doivent être nécessairement le produit d'un travail sécrétoire.

Tout récemment des études sur la vessie natatoire ont mis en lumière quelques faits fort intéressants. On savait par d'anciennes expériences que les gaz contenus dans la vessie natatoire sont un mélange d'oxygène, d'azote et d'acide carbonique en proportions variables, suivant les espèces et même suivant les individus. M. Armand Moreau a constaté chez des Poissons dont la vessie natatoire est close (Perches), que cet organe contient toujours une forte partie d'oxygène si l'animal est dans sa condition normale, que cet oxygène disparaît peu à peu si l'animal ne peut plus en emprunter au milieu ambiant, s'il périt asphyxié[1].

A l'égard de la vessie natatoire, nous devons encore rappeler ici le résultat fort remarquable d'une expérience due également

---

[1] *Comptes rendus de l'Académie des sciences*, t. LVII, p. 37, 1863, et t. LVIII, p. 219, 1864.

à M. Moreau. On sait que des Poissons font entendre des bruits particuliers, qu'ils émettent des sons, et, que l'on a désigné cette production de sons sous le nom de *voix* des Poissons. Plusieurs espèces sont connues sous ce rapport, notamment les *Trigles* ou *Grondins*. Jean Müller a traité de la voix des Poissons dans un mémoire spécial[1]. M. le docteur Dufossé en a fait le sujet de nouvelles recherches[2], mais le fait le plus curieux est celui qui a été obtenu par M. Moreau sur des individus du genre des Trigles ou Grondins, il a réussi par l'excitation d'un nerf spinal se rendant à la vessie natatoire à reproduire le bruit, le *grondement* que ces Poissons font entendre pendant la vie[3].

La vessie natatoire est un organe qui joue peut-être dans l'économie de certains Poissons un rôle plus important qu'on ne l'a supposé; cependant il est à remarquer que cet organe manque entièrement chez plusieurs espèces, dont le genre de vie parfois ne semble guère différer de celui des espèces pourvues de cet organe.

§ 13. — De l'appareil de la circulation du sang.

Le sang des Poissons, tout le monde a eu l'occasion d'en faire la remarque, présente les mêmes caractères physiques que celui des Vertébrés supérieurs, bien qu'il soit beaucoup moins riche en matériaux organiques. La quantité de ce fluide relativement au volume du corps est aussi moins considérable chez les Poissons que chez les Oiseaux et les Mammifères. Les globules rouges que le sang tient en suspension sont plus petits que ceux des Batraciens et plus gros que ceux des Vertébrés supérieurs.

---

[1] *Ueber die Fische, welche Töne von sich geben Archiv.* 1857, p. 249.
[2] *Comptes rendus de l'Académie des sciences,* t. XLVI, p. 352. 1858.
[3] *Comptes rendus de l'Académie des sciences,* t. LIX, p. 436. 1864.

C'est un fait à ajouter à beaucoup d'autres, justifiant cette opinion des naturalistes : que les globules sanguins sont d'autant plus gros que la respiration est moins active.

Les instruments dont la fonction est de conduire le sang à tous les organes, et de rapporter ce fluide nourricier au cœur pour être chassé à l'état de sang veineux dans les organes respiratoires, d'où il sortira, ayant repris ses propriétés vivifiantes, c'est-à-dire à l'état de sang artériel, fournissent de magnifiques sujets d'étude chez les Poissons. Nous avons constaté déjà combien leurs particularités les plus essentielles sont caractéristiques des animaux de cette classe.

Voyons donc comment sont conformés ces instruments.

Le cœur ne présente que deux poches contractiles : un ventricule et une oreillette, mais, dans presque tous les représentants de la classe, il existe, au-devant du ventricule, un élargissement, une sorte de réservoir, connu sous le nom de *bulbe artériel*. Ces trois parties, oreillette, ventricule et bulbe artériel, sont enveloppées dans un péricarde et logées ordinairement sous les os pharyngiens entre les parties inférieures des arcs branchiaux et protégées souvent sur les côtés par les os de l'épaule.

Dans quelques espèces, l'oreillette est située exactement en arrière du ventricule, comme cela se voit chez tous les embryons, mais, en général, elle remonte plus ou moins sur le ventricule. Cette oreillette, plus volumineuse que le ventricule, a des parois minces, garnies à la face interne de faisceaux musculaires entrelacés. Son orifice auriculo-ventriculaire est pourvu de valvules destinées à empêcher tout mouvement rétrograde du sang. Le ventricule, très-variable dans sa forme suivant les types, offre le plus ordinairement la figure d'une pyramide dont la base est en avant. Ses parois, charnues et fort épaisses, présen-

tent deux couches de fibres musculaires, presque toujours séparées l'une de l'autre et constituant des colonnes charnues plus
ou moins puissantes. Le volume du cœur est loin d'être chez
tous les Poissons, dans le même rapport avec la dimension du
corps. La capacité de cet organe paraît être d'autant plus grande,
que les mouvements de l'animal sont plus énergiques, la respiration plus active. Des observations bien précises et bien comparatives sur ce sujet auraient un grand intérêt. Le bulbe n'est
qu'un simple élargissement de l'artère. D'après des recherches
qui méritent confiance, ses parois seraient le plus souvent dépourvues de fibres de nature à lui donner une contractilité propre, fibres dont l'existence chez certains Poissons (par exemple
les Esturgeons) est incontestable. A son origine, le bulbe est
garni de valvules qui empêchent le sang de retomber dans le
ventricule, et, à son extrémité, il offre un nombre plus ou moins
considérable de ces replis chez la plupart des Poissons cartilagineux.

Un tronc artériel, en continuité avec le bulbe, *l'artère branchiale*, suivant la désignation adoptée, se porte en avant et se
partage bientôt chez les Poissons osseux en quatre branches, se
distribuant aux arcs branchiaux qui sont en nombre égal.
Dans les Cartilagineux, comme les Raies et les Squales, il y a
cinq paires de ces artères branchiales, sept chez les Lamproies
et six chez d'autres Poissons appartenant à la même division que
ces dernières. A l'égard de la longueur du tronc artériel commun, par conséquent à l'égard du point d'origine des artères
propres des branchies, des différences extrêmes ont été constatées, mais jusqu'à présent, on n'est point parvenu à apprécier
l'importance de ces modifications sous le rapport physiologique.

Les artères des branchies rampent d'ordinaire dans une gout-

tière pratiquée au bord inférieur des arcs branchiaux, fournissant, sur tout leur trajet, une double série d'artérioles qui se distribuent dans les lamelles branchiales, formant à la surface de
ces feuillets si délicats, un réseau capillaire d'une merveilleuse
richesse. Le sang conduit dans ce réseau vasculaire passe ensuite dans un vaisseau qui règne au bord externe de chaque la-
melle, d'où il est versé dans un système de vaisseaux efférents
dirigés vers l'aorte dorsale. Ces vaisseaux, véritables racines du
système artériel, recevant comme les veines pulmonaires de
l'homme, le sang qui a respiré, c'est-à-dire le sang artériel, sont
habituellement désignés sous le nom de *veines branchiales*,
terme vicieux, comme l'a fait remarquer M. Milne Edwards, qui
propose de les appeler *artères épibranchiales*.

Ces vaisseaux efférents des branchies courent parallèlement
aux artères, mais en sens inverse, fournissant, sur leur trajet,
les artérioles nourricières des branchies, l'artère coronaire du
cœur, les artères de l'appareil hyoïde, des parties inférieures
de la tête et des parois abdominales et formant les organes vas-
culaires connus sous le nom de *pseudo-branchies*, d'où naît
de leurs innombrables ramifications, un tronc destiné à porter
le sang aux yeux. Parvenus à la base du crâne, les vaisseaux
efférents s'anastomosent entre eux pour constituer les troncs
d'origine de l'aorte, mais à leur sortie de l'appareil respiratoire,
ils émettent une branche (*artère céphalique*), qui va se distribuer dans la région antérieure et supérieure de la tête.

L'aorte dorsale règne dans toute la longueur du corps, sous
la colonne vertébrale, exactement sur la ligne médiane, envoyant au niveau de chaque espace intervertébral une paire
d'artères qui se ramifient dans tous les muscles du tronc et de
la queue, et, en outre, un vaisseau d'un volume considérable qui

conduit le sang à tous les viscères par des branches nombreuses ramifiées à l'infini.

Le sang ainsi porté par les artères sur tous les points de l'économie, est repris par les veines que l'on distingue en trois groupes : le *système veineux rachidien*, dévolu aux muscles et aux différentes parties de la charpente solide ; le *système veineux viscéral*, qui ramène le sang des viscères de l'abdomen, et enfin le *système veineux bronchique*, qui est limité à l'appareil hyoïdien. Ces trois groupes, différemment unis entre eux suivant les types, versent leur contenu dans un vaste réservoir en communication avec l'oreillette, réservoir désigné habituellement sous le nom de *sinus de Cuvier*.

Les veines du premier système remontent en suivant le trajet des artères intercostales, pour atteindre de chaque côté de la ligne médiane au-dessous de l'aorte, un vaisseau longitudinal (*veines cardinales*) qui conduit le sang dans le *sinus de Cuvier*, après avoir reçu deux vaisseaux (*veines jugulaires*), chargés de ramener le sang de la tête. Il faut ajouter qu'une portion de sang veineux retournant des parties postérieures du corps, principalement par la veine caudale (résultant de la fusion en arrière des deux veines cardinales) est d'abord porté dans les reins par une veine (*veine porte rénale*) qui se ramifie dans ces organes de la même manière que celle du foie. Les ramifications se rejoignent ensuite, deviennent les veines rénales qui se jettent dans les veines cardinales.

Le système veineux viscéral est plus compliqué ; les petites veines qui naissent sur les parois des viscères abdominaux, s'abouchent successivement pour former un tronc (*veine porte hépatique*), qui traverse le foie, distribuant des branches et d'innombrables rameaux dans cet organe à la façon d'une artère. Les dernières ramifications, se réunissant ensuite, constituent une veine (*veine hépatique*) qui se rend, comme les autres, dans le grand sinus.

Chez certains Poissons, des veines viscérales présentent des divisions nombreuses, avec d'infinies ramifications qui constituent des *réseaux admirables* comme les anatomistes les appellent. Particulièrement chez les Cartilagineux, il y a des dilatations des veines et parfois des communications entre elles ainsi que des sinus caverneux situés à la partie supérieure de la cavité viscérale.

Les veines qui ramènent le sang de toutes les parties de l'appareil hyoïdien se déversent directement aussi dans le grand sinus commun à son entrée dans l'oreillette.

Le sinus de Cuvier, qui reçoit la totalité du sang noir ou sang veineux revenant de toutes les parties du corps, est un grand réservoir, une vaste poche à parois minces. Ce réservoir situé en arrière du péricarde chez les Poissons osseux, est logé avec le cœur dans le péricarde lui-même chez les Cartilagineux, comme les Raies et les Squales. Il s'ouvre toujours dans l'oreillette, dont il est souvent séparé à l'intérieur par deux valvules.

Tel est, dans sa plus grande généralité, l'appareil de la circulation du sang dans les Poissons ; mais il est à peine besoin de le dire, il existe, suivant les types, une foule de modifications secondaires qui acquièrent parfois une importance considérable. Des particularités pleines d'intérêt, dans la disposition des vaisseaux, ont été constatées chez certaines espèces. Les recherches de Müller de Berlin et de M. Hyrtl de Vienne ont été à cet égard des plus fructueuses. Le sujet est si vaste cependant, d'une étude si longue et si difficile, que nous sommes éloignés encore du temps où la connaissance parfaite de tous les détails de l'appareil circulatoire chez les types principaux de la classe des Poissons, permettra de s'élever à l'exacte généralisation de tous les faits et de comprendre quelles sont les modifications physiologiques qui coïncident avec ces dispositions anatomiques [1].

§ 15. — Des fonctions digestives et des organes de la digestion.

De tous les animaux, il n'en est guère qui paraissent aussi occupés d'une manière incessante de la recherche de leur nourriture que les Poissons. A l'époque de la reproduction seulement et pour un espace de temps plus ou moins limité, leurs habitudes, d'ordinaire si uniformes, se modifient sous ce rapport.

Ces animaux doués d'une puissance digestive remarquable, avalent presque indistinctement tout ce qui est à leur portée. La voracité de beaucoup d'entre eux est pour ainsi dire proverbiale. On les voit engloutir des proies énormes relativement à leur propre volume, et après un repas qui semble prodigieux, on les trouve disposés à le renouveler si l'occasion est favorable, circonstance suffisante pour dénoter la singulière activité de leurs fonctions digestives. Cette voracité, on le comprend, se manifeste en raison de la dimension de leur bouche et de la

---

[1] Il existe chez les Poissons, un système lymphatique, mais ne pouvant entrer ici dans tous les détails que comporterait une description même assez succincte des principaux vaisseaux chylifères et lymphatiques, nous engagerons ceux qui voudraient acquérir les notions que l'on possède actuellement sur ce sujet à recourir aux *Leçons sur la Physiologie et l'Anatomie comparée* de M. Milne Edwards (t. IV, p. 471). Ils y trouveront un résumé précis des faits les mieux constatés.

puissance de son armature. Les Poissons sont carnassiers pour la plupart, mais parmi les espèces dont la bouche est dépourvue de dents, il en est beaucoup dont le régime est végétal ; ces dernières néanmoins avalent encore des insectes, des vers, des mollusques, du frai, etc.

L'accroissement des Poissons se fait avec lenteur ou avec rapidité, selon l'abondance de la nourriture. Ces animaux en général peuvent subir un jeûne extrêmement prolongé sans périr ; les personnes qui conservent des *Poissons rouges* dans des vases, manquent rarement d'en faire une naïve expérience, en oubliant de prendre la peine de les nourrir. Lorsque les Poissons sont ainsi soumis à un jeûne absolu, ils diminuent de volume jusqu'à ce que l'épuisement détermine la mort. S'ils ont peu de nourriture, leur accroissement marche avec une extrême lenteur, mais si les subsistances abondent, ils grossissent avec une merveilleuse rapidité. Les personnes qui se proposent d'empoissonner des lacs ou des rivières, doivent donc se préoccuper avant tout de savoir si les eaux sont suffisamment peuplées d'animaux et de végétaux pour que les Poissons sur lesquels reposent leurs espérances y trouvent une alimentation suffisante ; condition essentielle pour que l'accroissement des nouveaux habitants ne vienne pas à languir.

Chez les Poissons osseux particulièrement, la mâchoire supérieure a presque toujours une grande mobilité, ce qui permet à la bouche d'offrir un vaste orifice. Les formes et le développement des pièces qui constituent la charpente buccale sont tellement variés qu'on ne saurait en donner une idée complète sans entrer dans une infinité de détails.

Rien de plus variable aussi que l'appareil dentaire dans cette

classe d'animaux. Il y a des Poissons dont la bouche est dépourvue de dents; il y en a d'autres qui en ont sur toutes les
parties de la cavité buccale et pharyngienne, c'est-à-dire aux
deux mâchoires, au vomer, aux palatins, au sphénoïde, à la
langue, aux os pharyngiens, et même aux arcs branchiaux.
Sous le rapport du mode d'implantation et des formes, les
dents offrent également la plus grande diversité. Elles sont
simplement engagées dans des parties molles chez les Poissons
cartilagineux. Dans les Poissons osseux, où le plus souvent
elles sont insérées dans des alvéoles, on les trouve fréquemment soudées ou même confondues avec l'os qui les porte;
dans quelques exemples, elles sont mobiles dans une direction
déterminée.

Les dents qui garnissent les mâchoires, le vomer, les palatins de certains Poissons, sont souvent en nombre immense et
si petites et si serrées les unes contre les autres (chez la Perche par exemple), qu'il faut les examiner de près pour les bien
distinguer. Ces dents très-sensibles au toucher présentent
dans leur ensemble, l'apparence d'un velours; de là le nom, de
dents en velours, introduit par Cuvier. Lorsque les dents, disposées d'une manière analogue, deviennent plus longues, ce
sont des *dents en râpe* (par exemple, les dents du vomer chez
le Brochet); plus effilées encore et recourbées vers le bout, ce
sont des *dents en carde*. Chez divers Poissons, les dents ont
l'aspect des canines des Mammifères ; chez d'autres, elles sont
en forme de tubercules ronds ou ovales, en forme de cônes, en
forme de lamelles avec tous les intermédiaires, toutes les modifications imaginables.

Il est un groupe ichthyologique (les Lamproies), où la bouche est conformée d'une manière bien différente de celle des

autres représentants de la classe, mais il est inutile de nous en occuper ici ; les remarquables caractères de cette bouche se trouveront exposés dans un chapitre spécial.

La langue existe chez le plus grand nombre de Poissons. Cet organe, toujours dur, peu mobile, porté par l'os hyoïde qui est plus ou moins avancé entre les deux branches de la mâchoire inférieure, ne se déplace guère que par les mouvements de l'appareil hyoïdien. La langue étant ainsi incapable de se projeter au dehors ne sert en aucune manière à la préhension des aliments.

Dans la cavité buccale, un voile membraneux qui se fait ordinairement remarquer en dedans de chaque mâchoire, paraît avoir pour usage d'empêcher les aliments et l'eau avalée pour les besoins de la respiration, d'être rejetés par la bouche. Les dentelures des arcs branchiaux servent à leur tour, lorsque les aliments sont portés plus loin, à les empêcher de tomber entre les fentes branchiales.

On connaît le double rôle de la salive chez l'homme et les animaux supérieurs ; la salive, agent mécanique, facilite la préhension des aliments et la déglutition, agent chimique, elle est le dissolvant de certaines substances. Pour des animaux qui avalent dans l'eau et qui ne mâchent point, ce liquide était inutile ; les glandes salivaires manquent chez la plupart des Poissons, et s'il en existe, elles sont extrêmement rudimentaires. Les Cyprinides et plusieurs autres Poissons, ont le palais recouvert d'un tissu mou, épais, renfermant des cryptes que l'on considère comme de petites glandes salivaires, et sous la membrane muqueuse du palais, il y a également de petites glandes chez les Raies. Mais dans les Lamproies, qui pendant la déglutition ne laissent pas pénétrer l'eau dans leur bouche, il existe une paire de glandes ayant des conduits excréteurs qui s'ouvrent dans la cavité buccale.

Le pharynx est soutenu chez les Poissons par les os pharyngiens qui sont souvent garnis de dents puissantes, de sorte que les aliments subissent une trituration avant de passer dans l'œsophage ; leur séjour un peu prolongé dans cette portion du tube digestif, étant sans danger pour des animaux à respiration branchiale. On a même observé que des espèces herbivores, après avoir gorgé leur estomac, avaient la faculté d'en faire remonter le contenu pour le broyer entre les dents pharyngiennes.

Le canal intestinal est presque toujours contenu en entier dans la cavité abdominale. D'ordinaire, l'œsophage est un tube large qui se confond insensiblement avec l'estomac. L'estomac lui-même, dans une infinité de Poissons (par exemple les Cyprinides) n'offre point en arrière de limite nette, aucune valvule ne le séparant de l'intestin. Dans d'autres, il est plus ou moins renflé ou même globuleux et chez beaucoup d'espèces carnassières, il forme un sac parfois très-vaste, rejeté de côté, en sorte que l'orifice pylorique se trouve à l'extrémité d'une portion étroite et à peu près cylindrique. On s'explique parfaitement cette conformation pour des animaux qui doivent retenir une proie souvent volumineuse dans leur estomac afin qu'elle soit digérée en entier. Des Poissons de plusieurs groupes ont un estomac dont la portion pylorique renflée ou pourvue de parois musculeuses fort épaisses, devient un organe triturant, à la façon du gésier des Oiseaux (les Muges, les Aloses, etc.).

L'intestin varie extrêmement sous le rapport de la longueur. Toujours un peu plus long que le corps chez les espèces carnassières, il présente quelques courbures. On ne connaît guère que les Lamproies, où le tube alimentaire se porte absolument en ligne droite de la bouche à l'orifice anal. Il en est pour les Poissons comme pour les animaux des autres classes; ce sont les herbivores dont l'intestin fort long, se trouve nécessairement très-replié sur lui-même. Dans les Carpes, le tube digestif n'a pas moins de deux fois la longueur du corps.

Les parois de l'intestin des Poissons sont constituées, de même que chez les animaux supérieurs, par une membrane externe musculeuse, et par une membrane interne dite *muqueuse*. Seulement cette dernière n'offre pas, le plus souvent, de villosités analogues à celles qu'on rencontre dans les Mammifères et les Oiseaux. La surface de la muqueuse intestinale, presque lisse chez certaines espèces, présente simplement dans les autres circonstances des cellules ou aréoles polygonales, comme la Perche et l'Anguille en fournissent des exemples des plus caractéristiques. L'entrée du gros intestin est aussi pourvue d'un gros bourrelet fonctionnant à la façon d'une valvule pour empêcher le retour des matières descendues jusqu'à l'extrémité du tube alimentaire.

Une disposition bien curieuse, destinée à allonger le trajet que doivent suivre les matières alimentaires, existe chez la plupart des Poissons cartilagineux. Cette disposition est fournie par une large bandelette contournée en spirale et adhérente par son bord externe à la muqueuse, dans presque toute la portion moyenne du canal. Les anatomistes ont donné à cette sorte de rampe le nom de *valvule spirale*.

Comme chez les Vertébrés supérieurs, le tube digestif est accompagné de glandes particulières, les appendices pyloriques, le foie, le pancréas.

Les appendices pyloriques, tubes aveugles s'ouvrant dans l'intestin au voisinage du pylore, paraissent avoir un rôle analogue à celui de petites glandes que l'on trouve chez les Mammifères logées dans les parois mêmes de l'intestin (glandes de Lieberkühn). Il est des Poissons où les appendices pyloriques sont en nombre énorme, comme les Truites et les Saumons; d'autres, où il n'y en a que deux ou trois, d'autres un seul. Ces organes sécréteurs, aussi variés dans leurs proportions que dans leur nombre, débouchent en général isolément dans l'intestin, mais chez diverses espèces, ils se réunissent plusieurs ensemble pour s'ouvrir par un conduit commun.

Le foie est toujours assez volumineux. Tantôt ramassé, tantôt plus ou moins allongé, il peut constituer une seule masse (Saumon, Brochet, etc.), ou présenter un lobe (Perche), ou offrir des divisions assez nombreuses. Le canal qui verse la bile dans l'intestin (canal cholédoque), s'ouvre en arrière du pylore. La vésicule du fiel a été observée d'une manière presque constante.

Le pancréas manque chez beaucoup de Poissons osseux, et dans les espèces où cette glande existe, elle est toujours très-petite. Ses canaux se réunissent pour former un seul conduit qui va déboucher dans l'intestin, près de l'orifice du canal de la bile. Dans les Poissons cartilagineux, il est en général assez volumineux.

La rate, sorte de glande sanguine, dont le rôle dans l'économie est encore très-imparfaitement connu, se trouve, chez la plupart des Poissons, accolée à l'estomac ou à la portion antérieure de l'intestin. La rate est beaucoup plus volumineuse chez les Poissons cartilagineux que chez les Poissons ordinaires, et dans les Esturgeons, elle est multiple.

Les intestins et les glandes sont enveloppés, comme chez les autres Vertébrés, par le péritoine et séparés ainsi de la cavité qui contient les reins.

§ 16. — Des organes de la sécrétion urinaire.

Les organes urinaires ou les reins ont un volume très-considérable chez la plupart des Poissons. En général, ils occupent toute la longueur de la cavité abdominale, s'étendent même chez certaines espèces entre la base du crâne et l'appareil branchial ou jusque dans la région caudale. Dans tous les cas, ils sont fixés au-dessus des autres viscères de l'abdomen, de chaque côté de la colonne vertébrale, se montrant le plus souvent réunis l'un à l'autre, soit dans quelques parties de leur longueur, soit dans toute leur étendue.

Ces glandes sont composées, comme chez les autres Vertébrés, de tubes ou de canalicules urinifères communiquant entre eux et terminés chacun par une ampoule désignée sous le nom de *corpuscule de Malpighi*, du nom de l'anatomiste qui le premier en reconnut l'existence.

Le canal collecteur du produit urinaire versé par les canalicules, l'uretère, règne près de la face inférieure du rein, s'en sépare en arrière et s'unit à celui du côté opposé pour former un seul conduit. Celui-ci débouche directement au dehors par l'orifice des organes de la reproduction, ou par un orifice particulier situé un peu en arrière de ce dernier, après avoir formé une dilatation, une vessie, diversement conformée suivant les espèces [1].

Chez les Poissons cartilagineux (Raies, Squales, etc.), les

[1] Pour plus de détails, voir Milne Edwards, *Leçons sur la Physiologie et l'Anatomie comparée*, t. VII. p. 321 et suivantes.

reins sont médiocrement développés et très-ordinairement partagés en une suite de petits lobes.

On n'a jusqu'à présent que peu de données sur la composition chimique de l'urine des Poissons. Cependant, on a constaté dans ce liquide, la présence de l'acide urique et de plusieurs sels alcalins.

Nous ne pouvons qu'indiquer ici la présence de glandes dont le rôle est encore complétement obscur et que l'on nomme, à raison de leur situation par rapport aux reins, les *glandes surrénales*. Elles consistent chez les Poissons osseux en corpuscules blanchâtres, arrondis et enveloppés d'une tunique. Dans plusieurs Poissons cartilagineux, elles ont l'apparence d'une bandelette d'un jaune vif.

§ 17. — De la reproduction.

On est sans doute trop persuadé que les Poissons sont des créatures, non-seulement dénuées de tout vestige d'intelligence, mais encore privées de la plupart des instincts dont une foule d'autres animaux fournissent des exemples. Cette opinion a été reproduite sous mille formes, surtout avant l'époque où des observations précises sur l'industrie de quelques espèces ont pu donner à penser que beaucoup de Poissons étaient mieux partagés qu'on ne l'avait supposé.

Les Poissons, chez lesquels, pour la plupart, aucun rapprochement intime ne s'opère entre les individus des deux sexes, nous semblent rester fort indifférents les uns pour les autres; mais l'opinion conçue à cet égard est peut-être fort erronée. Pour ces animaux, dont la vie s'écoule hors de la portée de notre vue, les habitudes, les mœurs échappent à l'attention, si l'on n'a recours à certains moyens, toujours assez difficiles à mettre en pratique, pour bien observer. On se trompe souvent lorsqu'on croit qu'il ne se passe rien, là où l'on n'a rien su voir.

Avec les idées généralement acceptées touchant la notion que les Poissons peuvent prendre des objets extérieurs, comment s'expliquer les changements qui se manifestent chaque année chez ces animaux quand arrive l'époque de leur reproduction ? Tout à coup, certaines espèces dont les couleurs étaient ternes se parent des plus vives, des plus éclatantes nuances; comme les Oiseaux, elles revêtent leur parure de noce. Qui n'a remarqué au printemps ce chétif Poisson si commun dans les ruisseaux, et que tout le monde appelle le *Vairon*. Il est splendide alors : son dos brille de teintes métalliques bleues ou vertes; ses lèvres, ses joues, son ventre, ses nageoires, d'un magnifique rouge écarlate, le rendent éblouissant. A peine a-t-il satisfait à cette grande loi de la nature qui assure la perpétuité des êtres, que ses brillantes couleurs s'effacent, les tons métalliques disparaissent, le beau rouge des parties inférieures du corps s'affaiblit jusqu'à ce qu'il n'en reste plus de trace. L'animal a repris sa modeste livrée.

Des transformations analogues, tout aussi saisissantes, chez les Épinoches, ont été décrites avec un soin et une élégance dignes du sujet. La Perche, qui charme les yeux par la beauté et la variété de sa coloration, ne se montre dans tout son éclat qu'à l'époque du frai. C'est alors surtout que ses nuances vertes donnent le mieux leurs reflets dorés, que le rouge de ses nageoires est dans toute sa vivacité. Un pareil changement a lieu chez une infinité de Cyprinides, comme les Roches, les Rotengles, etc. Parmi les Salmonides, la parure de noce est encore bien sensible. L'Ombre-chevalier, d'ordinaire d'un gris de perle pâle, avec la partie inférieure du corps blanchâtre, se colore sur le dos d'une teinte bleuâtre, sur le ventre d'un ton orangé.

Dans le monde des Poissons, il est certain qu'à l'époque de la reproduction un irrésistible instinct pousse les individus des deux sexes à se rapprocher et à vivre en compagnie, au moins pendant un certain temps. On a douté de l'attrait que les individus d'un sexe pouvaient exercer sur les individus de l'autre sexe, parce que, chez le plus grand nombre de ces animaux, il n'y a jamais de rapprochement intime entre les mâles et les femelles ; mais ces parures de noce dont il vient d'être question, ne témoignent-elles pas bien évidemment de sensations dont les êtres d'un ordre plus élevé éprouvent le charme ?

Parmi les espèces qui construisent des nids plus ou moins parfaits et le nombre semble aujourd'hui en être assez considérable [1], les mâles se portent avec ardeur à la recherche des femelles et réussissent à les attirer jusqu'à l'endroit préparé pour recevoir le dépôt des œufs. Des Poissons vivant isolés pendant presque toute l'année, se montrent par troupes à l'époque du frai, les mâles poursuivant les femelles et nageant près d'elles sans les quitter d'un moment. Instinct indispensable pour assurer la propagation de l'espèce, ainsi qu'on en a acquis la preuve par une suite d'observations et d'expériences. Les œufs que déposent les femelles seraient perdus, s'ils n'étaient fécondés aussitôt après la ponte. Spallanzani, ce naturaliste plein d'idées ingénieuses, avait constaté que les œufs des Grenouilles perdaient avec une étonnante rapidité la faculté d'être fécondés [2]. MM. Prévost et Dumas se sont assurés de l'exactitude

[1] On peut consulter à cet égard de nouvelles observations sur des Poissons marins, dues à M. Gerbe. *Revue et Magasin de Zoologie*, p. 273 et 337, 1864.

[2] Spallanzani, *Expériences pour servir à l'histoire de la génération*, traduction française, p. 157. Genève, 1785.

de l'observation de l'auteur italien, tout en admettant encore une vitalité des œufs plus grande peut-être qu'elle ne l'est en réalité dans la plupart des circonstances [1]. M. Coste a vu, chez les mêmes animaux, que très-peu d'œufs restaient inféconds, si l'imprégnation avait lieu immédiatement ; que plus de la moitié étaient perdus au bout de cinq minutes, le tiers après dix minutes. Dans une expérience, sur 140 œufs, 5 seulement furent féconds après une demi-heure et pas un seul après une heure [2]. Pour les Poissons nous n'avons pas de chiffre aussi précis à citer, mais nous savons néanmoins que les œufs périraient également s'ils n'étaient imprégnés de la *laitance*, au moment même de leur émission, surtout lorsque la température est un peu élevée. Sans l'attachement des mâles pour les femelles, pendant une période de l'année, la propagation des espèces cesserait d'être assurée.

D'un autre côté, lorsque la laitance est répandue, la vitalité des corpuscules fécondateurs ne persiste dans l'eau, leur véhicule naturel, que durant quelques minutes. D'après les expériences de M. Coste, les corpuscules fécondateurs perdent leur motilité et en même temps leur propriété, au bout de deux à trois minutes pour le Barbeau, la Carpe, le Gardon, six à huit minutes pour le Brochet, la Truite, le Saumon. D'après les expériences de M. Millet, la vie de ces corpuscules fécondateurs a une durée moindre encore, lorsque la laitance est complétement délayée dans l'eau.

Chez les Poissons osseux, les organes de la reproduction sont

---

[1] *Deuxième mémoire sur la génération.* — *Annales des sciences naturelles,* t. II, p. 134. 1824.

[2] Coste, *Histoire générale et particulière du développement des corps organisés,* t. II, p. 44. 1859.

d'une extrême simplicité. On les trouve presque toujours logés en entier dans la cavité abdominale, où ils sont maintenus en place par des replis du péritoine. Les ovaires consistent ordinairement en deux sacs ayant des parois constituées par deux tuniques, l'une musculeuse, l'autre membraneuse, et pourvues à l'intérieur de replis variables dans leur direction comme dans leur nombre. Chez beaucoup d'espèces, les ovaires sont en continuité avec des oviductes qui se réunissent bientôt en un canal commun s'ouvrant par un pore situé au voisinage de l'orifice anal ; tels sont les Épinoches, les Cyprinides, les Brochets, les Harengs, etc.

Il y a divers Poissons dont l'un des ovaires est atrophié, c'est le cas pour la Perche. Il est des espèces, comme les Truites et les Saumons, où il y a absence d'oviductes, de sorte que les œufs tombent dans la cavité abdominale, d'où ils sont expulsés par deux ouvertures placées un peu en arrière de l'anus, au moyen des contractions des muscles abdominaux.

Chez les Ganoïdes, les Esturgeons en particulier, il y a discontinuité entre les oviductes et les ovaires. Lorsque les œufs abandonnent les ovaires, ils descendent ainsi dans la cavité abdominale pour passer ensuite dans les oviductes ; ceux-ci, évasés dans leur portion supérieure, se confondent dans leur portion inférieure avec les conduits des reins (*uretères*).

Dans les Cartilagineux, tels que les Raies et les Squales, il y a toujours solution de continuité entre les ovaires et les oviductes, comme chez les précédents et comme chez tous les Vertébrés supérieurs, de sorte que les œufs doivent traverser une partie de la cavité limitée par le péritoine avant d'atteindre l'embouchure des oviductes, qui est en forme de trompe évasée.

Parmi les Plagiostomes (Requins, Squales, Raies, etc.), il y a des espèces ovipares et d'autres vivipares. Chez les premières, la coque de l'œuf paraît être produite par un organe spécial, sorte de glande formée de canalicules pressés les uns contre les autres et située au sommet de l'oviducte. Chez les espèces vivipares, les jeunes se développent dans une dilatation de l'oviducte (utérus) et sortent libres de toute enveloppe.

Les organes mâles des Poissons osseux ont la même simplicité que les organes femelles. Ce sont deux sacs ayant la même apparence générale que les ovaires, pouvant comme ces derniers présenter des lobules ou des divisions. Parfois il n'existe qu'un sac ; lorsqu'il y en a deux, leurs canaux déférents se réunissent en un seul conduit qui se jette dans le canal de l'urètre et s'ouvre au dehors, pour donner passage à la laitance, soit dans une petite papille, soit dans une fossette placée en arrière de l'orifice anal.

Dans les Poissons cartilagineux les plus parfaits (Raies, Squales, etc.), les organes mâles sont deux corps larges et aplatis divisés par loges contenant chacune une vésicule remplie de cellules. Ces organes en communication par des vaisseaux avec un épididyme composé de canaux flexueux, se terminent par un conduit déférent qui débouche dans la portion élargie des uretères (vessie). Chez les espèces où s'effectue un rapprochement intime entre les individus des deux sexes, on remarque au bord de l'orifice, des organes en forme de tenaille [1].

---

[1] Nous n'avons pas parlé dans cet aperçu de l'organisation des Poissons, des organes électriques des Torpilles, des Gymnotes, etc. Une description de ces organes dont il n'y a pas d'exemple chez nos Poissons d'eau douce, nous aurait obligé à entrer dans de trop longs développements, mais ceux qui voudraient en faire une étude, pourront consulter : Matteucci et Savi, *Traité des phénomènes électriques*, Paris, 1844, et surtout le beau travail de Max Schultze, *Ueber die electrischen Organe*

§ 18. — Du Développement.

Au moment de la ponte, l'œuf des Poissons osseux se compose du vitellus (le jaune), de gouttelettes d'huile, de la vésicule et des taches germinatives, de la membrane vitelline et de la coque qui est percée de petits trous que l'on désigne aujourd'hui sous le nom de *micropyles* [1]. C'est par ces ouvertures microscopiques que les corpuscules fécondateurs de la laitance pénètrent dans l'intérieur de l'œuf. Peu d'heures après la fécondation, la membrane vitelline, par suite de la pénétration de l'eau, s'isole de la coque, de sorte que le vitellus tourne librement dans l'œuf. Le vitellus n'offre ni vésicules ni cellules, mais il a des globules libres en nombre moins considérable que dans l'œuf des autres animaux, à cause de l'abondance du liquide albumineux et des particules huileuses qui se ramassent pour former de grosses gouttes. Bientôt les globules vitellins se portent vers un point de la surface et le germe apparaît sous la forme d'une ampoule. Peu après, le germe prend l'apparence d'une vésicule diaphane, composée de cellules globuleuses ; un fractionnement se produit, et la phase de sillonnement accomplie, le germe embryonnaire affecte une forme hémisphérique et présente un aspect grenu. L'embryon s'isole de plus en plus de la vésicule vitelline, par suite du développement de la membrane (blastoderme) qui vient envelopper le vitellus. A partir de ce moment, les principales régions du corps commencent à être distinctes ; un sillon dorsal se montre sur toute la lon-

der *Fische*, 1858, et *Annales des sciences naturelles*, 4e sér., t. XI, p. 375. 1859.

[1] On trouve des observations nombreuses sur le micropyle des Poissons dans un mémoire de M. Reichert. Müller's *Archiv*, 1856, p. 83.

gueur de l'embryon, la tête se renfle et semble être une vésicule
vide. Un peu plus tard, le sillon dorsal se limite en avant, les
divisions vertébrales deviennent sensibles, trois divisions se
dessinent avec une netteté croissante dans la région céphalique.
Ensuite, la corde dorsale devient distincte, les divisions vertébrales se prononcent davantage, les vésicules oculaires s'isolent
sur les côtés de la région moyenne de la tête, et celle-ci se remplit de cellules nerveuses. Après ces formations, le cœur se
montre sous l'apparence d'un petit cône solide, appuyé sur le
vitellus ; sa cavité se forme bientôt et l'on y aperçoit des globules sanguins ; les vaisseaux apparaissent ; la circulation du
sang est établie ; l'intestin se constitue et prend sa forme tu-
buleuse ; la tête se dégage peu à peu du vitellus ; un pig-

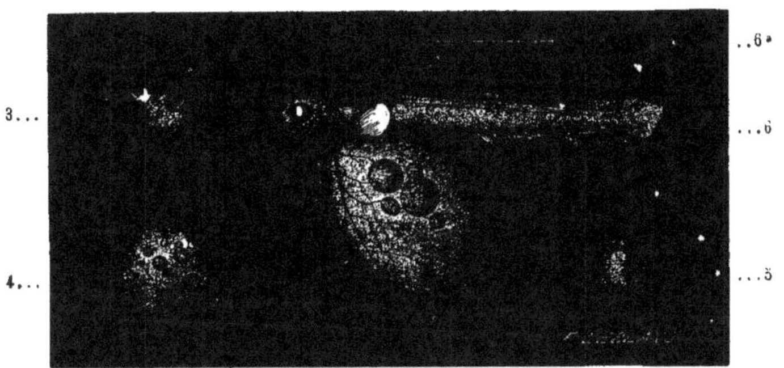

Fig. 3. — Œuf de saumon après la fécondation, de grandeur naturelle. —
Fig. 4. — Le même grossi. — *Fig.* 5. — Œuf de saumon dont l'embryon est
distinct en entier, au travers de la coque. — *Fig.* 6. — Saumon venant d'é-
clore, grossi. — *Fig.* 6ª. — Sa grandeur naturelle.

ment commence à se manifester sur les parties latérales du
corps et sur la tête.

L'embryon tout entier est alors très-distinct au travers de la
coque de l'œuf. Il est arrivé à terme ; le jeune poisson éclôt,

portant appendue à son ventre la vésicule vitelline contenant des gouttes d'huile souvent fort grosses, et des vaisseaux sanguins élégamment ramifiés. Peu à peu cette vésicule se résorbe. Toutes les parties du corps, pièces operculaires, nageoires, se développent, et lorsque la vésicule a entièrement disparu, l'animal doit commencer à chercher sa nourriture. Rien de plus joli que les jeunes Poissons au sortir de l'œuf ; au travers de leurs tissus délicats et diaphanes, on peut voir et compter les battements de leur cœur, suivre tout le trajet de leurs artères et de leurs veines et observer ainsi la circulation entière du sang [1].

La rapidité de la marche du développement est extrêmement variable pour les différentes espèces de Poissons ; chez beaucoup d'entre elles, huit à dix jours seulement s'écoulent entre la ponte et l'éclosion (Perche, Chabot, Épinoches, etc.) ; chez d'autres, environ deux mois (Salmonides).

Dans l'œuf des Poissons cartilagineux, le vitellus, bien différent de celui de l'œuf des Poissons osseux, est constitué par des cellules analogues à celles du jaune de l'œuf des Oiseaux ; seulement ces cellules, au lieu d'être remplies de granules, renferment des corpuscules quadrangulaires d'aspect cristallin. La vésicule germinative est d'une élasticité telle qu'elle se rompt si l'on vient à la comprimer.

Il est des Poissons qui naissent et grandissent sous une forme particulière et subissent une transformation, une véritable métamorphose, après être arrivés plus ou moins près du terme de leur croissance. Les Lamproies nous en fourniront un exemple.

---

[1] M. Millet a observé le nombre des battements du cœur chez les Truites et les Saumons nouveau-nés sous les différents degrés de température. Voir *Revue des Sociétés savantes*, t. VI, p. 507. 1864.

§ 19. — De la classification des Poissons.

Les classifications proposées pour les Poissons ont varié, naturellement, selon les vues de leurs auteurs et surtout suivant
l'étendue des connaissances scientifiques. L'historique de ces
variations offrirait ici un intérêt assez médiocre. Nous nous
bornerons à signaler ce qui a réellement une importance dans
l'état actuel de l'Ichthyologie.

La comparaison des caractères tirés de l'ensemble des organes, on l'a vu, fait ressortir des dissemblances énormes entre les
principaux types de la classe des Poissons, et en même temps
des rapports de conformation, des affinités naturelles entre tous
ces animaux, vraiment impossibles à méconnaître. D'après cela,
on conçoit sans peine combien les appréciations purent être diverses.

Le zoologiste suédois Pierre Artedi avait commencé à définir
les ordres et les genres de la classe des Poissons avec une habileté qui lui a valu une juste renommée. Très-frappé des différences qui existent entre les principaux types, Linné modifia
bientôt la classification proposée par son compatriote, sans se
montrer toutefois bien heureusement inspiré. Les Poissons *osseux*, divisés en quatre ordres d'après la considération de l'absence ou de la situation des nageoires [1], composèrent seuls la
classe des Poissons; les *cartilagineux*, auxquels furent adjoints
de la manière la plus arbitraire des espèces qui s'en éloignent à

---

[1] Les *Apodes*, sans nageoires ventrales; les *Jugulaires*, avec les nageoires ventrales plus en avant que les pectorales; les *Thoraciques*, avec les
nageoires ventrales sous les pectorales; les *Abdominaux*, avec les nageoires ventrales plus en arrière que les pectorales. — *Systema naturæ*,
12ᵉ édit., t. I, p. 422 (1766).

tous égards, prirent place avec les Reptiles et les Batraciens dans la classe des Amphibies sous le nom d'*Amphibia nantes* [1].

Ces groupements zoologiques parurent à bon droit fort étranges, et nous aurions jugé inutile d'en rappeler le souvenir, si l'idée de séparer les Poissons cartilagineux des autres types ichthyologiques ne s'était reproduite de nos jours, en s'appuyant sur des faits scientifiques d'une incontestable valeur.

Après cette indication, il nous est permis de passer de suite à l'examen de la classification de Cuvier, d'abord généralement adoptée et maintenant encore suivie par une foule d'auteurs.

Pour Cuvier, les Poissons forment deux séries distinctes : les *Poissons proprement dits* (osseux) et les *Chondroptérygiens* ou *Cartilagineux*.

Les premiers sont partagés en *Acanthoptérygiens* et en *Malacoptérygiens*, suivant que les premiers rayons des nageoires dorsale et anale sont durs et osseux, ou flexibles et articulés, comme si de petits tronçons étaient placés à la suite les uns des autres.

Les *Acanthoptérygiens* sont ensuite distingués par familles, et dans cette classification on en compte quinze.

Les *Malacoptérygiens* sont répartis dans trois ordres : les *Malacoptérygiens abdominaux*, ayant les nageoires ventrales suspendues en arrière des pectorales ; les *Malacoptérygiens sub-brachiens*, ayant les nageoires ventrales placées exactement au-dessous des pectorales, et les *Malacoptérygiens apodes*, privés de nageoires ventrales [2].

---

[1] Les Lamproies, les Raies et les Squales, les Esturgeons avec les Baudroies, les Coffres, les Syngnathes, etc.

[2] Si nous indiquons encore dans notre livre, les deux divisions des Acanthoptérygiens et des Malacoptérygiens, c'est faute d'avoir jusqu'ici un meilleur moyen de grouper les Poissons osseux, car M. Agassiz vient

Viennent ensuite deux autres ordres séparés des précédentes divisions : les *Lophobranches* (Syngnathes, Hippocampes), remarquables par leurs branchies constituées en manière depetites houppes disposées par paires le long des arcs branchiaux, et les *Plectognathes* (Poisson-lune, Ostracions, Diodons, etc.), surtout caractérisés par l'immobilité de leur mâchoire supérieure, l'os maxillaire étant soudé ou fixé solidement à l'intermaxillaire et l'arcade palatine engrenée avec le crâne.

La seconde série, les *Chondroptérygiens* ou *Cartilagineux*, est divisée en trois ordres : les *Chondroptérygiens à branchies libres* (Esturgeons), les *Chondroptérygiens à branchies fixes* (Requins, Squales, Raies, Torpilles, etc.), et les *Suceurs* (Lamproies) [1].

Les défauts de cette classification, déjà entrevus par Cuvier lui-même, furent bientôt mis plus en évidence, au moins en partie, par de nouvelles recherches sur la conformation des Poissons. Il devenait certain pour les naturalistes que la nature des rayons des nageoires, que la position des ventrales, que la disparition même de ces nageoires, n'étaient pas des caractères d'une haute importance.

Sous l'empire d'idées conçues par suite d'études sur les Fossiles, M. Agassiz eut recours essentiellement aux caractères fournis par les téguments, et s'appuyant sur ces caractères d'une manière trop exclusive, il proposa une répartition de la classe entière des Poissons en quatre ordres.

de montrer par des recherches récentes que certaines espèces, ayant, lorsqu'ils sont adultes, les caractères des *Acanthoptérygiens*, sont des *Malacoptérygiens* pendant leur jeune âge.'— Agassiz, *Observations sur les métamorphoses des Poissons, Annales des sciences naturelles*, 5ᵉ série, t. III, p. 55. 1865.

[1] *Règne animal*, t. II (1829).

Ces quatre ordres sont : 1° les *Placoïdiens*, correspondant aux Chondroptérygiens de Cuvier, à l'exception du premier ordre ; 2° les *Ganoïdiens* ou *Ganoïdes*, comprenant ce premier ordre des Chondroptérygiens (Esturgeons), quelques types dont les véritables affinités naturelles avaient été jusqu'alors méconnues (Lépidostée, Polyptère, etc.), puis un grand nombre de formes appartenant aux périodes géologiques, et enfin les Plectognathes et les Lophobranches de Cuvier ; 3° les *Cténoïdiens*, à écailles denticulées sur leurs bords, c'est-à-dire les Acanthoptérygiens d'Artedi et de Cuvier, à l'exception de ceux qui ont des écailles à bord uni et avec l'addition des Pleuronectes (Turbot, Sole, etc.) ; et 4° les *Cycloïdiens*, à écailles lisses sur leurs bords, comprenant tous les Malacoptérygiens de Cuvier, et de plus quelques familles d'Acanthoptérygiens [1].

Un beau résultat des recherches de M. Agassiz, c'était la séparation pleinement justifiée des Ganoïdes des autres types de la classe des Poissons ; un résultat médiocre, c'était la caractérisation des deux ordres auxquels se rattachent tous les Poissons ordinaires, d'après une particularité unique, particularité offerte par les écailles, qui sont atrophiées chez beaucoup d'espèces, qui manquent absolument chez beaucoup d'autres.

Jean Müller, éclairé sur bien des points par ses magnifiques travaux sur l'organisation des Poissons, devait aussi présenter ses vues touchant la classification. S'appuyant sur des caractères tirés de la structure des valvules du cœur, de la conformation de l'appareil branchial, de la vessie natatoire, il commença par diviser la classe des Poissons en six sous-classes : 1° les *Téléostiens* (Poissons osseux), qui ont deux valvules à l'en-

[1] *The Edinburgh new Philosophical Journal*, vol. XVIII, p. 176 (1834-1835), et *Recherches sur les Poissons fossiles*.

trée du bulbe aortique ; 2° les *Dipnoiens*, ayant à la fois des branchies, des poumons et des valvules aortiques en spirale (le seul genre *Lépidosiren*) ; 3° les *Ganoïdiens*, pourvus de nombreuses valvules aortiques ; 4° les *Élasmobranches* (Raies, Squales), caractérisés par leur crâne sans division et par la nature de leurs téguments ; 5° les *Marsipobranches* [1] ou *Cyclostomes* (Lamproies, Myxines), distingués par l'absence d'arcs branchiaux et par plusieurs autres caractères ; et 6° les *Leptocardiens*, comprenant un seul type (Amphioxus), remarquable au plus haut degré par l'absence d'un véritable cœur, comme par l'absence de distinction entre la moelle épinière et le cerveau.

Les Poissons osseux ou Téléostiens sont ensuite répartis dans six ordres : 1° les *Acanthoptériens*, dont les os pharyngiens sont doubles (la plus grande partie des Acanthoptérygiens de Cuvier) ; 2° les *Anacanthiens* (Gades et Pleuronectes) ; 3° les *Pharyngognathes*, dont les os pharyngiens inférieurs sont réunis (Labres, Sombresox) ; 4° les *Physostomes*, ayant la vessie natatoire pourvue d'un canal aérien (Cyprins, Brochets, Salmones, etc.) ; 5° les *Plectognathes ;* et 6° les *Lophobranches* [2].

Les autres sous-classes sont suffisamment indiquées par les types que nous avons cités. Les premières divisions, telles qu'elles sont présentées par Jean Müller, reposent toutes sur des caractères d'une importance incontestable ; elles offrent un tableau des principales formes de la classe des Poissons, plus

---

[1] Ce nom, ainsi que le précédent, est emprunté au prince Charles Bonaparte.

[2] Müller, *Beiträge zur Kenntniss der natürlichen Familien der Fische.* — *Erichson's Archiv.* 1843, s. 292. — *Mémoire sur les Ganoïdes et sur la classification naturelle des Poissons, Annales des sciences naturelles,* 3e série, t. IV, p. 5. 1845.

parfait, à certains égards, que les tableaux des auteurs précédents. Les divisions établies parmi les Poissons osseux (*Téléostiens*) peuvent au contraire soulever de nombreuses objections.

Enfin, il y a peu d'années, M. Agassiz, considérant les différences considérables qui existent entre les principaux types de Poissons, a été conduit à regarder ces différences comme aussi importantes que les différences qui séparent les Reptiles des Oiseaux, les Oiseaux des Mammifères. Il proposa alors la distinction en quatre classes des animaux réunis par tous les Zoologistes, à l'exception de Linné, dans la seule classe des Poissons. Ces quatre classes de M. Agassiz sont : 1° les *Myzontes*, répondant à l'ordre des Marsipobranches de Ch. Bonaparte et de Müller ; 2° les *Poissons,* réduits à ceux que nous appelons les Poissons osseux ou les Poissons ordinaires ; 3° les *Ganoïdes* [1] ; et 4° les *Sélaciens* (Squales, Raies, etc.) [2].

Ces vues, nous pouvons le dire avec assurance, méritent considération, mais ce n'est pas ici le lieu de les discuter.

En exposant brièvement les classifications modernes ayant les Poissons pour objet, le but a été de montrer comment se résument des connaissances récemment acquises, et de fournir à chacun le moyen de reconnaître la part que les espèces de nos eaux douces occupent parmi tous les représentants de cette grande classe des Poissons.

Cet exposé nous permettra d'ailleurs de passer sous silence, dans notre *Histoire particulière,* la plus grande partie des noms qui viennent d'être mentionnés.

[1] En y comprenant avec doute les Silures, les Plectognathes et les Lophobranches.

[2] Agassiz, *Contributions to the Natural History of the United-States.* Vol. 1, pars i, p. 137-187.

HISTOIRE PARTICULIÈRE

LES POISSONS OSSEUX

L'ORDRE DES ACANTHOPTÉRYGIENS

C'est la présence de rayons épineux aux nageoires qui caractérise, qui distingue le plus nettement les Acanthoptérygiens des autres Poissons.

La première portion de leur nageoire dorsale ou leur première dorsale tout entière, lorsqu'il y en a deux, est soutenue par des rayons de cette nature. Il y en a également quelques-uns, à la nageoire ventrale et au moins un aux ventrales.

Chez les Acanthoptérygiens, les écailles sont ordinairement pectinées à leur bord, mais ce caractère n'est pas aussi exclusif que le premier, et il n'a pas la même généralité, car les écailles manquent complétement chez beaucoup d'espèces.

Cet ordre est celui de la classe des Poissons qui a le plus grand nombre de représentants ; seulement les espèces qui vivent dans les eaux douces sont en quantité beaucoup plus petite que dans l'ordre des Malacoptérygiens.

LA FAMILLE DES PERCIDES

(PERCIDÆ)

Quelques Poissons répandus dans les eaux douces de l'Europe et différentes espèces de nos côtes maritimes, sont désignés par les pêcheurs et connus de tout le monde sous le nom de *Perches*. Ces Poissons, assez variés dans leurs formes, constituent pour les naturalistes, la famille des PERCIDES [1].

Les représentants de la famille des Percides ont, en général, des formes assez sveltes, des proportions élégantes, des mouvements faciles. Ils sont reconnaissables, du reste, à un grand nombre de caractères. Leur corps oblong, souvent un peu comprimé latéralement, est couvert d'écailles dures bien remarquables. Ces écailles, dont la face extérieure est âpre au toucher, ont leur bord libre pourvu de dents ou d'épines parfaitement distinctes à la vue simple, si l'on y porte un peu d'attention, qui apparaissent sous un grossissement même assez faible, comme des chefs-d'œuvre de ciselure. Les écailles des Percides sont implantées dans la peau par un bord découpé en festons correspondant à des sillons longitudinaux qui convergent plus ou moins vers le centre. Des stries circulaires, également espacées, toujours d'une admirable netteté, ayant de légères ondulations, les parcourent sur toute l'étendue recouverte par les écailles insérées plus en avant, tandis que la portion qui est à

---

[1] Cuvier, et à son exemple la plupart des auteurs ont écrit *Percoïdes*. Cette forme est peut-être plus euphonique, mais elle a le défaut assez grave d'être irrégulière. Nous pensons qu'il y a tout avantage à adopter exactement la même désinence pour tous les noms de familles. Yarrell et les zoologistes anglais, en général, ont employé le mot *Percides* (*Percidæ*).

découvert est chargée d'aspérités disposées en files longitudinales, ordinairement en continuité des pointes fines et nombreuses qui garnissent le bord libre. On connaît la sensation de
rudesse que l'on éprouve lorsqu'on saisit une Perche avec la
main. L'effet est dû à la présence des épines et des aspérités de
ses écailles.

Les Percides ont une bouche assez grande, munie de très-petites dents fort nombreuses, pressées les unes contre les autres,
de celles que les zoologistes appellent des dents en *velours*. Il y
en a non-seulement aux mâchoires, mais aussi sur la portion
antérieure du vomer et aux palatins. Il n'existe jamais de bar

Mâchoire supérieure.

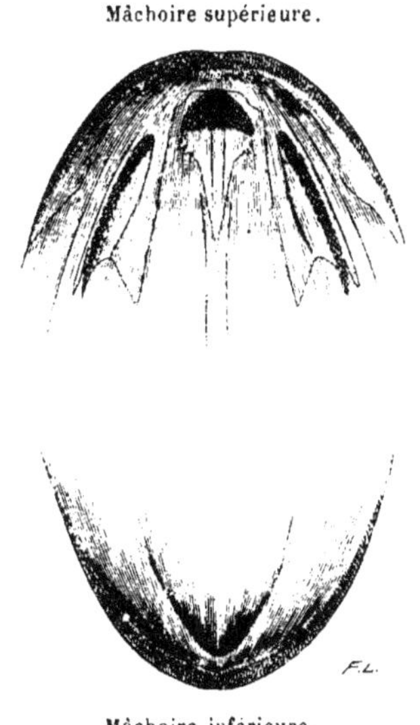

Mâchoire inférieure.

Fig. 7. — Appareil dentaire de la Perche de rivière.

billons chez les Percides. L'opercule et le préopercule sont pourvus de dents ou d'épines, variables suivant les genres et les espèces. Ces Poissons ont les ouïes largement fendues, et la mem brane branchiostège soutenue par cinq, six ou au plus sept rayons ; les nageoires dorsales, au nombre de deux chez les espèces les mieux caractérisées ; les ventrales suspendues aux os de l'épaule par l'intermédiaire de ceux du bassin.

La famille des Percides se compose d'espèces particulières aux eaux douces et d'espèces marines. Plusieurs d'entre elles unissent à des formes élégantes des couleurs variées, vives, parfois éclatantes. Ce sont en général des Poissons recherchés pour la table, qui, depuis l'antiquité, sont en grande estime pour la délicatesse et le bon goût de leur chair.

Les Percides vivant dans les eaux douces de la France, appartiennent à trois genres bien distincts ; mais ce ne sont pas les seuls qui existent en Europe. Une espèce que l'on nomme le *Sandre* (*Perca lucioperca*, Linné), type du genre *Lucioperca* de Cuvier, habite une partie de l'Allemagne et de l'Italie ; on la trouve en Russie et jusqu'en Suède, et jamais on ne l'a vue dans notre pays. Comme on la rencontre à la fois dans des contrées plus boréales et dans une région plus méridionale que la France, j'avais pensé que si elle existait seulement dans les cours d'eau qui traversent nos départements du Midi, son existence pouvait avoir échappé à l'attention des naturalistes ; mais toutes mes recherches n'ont pas abouti à la faire découvrir. Un autre genre de Percides fluviatiles d'Europe, le genre *Percarina* de Nordmann, est représenté par une seule espèce, qui n'a encore été observée qu'en Bessarabie et en Russie dans le Dniester [1].

[1] *Percarina Demidoffii*, Nordmann ; *Voyage dans la Russie méridionale*, sous la direction de M. Anatole Demidoff, t. III, p. 357, pl. I (1840). — Heckel et Kner, *Die Süsswasserfische der östreichischen Monarchie*, p. 24 (1858).

LE GENRE PERCHE

(PERCA, *Linné*)

Les Perches proprement dites vivent seulement dans les eaux douces. Elles se distinguent des Perches de mer, dont les zoologistes modernes ont formé des genres particuliers, par plusieurs détails de conformation très-caractéristiques et extrêmement faciles à reconnaître.

L'examen de leurs deux nageoires dorsales très-rapprochées l'une de l'autre, de leur préopercule dentelé, de leur opercule osseux terminé en pointe aiguë, suffirait déjà pour arriver à une détermination certaine. Mais à ces caractères s'en ajoutent plusieurs encore, qui achèvent de motiver la séparation des Perches véritables de tous les autres représentants de la famille des Percides. On remarque chez ces Poissons d'eau douce de petites dentelures très-sensibles, à la partie postérieure du premier sous-orbitaire ; on constate que leur membrane branchiostège a sept rayons osseux, que leurs nageoires ventrales n'en ont que cinq. Si l'on voulait signaler encore un caractère qui ne soit pas exclusif comme les précédents, on pourrait dire que les rayons de la première nageoire dorsale sont durs et épineux, que les rayons de la seconde sont flexibles.

On pense généralement qu'il n'y a qu'une espèce du genre Perche, non-seulement en France, mais même en Europe. Une Perche d'Italie, dont les couleurs sont très-pâles, a été décrite, à la vérité, comme distincte de celle dont nous allons retracer l'histoire. Cette distinction a été repoussée par la plupart des Ichthyologistes qui, à cet égard, paraissent avoir jugé sainement. Une Perche remarquable sous certains rapports, assez commune dans une région restreinte de la France, devra être pour nous, cependant, l'objet d'une attention spéciale.

LA PERCHE DE RIVIÈRE

(PERCA FLUVIATILIS [1])

La Perche commune ou Perche de rivière, comme on l'appelle indifféremment, est si bien connue, que sa description serait inutile s'il s'agissait ici simplement d'indiquer les traits les plus propres à la faire distinguer de tous les autres Poissons.

Parée de belles couleurs, répandue et abondante dans toutes les eaux limpides de l'Europe et d'une partie de l'Asie, la Perche a été, dès les temps les plus reculés, l'objet de l'attention des observateurs ; elle a excité l'intérêt qu'inspire aux hommes un animal susceptible de fournir un aliment agréable, facile à se procurer.

La Perche est l'habitant presque inévitable des eaux claires, celles des plus grands fleuves, des petites rivières, aussi bien que celles des lacs. La transparence de l'eau permet souvent au promeneur attentif de suivre de l'œil les mouvements gracieux et agiles de ce beau Poisson, le plus beau parmi les espèces flu-viatiles de notre pays, d'admirer ses délicates nuances et les re-flets dorés qu'elles prennent lorsqu'elles sont éclairées par les rayons du soleil ; nuances relevées par la teinte noirâtre de ban-des qui courent sur les flancs de l'animal, et par l'éclat du rouge de ses nageoires ventrales et anale.

Tandis que la plupart de nos Poissons ont des noms vulgaires qui varient suivant les localités, le nom de la *Perche* est répandu

---

[1] *Perca fluviatilis.* Linné, *Systema naturæ*, 12ᵉ édit., t. I, p. 482 (1766). — Cuvier et Valenciennes, *Histoire naturelle des Poissons*, t. II, p. 20 (1828).

à peu près partout en France sans modification. C'est seulement dans les départements du Nord et du Pas-de-Calais que nous

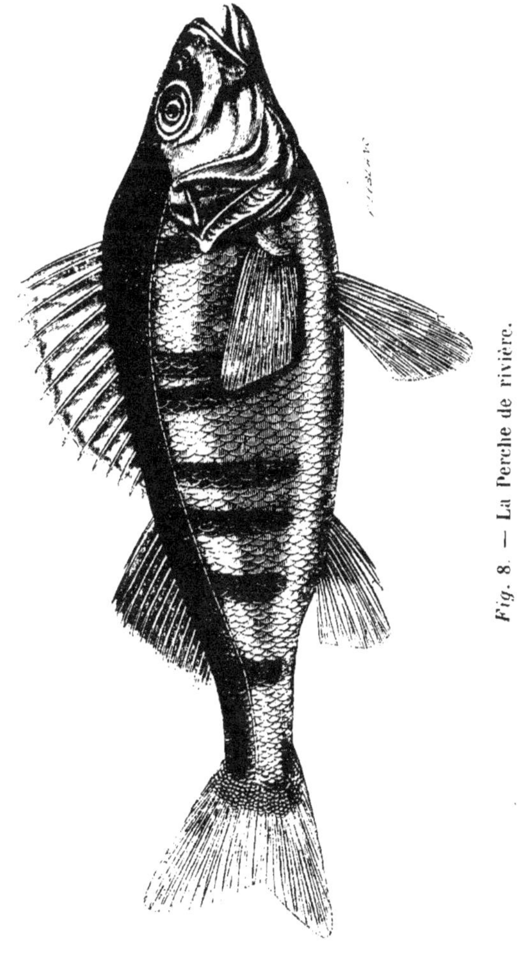

Fig. 8. — La Perche de rivière.

avons entendu les pêcheurs employer plus volontiers le nom de *Percot ;* en Provence que celui de *Perco* est seul usité. En Alsace, il est vrai, c'est le nom allemand le plus ordinaire, *Barsch*, qui est en usage.

Ce mot de Perche est celui des Grecs, celui d'Aristote à peine modifié [1], et devenu *Perca* chez les Latins. Selon toute apparence, le nom faisait allusion à la variété, à la bigarrure des couleurs du Poisson [2].

La Perche a le corps ovalaire, un peu comprimé latéralement, couvert d'écailles de médiocre grandeur, disposées sur une trentaine de files longitudinales. Ces écailles méritent d'être examinées. On ne comprend bien la perfection de leur structure qu'après les avoir détachées; et, comme leur dimension est faible, même sur les plus gros individus, il n'est pas inutile de recourir pour l'observation à un grossissement, dont le secours permet d'apercevoir ici d'admirables détails; détails d'autant plus curieux qu'ils sont caractéristiques dans chaque espèce de la famille des Percides.

Les écailles détachées, on reconnaît qu'elles s'élargissent

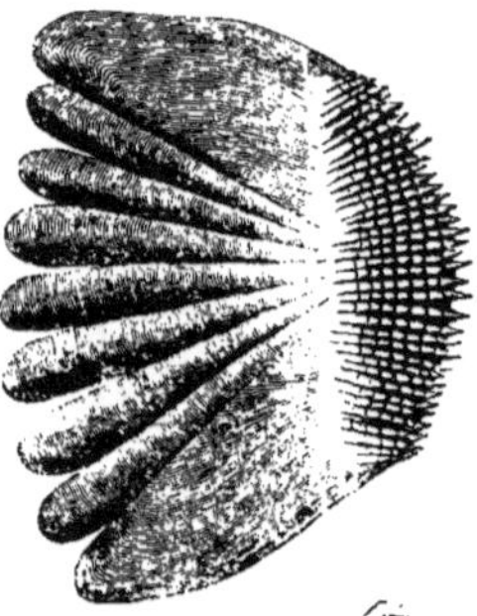
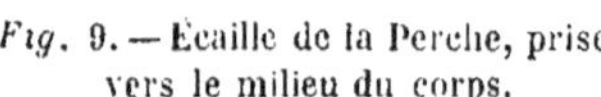

Fig. 9. — Écaille de la Perche, prise vers le milieu du corps.   *Fig.* 10. — Écaille de la ligne latérale.

d'une façon très-sensible depuis le bord libre, jusqu'à la partie

[1] Πέρκη.

[2] De l'adjectif πέρκος, féminin πέρκη, varié, bigarré.

implantée dans la peau. Leur bord basilaire se montre découpé en festons profondément échancrés, dont le nombre varie un peu suivant la dimension de l'écaille. Des sillons partent des échancrures des festons et convergent vers le centre en manière d'éventail. Des stries transversales régulières, d'une netteté surprenante, d'une délicatesse inouïe, courent rapprochées les unes des autres entre les sillons, en décrivant d'imperceptibles ondulations. Voilà pour la portion de l'écaille engagée dans la peau ou recouverte par l'écaille supérieure. Mais la portion qui est à nu, n'est pas moins curieuse à observer. Tout le bord est garni de pointes coniques, transparentes, et non pas « de cils fins et un peu rudes », comme l'a dit Cuvier. Dans l'axe de ces pointes, s'élèvent des files presque régulières de petites saillies allongées, qui vont en s'affaiblissant vers le centre de l'écaille où reste un espace lisse. Ces stries délicates, ces pointes, ces éminences séparées les unes des autres par des sillons bien marqués, font jouer la lumière suivant la direction, à peu près comme les facettes des pierres précieuses. Les milliers d'écailles qui servent à la protection de la peau du Poisson sont ainsi autant de joyaux d'une incomparable perfection.

Chez les Perchettes qui n'ont pas une longueur de plus de 5 à 6 centimètres, les écailles encore si petites et si minces, offrent déjà tous les caractères de celles des plus gros individus. Sur toute l'étendue du corps du même Poisson, les écailles ne diffèrent guère entre elles que par la dimension, si l'on en excepte pourtant celles de la ligne latérale.

La ligne latérale qui suit à une médiocre distance la courbe du dos, se manifeste à la vue simple par une petite saillie longitudinale sur chaque écaille. Une des écailles enlevée et placée sous un grossissement, il devient facile de reconnaître en quoi consiste la petite élévation longitudinale. C'est une sorte de gros tube, de canal creusé dans l'épaisseur de l'écaille et qui soulève sa lame supérieure. La paroi inférieure du canal se termine avant le bord de l'écaille qui est échancré, de façon à ôter tout obstacle à l'écoulement du mucus ; le bord supérieur s'arrête beaucoup plus tôt en décrivant une courbe concave.

Chez la Perche, la tête s'incline depuis la nuque jusqu'au museau, en présentant un front plat et assez large. Les yeux situés à peine au-dessous du front, arrondis et de moyenne grandeur, avec l'iris d'un beau jaune d'or, ont une remarquable vivacité, surtout lorsque le Poisson s'agite. Les mâchoires presque égales et un peu protractiles, particulièrement la mâchoire supérieure, sont garnies de dents en velours, for-

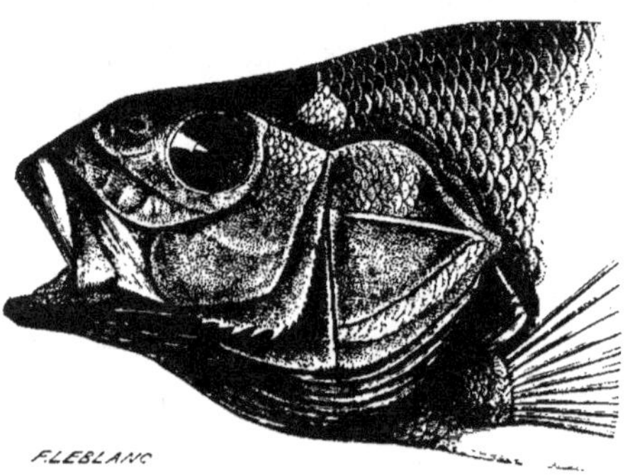

Fig. 11. — Tête et portion antérieure du corps de la Perche de rivière [1].

mant une large bande qui se rétrécit en arrière. Au palais, le vomer fait une saillie, couverte sur un large espace de dents semblables ; de chaque côté, il y en a une longue rangée sur l'os

[1] On a représenté l'animal avec la bouche très-ouverte, afin de mettre en évidence les petites dents en velours, la forme de l'os maxillaire et les sept rayons de la membrane branchiostège.

palatin et l'on en trouve encore au pharynx plusieurs plaques.
C'est une armature très-propre à retenir une proie jusqu'à ce
que les mouvements de déglutition l'aient fait passer dans
l'œsophage.

Les narines ayant chacune deux orifices assez rapprochés
l'un de l'autre, sont situées au-devant des yeux. Au-dessous, on
aperçoit distinctement sur les sous-orbitaires de petites fossettes plus ou moins apparentes. La joue, dépourvue de toute
cuirasse, porte en arrière de l'œil de très-petites écailles.

L'appareil operculaire appelle l'attention par la présence de
mignonnes dentelures; une sorte d'armature d'une remarquable
élégance. Le préopercule, long et étroit, lisse à sa surface, a son
bord postérieur pourvu de petites dents coniques, très-régulières. Ces dents qui paraissent taillées avec une admirable perfection, surtout chez les jeunes individus, s'affaiblissent vers la
portion basilaire du préopercule. Au bord inférieur de cette
pièce, il existe encore cinq ou six dents, mais celles-ci sont
beaucoup plus fortes que les autres, un peu courbées et dirigées
en avant. L'opercule garni de petites écailles dans sa moitié supérieure, présente de fines stries rayonnées qui disparaissent
presque, sous une ponctuation noire assez serrée. Il se termine
par une forte pointe au-dessous de laquelle on aperçoit quelques
dentelures peu prononcées et fort irrégulières. De petites dents
serrées et de forme conique, très-semblables à celles du bord
postérieur du préopercule, se font remarquer au bord inférieur
du subopercule ainsi que sur une certaine étendue de l'interopercule. Sur l'animal frais, tous ces détails sont parfaitement
visibles, mais ils se montrent avec une incomparable netteté,
lorsqu'on a enlevé les téguments sur les pièces operculaires.

Ces petites dents si délicates, si jolies d'aspect, et dont l'utilité pour l'animal n'est cependant pas très-manifeste à nos yeux, sans doute à cause de notre ignorance, n'existent pas seulement aux pièces operculaires. Il y en a de toutes pareilles au bord supérieur de l'os huméral, au bord du scapulaire et du sus-scapulaire qui apparaissent au-dessus et en arrière des ouïes, sous la forme de deux grandes écailles.

Les nageoires contribuent pour une grande part aux allures élégantes de la Perche. La première dorsale qui commence presque exactement au-dessus de la pointe de l'opercule et s'étend à peu près jusqu'au milieu du dos, est formée de quinze rayons, quelquefois de quatorze seulement ou même de treize; c'est alors un fait d'avortement. Ces rayons, tous très-forts, très-aigus, légèrement courbés en arrière, ont une assez grande longueur, à l'exception des deux ou trois derniers qui restent invariablement beaucoup plus courts que les précédents. Leur membrane décrit une légère courbe concave entre eux tous, de sorte que les pointes demeurant libres peuvent servir merveilleusement à la défense de l'animal. Lorsque la Perche est menacée, elle dresse sa nageoire et devient redoutable. La main qui la saisit alors, sans précaution, risque d'être fort endommagée.

La seconde nageoire dorsale n'est guère moins haute que la première, mais elle est beaucoup moins longue. Son premier rayon qui est épineux est de moitié plus court que les suivants. Ceux-ci au nombre de treize sont flexibles, divisés dans leur portion supérieure en deux branches, elles-mêmes, pour la plupart, subdivisées au bout en deux rameaux, et ces rayons articulés, soumis à un examen attentif, semblent partagés en une multitude d'anneaux réguliers.

Les nageoires pectorales sont faibles, de forme ovale et de taille fort médiocre, relativement à la dimension de l'animal;

elles sont composées de quatorze rayons grêles, articulés et
branchus à l'exception des deux premiers. Les ventrales insérées un peu en arrière des pectorales sont plus longues et surtout plus larges; elles ont un rayon épineux assez court, mais
très-fort et extrêmement aigu et six rayons mous, très-rami-
fiés ; les deux derniers tout à fait contigus. La nageoire anale
placée au-dessous de la seconde dorsale, commence néanmoins
un peu en arrière de celle-ci ; elle a, en totalité, dix rayons,
deux épineux fort acérés et huit mous, articulés et très-
rameux.

Toutes les nageoires à l'exception des pectorales sont pour la
Perche, de puissants instruments de défense, si la première dorsale est la plus terrible, les ventrales en s'écartant, l'anale en se
dressant, peuvent blesser de côté et en dessous à l'aide de leurs
rayons épineux qui ont une grande résistance et une acuïté
parfaite.

Nous avons peu de chose à ajouter à ce qui a été dit précédemment des couleurs de la Perche. Sa coloration varie un peu
suivant les localités et beaucoup suivant la saison. Nous avons
déjà fait remarquer que la vivacité des nuances, que la teinte
rouge des nageoires ventrales et anale se manifestaient dans tout
leur éclat à l'époque du frai. Parfois les bandes noirâtres des
flancs s'étalent et prennent l'aspect de nuages capricieusement
dessinés. La première nageoire dorsale a souvent une teinte
violacée et des ondes noirâtres formées par des points très-
rapprochés les uns des autres, et ordinairement ces points plus
pressés sur un certain espace entre les douzième et quator-
zième rayons figurent une grande tache noire. La seconde dorsale tire en général sur le jaune verdâtre en offrant des nuages
ou des taches noirâtres. Ces points noirs très-perceptibles sur

les membranes des nageoires sont aussi fort nombreux sur les joues et sur les pièces operculaires. On a vu des individus de la Perche d'un jaune citron uniforme, mais cette variété est fort rare.

La Perche ne dépasse pas d'ordinaire des proportions assez médiocres. Un individu du poids d'un kilogramme et d'une longueur de 0^m,30 à 0^m,40, est déjà une Perche d'assez belle taille. Les individus du poids d'un kilogramme et demi, n'étant déjà plus très-communs, sont considérés comme de fort beaux Poissons. Néanmoins, on cite des Perches du poids de 2^{kil},500, 3 kilogrammes, et même du poids de 4 kilogrammes à 4^{kil},500 et d'une longueur de 0^m,60; mais ce sont des exemples bien rares de nos jours.

La Perche fraye depuis le mois de mars jusqu'à la fin de mai, c'est-à-dire au printemps, un peu plus tôt, un peu plus tard, suivant la température. Elle est extrêmement prolifique; Bloch, qui conservait un individu d'assez petite taille dans un vase où il effectua sa ponte, compta 280 000 œufs. Ce Poisson frayant habituellement dans des endroits où le courant est assez rapide, on voit fréquemment dans les lacs, durant l'été, des myriades de Perchettes au voisinage de l'embouchure des petites rivières et des ruisseaux. C'est ce que j'ai eu l'occasion d'observer au lac Léman, et au lac du Bourget, où ces jeunes poissons étaient en telle abondance que les pêcheurs les prenaient journellement pour amorcer les lignes qu'ils tendaient la nuit pour les relever le lendemain matin, et chaque soir une seule barque n'amorçait pas moins de six cents lignes de cette façon.

Les œufs de la Perche, au moment de la ponte, sont tous agglutinés par une matière mucilagineuse ; ils adhèrent aux pierres et aux plantes aquatiques en formant de longs chapelets. Cette particularité est connue depuis l'antiquité, et comme elle est signalée par Aristote, on a la certitude que notre Perche de rivière est bien la Perche du naturaliste grec.

Au moment de l'éclosion, les alevins de la Perche portant leur grosse vésicule vitelline ont presque la transparence du verre, et cette circonstance permet d'observer avec la plus grande facilité les battements de leur cœur et le trajet de tous leurs vaisseaux sanguins.

La Perche si bien douée pour sa défense est ardente à l'attaque et elle est citée pour sa voracité. Après avoir rempli son estomac de façon à ne pouvoir plus rien y loger, on la voit encore chercher à mordre ou à saisir une proie. On observe parfois des Perches qui, ayant pris un individu de leur espèce d'une taille un peu inférieure à leur propre dimension, font des efforts inouïs et très-prolongés pour engloutir leur victime.

Cependant les Perches ont la réputation parfaitement justifiée de *s'apprivoiser* avec une facilité extrême. Placées dans des vases, dans un bassin quelconque, au bout de peu de jours, elles cessent de se montrer farouches ; elles ne témoignent plus aucune crainte à la vue de ceux qui les regardent de très-près ; elles viennent résolûment saisir une mouche ou un ver entre les doigts qui se portent au-devant d'elles. La voracité chez ces Poissons l'emporte donc bientôt sur la crainte.

On vante beaucoup la Perche comme aliment ; la délicatesse de sa chair est incontestable et la saveur en plaît généralement. Aussi le beau Poisson de nos rivières a eu l'honneur d'être célébré par les poëtes ; selon Ausone, il fait les délices des tables. On assure que les Lapons font une colle de poisson très-solide avec la peau de la Perche.

La Perche varie dans des limites assez larges, non-seulement sous le rapport de la coloration, mais un peu aussi sous le rapport des proportions générales du corps et du nombre des dentelures du préopercule. MM. Cuvier et Valenciennes ont décrit comme espèce particulière, une *Perche sans bandes, d'Italie (Perca italica)*[1], qui se distinguerait de notre Perche commune, par l'absence de bandes noires et par la tête un peu plus forte. Le prince Ch. Bonaparte n'a pas eu de peine à montrer que ces différences étaient seulement individuelles. D'un autre côté, des naturalistes, et M. Agassiz lui-même, avaient pensé que la Perche de la région du Danube (*Perca vulgaris,* Schœffer) était distincte de la Perche des autres parties de l'Allemagne et de la France. Cette opinion encore a dû disparaître devant l'observation attentive, comme M. de Siebold en a donné des preuves multipliées[2]. Enfin, nous ferons connaître ici une variété très-remarquable, assez répandue dans l'un de nos départements, c'est

LA PERCHE DES VOSGES [1]

Les lacs de Longemer et de Gérardmer dans les Vosges, sont habités par une Perche que l'on désigne dans le pays sous le nom de *Hurlin*, sans prétention aucune, bien évidemment, de la distinguer de la Perche de nos rivières. Cette Perche des Vosges est assez étrange; j'ai cru d'abord qu'elle était d'une espèce particulière, et c'était aussi à peu près l'avis de M. Godron, le doyen de la Faculté des sciences de Nancy, qui le premier m'en communiqua un individu conservé dans le joli Musée d'histoire naturelle de l'ancienne capitale de la Lorraine.

[1] *Histoire naturelle des Poissons,* t. II, p. 45.
[2] *Die süsswasserfische von Mittel-Europa,* p. 48.

La Perche des Vosges est en général d'une forme plus allongée que nos Perches ordinaires, avec le dos beaucoup moins élevé.

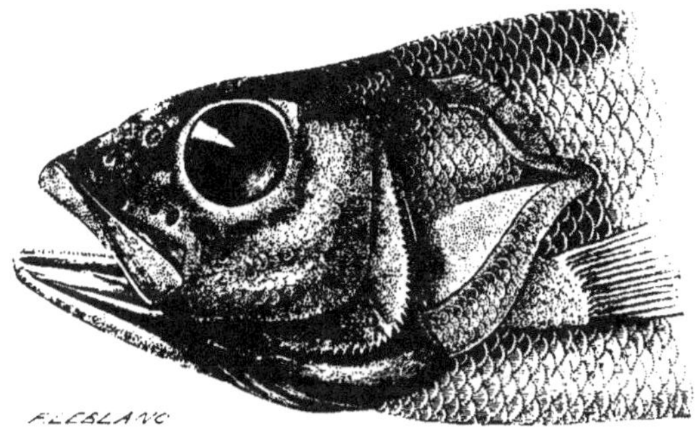

Fig. 12. — Tête et portion antérieure du corps de la Perche des Vosges 1.

Les auteurs avaient déjà signalé chez la Perche de rivière, des différences individuelles notables dans la hauteur de la région dorsale et il n'y aurait peut-être pas eu de motif bien plausible pour s'arrêter à cette particularité, si en même temps d'autres caractères n'avaient paru fort sensibles. Mais chez cette Perche du lac de Gérardmer, le museau se montrait plus aminci, les fossettes sous-orbitaires plus prononcées; de petites écailles s'étendaient sur toute la joue; les dents du préopercule se montraient plus serrées, plus nombreuses, et au lieu de cinq ou six fortes dents au bord inférieur qu'on observe presque constamment sur notre Perche de rivière, c'étaient des dents à peine plus grandes que celles du bord postérieur; en outre les petites dents du subopercule et de l'interopercule étaient presque imperceptibles, sans compter de légères différences dans le contour de la joue et dans la forme des pièces operculaires, dont

1 La figure a été faite avec un soin scrupuleux, d'après un individu du Musée de Nancy, possédant au plus haut degré les caractères de sa race.

on peut se faire une idée en comparant nos figures infiniment mieux que d'après une description.

Un tel ensemble de caractères semblait appartenir plutôt à une espèce qu'à une variété locale ; cependant les variations sont parfois si considérables chez les Poissons d'une même espèce qu'il importait de comparer un grand nombre d'individus, avant de prendre une détermination. M. Géhin de Metz, auquel je m'étais adressé, a eu l'obligeance de recueillir pour moi, des Perches des lacs de Longemer et de Gérardmer et de m'en envoyer une assez forte quantité. Chez tous les individus, j'ai retrouvé le même aspect et à peu près les mêmes proportions que chez celui dont nous avons représenté la tête et la partie antérieure du corps, mais avec des nuances dans le degré de hauteur de la région dorsale, dans l'étendue que les écailles occupent sur la joue, comme dans le nombre et la grosseur des dents du préopercule. Il a fallu conclure de cet examen, que la Perche des Vosges n'est pas une espèce particulière, mais une variété remarquable de la Perche commune. Elle reste, paraît-il, toujours très-petite ; les individus en ma possession n'ont pas une longueur de plus de $0^m,15$ à $0^m,18$, mesurée du bout du museau à l'extrémité de la queue. Mais la taille, on le sait, ne saurait fournir pour les Poissons aucun indice ; elle dépend non-seulement de l'âge, mais encore de l'abondance de l'alimentation.

LE GENRE APRON

(ASPRO, *Cuvier* [1])

Ce genre ne diffère de celui des Perches que par des carac-

[1] Cuvier et Valenciennes, *Histoire naturelle des Poissons*, t. II, p. 188.

tères fort secondaires. Il nous suffira de préciser ceux qui permettent d'établir une distinction facile et certaine.

La forme du corps des Aprons est assez remarquable pour qu'on en soit frappé dès le premier coup d'œil. Ce corps très-peu élevé est renflé sur les côtés, ce qui le rend à peu près fusiforme. La tête est large, déprimée en dessus avec le museau bombé. Les deux nageoires dorsales, au lieu d'être contiguës comme chez les Perches, sont fort écartées l'une de l'autre. Le préopercule est très-faiblement dentelé et l'opercule se termine par une pointe aiguë.

Mais la disposition de l'appareil dentaire, la rudesse des écailles, le nombre des arcs de la membrane branchiostège, la nature des rayons des nageoires, ont trop de ressemblance avec ce qui existe chez les Perches, pour qu'on puisse chercher à en tirer des caractères génériques.

Les Aprons sont essentiellement fluviatiles, et jusqu'ici on en connaît seulement trois espèces d'Europe. L'une d'elles n'est pas rare dans une assez vaste région de la France ; une seconde, confondue pendant longtemps avec la précédente, est répandue dans une grande partie de l'Allemagne et, croit-on, même dans les provinces rhénanes (*Aspro streber*, Siebold), et enfin, une troisième de beaucoup plus grande taille que les deux autres (*Aspro zingel*) habite le Danube et plusieurs de ses affluents.

L'APRON COMMUN

(ASPRO VULGARIS [1])

Cette espèce depuis longtemps fort bien décrite par les naturalistes, n'est cependant pas connue d'une manière très-

---

[1] *Aspro vulgaris*. Cuvier et Valenciennes, *Histoire naturelle des Pois-*

générale. L'explication en est simple. L'Apron ne paraît être abondant nulle part, et encore le trouve-t-on seulement dans les cours d'eau de quelques-unes de nos provinces du sud-est.

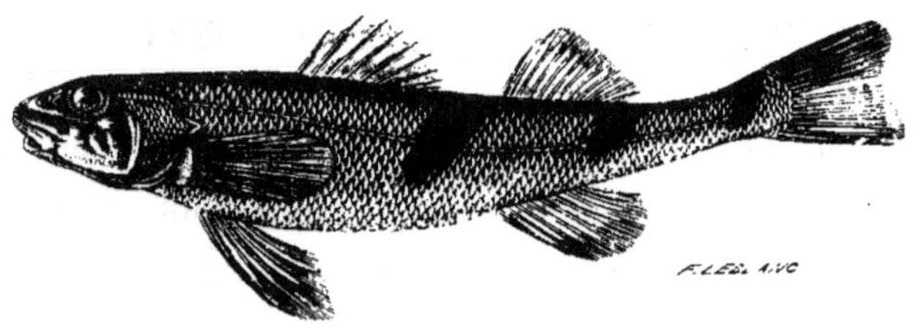

Fig. 13. — L'Apron commun (*Aspro vulgaris*).

Sa taille fort minime ne doit pas, du reste, beaucoup engager les pêcheurs à le rechercher. Ce Poisson a le plus ordinairement une longueur de $0^m,10$ à $0^m,12$; le plus grand individu que nous ayons observé avait $0^m,16$.

Le nom d'*Apron* donne de suite l'idée de quelque chose d'*âpre*, et c'est en effet l'extrême rudesse des écailles de l'animal qui a motivé l'appellation. Écoutez plutôt Rondelet, notre vieil ichthyologiste : « Les Lionnois, dit-il, appellent ce « poisson semblable au Goujon, *Apron*, dont se doit nommer « en latin *Asper*, de l'aspreté de ses écailles [1]. » Il ne faudrait pas néanmoins prendre au sérieux la ressemblance de l'Apron avec le Goujon ; la ressemblance n'est que dans la taille et un peu dans la couleur.

Ce Poisson, en effet, est en général d'une teinte fauve, avec la tête et la région dorsale plus sombres, parce qu'elles sont

sons, t. II, p. 188, pl. XXVI (1828).— *Aspro apron*, Siebold, *Die Süsswasser Fische von Mittel-Europa*, s. 55 (1863).

[1] *L'Histoire entière des Poissons*, 2e partie (traduite en français), p. 152. Lion, 1558.

pointillées de noir. Quelquefois sa coloration tire sur le gris. Sur le fond assez clair des flancs, se dessinent le plus souvent, avec une grande netteté, de larges bandes transversales noirâtres, qui s'arrêtent à la région ventrale ; une première part de l'espace compris entre les deux nageoires du dos, une seconde exactement en arrière de la seconde nageoire, et une troisième, la plus petite, se montre dans le voisinage de la queue. Ces bandes peuvent varier ; il est des individus où elles envahissent une surface beaucoup plus grande, où, par exemple, deux bandes apparaissent sur la partie antérieure du corps, l'une vers la nuque, l'autre sous la première dorsale.

Le corps de l'Apron, assez allongé, presque rond dans son milieu, un peu déprimé et médiocrement rétréci en arrière, est couvert, à l'exception de la région pectorale, d'écailles assez grandes, disposées sur environ vingt-cinq lignes longitudinales et au nombre de soixante-dix à quatre-vingts sur plusieurs

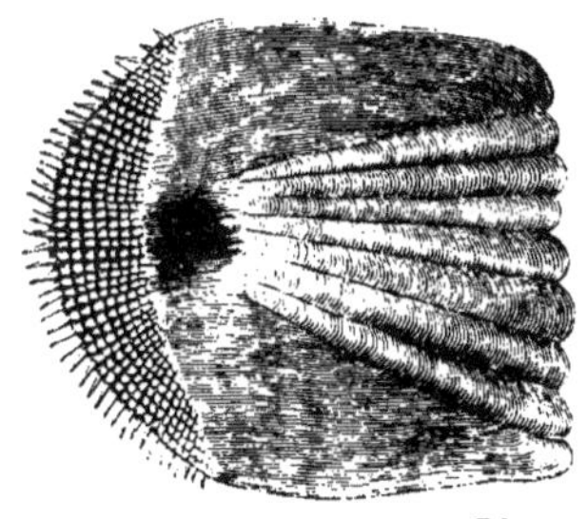

Fig. 14. — Écaille des flancs vers le milieu du corps.

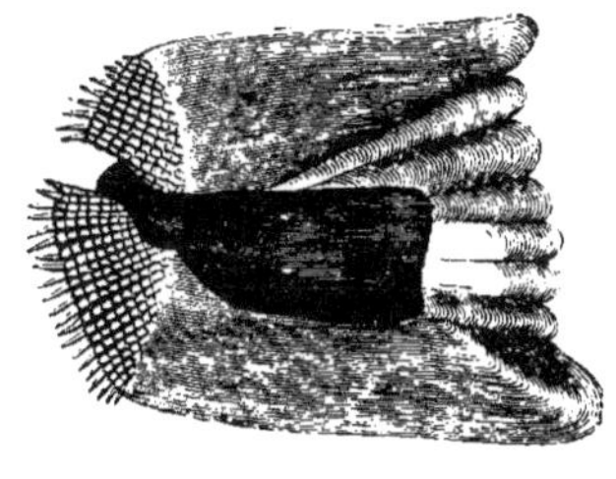

Fig. 15. — Écaille de la ligne latérale.

d'entre elles. Ces écailles, dont le contact est fort rude, ont la structure de celles de la Perche, tout en offrant certaines particularités notables. Elles sont plus longues et ne présentent jamais d'élargissement bien sensible vers leur base. Les festons qui dé-

coupent le bord de la partie implantée dans la peau, sont faiblement séparés ; les épines qui garnissent le bord extérieur ont
plus de longueur et plus d'acuïté, les éminences qui se succèdent à la suite des épines sont plus prononcées, ce qui rend
les écailles de l'Apron encore plus rudes au toucher que celles
de la Perche.

La ligne latérale n'est pas très-éloignée du dos, et les écailles
qui la couvrent, avec leurs bords latéraux un peu plus parallèles
que dans les autres, ont le canal de la mucosité fort large et
construit comme chez la Perche. Notre figure en donne du
reste une idée très-exacte.

L'Apron a une tête qui contribue extrêmement à lui donner
un aspect singulier. Cette tête qui forme environ le cinquième

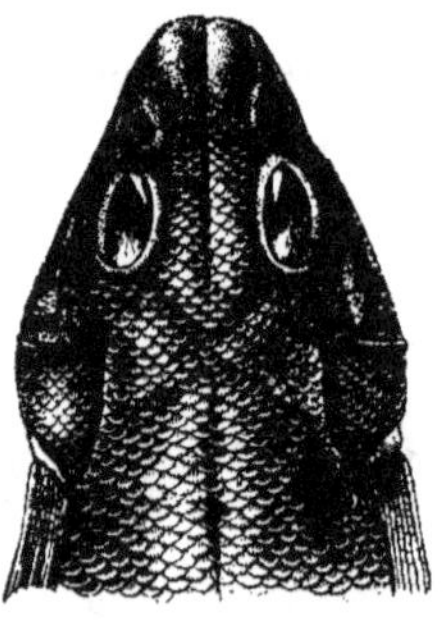

Fig. 16. — Tête d'Apron de grandeur naturelle, vue en dessus.

de la longueur totale du Poisson, est large, un peu aplatie,
écailleuse sur le crâne et jusque dans l'intervalle des yeux et des
narines. Le museau est lisse, et son extrémité obtuse est vraiment caractéristique. Les yeux, de médiocre grandeur, ressemblent à ceux de la Perche. Les narines avec leurs deux ouvertures rapprochées, sont situées entre l'œil et le bout du mu-

seau. Les joues sont lisses. Sur le bord du préopercule il existe
de très-fines dentelures peu visibles, car la peau les cache et
une certaine dessiccation est nécessaire pour qu'elles deviennent
apparentes. L'opercule arrondi inférieurement, couvert d'é-

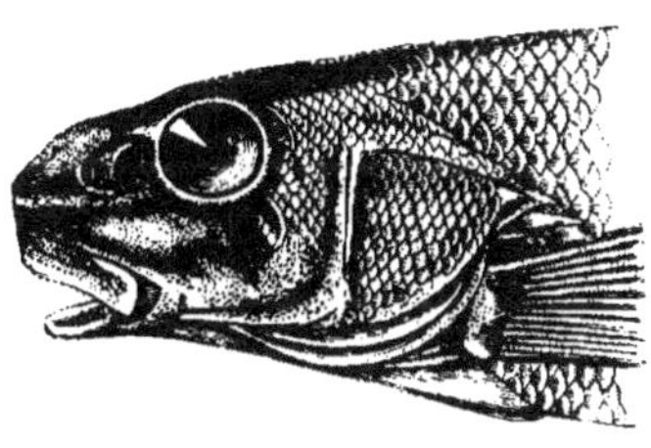

Fig. 17. — Tête et portion antérieure du corps de l'Apron, vues de profil.

cailles sur toute sa surface, se termine par une pointe assez longue et fort acérée.

Les nageoires de l'Apron diffèrent assez de celles des autres
Percides pour faire penser qu'elles sont les instruments d'une
locomotion d'un genre particulier, comme la forme du corps tend
déjà à l'indiquer. Les dorsales sont peu élevées et leur étendue
est très-médiocre. La première, qui décrit une courbe par suite
de l'allongement des rayons moyens par rapport à ceux des
extrémités, n'est composée que de neuf rayons épineux. La seconde en a treize, le premier court et épineux, le second flexible comme les suivants et toujours simple, les autres partagés
en plusieurs branches dans leur portion supérieure. Les nageoires pectorales sont ovalaires avec quatorze rayons ; les ventrales, remarquablement longues, n'en ont que six, le premier
épineux, les suivants très-épais. A la nageoire anale, située au-
dessous de la seconde dorsale, mais un peu moins longue que
cette dernière, on compte dix rayons, dont le premier est épi-

neux. Enfin la caudale formée de vingt et un rayons se fait remarquer par son extrémité taillée en manière de croissant.

Chez l'Apron, les deux ovaires sont régulièrement développés et les œufs ont une grosseur supérieure à ceux de la Perche, malgré la petite taille de l'animal ; l'estomac est ovalaire et l'intestin n'a que deux replis. Les vertèbres sont au nombre de quarante-deux : dix-sept abdominales, vingt-cinq caudales.

L'Apron se trouve dans le Rhône et principalement, assuret-on, entre Lyon et Vienne, mais il habite également le cours inférieur du Rhône. Il existe aussi dans la Saône, dans l'Ouche, aux environs de Dijon, d'où M. Brullé, le doyen de la Faculté des sciences de cette ville, m'en a fait parvenir, dans le Doubs, dans l'Ognon son tributaire, où M. Grenier, le professeur d'histoire naturelle de la Faculté de Besançon, en a recueilli, dans l'Isère et ses affluents. Rien n'indique que ce Poisson ait été observé dans le Rhône, au-dessous d'Avignon, ni qu'on l'ait jamais vu, soit dans l'ouest, soit dans le nord de la France. Pendant longtemps, il a été confondu par les naturalistes, avec une espèce de l'Allemagne qui en est très-voisine [1] ; mais aujourd'hui, la distinction établie, il paraît probable que notre *Aspro vulgaris* n'habite pas l'Allemagne. On sait qu'il n'existe en Angleterre, ou en Italie, aucune espèce de ce genre.

L'Apron vit à la manière des autres Percides, d'insectes et de petits poissons. Il fraye en mars et en avril et même parfois

---

[1] Les auteurs ont rapporté à la *Perca asper* de Linné, deux espèces bien distinctes : celle que nous venons de décrire (*Aspro vulgaris*, Cuvier) et celle d'Allemagne (voir Heckel et Kner, *Süsswasserfische der Oestreich-ischen Monarchie*, p. 14) qui est extrêmement amincie vers la queue et qui offre une coloration plus noire que notre Apron commun. M. de Siebold a insisté avec raison sur la différence qui existe entre ces deux espèces (*Süsswasserfische der Mitteleuropa*, p. 35).

beaucoup plus tôt, si l'on doit s'en rapporter à certaines assertions. Il se tient habituellement, paraît-il, au fond de l'eau et ne nage guère en pleine rivière que par les mauvais temps, lorsque soufflent les vents du nord et de l'ouest, alors que les autres poissons se retirent dans les profondeurs. Cette circonstance a amené les pêcheurs de plusieurs localités à regarder l'Apron comme le poisson maudit et ils s'en sont vengés en l'appelant le *Sorcier*. Les pêcheurs de la partie de la Saône qui traverse le département de la Côte-d'Or, rapporte un naturaliste bourguignon [1], ont acquis la certitude que la pêche sera mauvaise s'ils ramènent un Apron dans leurs filets, et fort mécontents de la capture, ils la rejetaient autrefois avec dépit, mais à présent, comme ils connaissent le bon goût de la chair de ce poisson, très-analogue à celle de la Perche, ils préfèrent le manger. D'autre part, M. Charvet, professeur de la Faculté des sciences de Grenoble, nous dit aussi [2], que les pêcheurs de l'Isère regardent la présence de l'Apron dans leurs filets comme un mauvais présage, croyant avoir remarqué qu'ils font rarement bonne pêche quand ils prennent des Aprons.

LE GENRE GREMILLE

(ACERINA, *Cuvier* [3])

Par les formes, par l'aspect seul, les Gremilles se rapprochent beaucoup des Perches. Elles leur ressemblent plus même que

---

[1] Vallot, *Ichthyologie française*, p. 71. Dijon, 1837.

[2] *Statistique générale du département de l'Isère*, t. II, p. 248. Grenoble, 1846.

[3] *Acerina*, Cuvier, *Règne animal*.

les Aprons; cependant, lorsqu'on examine attentivement les diverses parties de leur corps, on ne tarde pas à reconnaître des
caractères qui les en éloignent dans une certaine mesure.

Les Gremilles ont le corps ovalaire et un peu comprimé, mais
ce qui les fait distinguer aussitôt des genres précédents, c'est la
réunion des deux nageoires dorsales en une seule. Tous les auteurs commencent par caractériser ces Poissons, comme des
Percides *à dorsale unique*. La définition est médiocrement heureuse; elle donne l'idée de l'absence d'une nageoire qui existe-
rait chez les Perches et les Aprons; or, chez les Gremilles, il y a
en réalité deux nageoires analogues à celles des espèces appartenant aux genres précédents; seulement, ces deux nageoires,
au lieu d'être plus ou moins écartées l'une de l'autre, sont rapprochées et en parfaite continuité. La nature des rayons, épineux à la première dorsale, flexibles, à l'exception d'un seul, à
la seconde, quand il y a séparation, suffit à montrer à quoi se
réduit la différence.

Les Gremilles se font remarquer par une singularité de la conformation de leur tête, où, comme dans les Perches, il n'y a point
d'écailles. Des cavités, des fossettes très-prononcées, sont
creusées sur les joues, sur le museau, sur les mâchoires, donnant à l'animal une physionomie étrange. Chez ces Poissons, le
préopercule a son bord postérieur armé de fortes dents et l'opercule terminé en pointe, est denticulé à son bord inférieur. De
même que chez les Perches, il y a des dents en velours aux mâchoires, à la partie antérieure du vomer, aux palatins, et il y a
sept rayons à la membrane branchiostège.

Une seule espèce du genre se trouve en France; une autre
(*Acerina Schraitzer*, Cuvier; *Perca Schraitzer*, Linné), habite
le Danube et ses affluents, une autre encore (*Acerina rossica*,

Cuvier ; *Perca acerina*, Güldenstaedt), les rivières de la Russie
méridionale.

LA GREMILLE COMMUNE

(ACERINA CERNUA [1])

Voilà un Poisson fort répandu dans plusieurs régions de la
France, que les pêcheurs ne dédaignent pas absolument. Le

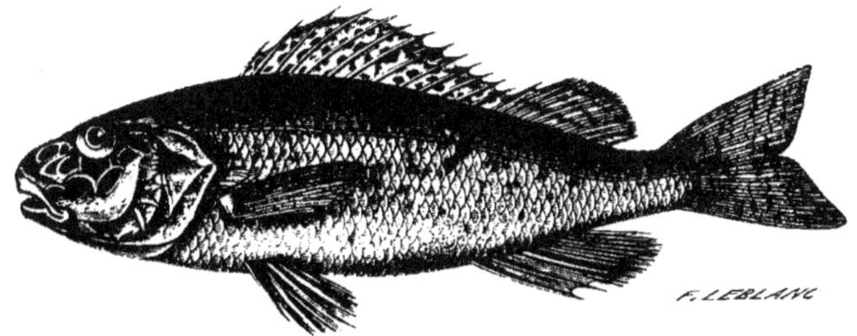

Fig. 18. — La Gremille commune.

nom de Gremille, dont nous ne connaissons pas l'origine, lui a
été appliqué, assure-t-on, par les riverains de la Moselle ; pourtant en Lorraine, le mot de Gremille est devenu presque partout *Gremeuille*. Dans beaucoup de localités, sur la Seine, par
exemple, c'est la *Perche goujonnière* ou *Perche goujonnée*, ou
encore, comme dans les Ardennes, sur la Meuse, dans le
département de l'Aube, et sans doute ailleurs, le *Goujon-
perchat*, ce qui exprime la même idée. L'idée est des plus

[1] *Perca cernua.* Linné, *Fauna sueçica*, p. 335, et *Systema naturæ*, t. I,
p. 487 (1766). — *Acerina vulgaris.* Cuvier et Valenciennes, *Histoire naturelle des Poissons*, t. III, p. 4, pl. XLI (1828). — Yarrell, *British
Fishes*, t., p. 18 (1836). — *Acerina cernua.* Siebold, *Süsswasserfische von
mitteleuropa*, p. 58 (1863).

étranges ; les pêcheurs ont saisi la ressemblance de la Gremille avec la Perche, ils ont vu ensuite une certaine analogie
dans sa coloration avec celle du Goujon, et une explication est
sortie de leur naïve simplicité. Ils se sont persuadé que la
Gremille était le produit, le métis de la Perche et du Goujon, et
l'explication a bien mieux fait son chemin qu'une bonne vérité.
Elle a été acceptée par les pêcheurs de l'Angleterre, de l'Allemagne, et je crois de la Scandinavie, aussi facilement que par les
nôtres. Les noms vulgaires de chaque Poisson, à quelques exceptions près, sont fort nombreux, et varient souvent d'un village
à l'autre. Ainsi, la Gremille est encore appelée le *Chagrin* en certains endroits des départements de l'Aube et de l'Yonne, à cause
de la rudesse de ses écailles, l'*Entrecri* à Arcis-sur-Aube, l'*Ogi* ou
l'*Ogier*, sur la Meuse, dans les environs de Mézières ; le *Kutt* à
Strasbourg, où nous n'avons pas entendu parler des dénominations de *Kaulbarsch* (Perche ronde), et de *Schroll*, usitées en
Allemagne.

La Gremille ne fait pas une très-brillante figure à côté de la
Perche ; on la reconnaît pour être de la même famille, mais
l'une a été richement dotée par la nature, l'autre l'a été avec
parcimonie. Cependant, si on éloigne la comparaison, la Gremille est encore un joli poisson. Sa forme est presque aussi élégante que celle de la Perche ; sa couleur fauve, tirant au brun
olivâtre sur le dos, au vert d'aigue-marine sur la tête et le préopercule, passant à des tons dorés sur les flancs, prenant une
teinte rosée sous la gorge et la poitrine, a des reflets chatoyants du plus agréable effet. Un pointillé noir sur la tête et
les opercules, des taches brunes sur la nageoire dorsale, sur
le dos et la région supérieure des flancs, complètent sa parure.

Ce Poisson n'atteint jamais une grande dimension ; les plus gros individus ne dépassent guère une longueur de 0^m,15 à 0^m,18. Son corps moins comprimé et plus oblong que celui de la Perche, présente, vu de profil, une courbe régulière. Il est revêtu ordinairement, à l'exception de la région pectorale, d'écailles assez grandes, aussi n'en compte-t-on guère qu'une cinquantaine disposées sur une vingtaine de files. Ces écailles ressemblent par leur caractère général à celles de la Perche et de l'Apron, en présentant des particularités dignes d'attention. Leur forme est plus ovalaire. Les festons qui dé-

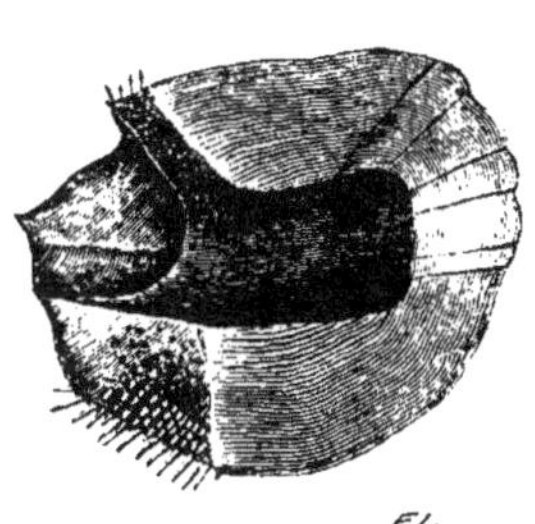

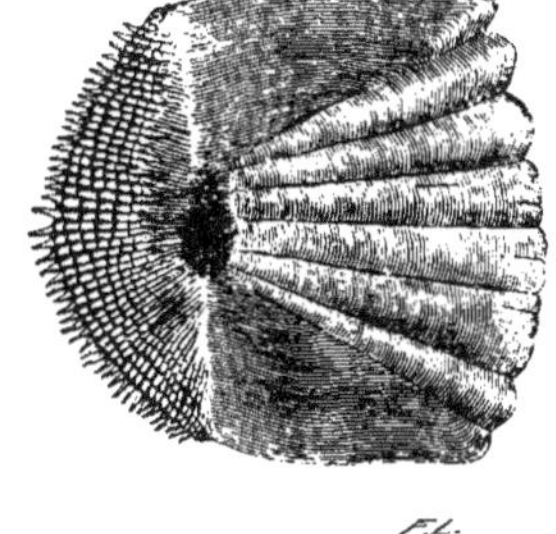

Fig. 19. — Écaille de la ligne latérale.   *Fig.* 20. — Écaille des flancs.

coupent le bord basilaire sont beaucoup plus faibles encore que dans les écailles de l'Apron et en général moins nombreux. Quelques-uns de ces festons offrent une ou deux petites divisions marquées par un très-court sillon longitudinal. Les épines qui garnissent le bord libre sont coniques, très-aiguës, plus nombreuses et moins fortes que chez la Perche, moins longues que chez l'Apron. Les saillies formant des files régulières à la suite des épines sont très-saillantes.

La ligne latérale, médiocrement éloignée du dos et presque

droite, est très-apparente à cause de la grosseur des canaux de la mucosité. Les écailles de cette ligne, toujours un peu déformées, sont d'ordinaire arrondies à leur base avec les festons du bord très-faibles et peu nombreux. Elles ont le canal de la mucosité d'une très-grande largeur, s'évasant encore à son embouchure, de sorte que le bord épineux de l'écaille se trouve fort réduit.

La tête de la Gremille, très-massive comparativement à celle de la Perche, s'abaisse légèrement depuis la nuque jusqu'à l'extrémité du front et se renfle ensuite en un museau épais. Elle

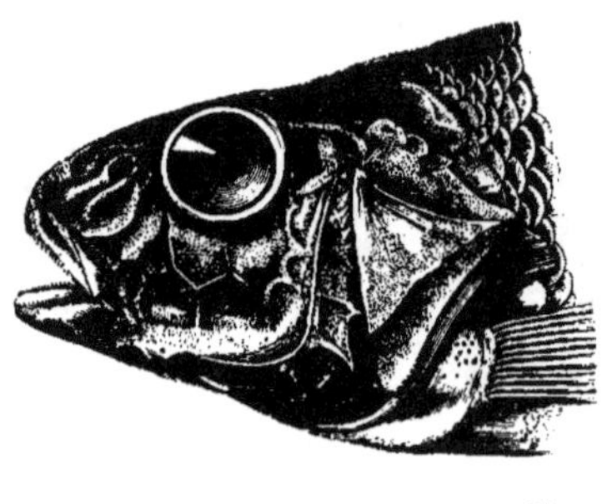

Fig. 21. — Tête et portion antérieure du corps de la Gremille commune.

est entièrement dépourvue d'écailles, mais fort remarquable par la présence de fossettes larges et profondes. Il y en a trois entre les yeux, une en arrière, deux en avant, deux grandes, de forme arrondie, entre les narines, une autre ovalaire en dehors des narines, sans compter quelques dépressions plus légères. On en voit ensuite une rangée régnant sur toute la longueur de la joue ; celles-ci, creusées dans les sous-orbitaires, ont leur contour supérieur en forme d'arc plus ou moins régulier. Enfin, à la face inférieure de la tête, il existe encore de chaque côté, huit de ces fossettes qui s'étendent en une seule file sur les branches de la mâchoire inférieure et le limbe du préopercule.

L'œil est grand avec l'iris d'un brun jaune et la pupille bleue. Les mâchoires sont pourvues d'une large bande de dents en velours plus fortes que chez la Perche; ce sont presque des dents

Fig. 22. — Quelques-unes des dents de la mâchoire supérieure de la Gremille très-grossies.

en cardes, suivant un terme habituellement employé par Cuvier. Il y en a de semblables au-devant du vomer et au pharynx.

Le préopercule de la Gremille offre à sa surface des dépressions, dont le contour interne est en arc; à son bord postérieur, il porte six épines légèrement courbées vers le haut, une autre plus forte, droite, souvent bifurquée, puis une dent beaucoup plus longue, un peu courbée vers le bas, et à son bord inférieur, trois dents également très-fortes, dirigées en avant. On comprend que le préopercule, aussi solidement armé, devienne une arme défensive puissante, lorsqu'il est un peu soulevé.

L'opercule est muni à son extrémité d'une épine pointue, surmontée d'un petit lobe. Le subopercule et l'interopercule sont garnis comme chez la Perche d'une rangée de petites dents, mais ici, ces pointes sont un peu plus fortes et moins serrées. L'os sus-scapulaire, qui décrit une légère courbe concave, est large et pourvu de très-petites épines, extrêmement serrées.

Il n'y en a point au scapulaire, mais l'extrémité de l'os huméral qui fait saillie au-dessus de la nageoire, en présente trois ou quatre assez fortes.

Les nageoires dorsales occupent presque toute la longueur du dos ; ce sont d'abord quatorze rayons épineux, fort épais et très-acérés ; le premier court, les suivants atteignant successivement plus de longueur, jusqu'aux cinquième et sixième qui sont les plus grands, les autres diminuant avec régularité jusqu'au dernier, de manière à suivre une courbe donnant à la nageoire une forme très-élégante. Viennent ensuite les rayons flexibles, articulés et branchus, au nombre de onze à quatorze. Les nageoires pectorales sont ovalaires et composées de treize rayons. Les ventrales en ont cinq articulés et un épineux très-fort et assez court ; l'anale, deux épineux extrêmement gros et cinq articulés et rameux. La nageoire caudale, formée de dix-sept rayons, est taillée en croissant à son extrémité.

Si les caractères extérieurs de la Gremille indiquent une parenté étroite entre ce Poisson et la Perche, la conformation intérieure montre également une affinité naturelle à un haut degré. L'estomac de la Gremille, de même que celui de la Perche, est court et obtus, avec trois appendices en *cæcum ;* l'intestin décrit aussi trois circonvolutions ; les vertèbres sont au nombre de trente-sept, quinze abdominales et vingt-deux caudales.

La Gremille se trouve dans la plupart des rivières du centre et du nord de l'Europe ; elle est très-commune en Angleterre, et abondante également en Danemark, en Suède, en Russie et jusqu'en Sibérie. Elle est répandue à peu près partout en Allemagne ; MM. Heckel et Kner nous disent qu'elle est commune dans le Danube et ses affluents, et M. de Siebold assure qu'elle est rare dans les contrées alpines. D'après les observations de

M. Günther, ce Poisson ne vient qu'accidentellement dans le
Neckar, et cependant il est assez abondant dans le Rhin et ses
affluents. Ainsi que Cuvier l'a constaté, la Gremille se tient fréquemment aux embouchures des petites rivières, tributaires des
grands fleuves. C'est là un fait connu en particulier des pêcheurs
de la Seine. En France, ce Poisson est plus commun dans nos
départements de l'Est que partout ailleurs ; on le pêche en assez
grande quantité dans la Meuse, la Moselle, la Meurthe, le Doubs
et leurs affluents. Il n'est pas précisément rare dans la Somme,
la Seine, l'Aube, l'Yonne, mais s'il faut en croire certaines
assertions, les pêcheurs de la Seine, au-dessous de Troyes, n'auraient commencé à observer cette espèce que dans les premières
années du siècle actuel. Je l'ai vue sur le marché de Lyon, et
M. Fabre m'en a envoyé un individu pris dans le Rhône à Avignon, en me faisant la remarque, que ce Poisson n'est connu à
Avignon que depuis peu d'années. Il semblerait, d'après ces
faits, que la Gremille descend peu à peu vers le sud et se montre
aujourd'hui dans des régions où on ne la voyait pas auparavant. M. Charvet ne la cite pas dans la liste des Poissons du département de l'Isère, et nous ne la voyons mentionnée dans aucun catalogue des animaux qui habitent nos départements de
l'Ouest. Il paraît positif aussi, qu'elle n'existe nulle part dans
l'Europe méridionale, soit en Espagne, soit en Italie, soit en
Grèce.

Les anciens ne semblent pas l'avoir connue ; elle aurait été observée, croit-on, pour la première fois en Angleterre, vers 1460.
Nos ichthyologistes du seizième siècle, Belon et Rondelet, ne
l'ont pas étudiée ; le premier la croyait étrangère aux eaux de la
France et propre à l'Angleterre ; le second ne la mentionne en
aucune manière.

Nous savons peu de chose des habitudes de la Gremille qui sous tant de rapports ressemble à la Perche. Elle ne se montre guère que pendant la belle saison ; lorsque les mauvais temps surviennent, elle se tient dans les profondeurs. Ce Poisson ne paraît vivre que dans les eaux courantes ; Marsigli, à la vérité, a déclaré qu'on le trouvait aussi dans les marais et les eaux tranquilles ; et Cuvier en a conclu qu'on le prenait dans *toutes sortes d'eaux*. Or, suivant toute apparence, cela n'est pas exact ; l'information de Marsigli était probablement controuvée.

La Gremille se nourrit d'insectes, de vers, de petits poissons, comme il est facile de s'en assurer par l'inspection de l'estomac d'un grand nombre d'individus. Elle fraye en avril et en mai et recherche les herbes et les roseaux du voisinage de la rive pour y cacher ses œufs. A cette époque, on la voit souvent en troupes, ce qui indiquerait que les mâles suivent alors les femelles pour féconder leurs œufs aussitôt après la ponte. Les œufs sont très-nombreux et agglutinés en chapelet comme ceux de la Perche.

La Gremille résiste à un séjour assez prolongé hors de l'eau. Les auteurs s'accordent à vanter les qualités de sa chair, son bon goût, sa légèreté. Dans les contrées où ce Poisson est abondant, on paraît le tenir en véritable estime, mais dans les endroits où il est rare, on le dédaigne à cause de sa petitesse et d'autant mieux, qu'étant tout à la fois Perche et Goujon, selon la croyance des pêcheurs, il n'est ni l'un ni l'autre. Faute d'être qualifié, il est méprisé.

La Gremille est armée avec un tel luxe, qu'elle doit souvent être épargnée par les poissons voraces. Si elle dresse ses nageoires dorsale et anale, si elle écarte ses nageoires ventrales,

il est impossible en effet de ne pas sentir les atteintes des aiguillons à la première approche.

LA FAMILLE DES COTTIDES

(COTTIDÆ)

Pour nous, en ce moment, l'histoire de cette famille est l'histoire d'un seul genre, l'histoire du genre, celle d'une seule
espèce. Les représentants de la famille des Cottides sont nombreux, mais presque tous sont des animaux marins et nous n'a-
vons pas ici à nous en occuper.

Les Poissons que nous désignons par le nom de *Cottides*, sont
appelés dans la nomenclature de Cuvier, nomenclature fort irrégulière quand il s'agit des familles, les *Acanthoptérygiens à
joue cuirassée*, ou dans une forme plus abrégée, les *Joues cuirassées*, dénomination habituellement traduite par les mots de
Cataphracti et de *Scleroparei* dans les ouvrages étrangers.

La famille des Cottides comprend une suite de genres qui,
liés entre eux par des affinités naturelles assez manifestes, n'offrent pas néanmoins beaucoup de caractères communs. Une
particularité assez frappante de la conformation de la tête se
retrouve cependant chez tous ces Poissons, et cette particularité
permet de déterminer avec certitude si une espèce appartient à
la famille des Cottides. Cuvier a été le premier à en faire ressortir l'importance et à en montrer l'utilité pour la classification.

Les Cottides ont les os orbitaires suffisamment développés
pour couvrir plus ou moins la joue et pour s'articuler par leur
extrémité postérieure avec le préopercule ; de là, cette *joue cuirassée* qui est le caractère commun à tous les représentants de

la famille. Les os sous-orbitaires dont on reconnaît facilement la présence sous la peau, varient sous le rapport de leur étendue, et cette variation contribue beaucoup à donner à la tête des Cottides des formes très-diverses.

Chez ces Poissons, l'appareil dentaire offre une infinité de modifications, et dans plusieurs genres, il manque totalement. Il y a le plus souvent deux nageoires dorsales, mais ce caractère ne s'applique pas à toutes les espèces. Chez les unes, le corps est entièrement revêtu d'écailles, et chez les autres, il est absolument nu.

En résumé, il existe des dissemblances très-grandes sous le rapport des formes extérieures entre les Poissons réunis par Cuvier, sous le nom d'*Acanthoptérygiens à joue cuirassée*. Lorsqu'on aura acquis sur l'organisation intérieure de ces animaux, plus de connaissances précises qu'on n'en possède aujourd'hui, on reconnaîtra peut-être que les limites de la famille doivent être modifiées.

Les principaux types que l'on y rattache sont les Trigles, ou Grondins, bien connus à Paris sous le nom de *Rougets* [1], les Scorpènes ou *Truies de mer*, et les Cottes, les seuls parmi lesquels il y ait des espèces habitant les eaux douces.

LE GENRE CHABOT [2]

(COTTUS, *Linné*)

Ce genre, qui a pour type un Poisson des plus communs

---

[1] Le nom de *Rouget* s'applique surtout aux Mulles (*Mullus* des anciens Romains), poissons de la famille des Percides.

[2] Le nom de *Chaboisseau* est également employé pour ces Poissons, quand il s'agit des espèces marines.

dans nos eaux douces, comprend en même temps des espèces
marines que leur conformation générale ne permet pas de séparer de l'espèce fluviatile.

Les Chabots se reconnaissent sans peine à leur forme large
en avant, mince vers la queue; à leur peau d'ordinaire absolument nue, c'est-à-dire sans aucun vestige d'écailles, à leur
tête volumineuse et déprimée, à leur préopercule épineux. Ils
ont des dents en velours aux mâchoires et à la partie antérieure
du vomer, mais leurs palatins en sont dépourvus. Ils ont deux
nageoires dorsales assez faiblement unies pour rester très-
distinctes, des ventrales composées seulement de trois ou quatre
rayons.

LE CHABOT DE RIVIÈRE

(COTTUS GOBIO [1])

Il n'est, sans doute, aucune de nos provinces où le Chabot
de rivière ne soit parfaitement connu. La grande variété des
noms qu'on lui applique dans les différentes régions de la
France suffirait à en fournir la preuve.

Ce petit Poisson, qui, dans ses plus belles proportions, ne
dépasse guère la taille de $0^m,12$ à $0^m,14$, est commun à peu
près dans tous les cours d'eau vive dont le fond est parsemé
de pierres et de gravier. Sa forme étrange, due principalement à la grosseur énorme de sa tête; sa peau nue, molle,
un peu visqueuse; la couleur grisâtre de son corps, élégamment rehaussée de bandes et de taches irrégulières d'un brun

---

[1] Linné, *Systema naturæ*, 12e édit., t. I, p. 452. — Cuvier et Valenciennes, *Histoire naturelle des Poissons*, t. IV, p. 145. — Yarrell, *British
Fishes*, t. I, p. 56 (1836).— Heckel und Kner, *Süsswasserfische*, etc., p. 27
(1858).

foncé ; ses nageoires marquées d'annulations de cette dernière nuance, lui donnent un aspect particulier et le signalent
à l'attention.

Le volume de la tête étant ici le caractère le plus frappant du
Poisson, les dénominations vulgaires rappellent pour la plupart

Fig. 23. — Chabot de rivière.

ce caractère. Le nom de *Chabot* ou de *Cabot* remet en mémoire
notre vieux mot français *caboche*, mais les altérations manquent

rarement de modifier les noms, au point même de masquer leur
origine ; c'est sans doute ainsi, par corruption, que le mot
chabot est devenu *Chapsot* pour les pêcheurs des environs de
Paris, et *Chamsot* pour ceux de la Normandie. On reconnaît ,
dans l'appellation de la Provence, usitée surtout dans le département de Vaucluse, *lou chabaou*, le même sens qu'à notre mot
de Chabot.

Sur le Rhône, à Genève, le Poisson à grosse tête des ruisseaux
est appelé *Séchot ;* nous ne nous hasarderons pas à rechercher
l'étymologie de ce nom. Dans la même contrée, on lui applique
encore volontiers, paraît-il, l'épithète de *Sorcier*. Sur les rives du
lac Léman, c'est le *Sassot* ou *Chassot*, et ici il est peut-être permis de croire que c'est le mot chasseur, interprété par les habitants de la Savoie. Dans la Franche-Comté, c'est la *Linotte ;* dans
les Vosges, le *Bavard*, à cause de la mucosité, de la *bave* dont
se couvre son corps ; dans une partie de l'Auvergne, à Raulhac,
par exemple, l'*Esquale*, mot dont le sens pour nous n'est pas
très-bien déterminé. Dans le Languedoc, la tête de notre Poisson devient encore le signe distinctif, c'est le *Tête d'aze*, ce qui,
en vrai français, signifie *Tête d'âne*. Dans plusieurs départements, c'est le *Testu* ou *Testard*, bien plutôt probablement à
cause de la grosse tête, qu'en considération d'une vague ressemblance avec les larves de Batraciens, les *têtards* de grenouilles et de crapauds.

Dans la Lorraine allemande, le Chabot est le *Kautzenkopf*,
c'est-à-dire la tête de hibou ou de chat-huant. En Alsace, il
porte comme en Allemagne le nom de *Koppe* ou *Koppen* dont la
signification primitive semble aujourd'hui assez obscure aux
environs de Nice, celui de *Botto*. Dans les autres contrées de
l'Europe où l'on rencontre notre Chabot, les habitants le dési-

gnent par des appellations analogues. Les Anglais, par exemple, le nomment *Bull-head*, tête de taureau.

Ce qui frappe surtout, comme nous l'avons dit, dans les proportions du Chabot, c'est l'extrême largeur de la tête et l'amincissement graduel du corps jusqu'à l'origine de la queue. La tête, au moins aussi large que longue chez les vieux mâles, aplatie en dessus, arrondie en avant, forme environ le tiers de la longueur de l'animal. Les yeux assez petits, situés presque au sommet et dirigés de côté, se trouvent ainsi dans la condition la plus favorable pour rendre la vision possible sur un grand nombre de points à la fois.

Notre Chabot est pourvu d'une large bouche très-capable de donner passage à une proie volumineuse ; ses mâchoires sont garnies d'une large bande de dents en velours très-fines. Ce Poisson a un préopercule portant une seule pointe recourbée vers le haut, sous laquelle existe une très-petite dent cachée sous la peau. La pointe est faible en apparence, et cependant le Chabot semble avoir conscience de l'importance de cette arme pour sa défense. Au moment du danger, on le voit gonfler la membrane des ouïes par l'introduction d'une certaine quantité d'eau et par ce moyen soulever le préopercule de façon à pouvoir blesser avec l'épine. Dans cette action, la tête paraît s'élargir encore, car la membrane tendue prend l'aspect de joues gonflées. L'opercule est lisse et finit en pointe plate, trop émoussée pour être d'aucun usage dans la lutte.

Chez le Chabot l'ouverture des ouïes n'est pas fort grande, et la membrane branchiostège est soutenue par six rayons très-faciles à apercevoir. Les nageoires sont très-caractéristiques. Les deux dorsales tiennent l'une à l'autre par la membrane qui unit les rayons. La première, dont la hauteur est à peu près

équivalente au tiers de celle du corps, commence au-dessus de
la base des pectorales. Les rayons qui la composent, dépourvus
de toute articulation, sont néanmoins très-flexibles ; on n'en
compte le plus souvent que six ; il y en a parfois sept, assez fréquemment huit. Cette variation est ordinaire parmi les individus pris dans le même endroit. L'avortement ou le développement d'un ou de deux rayons est sans importance, car cette
différence se produit entre des individus du reste parfaitement
semblables et pouvant provenir d'une même ponte. La seconde
nageoire dorsale, plus élevée et beaucoup plus longue que la
première, a généralement dix-sept rayons ; quelquefois cependant, elle n'en a que seize et c'est assez rarement que l'on en
trouve dix-huit. Ces rayons sont tous articulés, et parmi eux, on
en distingue assez souvent de rameux, mais cette division de
quelques rayons en deux ou trois branches minces, est très-variable ; le dernier qui est très-grêle est presque toujours bifurqué. Les pectorales sont fort grandes, arrondies, composées de
treize rayons, et de quatorze accidentellement. Il est ordinaire
que cinq ou six des supérieurs soient divisés à leur extrémité
tandis que les autres demeurent simples. On se tromperait
néanmoins, si à l'exemple de quelques naturalistes, on attachait
une importance à ce caractère [1]. Il y a des individus chez lesquels tous les rayons sans exception restent simples ; d'autres,
où un ou deux seulement de ces rayons se partagent vers le
bout. Les nageoires ventrales paraissent fort grêles, car elles

---

[1] Cuvier et Valenciennes, *Histoire naturelle des Poissons*, t. IV, p. 147,
donnent ce caractère comme s'il était fixe. —Heckel et Kner, *Die Süsswasserfische der Oestreichischen Monarchie*, S. 31, s'appuient sur cette
particularité pour distinguer un *Cottus* de la Hongrie et de la Russie
(*Cottus pœcilopus*, Heckel), dont tous les rayons de la nageoire pectorale
sont simples ; c'est bien certainement une faute.

n'ont que trois rayons mous et une épine qui semble assez grosse parce qu'elle est revêtue d'une épaisse enveloppe membraneuse. La nageoire anale, d'ordinaire formée de treize rayons, commence un peu en arrière de la seconde dorsale et ne s'étend pas tout à fait aussi loin. Parfois, il y a un ou même deux rayons qui avortent; dans d'autres cas, le dernier qui est bifurqué, se dédouble jusqu'à sa base, et alors la nageoire présente ainsi quatorze rayons. La nageoire anale a douze rayons; les extrêmes simples, les autres branchus. Elle en présente en outre souvent quelques très-petits à sa base.

La peau du Chabot est absolument nue. Elle n'a point d'écailles; elle n'en a aucun vestige. Sur la ligne latérale et même sur l'opercule, on aperçoit avec un peu d'attention de très-petits tubercules mous et blanchâtres. En examinant ces tubercules, à l'aide d'un grossissement, on constate, sans peine, qu'ils sont percés à leur sommet d'un petit trou. C'est par ce trou que s'échappe la mucosité dont se couvre le Poisson, dont il englue les doigts lorsqu'on vient à le prendre.

La coloration de l'animal est très-sujette à varier; elle varie avec l'âge. Les vieux individus ont ordinairement une couleur sombre presque uniforme, avec les parties inférieures toujours claires. Chez les jeunes, la teinte générale est roussâtre ou d'un gris pâle, avec des taches très-brunes, entremêlées les unes avec les autres, parmi lesquelles, plusieurs fort grandes, figurent des ondes transversales vraiment élégantes. L'observateur qui ne se contente pas d'examiner avec le secours seul de ses yeux et qui a recours à l'emploi d'une bonne loupe, découvre, que toutes ces taches, toutes ces ondes, toutes ces bandes, si capricieusement dessinées sont formées par une multitude de petits points, plus ou moins rapprochés. L'écartement ou le rapprochement

des points, suffit pour donner à l'œil l'apparence d'une teinte
claire ou foncée. Les individus dont les nageoires dorsales et
pectorales sont bien annelées de blanc et de brun noirâtre, sont
entre tous, les mieux parés.

Il faut encore nous arrêter aux différences que l'âge apporte
chez le Poisson à grosse tête de nos ruisseaux. Cette tête si
large chez les vieux mâles, comme nous l'avons dit, est un peu
moins forte dans les femelles, et son énorme développement
n'est vraiment remarquable que chez les individus qui ont
atteint la taille d'environ 0^m,06. Les jeunes ont la tête déjà
très-forte sans doute, relativement au volume du corps, mais
cette tête est moins dilatée sur les côtés ; elle est beaucoup
moins aplatie en dessus, plus atténuée en avant. Si au lieu
d'observer une foule d'individus montrant toutes les gradations,
dans le développement de la tête, on comparait simplement un
jeune Chabot à un très-vieux, on se persuaderait aisément que
l'on a sous les yeux deux Poissons d'espèces assez dissemblables.
Cette persuasion existe du reste parmi les pêcheurs de quelques
localités.

Plusieurs traits de l'organisation interne du Chabot, méritent d'être notés. Chez ce Poisson, il n'y a point de vessie natatoire ; ce petit appareil eût été probablement sans utilité pour
l'animal assez sédentaire, habitant toujours des eaux peu profondes. L'estomac consiste en un sac arrondi, dont la capacité
est parfaitement en rapport avec la large ouverture de la bouche,
le pylore est accompagné de quatre cœcums ; l'intestin est deux
fois replié sur lui-même, par conséquent d'une assez grande
longueur ; le foie qui est volumineux et d'une teinte rouge
foncé occupe le côté gauche. Les ovaires plus ou moins décou-
pés en manière de lobes suivant leur degré de plénitude, ont

leur tunique extérieure noirâtre comme celle des laitances ; leur volume étant énorme lorsque les œufs sont parvenus à maturité, le ventre de l'animal se trouve distendu au point de prendre l'aspect d'une difformité. La colonne vertébrale est composée de trente-deux vertèbres : dix abdominales, vingt-deux caudales.

Le Chabot se tient habituellement sous les pierres, et cette circonstance rapportée par Aristote à l'égard d'un Poisson de rivière, a suffi pour que les naturalistes modernes aient cru le voir désigné dans les écrits du père de la Zoologie. Au chapitre relatif à la faculté d'entendre et à ses manifestations chez les animaux, Aristote dit qu'il y a dans les rivières de petits poissons connus sous le nom de *Coitoi* [1] (*Boitoi* d'après d'autres leçons) qui se retirent sous les pierres et qu'on prend en faisant du bruit. On a pensé, peut-être avec raison, que le *Coitos* du grand naturaliste de l'antiquité était le vulgaire Chabot des modernes. Gaza, ce Grec du moyen âge, fuyant sa patrie au moment de la prise de Constantinople par les Turcs [2], a traduit par *cottus*, le mot grec *coitos*, que, sans doute, il avait lu *cottos* [3]. Artedi a été ainsi conduit à prendre le nom de *Cottus* pour désigner le genre dont le Chabot est le type, et de la sorte est entrée dans la nomenclature zoologique une appellation aujourd'hui consacrée.

Le nom spécifique et scientifique de notre Chabot de rivière, *gobio*, signifie *goujon*. Linné, en choisissant cette dénomination, aura voulu certainement rappeler une ressemblance dans

[1] Livre IV, chap. VIII ; κοῖτος (pluriel κοῖτοι), d'après les meilleurs manuscrits, suivant Camus ; βοῖτος, d'après d'autres textes.

[2] Théodore Gaza, né à Thessalonique, auteur d'une traduction de l'*Histoire des animaux d'Aristote*. Venise, 1474, mort en Italie, en 1478.

[3] κόττος.

la couleur, dans les taches, les marbrures du Chabot et du poisson que tout le monde en France appelle le Goujon.

Le Chabot est doué d'une grande agilité. Souvent au repos, souvent caché sous les pierres, s'il est en quête d'une proie, s'il est inquiété, on le voit s'élancer comme un trait. L'élargissement de la partie antérieure de son corps, la ténuité de son extrémité postérieure, la puissance de ses membres thoraciques, constituent des conditions extrêmement favorables à l'exécution de mouvements brusques et rapides. Dans ces élans parfois si soudains, le Poisson atteint sans peine les animaux qu'il poursuit et qu'il engloutit dans sa vaste bouche. Les insectes, et particulièrement ceux d'un certain volume, comme les larves de dytiques, d'hydrophiles, de libellules, forment son alimentation habituelle; mais le Chabot n'est pas le moins du monde exclusif dans ses goûts. S'il est vrai, ainsi qu'on le répète dans la plupart des ouvrages, qu'il se nourrit surtout d'insectes, de frai de grenouilles, etc., il s'empare très-bien aussi de poissons dont la taille est un peu inférieure à la sienne. J'ai vu plus d'une fois des Chabots dont l'estomac était rempli et fort distendu par un assez gros vairon ou même par un goujon.

La vie, les mœurs du Chabot ne nous sont pas encore parfaitement connues. Ce Poisson paraît doué d'instincts analogues à ceux des Épinoches, sans offrir cependant un exemple de l'industrie raffinée de ces dernières. Le mâle creuse simplement dans le sable une cavité sous une pierre, et amène des femelles pondre en cet endroit; ce qui a lieu pendant les mois de mars et d'avril. Il garde ensuite le dépôt d'œufs avec une sollicitude extrême, avec une vigilance incapable d'être endormie, jusqu'au moment de l'éclosion des jeunes. Il n'est pas rare, en effet, au printemps, de rencontrer, dans les petits cours d'eau limpide,

des pontes auprès desquelles s'agite un Chabot. Au commencement du siècle dernier, le comte Marsigli a signalé d'une façon
très-précise l'attachement et les soins que le Chabot porte à ses
œufs [1]. Linné, en termes fort concis, a appelé de son côté, sur ces
habitudes, l'attention des naturalistes [2]. Othon Fabricius, l'historien célèbre des animaux du Groënland, a insisté davantage sur
ces faits, et a constaté que cette protection n'avait lieu que de la
part du mâle [3]. Son observation s'accorde donc avec ce que l'on
sait aujourd'hui, touchant l'histoire des Epinoches. Des remarques du zoologiste anglais Fleming ont confirmé ce qui avait
été indiqué par les précédents auteurs [4]. MM. Heckel et Kner
ont rapporté, sur la foi des pêcheurs, que le mâle protége, pendant quatre ou cinq semaines, les pontes qu'il a fécondées, sans
s'éloigner autrement que pour chercher sa nourriture [5]. Mais
nulle part, il n'y a eu d'observations suivies; un chapitre intéressant de l'histoire des Poissons reste à compléter. L'œuvre est
facile, et en vérité charmante à exécuter. A la campagne, il est
aisé d'avoir à sa portée un petit réservoir, une sorte d'*aquarium*,
où le regard puisse plonger sans effort sur tous les points. Qu'au·
printemps, on mette dans ce réservoir, garni de pierres et de

---

[1] Louis Ferdinand, comte de Marsigli, né à Bologne, le 10 juillet 1658,
mort le 1er novembre 1730, dit en parlant du Chabot : *Parturit mense
martio, quo tempore cauda removendo lapides cavernulas quærit; in illis ova
sua lapidibus, aut lignis in fundum infixis, agglutinat, a quibus jam agglu-
tinatis fœmella secedit ; masculus vero triginta circiter dierum spatio ad ea
se acclinando, et forte suo lacte fœcundando custodiam gerit, donec vivere
incipiant.* Danubius pannonico-mysicus, t. IV, p. 73, fol. 1726.

[2] *Nidum in fundo format, ovis incubat prius vitam deserturus quam nidum.* — Linné, *Systema naturæ*, t. I, p. 452 (1766).

[3] *Fauna Groenlandica*, p. 160 (1780).

[4] *History of British Animals*. Edinburgh, 1828.

[5] *Die Süsswasserfische der östreich. Monarchie*, p. 30 (1858).

graviers, de quelques herbes et d'insectes aquatiques, des Chabots mâles et femelles, et l'on assistera aux manœuvres qui précèdent, qui accompagnent, qui suivent la ponte de ces Poissons. L'observation ne pourra manquer d'amener la révélation de détails nouveaux ou seulement à peine entrevus. N'y a-t-il pas là, de quoi tenter les amis de la nature, assez heureux pour être en position d'habiter une partie de l'année loin des villes? Les mœurs, les habitudes des animaux, offrent un tel charme à tout esprit cultivé, de tels enseignements pour la raison du philosophe, que bien employés sont les instants qui s'emploient à les mettre en lumière.

Le Chabot est peu recherché comme aliment, sans doute à cause de sa petite taille; car la qualité de sa chair, d'après un avis assez général, pourrait lui mériter quelque considération. Cette chair, devenant, par la cuisson, rouge comme celle du saumon, a un aspect fort appétissant. Notre vieil ichthyologiste, Rondelet, s'exprime en ces termes au sujet des Chabots : « Ils ont, dit-il, la chair molle, assés bone au gout é qui n'est à mépriser. » Dans les Alpes maritimes, on est loin de la dédaigner. Risso rapporte que « ce poisson, dont la chair est agréable, fournit un mets délicat aux habitants des montagnes. » On pratique la pêche du Chabot en divers endroits; mais c'est le plus ordinairement dans le but de se servir de ce Poisson pour prendre les Anguilles. Les pêcheurs, en effet, assurent que les anguilles donnent la préférence aux Chabots, après les goujons, sur tous les autres appâts. Le marché de Munich est très-souvent approvisionné de Chabots, dit M. de Siebold, à la grande satisfaction des pêcheurs d'anguilles.

Le Chabot, croit-on, est trop intelligent pour mordre à l'hameçon. Pour le prendre, on emploie une nasse que l'on traîne, en renversant les pierres et en agitant le sable, soit avec les pieds, soit avec un bâton, de manière à déloger le poisson blotti dans les cavités, et à le pousser dans le filet. Il ne faut rien moins que trois hommes, pour mettre parfaitement cette manœuvre en pratique dans une petite rivière ; tandis que deux d'entre eux traînent la nasse en remontant le courant, le troisième, placé en avant, remue le fond avec son bâton dans la direction du filet. Il y a encore un procédé bien connu, et surtout à l'usage des enfants, pour s'emparer du Chabot ; c'est la pêche à la fourchette, à laquelle se montrent fort habiles les jeunes habitants des parages du lac Léman, de l'Alsace et de bien d'autres localités. Une fourchette de fer est solidement attachée à un bâton, le pêcheur soulève les pierres avec assez de précaution pour ne pas effrayer le poisson, et, guettant sa proie, il l'embroche d'un coup rapide de son instrument.

Notre Chabot est répandu dans la plus grande partie de l'Europe. Il se trouve également en Sibérie, au Groënland, et, assure-t-on même, dans l'Amérique du Nord. J'avais d'abord soupçonné qu'il existait en France plusieurs espèces voisines. Afin d'acquérir une certitude à cet égard, j'ai recueilli une foule d'individus sur des points de notre territoire très-éloignés les uns des autres. Ce n'était pas encore suffisant ; j'ai prié la plupart des naturalistes de nos départements de me procurer des Chabots pris dans la contrée qu'ils habitent. Avec le bienveillant concours de ces savants, je suis arrivé à pouvoir multiplier les comparaisons sur une très-large échelle. Mon examen a porté sur des Chabots récoltés dans le département de la Seine et les départements limitrophes, en Normandie, dans les départements du Nord et du Pas-de-Calais, dans les Ardennes, la Lorraine, y compris les Vosges, l'Alsace, le département du Doubs, la Savoie, les environs de Lyon, le département de la Côte-d'Or, la Provence, et notamment les environs d'Avignon, où M. Fabre en a pris en quantité dans la Sorgue, dans le Languedoc, en Auvergne, etc. Cet examen des Chabots, provenant de toutes les régions de la France, examen approfondi, minutieux, a conduit à avoir la certitude absolue que ces Poissons appartenaient à la même espèce, qu'il n'y avait aucune différence plus notable entre les individus de nos départements les plus éloignés qu'entre les individus nés dans le même ruisseau. Si, par hasard, il existe en France d'autres espèces du genre *Cottus*, ce qui commence à nous paraître peu probable, elles ont encore échappé à nos recherches. Un zoologiste de l'Allemagne, M. Jeitteles, a fait récemment une étude comparative des espèces de *Cottus* d'Europe et d'Amérique [1], et il a parfaitement reconnu que les variations dans les proportions des nageoires, dans les divisions de leurs rayons, dans l'écartement des yeux, etc., étaient de simples différences individuelles. Cette observation, avec laquelle s'accordent les nôtres de la manière la plus complète, a fourni à son auteur la preuve que des *Cottus* de la Lombardie et de la Dalmatie, de la Pologne et de la Russie, décrits comme des espèces particulières, n'étaient nullement distincts de notre Chabot vulgaire [2].

---

[1] *Ueber die Süss-wasser-arten der Fisch-Gattung* Cottus. — *Beitrag zu einer wiederholten Revision dieses Genus* von Ludwig Heinrich Jeitteles. — *Archivio per la zoologia, l'anatomia e la fisiologia*, vol. I, fasc. 2, p. 158 (décembre 1861).

[2] Ce sont : le *Cottus microstomus*, Heckel, le *C. ferrugineus*, Heckel et Kner. — M. Jeitteles considère sans doute avec raison le *Cottus pœcilopus*, Heckel, de la Galicie et des Carpathes, comme une espèce distincte du Chabot commun, parce que ses nageoires ventrales, assez longues pour atteindre l'anus, sont rubanées, ce qui ne se voit jamais dans notre espèce vulgaire.

LA FAMILLE DES GASTÉROSTÉIDES

(GASTEROSTEIDÆ)

Cette famille est instituée uniquement pour ces Poissons si petits et si agiles, que tout le monde connaît sous le nom d'*É-pinoches*.

Les Gastérostéides, en effet, se distinguent par plusieurs caractères qui paraissent les isoler d'une manière bien notable des Poissons avec lesquels on les a ordinairement associés.

Ils ont des épines dorsales, et ces épines, demeurant libres, ne forment point une nageoire; ils ont un bassin très-développé, et ce bassin étant réuni à des os de l'épaule, fort grands, enveloppe leur ventre d'une cuirasse osseuse. Pour toute nageoire ventrale, ils ont une pointe acérée, occupant une position très en arrière de la nageoire pectorale.

Outre ces traits si remarquables de leur conformation, ils offrent encore certaines particularités qui doivent être signalées. — Ces Poissons n'ont pas de véritables écailles; leur peau est nue ou garnie en partie de plaques osseuses; leur corps est de forme naviculaire; leur tête est étroite, avec la joue couverte par l'os sous-orbitaire, qui est lisse et à peine distinct sous la peau.

Les Gastérostéides étaient considérés par Cuvier comme appartenant à la famille des Poissons aux *joues cuirassées*, dont les représentants les plus connus sont les Trigles ou Grondins, et les Chabots. Le grand naturaliste avait vu cependant, et il avait indiqué les caractères qui éloignent des Trigles et des Chabots les Épinoches, qui ont en partage beaucoup de particularités dignes d'attention. Mais, tout en faisant la part des dissemblances,

Cuvier s'appuyait, dans son idée de groupement, sur un rapport très-réel dans la conformation de la tête. Dans son opinion, il convenait de réunir dans une même famille tous les Poissons pourvus d'un os sous-orbitaire assez grand pour s'étendre sur la joue, et s'articuler par son extrémité postérieure avec le préopercule. L'habile zoologiste commettait la faute, et d'attacher une extrême importance à un seul caractère d'une valeur douteuse, et de passer trop légèrement sur les autres. Un tel procédé, qui ne lui est pas ordinaire, est, à la vérité, le plus simple pour le classificateur; mais aussi il est le plus défectueux, si l'on se propose une classification capable de représenter les degrés d'affinité des êtres.

Tous les naturalistes n'ont pas accepté les vues de Cuvier. Plusieurs d'entre eux, frappés de traits d'analogie dans la forme générale, dans les proportions relatives des différentes parties du corps, et jusque dans le système de coloration entre les Épinoches et les Maquereaux, ont pensé avoir saisi, par une heureuse inspiration, des affinités naturelles, méconnues avant eux. Les Épinoches se sont trouvées ainsi classées par ces auteurs dans la famille des Scombérides (Maquereaux, — *Scombéroïdes*, Cuvier).

Rüppel, le voyageur qui s'est acquis des titres à l'estime des zoologistes par ses découvertes en histoire naturelle, dans la haute Égypte, en Abyssinie et dans l'Asie Mineure; MM. Heckel et Kner, les auteurs de l'*Histoire des Poissons de la Monarchie autrichienne;* M. de Siebold, le professeur de Munich, qui a publié récemment un ouvrage sur les Poissons de l'Europe centrale, ont aussi apprécié les affinités naturelles des Épinoches.

D'abord un peu séduit par l'opinion de ces savants, j'ai été bientôt conduit à m'en écarter. En effet, lorsqu'on a cessé de se préoccuper des proportions du corps et du système de coloration, on arrive à ne plus constater que des différences entre nos Gastérostéides et les Scombérides (Maquereaux). Entre ces Poissons, il n'y a rien de pareil dans la conformation des os de l'épaule et du bassin. Les épines des Épinoches ne ressemblent en aucune façon aux nageoires dorsale et ventrales des Maquereaux, et, chez ces derniers, les os sous-orbitaires sont loin de couvrir la joue, sans compter une multitude d'autres dissemblances que nous ne pourrions énumérer ici, sans sortir de notre sujet essentiel.

Au reste, les auteurs qui ont associé les Épinoches aux Scombérides, n'ont pas eu le mérite d'apercevoir les premiers les traits d'analogie qui existent entre ces animaux. Ces traits d'analogie ont été indiqués par Cuvier [1].

Les Épinoches, malgré la conformation si particulière de leur bassin et malgré la présence de leurs épines libres substituées aux nageoires, ont, en réalité, comme en avait jugé Cuvier, plus de rapports avec les Perches, les Trigles et les Chabots. Ces rapports sont surtout manifestes dans la construction de la tête. Mais d'un autre côté, les Épinoches s'en éloignent à tant d'égards que leur réunion dans une même famille avec les Trigles et les Chabots ne semble pas heureuse. C'est ce qui m'a déterminé à présenter ces Poissons comme un type de famille naturelle.

Les Gastérostéides se composent essentiellement d'espèces d'eau douce ou d'eau saumâtre, mais on connaît en outre, un représentant de cette famille des plus remarquables à une infi-

---

[1] *Histoire naturelle des Poissons*, par MM. Cuvier et Valenciennes, t. IV, p. 5.

nité de points de vue ; il forme le genre Gastrée, dont nous n'a-
vons pas à faire l'histoire dans cet ouvrage, car ce Gastérostéide
ne vit qu'à la mer.

GENRE ÉPINOCHE

(GASTEROSTEUS, *Linné* [1])

Dans la plupart des régions de la France, où s'étendent des
plaines traversées par des ruisseaux dont le cours peu rapide
permet aux plantes aquatiques de se multiplier ; dans les localités, où les mares, les étangs, se couvrent de cette végétation
qui annonce la vie sous une infinité de formes, on est presque
toujours assuré de trouver des Épinoches en abondance.

Ces Poissons, les plus petits de nos eaux douces, évitent les
grandes profondeurs. Rares dans les fleuves et les larges rivières, lorsqu'ils s'aventurent dans ces vastes cours, ils semblent craindre de s'éloigner de la terre ; ils nagent là, où le
courant est faible, entre les herbes qui croissent près du rivage.
Les Épinoches ayant une prédilection pour les eaux calmes et
assez claires, l'observateur arrêté au bord d'un ruisseau tranquille, par une belle journée de printemps ou d'été, ne tarde
guère à apercevoir quelques-uns de ces petits Poissons aux formes gracieuses, aux couleurs vives et chatoyantes, à la dé-
sinvolture pleine d'élégance, tantôt presque immobiles, tantôt
nageant avec rapidité, poursuivant une proie ou se poursuivant entre eux.

Les Épinoches, communs dans une grande partie de la
France, sont connus à peu près de tout le monde, sous différents noms vulgaires. Tous ces noms font allusion à leur carac-

[1] *Systema naturæ*, t. I, p. 489, 1766.

tère le plus frappant : la présence des épines dont leur corps est armé. Du mot *épine*, a été formé le nom d'*Epinoche*, usité aux environs de Paris et dans plusieurs de nos départements. Ce nom plus ou moins altéré est devenu *Épinocle* sur certains points de la Normandie, *Épinglotte* dans le centre de la France, *Épinarde*, *Épinaude*, *Écharde* dans certaines localités. Des auteurs ont pensé que la qualification d'*Épinarde* était née d'une sorte de ressemblance entre les piquants du Poisson et la feuille d'épinard ; la recherche des étymologies est parfois périlleuse ; on a été un peu loin ici, où, sans doute, il n'y a rien de plus que le mot *épine* accompagné d'une désinence particulière.

Dans l'idiome provençal, où les radicaux d'origine latine sont mieux conservés que dans la langue française, l'Épinoche est appelée *Spinobé*, comme en Italie on la nomme *Spinarella*.

En divers endroits, on ne regarde pas si l'Épinoche a des épines, mais on s'aperçoit toujours qu'elle pique ; de là, le nom de *Picot* employé dans les Ardennes ; l'équivalent, *Stichling* en Alsace comme en Allemagne, dérivé du mot « Stich » qui signifie piqûre. Dans le département du Nord et sur quelques points du département du Pas-de-Calais, le nom flamand *Estanclin* ou *Esteclin*, s'est conservé ; il a la même origine et la même signification. Dans la Lorraine allemande, le nom de *Spissert* est en usage ; c'est un substantif formé du verbe germanique « spiessen », qui se traduit en français, par : *enferrer* ou percer d'une pique.

La plupart des noms étrangers de l'Épinoche ont la signification de ceux de notre pays. Les Anglais, pourtant, ont voulu indiquer que c'est principalement le dos de l'animal qui est redoutable (*Stickleback*).

Quelquefois, le peuple dans ses appellations, va au delà de ce qui frappe les sens ; une comparaison lui vient en idée, une analogie est saisie au vol. Ainsi, on s'aperçoit que les épines du petit Poisson de nos ruisseaux, ont une certaine ressemblance avec l'instrument qui sert à la confection des chaussures, c'est-à-dire avec une alène ; le petit Poisson sera nommé *Cordonnier* ou *Savetier*.

Ces indications données, je me flatte que personne en France ne sera dans l'embarras au sujet de la nature des êtres dont nous allons tracer l'histoire.

Suivant toute apparence, les naturalistes de l'antiquité accordèrent peu d'attention aux Épinoches. Aucun passage de l'*Histoire des animaux* d'Aristote n'indique que le grand philosophe ait connu ces Poissons. Au reste, nous ignorons encore aujourd'hui si l'on en trouve en Grèce. Dans l'Europe méridionale, la plupart des cours d'eau sont desséchés pendant la saison chaude, circonstance bien suffisante pour donner à penser que les Épinoches sont rares ou n'existent pas dans ce pays. Cependant, Théophraste ayant cité sous le nom de *Centrisque* [1] un Poisson d'Héraclée sur le Lycus en Bithynie, que l'on comptait parmi les animaux qui naissent de la fange, car dans tous les temps, l'ignorance se cache volontiers derrière une supposition absurde, on a voulu reconnaître dans ce Centrisque une Épinoche [2]. Le nom, il est vrai, étant dérivé selon la plus grande probabilité du mot grec qui signifie aiguillon [3], cette conjecture d'un médiocre intérêt, se trouve, comme le dit Cuvier, « au moins aussi bien fondée que la plupart de celles sur lesquelles

----

[1] Κεντρίσκος.

[2] Klein.

[3] Κέντρον.

reposent les applications faites par les modernes de la nomenclature des anciens. »

Les Poissons de la famille des Gastérostéides, étant représentés
dans nos eaux douces par le seul genre Épinoche (*Gasterosteus*),
on pourrait sans grave inconvénient se dispenser d'entrer dans
beaucoup de détails sur les caractères de ce genre. La confusion,
en effet, demeure impossible ici, dès l'instant où l'on est fixé à
l'égard de la famille. Mais, ce serait passer sous silence des
particularités de conformation qui méritent d'être remarquées ;
nous regretterions de laisser cette lacune.

Le corps des Épinoches est comprimé latéralement et un peu
plus allongé, en manière de fuseau, que celui des Perches. Il
en résulte une forme gracieuse et des proportions favorables à
des mouvements rapides et harmonieux. La tête de ces petits
Poissons, qui a environ le quart de leur longueur totale, s'a-
baisse graduellement jusqu'à l'extrémité, suivant ainsi la courbe
dorsale, tandis que la mâchoire inférieure monte obliquement
jusqu'au bout du museau. En examinant cette tête par le profil,
on reconnaît que la région sous-orbitaire est occupée par trois
os remplissant tout l'espace compris entre la bouche et le préopercule. Ces pièces, dont la surface est traversée par des stries
d'une extrême finesse, sont, ainsi que les autres parties de la
tête, absolument dépourvues d'épines, de tubercules ou de dentelures. L'œil est grand, et comme, pendant la vie, il a une
teinte verte chatoyante, il ajoute beaucoup d'attrait à la physionomie de l'animal. La bouche, un peu protractile, est garnie
aux deux mâchoires d'une étroite rangée de dents en velours.
Ces dents sont les seules qui existent chez les Épinoches, où il
n'y en a ni au vomer, ni aux palatins, ni à la langue. La narine
se montre sous la forme de deux orifices percés dans une petite

membrane située au-devant de l'œil et circonscrite en dessous par le bord du premier sous-orbitaire.

Les Épinoches sont surtout bien remarquables par la position extérieure et par la conformation des os de l'épaule, des membres antérieurs et du bassin. En arrière de l'opercule, au-dessous de l'extrémité postérieure du crâne, on voit une pièce prolongée en pointe au-dessus de l'origine de la nageoire pectorale, c'est l'*humérus* de Cuvier ou le *coracoïde* d'autres auteurs. Cette pièce, surmontée d'un petit os qui est le scapulaire, forme la limite supérieure d'un large espace lisse et nacré, compris entre l'ouïe et la nageoire.

Ce même espace est circonscrit inférieurement par une longue pièce osseuse, qui se réunit au-dessous des opercules à la pièce semblable du côté opposé, et s'étend en arrière jusqu'au bassin.

Ces deux plaques pectorales considérées par Cuvier comme représentant l'os principal de l'avant-bras, c'est-à-dire le *cubitus* [1], laissent dans leur intervalle un espace lisse, de figure conique, limité à sa base par le bassin.

Ce dernier, qui constitue la cuirasse ventrale, est formé de deux os unis dans toute leur longueur par une suture médiane. Le bassin se prolonge en arrière en se rétrécissant graduellement, de façon à se terminer en pointe, et, près de sa base, il

---

[1] Nous rappelons cette détermination, sans y insister davantage. On n'est pas parvenu en effet, jusqu'à présent, à reconnaître avec une entière certitude la correspondance de *tous* les os des Poissons, avec ceux des Vertébrés supérieurs. Des naturalistes ont été conduits souvent, selon leur point de départ, à des déterminations fort différentes. La pièce qui est le *cubitus* pour Cuvier, est le *radius* pour M. Owen, etc. Il faudrait de très-longues études comparatives sur le développement pour être en situation de se prononcer avec autorité.

présente de chaque côté une large branche montante, aplatie, s'élevant presque jusqu'au milieu des flancs. C'est dans un angle rentrant que cette branche fait en arrière avec la lame inférieure, que s'articule l'épine, remplaçant ici la nageoire ventrale des autres Poissons. Cette épine, très-forte, très-acérée, striée sur la face externe, canaliculée sur la face interne, denticulée sur ses bords, s'écarte du corps à la volonté de l'animal. Munie dans son aisselle d'une petite membrane, elle est ramenée pendant l'état de repos sur le bord externe du bassin qu'elle embrasse exactement.

Les Épinoches ont encore le dos garni de plaques osseuses, mais ces pièces sont loin d'être à peu près semblables chez toutes les espèces du genre. On le verra plus loin, les différences qu'elles présentent servent à caractériser deux divisions naturelles qu'il convient d'établir parmi les Épinoches; ces deux divisions sont : les Épinoches proprement dites et les Épinochettes. C'est sur les plaques osseuses du dos que s'articulent les épines libres, qui remplacent la première nageoire dorsale des Perches et des Chabots ; mais ces épines sont en nombre variable ; ce nombre, ordinairement de trois chez les Épinoches proprement dites, est de huit à onze chez les Épinochettes. Dans tous les cas, les épines qui se couchent complétement sur le dos, lorsque le Poisson est calme, se dressent avec une extrême facilité dès qu'il menace ou se croit menacé. Chaque épine étant pourvue en arrière d'une membrane, celle-ci, dans l'état d'extension, prend l'apparence d'une petite voile attachée à son mât.

Après les épines libres s'élève la nageoire dorsale, dont le nombre de rayons varie de neuf à douze ou treize. Ces rayons sont flexibles et implantés chacun sur une très-petite plaque osseuse ; le premier, qui est le plus long, est simple ; les autres se bifurquent, et vont en décroissant de longueur jusqu'au dernier.

La nageoire pectorale, assez petite, formée de dix rayons et attachée à peu près à égale distance de l'ouïe et de la branche montante du bassin, a des mouvements très-libres, car en avant comme en arrière la peau est lisse et complétement nue.

La nageoire anale commence un peu au delà de l'anus, qui est situé vers les deux tiers environ de la longueur du corps. Cette nageoire, composée ordinairement de neuf rayons bifurqués et implantés dans de petites plaques dures et rugueuses, est précédée d'une épine libre et arquée.

La nageoire caudale, pleine de régularité et d'élégance, a une médiocre étendue. Elle est composée de douze rayons dont les articulations sont en général bien distinctes. Le rayon supérieur et le rayon inférieur, qui décrivent chacun en sens opposé une légère courbe donnant à la nageoire une forme gracieusement arrondie, demeurent simples jusqu'à l'extrémité, tandis que les dix autres sont bifurqués. Outre ces douze rayons, on en remarque en dessus et en dessous, quatre ou cinq très-petits ; de la sorte, l'extrémité du corps se trouve embrassée en totalité par la portion basilaire de la nageoire.

Nous distinguerons parmi les Épinoches les espèces dont les côtés du corps sont garnis sur une plus ou moins grande étendue de plaques osseuses finement striées, et les espèces dont les côtés du corps sont nus. Mais tous ces Poissons ayant à peu près les mêmes habitudes, il convient de ne pas insister sur ces différences avant d'avoir retracé ce que nous savons de leur commune histoire.

Les Épinoches, extrêmement abondantes dans nos départements du Nord, ne paraissent pas également répandues sur tous les points de la France. Il y a peu de temps encore, divers naturalistes nous affirmaient que ces Poissons ne se rencontraient pas dans le midi de la France. Pendant une tournée entreprise en 1862, dans le but d'étudier les espèces de chaque contrée, je tins à m'assurer si les Épinoches manquaient réellement dans nos départements méridionaux. Arrivé à Avignon, sachant que la campagne environnante était traversée par des ruisseaux, je priai M. Fabre, professeur au Lycée, de m'accompagner dans une exploration à la recherche des Épinoches. Un filet à insectes devait être notre seul engin de pêche, mais il pouvait suffire dans des eaux peu profondes.

Ayant bientôt atteint les rives d'un ruisseau tout verdoyant, tant il était bien garni d'herbes, le filet fut traîné au fond de l'eau. Retiré une première fois, à ma grande satisfaction, quelques Épinoches se trouvaient prises. Un peu plus loin, nous fîmes la rencontre de gentils petits enfants qui se livraient au plaisir de la pêche; ils avaient déjà des bouteilles remplies d'Épinoches qu'ils emportaient pour s'en amuser. Ces Poissons n'étaient donc pas rares dans le département de Vaucluse.

Dans les autres parties de la Provence, je n'ai pas réussi à m'en procurer. A Toulouse, M. le professeur Joly, m'assurant que les Épinoches n'étaient pas communes dans les environs de la ville, en avait néanmoins recueilli quelques individus qui furent mis obligeamment à ma disposition. Depuis, M. Paul Lacaze-Duthiers en a obtenu du département de la Gironde. M. Gervais, le doyen de la Faculté des sciences de Montpellier, m'a dit n'être point parvenu à en découvrir dans le département de l'Hérault, ajoutant qu'à sa connaissance on en voyait dans les environs de Nîmes. Les Épinoches sont donc répandues en France d'une manière beaucoup plus générale qu'on ne le supposait; et si elles

sont plus rares dans le Midi que dans le Nord, ce fait doit être
attribué sans doute à l'abondance moins grande des eaux qui
conviennent à ces Poissons.

Des savants de Grenoble, le professeur de zoologie de la Faculté des sciences, M. Charvet ; le conservateur du Musée d'histoire naturelle de la ville, M. Bouteille, m'ont certifié qu'on ne
trouvait point d'Épinoches dans la région que traverse l'Isère, et
devant l'expression de mes doutes, ces naturalistes m'objectè-
rent que ces animaux auraient été infailliblement remarqués,
s'il en existait dans ce pays qui a donné lieu à de fréquentes recherches scientifiques, et cela d'autant mieux, poursuivait
M. Charvet, que les Épinoches ne sont jamais rares où elles se
trouvent ; elles sont comme les mouches : il n'y en a pas ou il y
en a beaucoup.

N'ayant pu explorer moi-même tous les ruisseaux, toutes les
mares, tous les étangs de la France, on le comprendra sans
peine, j'incline très-fort à penser que plusieurs espèces d'Épinoches doivent m'avoir encore échappé. Aujourd'hui qu'il va être
démontré de la manière la plus évidente que ces Poissons n'appartiennent pas seulement à une ou deux espèces, leur recherche, partout où cette recherche n'a pas été complète, offrira un
intérêt réel. C'est un avis bon à porter à la connaissance des
zoologistes et des nombreux amis de la nature qui habitent les
départements.

Si les Épinoches peuvent compter parmi les animaux les plus
communs dans diverses localités du nord de la France, leur
abondance, paraît-il, est tout autrement considérable sur quelques autres points de l'Europe. D'après une assertion répétée
dans une foule d'ouvrages, ces Poissons pourraient être recueillis dans certains comtés de l'Angleterre en quantités tellement

prodigieuses, qu'on les emploierait comme engrais. Ce serait sans doute un tort, néanmoins, de prendre l'assertion absolument à la lettre.

Pennant, un zoologiste anglais du dernier siècle, a rapporté qu'un habitant du Lincolnshire avait trouvé grand profit, durant une période de temps assez longue, à récolter des Épinoches pour en fertiliser les terres. Cet homme ne les vendait qu'à raison d'un sou (un demi-*penny*) le boisseau, et, à ce prix assurément bien modique, il gagnait encore cinq francs (quatre *shillings*) par jour. Le brave homme avait eu une idée lumineuse ; il méritait, en vérité, de faire fortune. Toujours d'après le récit de Pennant, les Épinoches, une fois tous les sept ou huit ans, apparaîtraient en colonnes immenses dans la rivière de Welland, où les riverains les prendraient par charretées, se procurant ainsi, à peu de frais, un engrais d'excellente qualité. D'après cela, depuis quatre-vingt-huit ans, chacun répète que les Épinoches sont employées en Angleterre comme engrais, sans se préoccuper davantage de savoir si l'usage a persisté, si cet emploi est un peu général ou même seulement habituel de la part de quelques agriculteurs.

D'un autre côté, ces Poissons, paraît-il, sont recueillis sur quelques-uns des points des côtes de la Baltique pour être donnés en pâture aux pourceaux. On en prend, dit-on, en Angleterre pour nourrir les volailles, qui s'en montrent très-friandes et qui, avec cette nourriture, engraissent d'une façon merveilleuse. Des pêcheurs à la ligne estiment que les Épinoches dont on a eu soin d'arracher les épines constituent un excellent appât pour la Perche.

Ces chétifs Poissons ne semblent pas avoir été jamais recherchés en France comme aliment, même par les plus pauvres.

L'exiguïté de leur taille devait déjà porter à les faire dédaigner ;
la présence de leurs épines et de leurs plaques osseuses devait
porter à les faire absolument repousser. Cependant, d'après le
témoignage de Belon, les Épinoches ne seraient pas aussi mépri-
sées dans tous les pays. Ce naturaliste rapporte qu'on en pêche
en quantité dans la Nera, un affluent du Tibre, et qu'on les porte
sur les marchés de Narni, l'une des villes des États romains.
Belon écrivait cela en 1553 ; Rondelet, son contemporain, a certifié le même fait ; mais, depuis, personne n'en a dit mot. Rien
donc ne nous assure que le goût des habitants de Narni ne soit
pas devenu plus délicat.

En quelques endroits, par suite de la famine, les Épinoches
ont pu encore devenir une ressource alimentaire. A Dantzig,
il a été raconté à M. de Siebold, qu'au temps du dernier siége
de cette ville, ces Poissons s'étaient multipliés en si incroyable
quantité dans les fossés de la forteresse, que les plus pauvres
habitants de la grande cité maritime de la Prusse orientale,
manquant de nourriture, y avaient eu recours pour apaiser leur
faim.

Les Épinoches qui appartiennent essentiellement à la catégorie des Poissons d'eau douce, fréquentent aussi les eaux saumâtres et quelquefois les rivages de la mer ; mais ces différences de séjour n'ont pas lieu en général pour les mêmes
espèces ; c'est du moins ce qui résulte de nos observations. Les
Épinoches qui habitent le voisinage des côtes maritimes, ne se
rencontrent pas dans l'intérieur des terres.

Ces Poissons nagent souvent par troupes, et dans les eaux où
ils se trouvent en abondance, il n'est pas rare de les voir former
de longues colonnes. Des individus isolés errent aussi à l'aventure. Les Épinoches vivent des insectes, des vers, des mollusques

qui fourmillent dans les mares et les ruisseaux ; elles en consomment des quantités prodigieuses et avalent également une infinité de poissons nouvellement éclos et même du frai, ce qui leur vaut une antipathie prononcée de la part des pêcheurs.

Les Épinoches ont la réputation bien établie d'avoir une humeur irascible et d'être d'une étonnante voracité. Des amateurs se sont souvent fort amusés à observer de ces Poissons qu'ils mettaient dans des vases, dans le but d'épier leurs mouvements vifs et gracieux, d'exciter leur colère, d'assister à leurs combats, de les voir s'emparer avidement de leur proie. Les récits sur ces sujets sont nombreux. Ici, l'auteur a contemplé une lutte entre deux individus acharnés, il décrit l'impétuosité de leur poursuite, la manière dont les coups d'aiguillon étaient portés, comment il y eut un vainqueur et un vaincu, comment le vainqueur furieux et sans pitié, a fini par éventrer son adversaire ; là, l'observateur a vu parmi les Épinoches, s'agitant dans un bassin devenu leur demeure, un individu qui, après avoir pris possession d'un coin particulier, poursuivait avec fureur ses pareils, s'ils s'avisaient de l'approcher. Ailleurs, on a vu une Épinoche dévorer, dans l'espace de cinq heures de temps, soixante-quatorze poissons naissants de l'espèce connue sous le nom vulgaire de Vandoise ; on en a remarqué une, qui avait avalé entièrement une sangsue d'assez forte taille.

Il est en effet très-curieux de voir ces Poissons changer instantanément d'attitude suivant les circonstances. Nagent-ils paisiblement, leurs épines dorsales sont couchées et à peine visibles ; leurs épines ventrales sont ramenées sur les côtés du corps. Survient-il un danger, quelque chose de nature à exciter leur colère, soudain, les pointes du dos se dressent menaçantes, les pointes du ventre s'écartent, prêtes à entamer l'ennemi. Ces

terribles aiguillons inspirent la crainte, même à d'assez gros
poissons. Il arrive malheur aux imprudents. Des Perches, de
jeunes Brochets voraces, malgré l'armature de leur palais, ont
quelquefois la bouche ou le gosier embroché par l'Epinoche
qu'ils ont saisie et dont ils ne parviennent pas toujours à se dé-
barrasser sans grave accident.

On assure que la durée de l'existence des Épinoches ne se
prolonge pas au delà de trois années. Bloch, le célèbre ichthyologiste allemand l'a dit; d'autres l'ont répété. L'assertion n'a
pas été démentie; ainsi que Cuvier le fait remarquer, elle ne
saurait être présentée néanmoins comme ayant le caractère de
la certitude.

Pendant une grande partie de l'année, il n'y a rien de plus à
observer parmi les populations d'Épinoches, que leurs ébats,
leurs chasses, leurs combats entre elles, leurs luttes avec d'autres
animaux. Viennent les mois de juin et de juillet, la scène
change complétement; on est alors dans la saison où les Poissons de nos ruisseaux vont se reproduire. C'est l'époque où
l'observation sera d'un intérêt saisissant.

Les changements de plumage qui surviennent chez les Oiseaux, au moment où les individus vont se rechercher, ont été
décrits en termes éloquents. Dans un langage poétique, on répète depuis des siècles que les Oiseaux prennent leur parure de
noce. L'habileté que déploient ces créatures aériennes pour
construire leur nid moelleux, la tendresse des époux de ce
monde ailé, les soins du mâle pour sa compagne, l'amour ma-
ternel dans toutes ses ravissantes manifestations ont été célé-
brés, comme ils le méritaient, par tous les peuples. Il devait y
avoir toujours dans ces actes des Oiseaux, un amusement au
moins, une curiosité, un sujet d'étonnement pour les esprits les

moins cultivés, et un admirable et délicieux spectacle pour les esprits d'élite.

Tandis que l'on contemplait avec ravissement les beautés des Oiseaux, les merveilleux instincts de ces jolies créatures, les expressions de leurs sentiments, on restait fort indifférent aux actes de la vie des Poissons, actes presque absolument ignorés ou à peine entrevus. Les Poissons étaient regardés, sans distinction, comme infiniment mal partagés sous le rapport des instincts. On supposait de leur part, en toute circonstance, l'insouciance la plus complète pour les individus de leur espèce et même pour leur progéniture. Des observations sont venues apprendre que certaines espèces étaient beaucoup mieux douées que les naturalistes ne se le figuraient.

Les Épinoches, ces êtres chétifs et dédaignés, ont fourni l'exemple le plus remarquable qui nous soit encore bien connu, d'une industrie parmi les Poissons, d'une étonnante sollicitude des parents pour leur postérité.

Dès la fin de mai, les Épinoches apparaissent avec un éclat qu'elles ne présentaient pas auparavant. Dans l'espace de quelques jours un grand changement s'opère chez ces Poissons. Leur dos prend des teintes bleuâtres, les parties inférieures de leur corps, leurs lèvres, leurs joues, la base de leurs nageoires, qui étaient blanches ou d'un blanc jaunâtre, commencent à s'empourprer, et bientôt deviennent d'une couleur rouge cramoisie, des plus vives. C'est, comme chez les Oiseaux, la parure de noce.

Les Poissons eux-mêmes, ces êtres qui semblent toujours préoccupés du seul besoin d'engloutir une proie, seraient-ils sensibles à la beauté? On ne voudrait pas l'affirmer, et, d'un autre côté, comment se refuser à le croire, en voyant cette beauté se manifester au moment où les individus des deux sexes vont entrer en relation ?

Vers les premiers jours de juin, dans les circonstances les plus ordinaires, l'Épinoche mâle semble rechercher un endroit à sa convenance ; il s'agite longtemps à la même place, s'il quitte cette place, il y revient fréquemment. De sa part, il y a une pré-occupation évidente.

Mais avant d'aller plus loin dans notre récit, une déclaration est nécessaire pour que notre exposition ne comporte rien de vague.

Dans l'énoncé des caractères génériques des Épinoches, des différences ont été indiquées entre les espèces du genre, diffé-rences devant conduire à distinguer parmi ces Poissons, deux divisions secondaires : les Épinoches proprement dites, et les Épinochettes dont la caractérisation précise sera donnée plus loin. Les habitudes des Épinoches proprement dites et des Épi-nochettes, se ressemblent sous les rapports les plus essentiels ; la disjonction ne saurait donc ici être permise à l'historien. D'un autre côté, il y a dans les habitudes des Epinoches et des Epinochettes des particularités trop notables, pour rendre pos-sible une narration, s'appliquant à la fois entièrement aux deux catégories d'espèces.

Pour plus de clarté, il convient, pensons-nous, de nous occu-per d'abord des Épinoches, et d'examiner ensuite ce qu'il y a de particulier aux Épinochettes. Pour les premières, disons de suite, que notre récit se rapporte surtout à l'espèce la plus commune dans notre pays, à l'Épinoche à queue lisse (*Gasterosteus leiurus*) qui sera décrite dans les pages suivantes. Selon toute apparence, l'histoire doit se rapporter avec la même vérité aux espèces voisines, mais encore une fois, la précision la plus rigoureuse est indispensable lorsqu'il s'agit des faits scientifiques.

L'Épinoche mâle, après s'être arrêté à un endroit déterminé, fouille avec son museau la vase qui se trouve au fond de l'eau ; il

Fig. 24. — L'Épinoche à queue lisse (*Gasterosteus lejurus*) et son nid.

finit par s'y enfoncer tout entier. S'agitant avec violence, tournant avec rapidité sur lui-même, il forme bientôt une cavité, qui se trouve circonscrite par les parties terreuses rejetées sur les bords. Ce premier travail exécuté, le Poisson s'éloigne sans paraître toujours suivre une direction bien arrêtée ; il regarde de divers côtés, il est évidemment en quête de quelque chose. Un peu de patience encore, et vous le verrez saisir avec ses dents un brin d'herbe, ou un filament de racine. Alors, tenant ce fragment dans sa bouche, il retourne directement et sans hésitation au petit fossé qu'il a creusé. Il y place le brin, le fixe à l'aide de son museau, en apportant au besoin des grains de sable pour le maintenir et en frottant son ventre sur le fond. Dès qu'il est assuré que le fragile filament ne pourra être entraîné par le courant, il va en chercher un nouveau pour l'apporter et l'ajuster comme il a fait du premier. Le même manége devra être recommencé bien des fois avant que le fond du fossé ne soit garni d'une couche suffisante de brindilles. Le moment arrive cependant où le tapis est devenu épais ; toutes les parties sont bien enchevêtrées et parfaitement adhérentes les unes aux autres, car l'Épinoche, par le frottement de son corps, les a agglutinées avec le mucus qui suinte des orifices percés le long de ses flancs.

Ce qui ravit l'observateur attentif à suivre ce travail, c'est de voir l'intelligence qui paraît présider aux moindres détails de l'opération. En plaçant ses matériaux, le Poisson semble d'abord chercher simplement à les entasser, mais une fois le premier lit établi, il les dispose avec plus de soin, se préoccupant de leur donner la direction qui sera celle de l'ouverture à la sortie du nid. Si l'ouvrage n'est pas parfait, l'habile constructeur arrache les pièces défectueuses, les façonne, et recommence jusqu'à ce qu'il ait réussi au gré de son désir. Parmi les matériaux apportés, s'en trouve-t-il que leur dimension ou leur forme ne permet pas d'employer convenablement, il les rejette et les abandonne après les avoir essayés. Ce n'est pas tout encore; comme s'il voulait s'assurer que la base de l'édifice est bien consolidée, il agite avec force ses nageoires de façon à produire des courants énergiques, capables de montrer que rien ne sera entraîné.

L'industrieux Épinoche, dans l'accomplissement de son labeur, déploie une activité infatigable. Il veille à ce que nul n'approche et s'élance avec ardeur sur les poissons ou les insectes qui osent se montrer dans son voisinage.

Les fondations du nid seules sont établies; pour compléter l'édifice, notre architecte doit travailler beaucoup encore, mais sa persistance ne faiblit pas un seul instant. Il continue à se procurer des matériaux, et bientôt les côtés du fossé dont le fond est tapissé se garnissent de brindilles qui sont pressées et tassées les unes contre les autres. L'Épinoche les englue toujours avec le même soin. Il s'introduit entre celles qui s'élèvent des deux côtés, de façon à ménager une cavité assez vaste pour que le corps de la femelle y passe sans difficulté. Il s'agit enfin de construire la toiture; de nouvelles pièces sont encore apportées, et pour former la voûte, elles prennent place sur les murailles déjà établies et s'enchevêtrent par leurs extrémités. Le Poisson poursuit toujours son travail de la même manière; il fixe et contourne les brindilles avec son museau, il lisse les parois de l'édifice en les imprégnant de mucosité par les frottements répétés de son corps. La cavité est particulièrement l'objet de ses soins, il s'y retourne à maintes reprises, jusqu'à ce que les parois du tube soient devenues bien unies. Parfois, le nid demeure fermé à l'une de ses extrémités; le plus souvent, au contraire, il est ouvert aux deux bouts, seulement, l'ouverture opposée à celle par laquelle l'animal est entré si fréquemment, pour accomplir son travail, reste très-petite. La première est surtout construite avec un soin extrême ; pas un brin ne dépasse l'autre, le bord est englué, poli avec les plus minutieuses précautions pour rendre le passage facile.

N'est-ce pas un saisissant et merveilleux spectacle donné par la nature, que celui de l'industrie de l'Épinoche mâle. Ce Poisson si petit, si chétif, exécutant avec persévérance un travail pénible, long, difficile, montrant une incroyable vigilance pour mettre son ouvrage à l'abri des accidents, déployant au besoin un courage prodigieux pour repousser l'ennemi. Et ce mâle est seul, il ne tire secours de nul autre. Tant qu'il est à l'exécution de son travail, aucune femelle ne le préoccupe ; cette préoccupation ne se manifestera qu'après l'entier achèvement de son édifice.

Les nids d'Épinoches se trouvent en grande partie enfouis dans la vase, et quand on les aperçoit à plate-terre, au fond d'un ruisseau clair, où il y en a parfois des quantités énormes, ils apparaissent comme autant de petits monticules, dont la dimension est d'une dizaine de centimètres. Pour rendre distinctes les formes de celui qui a été représenté sur notre dessin, il a été indispensable de le faire paraître un peu isolé, en un mot, de le montrer dégagé sur les côtés des parties terreuses qui l'entourent dans l'état ordinaire.

. Les différentes espèces d'Épinoches, proprement dites, paraissent se comporter dans tous leurs actes, exactement de la même manière. Il n'en est pas tout à fait ainsi pour les espèces de la division des Épinochettes. Le mâle est toujours le seul architecte et il ne se montre ni moins habile, ni moins vigilant que l'Épinoche. Celui-là établit son nid à une certaine hauteur du sol, parmi les plantes qui croissent dans les eaux, entre les tiges ou contre les feuilles. Il fait choix des matériaux les plus délicats; ce sont surtout des conferves, des brins d'herbes très-déliés. Il en apporte jusqu'à ce qu'il y en ait un paquet suffisant pour construire le petit édifice, en prenant des soins incessants pour leur faire contracter adhérence avec les végétaux sur lesquels ils sont appuyés, et les empêcher d'être entraînés par le courant. Il emploie, dans ce but, le même moyen que l'Épinoche; il englue de mucus toutes les parties, à l'aide de frottements de son corps. Lorsque la masse des brins d'herbes et des conferves est devenue assez considérable, il s'efforce de pénétrer dans le milieu en poussant avec son museau. Dès qu'il a réussi à s'enfoncer un peu dans cette masse, il se retourne à diverses reprises, et avance de mieux en mieux en faisant agir ses nombreuses épines dorsales qui contournent et enchevêtrent tous les brins les uns avec les autres. Parvenu au bout, il sort par l'extrémité opposée à celle par laquelle il a pénétré. A ce moment, le nid a pris sa forme définitive. On a comparé assez heureusement ce nid à un petit manchon. Le Poisson a encore peut-être quelques précautions à prendre pour que le petit édifice soit achevé, les parois du tube bien lissées, l'orifice d'entrée bien unie. Tout cela s'exécutera à l'aide des procédés que nous avons vus employés par l'Épinoche.

Le nid de l'Épinochette est encore plus gracieux que celui de l'Épinoche. D'abord, il est suspendu aux feuilles et aux tiges comme le nid des petits oiseaux; ensuite, n'ayant point de contact avec la terre, avec la vase, il conserve ordinairement une jolie teinte verte.

On ne découvre pas aussi facilement les nids des Épinochettes que ceux des Épinoches; cachés entre les herbes, entre les roseaux, ils demeurent dérobés aux regards les plus attentifs. Une recherche spéciale devient nécessaire pour les apercevoir.

Fig. 25. — L'Épinochette lisse *(Gasterosteus lævis)* et son nid.

Leur construction terminée et prête à recevoir le dépôt des

œufs, l'Épinoche et l'Épinochette mâles vont se montrer animés des mêmes désirs.

Le Poisson, à ce moment, est dans tout l'éclat de sa parure de noce ; ses couleurs ont une vivacité surprenante, son dos est diapré des plus jolies nuances. Ainsi paré, il s'élance au milieu d'un groupe de femelles, s'attache à celle qui semble être la mieux en situation de pondre, tournant, s'agitant auprès d'elle, paraissant l'engager à le suivre. Celle-ci s'empresse à son tour ; on supposerait volontiers de la coquetterie de sa part. Alors, le mâle, comme s'il avait saisi une intention manifestée de le suivre, se précipite vers son nid, en élargit l'ouverture de façon à ce que l'accès en soit rendu plus facile. La femelle qui ne l'a pas quitté, ne tarde pas à s'enfoncer dans l'intérieur du tube, où elle disparaît en entier, ne montrant plus au dehors que l'extrémité de sa queue. Elle y demeure deux ou trois minutes, témoignant par ses mouvements saccadés qu'elle fait des efforts pour pondre. Après avoir déposé quelques œufs, elle s'échappe par l'ouverture opposée à celle qui lui a servi d'entrée, pratiquant quelquefois elle-même cette ouverture par un effort violent, si l'extrémité du nid est restée fermée. Alors, pâle, décolorée, elle semble avoir éprouvé une souffrance ou un affaiblissement qui réclame un repos.

Pendant que la femelle occupe l'intérieur du nid, le mâle paraît plus agité, plus animé que jamais, il remue, il frétille, il touche fréquemment sa femelle avec son museau, et à peine celle-ci est-elle partie, qu'il entre précipitamment à son tour et se met à frotter comme avec délices son ventre sur les œufs.

Mais le nid, objet de tant de soins et de fatigues, n'a pas été construit pour recevoir une seule ponte. Le mâle s'efforce sans relâche d'y attirer successivement d'autres femelles. Il recom-

mence près d'elles les mêmes agaceries, et continue le même
manége plusieurs jours de suite ; la même femelle est quelquefois ramenée au nid à diverses reprises. Les pontes s'accumulent
ainsi dans la petite construction, formant une quantité plus ou
moins considérable de tas, qui, réunis, deviennent une masse
considérable. Ces habitudes de polygamie de l'Épinoche mâle
suffiraient à montrer que parmi ces Poissons, les femelles sont
beaucoup plus abondantes que les mâles, si l'inspection d'un
grand nombre d'individus pris dans une foule de localités, n'a-
vait fait constater à cet égard une disproportion très-marquée.

Lorsque les nids sont remplis d'œufs, lorsque les pontes sont
achevées, la mission du mâle n'est pas arrivée à son terme. Ce
mâle va avoir pour premier soin de fermer l'ouverture du nid
qui a été le passage de sortie pour les femelles ; ensuite, il veil-
lera sur le berceau de sa postérité, avec une persévérance et une
sollicitude dont les Oiseaux n'offrent pas d'exemple plus parfait.
Ne voulant rien laisser approcher de son nid, il donne la chasse
et poursuit avec fureur les insectes et les poissons attirés par la
présence de ces magasins d'œufs, si séduisants pour les voraces
habitants des eaux. S'il a affaire à des ennemis trop nombreux
ou trop puissants, il doit naturellement succomber malgré sa
vaillance ; mais en pareille circonstance, avec le sentiment de
sa faiblesse relative, il sait avoir recours à la ruse. Il s'éloigne de
son nid, il fuit pour détourner l'attention de l'ennemi, sans
toujours y parvenir. Les œufs sont quelquefois mangés, l'édifice
bouleversé et tout est à recommencer pour l'Épinoche qui ne se
décourage pas si la saison est peu avancée.

Pendant dix à douze jours, s'écoulant entre le moment de la
ponte et celui de l'éclosion des jeunes, on voit fréquemment ce
mâle venir, le museau placé vers l'entrée de son nid, agiter ses

nageoires avec force, pour déterminer des courants sur les œufs. C'est le moyen de les bien laver et d'empêcher qu'aucune végétation ne puisse se développer à la surface.

Le moment de l'éclosion arrive, et les jeunes Épinoches commencent à s'agiter, portant, comme tous les Poissons nouveau-nés, leur énorme vésicule ombilicale appendue à leur ventre. Jusqu'au temps où ils auront à pourvoir à leur subsistance, où ils seront devenus assez agiles pour se soustraire à la poursuite des espèces carnassières, le mâle ne les perd pas de vue, il ne leur permet point de s'écarter, il les protége toujours avec l'ardeur qu'on lui a vu déployer dans les autres phases de son existence laborieuse.

C'est en général depuis les derniers jours du mois de mai jusqu'à la fin de juillet, que les Épinoches se livrent à leurs travaux ou s'occupent des soins de la reproduction de leur espèce. Le mois de juin surtout est l'époque où tout ce petit monde des ruisseaux est en pleine activité, mais il y a quelquefois des individus précoces, d'autres retardataires. Que la température soit chaude de bonne heure ou qu'elle demeure longtemps froide, on pourra remarquer des différences assez sensibles dans l'époque où les Épinoches se préparent à frayer. Cuvier a rencontré au mois d'août des femelles encore remplies d'œufs; ce qui n'est pas ordinaire, car toutes les femelles que j'ai examinées dans cette saison avaient leurs ovaires vides.

Ces Poissons ont, relativement à leur taille, des œufs d'une grosseur remarquable; j'ai compté, d'ordinaire, de cent à cent vingt œufs mûrs chez les femelles qui, allourdies par cette énorme masse, avaient les flancs le plus distendus.

Les personnes qui veulent observer les mœurs si merveilleuses des Épinoches, ne sont pas obligées de se condamner à passer des journées entières au bord d'un ruisseau. Malgré le charme qu'elles trouveraient dans la contemplation d'un ravissant spectacle, la fatigue causée par la nécessité de demeurer trop longtemps dans une même situation enlèverait bientôt une partie du plaisir. Il est un procédé facile pour suivre sans peine, à son aise, les manœuvres si curieuses des habitants de nos ruisseaux. On transporte à domicile un certain nombre de ces Poissons industrieux et on les place dans un bassin ayant au fond une couche de limon, garni d'herbes et de conferves et approvisionné de petits animaux aquatiques. Avec une confiance entière, les Épinoches se mettront au travail dans l'étroite prison et sous les regards des curieux. Si des plantes végètent dans le bassin, l'eau restera pure et l'on n'aura pas trop à se préoccuper de son renouvellement; dans le cas contraire, il sera indispensable d'établir un courant pour que la décomposition des matières organiques n'amène pas très-rapidement la corruption de l'eau.

A la campagne, un simple baquet en bois dans le jardin permettra de suivre tous les détails de l'industrie des Épinoches, toutes les particularités de leurs instincts. Dans le vestibule, dans l'antichambre, un modeste bassin remplira le même but. Dans le salon du château un élégant *Aquarium*, nouvel ornement, pourra devenir le théâtre d'exploits que le propriétaire et ses invités se plairont à admirer.

Aujourd'hui, les habitudes, les mœurs, les instincts des Épinoches sont parfaitement connus des naturalistes, mais la connaissance complète des faits que nous avons exposés, est d'une date encore récente. Des connaissances incomplètes, sur ce sujet, étaient acquises antérieurement, et, chose incroyable, elles ne s'étaient pas répandues. Il y a un intérêt si grand à voir comment se sont succédé les observations sur les Épinoches, que c'est ici une obligation d'en présenter l'historique.

Depuis l'antiquité, on avait parlé vaguement de Poissons industrieux comme les Oiseaux, de Poissons construisant des nids pour y déposer leurs œufs et mettre ainsi leur progéniture à l'abri des dangers. Parmi les Poissons de nos eaux douces, les Épinoches étaient parfois citées en exemple de l'industrie des habitants des rivières et des ruisseaux. Cependant, à cet égard, aucun fait bien précis n'était gardé dans la mémoire des hommes de science. Les auteurs qui s'étaient spécialement occupés de l'histoire des Poissons, n'avaient rien recueilli sur ce sujet; ils avaient compulsé à peu près tous les écrits relatifs à l'Ichthyologie et les observations consignées dans certains livres leur avaient échappé.

Dans un volume de l'ouvrage de MM. Cuvier et Valenciennes, il est traité avec beaucoup de soin et avec beaucoup de talent des Épinoches, sous le rapport de leurs caractères zoologiques et sous le rapport de leur répartition géographique, mais il n'est, en aucune manière, question de leurs habitudes.

Un livre bien souvent cité à juste titre, l'*Histoire des Poissons de la Grande-Bretagne*, par William Yarrell, publiée en 1836, contient quelques détails intéressants sur les Épinoches, mais l'auteur ne sait absolument rien de leur nidification.

C'est peut-être cependant en Angleterre que les constructions des Épinoches furent signalées pour la première fois; c'est du moins dans l'ouvrage d'un membre de la Société royale de Londres, de Richard Bradley, que nous avons lu le récit le plus ancien que nous connaissions concernant la nidification des Épinoches. Une figure d'une espèce appartenant à la divi-

sion des Épinochettes, accompagne le texte de l'auteur [1]. C'est
en 1721, que parut le livre où se trouve consigné un fait, que
plusieurs naturalistes croyaient découvrir il n'y a pas vingt ans.
Les œuvres du membre de la Société royale d'Angleterre étaient
tombées dans l'oubli.

Il est curieux de voir comment l'art des Épinoches et des Épinochettes fut annoncé il y a près d'un siècle et demi.

Après avoir appelé l'attention sur les épines dont plusieurs
poissons sont pourvus, Bradley poursuit en ces termes : « Mais
« ce n'est pas seulement par ces armes que les Poissons trou-
« vent une protection, soit pour eux-mêmes, soit pour leur
« ponte. Ils ont aussi un instinct naturel qui les pousse à con-
« struire des nids ou des places de refuge pour eux et leur
« ponte. C'est là un fait dont j'ai été instruit dernièrement
« d'une manière fort agréable par le chevalier Hall, qui m'a
« fait présent d'un nid d'Épinoche dont il avait observé la con-
« struction depuis l'origine jusqu'au moment où il fut amené
« à sa dernière perfection, tel qu'on le voit dans la figure [2]. Ce
« nid est composé de fibres de racines, de manière à laisser
« un tube creux à l'intérieur, que je suppose formé, plutôt
« pour recevoir la ponte que pour servir de logement au
« poisson lui-même ; car les Épinoches ont dans leur nageoire
« dorsale une épine aiguë, que je suppose suffisante pour les
« défendre contre les poissons de proie ; mais comme elles vi-
« vent toujours dans les plus basses eaux, leur ponte serait trop
« exposée aux hirondelles et aux autres oiseaux qui se plaisent

[1] *A Philosophical Account of the Works of Nature*, p. 61. London, in-4°
(1721).

[2] L'auteur donne en effet une figure très-reconnaissable d'un nid
d'Épinochette.

« dans le voisinage des eaux, si elle n'était protégée par quel-
« que chose, comme une couverture. Vers la fin de mai ou le
« commencement de juin, ces petits constructeurs se mettent à
« l'ouvrage, comme j'en ai été informé par l'observateur que
« j'ai cité. Maintenant que nous avons un exemple de l'adresse
« d'une espèce de poisson pour sa conservation ou pour la pro-
« tection de ses jeunes contre les ennemis, nous pouvons rai-
« sonnablement conjecturer que d'autres sortes de poissons
« ont leur méthode particulière de bâtir des nids ou des abris
« pour leur sécurité, ce qui n'est pas autre chose que ce que
« font les oiseaux, quoique par des procédés différents. »

La nidification des Épinoches, on le voit, avait été passablement étudiée à une époque assez éloignée de la nôtre. L'observateur, M. Hall, n'avait eu garde de manquer de suivre les petits
Poissons dans leur travail, et l'historien des œuvres de la nature,
Bradley, n'avait oublié, ni les explications, ni les conjectures
que le fait inattendu pouvait suggérer.

D'autres observateurs d'un temps plus reculé étaient-ils
aussi bien instruits des habitudes des Épinoches, c'est ce que
nous ignorons. Sur ce sujet, nous n'avons rien trouvé de plus
ancien dans les annales de la science que la narration de Bradley demeurée ignorée des naturalistes, jusqu'à présent.

En France, des remarques à la vérité bien incomplètes
avaient été faites sur l'industrie des Épinoches dès le siècle dernier. Écoutons comment s'exprime sur le compte du petit
Poisson de nos ruisseaux un personnage encyclopédique bien
connu, un type d'érudit, ayant peu vu, beaucoup lu et beaucoup entendu, Valmont de Bomare, l'auteur du premier *Dictionnaire d'Histoire naturelle*.

« On observe que l'Épinoche est un poisson leste et agile et

« très-fréquent dans les petites rivières. Son naturel est si peu
« farouche, qu'il vient jusque sur les pieds de ceux qui se bai-
« gnent; communément il établit son domicile sous les algues
« et autres plantes aquatiques, mange des vers de terre, qui
« servent même d'amorce pour le prendre. Il paraît que le so-
« leil lui fait plaisir. Mais un procédé singulier et qui *mérite*
« *d'être étudié*, c'est que ce petit poisson va chercher des brins
« d'herbes ou débris de végétaux, les apporte dans sa bouche,
« les dépose sur la vase, les y fixe à coups de tête, veille avec la
« plus grande attention à ses travaux. Est-ce un nid? est-ce
« un magasin de vivres? Si d'autres épinoches approchent de cet
« endroit, bientôt il leur donne la chasse et les poursuit au loin
« avec une vivacité étonnante [1]. »

Ce qui vient d'être rapporté était bien suffisant pour guider
au moins les nouveaux scrutateurs de la nature dans les recherches qu'il convenait de poursuivre pour apprendre à connaître toutes les particularités des habitudes des Poissons répandus en abondance dans la plus grande partie de l'Europe.
Malheureusement, on n'est pas toujours parfaitement informé
de ce qui a été dit ou écrit sur le sujet où l'attention vient
d'être appelée par une circonstance fortuite. C'est ainsi que
pendant une suite d'années, cinq ou six observateurs eurent la
joie de *découvrir* que les Épinoches étaient douées de ce merveilleux instinct dont les oiseaux offrent les exemples les plus
saisissants et les plus admirés. C'est ainsi, que l'on vit tel de
ces observateurs, réclamant pour lui-même l'honneur d'une
découverte datant de plus d'un siècle.

Pendant une période de soixante ans, c'est-à-dire de 1775

---

[1] *Dictionnaire raisonné universel d'Histoire naturelle*, par Valmont de
Bomare, t. III, p. 383 (1775).

à 1834, nous ne voyons pas que personne ait songé à étudier les mœurs de nos Poissons indigènes, mais, à partir de 1834, les investigations se portent de ce côté et se succèdent assez rapidement. Cette même année, un auteur allemand publie une petite note *pour servir à l'histoire de l'Épinoche...* C'était, paraît-il, un amateur fort modeste, car il n'a pas dit son nom. Il raconte simplement que le beau soleil du printemps de l'année 1832, le conduisant souvent hors des murs de Wurzbourg, il s'arrêtait des heures entières à contempler les chasses sauvages des insectes, sur l'eau tranquille d'un petit étang voisin de la ville. Au mois de mai, quelques Épinoches attirent son attention, les petits Poissons se montrent d'abord assez craintifs et l'ami de la nature a peine à reconnaître le but de leurs manœuvres ; mais bientôt les Épinoches viennent volontiers s'ébattre près du rivage, sans paraître effarouchées par la présence de l'homme avide de surprendre les secrets de leur vie intime. En même temps que la couleur des parties inférieures de leur corps se manifestait avec plus d'intensité, ces Poissons changeaient d'allure ; ils se partageaient ; chaque couple paraissant ensuite fuir la société des autres ; leur familiarité du reste ne laissait plus rien à désirer aux yeux de l'aimable habitant de Wurzbourg. Leur contenance, poursuit notre auteur, avec une verve toute poétique, était bien en opposition avec le jugement formulé par Cuvier à l'égard du sentiment des Poissons, car ceux-ci semblaient tout transformés par le feu de l'amour.

L'observateur continue son récit, en décrivant d'une manière assez incomplète, les procédés employés par l'Épinoche dans la construction de son nid. Il demeure persuadé que l'ha-

[1] *Isis von Oken,* 1834, p. 227.

bile architecte est une femelle; il n'a vu, ni la ponte, ni la fécondation des œufs. En enlevant un nid il l'a trouvé rempli
d'œufs, il a assisté à l'éclosion des jeunes..... Évidemment,
l'histoire des Épinoches n'était pas encore achevée.

L'écrit de l'auteur allemand passe inaperçu comme les écrits
précédents; les zoologistes de l'Angleterre assurent encore aujourd'hui que les habitudes si curieuses des Épinoches d'eau
douce ont été signalées pour la première fois par un amateur
anglais, M. Crookenden. Cet amateur a consigné ses observations en 1834, dans une publication périodique destinée à l'instruction de la jeunesse [1] ; un de ces recueils où personne ne
s'avise d'aller chercher des renseignements scientifiques qui
n'auraient pas paru ailleurs.

Mais plusieurs naturalistes anglais, jaloux de montrer que
l'intéressante découverte de la nidification des Épinoches, appartenait à l'Angleterre, ont pris soin de reproduire la notice
de M. Crookenden. Ces naturalistes avaient pourtant mieux à
faire pour rehausser la gloire nationale; ils pouvaient citer la
Narration philosophique des œuvres de la nature, publiée en
1721. Par malheur, John Hall et Richard Bradley étaient morts
depuis trop longtemps, ils étaient oubliés de leurs compatriotes.

Quoi qu'il en soit à cet égard, M. Crookenden s'était amusé
à considérer les Épinoches en un certain endroit de la Tamise,
où il y en avait des milliers. Là, tandis que les unes se réjouis-
saient près du rivage, à la chaleur du soleil, d'autres s'oc-

---

[1] *The Youth's Instructor.*

[2] Voy. *Edinburgh new philosophical Journal*, 1829, p. 398. — *Annals of
natural History*, vol. V, 1840, p. 148.— *The Naturalist's Library* by Jardine, vol. XXXVI, 1843. — *The Zoologist*, vol. II, 1844, p. 793. — *The
Zoologist*, vol. III, 1845, p. 885. — *Fishes of the British Islands* by
Jonathan Couch, vol. I, p. 180 (1861), etc., etc.

cupaient de faire leur nid, si on peut appeler cela un nid, remarque l'auteur, qui décrit en quelques traits les petites
constructions. Plusieurs fois, il a enlevé et jeté les œufs qu'ils
contenaient à la multitude des Épinoches, qui, aussitôt, dévo-
raient ces œufs avec la dernière voracité. L'observateur paraît
croire que la femelle est l'architecte, mais il a vu le mâle occupé à diriger des courants sur les œufs qu'il avait fécondés.

D'un autre côté, depuis l'année 1829, la grande espèce marine de la famille des Gastérostéides (*Gastreus spinachia*) devint,
en Angleterre, l'objet de remarques analogues de la part de
MM. David Milne, Duncan, Turnbull, Maclaren, Johnston,
R. Q. Couch [1]. Toutes ces notices passaient ; et chaque auteur
croyait toujours révéler un fait ignoré avant lui.

Mais revenons à nos Épinoches d'eau douce.

En 1844, M. Fr. Lecoq, aujourd'hui inspecteur général des
École vétérinaires de France, se rappelle avoir remarqué dans
sa jeunesse, peut-être même dans son enfance, des détails curieux sur des Épinoches qui vivaient dans un ruisseau d'eau
vive, aux environs d'Avesnes (Nord). M. Lecoq pense que les
seuls faits indiqués, relativement à la nidification des Poissons,
se bornent à ce qui a été dit sur le Phycis par Aristote, et à ce
qui a été mentionné à l'égard des Gobies par Dugès, de Montpellier ; alors, avec l'intention la plus louable, rappelant à lui
d'anciens souvenirs, il consigne, dans une notice qui a été lue
à la Société d'agriculture de Lyon, les observations qu'il avait
faites autrefois sur les Épinoches [1].

Dans cette notice, l'auteur donne une description des nids

____

[1] Voy. *Annales des sciences physiques et naturelles, d'agriculture et d'industrie de Lyon*, t. VII, p. 202 (1844). — *Note sur les mœurs de quelques
animaux.*

remplis d'œufs, comme il en a plusieurs fois rencontré. Il avait vu, à différentes reprises, le Poisson pénétrer dans l'intérieur de ces petits édifices; il ne pouvait conserver le moindre doute sur la nature de ces constructions. Cependant, pour constater le fait plus exactement, il établit un petit parc sur un point du ruisseau, et plaça dans ce réduit un certain nombre d'Épinoches. « Au bout de quelque temps, dit M. Lecoq, un ménage se « forma, et un nid fut commencé dans le coin le plus tranquille « du réservoir. Le mâle et la femelle apportaient et mettaient « en œuvre les matériaux. Je vis à plusieurs reprises la femelle « entrer et séjourner dans le nid, dont les abords furent gardés « avec la plus scrupuleuse attention par les deux propriétaires, « qui, leurs aiguilles étendues, écartaient violemment tous les « autres poissons qui tentaient de s'en approcher. » Ces détails ne sont pas exacts. Ce n'est pas la femelle, on le sait, qui construit le nid; les Épinoches ne font pas ménage à la façon qui vient d'être rapportée, etc.

Du reste, la notice de M. Lecoq, malgré l'intérêt qu'elle présentait, passa inaperçue, et, le 18 mai 1846, M. Coste venait lire à l'Académie des sciences une étude sur les mœurs des Épinoches, comme si rien encore n'avait été écrit sur le sujet.

A la vérité, c'était une étude autrement bien faite que toutes celles dont nous avons parlé. M. Coste avait des Épinoches et des Épinochettes dans ses bassins du Collége de France. Il avait suivi leurs manœuvres, sans laisser échapper aucun détail; il s'était assuré qu'un mâle seul bâtit le nid, que la femelle n'y prend aucune part, que le mâle est polygame, que les Épinoches et les Épinochettes n'établissent pas leur construction de la même manière; toutes choses que les précédents observateurs n'avaient pas su voir.

Dans le mémoire de M. Coste, écrit avec une sorte d'enthousiasme, les instincts si curieux, les lueurs d'intelligence si remarquables des Poissons de nos ruisseaux, étaient exposés avec art. Le mémoire eut un succès; l'Académie des sciences décida que ce mémoire serait imprimé dans son *Recueil des savants étrangers*[1]. Quelques naturalistes cependant croyaient se rappeler que le fait principal avait été signalé, que l'on avait parlé déjà de la nidification des Épinoches. Néanmoins, rien en ce moment ne fut précisé.

Le silence sur ce point est rompu par M. Lecoq. Après la lecture d'un résumé du travail de M. Coste, inséré dans les *Comptes rendus de l'Académie des sciences*, il adresse sans retard une réclamation de priorité[2]. M. Coste répond qu'il a ajouté à son mémoire la note tout entière de M. Lecoq, et donné ainsi la preuve de la loyauté la plus grande[3]. Mais, M. de Siebold en a fait la remarque, le nom de M. Lecoq n'est pas même prononcé dans le mémoire de M. Coste, imprimé en 1844.

A l'époque à laquelle l'honneur d'avoir fait le premier une observation curieuse sur les instincts des Poissons, était revendiqué avec chaleur, des articles de journaux défendaient avec

[1] *Comptes rendus de l'Académie des sciences*, année 1846, et le *Mémoire* de M. Coste : *Nidification des Épinoches et des Épinochettes* (accompagné d'une planche). — *Mémoires présentés par divers savants à l'Académie des sciences*, t. X, p. 575 (1848). L'espèce d'Épinoche étudiée est l'Épinoche à queue lisse (*Gasterosteus leiurus*) et l'espèce d'Épinochette, l'Épinochette lisse (*Gasterosteus lævis*). La figure donne au nid de l'Épinochette une couleur verte d'une fraîcheur qui n'est pas ordinaire, cette figure ayant dû être faite d'après des nids bâtis dans les bassins du Collége de France, dont le fond était sans doute fort propre.

[2] *Comptes rendus de l'Académie des sciences*, t. XXIII, p. 1084 (1846).

[3] *Comptes rendus de l'Académie des sciences*, t. XXIII, p. 1117 (1846).

[4] *Die Süsswasserfische von Mitteleuropa*, p. 69 (1863).

animation, les uns, pour M. Lecoq, l'avantage de la priorité ; les autres, pour M. Coste, l'avantage d'une étude achevée. Personne ne songeait à renvoyer la réclamation de priorité aux auteurs du temps passé.

On est toujours fondé à reprocher à un auteur de n'avoir pas connu les recherches antérieures aux siennes, mais, historien exact, nous devons le dire, les premières observations sur les mœurs des Épinoches n'apprenaient qu'un fait, le plus remarquable à la vérité, la construction de nids par les Poissons de nos ruisseaux ; les observations de M. Coste ont fait connaître l'histoire entière de ces Poissons.

Après tant de publications sur le même sujet, après la publicité si large donnée par l'Institut de France aux recherches de M. Coste, on aurait volontiers présumé que désormais aucun naturaliste ne viendrait de nouveau décrire les manœuvres des Épinoches, comme s'il les décrivait pour la première fois. On se serait cependant trompé. Ainsi, en 1852, un zoologiste distingué de l'Angleterre, M. Albany Hancock, publie des observations sur la nidification des Épinoches [1], sans paraître se douter de l'existence du mémoire de M. Coste, et il en reste à penser que, *probablement*, c'est le mâle qui construit le nid et garde les œufs. Pendant le cours de la même année, un observateur irlandais, M. Kinahan, publie également une notice sur le même sujet [2].

Mais tout finit par s'ébruiter. On commence à s'apercevoir, même en Angleterre, que la découverte de la nidification des

---

[1] *Observations on the nidification of Gasterosteus aculeatus and Gasterosteus spinachia. — Annals and Magazine of Natural History*, vol. X, p. 241 (1852).

[2] *The Zoologist*, July, 1852.

Épinoches n'est plus à faire; M. Warington, sachant qu'il vient après d'autres, raconte simplement les scènes charmantes ou terribles dont il a été témoin en contemplant les Épinoches logées dans un de ses bassins [1], et, revoyant les mêmes scènes trois ans plus tard, il fait alors une nouvelle narration destinée à compléter la première [2].

C'est fini aujourd'hui; on écrira souvent encore l'histoire des Épinoches, on voudra peut-être faire cette histoire mieux que ne l'ont faite les devanciers; en la retraçant, on ne croira plus apporter au monde une révélation.

L'espèce observée en France est la plus commune dans notre pays, l'Épinoche à queue lisse (*Gasterosteus leiurus*); l'espèce plus souvent étudiée en Angleterre est l'Épinoche aiguillonnée (*Gasterosteus aculeatus*); les habitudes, les instincts de ces deux Poissons sont les mêmes; s'il y a quelques différences dans les procédés de construction, ces différences sont à peine sensibles.

Les Épinoches sont beaucoup plus nombreuses en espèces, en France même, qu'on ne l'a supposé jusqu'à présent. Ces espèces, que nous allons décrire chacune séparément, appartiennent à deux types que nous avons déjà indiqués, les Épinoches et les Épinochettes. Les deux types étant nettement caractérisés, on pourrait sans doute les déclarer deux genres distincts. Cependant, comme on n'y trouverait aucun avantage, pour qu'on ne perde pas de vue les affinités étroites existant entre tous les représentants d'un groupe fort naturel, nous croyons préférable d'adopter simplement deux divisions : celle des *Épinoches* proprement dites, et celle des *Épinochettes*.

<hr>

[1] *Annals and Magazine of Natural History*, vol. X, p. 273-276 (1852).
[2] *Ibid.*, vol. XVI, p. 330 (1855).

LES ÉPINOCHES PROPREMENT DITES

Les Épinoches ont la moitié antérieure du dos cuirassée par six plaques osseuses placées en série ; deux petites en arrière de la tête ; deux autres grandes, rabattues sur les côtés, sillonnées dans leur milieu, et supportant toutes les deux une épine dorsale ; une cinquième, assez petite, ordinairement sans épine, et enfin une sixième, aussi petite que la précédente, et portant toujours la troisième épine dorsale [1]. Chez ces Poissons, les épines du dos sont donc au nombre de trois ; les deux premières sont fortes, larges à leur base, grenues et sillonnées à leur surface, dentelées en scie sur leurs bords, et creusées en arrière d'un sillon dans lequel s'attache une petite membrane en forme de voile, qui, d'autre part, est fixée dans le sillon de la plaque dorsale. La troisième épine est relativement fort petite. Dans quelques cas assez rares, une autre épine vient à se développer sur la cinquième plaque dorsale.

Les deux épines ventrales, articulées au bassin, sont très-fortes, élargies à leur insertion, très-denticulées sur leurs bords, et surtout au bord supérieur.

Les Épinoches se font encore remarquer par leur armure thoracique. Cette armure est formée par des bandes osseuses disposées verticalement de chaque côté. Il y en a d'ordinaire deux petites en avant, puis au moins trois ou quatre fort longues, qui s'articulent en haut avec les deux grandes plaques dorsales, et qui, inférieurement, passent plus ou moins sous la branche

---

[1] Cuvier a pensé que les Épinoches n'avaient que cinq plaques dorsales, la séparation qui existe entre la deuxième et la troisième lui ayant échappé.

montante du bassin. Quelquefois ces plaques osseuses sont très-multipliées, couvrent une grande partie des flancs, ou s'étendent même sur toute la longueur du corps.

Chez les Épinoches proprement dites, il y a, d'une manière à peu près constante, dix rayons à la nageoire pectorale, douze à la nageoire dorsale, et huit à la nageoire anale. Cette indication générale suffira; car, si parfois il se développe un treizième rayon rudimentaire à la nageoire dorsale, ou un neuvième rayon toujours très-petit à la nageoire anale; ou si, en quelques circonstances, il y a avortement de l'un des rayons ordinaires, c'est une particularité individuelle dont il n'y a pas lieu de s'occuper dans la caractérisation des espèces.

Pendant longtemps, on a cru que toutes les Épinoches trouvées en Europe étaient de la même espèce. C'était une erreur; l'erreur fut rectifiée par Cuvier, et cependant la rectification n'a pas été admise par tous les zoologistes : nouvelle erreur. On a imaginé que ces Poissons pouvaient en certains temps se dépouiller en partie de leurs plaques osseuses, et l'on a pu croire ainsi à d'incroyables variétés. L'observation montre que rien de semblable ne se produit. Il y a diverses espèces d'Épinoches bien caractérisées, et ces espèces, ne variant guère que sous le rapport des couleurs, ont leurs localités, leurs stations particulières.

L'ÉPINOCHE AIGUILLONNÉE

(GASTEROSTEUS ACULEATUS [1])

Cuvier, s'étant assuré que plusieurs espèces distinctes avaient été confondues sous une seule appellation, crut devoir abandon-

[1] Linné, *Syst. natura* (12e édition), t. I, p. 489 (1766). — Artedi, *Species,* p. 96. — Bloch, pl. LIII, fig. 3. — *Gasterosteus trachurus,* Cuvier et

ner cette appellation et en proposer une nouvelle pour le Poisson dont nous allons nous occuper. Deux motifs, qui sont loin d'être sans valeur, poussaient sans doute notre grand natura-

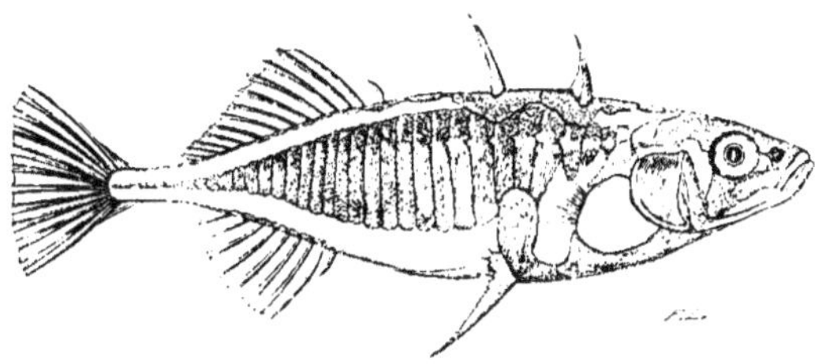

Fig. 26. — L'Épinoche aiguillonnée, de grandeur naturelle [1].

liste vers cette résolution. D'abord, le nom d'Épinoche aiguillonnée [2] s'applique d'une manière aussi heureuse à toutes les espèces du genre ; ensuite, pouvait-on être bien sûr de rapporter ce nom au Poisson que le premier auteur avait eu sous les yeux?

Sur le premier point, aucune objection n'est possible, toutes les Épinoches connues sont parfaitement aiguillonnées. Relativement au second, si la certitude absolue manque, il semble du moins fort peu douteux que Linné ait surtout connu l'espèce abondante dans le voisinage de la mer, celle dont nous allons esquisser le portrait. Il y a un si grave inconvénient à ne plus appeler un animal comme il est appelé dans une foule d'ouvrages,

Valenciennes, *Histoire naturelle des Poissons*, t. IV, p. 481, pl. XCVIII, fig. 1 (1829). — Yarrell, *British Fishes*, vol. I, p. 76 (1836). — *Gasterosteus aculeatus*, Heckel und Kner, *Süsswasserfische der östreichischen Monarchie*, p. 38 (1858).

[1] Dans cette figure comme dans les suivantes, on a teinté seulement les parties osseuses, afin que les caractères apparaissent avec toute la netteté possible.

[2] *Gasterosteus aculeatus.*

que je n'hésiterais pas à conserver le nom donné par Linné, même dans le cas où il me serait démontré une confusion de plusieurs espèces de la part de l'illustre Suédois. Je pense qu'il n'a pas eu lieu de faire cette confusion, alors toute hésitation me paraît superflue.

Les différentes Épinoches ont les mêmes formes élégantes ; elles ont toutes des couleurs vives plus ou moins variées et agréablement nuancées ; mais celle qui a été particulièrement signalée par les anciens auteurs, l'emporte sur ses voisines. Sa taille est un peu plus grande et la brillante armure dont elle est revêtue depuis la tête jusqu'à l'origine de la queue, lui donne un éclat presque incomparable. Si l'Épinoche aiguillonnée avait la dimension d'une Perche, ce serait aux yeux de tout le monde un des plus beaux Poissons; elle est petite, personne ne la regarde.

Notre Épinoche aiguillonnée, dans ses plus magnifiques proportions, ne dépasse guère une longueur de $0^m,07$, mesurée de la bouche à l'extrémité de la queue. Les mâles mêmes n'atteignent jamais beaucoup plus de $0^m,05$ à $0^m,06$, et leur corps est toujours un peu plus effilé que celui des femelles. Il faut, du reste, attacher peu d'importance à la forme plus ou moins élargie de l'animal, car cet élargissement varie suivant l'âge et suivant le volume des laitances et des ovaires.

Ce Poisson brille d'un vif éclat pendant la vie ; sa tête et toute la région dorsale sont d'une couleur vert de mer avec des marbrures plus foncées ; les plaques qui constituent l'armure participent de cette nuance dans leur portion supérieure, mais, dans le reste de leur étendue, elles ont le brillant métallique de l'argent. Des stries qui les parcourent produisent de charmants effets de lumière, et ce joli miroitage est encore rehaussé

par la présence de tout petits points noirs. La partie inférieure
du corps est d'un blanc d'argent pur avec le bassin et l'origine
des nageoires passant au rouge vif, comme chez les autres Épinoches à l'époque du frai.

La coloration est d'importance secondaire ; c'est sur des caractères plus essentiels qu'il convient de s'arrêter. L'Épinoche
aiguillonnée est du reste facile à reconnaître entre toutes les
espèces de la France, à la cuirasse qui s'étend sur toute la longueur de son corps ; cuirasse formée d'une suite de plaques
osseuses, ayant chacune son bord antérieur recouvert par le
bord postérieur de la précédente, et offrant en arrière, pour la
plupart, une saillie triangulaire plus ou moins prononcée à
l'endroit de la ligne latérale.

On compte trente ou trente et une de ces plaques, depuis
l'épaule jusqu'à l'origine de la queue ; la première très-petite,
la seconde ovalaire, la troisième à peu près de la même longueur, unie à la plaque dorsale qui supporte la première épine,
les suivantes couvrant entièrement les côtés. Les quatrième,
cinquième et sixième sont rétrécies vers leur extrémité inférieure, qui se trouve en partie cachée sous la branche montante
du bassin. La septième est articulée comme la précédente avec
la plaque dorsale qui porte la seconde épine ; les autres, jusqu'à la dix-huitième ou dix-neuvième, encore très-longues,
laissent à nu le bord supérieur du corps, au-dessous de la nageoire dorsale, et la partie inférieure du ventre, au-dessus du
bassin et de la nageoire anale. Les suivantes deviennent de
plus en plus petites, et les cinq dernières, qui sont fort étroites,
constituent sur la région caudale une carène très-saillante.

Il serait sans utilité d'entrer dans plus de détails sur les
proportions des différentes pièces dont est formée l'armure de

notre grande Épinoche ; la figure en donne une idée plus exacte que ne le ferait une description trop minutieuse.

Dans la détermination de toutes les espèces du genre, il importe de considérer attentivement les particularités offertes par les épines du dos et du ventre. Chez l'Épinoche aiguillonnée, les deux grandes épines dorsales, assez longues et remarquablement effilées, sont garnies sur leurs bords, de dentelures aiguës, nombreuses et presque régulières. La première, plus élargie que la seconde à sa base, affecte seule la forme conique, qui est, en général, plus prononcée encore dans les espèces voisines.

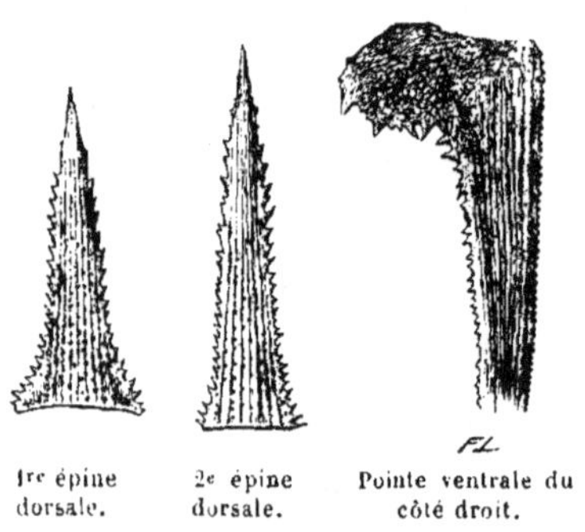

Fig. 27. — Les épines de l'Épinoche aiguillonnée.

Le prolongement postérieur du bassin est souvent aussi très-caractéristique. Chez l'Épinoche aiguillonnée, cette portion de la cuirasse ventrale se rétrécit bien graduellement jusqu'à l'extrémité, qui est obtuse, et figure de la sorte un cône très-allongé.

Les épines ventrales longues et fort aiguës présentent un élargissement considérable à leur point d'insertion avec le bassin. Finement crénelées tout le long de leur bord inférieur, elles offrent, sur le bord supérieur, des dentelures à pointe acérée, très-rapprochées les unes des autres.

Plusieurs naturalistes ne croyant pas devoir attacher d'importance au nombre des plaques osseuses des Épinoches, ont pu croire que la présence ou l'absence de ces pièces dépendait soit de l'âge, soit de la saison. Il était donc essentiel de s'assurer si les caractères de l'espèce ne variaient pas, suivant les périodes ou suivant les conditions de la vie de l'animal. L'examen comparatif de beaucoup d'individus d'âge différent n'a pu laisser subsister le moindre doute à cet égard. Chez de fort jeunes individus, n'ayant pas la moitié de la taille des adultes, nous avons trouvé la série des plaques constituant l'armure, tout à fait complète. Seulement ces plaques, un peu plus courtes sur la région abdominale, avaient leur bord postérieur un peu plus sinueux.

D'un autre côté, les épines du dos et du ventre de ces petits individus étaient déjà semblables à celles des plus grands. Il est certain ainsi que tous les caractères de l'espèce apparaissent longtemps avant que la croissance de l'animal soit achevée.

L'Épinoche aiguillonnée habite les ruisseaux, les étangs, les mares peu éloignées de la mer. En France, on n'a rencontré jusqu'à présent ce Poisson, que près des côtes de la Normandie et de la Picardie. Les plus beaux individus que j'ai obtenus ont été pris par M. de L'Hôpital, professeur au Lycée de Caen, à peu de distance de cette ville, dans les ruisseaux de Bonneville en face du Maresquet. C'est également de cette partie de la France que M. Eudes Deslongchamps, actuellement doyen de la Faculté des sciences de Caen, en adressa, il y a au moins trente-cinq ans, à M. Cuvier, de nombreux individus qui figurent encore aujourd'hui dans les collections du Muséum d'histoire naturelle de Paris. M. Baillon, d'Abbeville, avait recueilli aussi cette espèce, près du Tréport, dans un lac saumâtre, nommé le Hable d'Ault, situé à l'embouchure de la Somme. De mon côté, je l'ai prise à quelques kilomètres du Havre, aux environs de Harfleur, dans la rivière de Gournay et dans les ruisseaux qui tombent dans la Lézarde.

L'Épinoche aiguillonnée est commune dans le nord de l'Allemagne, elle abonde dans les étangs des environs de Berlin et près des côtes de la Prusse orientale. Suivant toute apparence, elle n'existe pas sur la plus grande étendue de l'Allemagne. D'après le témoignage de MM. Heckel et Kner, il n'y a pas d'Épinoches dans la région que traverse le Danube ; mais notre espèce entièrement cuirassée se rencontre dans le voisinage de la mer Noire. Elle se trouve également en Angleterre, dans la Scandinavie et même au Groënland.

<h2 style="text-align:center">L'ÉPINOCHE NEUSTRIENNE</h2>

(GASTEROSTEUS NEUSTRIANUS)

Tous les individus que nous avons obtenus de cette espèce étaient petits comparativement à la plupart de ceux de l'Épino-

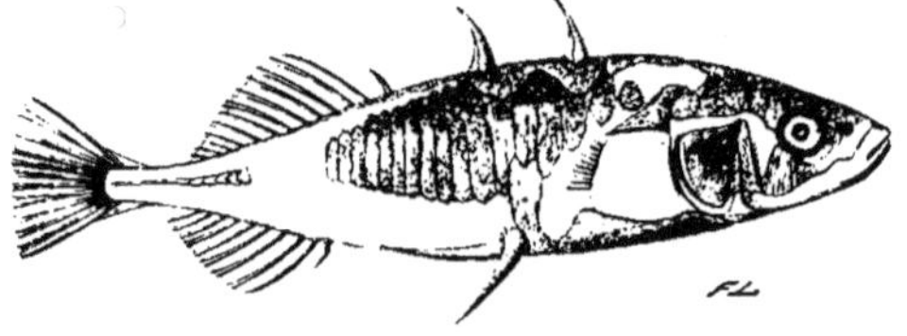

Fig. 28. — L'Épinoche neustrienne.

che aiguillonnée. Les formes générales et la coloration sont du reste à peu près semblables chez les deux espèces, et pour les distinguer il est indispensable d'examiner quelques caractères, du reste très-précis.

Chez l'Épinoche neustrienne, l'armure latérale ne s'étend pas absolument sur toute la longueur du corps ; elle s'arrête à peu près au niveau du quatrième ou cinquième rayon de la nageoire dorsale, pour reparaître, sous forme de carène, vers la hauteur du neuvième rayon, laissant ainsi un espace entièrement nu. On compte, d'une part, dix-sept plaques osseuses, et onze ou douze d'autre part, dont les premières seules sont dépourvues de carène.

Il y a donc dans l'armure latérale une différence bien nette avec ce que l'on observe chez l'Épinoche aiguillonnée. Si cette différence était unique, on pourrait croire peut-être à un arrêt de développement de quelques-unes des plaques osseuses ; mais l'Épinoche neustrienne présente d'autres particularités très-caractéristiques.

Les épines dorsales sont fort larges à leur base, par conséquent

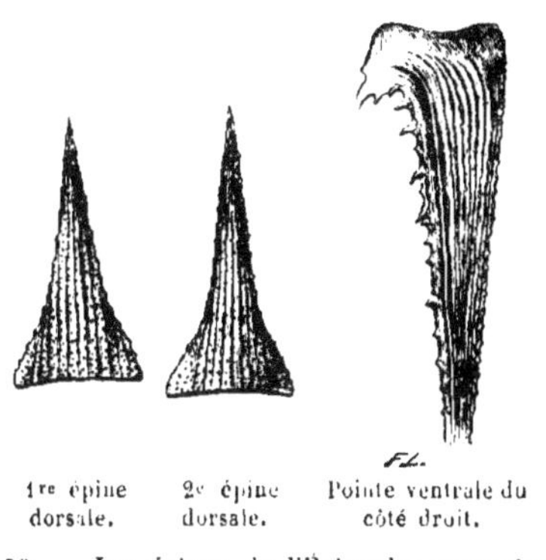

Fig. 29. — Les épines de l'Épinoche neustrienne.

très-coniques, et sur leurs bords, elles ne sont garnies que de très-faibles dentelures obtuses. Le prolongement postérieur du bassin, très-étroit dès son origine, paraît ainsi, extrêmement grêle et tout effilé, comparativement à celui de l'Épinoche aiguillonnée. En outre, sa surface a des sillons plus écartés et plus profonds. Les épines ventrales, également très-longues et fort aiguës, sont moins élargies à leur insertion que dans la première espèce; leur bord supérieur a des dentelures moins nombreuses, plus grosses et plus écartées, et leur bord inférieur est loin d'être aussi régulièrement crénelé. Un tel ensemble de caractères ne saurait laisser prise à aucune confusion, et encore serait-il facile d'y ajouter plusieurs autres détails. Par exemple, dans l'Épinoche neustrienne, l'opercule a moins de longueur que chez l'Épinoche aiguillonnée, et cette pièce moins rétrécie vers le bas, a sa surface plus fortement striée.

J'ai rencontré l'Épinoche neustrienne dans les ruisseaux de Harfleur et de Gournay dans le département de la Seine-Inférieure, à une assez faible distance de la mer. C'est toujours dans le voisinage des côtes que se trouvent les espèces dont la cuirasse prend un grand développement.

L'ÉPINOCHE DEMI-CUIRASSÉE

(GASTEROSTEUS SEMILORICATUS [1])

L'Épinoche demi-cuirassée est plus allongée que les espèces précédentes. Son opercule est long et très-droit, en un mot, d'une forme particulière. Son armure latérale ne dépasse pas le niveau du troisième ou du quatrième rayon de la nageoire dorsale, et se compose seulement de treize plaques osseuses, toutes

[1] Cuvier et Valenciennes, *Histoire naturelle des Poissons*, t. IV, p. 194.

allongées, à l'exception des premières ; une assez grande partie du corps reste nu, et l'extrémité présente une carène formée de six ou sept écailles très-petites.

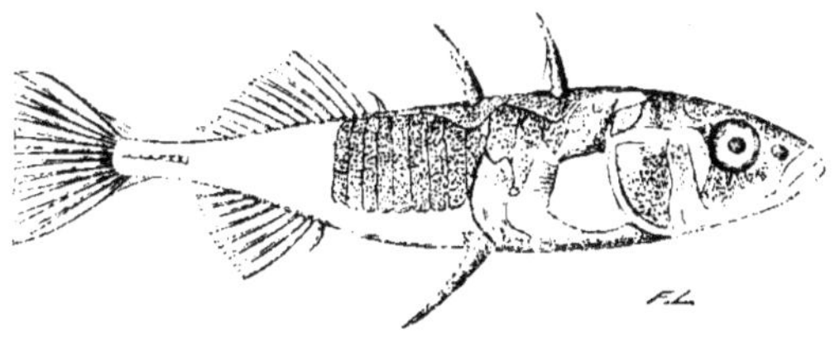

Fig. 30. — L'Épinoche demi-cuirassée de grandeur naturelle.

Les deux premières épines dorsales sont très-longues, très-aiguës, médiocrement larges à leur base et garnies sur leurs bords de dentelures acérées, très-fortes et assez espacées. Le prolongement postérieur du bassin est beaucoup plus étroit que chez l'Épinoche aiguillonnée, mais il est loin d'être effilé comme dans l'Épinoche neustrienne. Les pointes ventrales atteignent au moins l'extrémité de ce prolongement, ce qui n'a pas lieu chez les espèces précédentes. Ces pointes ou épines se font encore remarquer par les dentelures de leur bord supérieur, qui sont très-prononcées et assez écartées les unes des autres.

On observe encore que toutes les parties osseuses de l'Épinoche demi-cuirassée portent un semis très-serré de points noirs, mais c'est là un détail sur lequel on ne saurait insister. Cette espèce a été prise aux environs du Havre.

L'ÉPINOCHE DEMI-ARMÉE.

(GASTEROSTEUS SEMIARMATUS [1])

Cette espèce a une forme au moins aussi massive que l'Épinoche aiguillonnée et une taille souvent presque égale. Son opercule est plus court et d'une forme qui s'éloigne peu de celle de l'opercule de l'Épinoche neustrienne. Son armure latérale, composée de treize ou quatorze plaques osseuses, ne s'étend pas au delà du niveau du troisième ou du quatrième rayonde la nageoire

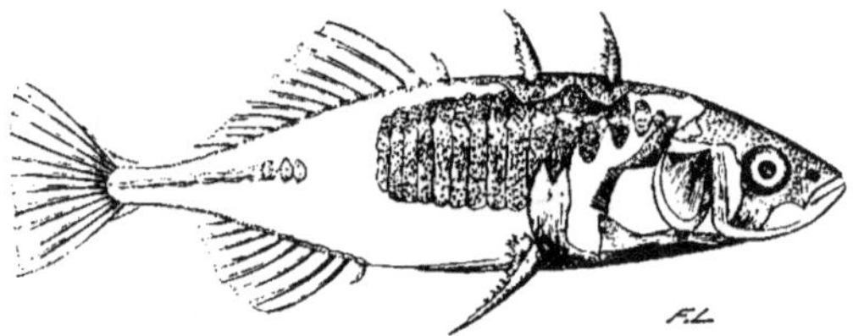

Fig. 31. — L'Épinoche demi-armée de grandeur naturelle.

dorsale, à peu près comme sur l'espèce précédente, mais la carène postérieure est beaucoup plus grande que chez celle-ci, et elle est précédée de trois écailles ou petites plaques non carénées. Les deux premières épines dorsales sont très-caractéristiques ; d'une longueur médiocre, relativement au volume du corps, elles sont larges à leur base et pourvues sur les bords de dentelures fortes et irrégulières. Le prolongement postérieurdu bassin est d'une forme très-semblable à celui de l'Épinoche aiguillonnée. Les pointes ventrales, très-élargies à leur origine,

---

[1] Cuvier et Valenciennes, *Histoire naturelle des Poissons*, t. IV, p. 493 (1829).

ont leur bord supérieur pourvu de dentelures fort aiguës.
L'Épinoche demi-armée réunit un ensemble de caractères qui
ne permet de la confondre avec aucune de ses congénères.

Elle se trouve aux environs du Havre ; elle habite également le voisinage des côtes du département de la Somme, où
M. Baillon en a pris dans la petite rivière de Braie, à peu de
distance d'Abbeville, des individus qu'il envoya à Cuvier, et
qui sont aujourd'hui conservés dans les collections du Muséum
d'histoire naturelle de Paris.

L'ÉPINOCHE A QUEUE LISSE

(GASTEROSTEUS LEIURUS [1])

L'Épinoche à queue lisse est la seule espèce du genre observée
jusqu'à présent aux environs de Paris. On la prend dans la Seine,
et elle est assez commune dans les ruisseaux et dans les mares

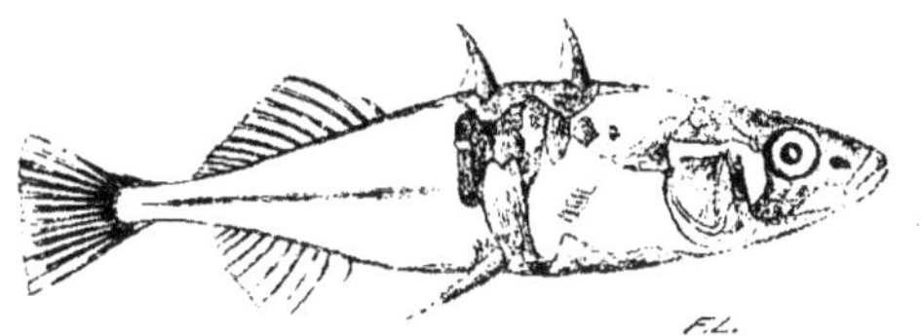

Fig. 32. — L'Épinoche à queue lisse, de grandeur naturelle.

qui existent encore dans les alentours de la capitale, où ruisseaux et mares sont devenus fort rares.

Cette Épinoche est facile à distinguer de celles qui viennent
d'être décrites. En l'examinant, on s'étonne que les zoologistes

---

[1] Cuvier et Valenciennes, *Histoire naturelle des Poissons*, t. IV, p. 481-
487 (1829).

aient pu la confondre habituellement avec l'Épinoche aiguillonnée. Il en a pourtant été ainsi de la part de presque tous les
auteurs. Cuvier, le premier, a indiqué ses caractères, et après
Cuvier encore, les uns n'ont pas su voir, les autres ne l'ont pas
voulu, et la confusion a persisté dans la plupart des ouvrages.

L'Épinoche à queue lisse, dont l'armure est fort réduite comparativement à celle des espèces précédentes et surtout à celle de
l'Épinoche aiguillonnée, n'a pas tout à fait le même éclat, et d'ordinaire, elle a des proportions plus modestes, sa taille ne dépassant guère $0^m,04$ à $0^m,05$. Ses plaques latérales, limitées à la
région thoracique, sont seulement au nombre de six, et comme
l'avortement de la dernière est assez fréquent, chez beaucoup
d'individus, il n'existe que cinq de ces plaques ; une première,
toujours petite, située en arrière de l'épaule et complétement dé-
tachée ; une seconde, ovalaire, unie comme la suivante à la plaque dorsale qui porte la première épine ; puis, trois autres, longues, ayant leur portion inférieure cachée par la branche
montante du bassin ; enfin, après celles-ci, une dernière souvent
aussi développée que les précédentes, mais pouvant être rudimentaire ou même manquer en totalité.

S'il s'agissait simplement de fournir le moyen de ne jamais
confondre l'Épinoche à queue lisse avec les espèces dont l'armure couvre le corps en entier ou au moins en grande partie,
il ne serait pas d'une utilité absolue d'examiner minutieusement
d'autres détails caractéristiques, mais il en est autrement. Plusieurs Épinoches ont une armure presque semblable à celle dont
il est question en ce moment, et néanmoins, comme elles
offrent des particularités constantes, elles doivent en être distinguées.

Les deux premières épines dorsales et l'épine ventrale serviront souvent de la manière la plus heureuse pour cette distinction. Ces épines présentent en effet sur chaque espèce des caractères propres dont la persistance et par suite la valeur caractéristique ont été appréciées par la comparaison de centaines d'individus de tous les âges.

Les épines dorsales de l'Épinoche à queue lisse, médiocrement larges à leur base, sont régulièrement amincies jusqu'au bout,

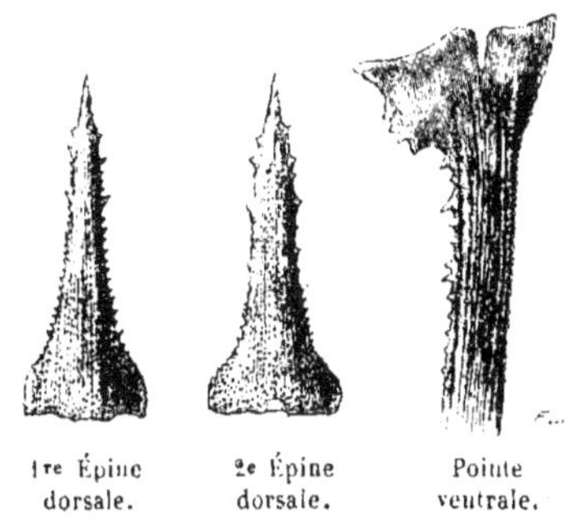

Fig. 33. — Épines de l'Épinoche à queue lisse.

qui forme une pointe acérée. Elles sont pourvues des deux côtés de dentelures aiguës, assez fortes, au nombre de sept ou huit, mais vers l'extrémité, leurs bords latéraux deviennent lisses. Les pointes ou épines ventrales, assez longues, sont finement et régulièrement crénelées sur leur bord externe, tandis que sur leur bord interne, elles ont quelques dentelures irrégulières bien prononcées.

Il est encore une infinité d'autres détails concernant la tête, l'opercule, le bassin, qui pourraient être signalés ; seulement, il s'agirait de préciser des nuances dans les formes ; on parviendrait difficilement à le faire, à l'avantage du lecteur. C'est un motif pour y renoncer.

L'Épinoche à queue lisse, d'une couleur verdâtre avec des

teintes très-sombres, figurant des bandes transversales, déterminées d'une façon très-vague, et d'ailleurs assez variables, est pointillée de noir, à l'exception des parties inférieures de son corps, qui ont le brillant de l'argent.

Ce n'est pas seulement dans la Seine et dans les ruisseaux des environs de Paris que se rencontre cette espèce; elle est commune également dans les régions du nord, de l'est et du centre de la France.

Elle est fort abondante dans le département de la Seine-Inférieure; j'en ai pris en grand nombre à Montivilliers et dans les ruisseaux de Gournay.

M. Bouchard a recueilli et m'a envoyé des masses considérables de l'Épinoche qui vit dans l'Epte et dans tous les ruisseaux des environs de Gisors. Tous les individus provenant de cette localité avaient une nuance plus jaune que ceux qui avaient été pêchés aux environs de Paris. Cette circonstance me portait déjà à les examiner avec la plus sérieuse attention; et, comme, chez quelques-uns d'entre eux, les dentelures latérales des épines dorsales m'avaient paru un peu plus nombreuses, et les dernières plus fortes, je supposai d'abord avoir sous les yeux une espèce particulière; mais une observation minutieuse m'a conduit à ne voir dans ces légères différences que des variations individuelles. La coloration, en effet, est peu de chose; on sait qu'elle devient plus vive à l'époque du frai; et, quant aux dentelures des épines, des comparaisons multipliées suffirent à me convaincre que leur développement était, dans certains cas, un peu plus considérable qu'à l'ordinaire.

L'Épinoche à queue lisse est extrêmement abondante dans les ruisseaux des départements du Nord. M. le professeur Lacaze-Duthiers en a recueilli à mon intention des centaines d'individus aux alentours de Lille. Leur coloration très-vive, leur ponctuation très-prononcée jusque vers la région ventrale du corps, devaient engager à bien constater si l'on observait des particularités dans les formes. Après l'examen le plus scrupuleux, il devait rester la certitude que ces Épinoches du département du Nord appartenaient à l'espèce à queue lisse, que leur aspect un peu particulier était dû simplement à des détails de coloration sans importance.

L'Épinoche à queue lisse se trouve seule dans les ruisseaux des Ardennes, où j'en ai pêché de prodigieuses quantités, à quelques lieues de Mézières, en compagnie du docteur Baudelot.

Des individus, pris aux environs de Metz, étaient remarquables par leurs marbrures noires très-prononcées, sans offrir, du reste, aucune différence avec ceux dont la coloration est plus claire.

M. Géhin, l'habile entomologiste, bien connu par diverses publications intéressantes, en a recueilli au commencement de novembre, à Charmes, dans les Vosges, où ce Poisson est connu sous le nom de *Pingué*. Tous ces individus étaient fort petits ; c'étaient des jeunes de l'année, qui présentaient également tous les caractères de l'Épinoche à queue lisse.

Le même naturaliste en a récolté encore dans un affluent de la Nied, près Bouzonville. Ceux-ci étaient en général couverts de points noirs très-serrés et assez gros pour ressembler à de petites taches. C'est la seule particularité qu'ils aient offerte.

M. Godron, le doyen de la Faculté des sciences de Nancy, m'a fait parvenir, en grand nombre, des Épinoches à queue lisse, pêchées dans la Meurthe ou dans les ruisseaux qui se jettent dans cette rivière. Elles ne présentaient aucune différence avec celles des environs de Paris. A la vérité, des individus de petite taille, avaient les dentelures des épines dorsales très-faibles. A défaut d'autres caractères, il n'était pas possible d'attacher d'importance à cette particularité.

Des individus recueillis aux environs de Strasbourg par le savant M. Lereboullet, avaient en général les dentelures de leurs épines dorsales plus prononcées et plus aiguës que chez les individus des environs de Paris. Mais on a déjà vu qu'il pouvait y avoir à cet égard de légères variations.

J'ai comparé à nos Épinoches de la Seine, et à celles du nord et de l'est de la France, des individus de l'Auvergne pris dans la Scoule à Ponjibaud. Ces derniers ne m'ont rien offert qui mérite d'être mentionné.

L'Épinoche à queue lisse est donc répandue dans une très-grande partie de la France, comme le prouvent les faits qui viennent d'être rapportés. Nous savons que cette espèce existe aussi de l'autre côté du Rhin, spécialement dans la région arrosée par le Neckar et qu'elle n'est pas rare en Angleterre ; mais jusqu'à présent, il y a lieu de croire qu'elle manque dans nos départements méridionaux. L'Épinoche à queue lisse peut offrir quelques variétés dans les nuances, ce qui dépend sans doute, à la fois, de l'âge, de la saison, de la nature des eaux. Elle peut présenter quelques différences dans les dentelures des épines, sans que le caractère général de ces épines elles-mêmes soit néanmoins vraiment altéré. C'est à cela que se réduisent à peu près, les variations de l'Épinoche la plus répandue en France.

L'ÉPINOCHE DE BAILLON

(GASTEROSTEUS BAILLONI)

Voici une espèce qui, étant très-voisine de l'Épinoche à queue
lisse, nous semble, cependant, en être très-distincte. Nous l'a-
vons étudiée sur des individus recueillis aux environs d'Abbeville par M. Baillon, et qui depuis longtemps sont classés dans la
collection du Muséum d'histoire naturelle de Paris. Il n'en est
fait aucune mention dans l'ouvrage de MM. Cuvier et Valenciennes. Ces Poissons ont une taille que nous n'avons jamais vue
atteinte par l'Épinoche à queue lisse ; leur taille est celle de
l'Épinoche aiguillonnée, $0^m,06$ à $0^m,07$. Très-colorés sur le dos
et même sur les régions latérales, avec de nombreux points
noirs assez régulièrement distribués, ils ont les parties inférieures du corps tout à fait argentées.

L'Épinoche de Baillon est pourvue d'une armure très-semblable à celle de l'espèce précédente, mais les épines du dos et
du ventre diffèrent d'une manière bien notable. Les premières,
aussi petites que dans l'Épinoche à queue lisse, malgré la taille
beaucoup plus grande des individus, sont bien graduellement
amincies de la base au sommet, et au lieu d'être pourvues de
dentelures latérales aiguës et plus ou moins irrégulières, elles
sont, au contraire, finement denticulées sur leurs bords. La pointe
ventrale est également caractéristique ; plus longue, plus épaisse
proportionnellement que nous ne l'avons jamais vue chez aucun
individu de l'Épinoche à queue lisse, elle se fait remarquer par
les dents fortes, coniques et très-régulières qui garnissent son
bord interne.

Diverses particularités dans les formes de l'opercule, du bassin, etc. pourraient encore être indiquées, mais il serait difficile de les faire ressortir d'une manière assez précise dans la des-

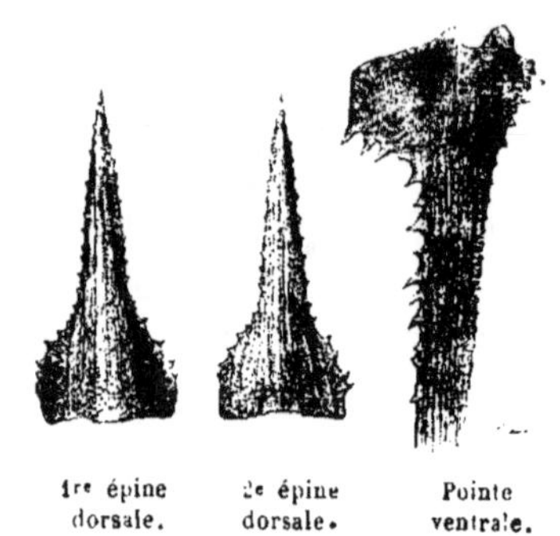

Fig. 34. — Épines de l'Épinoche de Baillon.

cription pour que ces détails contribuent sûrement à mieux faire reconnaître l'espèce.

Nous ignorons la nature des eaux dans lesquelles a été prise l'Épinoche de Baillon. Il y aurait pourtant intérêt à être renseigné sur ce point, ce qui nous engage à appeler de ce côté l'attention des observateurs qui habitent le département de la Somme. Il y a certaine probabilité que cette grande Épinoche habite les eaux saumâtres. Ceci expliquerait comment elle peut ne se trouver que dans des localités restreintes.

L'ÉPINOCHE ARGENTÉE

(GASTEROSTEUS ARGENTATISSIMUS)

L'Épinoche argentée est commune sur quelques points du midi de la France. C'est dans les ruisseaux herbus qui parcourent la campagne d'Avignon que je l'ai vue en grande abondance.

Ayant les mêmes proportions que l'espèce de nos départements du Centre et du Nord, elle offre néanmoins au premier
coup d'œil un aspect particulier. La couleur d'argent, dont son

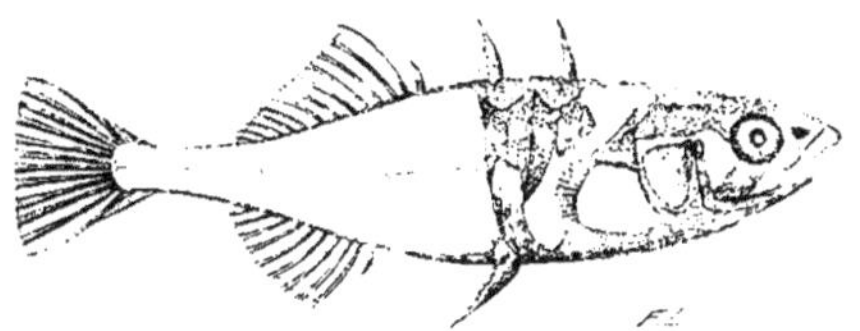

Fig. 35. — L'Épinoche argentée de grandeur naturelle.

revêtues généralement ces Épinoches sur les parties inférieures
de leur corps s'étend ici davantage sur les côtés. Ensuite, le ton
verdâtre du dos est plus nuancé de gris, et des points noirâtres,
disposés par groupes, descendent plus ou moins sur les flancs,
se dessinant, sous l'apparence de bandes ou de taches, avec une
admirable netteté sur le fond blanc dont l'éclat est celui du métal poli.

Sans attacher trop d'importance à ce système de coloration,
on doit en tenir compte, car il a été observé presque sans variation sur des centaines d'individus pêchés à diverses époques.
Du reste, l'examen de caractères plus certains doit nous arrêter.

L'armure thoracique constituée par cinq pièces comme chez
les espèces précédentes n'offre rien de plus remarquable à mentionner ; jamais aucune apparence de la sixième plaque signalée comme variable ou susceptible d'avortement chez l'Épinoche
à queue lisse, ne s'est montré sur nos Épinoches argentées. Ce
sont les épines dorsales et ventrales qui méritent surtout notre
attention. Les premières demeurent toujours petites, si on les
compare à celles des autres espèces. Aussi larges à leur base par

suite de leur brièveté, elles deviennent plus coniques ; très-aiguës vers le bout, elles ont aussi des dentelures acérées et passablement régulières sur leurs bords latéraux. Les pointes ven-

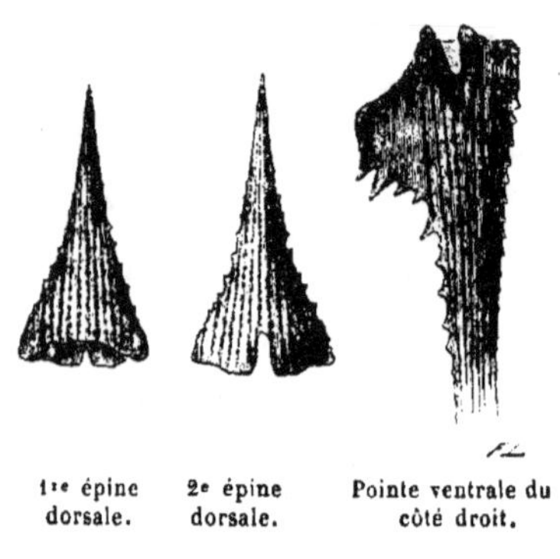

Fig. 36. — Épines de l'Epinoche argentée.

trales ne sont pas moins caractéristiques. Elles sont également plus courtes et plus larges que chez les espèces précédentes, avec leurs dentelures plus nombreuses et plus pointues, principalement celles du bord externe. On remarquera en outre que le bassin comparé à celui des autres Épinoches se prolonge moins en arrière et qu'il a un peu plus de largeur près de l'insertion des épines.

L'ÉPINOCHE ÉLÉGANTE

(GASTEROSTEUS ELEGANS)

Cette Épinoche, comme la précédente, paraît plus oblongue que celles du nord de la France. Par la comparaison, cette différence sur laquelle on ne saurait beaucoup insister, devient sen-

sible. Cette forme contribue encore à donner au Poisson de plus
heureuses proportions.

Si les variétés dans les couleurs, dans les nuances, ne se présentaient assez fréquemment, parmi les Poissons du genre qui
nous occupe, on regarderait volontiers la coloration des individus que nous avons sous les yeux comme suffisante pour faire
distinguer l'Épinoche élégante des espèces voisines. Ces individus sont presque entièrement d'un blanc d'argent pur. Seule,
la région dorsale est d'un gris verdâtre clair, rehaussé par un
semis de points noirs qui ne descendent pas sur les parties latérales; mais il faut répéter que cette coloration au moins jusqu'à
un certain point, peut dépendre de circonstances particulières,
du reste parfaitement indéterminées.

L'armure thoracique est à peu près semblable à celle de l'É-
pinoche argentée. Au contraire, les épines dorsales ont une
autre forme ; plus grêles, plus longues, elles n'ont sur leurs

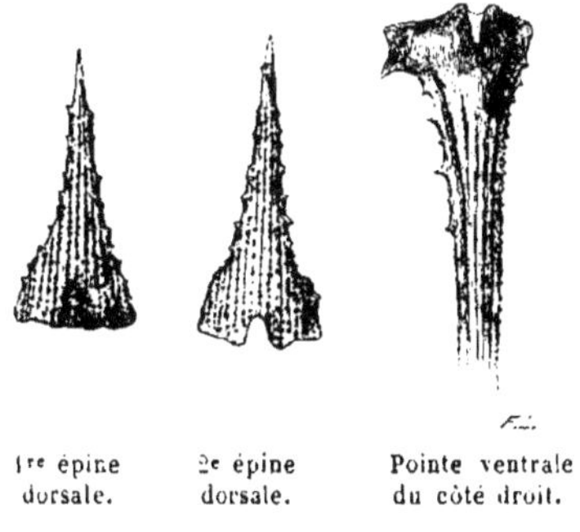

Fig. 37. — Épines de l'Épinoche élégante.

bords que des dentelures très-faibles. Les pointes ventrales sont
aussi remarquablement minces, comparativement à celles de

l'Épinoche argentée ou de l'Épinoche à queue lisse. Elles n'offrent à leur origine qu'un élargissement très-court et leur bord supérieur est garni de dentelures fort espacées et très-petites.

L'Épinoche élégante se trouve dans les provinces du sud-ouest de la France.

J'en dois la connaissance à M. Lacaze-Duthiers, qui, non content de rechercher lui-même les Poissons qui pouvaient être utiles pour mon travail, a engagé plusieurs de ses parents à me prêter leur concours. C'est M. Joseph Lacaze, le frère du savant zoologiste, qui a pris l'Épinoche élégante entre Cadillac et Langon, dans le département de la Gironde.

Deux Épinoches recueillies aux environs de Toulouse par M. le professeur Joly, appartiennent sans aucun doute à cette espèce, mais leur état de conservation se trouvant défectueux, il est difficile de savoir si leur coloration était semblable à des animaux qui ont été les sujets de notre description. On reconnaît pourtant que les points sont plus disséminés sur les parties latérales du corps.

LES ÉPINOCHETTES

Les Épinochettes ont les formes générales des Épinoches proprement dites ; mais elles sont encore plus petites et surtout plus effilées. Elles portent tout le long de leur dos, jusqu'à l'origine de la nageoire dorsale, une série de très-petites plaques osseuses, qui, à l'exception de la première, donnent insertion aux épines dorsales ; aucune de ces plaques ne dépasse la dimension des autres, aucune ne se rabat sur les côtés. Les épines sont au nombre de huit, de neuf, de dix ou de onze, toutes égales, sans dentelures sur leurs bords, et munies en arrière, comme chez les vraies Épinoches, d'une petite membrane.

Les épines ventrales sont aussi beaucoup moins fortes que chez les vraies Épinoches ; elles sont très-peu élargies à leur origine, et leurs bords n'offrent pas de dentelures.

Les Épinochettes manquent entièrement d'armure thoracique ; leur peau est nue sur les côtés du corps.

Leurs nageoires sont un peu plus variables que chez les Épinoches proprement dites. On compte dix ou onze rayons à la nageoire pectorale, dix ou onze à la nageoire dorsale, neuf ou dix à la nageoire anale.

Les Épinochettes sont quelquefois aussi communes que les Épinoches dans nos départements du Nord, de l'Est et du Centre ; mais jusqu'ici nous n'avons pu en rencontrer dans nos départements méridionaux, et personne n'a réussi à nous en procurer de cette région de la France.

Tous les auteurs qui ont écrit sur les Poissons d'Europe, à une exception près, n'ont reconnu qu'une seule espèce d'Épinochettes. L'exception est fournie par Cuvier. Ce naturaliste, avec son tact habituel, a distingué deux espèces parmi les Épinochettes de notre pays : il a indiqué le caractère infaillible pour ne jamais les confondre, et néanmoins il n'a pas été compris.

Aujourd'hui, nous connaissons en France, où il y en a sans doute d'autres encore, cinq espèces d'Épinochettes, parfaitement caractérisées ; il suffira d'un peu d'attention pour que la confusion devienne désormais impossible.

L'ÉPINOCHETTE PIQUANTE

(GASTEROSTEUS PUNGITIUS [1])

Le nom d'Épinochette piquante convient très-indifféremment à toutes les espèces de cette division ; toutes, en effet, sont aussi

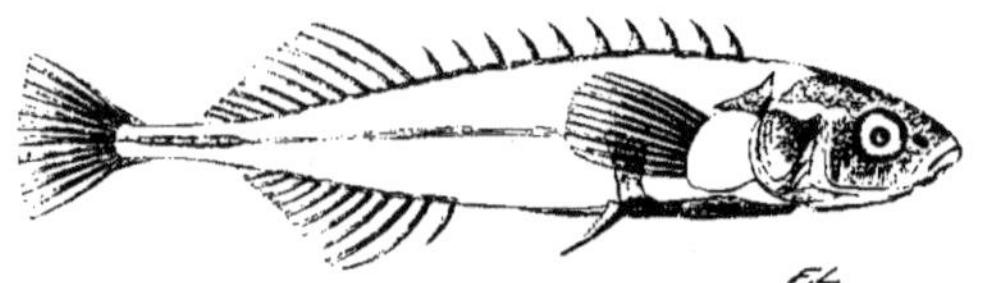

Fig. 38. — L'Épinochette piquante de grandeur naturelle.

parfaitement armées les unes que les autres ; mais Linné et la plupart des auteurs jusqu'ici, n'ayant distingué qu'une seule espèce d'Épinochettes, n'ont pas eu à s'occuper de savoir si la qualification spéciale pouvait devenir générale. Au reste, dans la circonstance actuelle comme dans beaucoup d'autres, il convient de prendre le nom, comme une appellation, sans trop s'inquiéter, ou de son origine ou de sa signification primitive.

L'Épinochette à laquelle nous attribuons le nom imposé par Linné, est-elle vraiment l'espèce signalée en quelques traits par ce naturaliste ? Il est difficile d'en avoir la certitude absolue ; la plus grande probabilité est tout ce que nous avons à offrir. Cette probabilité se fonde sur le nombre des épines dorsales indiqué par l'auteur scandinave et sur la présence ordinaire dans le Nord, de l'espèce pour laquelle nous réservons le nom de *Gasterosteus pungitius*.

[1] Linné, *Systema naturæ*, 12ᵉ édit., t. I, p. 491.

L'Épinochette piquante est l'une des plus grandes espèces de cette division composée des plus petits Poissons connus. Certains individus atteignent 0ᵐ,06 à 0ᵐ,07.

La couleur générale est d'un vert assez sombre, plus ou moins lavée de noirâtre et parsemée sur tout le corps de points noirs, qui se convertissent en petites taches sur les parties inférieures. Ces détails de coloration n'ont certainement qu'une importance fort secondaire ; cependant ils ont une persistance assez générale pour qu'on ne les néglige pas absolument. Ils donnent à l'espèce une physionomie souvent suffisante pour la faire distinguer de ses congénères avant l'examen des particularités plus caractéristiques. Pendant la plus grande portion de l'année. la région ventrale est d'un blanc jaunâtre plus ou moins argenté ; mais à l'époque de la nidification et du frai, comme cela est ordinaire chez toutes les espèces d'Épinoches, les joues, les lèvres, les opercules, l'origine des nageoires et le bassin se colorent de vives teintes rouges.

L'Épinochette piquante peut être distinguée de la plupart des espèces que nous connaissons actuellement, par un caractère des plus faciles à constater. L'extrémité postérieure de son corps, sa partie rétrécie, offre une carène formée d'une file de petites écailles, elles-mêmes carénées.

Chez cette espèce, l'opercule a un peu plus de largeur que chez les autres Épinochettes, la nageoire pectorale a dix rayons, les nageoires dorsale et anale en ont également dix. Les épines dorsales sont presque toujours aussi au nombre de dix, comme je m'en suis assuré, en examinant une très-grande quantité d'individus, recueillis aux environs de Lille par M. Lacaze-Duthiers. Cependant quelques individus portaient onze épines, et dans un cas, je n'en ai compté que neuf. Alors, il est vrai. on remarquait qu'il y avait eu avortement d'une épine entre la seconde et la troisième.

La forme du bassin est encore très-caractéristique. La portion ventrale est large et se rétrécit faiblement jusqu'à l'extrémité

Fig. 39. — Sternum de l'Épinochette piquante vu en dessous.

qui est en pointe obtuse. La branche montante est grêle et tronquée obliquement au sommet.

L'Épinochette piquante est fort commune dans nos départements du Nord, mais je ne l'ai jamais vue aux environs de Paris.

L'ÉPINOCHETTE BOURGUIGNONNE

(GASTEROSTEUS BURGUNDIANUS)

L'Épinochette bourguignonne offre, comme l'espèce précédente, une carène latérale s'étendant de l'extrémité des nageoires dorsale et anale à l'origine de la queue; et cette carène est formée également de cinq petites plaques ou écailles très-étroites. Malgré ce caractère commun aux deux espèces, après l'examen attentif de toutes les parties, il devient impossible de les confondre.

L'Épinochette bourguignonne est d'une taille notablement inférieure ; nous avons constaté le fait, en comparant un nombre fort considérable d'individus, les plus grands n'atteignant pas en totalité la longueur de 0^m,045. La forme générale du corps est différente aussi, elle est moins allongée, plus ovoïde.

La tête est plus mince, plus effilée et plus projetée en avant. La forme de l'opercule est à peu près la même. Les épines dorsales sont également au nombre de dix, seulement un peu plus faibles ; mais, comme chez l'Épinochette piquante, on observe parfois des individus où l'une de ces épines est avortée ; d'autres chez lesquels il s'en est développé une onzième ; il ne faut prendre ce caractère en sérieuse considération qu'après l'avoir vérifié sur beaucoup d'individus. La nageoire pectorale a dix rayons, et la dorsale, comme l'anale, en a neuf au lieu de dix, que l'on trouve presque constamment chez l'espèce précédente. Cependant, ainsi qu'on le voit fréquemment chez les Poissons en général, le nombre des rayons des nageoires peut varier, par suite d'arrêt ou d'excès de développement, et chez une de nos Épinochettes bourguignonnes, un dixième rayon, très-petit à la vérité, existe à la dorsale.

Le caractère le plus net et par conséquent le plus sûr pour ne jamais confondre l'Épinochette bourguignonne avec l'Épinochette piquante, est fourni par le bassin. Dans la première, la branche montante est beaucoup plus large, tandis que les lames qui constituent l'armure ventrale forment une plaque longue, très-étroite, effilée graduellement vers le bout, sans différence sensible entre les individus des deux sexes. La seule inspection de cette partie permet de ne jamais hésiter à reconnaitre l'espèce. En outre, les pointes ventrales un peu denticulées sur leurs

bords, dans l'Épinochette piquante, sont lisses chez l'Épinochette bourguignonne.

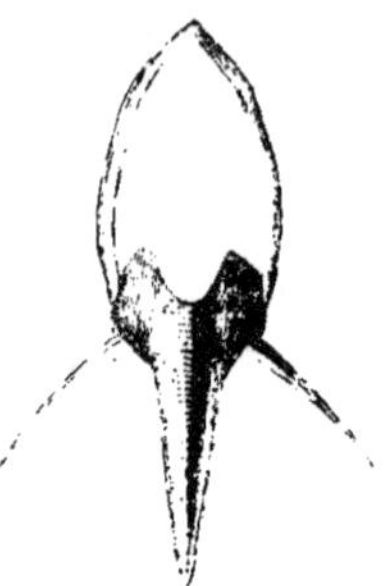

Fig. 40. — Sternum de l'Épinochette bourguignonne vu en dessous.

La coloration des deux espèces n'est pas identique. L'Épinochette bourguignonne a d'ordinaire des tons verdâtres plus vifs ;
elle est presque partout pointillée de noir, excepté sur la région
ventrale, présentant aussi des bandes transversales noires, assez
irrégulières et plus ou moins marquées.

Cette espèce nous est venue surtout du département de la
Côte-d'Or. M. Brullé en a recueilli un certain nombre d'individus aux environs de Dijon.

L'ÉPINOCHETTE LISSE

(GASTEROSTEUS LÆVIS [1])

L'Épinochette lisse a presque exactement les mêmes formes
que l'Épinochette piquante, mais un examen facile doit empêcher toute confusion. L'extrémité postérieure du corps est lisse ;
elle n'a point de carène latérale, aucune trace d'écailles et plutôt
un léger sillon.

[1] *Règne animal*, 2ᵉ édit., t. II (1829).

Cuvier avait eu l'occasion d'étudier particulièrement cette espèce; il avait constaté que cette Épinochette était la seule qu'on rencontrât dans les eaux des environs de Paris.

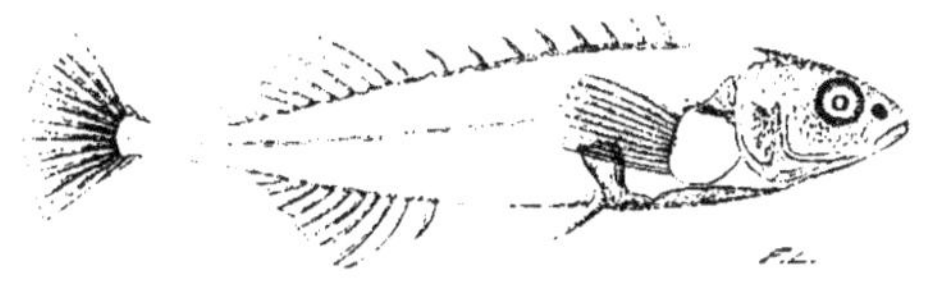

Fig. 41. — L'Épinochette lisse, de grandeur naturelle.

Sa tête est sensiblement plus effilée que celle de l'Épinochette piquante et ainsi plus semblable à celle de l'Épinochette bourguignonne. On saisit parfaitement cette différence, lorsque les individus ont été desséchés. Les épines dorsales sont au nombre de neuf, un peu plus faibles que dans les espèces précédentes. La nageoire pectorale présente onze rayons; la nageoire dorsale, le même nombre; l'anale, seulement neuf. Le bassin forme en arrière une plaque triangulaire, pointue à l'extrémité; sa branche montante est notablement élargie vers le sommet.

La coloration générale est presque toujours d'un vert assez vif avec des marbrures plus foncées, et bien que tout le corps soit chargé de points noirâtres, ces points ne se groupent pas sur les régions pectorale et ventrale, de façon à présenter l'aspect de petites taches, comme cela se voit sur l'Épinochette piquante.

Ces détails de coloration n'ont pas une fixité suffisante pour qu'on s'y arrête beaucoup, mais ils appellent l'attention qu'il est utile ensuite de porter sur des caractères plus certains.

L'Épinochette lisse est fort répandue aux environs de Paris, c'est d'elle en particulier qu'il a été question dans l'étude des mœurs des Épinochettes. Elle abonde dans tous les ruisseaux aux alentours de Gisors.

L'ÉPINOCHETTE LORRAINE

(GASTEROSTEUS LOTHARINGUS)

Cette petite espèce, à queue lisse, comme la précédente, offre une physionomie particulière. Elle est moins arrondie que les

Fig. 42. — L'Epinochette lorraine.

autres Épinochettes; sa tête est plus mince, moins effilée ; les épines qu'elle porte sur le dos, seulement au nombre de huit, sont moins longues et plus courbées que chez l'espèce précédente, et leur membrane étendue jusqu'à la pointe, figure ainsi une petite voile fort ample. L'opercule est moins allongé que celui de l'Épinochette lisse. La nageoire pectorale a dix rayons ; la nageoire dorsale, neuf, et la nageoire anale seulement huit. Le bassin présente aussi plusieurs particularités caractéristiques; la branche montante est très-large vers le sommet ; l'armure ventrale est plus effilée que dans l'Épinochette lisse et moins triangulaire, étant plus étroite à son origine. Les épines sont proportionnellement un peu plus fortes et légèrement denticulées.

La couleur de ce petit Poisson est d'un gris jaune verdâtre, avec la région ventrale orange et sans doute rouge, au printemps.

Des bandes transversales irrégulières, dues, non-seulement à
une teinte plus obscure, mais surtout à des points noirâtres,
rassemblés en grand nombre, parcourent le dos et une partie
des flancs.

Cette Épinochette a été prise dans la Meuse ou dans les ruisseaux adjacents, aux environs de Saint-Mihiel. C'est M. Godron,
le doyen de la Faculté des sciences de Nancy, qui me l'a envoyée.
Tous les individus observés avaient à peu près les mêmes dimensions, la même coloration et absolument tous les mêmes
caractères.

L'ÉPINOCHETTE A TÊTE COURTE

(GASTEROSTEUS BREVICEPS)

Voici encore une espèce à queue lisse, mais malgré ce caractère qui lui est commun avec les deux précédentes, on la distin-
guera toujours sans peine en y portant un peu d'attention. D'or-

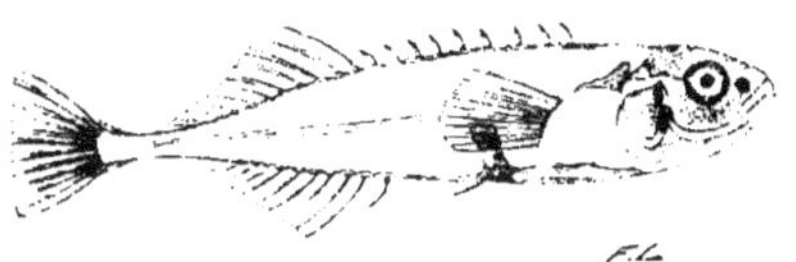

Fig. 43. — L'Épinochette à tête courte de grandeur naturelle.

dinaire, assez élargie jusque dans le voisinage de la queue, elle
est médiocrement allongée et sa tête se fait remarquer par sa
brièveté. Cette tête très-bombée en dessus, se projette fort peu
en avant, et les lèvres sont épaisses.

L'opercule est aussi court que dans l'Épinochette lorraine,
avec le bord supérieur un peu plus échancré. Les épines qui gar-

nissent le dos, au nombre de neuf, quelquefois de dix, sont assez grêles et leur membrane large relativement, se montre parsemée de points noirs. La nageoire pectorale a onze rayons, la dorsale également onze, l'anale neuf et parfois dix, tous délicatement pointillés de noir. Le bassin est fort étroit et se prolonge en arrière en une palette triangulaire plus grêle encore que dans l'Épinochette bourguignonne. Les épines ventrales sont très-petites.

La coloration générale de l'animal est cette nuance olivâtre, plus ou moins variée de teintes obscures, que l'on observe chez l'Épinochette lisse. Dans l'Épinochette à tête courte, cette coloration est de même rehaussée par un semis de points noirâtres, mais ici les points sont très-petits, presque égaux et presque également répartis sur tout le corps.

J'ai étudié cette espèce sur des individus pris dans les fossés des environs de Caen, par M. de L'Hôpital, professeur au Lycée de cette ville.

LA FAMILLE DES MUGILIDES

(MUGILIDÆ)

Les Mugilides sont de véritables Poissons de mer ; aussi, beaucoup d'auteurs occupés exclusivement des espèces d'eau douce, ont-ils cru pouvoir les négliger. Néanmoins, comme les Muges entrent périodiquement dans les cours d'eau, comme on les pêche chaque année dans les fleuves et les rivières de France à des distances assez considérables de la mer, il nous a paru indispensable de décrire ici au moins les deux espèces que l'on prend habituellement dans les eaux douces en certaines saisons.

La famille des Mugilides, composée essentiellement du genre
Muge, est des mieux caractérisées. Le corps de ces Poissons,
d'une forme allongée, et couvert de grandes écailles finement
denticulées sur leur bord, porte deux nageoires dorsales fort
écartées l'une de l'autre, la première formée seulement de
quatre rayons osseux [1]. Les Muges ont des nageoires ventrales
attachées un peu en arrière des pectorales, une bouche transversale d'un aspect très-singulier ; la mâchoire inférieure offrant
dans son milieu une proéminence qui s'engage dans une échancrure de la mâchoire supérieure, des maxillaires extrêmement
petits, une tête couverte d'écailles, un museau court et obtus,
la membrane branchiostège pourvue de six rayons.

Après l'énoncé de ces caractères extérieurs faciles à apercevoir, il faut ajouter que les Mugilides sont remarquables encore
par leurs os pharyngiens très-développés, rétrécissant l'entrée
de l'œsophage et lui donnant une forme anguleuse, de manière
à ne livrer passage qu'à des matières très-ténues ; qu'ils ont un
estomac terminé par une sorte de gésier, des appendices pyloriques peu nombreux, un intestin long et replié.

LE GENRE MUGE

(MUGIL, *Linné*)

Les Muges sont surtout caractérisés par la forme de leur
bouche, qui ne ressemble à celle d'aucun autre Poisson, par
leur os sous-orbitaire denticulé, masquant plus ou moins complétement le maxillaire qui est toujours fort grêle ; par leurs
opercules larges et bombés.

---

[1] On trouve parfois des individus présentant à la première dorsale
un petit rayon supplémentaire, mais le cas est assez rare.

Ces Poissons, estimés pour la table et fort abondants dans la Méditerranée, étaient bien connus dans l'antiquité. Il est question de leurs habitudes, non-seulement dans l'ouvrage d'Aristote, mais encore dans les écrits de divers auteurs de la Grèce et de Rome, où le vrai et le faux sont souvent fort entremêlés [1].

Les Muges, d'une agilité remarquable, exécutent continuellement de grands sauts au-dessus de l'eau et réussissent souvent ainsi à s'échapper des filets. Ces Poissons n'ayant d'autre arme défensive que leur nageoire dorsale deviennent souvent la proie des espèces voraces; et c'est seulement à leurs mouvements rapides, qu'ils doivent de se soustraire parfois à la poursuite de leurs ennemis. Ils cherchent leur nourriture au fond de l'eau, dans le sable ou dans la vase, mais on n'a pas encore d'observations bien complètes sur leur régime. Plusieurs des espèces de Muges de nos côtes se ressemblent beaucoup par leur aspect général; Linné et la plupart des auteurs en avaient fait une extrême confusion. C'est Cuvier qui le premier a précisé leurs caractères spécifiques.

LE MUGE CAPITON

(MUGIL CAPITO [2])

Parmi les Muges, le Capiton est l'espèce commune dans l'Océan et dans la Manche aussi bien que dans la Méditerranée, qui à certaines époques entre en grandes troupes dans nos cours

---

[1] Les Muges étaient appelés par les Grecs, Κεστρεὺς et Κέφαλος.

[2] Cuvier, *Règne animal*, t. II, p. 230, 1829. — Yarrell, *History of British Fishes*, vol. Ier, p. 234; 1836. — Valenciennes, *Histoire naturelle des Poissons*, t. XI, p. 36; 1836. — J. Couch, *History of Fishes of the British Islands*, t. III, p. 6, pl. 123.

d'eau, la Gironde, la Loire, la Seine, la Somme et beaucoup
d'autres rivières.

C'est un Poisson d'une forme oblongue, d'une couleur gris-
bleuâtre sombre sur le dos, plus claire sur les côtés, d'un blanc
d'argent sur la région ventrale, avec sept ou huit lignes longitu-

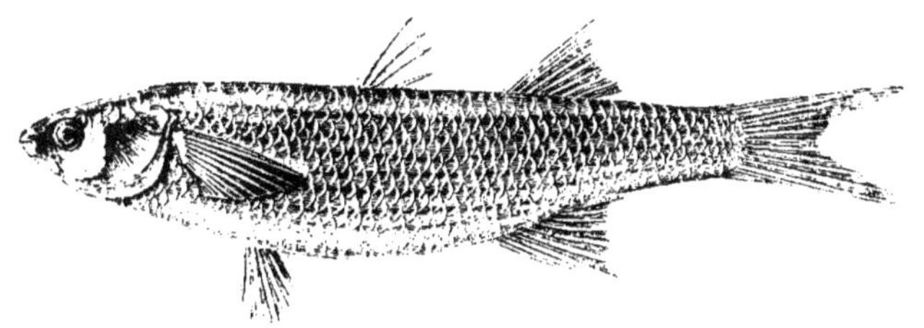

Fig. 44. — Le Muge Capiton.

dinales verdâtres sur les flancs plus ou moins marquées, suivant
les individus, des nuances jaunes sur la tête et sur quelques parties du corps.

Des écailles grandes et minces couvrent non-seulement tout le
corps, mais encore la tête. Il y en a sur le sommet jusqu'au museau dans l'espace compris entre les narines, et la joue en est
entièrement garnie. Les écailles des flancs ont leur bord libre
un peu anguleux et leur bord basilaire coupé presque droit.
Toute leur portion libre, vue sous un grossissement, présente un
réseau celluleux ; au centre, une sorte de petit canal, et au bord,
de très-petites épines irrégulières. La portion engagée dans la
peau ou recouverte par les autres écailles, offre des stries régulières d'une extrême finesse et six ou sept grêles canaux parallèles. Les écailles du sommet de la tête et des joues deviennent
plus petites et subissent certaines déformations, mais par la

nature de leurs stries et de leurs épines, elles ressemblent entièrement à celles dont le corps est revêtu.

La tête du Capiton, arrondie sur les côtés et presque conique, forme à peu près le quart de la longueur totale du Poisson ; la mâchoire supérieure est garnie d'une rangée de dents extrêmement fines et serrées, tandis que la mâchoire inférieure en est dépourvue. L'œil, assez grand, a l'iris jaunâtre. Le sous-orbitaire, muni de dents nombreuses, fines et aiguës, ne cache pas entièrement le maxillaire lorsque la bouche est fermée.

La première nageoire dorsale a trois rayons fort épais et acérés et un quatrième très-faible. La seconde dorsale a un premier rayon osseux assez court et huit articulés, les premiers simples, les autres rameux ; quelquefois les deux derniers rayons étant confondus, on n'en compte plus que sept au lieu de huit. Les nageoires pectorales, de forme ovalaire, composées de dix-sept rayons et surmontées d'une écaille courte et obtuse, offrent dans l'aisselle une tache noire plus ou moins prolongée en s'affaiblissant sous forme de bande, et souvent aussi une tache bleuâtre située vers les deux tiers de leur longueur. Les ventrales, ordinairement d'une teinte orangée à leur base, ont un rayon osseux assez court et cinq articulés et rameux. L'anale, placée exactement au-dessous de la seconde ventrale, a trois rayons osseux et huit ou neuf articulés et branchus. Enfin la caudale en a quinze et un ou deux petits en dessus comme en dessous.

Le Muge Capiton atteint une assez grande taille, environ 0^m,50 à 0^m,60 de longueur ; commun dans la Méditerranée, il n'est pas moins abondant dans l'Océan. Il se trouve sur toutes les côtes de France, sur les côtes d'Angleterre et jusque sur les côtes de la péninsule scandinave. Au printemps, il pénètre souvent en nombre considérable dans la Gironde et dans la Loire.

Autrefois, il entrait dans la Somme au mois de mai en légions si
nombreuses, que la rivière en était couverte pendant quelques
jours, mais, dit M. F. Marcotte, l'auteur d'un *Catalogue des
animaux vertébrés de l'arrondissement d'Abbeville,* on ne l'y
voit plus, depuis l'établissement du canal d'Abbeville à la
mer [1].

LE MUGE CÉPHALE

(MUGIL CEPHALUS [2])

Le Céphale est la grande espèce méditerranéenne du genre
Muge ; c'est l'espèce particulièrement observée par les anciens,
et la plus estimée comme aliment. Elle entre dans le Rhône au
printemps et remonte souvent jusqu'à Avignon.

Sa forme générale diffère peu de celle du Capiton, mais le
corps est plus épais, les écailles sont proportionnellement plus
grandes encore, un peu plus allongées, avec leur bord libre taillé
davantage en ogive, et leur canal médian très-petit ; la tête, plus
forte et plus longue relativement à la longueur totale de l'animal, a des écailles qui ne s'étendent pas aussi loin sur le museau.

Une particularité singulière permet de distinguer aisément le
Céphale des autres Muges, c'est la présence d'un repli de la peau
entourant l'orbite et retombant comme un voile, de façon à couvrir une partie de l'œil, et à ne laisser à découvert qu'un espace
vertical assez étroit.

[1] *Mémoires de la Société impériale d'émulation d'Abbeville,* 1857-1860,
p. 437 ; 1861.

[2] Cuvier, *Règne animal,* t. II, p. 231, 2ᵉ édit. 1829. — Valenciennes,
Histoire naturelle des Poissons, t. XI. p. 19 : 1839.

On remarque aussi dans le Céphale, que la bouche étant fermée, le maxillaire se trouve entièrement caché sous le sousorbitaire dont le bord est très-denticulé, que les deux orifices de la narine sont fort écartés, les dents d'une extrême finesse.

Les nageoires du Céphale ressemblent à celles du Capiton, mais à la première dorsale, le quatrième rayon est moins faible et à la base des pectorales il y a une écaille triangulaire fort longue et carénée.

Le Céphale est paré de belles nuances. D'un bleu grisâtre sur le dos, affaibli graduellement sur les côtés, et d'un blanc d'argent sur toutes les parties inférieures du corps, il est orné sur les flancs de sept lignes longitudinales étroites, très-rapprochées les unes des autres, de couleur bleuâtre avec des reflets dorés. L'œil de ce Poisson est argenté avec l'iris doré ; les nageoires dorsales ont une teinte grise, rehaussée sur la seconde par des taches noires ; les pectorales, d'un brun assez sombre, ont une tache bleue à leur base ; l'anale, de couleur pâle, est bordée de noir.

Ce Poisson atteint, dans ses plus grandes dimensions, une longueur de 0^m,45 à 0^m,50, et le poids de 3 à 4 kilogrammes. Abondant sur toutes les côtes de la Méditerranée, il figure fréquemment sur les tables dans les villes d'Italie. On le voit communément sur le marché de Marseille. Il fraye au mois de mai, et c'est alors qu'on le pêche à l'embouchure du Var et dans le cours inférieur du Rhône. D'après un renseignement qui m'a été transmis par M. Fabre, les pêcheurs d'Avignon le prennent surtout vers le mois de septembre, lorsque les eaux du fleuve sont limpides. Dès que les premiers froids se font sentir, les Muges retournent à la mer [1].

[1] On trouve encore sur nos côtes quelques autres espèces de Muges

LA FAMILLE DES BLENNIIDES

(BLENNIIDÆ)

Tous les représentants connus de cette famille sont des Poissons de petite taille, remarquables par leur corps assez allongé ; le plus souvent aussi par leur peau molle et sans écailles, mais quelquefois garnie de petites écailles arrondies ; par la présence d'une seule nageoire dorsale, occupant toute la longueur du dos, composée entièrement de rayons simples ou fourchus qui demeurent assez flexibles ; par des nageoires ventrales placées sous la gorge, n'ayant que deux ou trois rayons.

A ces caractères, il faut ajouter que la membrane branchiostège présente six rayons, qu'il y a absence chez ces Poissons de vessie natatoire et de cœcums intestinaux.

La famille des Blenniides comprend plusieurs genres, et quelques-uns de ces genres renferment une assez longue suite d'espèces, mais la plupart de ces espèces sont marines ; il n'y a d'exception que dans un seul, le genre Blennie. On a assuré que parmi ces Poissons, il y en avait de vivipares ; les espèces d'eau

qui paraissent entrer moins fréquemment dans les rivières que le Capiton et le Céphale.

C'est : le Muge doré (*Mugil auratus*, Risso), très-voisin du Capiton, mais facile à distinguer par ses dents plus fortes, son maxillaire entièrement caché sous le sous-orbitaire ; ses nageoires pectorales plus longues, sans tache noire ;

Le Muge sauteur (*Mugil saliens*, Risso), plus effilé que les précédents, avec le sous-orbitaire échancré, les lignes des flancs azurées, etc.;

Le Muge à grosses lèvres (*Mugil chelo*, Cuvier), remarquable par ses lèvres fort épaisses, etc.

Voir Valenciennes, *Histoire naturelle des Poissons*, t. XI.

douce ne le sont certainement pas, et il est fort douteux que l'assertion soit exacte, même pour certaines espèces marines. D'après quelques indications encore assez vagues, on croit que les Blenniides construisent des nids pour y opérer le dépôt de leurs œufs, mais jusqu'à présent, toute observation suivie manque à cet égard [1].

LE GENRE BLENNIE

(BLENNIUS)

Les Blennies proprement dites ont la peau entièrement nue, sans aucun vestige d'écailles ; la tête très-inclinée en avant, avec la bouche petite, les deux mâchoires égales, des tentacules au-dessus des yeux, des dents aux mâchoires disposées sur une seule série ; la membrane branchiostège pourvue de six rayons.

Ce genre, qui comprend une assez longue suite d'espèces marines, a aussi quelques espèces particulières aux eaux douces ; ces dernières, répandues seulement dans l'Europe méridionale. Deux d'entre elles se trouvent en France.

[1] On classe près de la famille des Blenniides, une autre famille de Poissons, qui a des représentants parmi les espèces des eaux douces de l'Europe. C'est la famille des Gobiides (*Gobiidæ*) caractérisée par la présence de deux nageoires dorsales, par des ventrales réunies dans toute leur longueur, et formant ainsi un disque concave comme une sorte d'entonnoir. Dans cette famille composée essentiellement d'espèces marines de petite taille, on compte le genre Gobie (*Gobius*, Linné), dont on connaît quelques espèces d'eau douce observées dans les rivières et les lacs de l'Europe méridionale et orientale. Le Gobie fluviatile (*Gobius fluviatilis*, Bonelli) notamment, petit poisson de 0^m,07 à0^m,08 de long, se trouve assez communément dans les lacs et les petites rivières d'une grande partie de l'Italie, mais il n'a jamais été rencontré en France.

LA BLENNIE CAGNETTE

(BLENNIUS SUJEFIANUS[1])

La Blennie, qui porte en Italie les noms vulgaires de *Cagnetto*
et de *Cagnota*, et en quelques endroits de la France le nom de
Baveuse, paraît avoir complétement échappé à l'attention des

Fig. 45. — La Blennie cagnette.

observateurs jusqu'à une époque encore bien récente. Suivant
toute apparence, c'est Risso de Nice qui, le premier, en 1810, a

[1] Risso, *Ichthyologie de Nice*, p. 131; 1810. — *Blennius vulgaris*, Pollini,

signalé ce Poisson comme habitant les eaux du Var. Quelques années plus tard, un explorateur du lac de Garda et des montagnes du pays de Vérone, en a donné une description comme d'un objet nouveau. Pendant longtemps, on a cru que la Blennie était propre aux eaux douces de l'Italie, et qu'elle ne dépassait pas, au nord, la région des Alpes maritimes. Cependant, comme depuis peu, les recherches des naturalistes se sont multipliées, on a observé la Blennie dans plusieurs de nos départements méridionaux. Ce Poisson, qui semble être partout assez rare dans notre pays, étant d'une taille fort exiguë, devait échapper à l'attention des pêcheurs. Si quelques-uns d'entre eux l'avaient parfois remarqué, ils l'avaient sans doute rejeté loin d'eux à cause de ses petites dimensions, et à cause aussi peut-être de la mucosité abondante qui recouvre son corps.

La Blennie est pourtant un animal d'une physionomie étrange, dont l'aspect n'a rien que d'agréable. Une peau luisante élégamment bariolée de taches obscures sur un fond d'une couleur assez vive et toute sablée de points plus ou moins gros, une crête sur la tête, un œil à iris vert et à prunelle noire, surmonté d'un appendice frangé comme un petit panache, donnent à ce Poisson un caractère spécial et un aspect attrayant, de nature à exciter l'intérêt et la curiosité d'un observateur même assez superficiel.

La Blennie ou la Cagnette, dans ses plus belles proportions, ne dépasse guère la longueur d'une dizaine de centimètres, et l'on en prend beaucoup d'individus qui n'en ont pas plus de six à sept. Le corps est arrondi sur les flancs et graduellement atté-

Viaggio al Lago di Garda. — Salarias varus, Risso, Hist. nat. de l'Europe méridionale, t. III, p. 237 : 1827. — Blennius cagnota, Valenciennes, Histoire naturelle des Poissons, t. XI, p. 249 ; 1836. — Heckel et Kner, Die Süsswasserfische der östreichischen Monarchie, p. 44 ; 1858.

nué vers la partie postérieure; en général d'une couleur fauve
assez vive, il porte des bandes transversales brunes, plus ou
moins nombreuses suivant les individus ; ces bandes, toujours
irrégulières, sont plus prononcées et mieux délimitées chez les
jeunes que chez les vieux individus. Des bandes de la même

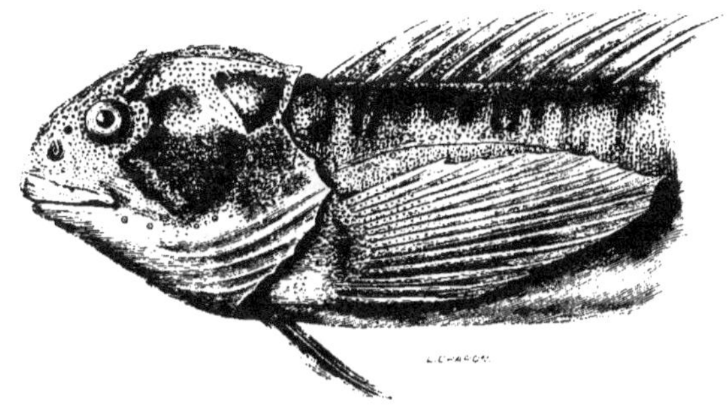

Fig. 16.— Tête et portion antérieure du corps de la Blennie cagnette.

couleur existent souvent aussi sur le sommet de la tête et celle-ci,
comme toute la région supérieure du corps et la base des
nageoires pectorales, est couverte de gros points noirâtres qui
deviennent plus petits et plus serrés sur la joue.

La tête est massive, assez brusquement abaissée en avant,
avec le front de médiocre largeur, la crête occipitale étroite et
atténuée vers le front, le museau obtus, les lèvres charnues, la
mâchoire supérieure un peu plus avancée que la mâchoire inférieure. Mais ce qu'il y a de bien remarquable chez la Blennie,
c'est l'appareil dentaire. A la mâchoire supérieure, il existe de
chaque côté une série de onze dents, allant en décroissant de
longueur de la première à la dernière ; ces dents un peu aplaties, terminées carrément et serrées les unes contre les autres à
l'exception des trois dernières ont l'apparence d'incisives et

c'est par ce nom que plusieurs auteurs les ont désignées, bien que les dents des Poissons ne puissent guère en général être

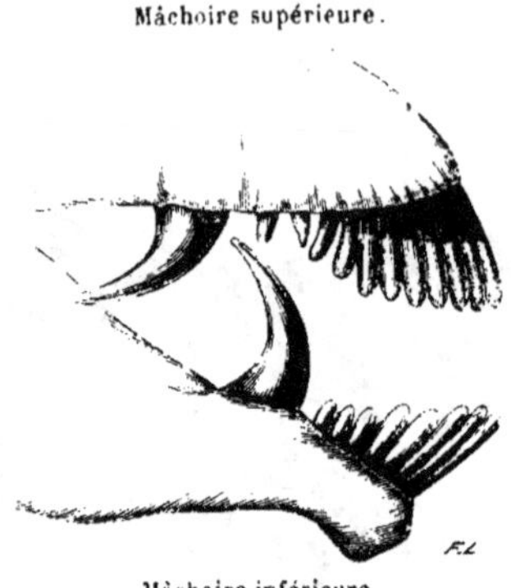

Fig. 47. — Appareil dentaire de la Blennie cagnette. La figure montre les dents engagées dans les os maxillaires; toutes les parties molles ont été enlevées.

distinguées en groupes bien caractérisés comme celles des Mammifères. En arrière des incisives, on trouve de chaque côté une très-forte dent recourbée qui rappelle beaucoup la forme des canines de certains Mammifères carnassiers. A la mâchoire inférieure, on compte de chaque côté huit incisives, allant en décroissant de longueur de la première à la dernière et une canine plus forte encore que celle de la mâchoire supérieure.

C'est donc, à la mâchoire supérieure, vingt-deux dents comparables à des incisives et deux canines ; à la mâchoire inférieure, seize incisives et deux canines.

Cet appareil dentaire est l'indice d'habitudes particulières chez la Blennie ; il semble que l'animal doive saisir sa proie avec ses dents incisives et la déchirer avec ses canines, malheureusement l'observation directe fait défaut, la Blennie est rare en France et nous ne savons rien relativement à son régime ; l'inspection de l'estomac de plusieurs individus ne nous a pas suffisamment éclairé à cet égard.

La narine a deux orifices assez éloignés l'un de l'autre, le premier pourvu d'un petit prolongement lancéolé. L'œil est de médiocre grandeur et situé très-peu au-dessous de la ligne frontale; l'appendice dont il est surmonté est d'une extrême délicatesse et terminé en pointe. Autour de l'œil, ainsi qu'à la partie inférieure de la joue, on remarque une série de petits globules présentant un trou au centre; ce sont des conduits de la mucosité semblables à ceux de la ligne latérale. Celle-ci commence au-dessus de l'opercule; elle se contourne un peu en s'abaissant, se continue ensuite presque en droite ligne, jusqu'à la hauteur du septième ou huitième rayon de la nageoire dorsale, puis descend assez brusquement pour suivre la ligne moyenne des flancs. Sur la partie postérieure du corps, il n'existe plus qu'un léger sillon, les derniers orifices de la mucosité, qui sont d'une petitesse extrême, ne dépassant pas la hau-

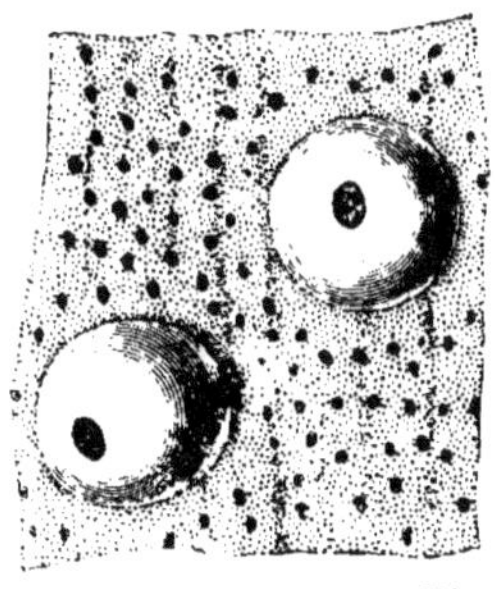

Fig 48. -- Fragment de la peau de la Blennie cagnette, très-grossie, montrant deux des globules dans lesquels s'ouvrent les conduits de la mucosité.

teur du vingt ou vingt-deuxième rayon de la nageoire dorsale. Ces orifices de la sécrétion servant à lubréfier la peau de l'animal, sont percés dans de petits globules parfaitement arrondis, très-saillants et rendus très-visibles par leur couleur blanchâtre.

La nageoire dorsale occupe presque toute la longueur du corps ; elle commence au-dessus des *ouïes* et atteint la base de la nageoire caudale ; elle se compose de trente rayons simples, mais il n'est pas rare d'en trouver tantôt un de plus, tantôt un de moins. Cette nageoire pleine d'élégance s'élève notablement à partir du quinzième ou seizième rayon et décrit ainsi une courbe régulière de sa portion moyenne à son extrémité. Elle est ordinairement ornée sur chaque rayon d'une suite de taches brunes, très-vives chez les individus encore jeunes, affaiblies et plus vagues chez les individus de la plus grande taille. Les nageoires pectorales de forme ovalaire, pointillées de noir à leur base, quelquefois tachetées de brun, sont formées de quatorze rayons. Les ventrales placées sous la gorge et très-rapprochées à leur base, sont fort étroites, n'ayant que trois rayons et parfois deux seulement, car il n'est pas rare qu'un de ces rayons soit avorté. L'anale commence à peu près au niveau du douzième rayon de la dorsale et se termine très-près de l'origine de la nageoire caudale, formant une élégante bordure à la partie inférieure du corps, surtout chez les individus où elle est bien tachetée de brun ; elle a dix-huit ou dix-neuf rayons. La caudale, qui présente toujours le même système de coloration que la dorsale, est coupée presque carrément à son extrémité. On lui compte seize rayons, le premier en dessus et le premier en dessous plus courts que les autres et si bien enveloppés par la peau qu'ils sont peu apparents.

L'orifice anal est situé au niveau du neuvième rayon de la nageoire dorsale, et c'est à une petite distance en arrière qu'on observe l'orifice urogénital entouré d'une papille souvent très-saillante.

La Blennie Cagnette vit dans le Var et ses affluents, comme Risso l'a appris depuis longtemps ; elle a été découverte dans le Tarn par M. le docteur Thomas qui m'en a procuré plusieurs individus, en m'assurant que chaque année, vers le mois de mai, on prenait ce Poisson dans les mêmes localités, mais toujours en petit nombre. M. Joly, le professeur de zoologie de la Faculté des sciences de Toulouse, l'a observé dans le canal du Midi et il m'a adressé plusieurs des individus qu'il avait recueillis. Enfin M. P. Gervais, le doyen de la Faculté des sciences de Montpellier, a constaté que ce Poisson vivait dans le Lez dans le département de l'Hérault.

La Cagnette recherche les eaux dont le fond est pierreux ; elle a des mouvements rapides, et elle fraye, dit-on, pendant les mois d'été ; les femelles que l'on prend en cette saison ont souvent en effet, les parois de leur ventre distendues par leurs œufs, dont le volume est assez considérable. Ce Poisson, beaucoup plus abondant dans les lacs de l'Italie et de la Dalmatie que dans les rivières de nos départements méridionaux, vit en petites troupes, rapportent MM. Heckel et Kner, et sa chair blanche et de bon goût serait fort estimée dans quelques localités.

LA BLENNIE ALPESTRE

(BLENNIUS ALPESTRIS)

Nous avons découvert cette espèce dans une petite rivière tombant dans le lac du Bourget en Savoie. Nous en avons re-

cueilli un assez grand nombre d'individus, les plus grands ayant
0^m,065 de longueur; la plupart d'une taille fort inférieure.

Cette espèce ressemble beaucoup à la précédente, mais elle a

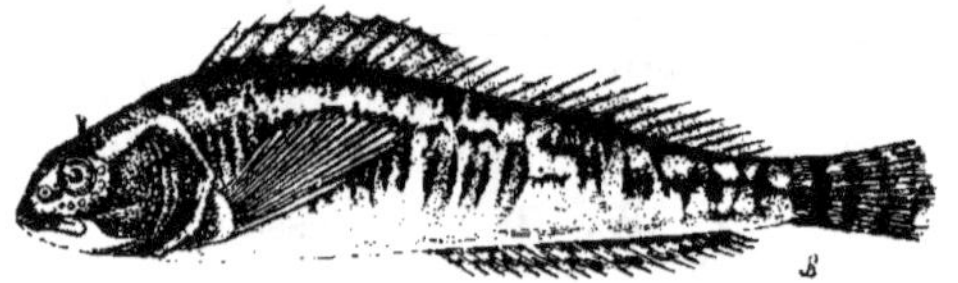

Fig. 19. — La Blennie alpestre, de grandeur naturelle.

des formes plus sveltes, le corps plus comprimé latéralement, la
tête plus courte et plus mince, une coloration particulière.

Rien de plus joli et de plus délicat que ce petit Poisson pendant la vie. Sa peau luisante est d'une teinte marron vif finement sablée de noir et relevée par de gros points, comme de
petites taches de la même couleur, disséminés sur la tête et sur
tout le corps à l'exception de la région ventrale qui est d'un
blanc jaunâtre uniforme. Sur les côtés de la tête et sur le dos
de grandes taches irrégulières d'un brun noirâtre contribuent à
rehausser la fraîcheur de la nuance générale du corps, ainsi que
de courtes bandes transversales très-rapprochées les unes des
autres, régnant sur les flancs dans toute la longueur du corps.
Les nageoires rendues d'une teinte assez sombre par un semis
de points noirâtres très-serrés, sont aussi marquées de taches
d'un brun foncé, particulièrement la caudale et les rayons postérieurs de la dorsale.

La tête est plus brusquement abaissée encore que chez la Cagnette, avec la crête occipitale à peine sensible, l'appendice
frangé qui surmonte l'œil assez long et très-grêle.

L'appareil dentaire est conformé comme dans l'espèce précédente, mais il n'y a que seize incisives à la mâchoire supérieure et quatorze à la mâchoire inférieure.

La forme et la disposition des globules dans lesquels s'ouvrent les conduits de la mucosité sur la tête et sur les côtés du corps se ressemblent trop dans nos deux espèces de Blennies pour qu'il y ait quelque chose d'utile à mentionner ici.

Les nageoires de la Blennie alpestre n'offrent rien non plus de très-particulier sous le rapport de leurs proportions et du nombre de leurs rayons. A la dorsale, je n'ai jamais trouvé plus de vingt-six à vingt-neuf rayons, mais on le sait, il est difficile d'attacher beaucoup d'importance à ce caractère, toujours variable dans une certaine mesure. Les pectorales n'ont présenté que douze rayons, l'anale dix-sept ou dix-huit.

Le 27 septembre 1862, j'avais passé plusieurs heures sur le lac du Bourget avec des pêcheurs qui prenaient le poisson avec l'immense filet que l'on traîne à l'aide de deux embarcations, celui auquel on donne le nom de *Seine*. J'avais ainsi recueilli différentes espèces et j'avais pu reconnaître celles qui étaient particulièrement abondantes dans le lac. La journée des pêcheurs étant finie, nous avions atteint la côte près du village du Bourget à un endroit où une petite rivière torrentueuse venait verser ses eaux dans le lac. Je témoignai aux hommes qui montaient les bateaux de pêche, le désir qu'on fît en ma présence une exploration de la rivière pour y prendre les petits Poissons cachés parmi les pierres. Deux hommes étant entrés dans le petit cours d'eau qui avait peu de profondeur, y traînèrent un filet en remontant le courant, tandis qu'un troisième, muni d'un bâton et marchant en avant, remuait les pierres en les poussant du côté du filet. Pendant une exploration qui dura près de deux heures, j'obtins ainsi une vingtaine de Blennies alpestres et quelques Chabots. Les pêcheurs n'avaient jamais remarqué les Blennies et les confondaient parfaitement avec les Chabots, donnant aux uns et aux autres le nom de *Sassot*. Le court séjour que j'ai fait dans la localité, ne m'a pas permis d'étudier les habitudes des curieux Poissons que je venais de découvrir dans un pays où l'on ignorait la présence des Blennies.

L'ORDRE DES MALACOPTÉRYGIENS

C'est la présence de rayons flexibles à toutes les nageoires qui caractérise et qui permet de distinguer le plus souvent ces Poissons des Acanthoptérygiens.

Chez les Malacoptérygiens tous les rayons des nageoires peuvent être flexibles, mais souvent aussi les premiers de la dorsale, des pectorales et de l'anale sont osseux, ce qui revient à dire, que la distinction établie entre les Poissons Acanthoptérygiens et Malacoptérygiens est de peu de valeur.

Les Malacoptérygiens ont été partagés en trois groupes, d'après la position des nageoires ventrales [1], mais ce caractère n'est pas de nature à donner une idée juste des affinités naturelles qui peuvent exister entre ces animaux.

Les écailles des Malacoptérygiens ont généralement leur bord sans dentelures et sont ainsi parfaitement unies sur leur bord. Ces Poissons sont représentés dans les eaux douces par un très-grand nombre d'espèces.

[1] Voyez page 120.

LA FAMILLE DES PLEURONECTIDES

(PLEURONECTIDÆ)

Les Pleuronectides forment une grande famille de Poissons de mer ; plusieurs d'entre eux, comme la Sole, la Plie, le Turbot, la Barbue, figurant continuellement sur les tables, se trouvent ainsi être parfaitement connus de tout le monde, au moins sous le rapport de leur forme générale. Ce sont les Poissons plats, suivant l'expression commune. Ils ont, ainsi que Cuvier l'a dit, un caractère unique parmi les animaux vertébrés, le défaut de symétrie de leur tête, les deux yeux situés sur le même côté, le côté du corps et de la tête où sont placés les yeux demeurant supérieur quand l'aninal nage, toujours fortement coloré, tandis que le côté opposé est blanchâtre.

Le corps des Pleuronectides, très-comprimé latéralement, participe un peu de l'irrégularité de la tête. Les pectorales situées sous la gorge sont souvent inégales ; les deux côtés de la bouche manquent également de symétrie. La nageoire dorsale occupe toute la longueur du dos ; et la nageoire anale presque toute l'étendue du bord inférieur du corps, l'orifice anal étant situé très en avant.

Ces Poissons privés de vessie natatoire, se tiennent presque constamment au fond de l'eau.

Les Pleuronectides ont une forme régulière lorsqu'ils sortent de l'œuf, mais après la naissance leur tête ne tarde pas à se contourner, de sorte que des individus très-jeunes ont déjà l'aspect des adultes. On doit à deux savants professeurs, M. Van Beneden de Louvain et M. Steenstrup de Copenhague, des observations pleines d'intérêt sur les premières formes de ces Poissons.

Bien que les Pleuronectides soient essentiellement marins, il devait en être fait mention dans cet ouvrage ; plusieurs de leurs espèces entrent assez avant quelquefois dans les rivières et l'une d'elles y séjourne.

LE GENRE PLEURONECTE

(PLEURONECTES [1])

Le genre Pleuronecte de Linné correspond exactement à la famille des Pleuronectides des auteurs modernes. En élevant au rang de famille le genre linnéen et en le divisant en plusieurs genres, Cuvier a fait disparaître le genre Pleuronecte. Des disparitions de cette nature sont pleines d'inconvénients ; aussi pensons-nous que le nom générique de Pleuronecte doit rester pour désigner les espèces les plus communes de la famille, celles dont Cuvier a formé le genre *Platessa*.

Les Pleuronectes sont caractérisés par leurs dents tranchantes, disposées sur une seule rangée à chaque mâchoire, par leur nageoire dorsale commençant au-dessus de l'œil supérieur, par la queue séparée de la dorsale et de l'anale par un certain intervalle.

Ce genre se compose de plusieurs espèces communes sur nos côtes, notamment la Plie ou Carrelet (*Pleuronectes platessa*, Linné), la Limande (*Pleuronectes limanda*, Linné), etc. Nous ne croyons pas avoir à nous occuper ici de ces espèces qui n'entrent que par hasard dans les eaux douces ; il n'en est pas de même pour le Flet.

[1] Linné, *Systema naturæ*. — *Platessa*, Cuvier, *Règne animal*.

LE PLEURONECTE FLET

(PLEURONECTES FLESUS [1])

Le Flet, ou Flondre ou Picaud, car on lui donne ces divers

Fig. 50. — Le Flet (*Pleuronectes flesus*).

[1] Linné, *Systema naturæ*, édit. XII, t. I, p. 457; 1766. — *Platessa flesus*,
Cuvier, *Règne animal*, t. II. — Yarrell, *History of British Fishes*, t. II,

noms vulgaires, est par excellence le Poisson de l'embouchure des cours d'eau qui se jettent dans l'Océan, la Manche, la mer du Nord. Il remonte habituellement dans les rivières jusqu'à une distance de 30 à 40 kilomètres de la mer, mais il n'est pas rare, surtout dans les grands fleuves, de le trouver fort loin des côtes.

Le Flet ressemble par sa forme générale comme par son aspect, à la Plie ou *Carrelet*, bien qu'il soit un peu plus oblong et que sa taille ne dépasse pas 0^m,20 à 0^m,25. Sa couleur du côté où sont tournés les yeux est comme chez cette dernière espèce que l'on voit constamment sur les marchés, d'un brun vert-olivâtre avec des nuances plus brunes et des taches orangées ou rougeâtres plus pâles que celles de la Plie. Ces taches souvent assez vives au printemps disparaissent du reste très-souvent à certaines époques de l'année.

La peau du Flet est couverte d'écailles fort petites, d'une minceur extrême, et de la sorte très-difficiles à détacher ; mais il y a, en outre, au-dessus et au-dessous de la ligne latérale, une série de petites plaques pourvues de tubercules très-saillants. A la base de chaque rayon des nageoires dorsale et anale, il existe une plaque semblable et l'on en voit encore sur la joue et l'opercule, mais ces dernières ne sont bien apparentes que chez les vieux individus.

La ligne latérale formée d'une suite de petits tuyaux cylindriques, s'étend en ligne droite de la tête à l'origine de la queue.

La tête est tournée tantôt du côté droit, tantôt du côté gauche ; plusieurs naturalistes ont cru que cette différence tout

p. 215 ; 1836. — Siebold, *Die Süsswasserfische von Mitteleuropa*, p. 77 ; 1863.

individuelle indiquait le sexe, mais l'observation a montré l'inexactitude de cette opinion. Dans tous les cas, la tête porte entre les yeux une carène faiblement tuberculée, qui s'étend en arrière jusqu'au-dessus de l'opercule.

La nageoire dorsale, médiocrement élevée, décrit une légère courbe; elle commence au-dessus des yeux et finit à une médiocre distance de la queue. Elle se compose de cinquante-sept à cinquante-huit rayons; les pectorales en ont dix; les ventrales, six seulement; l'anale, qui se prolonge en arrière aussi loin que la dorsale, formant une large bordure à la partie inférieure du corps, a de trente-huit à quarante-deux rayons; la caudale en a dix-huit, les premiers en dessus et en dessous, simples, les douze moyens égaux et branchus.

Le Flet s'attaque seulement à des animaux de petite dimension; il se nourrit à peu près exclusivement de vers, d'insectes et de mollusques, et il fraye au mois de mai dans le cours inférieur des rivières où le flux de la mer se fait encore sentir. Il se tient dans les endroits pierreux et souvent dans la vase, car il peut vivre dans les eaux les plus impures. On le prend ainsi, en abondance, dans les petits cours d'eau de la Normandie, sur lesquels se sont établies des usines pour le lavage des laines importées de l'Amérique. Autrefois, on pêchait dans ces rivières, beaucoup d'espèces de Poissons, même des Truites; tout a disparu aujourd'hui de leurs eaux, incessamment chargées des déjections des usines, seul le Flet a continué à vivre et à se multiplier où les autres Poissons devaient périr et il est resté la ressource des amateurs de pêche dans plusieurs localités du département de la Seine-Inférieure.

Le Flet remonte parfois fort loin dans les rivières et les fleuves, mais ce n'est pas d'une manière constante. M. Lacaze-

Duthiers m'en a procuré plusieurs individus pris dans la Dordogne à sa traversée dans le département du Lot.

On le pêche journellement dans la Tamise à plusieurs milles au-dessus de Londres, et Yarrell rapporte qu'on le prend dans l'Avon à une certaine distance au-dessus de Bath. M. de Sélys-Longchamps nous dit, qu'il remonte dans l'Ourthe, par le Maas, jusqu'à Liége, et dans la Nèthe par la Schelde jusqu'à Waterloo. Holandre, l'auteur de la *Faune du département de la Moselle*, a consigné ce fait, qu'au mois d'août 1818, un Flet fut pêché à Metz dans la Moselle. Un autre naturaliste cite une capture de ce Poisson dans la Moselle au delà de Trèves. Au mois d'octobre 1842, on en vit sur le marché de cette ville, deux individus vivants qui venaient d'être pris dans la Moselle. Un pêcheur de Mayence a assuré à M. de Siebold, avoir pêché le Flet dans le Rhin à Mayence même. Les observateurs du seizième siècle ayant déjà reconnu chez ce Poisson l'habitude de remonter accidentellement les cours d'eau, lui avaient donné le nom significatif de *Passereau de rivière* (*Passer fluviatilis*).

Bien que la chair du Flet soit tenue en médiocre estime, les pêcheurs à la ligne de la Normandie comme ceux d'Angleterre sont loin de dédaigner ce Poisson, d'abord parce qu'il abonde en plusieurs endroits, ensuite parce qu'il mord très-facilement à l'hameçon auquel s'agite un ver.

LA FAMILLE DES GADIDES

(GADIDÆ)

Les Gadides, plus habituellement désignés sous le nom de Gadoïdes, forment une famille naturelle essentiellement composée du grand genre Gade (*Gadus*) de Linné, dont les espèces les plus connues sont la Morue et le Merlan. Cette famille si intéressante au point de vue des grandes pêches maritimes, n'a qu'un seul représentant dans les eaux douces de l'Europe.

Les Gadides se distinguent des autres Poissons, par un corps allongé, couvert de très-petites écailles molles de la catégorie des cycloïdes, c'est-à-dire de celles dont le bord est parfaitement uni, par des nageoires dorsales dont le nombre est de deux ou de trois, composées exclusivement de rayons mous ou flexibles, les ventrales situées au-dessous des pectorales, c'est-à-dire, sous la gorge, par des dents en carde, aux mâchoires et à la partie antérieure du vomer.

Ces Poissons sont tous d'une extrême voracité ; aussi ont-ils un vaste estomac, capable de contenir de volumineuses proies. Leur vessie natatoire est dépourvue de communication extérieure.

Le représentant fluviatile de cette famille forme le genre suivant.

LE GENRE LOTE

(LOTA)

L'histoire du genre Lote est pour nous, l'histoire d'une seule espèce, ce qui nous dispense d'entrer ici dans beaucoup de détails.

Le genre Lote est caractérisé par la présence de deux nageoires dorsales, l'une petite, l'autre très-longue, s'étendant jusqu'à l'origine de la caudale ; par les ventrales placées sous la gorge, en avant des pectorales, par la nageoire anale extrêmement longue, par l'extrémité du corps terminée en pointe et entourée par la nageoire caudale qui est arrondie ; enfin par la

présence d'un long barbillon appendu au menton ou sym-
physe de la mâchoire inférieure.

Les Lotes ont la bouche fort large, avec les mâchoires garnies de plusieurs rangs de dents en carde, un peu plus fortes
que celles des Perches, mais en réalité assez semblables à celles
de ces dernières.

LA LOTE COMMUNE

(LOTA VULGARIS [1])

La Lote est de tous les Poissons de nos eaux douces, l'un des
plus étranges par son aspect. Son corps fort allongé est presque
cylindrique dans toute sa portion antérieure; il ne devient comprimé latéralement que dans sa moitié postérieure. Ce corps
toujours imprégné de mucilage pendant la vie, est entièrement couvert de très-petites écailles arrondies et contiguës, à
peine distinctes à la vue simple. Il est en général d'un vert
olivâtre clair, avec des taches ou des ondes irrégulières d'un
brun verdâtre foncé, répandues sur toute sa surface à l'exception
de la région ventrale. La coloration de la Lote est du reste
très-variable, suivant l'âge et suivant les localités. Dans les eaux
transparentes des lacs, ce Poisson affecte des teintes claires et
assez vives; il prend au contraire des teintes sombres dans les

[1] *Gadus Lota*, Linné, *Systema naturæ*. édit. XII, p. 440; 1766. — Jurine, *Histoire des Poissons du lac Léman*. in *Mémoires de la Société de physique et d'histoire naturelle*, t. III, 1re partie, p. 148, pl. 2.— *Lota vulgaris*,
Cuvier, *Règne animal*, t. II, p. 215; 1829. — Yarrell, *British Fishes*, t. II,
p. 267; 1836. — Heckel et Kner, *Die Süsswasserfische der östreichischen
Monarchie*, p. 313; 1858. — Siebold. *Die Süsswasserfische von Mitteleuropa*. p. 73; 1863.

rivières dont l'eau est limoneuse. Si l'on doit s'en rapporter à une assertion de Jurine, l'historien des Poissons du lac Léman, les individus pêchés à de grandes profondeurs, seraient toujours plus pâles que les autres. Dans tous les cas, les très-petits individus sont à peu près constamment plus colorés que les vieux.

La Lote est bien connue des pêcheurs de la plupart de nos départements, qui la désignent presque partout sous le nom aujourd'hui adopté dans la science. En quelques endroits cependant, on l'appelle des noms de *Mustèle* et de *Barbotte*. A Strasbourg, on la nomme *Ruffolk*, dénomination fort différente de celles de *Rutte* et de *Quappe*, usitées en Allemagne.

La ligne latérale, chez la Lote, partage pour ainsi dire chaque côté du corps en deux moitiés ; elle semble courir dans une dépression qui est souvent assez marquée. Elle est formée d'une suite de petits tuyaux membraneux.

La tête de ce Poisson est déprimée et fort large en dessus, en grande partie couverte de très-petites écailles, avec les mâchoires égales et arrondies, les yeux ronds, très-saillants, placés au niveau du front. L'iris est d'un vert doré. Lorsqu'on examine cette tête en dessus, il est presque impossible de ne pas lui trouver quelque chose de la physionomie du chat ou de la loutre, ce qui provient de sa forme large, et surtout de l'aspect des yeux. L'unique appendice charnu tombant de la mâchoire inférieure contribue encore à donner à la tête de la Lote une physionomie étrange.

Vers le tiers antérieur du corps s'élève la première nageoire dorsale formée de douze à quatorze rayons ; celle-ci, fort petite, est suivie de la seconde dorsale qui n'a pas moins de soixante-dix à soixante-quinze rayons. Ces nageoires d'une hauteur très-médiocre et presque égale dans toute leur étendue, participent de la teinte générale du corps et présentent également des taches brunes bien marquées.

Fig. 51. — La Lote commune (*Lota vulgaris*).

Les nageoires pectorales, de forme arrondie, ont de dix-huit à vingt ou vingt et un rayons ; les ventrales n'en ont que sept, et

comme l'un d'eux, le troisième, est beaucoup plus long que les
autres, elles ont l'apparence de languettes, surtout lorsque le
Poisson est tiré hors de l'eau.

La nageoire anale est remarquable par son extrême longueur ;
elle commence exactement en arrière de l'orifice anal qui est
situé au-dessous de l'origine de la seconde dorsale, et elle s'é-
tend jusqu'à la base de la queue, formant ainsi une bordure
inférieure comme la dorsale figure une bordure supérieure au
corps du singulier Poisson. Cette nageoire un peu moins haute
que la dorsale n'a pas moins de soixante-six à soixante-douze
rayons et le plus souvent soixante-dix.

Les nageoires inférieures ont des mouchetures plus ou moins
nombreuses, mais en général plus petites que celles des nageoires du dos.

La nageoire caudale, formée d'une quarantaine de rayons,
entoure l'extrémité du corps et présente un contour remarquablement arrondi. Elle est aussi plus ou moins tachetée de
brun.

La conformation intérieure de la Lote offre beaucoup de particularités. Les vertèbres sont très-épaisses ; on en compte
vingt et une au tronc, portant de longues apophyses transverses
qui remplacent les côtes et trente-huit à la queue. L'œsophage
et l'estomac sont fort larges et pourvus de plis longitudinaux.
L'intestin forme deux replis et il y a environ trente appendices
pyloriques. La vessie est grande et munie de parois épaisses.
Le foie est volumineux et trilobé.

La Lote est répandue dans la plus grande partie de la France ;
nous ignorons, cependant, si elle existe dans tous nos départements méridionaux. On la trouve dans tous nos cours d'eau de
l'Est, mais nous ne croyons pas qu'on la pêche jamais en très-

grande abondance dans aucune rivière de France. Elle est extrêmement multipliée au contraire dans les lacs de la Savoie, le lac du Bourget, le lac Léman, etc.

D'après une tradition toujours vivante à Genève, la Lote n'aurait pas toujours existé dans le lac Léman, elle y aurait été introduite il y a quelques siècles. Si le fait est vrai, il y a là un magnifique exemple d'acclimatation, car ce Poisson pullule aujourd'hui dans les eaux du lac. Pendant un séjour à Thonon, j'accompagnai souvent des pêcheurs qui le matin allaient relever des centaines de lignes de fond tendues la veille au soir. Souvent on tirait sans interruption trente ou quarante lignes auxquelles était accrochée une Lote.

On pêche ce Poisson à peu près dans toutes les rivières comme dans tous les lacs, en Allemagne, en Danemark, en Suède, en Russie, en Sibérie. Il existe aussi, sans être abondant, dans beaucoup de rivières de l'Angleterre ; mais les naturalistes de ce pays assurent qu'on ne le trouve ni en Écosse, ni en Irlande.

La Lote atteint parfois une assez grande taille et un poids considérable ; la plupart des individus, néanmoins, ne dépassent guère $0^m,30$ à $0^m,50$. On assure pourtant qu'on en voit ayant un mètre de long et un poids de $3^{kil},5$ à 4 kilogrammes et même bien davantage ; il est écrit en plusieurs endroits qu'on en pêche dans le Rhin du poids de 12 à 15 kilogrammes ; un individu pesant 21 kilogrammes aurait été vendu à la ville de Strasbourg, moyennant la somme énorme de 600 francs pour un déjeuner que la capitale de l'Alsace offrait au roi Charles X. Mais ce sont là des exemples bien rares, en admettant que l'exagération n'ait point eu sa part dans ces diverses assertions.

La Lote est un de nos Poissons les plus voraces ; elle consomme en grande quantité des vers, des insectes, des mollusques, des œufs, mais elle s'attaque aussi à des animaux d'assez grande taille que sa vaste bouche lui permet d'engloutir. Se tenant habituellement au fond de l'eau, elle se blottit dans des trous et attire de petits animaux en agitant son barbillon. Elle reste cachée pendant le jour, aussi les pêcheurs assurent-ils qu'on ne la prend presque jamais que la nuit. Elle fraye pendant l'hiver, c'est-à-dire en décembre et en janvier, déposant ses œufs sur les graviers à peu de distance du rivage ; du reste, nous ne savons à peu près rien des circonstances au milieu desquelles a lieu la reproduction. La durée de l'incubation des œufs est d'environ six semaines ; les jeunes Poissons croissent lentement, car on assure que la Lote ne commence à frayer qu'à sa quatrième année.

La Lote est fort estimée pour la table. On la trouve partout vantée pour la qualité, pour le goût fin de sa chair. Son foie très-volumineux est réputé un objet de délices pour les gourmands.

LA FAMILLE DES CYPRINIDES

(CYPRINIDÆ)

Les Cyprinides forment la foule de nos Poissons d'eau douce, foule qui n'a cessé d'offrir les plus graves difficultés pour les naturalistes. Il y a dans cette famille des séries d'espèces si voisines les unes des autres, qu'on n'est pas toujours parvenu jusqu'ici à les caractériser d'une manière précise. On a eu recours aux proportions du corps, et ces proportions sont variables dans chaque espèce. On a pensé avoir trouvé un moyen infaillible de distinguer les espèces par l'observation des dents pharyngiennes. Pour observer ces dents, il faut soulever l'opercule et les détacher avec dextérité ; de là, une petite difficulté, et la ressemblance des dents pharyngiennes chez des espèces différentes, leur variabilité suivant l'âge dans la même espèce, peuvent devenir encore des sujets d'incertitude ; cependant elles fournissent des caractères d'une certaine valeur.

Les Cyprinides, étudiés dans toutes leurs parties extérieures, peuvent être certainement distingués, si l'on ne néglige aucune de leurs particularités spécifiques.

Examinons d'abord leurs caractères communs.

Ces Poissons ont toutes les parties de la bouche privées de dents, tandis que les os pharyngiens en sont constamment pourvus ; ils ont le bord de la mâchoire supérieure formé par les os intermaxillaires, une seule nageoire dorsale, les nageoires ventrales attachées en arrière des pectorales, un corps écailleux, la membrane branchiostège avec trois rayons aplatis.

La famille des Cyprinides se partage d'une manière très-naturelle en deux tribus : les Cobitines (*Cobitinæ*), caractérisées par la tête petite, les *ouïes* peu fendues, les dents pharyngiennes nombreuses, en pointe aiguë, et les Cyprinines (*Cyprininæ*), dont la tête est relativement assez forte, les ouïes plus largement ouvertes, les dents pharyngiennes fortes et peu nombreuses.

A la première tribu se rattache seul, parmi les Poissons d'Europe, le genre des Loches ; à la seconde tribu appartiennent tous les autres Cyprinides. Ces derniers, qui le plus souvent ont le corps couvert de grandes écailles, ont été divisés en un grand nombre de genres ; ceux dont nous traitons en premier lieu se distinguent par des caractères extérieurs faciles à saisir ; ceux qui suivent, appelés vulgairement les *Poissons blancs*, se ressemblent au contraire d'une manière extrême par leurs formes extérieures, et l'on a eu recours à leurs dents pharyngiennes pour établir des distinctions. Après un mûr examen, nous avons reconnu qu'il était avantageux d'adopter la plupart des genres établis sur les seuls caractères tirés du nombre et de la forme des dents pharyngiennes; autrement on arriverait à une confusion générale des espèces.

LE GENRE LOCHE

(COBITIS, *Linné*)

Les Loches ont le corps allongé, couvert d'écailles très-petites, souvent presque imperceptibles à la vue simple; les lèvres épaisses, entourées d'appendices charnus ou barbillons; des dents pharyngiennes nombreuses, disposées de chaque côté sur une seule série; l'ouverture des *ouïes* peu fendue, ouverte seulement jusqu'à la nageoire pectorale. Ces Poissons ont une vessie natatoire logée dans une capsule osseuse formée aux dépens de la première vertèbre.

Nous avons en France trois espèces de ce genre.

Les Loches présentent un fait physiologique des plus remarquables. Chez ces animaux, la respiration branchiale paraît être insuffisante et le canal intestinal doit remplir la fonction d'un second organe respiratoire. Les Loches, venant à la surface de l'eau, avalent de l'air par la bouche, et cet air, expulsé ensuite par l'orifice anal, se trouve converti en gaz acide carbonique. Des expériences à ce sujet, qui datent de 1808, avaient été faites sur la Loche d'étang par Erman, de Berlin [1]; elles ont été reprises ensuite par G. Bischoff, et M. de Siebold

[1] Gilbert's *Annalen der Physik*, t. XXX, p. 140; 1808.

s'est assuré que le même phénomène a lieu chez les trois espèces du genre [1]. On sait aussi que les Loches, et surtout le *Cobitis fossilis*, émettent un bruit, une sorte de sifflement, mais jusqu'ici le mécanisme de cette émission n'a pu être bien étudié.

LA LOCHE FRANCHE

(COBITIS BARBATULA [2])

La Loche franche est, en Europe, l'espèce la plus commune du genre. C'est elle, l'espèce aux formes arrondies, que prennent pour terme de comparaison ceux qui, en parlant d'une jeune fille d'un certain embonpoint, disent « qu'elle est grasse comme une loche. » La Loche franche est le petit Poisson qui abonde presque toujours dans les ruisseaux où vivent les Chabots et les

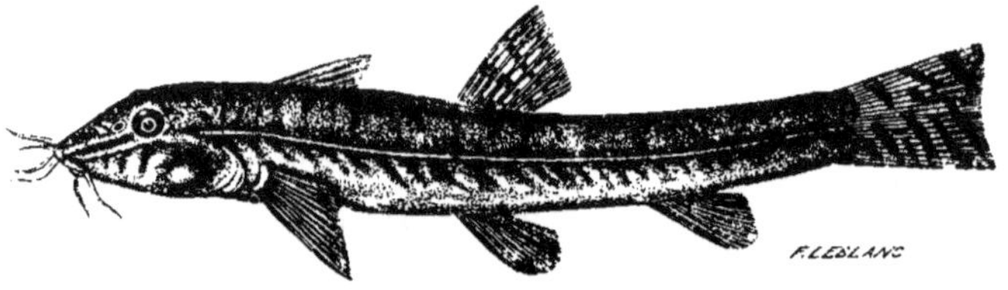

Fig. 52. — La Loche franche (*Cobitis barbatula*).

Épinoches, dans les étangs et les parties peu profondes et plus ou moins pierreuses des rivières et des lacs où s'étalent les plantes aquatiques. C'est le petit Poisson que des amateurs

[1] *Die Süsswasserfische von Mitteleuropa*, p. 340 ; 1863.

[2] *Cobitis barbatula*, Linné, *Systema naturæ*, édit. XII, t. I, p. 499 ; 1766.— Valenciennes, *Histoire naturelle des Poissons*, t. XVIII, p. 14, pl. 520 ; 1844. —Heckel et Kner, *Die Süsswasserfische der Ostreischischen Monarchie*, p.304 ; 1858. — Siebold. *Die Süsswasserfische von Mitteleuropa*, p. 337 ; 1863.

se plaisent à entretenir dans des vases ou des bocaux de cristal, pour le plaisir d'épier ses mouvements gracieux et agiles, de voir son corps si bien tacheté, si agréablement moucheté, si finement pointillé, miroitant de reflets dorés lorsque la lumière joue à sa surface, ou encore, de posséder un baromètre vivant. Dans l'opinion populaire, la Loche est très-habile à marquer les changements de l'atmosphère. Elle monte, en effet, vers la surface de l'eau, si l'orage se fait sentir. La cause de cette manœuvre, ignorée de beaucoup de personnes, est simple et témoigne, de la part du petit animal, d'un curieux instinct, peut-être d'une lueur d'intelligence. Dans les temps chauds et orageux, les insectes ailés volent, on le sait, en rasant la surface des étangs et des rivières, le petit Poisson se tenant à fleur d'eau, se trouve alors admirablement placé pour les happer au passage. C'est du reste un instinct qui existe chez beaucoup d'espèces.

La Loche franche est certainement connue de tout le monde; mais comme, dans le langage vulgaire de différentes contrées, elle porte souvent un nom particulier, il ne sera pas inutile ici de rappeler des dénominations qui auront l'avantage de désigner de suite à tous les habitants de la France le Poisson dont il s'agit en ce moment d'écrire l'histoire.

En Provence, le mot *Loche* est à peine changé, on dit la *Lochou* ou la *Lotcho.*

Aux environs de Paris et dans plusieurs de nos départements, la Loche franche est appelée *Barbotte,* désignation expressive, peignant à merveille l'une des habitudes de l'animal qui semble barbotter dans la vase. Barbotte devient parfois *Barbette* ou *Petit Barbot,* la signification reste toujours la même.

Dans le département de Saône-et-Loire et dans quelques autres régions, c'est la *Moustache,* à cause des appendices qui pendent autour de la bouche. De Moustache est dérivé *Mustelle* usité en divers endroits, puis *Moutelle* qui est le nom ordinaire de la Loche en Bourgogne et en Champagne, modifié en *Emoutelle* et *Amoutelle* dans certaines localités du département de l'Aube. En Lorraine, par une autre modification, on dit la *Moteulle* ou la *Moteuille*.

Sur les rives du lac Léman et dans une grande partie de la Savoie, la Loche porte le nom de *Dormille* qui devient *Endormille* ou *Endromille* dans plusieurs cantons. Dans le département du Doubs, c'est la *Linotte*, appellation que les pêcheurs peu soucieux de la précision appliquent également au Chabot. Dans les département de l'Isère, c'est le *Lanceron*. En Alsace, c'est le *Gründling*, qui est aussi le nom du Goujon, et dans la Lorraine allemande le *Grundel*. Les Allemands disent *Bartgrundel*, ce qui signifie Goujon barbu.

La Loche franche n'a pas en général plus de $0^m,08$ à $0^m,10$ de long. Quelques individus cependant, placés, sans doute, dans les conditions les plus favorables à leur existence et à leur accroissement, atteignent la taille de $0^m,12$ à $0^m,15$.

Chez cette espèce, le corps fort long, relativement à la hauteur, est presque cylindrique; c'est seulement vers la région postérieure qu'il demeure toujours un peu comprimé sur les côtés. La peau molle, qui semble entièrement nue à la vue simple, est d'une couleur grise tirant plus ou moins sur le brun ou le verdâtre suivant les individus, et parsemée de taches d'un brun noir, se confondant les unes avec les autres sur la région dorsale, et formant ainsi sur le dos et la partie supérieure des flancs une teinte sombre plus ou moins nuancée, plus ou moins marbrée. Rien d'ailleurs de plus variable que ces taches, tantôt confondues, tantôt séparées, figurant les ondes ou les treillis les plus

capricieusement dessinés. Vers les parties inférieures du corps,
les taches sont plus isolées et forment des dessins irréguliers qui
finissent par se perdre dans la couleur générale du fond, car ces
taches sont constituées par des points noirs plus ou moins écartés. A la vue simple, la peau de la Loche, toujours plus ou moins
enduite de mucosité, paraît entièrement nue, mais avec le secours
d'une forte loupe on aperçoit des écailles d'une extrême petitesse implantées sur toute la région dorsale et les flancs; la poitrine et la partie ventrale, seules, en sont dépourvues. Ces écailles

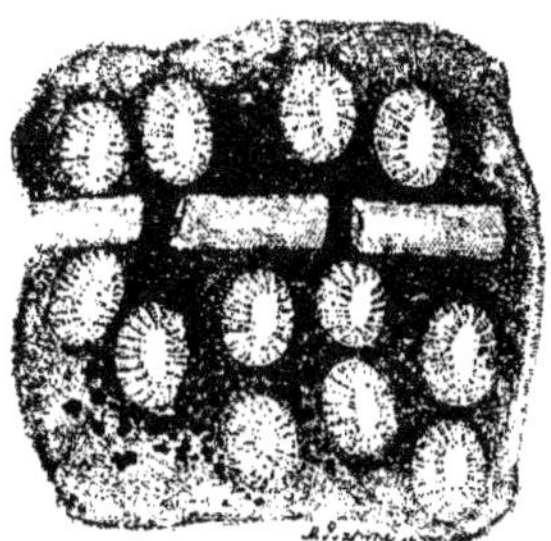

Fig. 53. — Portion de la peau de la Loche franche, montrant une partie de la
ligne latérale et quelques écailles.

sont de petites lames d'une extrême minceur et dont les stries
ne sont pas fort nombreuses. La ligne latérale presque droite,
depuis la tête jusqu'à l'origine de la queue, est formée d'une
suite de petits tuyaux membraneux très-apparents sur les individus d'une taille un peu forte.

La tête est massive et en général obtuse à l'extrémité ; il
existe néanmoins à cet égard quelques légères différences individuelles. La bouche située en dessous par suite de la brièveté
de la lèvre inférieure est transversale et assez petite. Cette bouche est accompagnée de six barbillons ou appendices charnus :

quatre au-dessus de la lèvre supérieure, rangés en une seule série, dont les internes moins longs que les externes et un peu plus grands que les autres à chaque angle de la bouche. Ces appendices servent à l'animal à fouiller dans la vase et à saisir les insectes et les vers dont il fait sa nourriture. L'œil, très-petit, placé à peu près à égale distance de l'extrémité du museau et du bord postérieur de l'appareil operculaire, a l'iris bleuâtre.

Les nageoires sont petites et arrondies ; la dorsale s'élève au milieu du dos, offrant une couleur grise ou jaunâtre et des taches brunes bien marquées, disposées le long des rayons ; elle a dix rayons, les deux premiers simples, les autres rameux. Les pectorales, de forme ovalaire, tachetées à la face interne, ont quatorze rayons ; les ventrales, fort petites, en ont huit.

La Loche franche est commune dans toutes les parties de la France. Nous en avons réuni un nombre d'individus immense, provenant de la plupart de nos départements, dans le but de reconnaître s'il n'y avait pas des espèces particulières à certaines régions. Entre les individus des plaines et des montagnes, du Nord et du Midi, aucune différence essentielle n'a pu être constatée. Du reste, la Loche franche abonde également en Angleterre, en Allemagne et paraît être répandue dans une très-grande partie de l'Europe.

Cette espèce se plaît particulièrement dans les ruisseaux ; on la trouve aussi dans les grandes rivières et dans les lacs, mais alors elle se tient près des rivages où les eaux sont peu profondes. Très-craintive, elle se réfugie habituellement sous les pierres ou entre les roches. Sa nourriture consiste surtout en insectes, en vers, en petits mollusques, qu'elle attire à l'aide de ses barbillons. Elle fraye pendant les mois de mars et d'avril ; la Loche se montrant alors plus volontiers qu'à l'ordinaire, les pêcheurs profitent souvent de l'occasion pour la prendre avec des nasses.

Ce Poisson dont les œufs sont très-petits est d'une remarquable fécondité. Sa chair grasse, délicate, est fort estimée ; aussi, en certaines contrées, on engraisse les Loches dans les canaux avec du sang caillé, et en quelques endroits, des fossés ou des viviers sont établis pour les conserver.

LA LOCHE DE RIVIÈRE

(COBITIS TÆNIA [1])

Plus encore que la Loche franche, la Loche de rivière est élégante par ses formes, par ses couleurs, par ses mouvements :

Fig. 54. — La Loche de rivière (Cobitis tænia).

aussi des amateurs s'amusent-ils à emprisonner également des Poissons de cette espèce dans des globes de verre, comme on le

[1] Linné, *Systema naturæ*, édit. XII, t. I, p. 494; 1766. — Valenciennes, *Histoire naturelle des Poissons*, t. XVIII, p. 58. — Heckel et Kner, *Die Süsswasserfische der Œstreischischen Monarchie*, p. 308 ; 1858.—Siebold, *Die Süsswasserfische von Mitteleuropa*, p. 338 ; 1863. — *Cobitis spilura*, Holandre, *Faune de la Moselle*, p. 253 ; 1836.

M. Agassiz a formé avec cette espèce le genre *Acanthopsis*, mais cette division établie d'après la considération de la présence d'une épine au voisinage de l'œil, n'a pas semblé être suffisamment caractérisée.

fait pour les Poissons rouges pour le seul plaisir des yeux.

La Loche de rivière, beaucoup moins commune que la Loche franche, n'a pas pour les gourmets le même attrait que cette dernière. C'est une raison pour qu'on s'en soit beaucoup moins occupé. Ce Poisson est désigné dans plusieurs de nos départements sous les noms de *Satouille* et de *Chatouille*. Quelquefois on l'appelle *Grande Moutelle*, bien que sa taille soit en général un peu inférieure à celle de la Loche franche, la vraie *Moutelle*. En Allemagne, son nom le plus répandu, *Steinbeisser*, « qui mord les pierres, » lui vient de l'habitude de se tenir entre les pierres. La dénomination scientifique de l'espèce, *Tænia*, ruban, fait allusion à la forme longue et aplatie du corps.

La Loche de rivière, très-comprimée latéralement, est en effet remarquable au plus haut degré par son aspect rubané ; elle est remarquable aussi par sa jolie coloration, qui, tout en variant dans une certaine mesure suivant les individus, conserve toujours néanmoins ses principaux caractères. Sur toute la tête, à l'exception de la gorge, des taches brunes ou noirâtres, plus ou moins grandes et fort rappochées les unes des autres, produisent le plus agréable effet. Sur la ligne dorsale, court une série de larges taches de la même nuance, et plus ou moins bien délimitées. Au-dessous de cette suite de taches accompagnées d'un sable très-fin, il y a des points très-rapprochés qui, se confondant ensemble, forment une teinte vermicellée. Après un étroit espace, succède une bande longitudinale, tantôt plus, tantôt moins interrompue ; puis, après un nouvel intervalle, une série de points confus, et enfin, exactement au-dessous de la ligne latérale, une rangée de quinze à dix-huit grandes taches, commençant derrière l'orifice de l'ouïe et s'étendant jusqu'à l'origine de la nageoire caudale. Ajoutons que les nageoires dorsale et caudale sont agréablement mouchetées de brun noirâtre, et l'on aura une idée de la coloration attrayante de la Loche de rivière.

Chez ce petit Poisson, la tête s'abaisse du sommet à l'extrémité du museau, en décrivant une courbe assez prononcée ; la bouche est petite et munie de six appendices charnus ou barbillons, moins volumineux que chez la Loche franche. Il y en a quatre également espacés à la lèvre supérieure, et un de chaque côté à la base de la lèvre inférieure qui est épaisse et bilobée. Les yeux sont fort petits, saillants et situés très-près de la ligne frontale.

Ce qu'il y a de plus remarquable, c'est en arrière de la narine, exactement au-dessous de l'œil, la présence d'une petite fissure de la peau, dans laquelle se trouve engagée une double épine mobile, dont la pointe supérieure est moins longue que l'inférieure. Lorsque le Poisson est calme, l'épine est entièrement couchée dans sa gouttière, mais, dans le danger, il la projette au dehors pour en faire une arme défensive. Nous ignorons, du reste, dans quelle mesure cette délicate armature peut devenir un moyen de défense tant soit peu efficace.

La ligne latérale est parfaitement droite, coupant chaque côté du corps en deux moitiés presque égales.

La nageoire dorsale s'élevant au milieu du dos, comme une petite voile a dix rayons, un premier dur et très-court, deux à la suite, simples, et les autres rameux ; les pectorales en ont sept dont un premier osseux ; les ventrales, sept, deux simples et cinq rameux, mais les deux derniers étant parfois réunis, des auteurs en comptent un de moins ; l'anale en a huit, et la caudale enfin, qui se termine carrément, en a quinze ou seize.

Les nageoires pectorales, ventrales et anale sont quelquefois d'une teinte uniforme, mais souvent aussi cette teinte est relevée par de fines mouchetures noirâtres, toujours plus petites et moins nombreuses que celles des nageoires du dos et de la queue.

Holandre, l'auteur de la *Faune de la Moselle*, a décrit la Loche de rivière, qu'il pensait ne pas connaître, sous le nom de Loche à queue tachetée (*Cobitis spilura*); j'ai eu communication au Musée de Metz des individus qui ont servi à la description de cet auteur, et j'ai pu ainsi m'assurer de leur parfaite identité avec tous ceux de l'espèce, dont les caractères viennent d'être signalés.

Les habitudes de la Loche de rivière sont bien peu connues. Nous savons seulement que ce Poisson se trouve particulièrement dans les eaux courantes, où il se tient sous les pierres ou dans les intervalles étroits des pierres reposant au fond de l'eau; qu'il se nourrit de vers, d'insectes, de petits mollusques; qu'il fraye pendant les mois d'avril et de mai. Nous ignorons si l'époque du frai et de la fécondation des œufs amène quelques changements dans les mœurs de la Loche de rivière, si des soins particuliers sont pris pour le dépôt des œufs, etc. En résumé, l'observation nous fait encore tellement défaut ici, comme pour tant d'autres espèces, que toute histoire reste fort incomplète.

La Loche de rivière, qui ne paraît jamais se montrer nulle part en grande abondance, est répandue dans une grande partie de la France. On la prend notamment dans la Seine, la Meuse, la Meurthe, la Moselle et les affluents. Elle se trouve en Angleterre, mais on assure qu'on ne l'a jamais vue en Irlande; elle habite aussi la Belgique, presque toute l'Allemagne et le nord de l'Italie.

Autant la Loche franche est estimée pour la table, autant

l'est peu la Loche de rivière ; celle-ci très-mince, passe pour
être coriace et fort désagréable à manger à cause de ses fines
arêtes.

LA LOCHE D'ÉTANG

(COBITIS FOSSILIS [1])

La Loche d'étang, assez rare en France, est un Poisson fort
remarquable par son aspect général comme par ses habitudes.

Cette espèce est désignée dans plusieurs ouvrages, et notamment dans celui de Lacépède sous le nom vulgaire de *Misgurne*,
du mot allemand *Missgurn*. Cependant en Allemagne on l'appelle plus généralement *Bissgurre* ou *Schlambeisser*, mangeur
de vase, et, en Alsace, on lui applique le nom de *Mürgrundel*, ce
qui voudrait dire Goujon grondant, à cause du bruit particulier
que fait entendre ce Poisson.

Avec une forme moins comprimée que la Loche de rivière et
moins arrondie que la Loche franche, la Loche d'étang a
des dimensions bien supérieures à celles de ces deux espèces. Sa taille ordinaire est de $0^m,20$ à $0^m,25$, et l'on en
trouve des individus qui atteignent la longueur de $0^m,30$
à $0^m,35$.

La Loche d'étang, sans ligne latérale apparente, couverte
de petites écailles distinctes à la vue simple et ressemblant à de
petites lames ovalaires, transparentes, pourvues de stries concentriques, est d'un brun verdâtre ou jaunâtre sur le dos et la tête.

---

[1] Linné, *Systema naturæ*, édit. XII, t. I, p. 500 ; 1766.— Valenciennes,
Histoire naturelle des Poissons, t. XVIII, p. 46. — Heckel et Kner, *Die
Süsswasserfische der Œstreichischen Monarchie*, p. 298 : 1858. — Siebold,
Die Süsswasserfische von Mitteleuropa, p. 335 ; 1863.

Cette couleur s'affaiblit sur les côtés où deux larges bandes noirâtres presque contiguës courent dans toute la longueur du

Fig. 55. — La Loche d'étang (*Cobitis fossilis*).

corps, commençant derrière l'œil pour se terminer à l'origine

de la nageoire caudale. Une ligne longitudinale également
noire ou d'un brun très-foncé, plus ou moins interrompue, règne
parallèlement aux larges bandes sur les côtés de la région ventrale et se termine en une série de taches. En outre, de petites
taches noires ou brunes, comme de gros points, sont disséminées sur toutes les parties du corps et de la tête, contribuant à
rehausser la vivacité de la nuance jaune orangé que présente
ordinairement toute la région ventrale. Ces points varient sensiblement en nombre comme en grosseur suivant les individus,
mais néanmoins le système de coloration de la Loche d'étang ne
se modifie que dans une assez étroite mesure. Les nageoires
sont également ponctuées de brun noirâtre, particulièrement la
dorsale et la caudale.

La tête de la Loche d'étang est allongée, avec le front déprimé,
la lèvre supérieure épaisse, notablement avancée au-dessus de

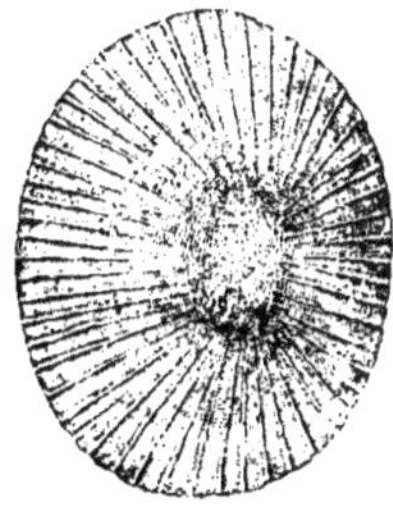

Fig. 56. — Écaille de Loche d'étang.

la lèvre inférieure et la bouche entourée de dix appendices charnus ou barbillons. Il y a quatre de ces appendices à la lèvre supérieure, un à chaque angle de la bouche et quatre beaucoup
plus petits que les autres à la lèvre inférieure.

L'œil très-petit, situé presque à la hauteur du front et à égale
distance de l'extrémité du museau et du bord de l'opercule, a

l'iris d'une belle couleur d'or. La narine, placée au-devant de l'œil, a deux orifices très-rapprochés l'un de l'autre, le premier surmonté d'un petit prolongement tubuliforme.

L'os sous-orbitaire mobile se prolonge au-dessus de l'œil en une pointe assez longue recouverte par le tégument, mais très-sensible sous la peau.

Les nageoires de la Loche d'étang sont peu développées relativement à la dimension du corps, et ce faible développement des nageoires contribue à donner au Poisson un aspect anguilliforme.

La dorsale située très en arrière, vers les deux tiers de la longueur du dos, est arrondie et composée de neuf rayons, trois simples, dont le premier rudimentaire et six rameux; les pectorales présentent onze rayons; les ventrales, placées au-dessous de la dorsale, seulement six dont un simple; l'anale, huit, dont le premier rudimentaire, le second très-petit, et cinq rameux; la caudale, seize, sans compter quelques-uns très-petits en dessus et en dessous.

Cette espèce se trouve dans les étangs en Alsace et en Lorraine; nous croyons qu'elle n'a jamais été observée soit dans le centre, soit dans le midi de la France; elle est plus répandue en Allemagne. Partout on la voit rechercher la vase où elle prend de petits animaux dont elle se nourrit; elle avale aussi de la vase qui ne peut manquer de contenir beaucoup de matières organiques. Ce Poisson fraye pendant le mois d'avril et de mai.

LE GENRE GOUJON

(GOBIO, *Cuvier*)

Ce genre n'est représenté en France que par une seule espèce; M. Valenciennes avait cru reconnaître une seconde espèce du genre Goujon dans les eaux douces de la France, mais il a été parfaitement démontré que cette dernière était une variété de la première. Il existe en Allemagne une espèce bien caractérisée qui n'a jamais été prise dans nos rivières (*Gobio uranoscopus*, Agassiz). D'autres espèces vivent dans les cours d'eau de l'Asie et de l'Amérique du Nord.

Le genre Goujon est assez bien caractérisé par une tête large avec la bouche placée en dessous et munie d'une paire de longs appendices charnus ou barbillons appendus à la base de la mâchoire inférieure, et les yeux situés très-près de la ligne frontale; par la présence d'écailles assez grandes, larges et courtes; par les nageoires dorsale et anale étroites à leur base. A ces caractères, il faut ajouter que les dents pharyngiennes des Goujons sont terminées en crochets et disposées sur deux séries.

LE GOUJON DE RIVIÈRE

(GOBIO FLUVIATILIS [1])

Joli Goujon, appétissant Goujon ; ce sont les gracieuses épi-

---

[1] *Cyprinus gobio*, Linné, *Systema naturæ*, édit. XII, t. I, p. 526; 1766. — *Gobio fluviatilis*, Valenciennes, *Histoire naturelle des Poissons*, t. XVI, p. 300, pl. 481; 1842. — *Leuciscus gobio*, Günther, *Die Fische des Neckars*, p. 44; 1853. — *Gobio fluviatilis*, Siebold, *Die Süsswasserfische von Mitteleuropa*, p. 112; 1863.

thètes que le pêcheur, le pêcheur à la ligne particulièrement,
donne volontiers au gentil Poisson que presque tout le monde
en France, appelle le Goujon. Le Goujon, c'est le petit Poisson
qui malgré sa taille exiguë a le privilége entre tous d'exciter la
gourmandise des amateurs de bons déjeuners. Sa renommée est
européenne. Une friture de Goujons est réputée un mets délicieux, de la Loire à la Tamise, de la Seine au Danube. Une
saveur particulière, en effet, qu'on ne trouve pas chez les autres
Cyprinides, est très-prononcée chez le Goujon, et c'est là pour

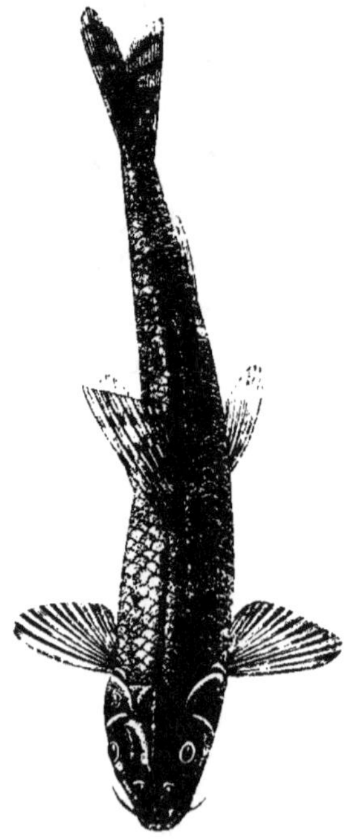

Fig. 57. — Le Goujon de rivière (*Gobio fluviatilis*).

les gourmets un attrait considérable. C'est du reste une vieille
renommée que celle du Goujon, renommée qui s'est maintenue

intacte depuis l'antiquité jusqu'aux temps modernes. Galien a parlé en termes élogieux de la qualité du Goujon, si toutefois le vieux médecin grec a voulu désigner réellement l'estimable petit Poisson de nos rivières. Ausone, le chantre de la Moselle, a signalé le Goujon d'une manière qui ne laisse rien à désirer [1], et une foule d'auteurs se sont plu à en énumérer les qualités. Un charme que le pêcheur reconnaît chez le Goujon, c'est l'empressement que met ce Poisson à mordre à l'appât qu'on lui tend. Cette confiance qui ne se manifeste pas à beaucoup près au même degré chez tous les habitants des rivières, est fort appréciée en Angleterre, assure-t-on, par les jeunes *ladies* qui se livrent au plaisir de la pêche à la ligne.

Le nom de Goujon est très-généralement répandu en France, cependant il est sensiblement modifié dans plusieurs de nos départements. Il est devenu dans le pays lyonnais *Goiffon* ou *Goeffon;* dans le département de Vaucluse, c'est le *Goffi*. On me cite d'autre part pour le Goujon les noms de *Trigan* en usage dans le département du Lot, et de *Trégou* ou *Trogou,* dans le département de Lot-et-Garonne. En Alsace et notamment à Strasbourg on appelle ce Poisson *Kressen,* dérivé du mot allemand *Gressling*.

Le Goujon a un aspect tellement particulier qu'il n'arrive à personne de confondre ce Poisson avec aucune autre espèce.

Son corps est allongé, large en dessus, mais atténué et comprimé latéralement vers l'extrémité postérieure, couvert d'écailles grandes, relativement à sa taille, surtout si on les compare à celles du Barbeau. On compte trente-huit à quarante

---

[1]   Tu quoque flumineas inter memorande cohortes
Gobi, non major geminis sine pollice palmis,
Præpinguis, teres, ovipari congestior alvo.

écailles sur les rangées qui s'étendent de l'épaule à l'origine de la nageoire caudale, sur la ligne latérale par exemple, qui commence à l'épaule, se courbe légèrement et coupe ensuite chaque côté du corps en deux moitiés presque égales. Dans la portion la plus épaisse du corps, il y a onze ou douze rangées d'écailles dans la hauteur. Ces écailles sont minces, délicates, et admirablement caractéristiques si on les considère dans leur forme et dans leur structure. Plus larges que longues et faiblement festonnées sur leur bord libre, elles présentent quinze à dix-huit

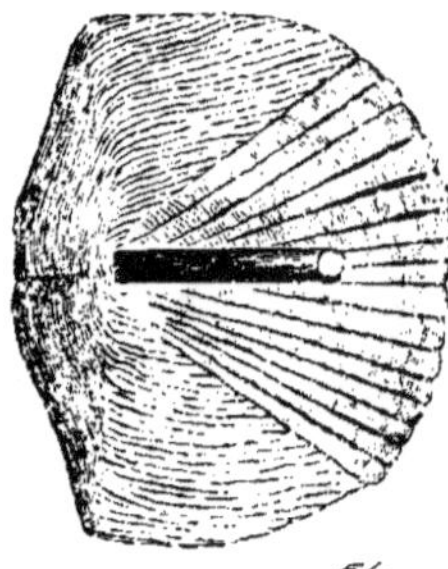

Fig. 58. — Écaille de la région dorsale.   Fig. 59. — Écaille de la ligne latérale.

sillons longitudinaux qui convergent vers la base de l'écaille. Entre ces sillons règnent des stries transversales très-serrées, tandis que ces mêmes stries deviennent très-espacées en dehors des sillons. Les tuyaux des écailles de la ligne latérale sont cylindriques et assez longs.

Le Goujon, comme chacun le sait, est très-agréablement nuancé ; son dos est ordinairement d'un jaune fauve, passant quelquefois au brun et relevé par des taches d'un brun noirâtre, plus ou moins nombreuses, plus ou moins marquées, et ainsi très-irrégulières. Souvent une série de taches, une sorte de bande noirâtre règne au-dessus de la ligne latérale. Au-dessous de cette ligne, les taches brunes deviennent rares ou manquent totalement, et toutes les parties inférieures du corps prennent un éclat argenté. La tête est souvent tachetée et les nageoires dorsale et anale présentent d'une manière constante de petites taches noirâtres d'un charmant effet. Il n'est pas rare que les autres nageoires portent également un certain nombre de marques semblables, mais, chez la plupart des individus, on n'en voit aucune trace.

Le Goujon a une tête qui se fait remarquer par la très-grande largeur du front et par le museau épais et obtus. Il y a des différences notables dans les proportions de cette tête relativement à celles du corps. On voit des individus dont la tête est assez allongée, d'autres où elle est très-courte, et l'on croirait facilement, d'après une semblable différence, à l'existence d'au moins deux espèces distinctes, si la comparaison d'un très-grand nombre d'individus ne conduisait à reconnaître entre les deux extrêmes des transitions presque insensibles; de sorte qu'il serait impossible de séparer les Goujons à tête courte, des Goujons à tête longue. Déjà un naturaliste a noté que la longueur de la tête ne se trouve tantôt que quatre fois dans la longueur du corps, tantôt quatre fois un tiers, tantôt quatre fois et demie, tantôt presque cinq fois [1].

La mâchoire supérieure est beaucoup plus avancée que la mâchoire inférieure, de sorte que la bouche, assez large, est placée en dessous, portant de chaque côté un appendice charnu ou barbillon, très-développé. Les yeux, de médiocre grandeur, situés à peine au-dessous de la ligne frontale et à peu près à égale distance du bout du museau et du bord libre de l'opercule, ont l'iris jaunâtre en haut et argenté en bas, avec un cercle

[1] Günther, *Die Fische des Neckars*. p. 43.

d'un jaune vif autour de la pupille. La nageoire dorsale placée un peu en avant des nageoires ventrales, s'abaisse beaucoup en arrière et s'élargit de la base au sommet. Elle est composée de dix rayons, un premier tout petit, un second de la moitié de la longueur du suivant, un troisième simple, fort grand et sept rameux dont le dernier quelquefois divisé presque jusqu'à sa base. Les pectorales ont un rayon osseux et quatorze ou quinze branchus ; les ventrales, un premier sous la forme d'une petite épine, un second osseux aussi long que les suivants et sept rameux ; mais comme le dernier est souvent partagé jusqu'à son origine, divers auteurs en comptent un de plus. Enfin, l'anale a neuf rayons et la caudale dix-neuf.

Les variétés individuelles étant très-sensibles et fort nombreuses chez le Goujon, j'ai réuni, de tous les points de la France, une masse prodigieuse d'individus afin de reconnaître sûrement s'il n'y avait pas en réalité plusieurs espèces de Goujons. J'en ai observé ainsi de tous nos grands cours d'eau et de beaucoup de leurs affluents, ainsi que des lacs de la Savoie. L'examen approfondi, minutieux, de ces Poissons provenant de tant de localités diverses, a conduit à reconnaître que tous appartenaient à la même espèce, que les différences de coloration, les différences dans l'allongement de la tête et du museau, dans le nombre des rayons des nageoires, étaient purement individuelles. Je me suis assuré ainsi que le Goujon à tête obtuse (*Gobio obtusirostris*) décrit par M. Valenciennes était une simple variété, comme déjà l'avaient constaté des naturalistes allemands, MM. Günther et de Siebold.

J'étais resté plus incertain au sujet de quelques très-grands Goujons, ayant une longueur de près de 0^m,14, provenant de la Sioule et du lac Pavin en Auvergne, qui m'avaient été adressés par M. Lecoq, de Clermont-Ferrand. Quelques-uns de ces Goujons étaient remarquables, non-seulement par leur taille, mais encore par leur coloration plus grise qu'à l'ordinaire, par les taches noires répandues sur toutes leurs écailles à l'exception de celles de la région ventrale, par la présence des mouchetures très-nombreuses et très-prononcées de leurs nageoires dorsale et caudale, et par la présence de semblables mouchetures encore assez multipliées sur leurs nageoires inférieures. Cependant, comme ces caractères étaient affaiblis chez plusieurs individus des mêmes localités dont les dimensions étaient un peu moins fortes que chez les autres; comme, en outre, les écailles soumises à une observation attentive et à une comparaison rigoureuse n'ont rien offert de particulier, je n'ai pu voir dans ces Goujons de l'Auvergne que des individus très-développés et remarquablement colorés par suite de circonstances locales dont il ne m'a pas été possible de déterminer la nature.

Ainsi, après avoir rassemblé des Goujons de presque toutes nos rivières de France, des lacs de la Savoie, des Vosges, etc., il a fallu conclure que tous étaient de la même espèce. L'espèce se trouve non-seulement par toute la France, mais encore dans l'Europe entière; nous ignorons cependant si on la rencontre en Espagne et en Grèce.

Les Goujons recherchent particulièrement les eaux courantes, claires, peu profondes, roulant sur un fond de sable ou de gravier. Ils vivent aussi dans les lacs et les étangs; mais au printemps, ils les quittent presque toujours pour remonter les rivières. Il est curieux de les voir dans les lacs, souvent réunis en masses considérables dans les endroits où viennent se décharger des rivières et des torrents. Au lac Léman et au lac du Bourget, je les ai vus plus d'une fois s'agiter en foule près de l'embouchure des rivières où les attirait l'eau courante, et surtout peut-être l'eau à basse température, car toutes les observations tendent à montrer que ces Poissons redoutent les fortes chaleurs.

Les Goujons paraissent avoir un remarquable instinct de sociabilité ; ils vont en troupes à toutes les époques de l'année. Leur nourriture se compose de vers, d'insectes, de petits mollusques qu'ils cherchent au fond de l'eau, en remuant les graviers. Comme on ne trouve presque jamais d'animaux entiers dans leur estomac, on en a conclu sans doute avec raison que chez eux l'activité digestive est extrême.

Le Goujon fraye pendant les mois de mai et de juin, et fixe ses œufs contre les pierres. Les femelles semblent être ordinairement en beaucoup plus grand nombre que les mâles ; ces derniers seraient ainsi appelés à féconder plusieurs pontes. Les œufs petits et d'une teinte bleuâtre ont une durée d'incubation d'environ quatre semaines.

Ce Poisson, qui est la proie d'une foule d'espèces carnassières, multiplie avec tant de facilité, qu'il abonde encore dans la plupart des rivières. D'après le calcul d'un pisciculteur, M. Carbonnier, trente pêcheurs à l'épervier exerçant leur industrie à Paris, entre les ponts de Bercy et de Passy, en prendraient annuellement un million d'individus, et l'on en saisirait sans doute une pareille quantité à l'aide des autres engins de pêche. Des naturalistes anglais assurent que dans certaines localités de l'Angleterre, les Goujons sont pris parfois en telle quantité qu'on les jette en pâture aux pourceaux, et un auteur, Thompson, rapporte qu'ils se trouvaient être si communs dans une chute de moulin sur le Lagan en Irlande, que le chien du meunier les happait et en dévorait des quantités.

Les habitants des châteaux, possesseurs d'un parc traversé

par une rivière, s'amusent parfois à prendre des Goujons à l'aide
d'un moyen simple et peu fatigant. Une carafe percée d'un
trou, dans laquelle on a mis quelque appât, est plongée dans
l'eau, les Goujons s'introduisent par l'ouverture et il arrive souvent que la carafe est remplie de Poissons au bout de peu d'instants. Il est vrai de dire qu'à cette singulière pêche, on prend
des Vairons plus encore que des Goujons.

Il y a une croyance assez étrange et fort enracinée chez les
pêcheurs de beaucoup de localités, c'est que le Goujon donne
naissance à l'Anguille. Dans leur simplicité, les pêcheurs prennent pour de jeunes Anguilles, des vers intestinaux de forme
allongée, des Filaires (*Filaria ovata*), qui, logées dans la cavité
abdominale, se montrent en se tortillant lorsqu'on vient à ouvrir le ventre du Poisson.

LE GENRE BARBEAU

(BARBUS, *Cuvier*)

Les Barbeaux forment un petit genre naturel, l'un des mieux
caractérisés de la famille entière des Cyprinides. Ils ont le corps
allongé, couvert d'écailles de médiocre grandeur ; la bouche en
dessous, avec quatre barbillons à la mâchoire supérieure, la
nageoire dorsale étroite à sa base ayant un premier rayon
osseux.

Les dents pharyngiennes disposées de chaque côté en trois séries, se terminent par une sorte de crochet courbé en dedans,
les deux postérieures de chaque série étant creusées en cuiller
au-dessous du crochet terminal.

Nous n'avons en France que deux espèces de Barbeaux, mais
de l'autre côté des Alpes, il en existe plusieurs autres.

LE BARBEAU COMMUN

(BARBUS FLUVIATILIS [1])

Les naturalistes les plus passionnés pour recueillir, dans les ouvrages de l'antiquité, les moindres notions acquises par les anciens, touchant l'histoire des animaux, n'ont trouvé, aux temps de la Grèce et de Rome, nul indice propre à leur signaler le Barbeau. Aristote ne parle en aucune manière de ce Poisson, peut-être étranger aux rivières d'une partie de la Grèce [2], et

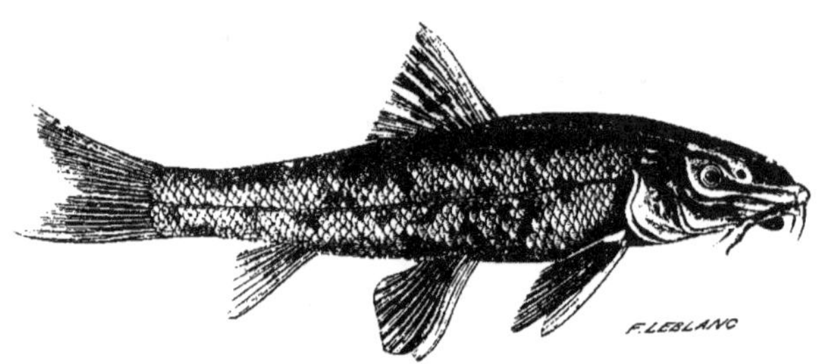

Fig. 66. — Le Barbeau commun (*Barbus fluviatilis*).

les écrivains de Rome, peu jaloux de rien examiner eux-mêmes, paraissent ne l'avoir mentionné nulle part. Ausone, le chantre

[1] *Cyprinus barbus*, Linné, *Syst. nat.* p. 525; 1766. — *Barbus fluviatilis*, Valenciennes, *Hist. nat. des Poissons*, t. XVI, p. 125, 1842.—Yarrell, *British Fishes*, t. II, p. 367; 1836. — Siebold, *Die Süsswasserfische von Mitteleuropa*, p. 109; 1863.

[2] Nous ignorons si notre Barbeau commun se trouve en Grèce, mais dans la partie méridionale de cette contrée qui portait autrefois le beau nom de Péloponèse, on a recueilli une espèce particulière du genre, qui a été appelée par M. Valenciennes, Barbeau de Morée, *Barbus Peloponnesius* (*Histoire naturelle des Poissons*, t. XVI, p. 144; 1842).

de la Moselle, observateur véritable des objets qu'il célébrait dans ses vers, est, selon toute apparence, le premier qui ait clairement désigné le Barbeau.

De tous les caractères de ce Poisson, celui qui a le mieux appelé l'attention consiste dans la présence des appendices charnus de la lèvre supérieure et de la lèvre inférieure. Du caractère est venu le nom. Ausone a cité le Poisson pourvu d'appendices labiaux sous le nom de *Barbus*, et le nom a été adopté dans la science, d'abord pour notre espèce commune, ensuite pour toutes les espèces du genre. Le mot *Barbus* est devenu en français, *Barbeau* et *Barbillon* pour les jeunes individus. Parfois la désinence a pu être altérée, sans que le radical ait changé. C'est ainsi que dans plusieurs localités, le Barbeau est appelé *Barbet*, et *Barbotte* ou *Barbarin* lorsqu'il est très-petit. Dans nos provinces méridionales, c'est le *Barbo*. En quelques endroits du département de l'Aube, cependant, les pêcheurs le nomment *Coquillon*, d'après une idée qui nous échappe. En Alsace s'est conservé le nom germanique *Barbe*, qui paraît être un simple dérivé du mot français comme le mot de *Barbel* usité en Angleterre.

Notre Barbeau commun est doué d'une forme élégante, des plus favorables à une natation rapide. Son corps long, étroit, décrivant une courbe gracieuse sur les parties latérales, est aminci et aplati vers la région caudale. Une teinte d'un gris olivâtre ou bleuâtre chatoyant de reflets métalliques, règne sur la tête et sur toute la région dorsale. La couleur du dos s'étend sur les flancs, en s'affaiblissant par une gradation insensible jusqu'à la partie ventrale qui est entièrement d'un blanc nacré. Sur les joues, des tons dorés acquièrent souvent un remarquable éclat; sur les côtés de la tête comme sur les opercules des points noirâtres d'une extrême petitesse, sont répandus à la manière d'un sable fin. Des taches brunes, très-variables dans leur forme et dans leur étendue, mais en général assez petites, parfois en grande partie confondues les unes avec les autres, souvent, au contraire, plus ou moins isolées, sont disséminées sur les côtés dans toute la longueur du corps, se dessinant avec une entière netteté sur la teinte pâle qui forme le fond. Sur la nageoire dorsale dont la nuance se confond avec celle du dos, se montrent également des taches brunes ou noirâtres, toujours irrégulières et jamais pareilles sur deux individus. Une teinte orangée un peu rougeâtre, colore ordinairement, surtout à l'époque du frai, les nageoires ventrales et anale ainsi que la base et la partie inférieure de la nageoire caudale, où quelques taches brunes, éparses, se trouvent très-ordinairement, comme pour faire ressortir davantage la fraîcheur de cette coloration.

Des écailles assez petites couvrent tout le corps du Barbeau à l'exception de la région pectorale. Leur dimension étant minime, leur nombre est considérable. On en compte de soixante à soixante-dix sur une seule fue, de l'ouïe à l'origine de la queue. et il y en a une trentaine de files dans la hauteur du corps.

Ces écailles ont une forme très-caractéristique. Examinées sur le Poisson, elles paraissent amincies vers le bout, leur bord libre affectant un contour à peu près en ogive ; mais pour distinguer tout ce qu'elles ont de remarquable, il est nécessaire d'en détacher quelques-unes. On voit alors une forme oblongue, bien différente de celle qui est ordinaire pour les écailles des Cyprinides. A l'aide d'un faible grossissement leurs stries deviennent parfaitement distinctes ; ces stries sont remarquablement écartées vers l'extrémité de l'écaille et les sillons longitu-

dinaux sont nombreux, mais il est inutile de pousser plus loin
une description qu'une figure supplée avec le plus grand avan-

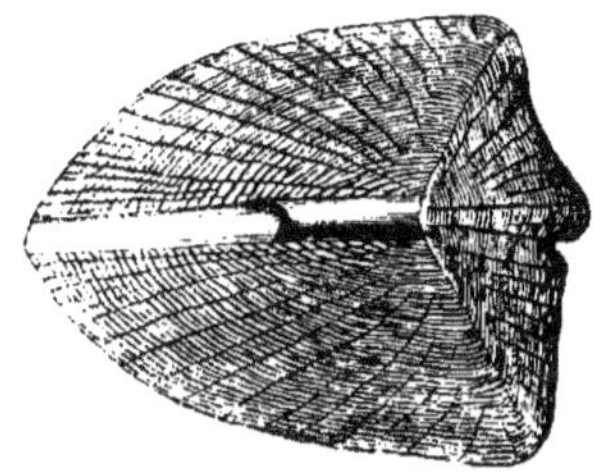

tage. Les écailles de la ligne latérale ne diffèrent des autres,
que par la présence du conduit de la mucosité. Celui-ci est très-
court, mais une sorte de canal sans paroi supérieure s'étend
jusqu'au bout de l'écaille.

La tête du Barbeau commun est effilée, présentant un front
assez large, légèrement convexe et un peu incliné, et la région
nasale abaissée de façon à former avec le museau en saillie, une
brusque et profonde dépression. Les yeux assez petits, situés un
peu au-dessous de la ligne frontale, ont l'iris d'un jaune d'or
pâle. Les lèvres se font remarquer par leur forme de bourrelet
et les appendices labiaux par leur épaisseur. La lèvre supérieure étant très-charnue et fort avancée, la bouche, par suite
de cette disposition, s'ouvre tout à fait en dessous. Cette particularité est un indice certain que l'animal a l'habitude de chercher sa nourriture au fond de l'eau et de saisir des corps peu
volumineux.

Les pièces operculaires n'offrent rien qui attire particulièrement l'attention. Le préopercule est long et étroit. L'opercule
a son bord libre coupé presque droit. L'interopercule, en grande

partie caché sous le bord du préopercule, se montre sous l'apparence d'une très-petite lame.

Les nageoires ont en général, dans chaque espèce, quelques traits caractéristiques essentiels à constater. Chez le Barbeau commun, la dorsale, étroite, surtout à sa base, s'élève vers le milieu du corps, s'abaissant en arrière et formant comme une voile dont le sommet décrit une élégante courbe concave. Cette nageoire a quatre rayons durs ou épineux, ainsi qu'on les qualifie habituellement, un premier tout petit, presque entièrement caché sous la peau, un second déjà assez saillant, un troisième ayant à peu près la moitié de la longueur du suivant, un quatrième très-fort, garni sur son bord postérieur d'une double rangée de dents bien prononcées que les auteurs comparent volontiers à des dents de scie. Un caractère assez singulier de ce gros rayon osseux est fourni par son extrémité qui est flexible et articulée. Les rayons entièrement mous et articulés viennent à la suite, au nombre de neuf, tous divisés en deux branches, elles-mêmes subdivisées en deux rameaux. Les deux derniers rayons, contigus à leur origine, sont parfois en partie réunis.

Les nageoires pectorales, assez petites relativement au volume du corps de l'animal, ont un rayon dur et quinze rayons branchus, allant en décroissant de longueur du premier au dernier. Les ventrales, plus ovalaires que les précédentes, commencent au-dessous du gros rayon dentelé de la nageoire dorsale; on leur compte le plus souvent dix rayons, mais comme l'avortement du dernier n'est pas rare, on leur en trouve neuf seulement chez beaucoup d'individus. A l'anale, située très en arrière, il y en a huit.

Le Barbeau est répandu de la manière la plus générale dans les eaux de l'Europe centrale et méridionale, les lacs, les étangs, les rivières, aussi bien que les grands fleuves. Il habite absolument toutes les régions de la France, du nord au sud, de l'est à l'ouest, sans que la différence du climat ou la nature des eaux le modifie d'une manière sensible. Il nous a semblé que les individus de nos provinces méridionales étaient d'ordinaire un peu plus colorés que ceux du nord, mais à cet égard, il n'y a rien de suffisamment précis pour qu'on soit autorisé à en faire l'objet d'une remarque.

Ce Poisson est extrêmement commun en Angleterre, particulièrement dans la Trent et dans la Tamise. On peut en juger par les faits rapportés par plusieurs naturalistes de ce pays. «Aux environs de Shepperton et de Walton, dit Yarrell, l'auteur de l'*Histoire des Poissons de la Grande-Bretagne*, les Barbeaux sont si nombreux, qu'on en prit, dans l'espace de cinq heures, une charge de 150 livres, et dans une autre occasion, on en pêcha le même jour de gros individus formant un poids total de 280 livres. »

En Allemagne, le Barbeau abonde également dans la plupart des grands cours d'eau, le Rhin et ses affluents, l'Elbe, le Weser, le Danube, etc. On assure que dans le Danube, on en recueille chaque année, en certains endroits, pendant l'équinoxe d'automne, le chargement de dix à douze voitures. Il se trouve aussi en quantité dans les fleuves et les rivières de la Russie qui se jettent dans la mer Noire ou dans la mer d'Azoff; mais ce Poisson n'existe, paraît-il, ni au nord de la Russie ni en Suède.

Le Barbeau n'est pas rare en France, surtout dans les rivières des départements de l'Est, la Meuse, la Meurthe, la Moselle ; mais, croyons-nous, il n'est aujourd'hui, dans notre pays, nulle part aussi commun que chez nos voisins d'outre-Manche ou d'outre-Rhin. On ne le voit point dans les lacs de la Savoie ; le lac du Bourget [1], le lac Léman [2] ; il est abondant au contraire dans les lacs de Laffrey et de Paladru, du département de l'Isère.

Ce Poisson atteint de grandes dimensions ; on en voit assez fréquemment sur les marchés des individus du poids de 4 à 5 kilogrammes et d'une longueur de $0^m,60$ à $0^m,65$, seulement ce ne sont pas les plus communs. M. Valenciennes nous dit que « le « Barbeau sur lequel il a fait sa description *sur les bords de la* « *Seine*, avait deux pieds quatre pouces de longueur. » Voilà pour la taille ordinaire. Maintenant, pour les cas exceptionnels, on cite un individu pris en Angleterre, du poids de $7^{kil},75$; un du poids de $7^{kil},5$ capturé en 1857 dans la Seine, à Paris, entre le pont de la Concorde et le pont de l'Alma, canton très-favorable, assure-t-on, pour la pêche du Barbeau. Au rapport de MM. Heckel et Kner, un Barbeau pêché en 1853 dans la Salzach, à Lauffen, pesait $12^{kil},75$. On prétend avoir vu des Barbeaux ayant $3^m,25$ de longueur ; on écrit qu'on en pêche, dans le Volga, des individus du poids de 20 à 25 kilogrammes. Mais on prête si aisément aux riches, qu'il ne serait pas impossible qu'on ait cru pouvoir ne pas compter trop strictement avec des Poissons d'une taille véritablement imposante.

[1] M. le docteur Bon Constant Despine, médecin à Aix, a donné une liste des Poissons du lac du Bourget, qui paraît être assez complète.

[2] Jurine, dans son *Histoire des Poissons du lac Léman*, s'exprime de la manière suivante au sujet du Barbeau : « On dit que le Barbeau et la « Brême ont été pris autrefois dans le lac ; cela peut être, mais comme « je ne les y ai jamais vus, et que je n'ai voulu m'en rapporter ni aux « traditions, ni aux yeux des autres, je n'ai pas cru devoir les ajouter « à cette liste. »

Il faut sans doute, d'ailleurs, une longue vie à un Barbeau pour acquérir cette merveilleuse ampleur dont on cite avec admiration de rares exemples, et depuis longtemps, les honnêtes pêcheurs et les braconniers s'arrangent de façon à ne pas laisser les gros Poissons vieillir indéfiniment.

Le Barbeau se nourrit de vers, d'insectes, de mollusques et en même temps de substances végétales, aussi bien que de matières animales en décomposition qu'il cherche au fond de l'eau. On assure même qu'il retourne des graviers et de petites pierres pour trouver sa subsistance. Dans cette recherche, les barbillons deviennent des organes de tact d'une grande utilité.

L'intestin a une assez grande longueur chez le Barbeau, ce qui est l'indice d'un régime alimentaire où les végétaux ont une part considérable.

Ce Poisson est extrêmement craintif et se dérobe à l'observation plus que les autres Cyprinides; ce n'est guère qu'à l'époque où il est en quête des endroits propices pour frayer, qu'on le voit s'ébattre et montrer son corps en partie hors de l'eau.

Pendant leur jeune âge, les Barbeaux se mêlent habituellement aux bandes de Goujons. Alors de la même taille que ces derniers, on croirait volontiers qu'ils les prennent pour des frères, tant ils leur ressemblent; cependant les Barbeaux sont toujours faciles à distinguer, dès le premier abord, à la petitesse de leurs écailles, à leur museau effilé, à leurs quatre barbillons. Devenus plus gros, ils abandonnent la société des Goujons pour vivre solitaires. Les rivières coulant sur un fond de gravier, parsemé de pierres, semblent leur fournir les meilleures conditions d'existence.

Au printemps, les Barbeaux se réunissent en troupes; ordinairement, affirment les pêcheurs, les femelles forment la tête de la colonne, les vieux mâles les suivent immédiatement, et les jeunes mâles se tiennent en arrière. Souvent aussi une seule femelle est suivie de plusieurs mâles. D'après quelques observateurs, ces derniers seraient aptes à la reproduction plus tôt que les femelles; on en verrait des individus n'ayant pas plus de $0^m,15$ à $0^m,18$, déjà parfaitement capables d'avoir une postérité.

L'apparition des bandes de Barbeaux indique que l'époque de frayer est venue pour ces Poissons; cette époque commence au mois de mai, dure pendant le mois de juin et se prolonge parfois jusqu'en juillet. Il y a dans cette variation une question de température printanière dépendant, ou des circonstances météorologiques ou de la latitude. D'après certaines indications, on pourrait croire que les mêmes individus frayent à deux époques différentes, car le Barbeau, disent les pêcheurs, fraye une première fois au moment de la floraison des colzas, une seconde fois, un mois après. Mais il faut remarquer que l'assertion ne résulte pas d'une observation attentive, capable d'inspirer une entière confiance.

Les Barbeaux déposent leurs œufs contre les pierres. Après la ponte, les femelles, affaiblies, demeurent quelque temps sur place, mais, ayant repris des forces, elles se précipitent vers les courants les plus rapides qu'elles peuvent rencontrer, recherchant même les chutes d'eau, où elles reviennent bientôt à leur meilleure condition. Les pêcheurs regardent les mois de septembre et d'octobre comme les plus favorables pour la pêche du Barbeau, lorsque les nuits froides déterminent ce Poisson à quitter les courants pour descendre dans les eaux plus profondes. Pendant l'hiver, il se blottit dans des cavités ou sous des abris; quelquefois des masses d'individus se réunissent pressés les uns contre les autres dans un étroit espace. Ils s'engourdissent alors si bien, qu'on réussit à les prendre à l'aide d'un simple cercle pourvu d'un filet, en les poussant avec une perche. Si le froid devient rigoureux, ils tombent dans un tel état d'immobilité que des plongeurs habiles parviennent à les prendre à la main dans leur gîte.

Dans l'histoire des Poissons, il est un point qui plus que tout autre, sans doute, intéresse le grand nombre ; c'est de savoir si ces Poissons sont dignes de figurer sur une table, si leur chair promet d'offrir quelque agréable sensation à un palais délicat. Me sentant de la plus déplorable inhabileté à décider sur de semblables questions, j'aurais un penchant à accepter en ces matières l'opinion d'autrui. Mais à l'égard de la valeur comestible du Barbeau, il y a plus d'une opinion ; les opinions varient suivant les pays ; elles ont varié suivant les époques ; le sens du goût lui-même est sujet de cette despotique gouvernante des gens civilisés, qu'on appelle la mode. Ce n'est pas tout; les habitants d'une contrée affirment parfois que tel Poisson pris dans leur rivière ou leur lac est d'une excellente qualité, tandis que le Poisson de même espèce pêché ailleurs, est détestable. L'amour-propre national restreint, conduit ainsi à des appréciations qui ne sont pas destinées à faire le tour du monde.

Lorsque le Barbeau est petit, il passe avec les Goujons comme on peut le constater journellement sur les marchés, et les fins gourmets qui le mangent pour un vrai Goujon ne semblent pas s'apercevoir qu'on a abusé de leur confiance. Mais quand le Barbeau est de la longueur de $0^m,20$ ou $0^m,30$, il est passablement dédaigné de nos jours. S'il est très-gros, son poids respectable, sa belle apparence, lui attirent facilement des amateurs.

Il en était déjà ainsi, il y a quatorze siècles, comme l'apprend Ausone [1].

Au rapport de Belon, les Barbeaux du Tibre auraient une excellente réputation [2]; les eaux limoneuses du fleuve des Romains n'exerceraient donc aucune influence fâcheuse sur le goût de leur chair.

Dans le Milanais, au contraire, la renommée du Barbeau est fort triste; les habitants estiment que ce Poisson ne mérite d'être mangé, ni chaud ni froid, ni jeune ni vieux.

En Angleterre, où on le pêche en abondance, si ses dimensions ne sont pas vraiment magnifiques, il est aujourd'hui presque aussi méprisé que par les Italiens des rives du lac Majeur, ce qui permet habituellement de se le procurer à très-bon marché. Ce dédain a succédé à l'estime qu'on avait autrefois pour le Barbeau. Pendant le règne d'Élisabeth, on faisait assez de cas de ce Poisson pour l'avoir placé sous la protection de la loi. Quiconque prendra un Barbeau ayant moins de douze pouces de long, disait cette loi, payera vingt shillings, perdra le Poisson indignement pris, ainsi que le filet ou l'engin employé indignement.

Aux rives de plusieurs de nos grands fleuves, et en particulier sur les bords de la Loire, on attache encore, paraît-il, quelque prix au Barbeau; l'enseigne *Aux trois Barbeaux*, fixée à la porte de plus d'une auberge, est destinée à tenter la gourmandise du voyageur.

Les œufs du Barbeau sont réputés dangereux, au moins dans certaines circonstances, qui, heureusement, semblent fort rares. On a cité l'exemple d'un individu qui, après avoir mangé de ces œufs, aurait éprouvé des symptômes analogues à ceux du cho-

---

[1] Tu melior pejore ævo.

[2] Barbati tiberici plurimum laudantur.

léra asiatique. Gesner a déclaré avoir été le témoin d'un accident des plus graves produit par la même cause. Il n'en a pas fallu davantage pour effrayer bien des gens. Cependant beaucoup de personnes ont plus d'une fois consommé des œufs de Barbeaux sans en avoir ressenti aucun fâcheux effet. Bloch, le célèbre ichthyologiste, en a fait l'expérience sur lui-même et sur les membres de sa famille sans avoir eu lieu de s'en repentir.

LE BARBEAU MÉRIDIONAL

(BARBUS MERIDIONALIS [1])

Le Barbeau méridional, répandu dans une région assez limitée de la France, est bien facile à distinguer de notre Barbeau commun à l'aide de plusieurs caractères fort apparents. L'un

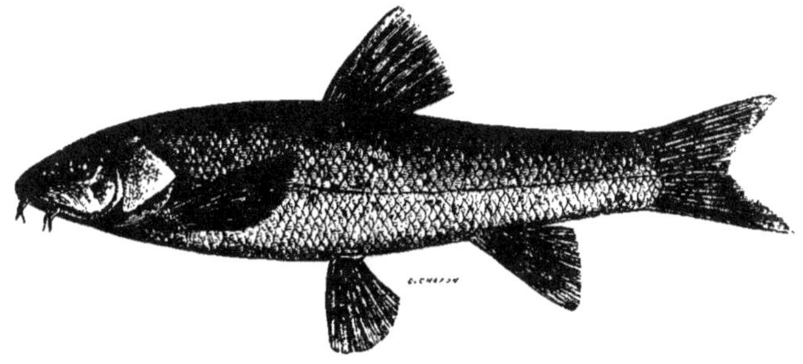

Fig. 62. — Le Barbeau méridional.

des plus remarquables est fourni par la nageoire dorsale où l'on constate l'absence de gros rayon dentelé. La forme générale

[1] *Barbus meridionalis*, Risso, *Histoire naturelle de l'Europe méridionale*, t. III, p. 437; 1827. — *Barbus caninus*, Valenciennes, *Histoire naturelle des Poissons*, t. XVI, p. 142 ; 1842. — Heckel et Kner, *Die Susswasserfische der Œstreichischen Monarchie*, p. 85; 1858.

du corps est moins effilée, plus ovalaire ; la tête est plus courte, plus obtuse, et n'a point de dépression sensible entre le museau et la région nasale.

Tout le corps est d'un gris de perle, parsemé de taches brunâtres assez grandes, avec les parties ventrales d'un blanc d'argent. Au printemps, le dos présente presque toujours une teinte olivâtre et les côtés des nuances tirant sur le bleu d'acier. A cette époque de l'année, les barbillons ont souvent une couleur rouge, ainsi que l'origine des nageoires. Les yeux, assez petits, ont l'iris doré.

Les écailles, plus grandes que chez le Barbeau commun et d'une forme très-différente, sont presque aussi larges que longues avec leur bord libre arrondi, les stries circulaires très-espacées et les sillons longitudinaux fort nombreux et ainsi extrêmement rapprochés surtout dans la région moyenne. Le conduit de la mucosité

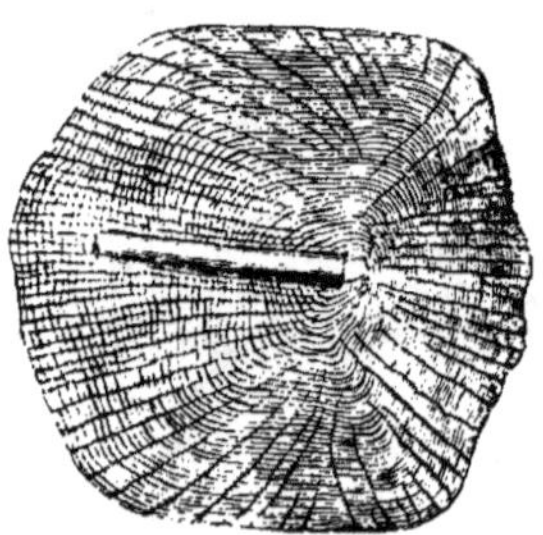

Fig. 63. — Écaille de la ligne latérale du Barbeau méridional.

des écailles de la ligne latérale est long, étroit, avec la paroi supérieure prolongée jusqu'à son extrémité. On voit, par cette description, combien il serait aisé de reconnaître les deux espèces de Barbeaux qui se trouvent en France par l'inspection d'une seule écaille.

La nageoire dorsale plus large et moins élevée que chez le Barbeau commun, ornée de taches brunes éparses, manque, comme nous l'avons dit, de gros rayon osseux dentelé en manière de scie. Les rayons de cette nageoire se succèdent ainsi : un premier tout petit presque caché sous la peau, un second un peu plus long, un troisième de la longueur de la moitié du suivant, un quatrième aussi grand que le cinquième, mais simple jusqu'à son extrémité, et neuf branchus dont les deux derniers contigus à leur origine.

Les autres nageoires n'offrent rien de bien caractéristique ; il faut remarquer cependant que l'anale est d'une longueur ordinaire, très-dépassée chez une espèce de Barbeau (*Barbus Petenyi*, Heck.), répandue dans une grande partie de l'Autriche.

Le Barbeau méridional, assez commun en Italie, ne se trouve en France que dans certains cours d'eau du Languedoc et de la Provence. On le pêche fréquemment dans le Lez et dans l'Hérault ; il paraît ainsi sur le marché de Montpellier, d'une façon assez ordinaire. On le prend également dans la Sorgue, près d'Avignon, et il habite, d'un autre côté, toutes les eaux des Alpes-Maritimes, rivières ou torrents.

A Avignon comme à Nice, le Barbeau méridional porte le nom vulgaire de *Durgan*, mais cette appellation, dans la langue des pêcheurs, s'applique sans doute indifféremment à toute espèce de Barbeau.

Nous n'avons aucune observation particulière sur les habitudes de ce Poisson [1].

[1] Il existe en Europe plusieurs espèces de Barbeaux, qui jusqu'ici n'ont jamais été rencontrées en France : le *Barbus plebeius*, Bonap. (*B. tiberinus*, Bonap.) d'Italie et de Dalmatie ; le *Barbus eques*, Bonap., des mêmes contrées ; le *Barbus Petenyi*, Heckel, commun en Pologne, en Hongrie, en Transylvanie ; le *Barbus peloponnesius*, Valenciennes, de la

LE GENRE TANCHE

(TINCA, *Cuvier*)

Le genre Tanche a été établi pour une seule espèce, à raison de certains caractères assez nets et par conséquent faciles à saisir.

Un corps assez large, couvert d'une peau épaisse et garnie de très-petites écailles, longues et étroites; une bouche située à l'extrémité de la tête, pourvue à chaque angle d'un petit barbillon ; des nageoires arrondies, sans rayons osseux, sont les signes caractéristiques du genre.

Les auteurs modernes qui se préoccupent particulièrement des formes que présentent les dents pharyngiennes, constatent que ces dents, rangées en une seule série, au nombre de quatre d'un côté et de cinq de l'autre, sont renflées en massue et terminées à leur angle interne par un petit crochet. Mais ces dents pharyngiennes peuvent varier dans une certaine mesure; quelquefois il y a cinq dents des deux côtés.

Morée, et deux espèces du Portugal, récemment décrites par **M.** Steindachner, les *Barbus Bocagei* et *Comizo* (*Catalogue préliminaire des Poissons d'eau douce du Portugal*, in-4. Lisbonne, 1864.)

Près du genre Barbeau se place le genre *Aulopyge*, caractérisé par l'absence d'écailles et par les dents pharyngiennes en forme de couteau et au nombre de quatre seulement de chaque côté. Le type, *Aulopyge Hugelii*, Heckel, se trouve dans les rivières de la Dalmatie et de la Bosnie.

LA TANCHE COMMUNE

(TINCA VULGARIS [1])

Une physionomie spéciale, une coloration dont aucun autre de nos Cyprinides n'offre d'exemple, de petites écailles d'un as-

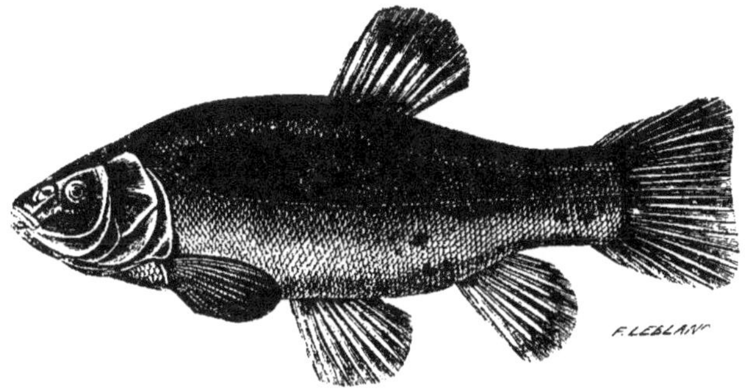

Fig. 64. — La Tanche commune (Tinca vulgaris).

pect particulier, ne permettent à personne d'hésiter à reconnaître la Tanche entre tous les autres Poissons de nos eaux douces.

La Tanche, commune par l'Europe entière, se trouve jusque dans l'Asie Mineure. On a pensé pouvoir la reconnaître dans le Poisson fluviatile désigné par Aristote sous le nom de *Psyllon* [2], mais en l'absence d'une description, en l'absence même de toute indication précise, aucune certitude n'a été acquise à cet égard.

[1] *Cyprinus tinca*, Linné, *Syst. naturæ*, édit. XII, t. I, p. 526; 1766. — *Tinca vulgaris*, Cuvier, *Règne animal*. — Yarrell, *British Fishes*, t. I, p. 388: 1836. — Valenciennes, *Histoire naturelle des Poissons*, t. XVI, p. 484: 1842. — Heckel et Kner, *Die Süsswasserfische der Œstreichischen Monarchie*, p 75; 1858. — Siebold, *Die Süsswasserfische von Mitteleuropa*, p. 106: 1863.

[2] Ψύλλων.

Par exemple, la Tanche était bien connue d'Ausone[1]. Dès le temps du poëte naturaliste, on accordait peu d'estime au Poisson vert de la Moselle, et depuis, le même sentiment s'est maintenu à toutes les époques.

La Tanche se trouve dans les grands fleuves, dans les rivières, c'est-à-dire dans les eaux courantes, et cependant, elle a une préférence marquée pour les eaux stagnantes et vaseuses. Elle peut vivre dans des eaux fort peu aérées.

Le corps de ce Poisson, qui a une certaine ressemblance dans sa forme générale avec celui de la Carpe, est un peu comprimé latéralement, surtout vers l'extrémité. Le dos s'élève en décrivant une courbe plus régulière.

Tout le corps revêtu d'une épaisse membrane épithéliale, qui laisse voir les écailles par transparence est d'un brun verdâtre, assez variable, offrant toujours néanmoins un éclat métallique plus ou moins prononcé. Les individus qui ont vécu dans les eaux vaseuses sont en général d'un ton assez sombre; au contraire, les individus pêchés dans des eaux limpides présentent ordinairement une belle teinte verte, brillante de reflets dorés, et rehaussée par de nombreuses taches irrégulières d'un noir assez intense. L'œil a une vivacité remarquable, l'iris étant d'un beau rouge doré. Les parties inférieures du corps sont d'un blanc jaunâtre un peu métallique et une teinte rosée se manifeste sur les lèvres et dans l'aisselle des nageoires. Ces dernières, d'un gris sombre, passent au noir vers leur extrémité; les pectorales et les ventrales, ont leur bord rougeâtre surtout au printemps.

Les écailles de la Tanche semblent fort petites, mais lors-

---

[1]   Quis non et virides vulgi solatia Tincas
Norit ?.....

qu'on vient à les détacher, on leur trouve une dimension qu'on
n'avait pas soupçonnée. Elles sont en réalité fort longues et
comme elles se recouvrent sur une grande étendue, on n'aperçoit que leur extrémité sur le Poisson. Ces écailles, assez étroites, sont arrondies à leur bord basilaire comme à leur bord
libre; elles ont de nombreuses stries longitudinales régulières
convergeant vers un point très-rapproché de la base et des stries
concentriques extrêmement serrées et tout à fait confuses.
Ces écailles diffèrent considérablement ainsi de celles de tous
les autres Cyprinides.

La ligne latérale, à partir de l'épaule, se courbe en descendant au-dessous de la portion moyenne du corps et se continue
ensuite en ligne droite jusqu'à l'extrémité du corps. Les conduits de la mucosité sont assez courts et à peu près cylindriques.

Sur la tête il existe une grande quantité d'orifices des canaux mucipares; ces pores en continuité avec la ligne latérale,
sont rangés pour la plupart sur une file sinueuse qui s'étend sur
le crâne, se courbe au-devant des narines et vient ensuite contourner l'œil. La masse de mucus versée par tous ces orifices est
considérable, et chacun sait que la Tanche en est habituellement
couverte comme d'un enduit.

Les nageoires sont de dimension très-médiocre. La dorsale
située au delà de la portion moyenne du corps, a douze rayons,
les deux premiers rudimentaires, le troisième de la longueur de
la moitié des suivants, le quatrième simple, les autres rameux.
Les ventrales insérées un peu plus en avant que la dorsale sont
composées de dix rayons, le premier simple, très-épais chez les
mâles et au contraire assez mince chez les femelles. Une différence de cette nature en coïncidence avec le sexe, n'est pas ordinaire, mais cependant elle paraît être constante chez la Tanche,

au moins, lorsqu'elle a déjà atteint un certain volume, car M. de Siebold a trouvé le premier rayon des nageoires ventrales, pareil dans les deux sexes chez de très-petits individus, où les organes de la reproduction étaient déjà parfaitement reconnaissables. On compte dix rayons à la nageoire anale, mais les deux premiers sont tout à fait rudimentaires, le troisième est assez court, le quatrième est long et simple et les autres rameux.

La Tanche se nourrit de végétaux, d'insectes, de mollusques, avalant aussi d'une manière habituelle de la vase qui contient toujours en plus ou moins grande quantité des corpuscules et des débris organiques. Elle fraye pendant le mois de juin, quelquefois un peu plus tôt, et souvent une seconde fois, au mois d'août. Ses œufs fixés aux herbes qui croissent près du rivage, sont très-petits et en nombre fort considérable. On en a compté de deux à trois cent mille chez des individus de moyenne taille. L'incubation s'effectue dans un très-court espace de temps ; il a été observé que les jeunes naissent six à sept jours après la ponte. Pourvu que la température soit un peu élevée, leur croissance marche avec rapidité ; ils atteignent la première année le poids d'environ 125 grammes, 1 kilogramme à 1 kilogramme et demi au bout de trois ans, et à l'âge de six à sept ans, ils peuvent peser de 3 à 4 kilogrammes.

La Tanche peut passer jusqu'à une journée entière hors de l'eau sans périr ; sa ténacité à la vie, comparable à celle de la Carpe, est du reste bien connue.

Ce Poisson n'est pas placé bien haut dans l'estime des gastronomes : beaucoup d'arêtes, une chair fade, ayant souvent contracté un goût de vase, que l'on peut faire disparaître à la vérité, en plaçant l'animal quelques jours dans une eau vive, sont des motifs de dédain. Il est pourtant, en Italie, des amateurs qui

prétendent que les Tanches du lac de Trasymène ne sont pas à
dédaigner. N'assure-t-on point qu'à la table même de Léon X,
un noble florentin eut l'audace d'affirmer que rien de ce qui
nage dans la mer n'est comparable à une bonne Tanche de Tos-
cane. Un éclat de rire des autres convives vint témoigner du
reste en quelle pitié était prise une semblable opinion.

LE GENRE CARPE

(CYPRINUS, *Linné*)

Ce genre, qui comprenait pour Linné tous nos Cyprinides,
est aujourd'hui limité à quelques espèces faciles à reconnaître à
leur nageoire dorsale fort longue, à leur nageoire caudale courte,
l'une et l'autre commençant par un gros rayon osseux dentelé
en scie, à leur bouche située à l'extrémité du museau, à la présence de quatre appendices charnus ou barbillons à leur mâchoire supérieure.

Les Carpes se font remarquer encore par leurs grandes
écailles et par leurs dents pharyngiennes massives, en général
au nombre de cinq de chaque côté, formant à trois ou à quatre
une rangée principale.

Nous n'avons en France que deux espèces du genre Carpe
proprement dit; l'une la Carpe commune, offrant plusieurs
variétés qui ont été décrites comme autant d'espèces distinctes,
l'autre la Carpe de Kollar dont Heckel a voulu former un genre
distinct à cause d'une petite différence dans la disposition des
dents pharyngiennes et dans les proportions exiguës des barbillons.

LA CARPE COMMUNE

(CYPRINUS CARPIO [1])

Entre tous les Poissons des eaux douces, il n'en est certes pas dont la réputation soit plus générale en Europe que celle de la Carpe. La Carpe est commune partout ; elle vit dans les fleuves, dans les petites rivières, dans les lacs aux eaux limpides, dans les étangs vaseux. Elle tient tant à l'existence, qu'elle semble subir avec une indifférence parfaite toutes les conditions qui lui sont imposées. Aucun Poisson ne multiplie avec une facilité plus grande, ne s'élève mieux dans les pièces d'eau, sans qu'il en coûte de soins particuliers. De là, une industrie naguère fort étendue, aujourd'hui restreinte, consistant dans l'empoissonnement périodique des étangs.

La Carpe ne passe point pour constituer un mets des plus exquis, mais elle atteint une forte taille et en toutes choses, pour le grand nombre, la quantité suppléé avec tant d'avantage à la qualité, qu'ici la compensation doit être jugée suffisante. D'ailleurs, n'assure-t-on pas qu'un assaisonnement composé avec art donne toujours un attrait au Poisson qui ne se distingue pas lui-même par une saveur des plus agréables. Tout le monde a entendu parler de ces familles parisiennes, qui entreprennent le dimanche de lointaines promenades sur les bords de la Seine ou de la Marne, comptant pour une bonne part dans les délices de la journée, le plaisir d'avoir au repas du soir une Carpe convertie en *matelote* suivant l'expression culinaire.

[1] *Cyprinus carpio*, Linné, *Systema naturæ*. Édit. XIIe, t. I, p. 525 ; 1766.

D'après l'opinion la plus accréditée, la Carpe est originaire de l'Asie Mineure et de l'Europe méridionale et orientale; elle ne se serait répandue, que successivement, dans le centre et dans le nord de l'Europe.

Ce Poisson paraît être celui que les Grecs désignaient sous le nom de *Cyprinos* [1], devenu *Cyprinus* chez les Latins. On sait combien les naturalistes des siècles précédents se sont mis en frais d'érudition, pour reconnaître, en général avec peu de profit pour la science, les animaux mentionnés par les anciens. Ils ont dû prendre naturellement un intérêt extrême, à savoir si les Grecs avaient connu la Carpe, notre Poisson vulgaire entre les plus vulgaires, comment ils en avaient parlé, sous quel nom ils l'avaient désigné. Or, nos érudits se sont montrés assez satisfaits, pour la plupart, des traits rapportés par Aristote au sujet du *Cyprinos* pour avoir le droit de croire que le mot Κυπρῖνος désignait vraiment notre Carpe. Il y a grande probabilité en faveur de cette détermination, mais je tiens à ne pas rapporter tout ce qui semble l'affirmer ou l'infirmer, par la raison simple qu'on n'y trouverait rien d'instructif, rien d'attrayant.

Je puis ainsi me borner à dire ce qu'il y a de plus clair à cet égard. Aristote cite le *Cyprinos* parmi les Poissons fluviatiles ayant un palais charnu qui leur tient lieu de langue; il le donne d'autre part, en exemple d'un Poisson qui fraye cinq fois pendant l'année, et la Carpe dont la fécondité est proverbiale, fraye à plusieurs reprises au moins dans la belle saison.

Maintenant, si l'on veut savoir l'origine de notre mot Carpe, les étymologistes n'ont aucun embarras à répondre. Écoutons plutôt Ménage, le célèbre érudit du dix-septième siècle.

Κυπρῖνος, dit-il, devenu *Cyprinus*, est ailleurs *Cyprius*, ail-

[1] Κυπρῖνος.

leurs *Cuprus,* ailleurs encore *Cupra*. Arrivé avec tant de facilité
à un résultat si bien fait pour amener la conviction, l'auteur, on

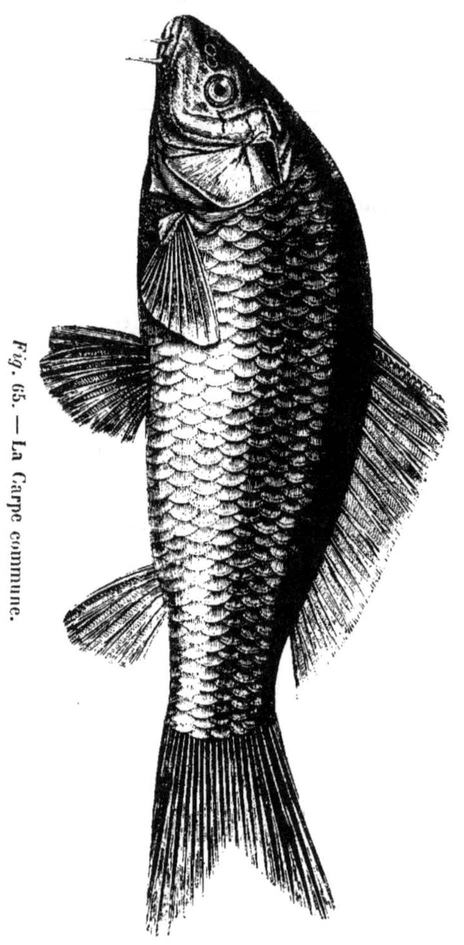

Fig. 65. — La Carpe commune.

le conçoit, n'a plus aucune peine à en venir au mot français
Carpe, au mot italien *Carpione,* au mot anglais *Carp,* au mot
allemand *Karpfen*. Ces études portant uniquement sur des

mots, n'offrent nul intérêt, si elles ne conduisent pas à mettre
en lumière un fait scientifique et dans la circonstance présente
l'histoire particulière des Poissons ne s'enrichirait d'aucun détail utile par de plus nombreux exemples des dénominations qui
ont pu être appliquées suivant les lieux ou suivant les époques
au Poisson le plus connu aujourd'hui dans l'Europe entière.

De tous les Poissons de nos eaux douces, la Carpe est celui qui
offre le plus de variations, non-seulement dans les couleurs,
mais aussi dans les formes. C'est un animal qui, depuis des
siècles, a été soumis par l'homme à des conditions fort diverses.
Il est devenu presque *domestique* et il a subi ainsi des modifications de l'ordre de celles que subissent les animaux domestiques, suivant les lieux où ils habitent, suivant les circonstances
dans lesquelles ils naissent et se développent. Ces modifications
n'affectent pas néanmoins les caractères essentiels de l'espèce;
les variétés les plus considérables, que présentent certaines
Carpes, ont pu être citées et décrites par plusieurs auteurs
comme des espèces distinctes, ces variétés ont bientôt été appréciées exactement par d'autres naturalistes qui avaient su reconnaître des particularités, dues soit à des causes accidentelles,
soit à des influences locales. Ainsi qu'il arrive parmi les animaux
domestiques, les cas tératologiques ou ce qu'on appelle vulgairement les *monstres*, si rares chez les animaux sauvages, sont
assez fréquents chez la Carpe.

Ce Poisson est si bien connu qu'une longue description serait
superflue.

La Carpe considérée de profil a le corps large, comprimé latéralement avec le dos plus ou moins voûté vers la partie antérieure et abaissé ensuite vers la tête, qui est elle-même sensiblement inclinée de la nuque à l'extrémité du museau. Les pro-

portions du corps sont au reste variables suivant les individus. Il est dit dans la plupart des descriptions que la hauteur du corps est répétée trois fois et demie dans sa longueur ; c'est là une moyenne, car souvent la hauteur est relativement plus ou moins considérable.

L'opercule est toujours assez fortement strié. Les écailles grandes, ordinairement au nombre de trente-six à trente-huit dans la plus grande longueur du corps, forment cinq ou six rangées au-dessus de la ligne latérale et autant en dessous. Ces écailles, notablement plus longues que larges, ont leur bord extérieur pourvu de nombreux festons limités par des sillons, leur bord basilaire sinueux, leurs stries concentriques très-serrées. La bouche de la Carpe est assez petite et accompagnée de chaque côté de deux appendices charnus. La nageoire dorsale présente le plus souvent, après le gros rayon osseux dentelé en scie, dix-neuf rayons rameux ; mais quelquefois ce nombre ne dépasse pas dix-sept ou dix-huit, tandis que chez certains individus il est de vingt à vingt-deux. Les nageoires ventrales ont dix ou onze rayons dont les deux premiers simples ; l'anale a deux petits rayons simples, en avant du gros rayon dentelé en scie et cinq rameux à la suite.

La couleur générale de la Carpe est d'un vert brunâtre assez clair chez les individus qui ont vécu dans les eaux limpides, et assez sombre chez ceux dont l'existence s'est passée dans les eaux stagnantes. Des reflets bleuâtres se manifestent ordinairement sur la région dorsale et une teinte dorée plus ou moins vive s'étend sur les côtés.

Chez la Carpe, l'appareil digestif a un développement plus considérable que chez beaucoup d'autres Cyprinides, indice du régime essentiellement herbivore de l'animal.

La Carpe en effet se nourrit de conferves, de débris de végétaux, de vase chargée de substances organiques. Elle paraît
préférer les eaux troubles et stagnantes aux eaux courantes, et
cette circonstance permet de l'élever sans difficulté et avec profit
dans des étangs naturels ou artificiels. La fécondité de ce Poisson est devenue proverbiale ; on peut compter cinq ou six cent
mille œufs chez un individu d'assez forte taille. La ponte a lieu
pendant les mois de mai et de juin et quelquefois de nouveau au
mois d'août. Les œufs sont déposés sur les plantes, et comme
leur incubation est rapide, surtout si la température est un
peu élevée, on voit éclore les jeunes au bout de sept à huit jours.

Dans de bonnes conditions, l'accroissement se fait avec une
assez grande rapidité ; néanmoins, entre les faits cités à cet
égard, il y a de grandes divergences, ce qui s'explique par la
diversité des conditions d'existence pour le Poisson, dans les lieux
où les observations ont été faites. Dans les eaux où elles trouvent
une nourriture abondante, les Carpes peuvent atteindre au bout
de trois ans le poids de 2 à 3 kilogrammes.

D'après des renseignements que je dois à l'obligeance de
M. Millet, un propriétaire au Port-aux-Dames, commune d'Au-
ger-Saint-Vincent (Oise), élève des Carpes qui atteignent le poids
énorme de 9 kilogrammes, et il a vendu de ces magnifiques
Poissons à la maison Chevet de Paris, au prix de 24 francs. On
arrive assez facilement à leur faire acquérir le poids de 3 à
4 kilogrammes dans l'espace de cinq à six ans, mais ensuite, il
faut encore une quinzaine d'années pour qu'elles parviennent
au poids de 9 kilogrammes.

M. Millet m'a dit aussi, qu'on a pêché il y a quelques années
dans l'Aveyron, à Bruniquel (Tarn-et-Garonne), une Carpe qui
pesait 17 kilogrammes et demi ; que dans la Seine, à Triel, un

pêcheur à la ligne en a pris une, au mois d'août 1864, du poids de 8 kilogrammes et demi. D'après les observations d'un auteur allemand, les Carpes arrivent en général au poids de 5 à 6 kilogrammes en France, de 20 en Prusse, jusqu'à 35 dans l'Oder, à Francfort, et enfin jusqu'à 45 en Suisse, dans le lac de Zug [1].

L'idée de la longévité de la Carpe a pénétré partout. Si l'on devait s'en rapporter à l'opinion commune, ce Poisson vivrait des centaines d'années. Ne cite-t-on pas les Carpes de Fontainebleau comme se livrant à leurs ébats dans les étangs de la résidence royale depuis le règne de François Ier? Ne parle-t-on pas des Carpes de Chantilly dont la naissance remonterait au temps du grand Condé, de celles des étangs de Pontchartrain, vieilles de plus de deux siècles.

Aux yeux de l'homme, il y a quelque chose de merveilleux dans une existence infiniment prolongée, fût-ce même l'existence d'un animal dont la vie paraît bien monotone. C'est une chose enviable pour ceux qui déplorent la brièveté de la vie humaine. Aussi la crédulité est facile. Mais il vaut toujours mieux examiner que de croire aveuglément. A-t-on oublié entièrement qu'à chaque révolution, les résidences royales ont été saccagées par les maîtres du moment. Les belles Carpes des étangs de Fontainebleau, de Chantilly, etc., ont été mangées par le peuple souverain en 1789, en 1830, en 1848, et certainement dans une foule d'autres circonstances. Il faut s'en consoler, il n'y a point en France de Carpes séculaires.

Les Carpes de Charlottenbourg ont aussi une réputation de haute antiquité ; nous ignorons si elles ont été plus respectées que celles de nos étangs, mais la date de leur naissance n'en est pas moins fort douteuse.

[1] Raphael Molin, *Die Rationelle Zucht der Süsswasserfische*, Wien, 1864.

Tout le monde sait combien la vie est persistante chez la Carpe longtemps après qu'elle a été tirée de l'eau. La présence d'une membrane couvrant en partie les branchies et conservant l'humidité sur ses organes, permet à la respiration de s'effectuer encore à l'air libre pendant de longues heures. Cette circonstance est mise à profit, paraît-il, en Hollande, pour engraisser des Carpes. On loge ces animaux dans des réseaux remplis de mousses humides que l'on suspend dans des caves. Là, durant trois ou quatre semaines, ils sont nourris avec un mélange de pain et de lait qu'on leur introduit dans la bouche avec une cuiller. Il suffit de rafraîchir les Poissons en aspergeant d'eau la mousse dont ils sont entourés pour les empêcher de périr.

On a eu de nombreuses occasions d'observer combien était remarquable chez les Poissons la faculté d'entendre. Les Carpes ont été souvent citées comme exemple. Je ne rapporterai pas toutes les anecdotes répandues à ce sujet, une seule déjà fort ancienne suffira à donner l'idée d'un fait curieux à beaucoup d'égards. A Rotterdam, dit un observateur anglais du commencement du dix-huitième siècle, Richard Bradley, que nous avons déjà cité, « j'ai eu le plaisir de voir quelques Carpes dans un vaste étang appartenant à M. Eden, qui m'ont fourni l'occasion d'apprécier jusqu'où allait la faculté d'entendre chez ces créatures. Le propriétaire ayant rempli sa poche de graine d'épinard, me conduisit au bord de l'étang. Nous restâmes muets quelques minutes, ce qui était indispensable pour me convaincre que les Poissons ne viendraient pas tant qu'on ne les appellerait pas. Bientôt le propriétaire les appela à sa manière habituelle, et soudain les Carpes arrivèrent ensemble de toutes les parties de l'étang en tel nombre qu'elles avaient peine à se tenir les unes près des autres. »

Plusieurs variétés de la Carpe doivent être mentionnées d'une manière spéciale, ces variétés ayant été considérées par un grand nombre d'auteurs comme autant d'espèces particulières.

La *Carpe à miroir* (*Cyprinus Rex Cyprinorum*, Bloch, *Cyprinus specularis*, Lac., *Cyprinus macrolepidotus*, Meid.) est une variété qui consiste dans une remarquable altération des écailles. Les écailles sont peu nombreuses et d'une dimension énorme ; malgré cette curieuse modification, leurs caractères essentiels ne sont pas notablement altérés, les découpures du bord basilaire, les stries concentriques demeurent semblables à celles des écailles normales.

La *Carpe à cuir* (*Cyprinus nudus*, Bloch, *Cyprinus coriaceus*, *Cyprinus alepidotus*) est une variété chez laquelle les écailles sont atrophiées et où la peau épaisse a pris l'aspect d'une substance coriace, l'apparence du cuir.

La *Carpe bossue* (*Cyprinus elatus*, Bonaparte) est une variété qui consiste dans la grande hauteur du corps.

La *Carpe reine* (*Cyprinus regina*, Bonaparte) est une variété qui se distingue seulement de nos Carpes ordinaires par le dos un peu moins élevé, et de la sorte, par le corps plus allongé relativement à son épaisseur.

La *Carpe de Hongrie* (*Cyprinus hungaricus*, Heckel) est une autre variété dont le corps est plus mince encore que chez la précédente.

Parmi les monstruosités de la Carpe, une des plus fréquentes, consiste dans une déformation de la tête, un aplatissement considérable du museau. Les individus qui présentent cet état tératologique sont connus sous le nom de *Carpes dauphins*, ou plutôt, de *Carpes à tête de dauphin*.

LA CARPE DE KOLLAR

(CYPRINUS KOLLARII [1])

La Carpe de Kollar ne se trouve en France que dans un petit nombre de localités où presque certainement elle a été introduite. A quelle date faut-il reporter cette introduction? dans quelles circonstances a-t-elle eu lieu? On l'ignore absolument. La Carpe de Kollar vit dans les fossés de Metz, dans l'étang de Belletanche. Holandre assure qu'on la pêche quelquefois dans la Moselle, et que les pêcheurs de Metz l'appellent *Carousche blanche* à cause de sa coloration pâle, pour la distinguer du Carassin, la *Carousche noire*. Elle se trouve aussi près de Paris, avec la Carpe ordinaire dans l'étang de Saint-Gratien, de la vallée de Montmorency, où elle est désignée par les pêcheurs sous le nom de *Carreau*, qui fait allusion à la forme élargie et de la sorte un peu carrée de ce Poisson.

Avec l'aspect général de la Carpe commune, la Carpe de Kollar ayant le corps plus élevé et comprimé latéralement offre quelque chose de la physionomie du Carassin et de la Gibèle.

Son dos s'élève beaucoup depuis la nuque jusqu'à l'origine de la nageoire caudale; sa tête, proportionnellement un peu moins forte que celle de la Carpe commune, a le front plus bombé, la mâchoire supérieure un peu proéminente sur l'inférieure et

---

[1] Heckel, *Ueber einige neue Cyprinen*, in *Annalen des Wiener Museums*, t. I, p. 213, pl. XIX, fig. 2; 1836. — Valenciennes, *Histoire naturelle des Poissons*, t. XVI, p. 76, pl. 458; 1842. — *Carpio Kollarii*, Heckel et Kner, *Die Süsswasserfische der œstreichischen Monarchie*, p. 64; 1858. — Siebold, *Die Süsswasserfische von Mitteleuropa*, p. 91; 1853. — *Cyprinus striatus*, Holandre, *Faune du département de la Moselle*, p. 242; 1836. — De Selys-Longchamps, *Faune belge*, p. 198, pl. IX; 1848.

pourvue de quatre barbillons placés comme chez la Carpe ordinaire, mais très-petits et fort grêles.

L'opercule présente des stries profondes, bien marquées et

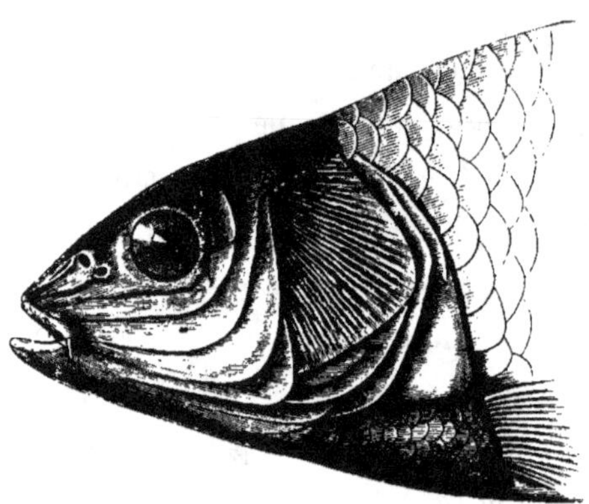

Fig. 66. — Tête et portion antérieure du corps de la Carpe de Kollar.

assez régulières, et le sous-opercule est lui-même comme ciselé.

Les écailles, sensiblement plus grandes que chez la Carpe, en diffèrent à peine par quelques détails. Leur bord libre est un tant soit peu inégal comme dans cette dernière, mais leur bord basilaire est plus festonné et les canalicules de la portion découverte sont plus rapprochés et plus réguliers, de façon que les écailles, observées à la vue simple, présentent de nombreuses stries longitudinales [1]. La ligne latérale, d'abord infléchie, se continue ensuite en ligne droite jusqu'à l'extrémité du corps.

Les nageoires sont à peu près semblables à celles de la Carpe commune.

Chez la Carpe de Kollar, la coloration est variable dans une certaine mesure comme les proportions du corps; cependant

---

[1] La description des écailles de la Carpe de Kollar donnée par M. Valenciennes, *Hist. naturelle des Poissons*, t. XVI, p. 78, est de tous points inexacte.

elle est en général assez claire ; de là les noms, à Metz, de *Ca-rousche blanche*, en Belgique, de *Carpe blanche*. Tout le corps est habituellement d'un gris argenté ou jaunâtre avec le dos d'un brun plus ou moins verdâtre, les écailles moins pointillées de noir que chez la Carpe, les nageoires d'un gris bleuâtre ou noirâtre, souvent teinté de rouge, surtout chez les jeunes individus.

Cette espèce ne semble pas dépasser la taille de 0^m,30 à 0^m,40, mais la plupart des individus que l'on pêche sont d'une beaucoup plus petite dimension.

La Carpe de Kollar a été observée en Belgique, dans presque toutes les parties de l'Allemagne et en Hongrie, mais elle n'a jamais été signalée en Angleterre. C'est seulement en 1836, qu'elle a été enregistrée au nombre des espèces européennes par Heckel, le célèbre Ichthyologiste de Vienne, et en même temps par Holandre, l'auteur de la faune du département de la Moselle. Il y a lieu de s'en étonner, puisqu'il s'agit d'un Poisson de forte taille, répandu dans une grande partie de l'Europe centrale. On trouve aisément, néanmoins, une explication du silence des anciens auteurs à l'égard de la Carpe de Kollar. Ce Poisson n'a pas toujours été distingué de la Carpe commune, et d'après l'avis des pêcheurs, elle a été prise souvent pour le métis de la Carpe et du Carassin, d'où les noms vulgaires de Carpe-Carassin (*Karauschen-Karpf*), de Carpe bâtarde (*Bastard-Karpf*), de demi-Carpe (*Halbkarpf*), qui lui sont ordinairement appliqués en Allemagne.

Après avoir été regardée par plusieurs zoologistes comme une espèce bien caractérisée ; après avoir même été considérée comme le type d'un genre (le genre *Carpio*) par Heckel, la Carpe de Kollar est prise également aujourd'hui pour un simple métis par divers auteurs portés à accepter l'opinion des pêcheurs comme l'expression de la vérité. C'est ainsi que M. Dybowski, auquel on doit un ouvrage sur les Cyprinides de la Livonie, voyant, dans la Carpe de Kollar, le produit de deux espèces différentes, s'attache à montrer que ce Poisson est sous tous les rapports intermédiaire entre la Carpe et le Carassin ; par les dents pharyngiennes, par le nombre des vertèbres qui est de 37 chez la Carpe commune, de 35 chez la Carpe de Kollar, de 34 chez le Carassin, par les rayons des nageoires, par la forme du corps [1]. C'est ainsi que M. de Siebold, croyant également trouver un hybride dans la Carpe de Kollar, estime l'avis des pêcheurs comme bon à prendre en considération. Cet avis nous semble cependant de peu de valeur, les pêcheurs étant en général peu soucieux de l'observation et très-enclins à adopter les idées les plus fausses. Doit-on oublier que, dans presque toute l'Europe, ces braves gens voient dans la Grémille le métis de la Perche et du Goujon ?

En opposition avec le sentiment qui vient d'être rapporté, car toute preuve directe manque, plusieurs faits d'une certaine importance sont à noter. La Carpe de Kollar est loin de présenter un partage des caractères de la Carpe commune et du Carassin ou de la Gibèle ; elle ressemble beaucoup plus à la Carpe qu'au Carassin, par la forme générale du corps, par la présence des barbillons et surtout par les écailles presque semblables à celles de la Carpe et ainsi assez différentes de celles du Carassin ou de la Gibèle. La comparaison rigoureuse des écailles entre les espèces, toujours négligée par les auteurs et cependant indispensable quand il s'agit de la distinction des espèces, conduit à repousser l'opinion que la Carpe de Kollar est un hybride.

[1] Dybowski, *Versuch einer Monographie der Cyprinoiden Livlands,* p. 60. Dorpat, 1862.

Un fait d'un autre ordre porte aussi à conclure dans le même sens. M. Valenciennes nous dit : « Le *Cyprinus Kollarii* est « très-abondant dans le lac de Saint-Gratien, où je n'ai jamais « vu le *Cyprinus carassius*, et où la Gibèle (*Cyprinus gibelio*) « ne me paraît se rencontrer que par hasard, car je n'en ai ja-« mais vu prendre qu'un seul individu pendant le long espace « de temps que j'ai suivi avec soin la pêche de cet étang. »

Je suis donc disposé à croire que la Carpe de Kollar est véritablement une espèce particulière ; néanmoins, il serait fort à désirer que la question se trouvât résolue par l'expérience. Les pisciculteurs qui célèbrent les avantages des fécondations artificielles auraient à faire ici, au point de vue de la connaissance exacte des espèces, un excellent emploi de leur procédé tant vanté pour la multiplication des Poissons.

LE GENRE CYPRINOPSIS

(CYPRINOPSIS, *Fitzinger* [1])

Les Cyprinopsis ressemblent à un très-haut degré aux véritables Carpes par la configuration de leur corps, par leurs nageoires, la dorsale et l'anale ayant également un gros rayon osseux dentelé en scie. Ils s'en distinguent par l'absence d'appendices charnus ou barbillons aux côtés de la bouche et par les dents pharyngiennes au nombre de quatre seulement disposées sur un seul rang, les trois dernières en forme de spatule avec la couronne sillonnée dans son milieu. Nous ne connaissons que quelques espèces de ce genre.

[1] *Carassius*, Nilsson.

LE CYPRINOPSIS CARASSIN

(CYPRINOPSIS CARASSIUS [1])

Ce Poisson peu connu en France, pour la raison qu'il ne se trouve que dans certaines localités de nos départements de l'Est où il ne paraît pas encore très-abondant, est commun au contraire dans toute l'Allemagne, en Suède, dans les provinces méridionales de la Russie. On l'appelle vulgairement le *Caras-*

Fig. 67. — Le Carassin (*Cyprinopsis carassius.*)

sin en plusieurs endroits ; à Metz, la *Carousche* ou *Carousche noire ;* dans la Lorraine allemande, *Carasche ;* en Alsace, *Ka-*

---

[1] *Cyprinus carassius,* Linné, *Systema naturæ,* édit. XIIe, t. I, p. 526 ; 1766. — Bloch, part. 1, p. 69, pl. II. — Valenciennes, *Histoire naturelle des Poissons,* t. XVI, p. 82 ; 1842. — *Carassius vulgaris,* Heckel et Kner, *Die Süsswasserfische der œstreichischen Monarchie,* p. 63 : 1858. — Siebold, *Die Süsswasserfische von Mitteleuropa,* p. 98 ; 1863.

rausche, le nom sous lequel on le désigne dans presque toute l'Allemagne, ou *Bürratschel*, comme à Strasbourg.

Le Carassin a l'aspect d'une Carpe démesurément élargie dans le sens de la hauteur et comprimée latéralement, avec la tête petite et courte, une coloration générale d'un vert bouteille assez sombre, ayant des reflets dorés sur les parties inférieures et passant à des teintes rougeâtres sur la poitrine, le milieu du ventre et les nageoires, plus ou moins vives suivant les saisons et les localités.

Quelquefois, chez le Carassin, la hauteur du corps est égale à la moitié de sa longueur totale; mais cette proportion n'est pas constante. Il y a des individus chez lesquels le dos est beaucoup moins élevé que chez les autres; toujours, néanmoins, il s'élève par une courbe très-arquée et plus ou moins arrondie. La tête est plus courte et moins obtuse que chez la Carpe. La région frontale est inégale. Une rangée de six petits os sous-orbitaires formant saillie est très-apparente. Le museau est très-court, avec la bouche petite et les lèvres peu saillantes. L'œil de grandeur médiocre a l'iris argenté avec le bord cuivreux ou doré. L'opercule est finement et irrégulièrement strié, présentant comme la joue des tons argentés, relevés par un pointillé noir.

Le corps est couvert d'écailles assez grandes, disposées sur quatorze, quinze ou seize files longitudinales; ces écailles, ordinairement au nombre de trente à trente-cinq sur les rangées qui s'étendent de l'ouïe jusqu'à l'origine de la queue, paraissent, à la vue simple, légèrement rugueuses et pourvues de stries longitudinales dues à des rangées assez régulières de petits points noirâtres. Ces écailles doivent être examinées avec attention, car, très-caractéristiques chez le Carassin, elles permettent, mieux que tout autre caractère, de distinguer avec certitude, croyons-nous, l'espèce de ses congénères. Détachées du corps, elles montrent leur élégante structure. Elles sont seulement un peu plus longues que larges, avec leurs bords su-

Fig. 68. — Écaille du Cyprinopsis Carassin, prise sur les flancs.

périeur et inférieur coupés presque droit, leur bord libre régulièrement circulaire, leur portion basilaire très-nettement découpée en cinq ou six festons. Des échancrures des festons partent des sillons convergeant vers un point central, d'où naissent sept ou huit canaux qui se portent en général jusqu'au bord de l'écaille et dont la direction se trouve indiquée exactement par la figure. Les stries circulaires sont partout rapprochées les unes des autres et régulières. Les lignes et les points qui se font remarquer sur la partie libre de l'écaille, appartiennent à la membrane dont elle est revêtue. J'ai observé de ces écailles sur des Carassins de diverses provenances, sur des individus de grande taille et sur de très-petits, et je les ai trouvées semblables dans tous les cas.

La ligne latérale règne sur le milieu des flancs; les tuyaux de la mucosité sont cylindriques et d'un diamètre très-médiocre.

Les nageoires n'ont rien de fort remarquable; la dorsale assez haute commence à peu près exactement sur un point correspondant au milieu du corps, mesuré du bout du museau à l'origine de la queue; elle se compose d'un petit tubercule, d'un rayon osseux très-court, d'un rayon osseux grand et fort épais, garni, tout le long de son bord postérieur, de dents assez fines, et de seize à dix-huit rayons rameux, les deux derniers plus ou moins séparés suivant les individus; les pectorales ont un rayon simple et ordinairement treize rayons flexibles; les ventrales, beaucoup plus grandes que les pectorales, et étroites à leur origine, ont un premier rayon tuberculiforme, un second simple, très-épais et huit rameux; l'anale a deux rayons tuberculiformes, un épais rayon dentelé et six ou sept rameux, et enfin la caudale a dix-neuf ou vingt rayons et quelques-uns très-petits en dessus et en dessous. Les membranes des nageoires ont une teinte sombre; elles sont sablées de noir surtout à leur extrémité.

L'appareil alimentaire du Carassin ressemble à celui de la Carpe, seulement l'intestin, contenu dans une cavité plus courte, est aussi un peu moins long.

Le Carassin n'atteint jamais, suivant toute apparence, les énormes dimensions dont la Carpe offre de nombreux exemples; les plus grands individus ne dépassent guère la taille de $0^m,30$. Ce Poisson habite surtout les étangs, et ce n'est, pensons-nous, que dans des circonstances assez rares qu'on le prend dans les rivières; il se nourrit de substances végétales et animales, et l'on assure même qu'il avale de la vase dans laquelle se trouvent des vers et des insectes. Ne s'éloignant guère de l'endroit où il est né, il se tient habituellement dans les eaux profondes. Au rapport des pêcheurs, il ne se montre à la surface que dans les chaudes journées de l'été, et probablement à l'époque du frai qui a lieu au mois de juin.

Le Carassin se voit sur les marchés de Metz, de Strasbourg et sans doute sur ceux des autres villes de la Lorraine et de l'Alsace, mais il n'est presque jamais apporté sur les marchés de Paris. On assure qu'il a été introduit en Lorraine par les soins du roi Stanislas. Ce Poisson est rare aussi en Angleterre, où il a sans doute été importé; Yarrell déclarait qu'à sa connaissance il n'avait été pêché nulle part ailleurs que dans la Tamise, entre Hammersmith et Windsor, mais on le prend également, disent d'autres naturalistes, dans quelques étangs du comté de Surrey.

En Allemagne, il est au contraire commun; et dans quelques parties de la Russie et en Sibérie, il est en assez grande abondance pour constituer une part notable de l'alimentation des habitants de certains districts. Sa chair est, du reste, réputée d'un goût fade.

LE CYPRINOPSIS GIBÈLE

(CYPRINOPSIS GIBELIO [1])

La Gibèle habite seulement en France, la Lorraine et l'Alsace, et peut-être ailleurs, quelques étangs où elle a été introduite.

Ce Poisson ressemble à beaucoup d'égards au Carassin, mais il a le corps beaucoup moins élevé, plus épais, et ainsi moins comprimé latéralement. La tête est plus massive, plus obtuse que chez le Carassin, et la mâchoire inférieure remontant presque verticalement donne à l'animal une physionomie particulière. La joue est finement chagrinée et, au-devant de l'œil, il

---

[1] *Cyprinus gibelio*, Bloch, part. I, p. 71, pl. XII. — Valenciennes, *Histoire naturelle des Poissons*, t. XVI, p. 90; 1842. — *Carassius gibelio*, Heckel et Kner, *Die Süsswasserfische der östreichischen Monarchie*, p. 70; 1858.

n'y a pas de dépressions sensibles ou de fossettes comme on en voit chez l'espèce précédente. L'opercule se fait remarquer par sa surface très-rugueuse et irrégulièrement sillonnée.

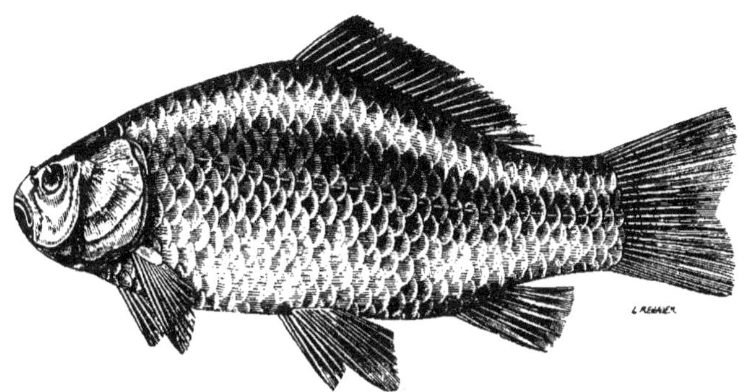

Fig. 69. — La Gibèle (*Cyprinopsis Gibelio*).

Les écailles de la Gibèle paraissent plus grandes que celles du Carassin, mais elles en diffèrent par quelques caractères plus importants et plus faciles à apprécier. La forme générale est la

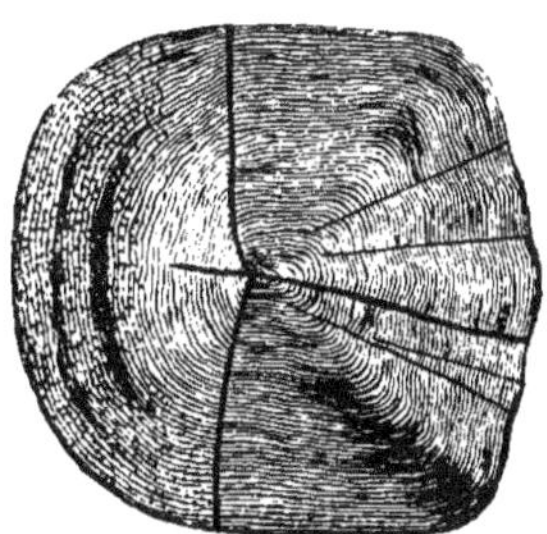

Fig. 70. — Écaille de la Gibèle (*Cyprinopsis Gibelio*) prise sur les flancs.

même, mais les stries concentriques sont sensiblement plus espacées, les canaux sont moins nombreux, et un caractère qui paraît avoir plus de valeur que les précédents est fourni par le bord basilaire, offrant de légères sinuosités, et nullement les festons si prononcés des écailles du Carassin. J'ai observé les écailles de la Gibèle sur un assez grand nombre d'individus de taille différente, et, dans tous les cas, j'ai constaté les mêmes particularités.

Les nageoires de la Gibèle diffèrent peu de celles du Carassin, cependant on constate quelques différences. La dorsale de la Gibèle est toujours moins élevée, et ordinairement, on lui compte vingt et un rayons branchus, tandis qu'il n'y en a que sept de la sorte à l'anale.

La coloration de la Gibèle est aussi plus uniforme en général et moins vive que celle du Carassin.

Nous venons de signaler avec soin toutes les différences essentielles que présentent nos deux espèces de Cyprinopsis ; car, distinguées l'une de l'autre par la plupart de zoologistes, elles sont regardées par quelques auteurs comme de simples variétés. Cette dernière opinion était acceptée par d'anciens naturalistes, seulement il faut remarquer que ceux-ci n'y avaient pas regardé de très-près. Bloch et presque tous les Ichthyologistes modernes ont pensé que la Gibèle et le Carassin étaient d'espèces différentes, mais un naturaliste suédois, M. Ekström, après une étude des modifications de forme que présente le Carassin, a considéré la Gibèle comme une simple variété du précédent, désignant le premier sous le nom de Carassin de lac et la seconde sous celui de Carassin d'étang. M. de Siebold a adopté les vues de l'auteur suédois, et pour lui comme pour ce dernier, les deux Cyprinopsis (Seekarausche et Teichkarausche) devraient tout simplement les différences qu'on leur reconnaît, à la nature de leur séjour et de leur alimentation.

Après avoir observé et comparé attentivement des Carassins

et des Gibèles en assez grand nombre, il m'a paru bien difficile de croire que ces Poissons appartinssent à la même espèce.
Car, outre les différences signalées par divers naturalistes dans
les formes du corps et de la tête, j'ai constaté dans les écailles
des caractères qui ne sont pas altérés sensiblement même lorsqu'il y a des variations notables dans les proportions du corps.

LE CYPRINOPSIS DORÉ

(CYPRINOPSIS AURATUS [1])

Aucun Poisson n'est aujourd'hui plus connu de tout le monde
en Europe que le Cyprin doré. Il est partout. On le voit dans
les bassins de Paris et des jardins ; on le voit surtout emprisonné dans des vases élégants pour contribuer à l'ornementa-

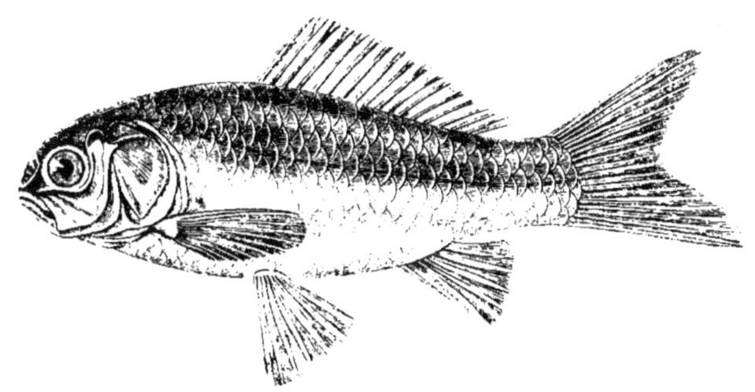

Fig. 71. — Cyprinopsis doré.

tion des vestibules et même des appartements. C'est le *Poisson
rouge*, suivant l'appellation vulgaire, toute charmante de sim-

[1] *Cyprinus auratus*, Linné, *Syst. naturæ*, t. I, p. 527 : 1766. — Valenciennes, *Histoire naturelle des Poissons*, t. XVI, p. 104 : 1842.

plicité. C'est la Dorade ou la Dorée de la Chine, ou encore le Cyprin doré de la Chine, suivant les désignations adoptées par ceux qui aiment à s'exprimer dans un langage plus capable de donner une idée avantageuse de leurs connaissances scientifiques.

Le Poisson rouge n'étant pas indigène à l'Europe, ne devrait peut-être pas figurer dans une histoire des Poissons de la France; cependant, pour ne point le passer sous silence, une circonstance nous a paru décisive; le Poisson rouge, animal domestique en Europe, est aussi un animal acclimaté dans l'acception juste de ce mot. Il vit et se multiplie comme les espèces indigènes dans plusieurs de nos rivières; on le pêche assez fréquemment dans la Seine et ses affluents où beaucoup de personnes ne veulent plus le reconnaître. Le Poisson rouge devenu habitant de nos rivières, perd sa splendide parure. Sa belle couleur rouge, ses magnifiques reflets dorés que chacun admire, disparaissent; il prend d'ordinaire les nuances brunes et verdâtres de la Carpe, du Carassin, de la Gibèle; il devient, par son aspect triste, un véritable Poisson d'Europe.

Quelle que soit sa coloration, le Cyprin doré de la Chine conserve ses caractères essentiels.

Un corps assez épais, de forme oblongue et ainsi beaucoup moins élevé que chez les autres Cyprinopsis; une tête massive avec les mâchoires égales; un opercule strié; des écailles assez grandes, arrondies, au nombre de vingt-cinq à vingt-huit, dans la plus grande longueur du corps, formant quatre rangées au-dessus de la ligne latérale et sept au-dessous; une nageoire dorsale avec quinze à dix-huit rayons rameux à la suite du gros rayon dentelé en scie; une nageoire anale n'ayant que cinq rayons branchus, outre les trois rayons osseux.

Le Cyprin rouge vit de substances végétales aussi bien que de vers ou d'insectes. On le nourrit aisément dans des vases avec de la mie de pain et quelques débris de la table. Tout le monde sait que ce Poisson est originaire de la Chine. Au Céleste Empire on le voit dans toutes les maisons somptueuses où il est, paraît-il, l'objet de soins assidus. L'époque de son introduction en Europe est restée fort incertaine. Des auteurs la font remonter aux premières années du dix-septième siècle ; mais, suivant toute probabilité, les Cyprins dorés ne commencèrent à se répandre en Angleterre que vers le milieu du dix-huitième siècle, et les premiers que l'on vit en France furent reçus à Lorient par les directeurs de la Compagnie des Indes, qui en firent présent à madame de Pompadour.

LE GENRE BOUVIÈRE

(RHODEUS, *Agassiz* [1])

Le genre Bouvière ne comprend actuellement qu'une espèce européenne dont il faut rapprocher, selon M. Valenciennes, une espèce du Mysore, mais c'est l'un des genres les mieux caractérisés de la famille des Cyprinides.

Les Bouvières ont le corps large, très-comprimé latéralement, couvert d'écailles minces, grandes, avec des stries longitudinales nombreuses, grêles et légèrement ondulées ; la bouche sans appendices charnus ; les nageoires dorsale et anale assez larges à leur origine et sans rayon dentelé.

A ces caractères, on ajoute que les dents pharyngiennes

[1] *Mémoires de la Société des sciences naturelles de Neufchâtel,* t. I, p. 37, 1835.

au nombre de cinq de chaque côté, disposées sur un seul rang, ont leur couronne comprimée latéralement et taillée obliquement.

LA BOUVIÈRE COMMUNE

(RHODEUS AMARUS [1])

Voici un très-gentil Poisson fort commun dans nos rivières, que l'on prendrait volontiers pour une toute petite Carpe ou mieux pour un petit Carassin, si l'on ne faisait attention qu'à la forme élargie du corps et à la coloration générale. On nomme vulgairement ce Poisson, la *Bouvière*. Pourquoi ? Nous l'ignorons. Duhamel, l'auteur du *Traité des pêches*, dit que le nom lui venait de l'habitude de se tenir dans la vase. Duhamel a pris l'explication dans son imagination ; la Bouvière recherche les

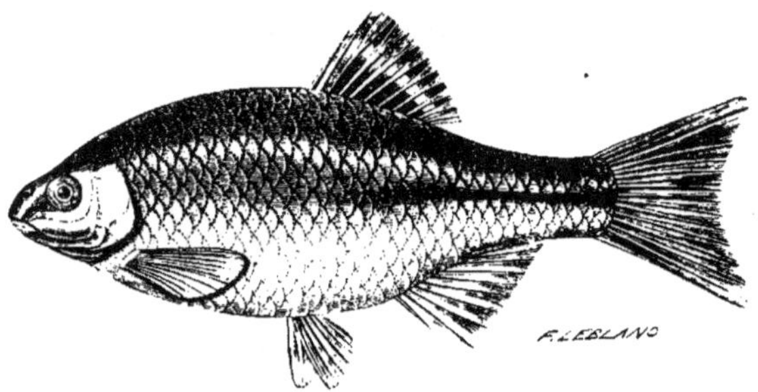

Fig. 72. — La Bouvière commune ; individu mâle de grandeur naturelle.

eaux claires et ne se trouve jamais sur les fonds vaseux. Les pêcheurs de la Seine et de la Marne appellent ce Poisson, la *Péteuse ;*

<hr>

[1] *Cyprinus amarus*, Bloch, part. 1, p. 52, pl. VIII, fig. 3. — Valenciennes, *Histoire naturelle des Poissons*, t. XVII, p. 81 ; 1844. — Heckel et Kner, *Die Süsswasserfische der östreichischen Monarchie*, p. 100 ; 1858. — Siebold, *Die Süsswasserfische von Mitteleuropa*, p. 116 ; 1863.

ce ne peut être autre chose qu'une expression de mépris pour la
Bouvière qui excite leur dédain, parce qu'elle est fort petite et
que sa chair passe pour être amère, malgré l'affirmation contraire de beaucoup de personnes. Car, disent ces dernières, la
Bouvière mêlée à d'autres Poissons passe inaperçue dans une
friture. Des pêcheurs déclarent qu'elle constitue une excellente
amorce pour la Perche ; qualité qui ne lui est sans doute point
particulière, la Perche ne semblant pas avoir de préférence
bien marquée quand il s'agit d'avaler une proie à sa portée.

La réputation d'amertume de la Bouvière est aussi répandue
en Allemagne qu'en France ; son nom scientifique *amarus*, as-
signé par Bloch, l'ichthyologiste de Berlin, est complétement
expressif; son nom vulgaire, *Bitterling*, paraît dériver du mot
« bitter », amer. En Alsace et notamment à Strasbourg, on appelle ce petit Poisson partout fort peu estimé, *Schneiderkärpf-
chen*, petite Carpe de tailleur, encore un terme de mépris bien
probablement.

La Bouvière ne dépasse guère la longueur de 0^m,08, mais ce
sont les très-beaux individus qui atteignent une pareille dimension, la plupart ne mesurent pas plus de 0^m,05 à 0^m,06.

Le corps de ce Poisson est couvert d'écailles fort grandes,
très-larges et peu allongées, de sorte qu'elles figurent des losanges, comme on n'en voit chez aucun autre Cyprinide. Ces
écailles détachées du corps et examinées à l'aide d'un grossissement, ne sont pas moins caractérisées. Elles ont des stries circulaires extrêmement fines, des stries longitudinales nombreuses, également très-fines, ondulées, fort rapprochées les unes des
autres, sur toute la portion libre, où l'on remarque des points
noirs épars. Enfin le bord libre de l'écaille décrit une double si-
nuosité. Les écailles de la ligne latérale ont le conduit de la mu-

cosité grêle et assez long ; une particularité remarquable, c'est que la ligne latérale ne se prolonge pas plus loin que la cinquième ou sixième écaille.

La Bouvière est plus ou moins large, mais elle varie surtout par sa coloration suivant le sexe et suivant les époques de l'année. Dans le temps ordinaire, le mâle et la femelle sont à peu près semblables. Les parties supérieures de la tête et du corps sont d'un brun verdâtre, avec les côtés et surtout la région ventrale argentés, et une longue bande verdâtre ou noirâtre règne sur la partie moyenne des flancs, commençant vers le milieu du corps et finissant à l'extrémité. Les nageoires ont une coloration d'un jaune rougeâtre, et la dorsale d'un ton enfumé présente ordinairement une bande transversale claire. A l'époque de la reproduction, c'est-à-dire pendant les mois d'avril et de mai, la femelle change peu, mais le mâle devient splendide ; son corps prend les teintes bleues de l'acier poli passant au violet intense, avec des reflets irisés d'un magnifique éclat métallique ; la longue bande postérieure devient d'un vert d'émeraude, la poitrine et la région ventrale prennent une vive couleur jaune orange, et les nageoires dorsale et anale passent au rouge avec des marques noires. La Bouvière mâle est alors un des Poissons les mieux parés. Elle donne lieu en même temps à l'observation d'un fait étrange et encore inexplicable. De chaque côté de la mâchoire supérieure s'élève une sorte de bourrelet sur lequel apparaissent huit, dix ou douze petits mamelons, et deux ou trois mamelons analogues se montrent au bord supérieur des yeux. Ces éminences disparaissent peu à peu lorsque est passée l'époque de la reproduction.

La tête de la Bouvière est courte avec le museau obtus et l'œil assez grand.

La nageoire dorsale est large surtout au sommet, présentant trois rayons simples dont le premier très-petit, et neuf rameux, le dernier souvent divisé jusqu'à sa base. Les pectorales ont un rayon simple et dix branchus ; les ventrales, deux simples et six rameux ; l'anale située plus en arrière que la dorsale a trois rayons simples et neuf rameux, la caudale en a dix-neuf.

La Bouvière présente quelques particularités d'organisation fort remarquables.

L'intestin a une longueur qui n'est pas ordinaire chez les Poissons, aussi paraît-il pelotonné, ne formant pas moins de cinq circonvolutions sur lui-même. L'estomac est à peine distinct de l'intestin. Cette grande longueur du tube alimentaire annonce un régime essentiellement végétal, aussi trouve-t-on presque toujours l'estomac et l'intestin remplis de matières vertes, de débris d'algues et de conserves en particulier.

Une singularité des plus curieuses qui nous est offerte par la Bouvière, c'est l'apparition chez la femelle à l'époque du frai d'un long tuyau rougeâtre, d'une sorte d'oviducte, se montrant à la partie postérieure comme un ver, atteignant parfois la longueur de près de 0^{m},02. Ce tube, observé pour la première fois par M. Krauss de Stuttgard, bien décrit ensuite et exactement représenté par M. de Siebold, reçoit les œufs, et c'est à la coloration de ceux-ci qu'il doit la teinte rougeâtre qu'il présente ordinairement dans une partie ou dans la totalité de sa longueur. Après le dépôt des œufs, cet oviducte transitoire, qui est en communication avec les conduits urinaires, s'atrophie et ne persiste que sous l'apparence d'une petite papille. Ce long tube a sans doute pour usage de permettre à l'animal de fixer ses œufs dans des cavités ou dans des espaces étroits, où il ne pourrait atteindre sans le secours de cet instrument. Mais ce n'est là encore qu'une supposition assez probable, l'observation directe nous fait jusqu'ici défaut.

La Bouvière vit dans les rivières et dans les lacs dont le fond est couvert de sable ou de gravier. Elle va souvent en troupes, surtout au printemps qui est l'époque du frai.

Ce Poisson est commun dans la plupart de nos rivières ; cependant nous ne pensons pas qu'on l'ait jamais trouvé dans nos départements méridionaux. Il est répandu dans toute l'Allemagne, mais selon toute apparence il n'existe point dans la Scandinavie. Ce qui est plus singulier, c'est qu'aucun auteur anglais ne parle de la Bouvière ; elle est donc inconnue en Angleterre.

LE GENRE BRÊME

(ABRAMIS, *Cuvier*)

Les Brêmes se reconnaissent au premier coup d'œil à leur corps comprimé et généralement très-élevé et à leur nageoire anale fort longue. Néanmoins d'autres caractères moins frappants doivent encore être notés. La nageoire dorsale assez courte est tronquée très-obliquement d'avant en arrière, la nageoire caudale est profondément échancrée, avec son extrémité inférieure beaucoup plus longue que l'extrémité supérieure. Les écailles sont larges, assez courtes, de consistance solide, avec des stries concentriques régulières et des canalicules en éventail assez nombreux. La portion antérieure du dos présente, le plus souvent, une étroite ligne médiane dépourvue d'écailles, bordée de chaque côté par une série d'écailles plus petites que les autres.

Parmi les Brêmes, il y a des différences très-notables dans les dents pharyngiennes entre des espèces qui se ressemblent extrêmement par les autres caractères. Des ichthyologistes modernes n'ont pas hésité à prendre ces différences pour des caractères génériques, et alors les Brèmes se sont trouvées réparties dans quatre genres. Nous pensons qu'il y aura avantage à conserver le grand genre en indiquant toutefois sous de simples divisions, les caractères sur lesquels on s'est appuyé pour opérer une séparation complète d'espèces très-voisines par l'ensemble de leur organisation.

Les Brèmes ne sont pas nombreuses en France. Plusieurs espèces européennes n'ont jamais été rencontrées dans notre pays.

LES BRÊMES PROPREMENT DITES

Ce sont les espèces dont les dents pharyngiennes, au nombre de cinq, sont disposées sur un seul rang, et présentent une troncature en arrière de leur pointe terminale.

LA BRÊME COMMUNE

(ABRAMIS BRAMA [1])

La Brème habite une très-grande partie de l'Europe et, abondante dans beaucoup de localités, elle devient en divers pays, une ressource alimentaire assez importante. Ce Poisson atteint une forte taille, et si sa chair est dépourvue des qualités suffisantes pour lui mériter les honneurs des grandes tables,

[1] *Cyprinus brama*, Linné, *Systema naturæ*, édit. XII, t. I, p. 531 ; 1766. — Bloch, part. 1, p. 75, pl. XIII. — *Abramis brama*, Valenciennes, *Histoire naturelle des Poissons*, t. XVII, p. 9 ; 1844. — Heckel et Kner, *Die Süsswasserfische der östreichischen Monarchie*, p. 104 ; 1858. — Siebold, *Die Süsswasserfische von Mitteleuropa*, p. 121 ; 1863.

comme elle n'a habituellement aucun goût désagréable, la Brême, qui multiplie rapidement et qui se vend sur les marchés à un prix modique, ne doit pas être dédaignée. Un ancien

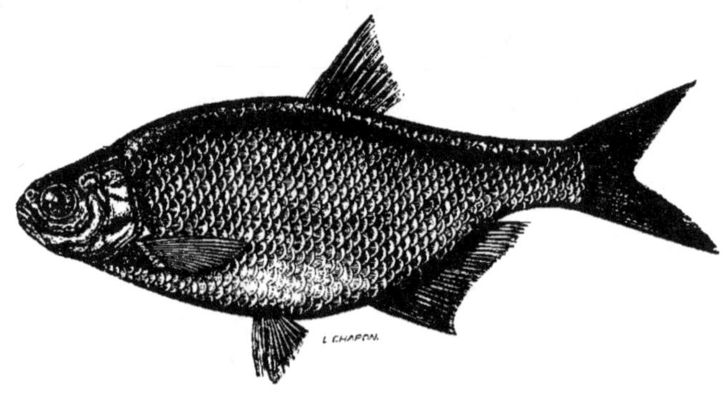

Fig. 73. — La Brême commune (*Abramis brama*).

proverbe disait : Quiconque a une Brême dans son étang, peut convier son ami. Aujourd'hui, on accorde à ce Poisson moins d'estime qu'on ne lui en accordait autrefois. Ceci est surtout manifeste en Angleterre. Pour les gens d'un goût délicat, une Brême ne vaut pas la peine d'être cuite, tandis qu'au commencement du quinzième siècle, avant l'introduction de la Carpe, elle figurait souvent dans les repas somptueux.

Le nom de *Brême* est en usage parmi nos pêcheurs, mais dans certaines localités, il devient *Brame* ou *Bramme ;* en Alsace c'est le mot *Bresem* qui est employé ; expression assez différente du nom allemand le plus ordinaire, *Brachsen*.

La Brême a le corps comprimé latéralement et très-large par rapport à la longueur étant considéré de profil. D'un blanc d'argent très-finement pointillé de noir sur les côtés et les régions inférieures, toutes les parties supérieures sont d'un gris bleuâtre ou verdâtre plus ou moins intense, les nageoires

d'un gris bleuâtre sablé de noir et l'iris d'un jaune d'or avec
une tache noire. Un espace long et étroit sur la portion antérieure du dos, est, comme chez la plupart des espèces du genre,
dépourvu d'écailles.

Les écailles grandes, beaucoup plus larges que longues, ont
leur bord basilaire faiblement et irrégulièrement festonné, leur
bord libre peu arqué et sensiblement anguleux, leurs stries
circulaires partout très-rapprochées d'une manière égale ; elles
offrent dans leur partie libre des rayons au nombre d'une
dizaine convergeant vers le centre et quelques rayons allant du
centre au bord basilaire, formant ainsi une sorte d'éventail.
La ligne latérale décrit une courbe assez prononcée ; les conduits de la mucosité sont grêles, cylindriques et de médiocre
longueur.

La tête de la Brême, assez petite relativement au volume du
corps, avec le museau obtus, la bouche peu fendue, la mâchoire
inférieure plus courte que la supérieure, présente de nombreux
pores disposés sur une file passant sur le front pour venir contourner la narine, descendre au-dessous de l'œil et remonter
en arrière pour se continuer au-dessus de l'opercule vers la
ligne latérale. On voit ainsi que la tête du Poisson doit être
continuellement imprégnée de mucosité. L'œil est assez grand,
son diamètre étant souvent supérieur au quart de la longueur
de la tête.

La nageoire dorsale étroite à sa base, située au delà de la
portion moyenne du dos, a douze rayons, trois simples, neuf
rameux allant en diminuant beaucoup de longueur ; le premier
des rayons simples est très-petit, le second a un peu plus de la
moitié de la longueur du suivant. Les nageoires pectorales ont
seize rayons ; les ventrales dix, dont les deux premiers simples ;

l'anale en a trois simples dont le premier très-petit, et vingt-deux à vingt-huit rameux.

La Brême peut atteindre dans ses plus belles proportions la longueur d'environ $0^m,60$ et le poids de 3 à 4 kilogrammes lorsqu'elle est placée dans de bonnes conditions, c'est-à-dire dans des eaux où elle trouve une nourriture abondante.

Ce Poisson, comme tous ceux qui vivent indifféremment dans les rivières, les lacs et les étangs, offre d'assez nombreuses variétés ; variétés n'ayant pas, au reste, de caractères bien définis. C'est de la sorte que j'ai hésité longtemps à rapporter soit à l'espèce de la Brême commune, soit à une espèce particulière des individus de la Garonne et de la Dordogne, ayant le corps un peu plus comprimé, la tête légèrement plus effilée que nos Brêmes ordinaires, mais cependant dont l'ensemble des caractères après une étude comparative, n'a pu donner lieu à aucune distinction certaine. On sait d'ailleurs que, chez la Brême, le corps est proportionnellement plus mince chez les jeunes que chez les vieux individus. Il a été reconnu ainsi qu'une espèce décrite par Linné n'avait été établie que sur la considération de jeunes individus de la Brême commune[1].

Sous les noms de *Abramis microlepidotus*, *Abramis argyreus*, *Abramis vetula*, MM. Agassiz et Valenciennes ont cru pouvoir admettre trois espèces. De légères différences dans la dimension des écailles, dans la hauteur ou les proportions générales du corps, signalées comme des caractères spécifiques, sont en réalité sans valeur. Telle est l'opinion de M. de Siebold, et telle est aussi celle que je me suis formée d'après la comparaison d'un très-grand nombre d'individus de localités fort diverses. Tous les intermédiaires, toutes les nuances ont pu être observés.

[1] *Cyprinus farenus*, Linné, *Systema naturæ*, t. I, p. 532; 1766.

La Brême, fort commune dans le centre, le nord et l'est de
la France, nous est venue également de nos départements méridionaux, de la Garonne, de la Dordogne, du Rhône à Avignon, etc.
Elle n'existe ni dans le lac Léman, ni dans le lac du Bourget, ni
dans les lacs de Laffraye et de Paladru, dans le département de
l'Isère.

Ce Poisson se nourrit à la fois de substances végétales et
d'animaux aquatiques, principalement d'insectes et de mollusques.

Les Brêmes se réunissent très-ordinairement par troupes, ce
qui permet d'en faire des pêches considérables dans certaines
localités, par exemple dans plusieurs des lacs de l'Irlande et de
la Bavière. Elles frayent pendant les mois de mai et de juin au
milieu des plantes qui croissent près du rivage.

LA BRÊME DE GÉHIN

(ABRAMIS GEHINI)

Cette espèce, que les pêcheurs de Metz désignent sous le
nom de *Haute-Brême*, est très-voisine de la Brême commune,
offrant néanmoins un aspect particulier. La forme de son corps
observé de profil est oblongue, son dos étant peu élevé et décrivant une légère courbe régulière. Toutes les parties supérieures sont d'un gris bleuâtre ardoisé et le reste du corps d'un
blanc argenté avec les écailles très-finement sablées de noir,
ainsi que les joues et l'opercule. La tête est courte comme
chez la Brême commune, avec le museau un peu moins épais,
l'opercule plus large vers son sommet, n'ayant presque pas
d'échancrure au bord postérieur.

Les écailles au nombre de cinquante-deux sur la ligne latérale, sont encore plus courtes que chez la Brême commune,
avec leurs canalicules en éventail en général moins nombreux.

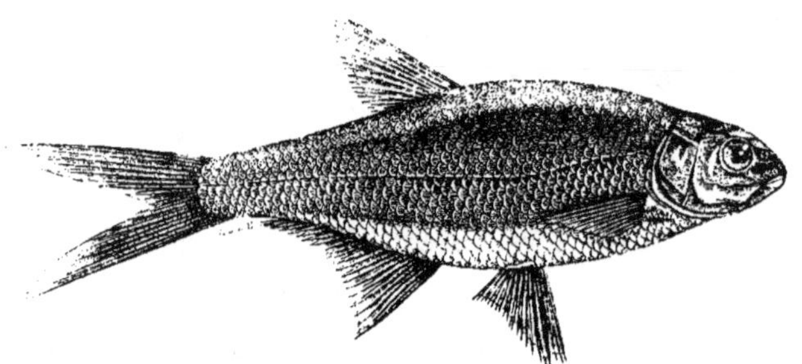

Fig. 74. — La Brême de Géhin.

La nageoire dorsale est extrêmement haute, elle a neuf
rayons rameux à la suite des rayons simples, la nageoire anale
est aussi remarquablement haute, si nous la comparons à celle
de la Brême commune; nous lui avons trouvé habituellement
vingt-quatre rayons ; les pectorales, les ventrales et surtout la
caudale sont fort longues et cette grande dimension de toutes
les nageoires est ce qui contribue davantage à donner à la
Brême de Géhin son aspect propre.

Les dents pharyngiennes diffèrent aussi de celles de l'espèce
précédente étant moins épaisses et terminées par un crochet
recourbé bien plus prononcé. Les os pharyngiens eux-mêmes
sont plus longs et plus grêles.

Cette Brême vit dans la Moselle. Nous ne l'avons vue jusqu'à présent d'aucune autre rivière. Des individus d'une longueur de 0ᵐ,f3 à 0ᵐ,15 sont regardés par les pêcheurs de Metz
comme devant être âgés de deux à trois ans. Ce Poisson, m'écrit
M. Géhin, commence à redevenir commun dans la Moselle d'où

il avait disparu, il y a trente ans, à la suite d'une grande inon-
dation, on en pêchait autrefois qui pesaient de **2 à 3** kilogrammes ; très-bon poisson, ajoute M. Géhin [1].

LA BRÊME DE BUGGENHAGEN

(ABRAMIS BUGGENHAGII [2])

Cette Brême, qu'on n'a encore observée en France que dans
quelques rivières de nos départements du Nord et de l'Est, a le
corps d'une médiocre hauteur sans aucun espace dépourvu
d'écailles sur le dos, et la tête plus inclinée et plus amincie vers
le museau que chez les espèces précédentes.

Elle a le dos d'une teinte brunâtre à reflets d'un bleu d'acier,
les parties inférieures argentées, la tête et presque tout le corps
sablés de brun, les nageoires noirâtres.

Les écailles de la Brême de Buggenhagen ressemblent à celles

[1] Il existe en Europe, et notamment en Allemagne, plusieurs espèces
de la division des Brêmes proprement dites, qui n'ont jamais été observées en France ; quelques-unes sont remarquables par leur nageoire
anale ou assez courte ou extrêmement longue, et, dans ce dernier cas,
composée d'un très-grand nombre de rayons : la Brême zerte (*Abramis
vimba*, Lin.) ; la Brême aux yeux noirs (*Abramis melanops*, Heckel) ; la
Brême sope (*Abramis ballerus*, Lin.) ; la Brême clavetza (*Abramis sopa*
Pallas). D'autres se trouvent dans la Russie.

[2] *Cyprinus Buggenhagii*, Bloch, pl. 95. — *Leuciscus Buggenhagii*, Valenciennes, *Hist. nat. des Poissons*, t. XVII, p. 53 ; 1844. — *Abramis
Heckelii*, Sélys-Longchamps, *Faune belge*, p. 217, pl. 8 ; 1842. — *Abramidopsis Leuckartii*, Siebold, *Die Süsswasserfische von Mitteleuropa*,
p. 134 ; 1863.

M. de Siebold a cru pouvoir considérer cette espèce comme le type
d'un genre particulier (*Abramidopsis*), en se fondant essentiellement sur
l'absence chez cette Brême de tout espace dépourvu d'écailles sur la
portion antérieure du dos.

des espèces précédentes, par la nature de leurs stries, mais elles en diffèrent beaucoup par leur forme qui a infiniment de rapports avec celle des écailles des Chevaines. Comme ces dernières, en

Fig. 75. — Tête de la Brême de Buggenhagen.

effet, elles sont un peu plus longues que larges, avec leur contour extérieur bien arrondi.

La nageoire dorsale, moins haute que chez les espèces précédentes, a neuf ou dix rayons branchus, l'anale en a de quatorze à dix-huit, le plus souvent quinze ou seize.

Les dents pharyngiennes de cette espèce, au nombre de cinq de chaque côté, rarement de six, sont moins crochues que celles de la Brême commune.

La Brême de Buggenhagen ne paraît guère dépasser la taille de 0^m,20 à 0^m,30 ; elle fraye pendant les mois d'avril et de mai. Elle est très-rare en France. Elle a été pêchée plusieurs fois dans la Somme, très-rarement dans la Moselle, dans la Meuse, dans le Rhin. On la prend en Angleterre seulement dans quelques localités restreintes, et en Allemagne, où on la trouve plus fréquemment, croyons-nous, dans un assez grand nombre de cours d'eau, elle ne se montre jamais en abondance.

LES BLICKES (BLICCA, Heckel)

Ce sont les Brêmes dont les dents pharyngiennes, crochues à l'extrémité comme chez les espèces de la division précédente, sont disposées sur deux rangs ; une rangée interne formée de deux dents, une rangée externe composée de cinq dents.

LA BRÊME BORDELIÈRE

(ABRAMIS BJŒRKNA [1])

La Bordelière, connue également des pêcheurs sous les noms de Blicke et de petite Brême ressemble beaucoup par sa forme

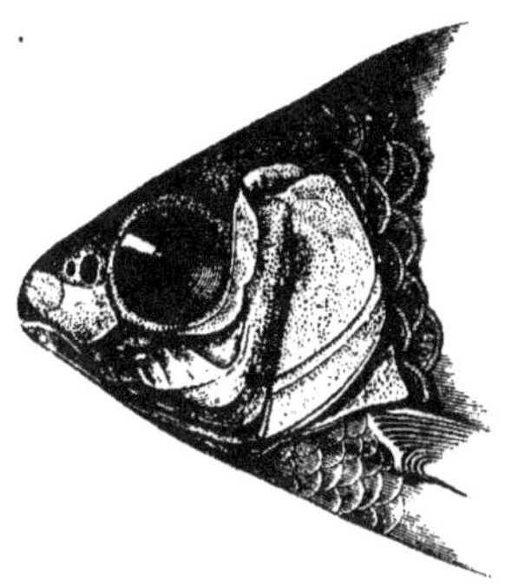

Fig. 16. — Tête de la Brême bordelière.

générale à la Brême commune. On l'en distingue cependant à

[1] *Cyprinus bjœrkna*, Linné, *Systema naturæ*, p. 532 ; 1766. — *Cyprinus blicca*, Bloch, part. 1, p. 65, tab. X. — *Leuciscus blicca*, Valenciennes, *Histoire naturelle des Poissons*, t. XVII, p. 31 ; 1844. — Yarrell, *British Fishes*, t. I, p. 287 ; 1836. — *Blicca argyroleuca* et *Blicca laskyr*, Heckel et Kner, *Die Süsswasserfische*, etc., p. 120 et 123 ; 1858. — *Blicca bjœrkna*, Siebold, *Die Süsswasserfische von Mitteleuropa*, p. 138 ; 1863.

la première inspection par l'œil plus grand relativement au volume de la tête, par la nageoire anale sensiblement plus courte, n'ayant que dix-huit à vingt-deux rayons rameux à la suite des rayons simples, très-rarement leur nombre s'élève à vingt-trois, vingt-quatre ou vingt-cinq, par la nageoire dorsale n'ayant que huit rayons branchus.

Le nom vulgaire de Bordelière, généralement adopté pour désigner cette Brême, serait venu, s'il faut en croire Rondelet, de l'habitude qu'aurait le Poisson de se tenir près des rives. Une observation inexacte serait ainsi l'origine du nom, car la Bordelière ne paraît pas moins vagabonde que la plupart des autres Cyprinides.

La Bordelière, verdâtre en dessus, argentée sur les côtés et en dessous avec la nageoire dorsale d'un gris sombre, les nageoires inférieures rougeâtres, surtout au printemps, a le dos toujours très-élevé, mais la hauteur du corps est assez variable suivant les individus. La tête est moins massive que chez la Brême commune, avec le museau plus saillant, la mâchoire supérieure dépassant un peu la mâchoire inférieure.

Les écailles dont on ne compte pas plus de quarante à quarante-huit dans la plus grande longueur du corps, sont sensiblement plus longues que celles de la Brême commune et elles ont surtout leur bord extérieur plus arrondi, leur bord basilaire plus festonné. Il y a absence d'écailles sur la partie antérieure de la carène dorsale et sur la carène ventrale entre la base des nageoires ventrales et la fossette anale.

La nageoire dorsale a huit rayons rameux à la suite des trois rayons simples; les pectorales quinze, les ventrales huit, outre les deux premiers qui sont toujours simples.

La Bordelière offre, comme tous les Cyprinides, quelques

variations (*Abramis micropteryx* et *erythropterus*, Agassiz, Valenciennes) dans le nombre des rayons des nageoires dorsale et anale sur lesquelles on s'est appuyé pour établir des distinctions spécifiques. Ce Poisson est répandu dans les mêmes contrées que la Brême commune ; il vit dans les mêmes eaux, il fraye à peu près aux mêmes époques, mais il n'acquiert jamais une taille aussi considérable. Les plus beaux individus de la Bordelière que l'on pêche dans nos étangs et dans nos rivières ne dépassent guère la longueur de 0^m,30.

LA BRÊME ROSSE

(ABRAMIS ABRAMO-RUTILUS [1])

Cette espèce a été pour la première fois décrite en 1836 par Holandre, qui l'avait observée dans la Moselle. Les pêcheurs de Metz la désignent sous le nom de *Brême rosse*, voulant indiquer un mélange des caractères de la Brême commune et de la Rosse ou Gardon.

La Brême rosse représente dans la division des espèces du genre à deux rangées de dents pharyngiennes, la Brême de Buggenhagen de la division des espèces à une seule rangée de dents. Comme chez cette dernière, sa nageoire anale est assez courte et composée seulement outre les trois premiers rayons

---

[1] *Abramis abramo-rutilus*, Holandre, *Faune du département de la Moselle*, p. 246 ; 1836. — *Abramis Buggenhagii*, Sélys-Longchamps, *Faune belge*, p. 216 ; 1842. — *Blicopsis abramo-rutilus*, Siebold, *Die Süsswasserfische von Mitteleuropa*, p. 142 ; 1863.

M. de Siebold a établi avec cette espèce le genre *Bliccopsis*, en se fondant pour le distinguer du genre *Blicca*, sur la présence d'écailles sur les carènes dorsale et ventrale.

simples, de quatorze à seize rayons rameux, les carènes dorsale et anale sont entièrement couvertes d'écailles.

Le corps est comprimé latéralement, d'une hauteur médiocre, d'une forme générale assez semblable à celle du Gardon. Tout le dos, qui est élevé, a une couleur vert olivâtre et quelquefois bleuâtre ; les côtés ont des reflets cuivreux ; les parties inférieures sont d'un blanc d'argent ; les nageoires dorsale, pectorales et anale d'un rouge orangé, au moins à leur base.

La tête est très-courte, avec le museau fort épais, comme gonflé, saillant au-dessus de la bouche, l'œil assez grand.

Les écailles, dont on compte huit rangées au-dessus de la ligne latérale et quatre au-dessous, sont de dimension médiocre, avec leur bord libre, bien arrondi. Il y en a de quarante-deux à quarante-six sur la ligne latérale.

La nageoire dorsale ne présente pas ordinairement plus de huit rayons rameux et l'anale de quatorze à seize.

La Brême rosse ne paraît pas dépasser la taille de 0^m,15 à 0^m,18 ; elle semble être fort rare en France, où l'on sait qu'elle existe non-seulement dans la Moselle, mais encore dans la Meuse et dans le Rhin. En Allemagne, où elle a été pêchée dans la plupart des grands cours d'eau, on ne la voit aussi que très-rarement. Ce Poisson fraye pendant les mois d'avril et de mai.

LE GENRE ABLETTE

(ALBURNUS, *Rondelet*)

Un corps long et mince, des écailles éclatantes comme l'argent, d'une remarquable délicatesse ; une nageoire dorsale courte, s'élevant fort en arrière de l'insertion des ventrales, une nageoire anale très-longue, naissant au-dessous ou en arrière de l'extrémité de la dorsale ; une mâchoire inférieure saillante, sont les caractères extérieurs qui distinguent les Ablettes des autres Cyprinides.

A ces caractères, il faut ajouter que les os pharyngiens sont longs et assez grêles, les dents pharyngiennes sur deux rangs ;

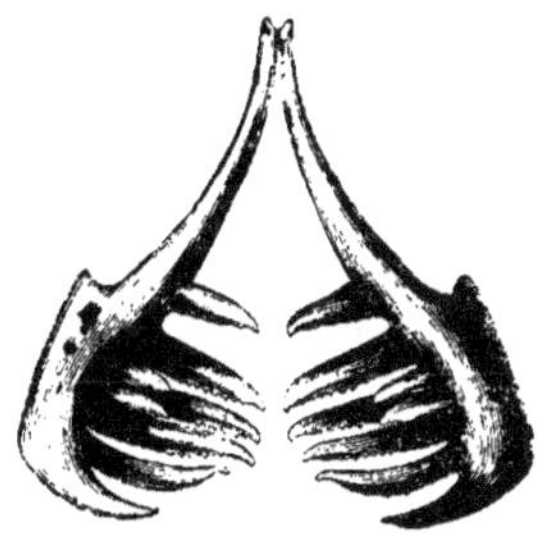

Fig. 77. — Dents pharyngiennes de l'Ablette commune.

une rangée interne formée de deux très-petites dents, une rangée externe composée de cinq dents plus ou moins crochues à l'extrémité et plus ou moins finement denticulées sur leur bord postérieur.

Les Ablettes sont des Poissons de petite taille qui abondent dans toutes les eaux de l'Europe. Jusqu'ici, nous n'en avons rencontré que cinq espèces en France, mais on en connaît quelques autres (*Alburnus mento*, Agassiz ; *Alburnus arborella*), qui habitent les lacs et les rivières de l'Italie, de la Bavière, de l'Autriche, de la Turquie [1].

---

[1] Plusieurs genres de Cyprinides voisins des Ablettes qui existent en Europe n'ont pas été trouvés en France : le genre *Pelecus*, ayant une seule espèce connue, le *Rasoir* (*Pelecus cultratus*, Lin.), habite le Danube et les eaux de la Prusse orientale ; le genre *Aspius*, établi sur

L'ABLETTE COMMUNE

(ALBURNUS LUCIDUS [1])

L'Ablette est bien l'un des Poissons les plus vulgaires et les mieux connus dans toute l'Europe centrale. Parfaitement dédaignée des gastronomes à cause du goût fade de sa chair,

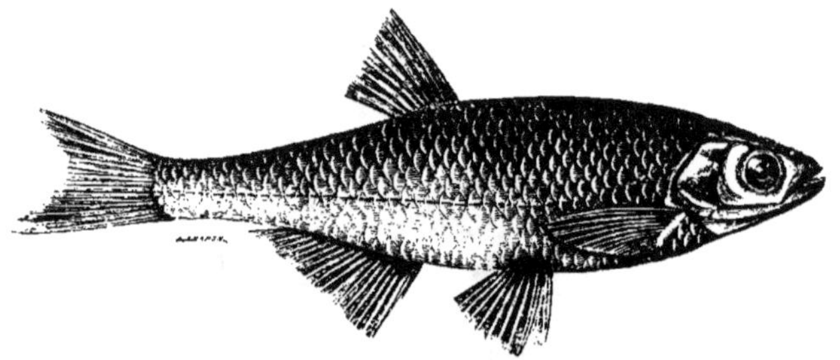

Fig. 78. — L'Ablette commune.

l'Ablette devient une consolation pour le pêcheur à la ligne auquel la fortune n'a point souri pendant de longues heures, et puis, elle séduit les regards par l'éclat métallique de ses écailles, plus encore que par sa forme élégante. Le magnifique vêtement d'argent qui est sa parure a si bien attiré l'attention qu'il a pris un rôle dans l'industrie.

une grande espèce de l'Allemagne méridionale et orientale (*Aspius rapax*, Agassiz ; *Cyprinus aspius*, Lin.) ; le genre *Leucaspius* (Heckel et Kner), comprenant une petite espèce de l'Europe orientale et méridionale (*L. delineatus*, Heck.; *Leuciscus stymphalicus*, Valenciennes).

[1] *Cyprinus alburnus*, Linné, *Systema naturæ*; édit. XII, t. I, p. 531 ; 1766. — Yarrell, *History of British Fishes*, t. I, p. 368 ; 1836. — *Leuciscus alburnus*, Valenciennes, *Histoire naturelle des Poissons*, t. XVII, p. 272 ; 1844. — *Alburnus lucidus*, Heckel et Kner, *Die Süsswasserfische der östreichischen Monarchie*, p. 131 ; 1858. — Siebold, *Die Süsswasserfische von Mitteleuropa*, p. 154 ; 1863.

L'Ablette, appelée en Bourgogne *Seuffle; Abbe, Blanchet* ou
Blanchaille, dans diverses localités; *Lauge* ou *Lauch,* en Alsace; *Nablo,* dans le département de Vaucluse, dépasse rarement la longueur de 0^m,15 ; la plupart des individus n'en ont
guère au delà de 12 à 14.

Le corps de ce petit Poisson très-variable dans sa forme, est
en général assez effilé, comprimé latéralement, avec la ligne
dorsale presque droite chez les mâles, très-légèremeut arquée
chez les femelles, et le ventre plus ou moins arrondi. Une
couleur verte métallique passant quelquefois au bleu d'acier
s'étend sur toute la région dorsale, s'affaiblit graduellement
sur les côtés pour se confondre avec le blanc d'argent qui domine chez l'animal. L'iris est également argenté. Les nageoires
du dos et de la queue ont une teinte grisâtre ; les autres sont
entièrement diaphanes ; quelquefois, avec la base des ventrales
et de l'anale un peu lavée de jaune orangé.

Tout le corps est couvert d'écailles fort minces, de moyenne
dimension, se détachant avec la plus grande facilité et n'of-

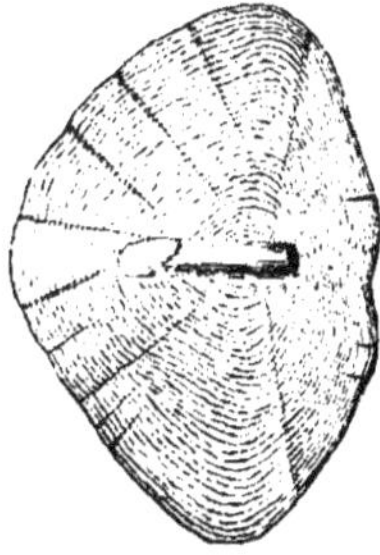

Fig. 79. — Écaille de la ligne latérale de l'Ablette commune.

frant pas dans leur disposition la parfaite régularité qui est ordinaire dans les écailles de la plupart des Cyprinides. Les
écailles suffiraient à faire reconnaître l'Ablette ; leur texture est

des plus délicates et leur contour des plus caractéristiques. C'est une forme ovalaire dans le sens de la largeur.

Le bord basilaire se montre légèrement bilobé ; le bord libre offre de larges festons, limités par des sillons qui convergent vers le centre ; les stries circulaires sont assez espacées sur presque toute la surface de l'écaille ; elles ne se trouvent très-rapprochées que sur la portion basilaire. Les écailles de la ligne latérale, au nombre de vingt-huit à vingt-neuf, ont le conduit de la mucosité cylindrique et échancré en dessus.

La bouche est grande relativement à la dimension de la tête, avec la mâchoire inférieure plus ou moins ascendante.

La nageoire dorsale, située beaucoup en arrière des ventrales, a, d'une manière presque constante, huit rayons branchus à la suite des trois rayons simples, et l'anale en a de dix-sept à vingt-deux, le plus souvent de dix-huit à vingt.

L'Ablette commune varie assez dans les proportions pour qu'on ait pu croire à l'existence dans notre pays de plusieurs espèces voisines, comme l'Ablette alburnoïde (*Leuciscus alburnoïdes*, Sélys-Longch., Valenc.), dont le corps est plus long que chez les Ablettes ordinaires, comme les Ablettes du département de la Sarthe signalées par M. Anjubault (*Soc. de la Sarthe*, 1860).

L'Ablette commune abonde dans la plupart des rivières de France, mais il nous a paru qu'elle devenait plus rare dans les départements méridionaux ; du reste, elle existe presque partout en Europe. Ce Poisson, qui vit souvent en grandes troupes, nageant près de la surface de l'eau, est fort dédaigné pour la table, mais les pêcheurs l'emploient volontiers comme appât pour le Brochet, les grosses Truites, etc. L'Ablette est très-vorace et se nourrit plus encore de petits animaux que de substances végétales ; elle fraye pendant le mois de mai.

L'Ablette donne lieu, en France, à une industrie aujourd'hui particulièrement exercée à Paris, qui est loin d'être sans importance. Tout le monde sait que les brillantes écailles de ce Poisson fournissent le produit connu sous le nom d'*essence d'Orient*, employé à la fabrication des fausses perles. Les écailles du ventre sont détachées à l'aide d'un couteau, puis lavées et triturées pour en détacher leur pigment d'aspect métallique qui précipite au fond du vase sous la forme de particules microscopiques[1].

On traite ensuite cette matière pulvérulente par l'ammoniaque pour l'isoler de tout ce qui pourrait rester de substances organiques. Alors, avec de la colle de poisson, on forme de cette poudre une sorte de pâte facile à étendre sur le verre.

Les Chinois, s'il faut s'en rapporter à certaines assertions, connaîtraient de temps immémorial le parti que l'on peut tirer de la couche argentée qui revêt les écailles de certains Poissons.

D'un autre côté, on assure que, dès le seizième siècle, les Vénitiens conçurent l'idée d'enduire à l'intérieur de petits globes d'une couche d'essence d'Orient et réussirent à imiter si parfaitement les véritables perles, que des gouvernements en vinrent à prohiber ce nouveau produit qui plusieurs fois avait été l'occasion de fraudes iniques.

Réaumur fixe la date de l'emploi de l'essence d'Orient en France à l'année 1656, d'autres la font remonter au règne de Henri IV. On fabriquait alors des globules de plâtre ou d'une matière analogue, que l'on recouvrait ensuite d'une couche de la substance qui imite si bien les perles.

---

[1] Réaumur le premier a fait, en 1716, une étude de cette substance. Depuis elle a été étudiée par divers naturalistes et chimistes : Ehrenberg, Brücke, Barreswill. Voit, etc.

D'abord, on s'émerveilla à la vue de ces joyaux, mais bientôt quelle fut la désillusion ! La chaleur, la moiteur de la peau des belles dames pendant les soirées déterminaient un changement d'adhérence de la matière nacrée ; cette matière abandonnait le plâtre et s'attachait au cou, aux blanches épaules, en formant les dessins les plus incohérents. Les fausses perles étaient condamnées. Mais tout était sans doute à peu près oublié à cet égard, lorsque, en 1680, un industriel de Paris, du nom de Jacquin, fabricant de chapelets ou *Patenôtrier*, suivant l'expression du temps, ayant observé de nouveau que les Ablettes lavées dans un vase faisaient déposer au fond des particules argentées ayant l'éclat des plus belles perles, eut la bonne pensée d'enduire avec l'essence d'Orient de petites boules de verre, c'est-à-dire de confectionner les fausses perles à peu près comme on les confectionne encore aujourd'hui.

C'était une industrie véritablement créée. Des fabriques s'établirent sur les rives de la Seine, de la Loire, de la Saône et du Rhône. Après avoir bien décliné, cette industrie a repris faveur ; elle occupe à Paris bon nombre d'ouvriers et surtout d'ouvrières, et elle exporte annuellement pour plus d'un million de francs de ses produits. On a cité des fausses perles figurant à l'Exposition de 1855, d'une beauté si parfaite qu'il eût été impossible de les distinguer des véritables perles, sans un examen très-attentif.

Dans plusieurs de nos départements du Nord et de l'Est et en Allemagne, on fait la pêche des Ablettes pour en arracher les écailles. Comme on compte qu'il faut environ quatre mille Ablettes pour fournir un demi-kilogramme d'écailles, donnant à peine le quart de son poids d'essence d'Orient, les fabricants de fausses perles doivent être reconnaissants envers la Provi-

dence qui a fait les Ablettes d'une merveilleuse fécondité. La
valeur des écailles, m'assure-t-on, varie de 20 à 24 francs le
kilogramme. Un pêcheur de Metz estime que les Ablettes,
prises dans la Moselle, en 1860, ont produit 5,000 francs.

L'ABLETTE MIRANDELLE

(ALBURNUS MIRANDELLA)

On trouve au lac Léman et au lac du Bourget, une Ablette
voisine de la précédente, mais vraiment bien distincte, que l'on

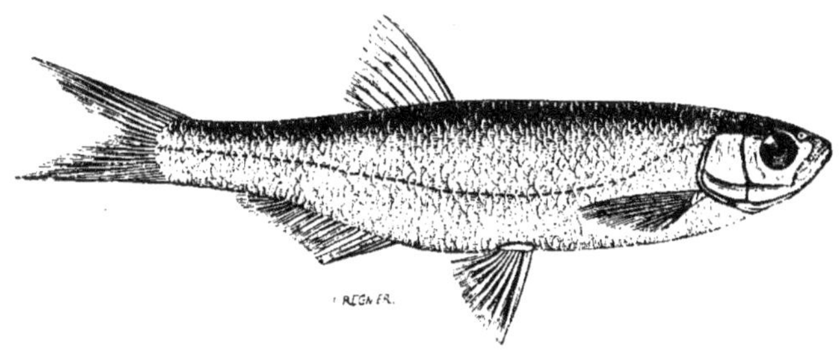

Fig. 80. — L'Ablette mirandelle.

connaît en Savoie sous les noms de *Sardine* et de *Mirandelle*.

La Mirandelle se fait remarquer par son corps beaucoup plus
allongé que celui de l'Ablette commune, avec le dos et le
sommet de la tête formant une ligne presque complétement
droite, par sa mâchoire inférieure tout à fait ascendante, du
reste à peine plus longue que la mâchoire supérieure. Son
opercule est plus large que chez l'Ablette commune ; ses écailles
au nombre de cinquante-sept ou cinquante-huit sur la ligne
latérale, d'une texture sensiblement moins délicate que celles
de l'espèce précédente, ont leurs rayons ou canalicules plus

saillants et de la sorte très-distincts même à la vue simple.

La nageoire dorsale plus ample que celle de l'Ablette commune a également huit rayons rameux, l'anale en a quinze ou seize.

La Mirandelle d'un blanc d'argent éclatant a toute la région dorsale, d'un bleu foncé chatoyant, du plus agréable effet, qui rappelle beaucoup la coloration de la Sardine.

J'ai observé des quantités considérables d'individus de cette espèce ; je les ai comparés à des Ablettes communes de toutes les provenances et j'ai pu me convaincre que la Mirandelle n'en est pas une simple variété, ce qui est rendu évident par la seule comparaison des écailles.

L'ABLETTE DE FABRE

(ALBURNUS FABRÆI)

L'Ablette de Fabre, dont le corps est assez médiocrement allongé et le dos arrondi comme chez le Spirlin, la tête assez courte, la bouche un peu ascendante, les mâchoires égales, l'opercule plus court que chez l'Ablette commune.

Les écailles assez grandes, au nombre d'une cinquantaine dans la plus grande longueur du corps, sont un peu plus longues que chez l'Ablette commune, plus arrondies, d'une texture un peu moins délicate avec leurs canalicules plus saillants et ainsi, beaucoup plus distincts à la vue simple.

La nageoire dorsale médiocrement élevée est extrêmement reculée en arrière ; elle a huit rayons rameux à la suite des rayons simples, l'anale, chez tous les individus observés, a présenté dix-sept ou dix-huit rayons branchus.

Cette espèce, d'un aspect bien différent de celui de nos autres
Ablettes, a la même coloration que l'Ablette commune. Ses

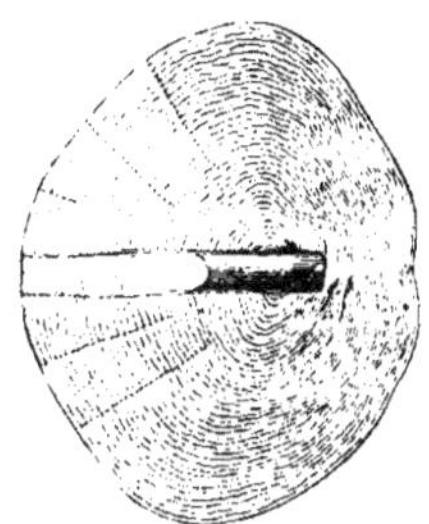

Fig. 81. — Écaille de la ligne latérale de l'Ablette de Fabre.

dents pharyngiennes ont une forme particulière ; elles sont
plus courtes et plus faiblement dentelées.

L'Ablette de Fabre se pêche dans le Rhône aux environs
d'Avignon. Le savant auquel elle est dédiée m'en a fait parvenir plusieurs individus d'une identité parfaite, les plus
grands individus ayant une longueur de $0^m,10$ à $0^m,12$.
Les pêcheurs du département de Vaucluse appellent ce Poisson
ainsi que l'Ablette commune la *Nablo*.

L'ABLETTE SPIRLIN

(ALBURNUS BIPUNCTATUS [1])

Cette espèce est l'une des plus faciles à reconnaître parmi
tous les Poissons habituellement désignés par le terme de

---

[1] *Cyprinus bipunctatus*, Bloch, part. 1, p. 50, pl. VIII, fig. 1. — *Leuciscus bipunctatus*, Valenciennes, *Histoire naturelle des Poissons*, t. XVII,
p. 259 ; 1844. — *Alburnus bipunctatus*, Heckel et Kner, *Die Süsswasserfische der östreichischen Monarchie*, p. 135 ; 1858. — Siebold, *Die Süsswasserfische von Mitteleuropa*, p. 163 ; 1863.

Blanchaille. Aussi trouve-t-on peu d'erreurs relativement à sa détermination spécifique dans les ouvrages d'Ichthyologie. Les pêcheurs savent la distinguer. Dans plusieurs localités, ils l'ap-

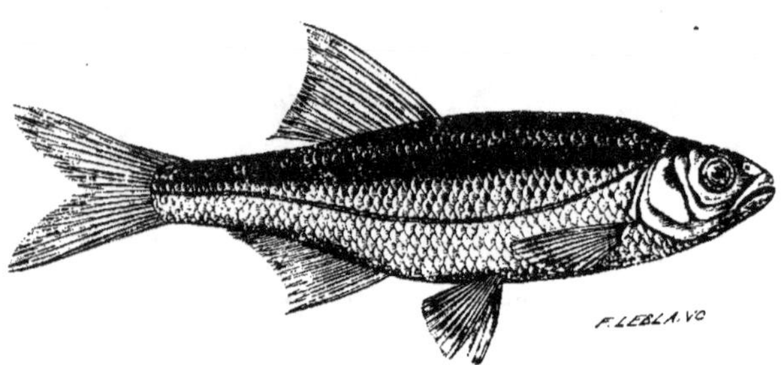

Fig. 82. — Le Spirlin (*Alburnus bipunctatus*).

pellent *Spirlin ;* aux environs de Paris, c'est l'*Éperlan de Seine*, bien que ce Poisson n'ait aucun rapport avec l'Éperlan, qui appartient à la famille des Salmonides. Dans le département de l'Aube, les noms de *Lorette* ou de *Lurette* sont en usage ; dans la Lorraine, ce sont ceux de *Mésaigne* et de *Méséine ;* dans le département de la Côte-d'Or, ceux de *Lugnotte* ou de *Lignotte*, faisant allusion à la double raie noire qui court sur les flancs du Poisson. Au lac Léman on donne au Spirlin les noms de *Platet* ou de *Boroche*.

Le Spirlin, dont la plus belle taille ne dépasse guère 0ᵐ,10 à 0ᵐ,12, est une charmante Ablette d'une physionomie toute particulière. Moins effilé, plus ovalaire que l'Ablette commune, le Spirlin avec sa longue nageoire anale et ses écailles minces, délicates, éclatantes, qui le désignent comme une véritable Ablette, présente certains détails de coloration très-fixes et très-caractéristiques. Le plus remarquable de ces détails de coloration, consiste dans la présence sur les écailles de la ligne latérale de deux points, ou plutôt de deux petites lignes noires situées aux deux côtés du conduit de la mucosité, et formant ainsi deux raies interrompues qui règnent sur toute la longueur du corps. Le dos et la partie supérieure de la tête sont d'un brun verdâtre métallique, tandis que les côtés et la région inférieure du corps sont d'un magnifique blanc d'argent passant au jaunâtre sur les opercules. Sur ce blanc éclatant, de petites taches noirâtres plus ou moins nombreuses sont disséminées au-dessus de la ligne latérale. L'œil dont l'iris est brunâtre en haut, argenté en bas avec la pupille jaune, contribue encore à rehausser la beauté du Spirlin. Les nageoires, principalement les nageoires inférieures, ont une coloration jaune-orange à leur base. A l'époque du frai, les couleurs de ce petit Poisson prennent encore plus d'éclat; le dos devient d'un vert plus vif, — le vert descend davantage vers la ligne latérale, et se dessine sur la teinte verte une bande bleuâtre ou violette ; en même temps la base des nageoires d'un jaune intense passe quelquefois au rouge. Le Spirlin dans sa parure de noce a été pris pour une espèce particulière par quelques naturalistes [1].

La tête de ce Poisson est assez courte et semble un peu conique lorsqu'on la considère de profil. La bouche est grande relativement à la taille de l'animal avec les deux mâchoires égales.

Les écailles, dont nous comptons neuf rangées au-dessus de la ligne latérale et quatre au-dessous, sont au nombre de quarante-cinq à cinquante dans la plus grande longueur du corps. Un peu plus longues et plus arrondies que chez l'Ablette commune, elles ont aussi leurs stries concentriques plus régulières.

---

[1] M. Valenciennes, *Hist. naturelle des Poissons*, t. XVII, p. 162, l'a décrit sous le nom d'*Able de Baldner* (*Leuciscus Ba'dneri*).

La nageoire dorsale du Spirlin, qui s'élève en arrière des ventrales, est remarquable par sa grande hauteur, presque double de sa longueur. Elle a trois rayons simples dont le premier très-petit, et huit rayons rameux.

L'anale, également très-haute, a le plus ordinairement quatorze rayons branchus à la suite des rayons simples, mais parfois ce nombre est diminué de deux ou trois, ou porté jusqu'à quinze, seize ou dix-sept.

Les dents pharyngiennes, terminées en crochet, sont très-finement dentelées comme chez les espèces précédentes.

Le Spirlin est connu pour un Poisson très-vorace, consommant peu de nourriture végétale, mais prenant avec beaucoup d'avidité des insectes, des vers, de petits mollusques, ainsi que des œufs des différents animaux aquatiques. Il fraye pendant les mois de mai et de juin.

Le Spirlin est commun dans les rivières de nos départements de l'Est, la Meuse, la Moselle, la Meurthe et leurs affluents, le Rhin, l'Ill, etc. On le trouve aussi dans la Somme et dans la Seine, dans tout le centre de la France, et même vers le cours inférieur du Rhône.

M. Fabre m'en a envoyé quelques individus pêchés dans la Sorgue, près d'Avignon. Ces individus, d'assez petite taille, d'une couleur fauve dorée, m'avaient semblé d'abord pouvoir être d'une espèce particulière, mais un examen minutieux n'a pu laisser de doute sur leur identité spécifique avec nos individus du nord et du centre de la France.

Ce Poisson est aussi fort répandu en Angleterre, en Belgique, dans la plus grande partie de l'Allemagne, mais il paraît ne point se trouver dans le nord de l'Europe.

Le Spirlin est, comme l'Ablette commune, recherché pour

ses écailles également employées à la fabrication de l'essence
d'Orient.

L'ABLETTE HACHETTE

(ALBURNUS DOLABRATUS [1])

A la texture délicate de ses écailles, à sa forme générale, à
l'éclat argenté de sa tête et de son corps, à sa nageoire anale
encore assez longue, on reconnaît de suite cette espèce pour
une Ablette, et cependant son corps moins effilé que chez
l'Ablette commune, sa tête beaucoup plus massive, son dos un
peu courbe, lui donnent en même temps une certaine ressemblance avec nos Chevaines et nos Vandoises.

La Hachette, d'un gris bleuâtre ou verdâtre sur les parties
supérieures, est du reste entièrement argentée avec quelques
points noirs sur les écailles, l'opercule et la joue, et les nageoires inférieures jaunâtres.

Ce Poisson a l'œil grand, la bouche ascendante, rappelant la
forme de celle de la Rotengle, les deux mâchoires presque
égales, la mâchoire supérieure dépassant à peine l'inférieure.

Les écailles de la Hachette au nombre de quarante-cinq à
cinquante dans la plus grande longueur du corps, disposées sur
sept à huit rangées au-dessus de la ligne latérale et quatre au-
dessous, sont très-caractérisques.

A la vue simple, leurs stries circulaires assez espacées entre

---

[1] *Leuciscus dolabratus,* Holandre, *Faune du département de la Moselle,*
p. 250; 1836. — De Selys-Longchamps, *Faune belge,* p. 207, pl. V, fig. 5.
— Valenciennes, *Hist. naturelle des Poissons,* t. XVII, p. 248; 1844. —
Abramis dolabratus, Günther, *Fische des Neckars,* p. 70; 1853. — *Alburnus dolabratus,* Siebold, *Die Süsswasserfische von Mitteleuropa,* p. 164;
1863.

elles sont bien apparentes et leurs canalicules longitudinaux sont nombreux et très-visibles. Ces écailles détachées et comparées à celles de l'Ablette commune : leur longueur plus grande, leur contour extérieur arrondi, constituent des différences frappantes.

La nageoire dorsale, qui s'élève un peu en arrière de l'insertion des ventrales, a huit à neuf rayons rameux à la suite des trois rayons simples ; l'anale, beaucoup plus courte que chez les autres Ablettes, n'en a ordinairement que dix à douze, mais il est cependant des individus où ce nombre s'élève à quatorze, quinze, et même seize.

Les dents pharyngiennes diffèrent peu de celles de l'Ablette commune ; terminées davantage en crochet recourbé, elles ressemblent davantage à celles des Vandoises.

Je n'ai eu la Hachette que de la Moselle où elle a été découverte il y a trente ans par Holandre. Depuis, elle a été prise en Belgique, dans la Meuse, par M. de Sélys-Longchamps ; et les naturalistes allemands l'ont observée dans les régions du Rhin et du Danube. Ce Poisson, que l'on pêche au printemps avec les Ablettes, est toujours en petite quantité dans la Moselle. Il fraye, assure-t-on, pendant le mois de mai.

LE GENRE ROTENGLE

(SCARDINIUS, *Bonaparte*)

Les Rotengles ont généralement le corps haut et comprimé latéralement, les nageoires dorsale et anale courtes, la dorsale ordinairement très en arrière.

Ce sont des caractères qui n'ont pas cependant la netteté dé-

sirable, et il est nécessaire d'avoir recours aux dents pharyngiennes pour acquérir la certitude qu'un Poisson est véritablement du genre Rotengle (*Scardinius*). Les dents pharyngiennes,
par exemple, sont bien caractéristiques.

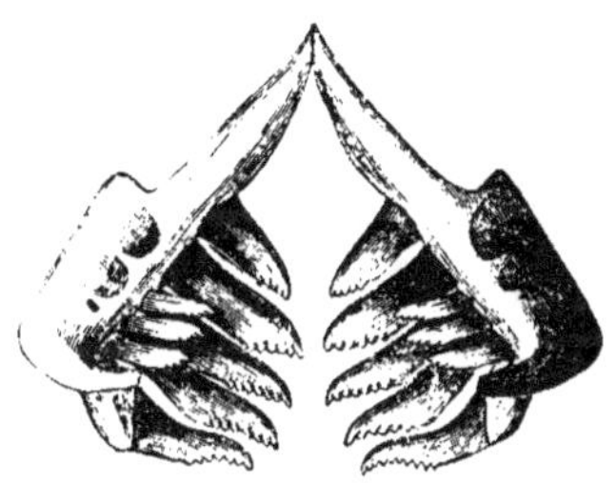

Fig. 83. — Dents pharyngiennes grossies de la Rotengle commune.

Disposées sur deux rangs, l'un formé de trois dents, l'autre
de cinq, ces dents se font remarquer par leur forme comprimée
et surtout par les dentelures très-prononcées qui garnissent
leur bord.

Nous n'avons trouvé en France qu'une seule espèce de ce
genre, offrant à la vérité de nombreuses variétés. Mais on a
décrit d'autres espèces qui n'ont encore été observées qu'en
Italie, en Dalmatie, etc.

LA ROTENGLE COMMUNE

(SCARDINIUS ERYTHROPHTHALMUS[1])

La Rotengle est un Poisson fort commun dans une grande
partie de l'Europe, que l'on reconnaît au premier abord à la

[1] *Cyprinus erythrophthalmus*, Linné, *Systema naturæ*, édit. XII, t. I, p. 530;
1766. — *Leuciscus erythrophthalmus*, Yarrell, *Hist. of British Fishes*, t. I,
p. 412; 1836. — Valenciennes, *Hist. naturelle des Poissons*, t. XVII,

magnifique couleur rouge des yeux. De cette particularité est
venu son nom de *Rothauge*, œil rouge, employé en Allemagne,
également en usage en Alsace, et d'où est dérivé, sans aucun

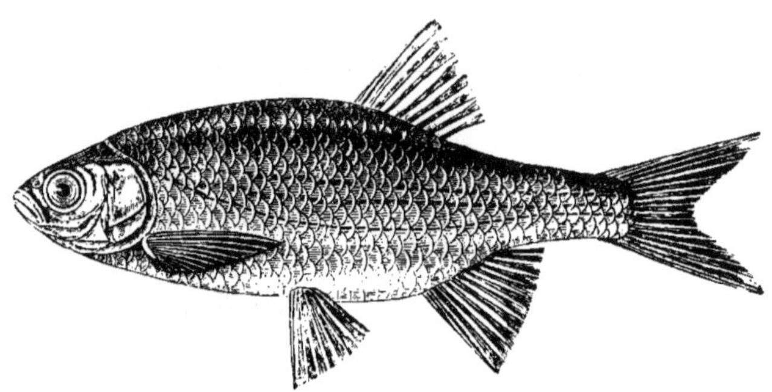

Fig. 84. — La Rotengle (*Scardinius erythrophthalmus*). D'après un individu
de la Dordogne.

doute, le nom vulgaire français de *Rotengle*. Les pêcheurs cependant appellent plus ordinairement ce Poisson la *Roche*, la
Rosse ou la *Rousse*, et la *Rossette* s'il est petit, sans le distinguer toujours du Gardon, qu'ils désignent de la même manière.
Dans diverses localités néanmoins la confusion n'existe pas et
la Rotengle est nommée *Gardon rouge* ou *Gardon à ailerons
rouges*. Dans les Basses-Pyrénées c'est le *Sergent ;* dans le département de la Côte-d'Or, on le nomme encore, paraît-il,
Chérin ou *Charin*.

La Rotengle, dont le corps peut être plus ou moins élevé,
étant considérée de profil, affecte une forme ovalaire très-régu-
lière, la ligne dorsale s'élevant sans aucune saillie brusque en
arrière de la nuque.

p. 107 ; 1844. — *Scardinius erythrophthalmus*, Heckel et Kner, *Die Süsswasserfische der östreichischen Monarchie*, p. 153 ; 1858. — Siebold, *Die Süsswasserfische von Mitteleuropa*, p. 180 ; 1863.

Ses couleurs varient dans une assez large mesure. Le plus souvent, le corps est dans sa plus grande partie d'un blanc d'argent éclatant, avec le dos et la région supérieure de la tête d'un brun verdâtre ou bleuâtre métallique, la nageoire dorsale de la même nuance et les nageoires inférieures d'un splendide rouge vermillon, surtout vers leur extrémité ; mais chez beaucoup d'individus, la teinte générale du corps est rembrunie et l'on voit à la base des écailles des taches obscures formées de points très-rapprochés. Souvent, aussi, les nageoires inférieures deviennent très-pâles et quelquefois elles sont entièrement décolorées. On sait du reste les changements qui se produisent à cet égard, chez une infinité de Poissons suivant les époques de l'année, sans compter les influences dues à la nature des eaux.

La tête, haute à sa base et amincie vers le museau, est ainsi presque conique avec l'œil fort grand. La bouche assez large est fendue très-obliquement, de sorte que la mâchoire inférieure se trouve être très-ascendante. Ce caractère contribue encore à donner à la Rotengle une physionomie particulière à côté des autres *poissons blancs*.

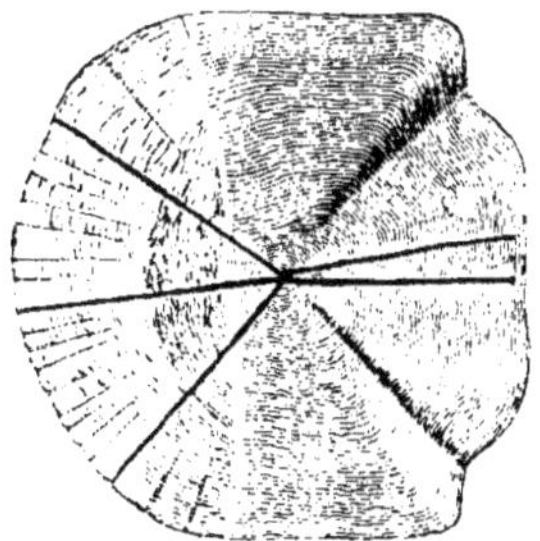

Fig. 85. — Écaille de la Rotengle commune.

Les écailles sont grandes, mais, comme leur portion découverte est fort étroite, elles figurent des losanges très-allongés.

On en compte quarante à quarante-deux dans la longueur du corps, sept rangées au-dessus de la ligne latérale, trois à quatre au-dessous. Ces écailles détachées, on voit qu'elles sont un peu plus longues que larges, avec leur bord basilaire très-sinueux, leur bord libre arrondi et très-légèrement festonné, leurs stries circulaires sinueuses et irrégulières sur la portion libre, de très-faibles sillons longitudinaux, deux, trois ou quatre canaux convergeant vers le centre, qui apparaissent à la vue simple comme autant de petites lignes saillantes.

La ligne latérale, médiocrement courbée à son origine, court ensuite parallèlement au bord ventral jusqu'à l'extrémité du corps.

A la position très-reculée de la nageoire dorsale, on distingue encore aisément la Rotengle parmi les autres Poissons blancs. Cette nageoire, assez courte, s'élève beaucoup en arrière de l'insertion des ventrales ; elle est composée de trois rayons simples dont un rudimentaire et de huit rayons rameux, quelquefois neuf, dans le cas où le dernier se trouve partagé jusqu'à la base. Aux nageoires pectorales, on compte seize ou dix-sept rayons dont un simple ; aux ventrales, deux simples et huit rameux, et à l'anale, trois simples et dix à douze rameux, onze chez le plus grand nombre des individus.

Un moment, j'avais cru voir des différences spécifiques entre les Rotengles de nos départements méridionaux et celles du nord et de l'est de la France. En général, les individus que j'ai obtenus de la Normandie, de la Lorraine et de l'Alsace, même des lacs de la Savoie, ont le corps très-élevé et les écailles pointillées de brun à la base et au bord extérieur. Des individus de la Dordogne ont le corps moins haut, les régions supérieures d'une couleur bleue plus fraîche et la ponctuation des

écailles rare. Mais j'ai trouvé tous les intermédiaires et je n'ai
rencontré aucun caractère distinctif précis. De la sorte, on peut
dire que jusqu'à présent, il n'a été observé en France qu'une
seule espèce de Rotengle [1]. L'Azurine (*Leuciscus cœrulescens*)
que l'on pêche aux environs de Knowsley, en Angleterre, et qui
a été décrite par Yarrell, est vraisemblablement une simple
variété de la Rotengle commune, remarquable par sa belle couleur bleue.

La Rotengle, le plus joli peut-être de nos Poissons blancs,
n'atteint guère une longueur de plus de $0^m,30$ et le poids
d'un kilogramme. Encore est-il rare d'en trouver des individus d'une aussi belle dimension. Ce Poisson se plaît également dans les eaux courantes et stagnantes, où il vit de substances végétales et animales. Il est très-vorace et la facilité
avec laquelle il se jette sur les appâts lui donne un certain
attrait aux yeux des pêcheurs à la ligne. La Rotengle fraye
habituellement à la fin d'avril et au commencement de mai.

LE GENRE GARDON

(LEUCISCUS, *Rondelet*)

Les Gardons ont en général le corps d'une assez grande hauteur, ce qu'on appelle large en le considérant de profil, et ils
ont la nageoire dorsale d'une longueur plus considérable que les
autres *poissons blancs*.

Ce sont les dents pharyngiennes seules cependant qui permettent d'affirmer que tel Poisson est du genre Gardon (*Leuciscus*).

[1] Il existe en Italie, en Dalmatie, en Bosnie, quelques espèces particulières très-voisines de notre Rotengle commune. Voir Heckel et
Kner, *Die Süsswasserfische der östreichischen Monarchie*.

Ces dents sont disposées sur un seul rang, le plus souvent au nombre de six du côté gauche et de cinq du côté droit, mais

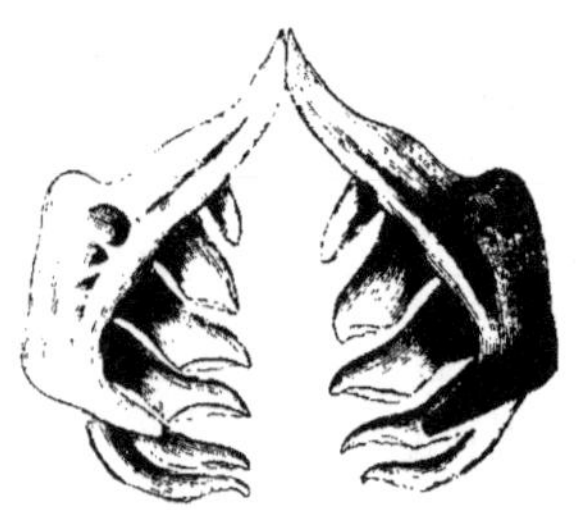

Fig. 86. — Dents pharyngiennes grossies du Gardon commun.

le nombre peut néanmoins être de cinq ou de six des deux côtés. Les dents antérieures affectent une forme conique, tandis que les postérieures sont comprimées, crochues au bout, et très-finement entaillées sur leur bord.

Les espèces de Gardons avaient été très-multipliées dans ces derniers temps par divers naturalistes, mais aujourd'hui, on a reconnu que beaucoup de ces espèces étaient de simples variétés du Gardon le plus commun dans toute l'Europe.

LE GARDON COMMUN

(LEUCISCUS RUTILUS [1])

Le Gardon commun, habitant des lacs aussi bien que des rivières, est un des Poissons les plus répandus dans les eaux de la

[1] *Cyprinus rutilus*, Linné, *Systema naturæ*, édit. XII, t. I, p. 539 ; 1766. — *Leuciscus rutilus*, Yarrell, *British Fishes*, t. I, p. 399 ; 1836. — Valenciennes, *Hist. naturelle des Poissons*, t. XVII, p. 130 ; 1844. — Heckel et Kner, *Die Süsswasserfische der östreichischen Monarchie*, p. 169 ; 1858. — Siebold, *Die Süsswasserfische von Mitteleuropa*, p. 184 ; 1863.

plus grande partie de l'Europe. Très-variable tout à la fois sous le rapport des formes et des couleurs, plusieurs naturalistes ont considéré ses principales variétés comme autant d'espèces distinctes.

L'examen minutieux et comparatif d'un nombre très-considérable d'individus de tous les âges, provenant de toutes les régions de la France et plusieurs de différentes parties de l'Allemagne nous a conduit à acquérir la conviction que des *espèces nominales* décrites par les ichthyologistes modernes, étaient en réalité de l'espèce du Gardon commun. Déjà M. de Siebold, l'auteur de l'*Histoire des Poissons de l'Europe centrale*, était arrivé à un résultat semblable qui d'abord m'avait surpris, mais l'étude approfondie du sujet a dû bientôt faire considérer ce résultat comme l'expression de la vérité.

Le nom de Gardon ou de Gardon blanc, est très en usage parmi nos pêcheurs; cependant les noms de *Roche*, de *Rosse* ou de *Rousse* et de *Rossette* pour les jeunes individus, appliqués également à la Rotengle, sont aussi d'un emploi vulgaire très-habituel, pour désigner le Gardon commun ; en Alsace, c'est le *Rottel*.

Ce Poisson dans sa forme la plus ordinaire a le dos assez fortement élevé et d'une courbe à peu près régulière. Considéré de profil, il est en ovale plus ou moins allongé, car, suivant l'âge, suivant le sexe et le développement des laitances ou des ovaires, la hauteur totale du corps varie d'une manière très-notable.

Les couleurs du Gardon sont souvent très-vives. En général, le dos est d'un vert foncé, à reflets dorés ou irisés, quelquefois d'un bleu magnifique, les côtés sont argentés avec des reflets bleuâtres et souvent des taches brunes à la base des écailles et des points de la même couleur disséminés en plus ou moins grand nombre, le ventre d'un blanc d'argent, l'iris d'un rouge doré, les nageoires dorsale et caudale d'une teinte sombre, parfois lavée de rougeâtre, les pectorales pâles, les ventrales et l'anale d'un rouge plus ou moins éclatant, suivant les époques de l'année, suivant les conditions d'existence. Des individus de la Seine, d'une teinte générale bleue assez claire, sont désignés par nos pêcheurs sous le nom de *Gardons bleus*.

Chez ce Poisson, la tête est assez forte, avec le museau arrondi, la bouche assez petite, relativement au volume de l'animal, la lèvre supérieure un peu saillante sur l'inférieure, l'œil grand, mais néanmoins un peu variable dans ses proportions.

Les écailles sont bien caractéristiques. Assez courtes, traversées par quelques canalicules disposés en éventail, elles ont leur bord libre festonné, leurs stries concentriques assez écartées

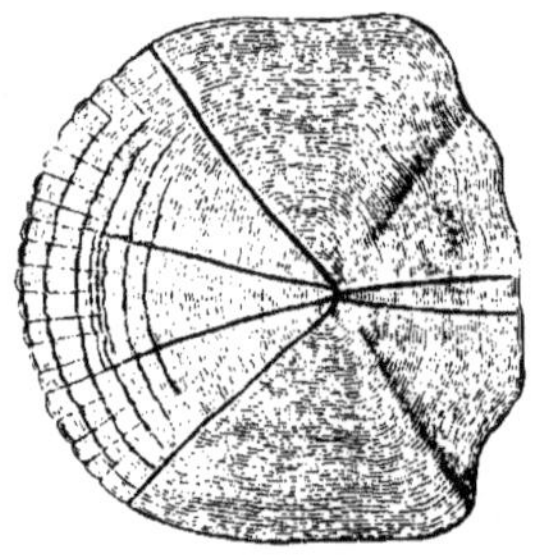

Fig. 87. — Écaille du Gardon commun.

les unes des autres sur la portion découverte, décrivant les mêmes festons que le contour extérieur et se montrant d'espace en espace plus larges et plus serrés. La ligne latérale assez brusquement descendante à son origine, suit la courbe ventrale en se dirigeant vers l'extrémité du corps. Elle offre quarante-deux à quarante-cinq écailles dans sa longueur. On compte huit rangées d'écailles au-dessus de la ligne latérale et quatre au-dessous.

La nageoire dorsale s'élève exactement au-dessus des ventrales, ayant, d'une manière presque constante, trois rayons simples et dix rayons rameux, rarement onze.

Les dents pharyngiennes du Gardon sont presque toujours au nombre de cinq de chaque côté, mais il n'est pas très-rare de rencontrer des individus qui en ont cinq d'un côté et six de l'autre.

Le Gardon, l'un de nos *poissons blancs* les plus communs dans les lacs et les rivières, l'un aussi des moins estimés pour la table, à cause du goût fade de sa chair, n'atteint pas d'ordinaire plus de 25 à 30 centimètres de longueur. Il se nourrit principalement de substances végétales, ce qui ne l'empêche pas de consommer beaucoup encore, de vers, d'insectes et sans doute de petits poissons. Il fraye dès le mois d'avril et pendant tout le mois de mai. La durée de l'incubation des œufs déposés sur les rives pierreuses, est de dix à quatorze jours.

Les Gardons nagent souvent par troupes, surtout à l'époque du frai, dans des eaux peu profondes, dont le courant n'est pas très-rapide.

LES VARIÉTÉS DU GARDON COMMUN.

Les principales variétés du Gardon commun ayant été décrites par plusieurs naturalistes comme autant d'espèces distinctes, nous croyons devoir faire une mention spéciale de chacune d'elles. Ces variétés sont : le GARDON RUTILOÏDE (*Leuciscus rutiloïdes,* Sélys-Longchamps), qui a les nageoires inférieures jaunâtres et auquel on a cru voir la tête un peu plus petite que chez le Gardon commun;

Le Gardon jesse (*Leuciscus jeses*, Sélys-Longchamps[1]) presque semblable au précédent et décrit d'après des individus pêchés dans la Meuse ;

Le Vengeron (*Leuciscus prasinus*, Agassiz), dont le dos est peu élevé et toutes les parties supérieures du corps d'un beau vert pomme, variété observée dans les lacs de la Suisse et de la Savoie ;

Le Gardon de Sélys (*Leuciscus Selysii*, Heckel), remarquable par la belle couleur bleue des parties supérieures du corps, variété que l'on trouve fréquemment dans nos rivières de l'Est, la Meuse, la Meurthe, la Moselle, l'Ill, le Rhin.

A cette liste de variétés du Gardon commun, il faudra certainement en ajouter d'autres encore, signalées en Italie et en Allemagne (notamment les *Leuciscus decipiens*, Agass. ; *Leuciscus Pausingeri*, Heckel et Kner).

LE GARDON PALE

(LEUCISCUS PALLENS)

Cette espèce, voisine du Gardon commun, s'en distingue aisément par plusieurs caractères.

Considérée de profil, sa forme est plus oblongue, même que chez les individus de la variété *Selysii*, le dos étant très-peu élevé à partir de la nuque. La considération des écailles suffirait à empêcher toute confusion entre ce Poisson et le précédent. Chez le Gardon pâle, les écailles, proportionnellement plus grandes que celles du Gardon commun et au nombre de quarante-deux

---

[1] Rapporté à tort au *Cyprinus jeses*, de Linné et de Bloch, qui est le même que le *Cyprinus idus* (*Idus melanotus*).

dans la longueur du corps, forment en avant un angle plus
saillant.

Le Gardon pâle a le corps argenté, tirant quelquefois sur le
jaunâtre, avec le dos et la région supérieure de la tête d'un gris

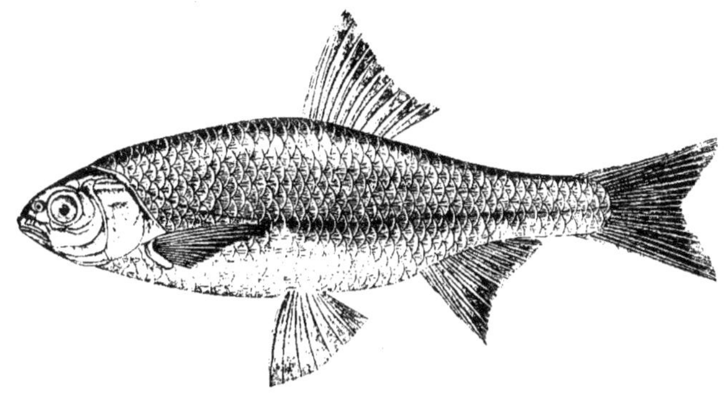

Fig 88. — Le Gardon pâle (*Leuciscus pallens*).

clair, légèrement ardoisé ; la nageoire dorsale d'un gris jaune
avec les bords des rayons sablés de noir, la nageoire caudale de
la même nuance, les nageoires inférieures d'un jaune pâle.

Il y a neuf ou dix rayons rameux à la nageoire dorsale ; onze
et quelquefois dix seulement, si les deux derniers sont très-
réunis, à la nageoire anale ; huit aux ventrales, sans compter
les premiers rayons simples qui sont en nombre pareil chez
toutes les espèces.

Enfin le Gardon pâle a des dents pharyngiennes au nombre
de six de chaque côté, et ce dernier caractère paraîtra le plus
important aux yeux de la plupart des zoologistes. J'ai observé
ces dents sur beaucoup d'individus et je n'ai trouvé aucune
différence entre eux.

Le Gardon pâle atteint la taille de 0^m,35 à 0^m,40 ; on
le pêche abondamment dans les petites rivières des environs

d'Annecy ; aussi le voit-on journellement sur le marché de cette ville, où il est désigné sous le nom de *Vairon*.

LE GENRE IDE

(IDUS, *Heckel*)

Par leurs principaux caractères, les Ides sont très-voisins des Chevaines (genre *Squalius*), mais, par la forme générale de leur corps, ils ressemblent davantage aux Gardons et aux Rotengles.

Leurs nageoires dorsale et anale sont assez courtes à leur base ; leurs écailles, moins longues que celles des Chevaines, en diffèrent très-peu par leur structure. Ici encore, ce sont les dents pharyngiennes qui seules permettent d'établir une dis-

Fig. 89. — Dents pharyngiennes de l'Ide mélanote.

tinction précise. Ces pièces sont disposées sur deux séries, l'une formée de trois dents, l'autre de cinq, comme chez les Rotengles ; mais les dents pharyngiennes des Ides ne présentent point de dentelures ; elles sont comprimées latéralement et terminées en crochet recourbé, comme dans les Chevaines. A la rangée interne, il y a une dent de plus que chez ces derniers ; c'est à cela que se réduit la différence.

Nous n'avons en France qu'une seule espèce de ce genre.

MM. Heckel et Kner en ont décrit une seconde espèce européenne (*Idus miniatus*) qui vit dans les bassins du jardin impérial de Vienne, où elle aurait été apportée du Tyrol. C'est presque certainement une simple variété de la première.

L'IDE MÉLANOTE

(IDUS MELANOTUS [1])

Ce Poisson, assez abondant en Allemagne et dans le nord de l'Europe, est fort rare en France ; aussi ne lui connaissons-nous dans notre pays aucun nom vulgaire. En Allemagne on l'appelle *Nerfling*. L'Ide mélanote a en partie l'aspect de la Rotengle, avec le corps plus oblong, la courbe du dos régulière et médiocrement élevée.

La coloration de ce Cyprinide change avec l'âge de la manière la plus remarquable. Chez les individus parvenus à un degré de développement avancé, toutes les parties supérieures du corps sont d'un noir bleuâtre, les côtés et les régions inférieures, d'une teinte blanche argentée, ont des reflets bleuâtres, et les nageoires rougeâtres semblent aussi être couvertes d'une vapeur bleue. Chez les jeunes individus, considérés naguère comme appartenant à une espèce bien distincte (*Cyprinus orfus*, Linné), tout le dos est d'un beau rouge doré et ce rouge s'étend sur les côtés jusqu'au-dessous de la ligne latérale, en s'affaiblissant pour se fondre avec le blanc d'argent des régions inférieures

[1] *Cyprinus idus* et *Cyprinus jeses*, Linné, *Systema nat.*, t. I, p. 529 et 530 : 1766. — *Leuciscus jeses*, Valenciennes, *Hist. nat. des Poissons*, t. XVII, p. 160 ; 1844. — Jeune âge, *Cyprinus orfus*, Linn., p. 530. — *Leuciscus orphus*, Valenciennes, p. 214. — *Idus melanotus*, Heckel et Kner, *Die Süsswasserfische*, etc., p. 135 : 1858. — Siebold, *Die Süsswasserfische von Mitteleuropa*, p. 176 : 1863.

du corps. Les nageoires sont d'un rouge vermillon, passant au jaune à leur extrémité.

La tête de l'Ide est courte, inclinée d'arrière en avant, avec la bouche petite, les mâchoires égales, l'inférieure un peu ascendante, l'œil petit, l'opercule large.

Les écailles sont moins grandes que chez les Gardons et les Rotengles ; aussi on en compte de cinquante-six à cinquante-huit sur la ligne latérale, huit à neuf rangées au-dessus, cinq à six au-dessous. Ces écailles, beaucoup moins longues que larges, ont leur bord très-légèrement festonné, leurs stries concentriques plus larges, plus serrées et plus régulières que chez la Chevaine et quatre, cinq ou six canalicules disposés en éventail.

La nageoire dorsale, qui s'élève presque au-dessus des ventrales, a huit rayons rameux, rarement neuf ; l'anale en a neuf ou dix.

L'Ide mélanote atteint la taille de 0^m,30 à 0^m,40 ; on l'a pêché dans la Moselle, dans la Meuse, dans l'Ill, dans le Rhin et, assure M. Valenciennes, dans la Somme. Jamais il n'a été pris dans la Seine. Ce Poisson fraye pendant les mois d'avril et de mai.

LE GENRE CHEVAINE

(SQUALIUS, *Bonaparte*)

Les espèces de ce genre se distinguent au premier abord de celles des genres précédents, par un corps moins haut, plus élancé ; mais c'est là néanmoins un caractère de faible valeur. Il faut donc remarquer ensuite la brièveté des nageoires dorsale et anale, la position de la dorsale exactement au-dessus des ventrales et s'attacher par-dessus tout, à la considération des dents pharyngiennes. Ces pièces, un peu comprimées et terminées en

crochet recourbé, sont disposées sur deux rangs, l'un composé
de deux dents, l'autre de cinq.

Dans ce genre, on reconnaît aisément trois formes principales :
celle des *Chevaines* proprement dites, où la tête est fort épaisse,
la nageoire dorsale avec huit rayons rameux, les écailles d'une
apparence un peu mate, les dents pharyngiennes relativement
minces ; celle des *Vandoises*, où la tête est plus effilée, la na-

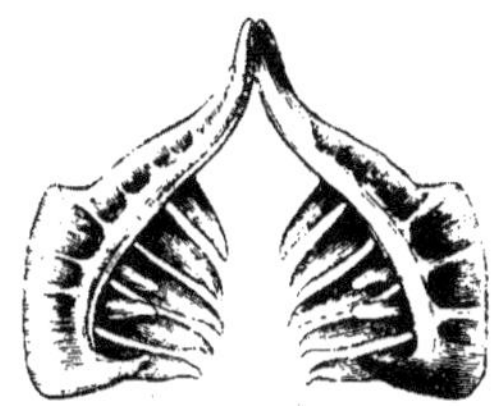

Fig. 90. — Dents pharyngiennes de la Vandoise commune (*Squalius leuciscus*).

geoire dorsale avec sept rayons rameux, les écailles très-bril-
lantes, les dents pharyngiennes plus épaisses ; celle des *Blageons*
(genre *Telestes*, Bonaparte), où la tête est courte et obtuse ; la
nageoire dorsale à huit rayons rameux, les écailles délicates,
avec les rayons en éventail plus nombreux qué chez les Chevaines et les Vandoises, les dents pharyngiennes très-semblables
à celles de. ces dernières[1].

[1] Cette division correspond au genre *Telestes* établi par le prince
Charles Bonaparte et adopté par Heckel et Kner et de Siebold, ces auteurs se fondant sur les dents pharyngiennes, qui ne seraient, d'un côté,
qu'au nombre de quatre à la rangée externe. Cette caractéristique ne
s'appuie que sur de fausses déterminations occasionnées par la chute
d'une dent. Chez une foule de *Telestes* que nous avons examinés, les
dents se sont toujours trouvées semblables des deux côtés et au nombre de cinq à la rangée externe.

Ce genre, tel que nous l'adoptons, est le plus nombreux en espèces de la famille des Cyprinides ; on en trouve plusieurs en Italie, en Illyrie, en Dalmatie, etc., qui n'ont jamais été observées
en France.

LA CHEVAINE COMMUNE

(SQUALIUS CEPHALUS [1])

La Chevaine est l'un des Poissons blancs qui atteignent les
plus fortes dimensions. Abondante dans les rivières d'une très-

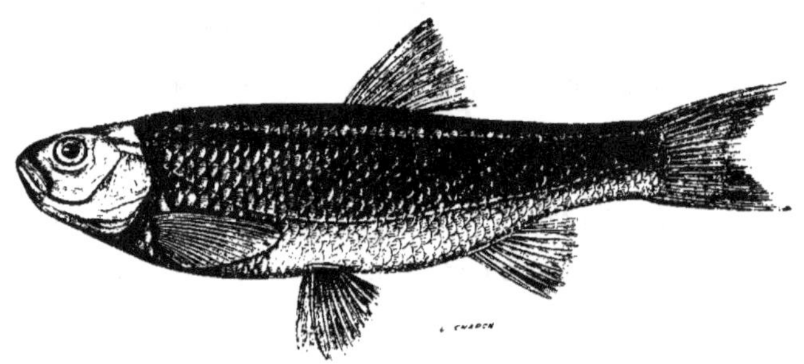

Fig. 91. — La Chevaine (*Squalius cephalus*).

grande partie de l'Europe, malgré le peu d'estime qui lui est
accordé, elle peut compter pour une part sensible dans les
ressources alimentaires de certaines localités.

Le nom de Chevaine ou Chevanne est très en usage parmi

[1] *Cyprinus cephalus*, Linné, *Systema naturæ*, édit. XII, p. 527 ; 1766. —
Cyprinus idus, Bloch, part. 1, p. 253, pl. XXXVI. — *Leuciscus dobula*,
Valenciennes, *Hist. naturelle des Poissons*, t. XVII, p. 172 ; 1844. — Gün-
ther, *Die Fische des Neckars*, p. 69 ; 1853. — *Squalius dobula*, Heckel et
Kner, *Die Süsswasserfische der östreichischen Monarchie*, p. 180 ; 1858. —
Squalius cephalus, Siebold, *Die Süsswasserfische von Mitteleuropa*, p. 200 ;
1863.

les pêcheurs, mais celui de *Meunier* n'est pas appliqué à ce Poisson d'une manière moins générale. On l'appelle *Meunier*, disent les uns, parce qu'on le pêche dans le voisinage des moulins où il recherche les chutes d'eau, parce que, disent les autres, sa robe blanche le fait comparer au meunier qui est habituellement tout enfariné. Cette dernière explication est sans doute l'expression de la vérité. La Chevaine porte du reste encore bien d'autres noms vulgaires. Ainsi, c'est la *Juène* pour les pêcheurs parisiens, le *Cheneveau* ou *Cheneviot* à Nogent-sur-Seine, le *Chabuisseau* sur la Loire, le *Charasson* à Lyon, le *Chabot* et le *Cabot* dans les départements du Lot, de Lot-et-Garonne, de la Haute-Garonne, etc. ; le *Chouan* dans le département de Maine-et-Loire, le *Vilain* dans différentes localités, le *Vilna* ou *Vilnachon* à Troyes, sans compter les autres appellations qui ne sont point parvenues à notre connaissance.

La Chevaine se fait remarquer à la première inspection par sa forme oblongue, pleine d'élégance, annonçant un Poisson dont les mouvements doivent être faciles, la natation rapide, par ses grandes écailles qui se trouvent si exactement appliquées les unes sur les autres, qu'elles figurent comme une sorte de dessin tracé sur une surface lisse ; apparence rendue plus manifeste par une bordure colorée, formée par un cercle de points noirâtres très-serrés sur chaque écaille. La Chevaine appelle également l'attention par sa tête massive, avec le front large et aplati, le museau court et épais, la bouche grande, l'œil de médiocre dimension dont l'iris est bronzé sur le haut, argenté vers le bas et la pupille entourée d'un cercle jaune-citron.

Sous le rapport de la délicatesse de la coloration, la Chevaine est un des Poissons les mieux partagés. En grande partie resplendissante comme l'argent, parfois un peu jaunâtre, mais toujours d'un éclat métallique, elle a les parties supérieures du corps et de la tête d'une brillante couleur bronzée à reflets métalliques verts ou bleuâtres et sur chaque écaille une bordure régulière d'une teinte plus ou moins sombre. Ses nageoires du dos et de la queue, noirâtres vers le sommet, participent de la coloration de la partie supérieure du corps, tandis que ses nageoires pectorales, ventrales et anale, plus ou moins rouges suivant l'âge des individus comme suivant la saison, et quelquefois de la teinte rose la plus délicate, forment un charmant contraste.

Les écailles sont au nombre de quarante-quatre à quarante-six dans la longueur, depuis la fente de l'ouïe jusqu'à l'origine de la nageoire de la queue. Dans la portion la plus haute du corps, on en compte sept rangées au-dessus de la ligne latérale et quatre au-dessous. Ces écailles considérées isolément sont bien caractéristiques de l'espèce. Un peu plus longues que larges,

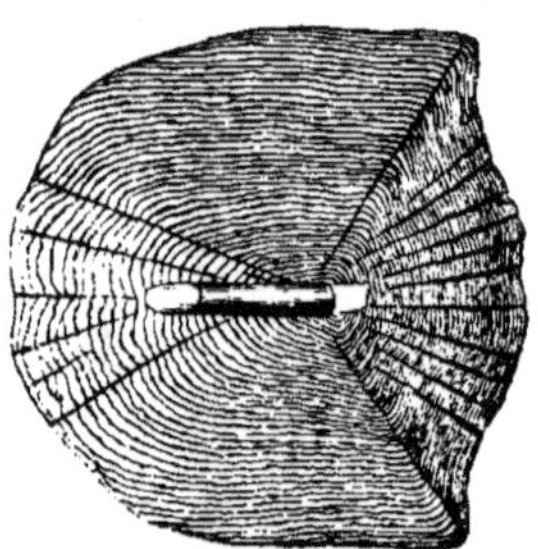

Fig. 92. — Écaille de la ligne latérale de la Chevaine commune.

avec leur bord arrondi et très-légèrement festonné, elles ont leurs stries circulaires assez espacées, sinueuses et un peu irrégulières, cinq ou six canaux paraissant à la vue simple comme autant de lignes brillantes, la portion basilaire avec dix à douze sillons disposés en éventail et le bord sinueux.

La ligne latérale descend de l'épaule vers la partie ventrale en décrivant une courbe assez prononcée et se continue ensuite directement jusqu'à la queue, au-dessous de la portion moyenne du corps ; les conduits de la mucosité sont cylindriques et échancrés en dessus.

La nageoire dorsale qui s'élève presque exactement au milieu du dos, un peu en arrière de l'insertion des ventrales, est plus haute que longue et formée de onze rayons, trois simples dont un très-petit et huit rameux. Aux nageoires pectorales, on compte dix-sept ou dix-huit rayons dont un simple ; aux ventrales, deux simples et huit rameux ; à l'anale, trois simples et huit branchus, bien rarement neuf ou seulement sept.

Les dents pharyngiennes de la Chevaine sont longues, comprimées et terminées en un crochet courbé en dessus.

Le canal intestinal est replié et d'un quart environ plus long que tout le corps.

La Chevaine commune peut atteindre d'assez fortes dimensions ; on en prend des individus d'une longueur de $0^m.50$ à $0^m,60$ et du poids de 3 à 4 kilogrammes, quelquefois davantage, mais elle n'arrive à un développement aussi considérable que dans les meilleures conditions. C'est au lac Léman et au lac du Bourget que j'ai vu pêcher les plus grands individus parmi tous ceux que j'ai recueillis en France.

C'est un Poisson d'une grande voracité, et, comme il n'est pas fort estimé pour la table, on ne peut guère désirer le voir se multiplier en trop grande abondance. De même que tous les Cyprinides, il consomme des substances végétales, mais plus que beaucoup d'autres, il est extrêmement avide d'animaux de toutes sortes ; il avale en foule des vers, des insectes, des mollusques, et même il s'empare, assure-t-on, de rats d'eau ; il détruit en quantité du frai et de jeunes poissons.

La Chevaine commune, très-répandue dans le centre et le nord de l'Europe, se trouve aussi à peu près par toute la France, rivières, lacs et étangs des plaines et des montagnes. On la prend dans les rivières de nos départements méridionaux, le Tarn, la Garonne, l'Aude, etc., le cours inférieur du Rhône et ses affluents, où il existe des espèces voisines que nous ne voyons jamais au nord.

Elle fraye pendant les mois de mai et de juin, un peu plus tôt ou un peu plus tard, suivant les localités et surtout suivant le degré de la température. Quittant les eaux profondes qu'elle affectionne, elle vient déposer ses œufs sur les pierres et les graviers, dans le voisinage des rives. On voit alors les Chevaines se réunir en troupes nombreuses et venir effectuer leur ponte au même moment. Un habile pisciculteur, M. Pierre Carbonnier, rapporte avoir vu, un soir à Paris, près du Pont-Neuf, une quantité innombrable de Chevaines rassemblées pour la ponte et la fécondation des œufs. Pendant deux heures, ces individus agglomérés se pressaient et se frottaient les uns contre les autres et exécutaient des bonds saccadés à la surface de l'eau. Le lendemain, tous les poissons avaient abandonné la place.

Les jeunes Chevaines, n'ayant pas plus de 0^m,04 à 0^m,05 de longueur, ont déjà tous les caractères des adultes ; leurs couleurs seulement sont un peu plus pâles.

LA CHEVAINE MÉRIDIONALE

(SQUALIUS MERIDIONALIS)

Cette espèce très-voisine de la Chevaine commune a un aspect particulier qui la fait aisément reconnaître.

Le corps est un peu moins allongé, avec la ligne du dos sensiblement plus arquée, la tête proportionnellement plus longue, plus inclinée en avant et un peu moins obtuse à l'extrémité. Cette tête mesurée du bout du museau au bord postérieur de l'opercule, forme plus du quart de la longueur de l'animal entier, en ne comptant point la nageoire caudale, tandis que chez la Chevaine commune, la longueur de la tête est loin encore d'entrer pour le quart dans la dimension totale du corps.

L'opercule plus large à son sommet que celui de la Chevaine commune, se rapproche davantage de la forme carrée.

La ligne latérale, moins courbée dans sa portion antérieure, se trouve être ainsi presque droite.

Les écailles, en général, dont on ne compte pas plus de quarante-quatre dans la longueur du corps, semblent, observées à la vue simple, n'avoir pas le même poli que chez l'espèce précédente. Elles sont fortement pointillées, sablées de brun noirâ-

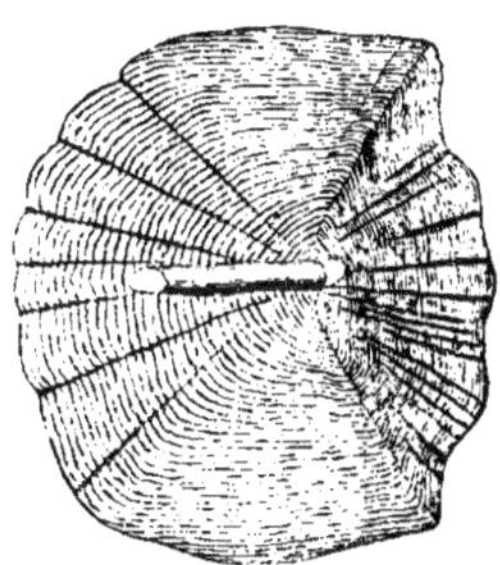

Fig. 93. — Écaille de la ligne latérale de la Chevaine méridionale.

tre à leur base et sur leur pourtour. Considérées isolément, elles se montrent très-caractéristiques ; toujours plus courtes que celles de la Chevaine commune, elles ont les stries de la portion libre notablement moins espacées, moins sinueuses et de la sorte beaucoup plus régulières.

Les nageoires présentent le même nombre de rayons que chez la Chevaine commune.

La Chevaine méridionale a été rencontrée dans le département de Lot-et-Garonne. M. Drème m'en a envoyé plusieurs individus qui avaient été pêchés dans la Sâve. Quelques individus pris dans la Sorgue à quelques kilomètres d'Avignon, m'ont paru appartenir à cette espèce ; je n'ai trouvé d'autre différence avec les premiers que la ponctuation des écailles un peu plus forte.

LA CHEVAINE TREILLAGÉE

(SQUALIUS CLATHRATUS)

Cette Chevaine, qui habite nos départements méridionaux et que nous avons reçue particulièrement du sud-ouest de la France est appelée par les pêcheurs le *Cabot*, mais c'est une désignation appliquée, on le sait, assez indifféremment à diverses espèces voisines et même au Chabot (*Cottus gobio*).

La Chevaine treillagée, plus étroite, plus élancée que la Chevaine commune et surtout que la Chevaine méridionale, a une charmante coloration. Son dos et le dessus de sa tête sont d'un gris bleuâtre et cette teinte en s'affaiblissant sur les côtés jusqu'au-dessous de la ligne latérale, prend exactement l'aspect et les brillants reflets de la nacre, tandis que toutes les parties inférieures du corps demeurent d'un beau blanc d'argent. Les joues et l'opercule sont parsemés de gros points noirs et les écailles sont ornées chacune d'une bordure de points également noirâtres, assez gros et très-serrés, figurant une sorte de grillage sur toute l'étendue des parties latérales du corps. La nageoire dorsale est d'un gris pâle ; les nageoires inférieures ont une teinte jaunâtre.

Chez cette espèce, la tête, aussi courte que celle de la Chevaine commune, peut-être plus massive encore, a le museau plus avancé et la fente buccale moins oblique.

Les écailles fournissent un caractère très-propre à faire distinguer la Chevaine treillagée des espèces voisines. Ayant leur bord extérieur moins arrondi et moins festonné que dans la

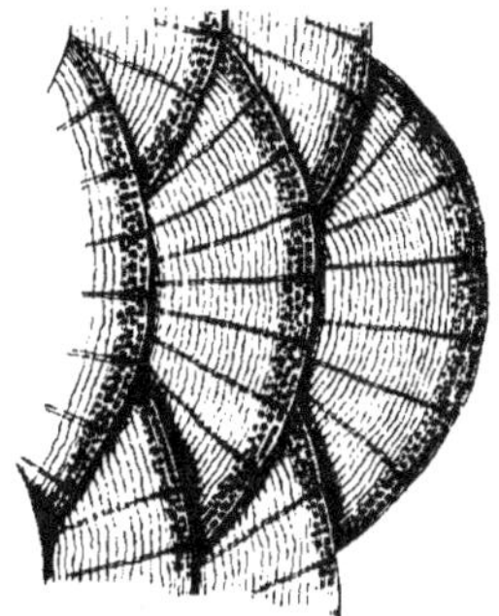

Fig. 94. — Écailles de la Chevaine treillagée dans leur position naturelle.

Chevaine commune, elles figurent des losanges bien réguliers auxquels leur ponctuation donne une extrême netteté. Lorsqu'on observe les écailles détachées du corps, on constate qu'elles sont généralement un peu plus courtes que celles de la Chevaine commune, que leurs stries circulaires aussi écartées sont plus régulières, leurs rayons de la partie engagée dans la peau moins nombreux.

Les nageoires présentent le même nombre de rayons que chez les espèces précédentes.

La Chevaine treillagée a été prise dans le Lot, dans le Célé près Figeac. M. Lacaze-Duthiers et M. Drème, avocat général à Agen, m'en ont fait parvenir un certain nombre d'individus d'une identité parfaite : les plus grands n'ayant qu'une

longueur de 0ᵐ,15 à 0ᵐ,20. Chez les très-jeunes individus, longs seulement tout au plus de 0ᵐ,06 à 0ᵐ,07, les
taches pigmentaires des écailles sont encore très-imparfaitement formées, mais les caractères mêmes des écailles ne laissent
aucun doute relativement à la détermination de l'espèce. On
m'assure que cette Chevaine porte dans le pays le nom d'*Assée,*
mais il est probable que le nom doit être appliqué ici par les pêcheurs à diverses espèces du même genre.

LA VANDOISE AUBOUR

(SQUALIUS BEARNENSIS)

L'Aubour, par son aspect général, par sa coloration, ressemble à la Chevaine commune ; mais, par sa nageoire dorsale

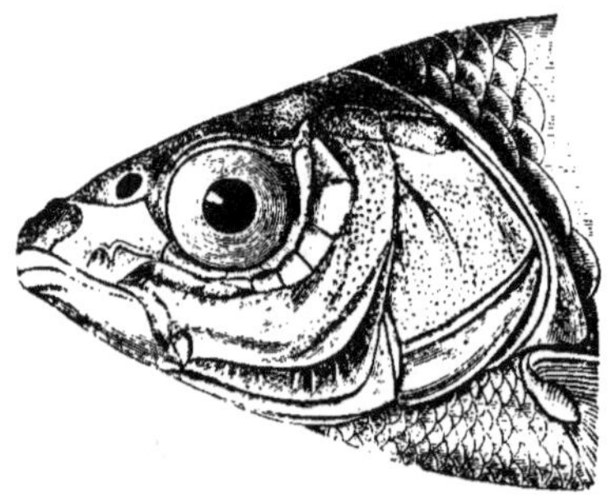

Fig. 95. — Tête de la Vandoise Aubour (*Squalius bearnensis*).

ne présentant que sept rayons rameux, et par ses dents pharyngiennes épaisses, il est plus voisin de la Vandoise.

Le corps est plus comprimé et le dos plus élevé que chez cette
dernière. La tête, grande, formant au moins le quart de la

longueur de l'animal, mesuré de l'extrémité du museau à l'origine de la queue, est fortement abaissée d'arrière en avant et moins épaisse que chez la Chevaine, avec la mâchoire supérieure à peine plus saillante que l'inférieure, l'œil très-grand, l'opercule fort large.

L'Aubour a le dos et la région supérieure de la tête d'une teinte brune à reflets métalliques bleuâtres ; des taches brunes sur presque toutes les écailles jusqu'à la partie ventrale ; des points de la même couleur sur la joue et l'opercule.

Les écailles de la ligne latérale sont au nombre de cinquante ; il y en a huit rangées au-dessus et quatre au-dessous. Ces écailles ont la même forme que chez la Vandoise commune, mais leurs stries sur la portion libre sont plus écartées et plus ondulées. Par les écailles, comme par plusieurs autres caractères, l'Aubour est intermédiaire entre les Chevaines et la Vandoise.

La nageoire anale a neuf rayons rameux à la suite des trois simples qui existent d'une manière uniforme chez toutes les espèces du groupe.

L'Aubour paraît être assez commun dans le lac Mariscot, près de Biarritz, d'où M. le capitaine Duvoisin m'en a envoyé plusieurs individus. On donne à ce Poisson, dans le pays, le nom vulgaire que nous lui avons conservé.

LA VANDOISE COMMUNE

(SQUALIUS LEUCISCUS [1])

La Vandoise, encore plus commune que la Chevaine dans toutes les rivières du nord et du centre de l'Europe, a beaucoup

---

[1] *Cyprinus leuciscus*, Linné, *Syst. nat.*, t. I, p. 528 ; 1766. — *Leuciscus*

de rapport avec cette dernière par les proportions de son corps, mais, sa tête étant comparativement petite et étroite, elle a un aspect différent. D'une forme allongée et amincie aux deux

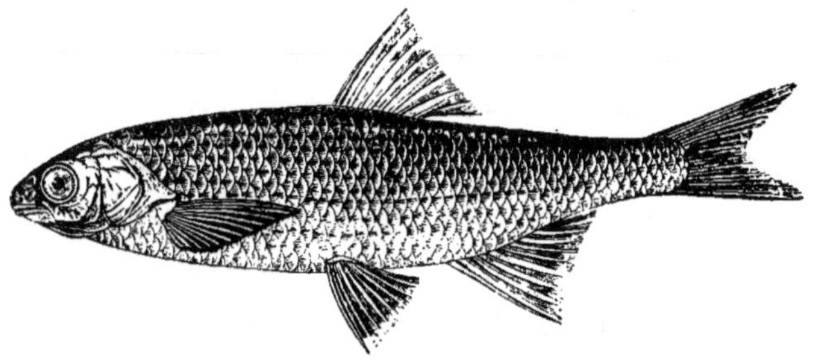

Fig. 96. — La Vandoise (*Squalius leuciscus*).

extrémités, on reconnaît de suite, chez ce Poisson, une conformation excellente pour des mouvements rapides. La Vandoise, en effet, nage avec une grande vélocité et pour exprimer par une image, son allure extrêmement vive, les pêcheurs parisiens l'ont appelée le *Dard*. Dans la Lorraine, notamment à Metz, la Vandoise qui devient la *Vandèze* dans quelques localités, porte le nom de *Gravelet*. Dans le département de l'Isère, c'est la *Suisse*, et à Laffrey dans le même département c'est le *Véron ;* en Alsace, le *Rottel*.

La Vandoise a le corps oblong et peu comprimé latéralement, mais assez variable sous le rapport de la hauteur. Son dos, souvent d'un gris verdâtre uniforme, est chez beaucoup d'individus d'une magnifique teinte bleue qui s'étend jusqu'au voisinage de la ligne latérale avec d'étroites raies blanches longitudinales,

vulgaris, Yarrell, *British Fishes*, t. I, p. 358; 1836. — Valenciennes, *Hist. nat. des Poissons*, t. XVII, p. 202; 1844. — *Squalius leuciscus*, Heckel et Kner, *Die Süsswasserfische*, etc., p. 191; 1858. — Siebold, *Die Süsswasserfische von Mitteleuropa*, p. 203 ; 1860.

du reste un peu vagues, courant sur le milieu dés écailles. Les
côtés du ventre sont tantôt jaunâtres, tantôt d'un blanc d'argent qui surpasse en éclat ce qui se voit chez la Chevaine. Parfois aussi les écailles à leur base et à leur extrémité sont pointillées de brun noirâtre ainsi que la joue et l'opercule. L'œil a
l'iris d'un jaune argenté. Les nageoires dorsale et caudale sont
d'un gris noirâtre, tandis que les nageoires inférieures sont
jaunâtres et fréquemment en partie teintées d'orange vif.

Les écailles de la Vandoise font aisément reconnaître l'espèce, même lorsqu'on les considère simplement sur le corps
de l'animal ; elles ont leur bord extérieur moins arrondi que
chez les Chevaines, et en général un peu anguleux. On en compte
quarante-huit ou quarante-neuf sur la ligne latérale ; huit rangées
au-dessus, quatre ou cinq au-dessous. Souvent elles sont pointillées de brun à leur base, mais elles n'ont pas la bordure extérieure qu'on observe habituellement sur les écailles des Chevaines. Détachées, leurs stries se montrent beaucoup plus serrées
que chez ces dernières et à peine sinueuses.

La nageoire dorsale de la Vandoise commune s'élève au-
dessus ou très-peu en arrière de l'insertion des ventrales ; elle
a, d'une manière constante, sept rayons rameux à la suite des
trois rayons simples ; la nageoire anale en a huit ou neuf.

Les dents pharyngiennes sont très-sensiblement plus épaisses
que chez les Chevaines.

La Vandoise commune offre bien des variétés, mais ces variétés ne consistent guère que dans la hauteur un peu plus ou un
peu moins considérable du corps et dans la coloration ; j'ai comparé entre eux une foule d'individus provenant de la plupart de
nos grands cours d'eau et des lacs de la Savoie et des Vosges,
sans apercevoir aucune différence plus importante.

Des individus pêchés dans l'Ill à Strasbourg avaient une splendide couleur bleue relevée par de nombreux points bruns sur la joue, l'opercule et les écailles, à l'exception de celles du ventre. Des individus pris dans le lac du Bourget, ayant le dos plus élevé qu'à l'ordinaire, présentaient, au premier abord, un aspect un peu particulier.

Quelques variétés de la Vandoise ont été décrites comme des espèces.

Le *Ronzon* (*Leuciscus rodens*, Agassiz), qui ne diffère de la Vandoise ordinaire que par sa couleur pâle, son dos vert tendre.

Le *Poissonnet* (*Leuciscus lancastriensis*, Yarrell ; *Leuciscus majalis*, Agassiz), dont le dos est un peu plus élevé que chez le précédent, les couleurs un peu plus vives.

Le *Rostré* (*Leuciscus rostratus*, Agassiz), dont le museau est plus effilé que chez la plupart des individus de la Vandoise.

En Allemagne, on a décrit encore comme espèces particulières des Vandoises communes, d'après les plus légères particularités de coloration, les moindres nuances dans la courbe du dos (les *Squalius chalybœus*, *lepusculus*, Heckel et Kner, etc. [1]).

La Vandoise commune, si abondante dans le centre et le nord de la France, devient rare dans nos départements méridionaux, où nous croyons même qu'elle ne se trouve pas d'une manière générale. Ce Poisson, dont la taille n'excède pas $0^m,20$ à $0^m,25$, vit dans les eaux claires et limpides, où il fraye sur les pierres et les graviers pendant les mois de mars et d'avril.

---

[1] La description du *Leuciscus idus* de Valenciennes, t. XVII, p. 228, se rapporte aussi à la Vandoise.

LA VANDOISE BORDELAISE

(SQUALIUS BURDIGALENSIS [1])

Cette espèce, très-voisine de la Vandoise commune, en est cependant bien distincte, comme M. Valenciennes l'a parfaitement démontré. Elle a le corps très-effilé, la tête plus longue que chez la Vandoise commune, avec le museau moins obtus.

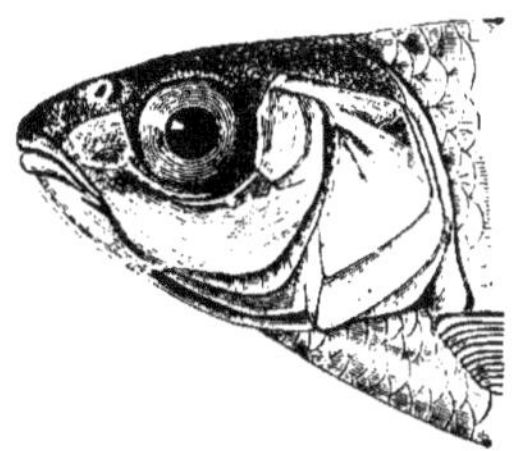

Fig. 97. — Tête de la Vandoise bordelaise (*Squalius burdigalensis*).

La Vandoise bordelaise est d'un gris verdâtre ou bleuâtre assez clair sur les régions supérieures et d'un blanc pur sur les parties inférieures, avec les écailles quelquefois légèrement pointillées de brun à leur base, la nageoire dorsale noirâtre, les nageoires inférieures orangées à leur base.

Les écailles, au nombre de cinquante et une ou cinquante-deux sur la ligne latérale, sont proportionnellement un peu plus petites que chez la Vandoise commune; elles ont, sur la portion découverte, leurs stries aussi régulières et un peu plus écartées.

La nageoire dorsale a sept rayons rameux, et l'anale neuf à la suite des rayons simples ordinaires.

[1] *Leuciscus burdigalensis*, Valenciennes, *Hist. nat. des Poissons*, t. XVII, p. 216 ; 1844.

M. Valenciennes a décrit cette espèce d'après des individus qui avaient été pêchés dans la Gironde. MM. Lacaze-Duthiers et Drême l'ont prise assez abondamment dans la Garonne entre Cadillac et Langon. Les plus grands individus ne dépassaient pas la longueur de 0^m,15 à 0^m,20.

LE BLAGEON COMMUN

(SQUALIUS AGASSIZII [1])

Avec la forme ordinaire des *Squalius*, le Blageon commun se fait remarquer parmi les Cyprinides à cause de sa couleur

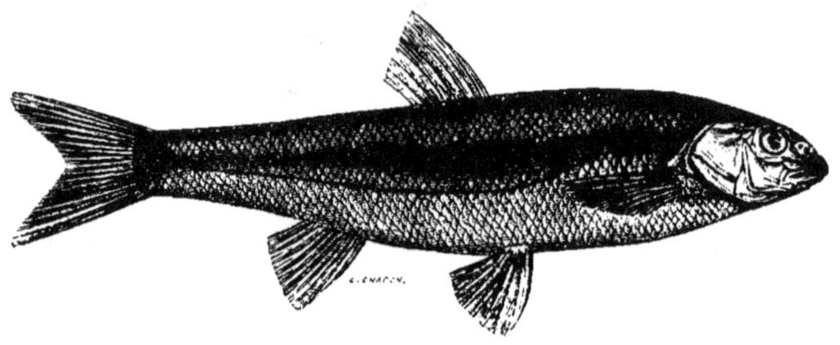

Fig. 98. — Le Blageon commun (*Squalius Agassizii*).

sombre. Tout le dos et les parties supérieures de la tête sont

[1] *Leuciscus aphya*, Agassiz, p. 1048 (rapporté par erreur au *Cyprinus aphya* de Linné). — *Leuciscus Agassizii*, Valenciennes, *Hist. nat. des Poissons*, t. XVII, p. 254 ; 1844.—*Leuciscus muticellus*, Günther, *Fische des Neckars*, p. 57 ; 1853. — *Telestes Agassizii*, Heckel et Kner, *Die Süsswasserfische*, etc., p. 206.—Siebold, *Die Susswasserfische von Mitteleuropa*, p. 212 ; 1863.

Ce Poisson est le type du genre *Telestes* de Ch. Bonaparte, qui a été adopté par les auteurs modernes, comme il a été dit plus haut, parce que les dents, disposées comme chez les Chevaines et les Vandoises, ne seraient d'un côté qu'au nombre de quatre à la rangée, ce qui est un fait purement accidentel.

d'un gris cendré obscur qui s'étend sur les côtés en s'affaiblissant. Une large bande longitudinale noire règne au-dessus de la ligne latérale, et des points également noirs accompagnent les conduits de la mucosité. Les nageoires offrant aussi une teinte grise, sont souvent lavées de jaune à leur base ainsi que l'opercule.

Le Blageon commun a le corps plus effilé que celui de la Vandoise, la tête courte, le museau obtus, l'œil assez grand. Il est couvert d'écailles assez petites, au nombre de quarante-huit à cinquante-six dans la longueur du corps, disposées sur huit à neuf rangées au-dessus de la ligne latérale et quatre à cinq au-dessous. Ces écailles observées sur l'animal à la vue simple offrent un bord bien arrondi et de huit à dix sillons en éventail très-grêles.

On remarque en elles un aspect fort différent de celui des écailles des Chevaines et des Vandoises ; leur texture semble plus délicate ; leurs sillons plus nombreux les font paraître striées

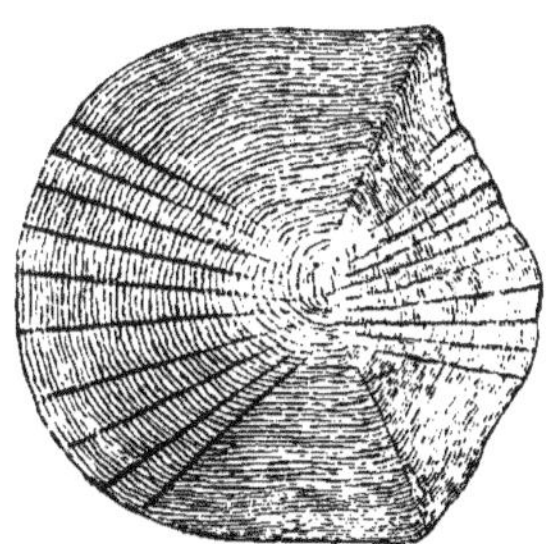

Fig. 99. — Écaille du Blageon commun.

dans le sens de la longueur. Considérées isolément, ces écailles se distinguent encore par leurs stries concentriques fines, régulières et très-serrées.

La nageoire dorsale, qui s'élève un tant soit peu en arrière des ventrales, a huit rayons rameux ; l'anale en a huit ou neuf.

Les dents pharyngiennes du Blageon sont presque semblables à celles de la Vandoise commune ; je les ai examinées sur un très-grand nombre d'individus, et toujours je les ai trouvées en nombre égal des deux côtés. M. de Siebold déclare avoir rencontré cette similitude sur trente-sept individus, et avoir observé seulement quatre dents à la rangée externe du côté droit chez trente-trois individus ; ce qui correspond à la caractéristique du genre *Telestes*, genre, comme on le voit, très-mal fondé, qu'on ne saurait distinguer des Vandoises que d'après les différences d'ordre secondaire existant entre les écailles.

Le Blageon commun ne dépasse guère la taille de 0^m,15 à 0^m,20. Il n'est pas répandu d'une manière générale en France, où il n'avait pas encore été signalé. Pendant longtemps on le croyait particulier à la région du Danube ; mais il a été observé dans le Neckar par le docteur Günther, et ensuite sur beaucoup de points de l'Allemagne. M. Brullé m'a fait parvenir un assez grand nombre d'individus de cette espèce pris dans l'Ouche à Dijon. J'ai rencontré ce Poisson en grande abondance à Annecy, en Savoie, où il porte le nom vulgaire de *Blageon*, que je lui ai conservé. Je l'ai eu communément ensuite au lac du Bourget. M. Lecoq, de Clermont-Ferrand, m'en a envoyé un très-grand individu pêché dans l'Allier, que j'ai hésité à reconnaître comme de la même espèce. M. Fabre, d'Avignon, l'a pris en grand nombre dans la Durance et dans la Sorgue, à la source de Vaucluse ; il est connu dans le pays sous le nom de *Soffi*. Le Blageon n'est pas rare en Italie, et il paraît certain qu'une espèce décrite par le prince Ch. Bonaparte (*Telestes Savignyi*) en est à peine une variété. Le Blageon se nourrit comme les Vandoises, de substances végétales et de

petits animaux. Il fraye pendant les mois de mars et d'avril. A
cette époque, sa coloration est intense, sa bande noire très-prononcée ; plus tard, cette coloration s'affaiblit et la bande devient
quelquefois très-vague [1].

LE GENRE VAIRON

(PHOXINUS, *Agassiz* [2])

Le genre Vairon est facile à distinguer de tous les genres
précédents par ses écailles d'une extrême petitesse. C'est en
cela que consiste le caractère le plus net.

Il faut ajouter cependant que les Vairons ont les nageoires
dorsale et anale très-courtes à leur base et les dents pharyngiennes disposées sur deux séries, l'une interne avec deux dents
très-petites, l'autre externe avec cinq dents terminées en crochets, dans certains cas, avec quatre dents seulement. Les
dents pharyngiennes de ces Poissons sont ainsi très-peu différentes de celles des *Squalius*.

Le genre Vairon a pour type une espèce des plus communes
dans toute l'Europe.

---

[1] Il existe, dans l'Europe méridionale et orientale, diverses espèces de
Chevaines et de Vandoises (*Squalius*), que l'on ne rencontre pas en
France. Elles sont décrites dans la *Faune italienne* du prince Charles
Bonaparte, dans l'*Hist. nat. des Poissons*, par Valenciennes, dans les
Poissons de la monarchie autrichienne, de Heckel et Kner.

[2] *Mémoires de la Société des Sciences naturelles de Neufchâtel*, t. 1,
p. 38.

LE VAIRON COMMUN

(PHOXINUS LÆVIS [1])

Qui ne connaît le Vairon ? le petit Poisson si abondant dans toutes les petites rivières, dans les ruisseaux, dans les étangs ; le petit Poisson dont la taille ne dépasse guère 0^m,08 à 0^m,10, tout paré au printemps des plus magnifiques couleurs bleues et rouges ; couleurs qui lui ont valu, dans certaines parties de la France, et notamment en Lorraine, le nom de *Gendarme*, ailleurs celui d'*Arlequin ;* le petit Poisson enfin, recher-

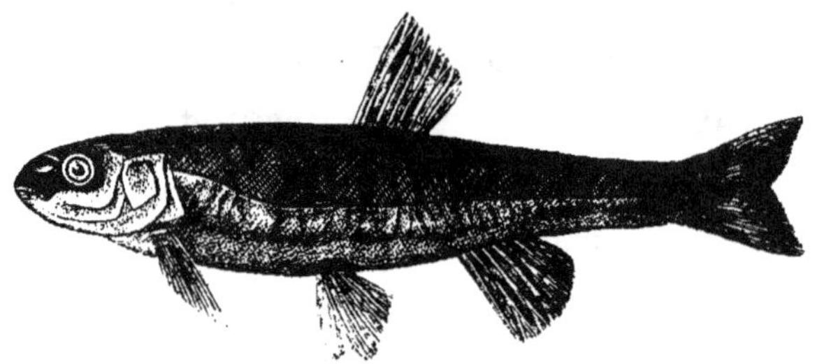

Fig. 100. — Le Vairon commun.

ché d'une infinité de pêcheurs comme un appât des plus séduisants pour les Truites, le Brochet et la Perche.

C'est le *Vairon,* dit le Dictionnaire de l'Académie française, à cause de la variété de ses couleurs ; c'est encore le *Veïroun* ou *Viroun* en Provence et dans le Languedoc ; c'est le *Erling* ou le *Ellercher* dans les Vosges et en Alsace ; c'est la *Vergnole* ou la

[1] *Cyprinus phoxinus*, Linné, et *Cypr. aphya* du même *Syst. nat.*, t. I, p. 528. — *Phoxinus lævis*, Sélys-Longchamps, *Faune belge*, p. 203.

Loque, en Auvergne ; c'est le *Gravier*, dans le département de l'Aube ; l'*Arlequin*, en beaucoup d'endroits, lorsqu'il est dans sa parure de noces.

Le corps du Vairon est arrondi sur les côtés et tout couvert d'écailles si petites, qu'à la vue simple, elles donnent à la peau l'aspect d'une surface gaufrée. Ces écailles, dont on peut compter environ quatre-vingts dans la longueur du corps , sont fort minces, et il est besoin d'un grossissement assez considérable pour reconnaître qu'elles sont bien ovalaires, avec des stries concentriques assez écartées, des canalicules longitudinaux au nombre de douze à quinze.

Le Vairon a le museau épais et arrondi, la mâchoire supérieure à peine saillante sur l'inférieure, la ligne latérale indiquée par une suite de petites tubulures, courbée à son origine et ensuite droite ou faiblement sinueuse jusqu'à l'extrémité du corps où elle tend à s'effacer ; la nageoire dorsale, assez grande, située un peu en arrière de l'insertion des ventrales, composée de trois rayons simples et de sept rayons rameux, l'anale avec le même nombre de rayons.

Dans le temps ordinaire, le Vairon a le dos verdâtre ou bronzé, les côtés marqués de taches et de bandes noirâtres et pointillés de la même couleur, les parties inférieures grisâtres ; mais au printemps et surtout à l'époque du frai, le dos prend des tons bleus métalliques, chatoyants ; une bande longitudinale du même bleu se dessine sur les flancs ; les lèvres, la gorge, la base des nageoires et quelquefois même une partie du ventre deviennent d'un rouge écarlate.

Le Vairon, qui ne dépasse jamais une longueur de $0^m,08$ à $0^m,10$ à peu près, par toute l'Europe, dans les rivières, les lacs, les fossés, mais principalement dans les petits ruisseaux herbus où il se trouve en compagnie des Épinoches, des Chabots, des Loches franches. Dans les ruisseaux courants, sur un fond de gravier fréquenté par les Truites, il sert de pâture à ces dernières. Ce Poisson, complétement dédaigné comme aliment, n'est guère plus rare dans nos départements du Midi que dans ceux du Nord. On assure pourtant qu'on ne le trouve pas dans le département de l'Isère. Il se nourrit de vers, d'insectes, de conferves, de débris de toutes sortes. Il fraye pendant le mois de mai, et pendant le mois de juin lorsque la température printanière n'a pas été chaude.

LE GENRE CHONDROSTOME

(CHONDROSTOMA, *Agassiz* [1])

Par la forme de leur corps, par leur aspect général, les Chondrostomes ressemblent à nos Chevaines et à nos Vandoises, mais ils offrent un caractère qui permet à la première vue de les distinguer bien aisément de tous les autres Cyprinides. Ils ont un museau extrêmement épais et aplati en avant, avec les lèvres garnies d'une plaque cartilagineuse. Un examen poussé plus loin conduit ensuite à voir chez ces Poissons d'autres particularités également caractéristiques. Les écailles, considérées même sans le secours d'un grossissement, présentent en assez grand nombre, sous l'apparence de petites lignes brillantes, des canalicules courant presque parallèlement, au lieu des canalicules moins nombreux et en éventail des autres Cyprinides. Les nageoires dorsale et anale sont courtes à leur base. Un caractère

---

[1] *Mémoires de la Société des Sciences naturelles de Neufchâtel*, p. 38 1835.

important des Chondrostomes est fourni en outre par leurs
dents pharyngiennes. Ces dents, au nombre de cinq, six ou sept

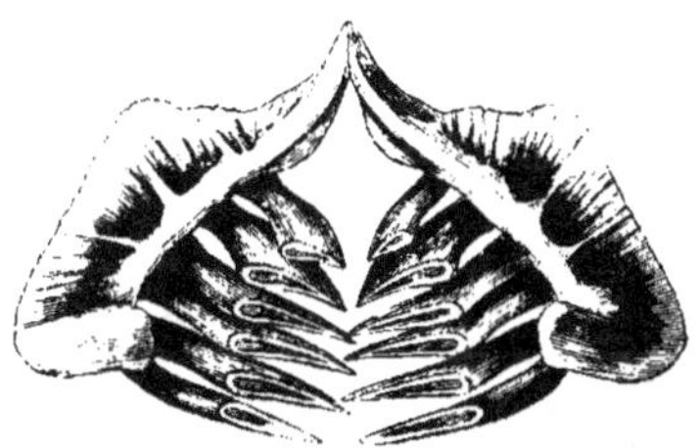

Fig. 101. — Dents pharyngiennes du Chondrostome Nase.

disposées sur un seul rang, sont comprimées latéralement et
terminées par un élargissement dont le bord est coupé droit ;
elles rappellent beaucoup ainsi la configuration des palpes de
certains insectes, palpes nommées *sécuriformes*, c'est-à-dire en
forme de hache.

LE CHONDROSTOME NASE

(CHONDROSTOMA NASUS [1])

Le type du genre Chondrostome si remarquable par la forme
de son museau est bien connu dans nos départements de l'Est.
Les pêcheurs le désignent souvent sous le nom de *Nase* ou de
Nez, de *Naas* en Alsace, qui fait allusion au caractère le plus
frappant de l'animal. Dans la Lorraine, on l'appelle ordinaire-

[1] *Cyprinus nasus*, Linné, *Systema naturæ*, t. I, p. 530, XIIe édit. ; 1766.
—Bloch, part. 1, p. 35, tab. III.—*Cyprinus toxostoma*, Vallot, *Ichthyologie
française*, p. 188; 1837. — *Chondrostoma nasus*, Valenciennes, *Hist. nat.
des Poissons*, t. XVII, p. 384; 1844. —Günther, *Fische des Neckars*, p. 99;
1853. — Heckel et Kner, *Die Süsswasserfische*, etc., p. 217; 1858. —
Siebold, *Die Süsswasserfische von Mitteleuropa*, p. 225; 1863.

ment *Aucon*, et *Schiff* dans quelques localités. Dans les Ardennes c'est le *Hotu*, désignation également en usage à la Halle de Paris.

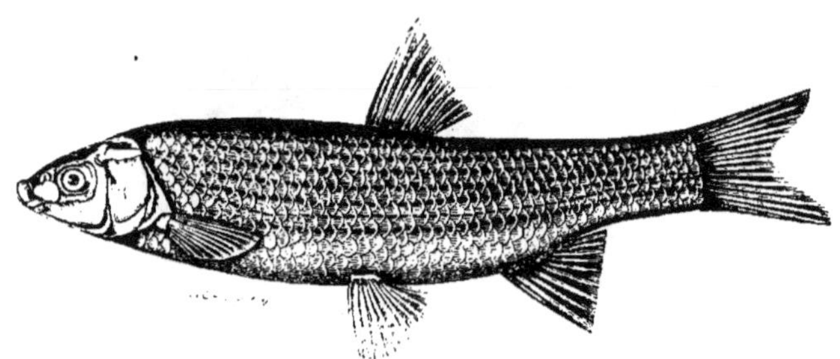

Fig. 102. — Le Nase (*Chondrostoma nasus*).

Dans le département de la Côte-d'Or, c'est la *Seuffre* ou la *Seuffle*.

Le Nase a une forme élancée, vraiment élégante et une coloration d'un aspect fort agréable. Une teinte d'un gris noirâtre, rendue plus vive par des reflets d'un vert métallique, règne sur le dos, la nageoire dorsale et la nageoire caudale. Une nuance légèrement jaunâtre ou roussâtre, brillante d'un éclat argenté et rehaussée par de petites taches pigmentaires noirâtres, s'étend sur les côtés, tandis que le blanc pur donne aux parties inférieures du corps par le jeu de la lumière l'apparence d'une surface de nacre. En outre, un trait noirâtre se dessine nettement sur chaque écaille de la ligne latérale ; une couleur tantôt jaunâtre, tantôt d'un rouge vif, pare les nageoires inférieures ; un cercle d'un jaune citron entoure la pupille, et l'iris se montre, dans sa partie supérieure de la nuance du dos, dans sa partie inférieure d'un blanc d'argent.

Chez le Nase, ce qui frappe surtout l'attention, c'est la forme de l'extrémité de la tête. Le museau est large, obtus, comme

tronqué, formant en avant une sorte de cône aplati. La bouche
située en dessous se montre sous l'apparence d'une fente trans-

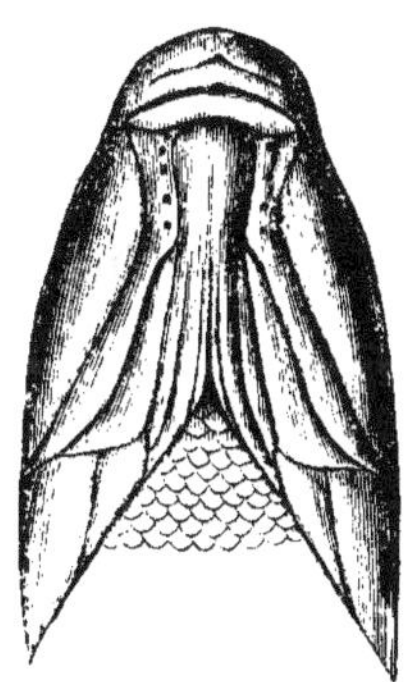

Fig. 103. — Tête du Nase vue en dessous.

versale légèrement arquée avec les lèvres garnies d'une lame
cartilagineuse assez large, d'une teinte jaunâtre, facile à détacher après la mort de l'animal et se détachant presque toujours
par l'action de l'alcool.

Les écailles, de médiocre dimension, offrant presque le poli
que l'on remarque chez notre Chevaine commune, ont leur bord
extérieur bien arrondi. On en compte cinquante-six à cinquante-
huit dans la plus grande longueur du corps, neuf rangées au-
dessus de la ligne latérale, six au-dessous. Ces écailles, considérées isolément, se montrent un peu plus longues que larges,
avec leur bord extérieur bien arrondi et légèrement festonné,
six à huit canalicules longitudinaux, les stries circulaires
assez espacées sur toute la portion découverte, mais presque
régulières.

La nageoire dorsale qui s'élève au milieu du dos, au-dessus
de l'insertion des ventrales, est très-haute ; elle a douze rayons,
trois simples dont un très-petit, et neuf rameux. Les pectorales

ont seize ou dix-sept rayons, les ventrales onze, dont deux simples. L'anale, qui est presque aussi haute que la dorsale, en a
trois simples et dix rameux, quelquefois onze.

Chez le Nase les dents pharyngiennes ont leur extrémité remarquablement longue.

Ce Poisson fort rare dans la Seine est déjà plus commun dans
la Somme ; il est abondant dans nos rivières de l'Est, la Meuse,
la Meurthe, la Moselle, l'Ill, le Rhin. Il fraye dès le mois
d'avril.

LE CHONDROSTOME BLEUATRE

(CHONDROSTOMA CÆRULESCENS)

Le Chondrostome bleuâtre a le corps plus épais que le Nase
et il a une coloration qui le distingue au premier coup d'œil
de cette dernière espèce. Toute la portion supérieure du corps
est d'un gris noirâtre plus ou moins foncé, avec de vifs reflets
d'un bleu d'acier. De gros points noirs sont disséminés sur les
écailles jusqu'au-dessous de la ligne latérale, et des points semblables, ou encore plus gros, sont répandus autour de l'œil ainsi
que sur l'opercule et le préopercule.

Il est à noter cependant que chez certains individus la ponctuation est notablement affaiblie.

Les nageoires dorsale et caudale sont lavées de gris et les nageoires inférieures d'une légère teinte jaunâtre.

La tête du Chondrostome bleuâtre rappelle un peu la forme
de celle de la Chevaine commune, mais elle a le museau caractéristique des Chondrostomes, court et aplati, et dans cette espèce,
il est remarquablement élevé. La bouche, taillée en croissant, est
large, et cependant beaucoup moins grande que chez le Nase, avec

la lame cartilagineuse de la lèvre inférieure relativement très-
courte. De chaque côté de la mâchoire inférieure, on observe

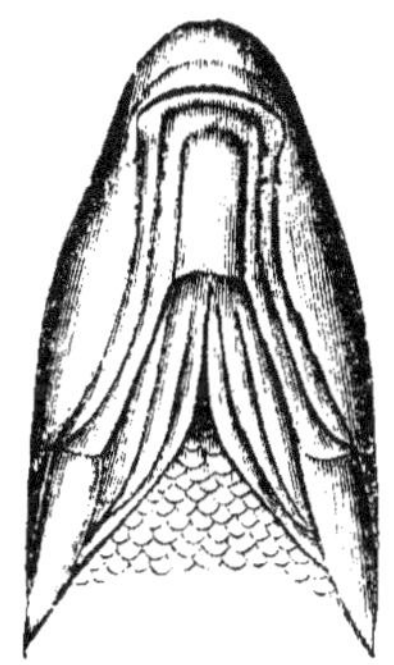

Fig. 104. — Tête, vue en dessous, du Chondrostome bleuâtre.

cinq petits pores disposés régulièrement. Les écailles dont on
compte cinquante-huit à soixante dans la plus grande longueur
du corps, sont oblongues, plus atténuées au bout que celles du
Nase, avec leurs canalicules longitudinaux rarement au nombre de plus de six ou sept.

La nageoire dorsale beaucoup moins haute que chez l'espèce
précédente a huit rayons rameux après les trois rayons simples,
et dans certains cas neuf, lorsque la division du dernier est complète. La nageoire anale offre dix rayons branchus outre les trois
premiers qui sont toujours simples.

Les dents pharyngiennes du Chondrostome bleuâtre, constamment au nombre de six de chaque côté, ont leur surface
tranchante beaucoup moins longue que chez le Nase, et de forme
très-conique.

Le Chondrostome bleuâtre se pêche dans le Doubs et dans
l'Ognon, mais nous ignorons jusqu'à quel point il peut être
abondant. M. Grenier, le savant professeur de la Faculté des

sciences de Besançon, m'en a envoyé plusieurs individus de la taille de 0^m,25 à 0^m,28. Jusqu'à présent je n'ai obtenu cette espèce d'aucune autre région de la France.

Au premier abord j'avais pensé que le Chondrostome du Doubs devait se rapporter au *Chondrostoma Rysela* découvert dans les affluents du Danube par M. Agassiz et décrit depuis par divers zoologistes de l'Allemagne. Il y a entre les deux espèces de grands rapports dans la coloration générale et même dans la forme de la tête et de la bouche, mais chez le Chondrostome Rysèle, il n'existe que cinq dents pharyngiennes du côté droit, et parfois cinq seulement des deux côtés.

LE CHONDROSTOME DE DRÊME

CHONDROSTOMA DREMÆI

Ce Poisson, un peu plus mince que l'espèce précédente, a beaucoup de ressemblance par ses proportions avec cette dernière ; il s'en rapproche même par sa coloration.

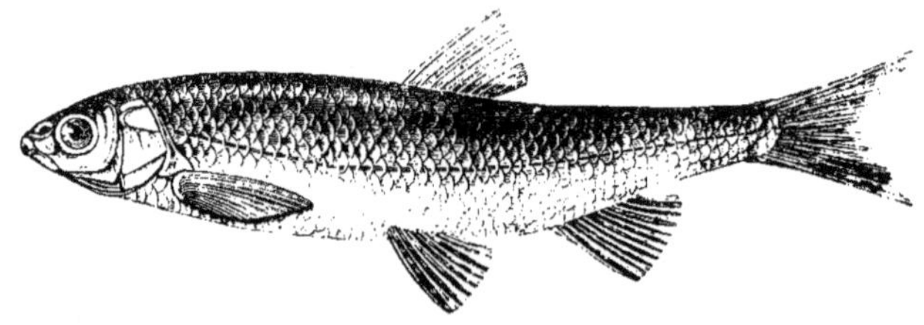

Fig. 105. — Le Chondrostome de Drême (*Chondrostoma Dremœi*).

Les pêcheurs des départements du Lot, de Lot-et-Garonne et de la Haute-Garonne, lui donnent les noms de *Seyche*, de *Serge*, de *Scie*, de *Siège*, de *Mullet*, mais on peut être assuré qu'ils les appliquent assez indifféremment à d'autres espèces de *Poissons blancs*.

Le Chondrostome de Drême a les parties supérieures du corps d'un gris très-légèrement bleuâtre avec une bande longitudinale située au-dessus de la ligne latérale, d'un ton un peu ardoisé, très-faible du reste chez certains individus ; il a, en outre, des points noirâtres épars sur les écailles, devenant plus pressés sur la ligne latérale. La joue et l'opercule sont également parsemés de points assez confus. La nageoire dorsale est légèrement lavée de gris ; les pectorales et l'anale sont ordinairement sablées de petits points noirâtres sur le trajet de leurs rayons.

La tête du Chondrostome de Drême est proportionnellement aussi courte que celle du Chondrostome bleuâtre, mais le museau est moins large ainsi que la bouche, qui est cependant plus grande que chez le Chondrostome du Rhône.

Cette espèce se fait aussi remarquer par l'opercule presque carré, ayant le bord postérieur sans échancrure, plus large que chez nos autres Chondrostomes.

Les écailles, au nombre de cinquante-six à cinquante-huit

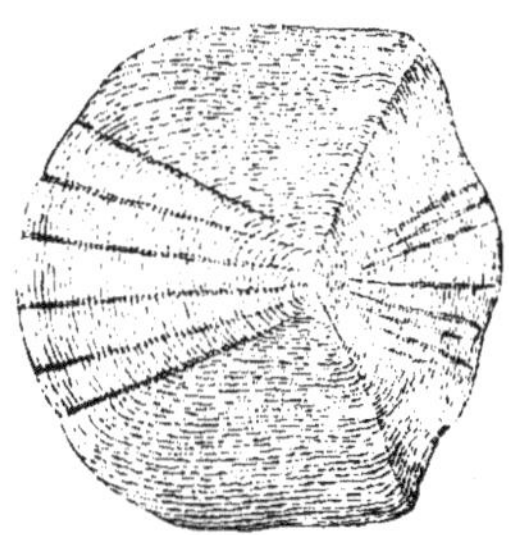

Fig. 106. — Écaille du Chondrostome de Drême.

dans la plus grande longueur du corps, sont assez courtes, avec leur bord libre arrondi, très-faiblement festonné, leurs stries circulaires serrées ; leurs canalicules longitudinaux au nombre de cinq ou six.

Les dents pharyngiennes, toujours au nombre de six de

Fig. 107. — Dents pharyngiennes du Chondrostome de Drême.

chaque côté, ressemblent à celles de l'espèce précédente, seulement elles sont plus épaisses et leur extrémité tronquée est plus triangulaire. Le nombre des rayons des nageoires est le même chez toutes les espèces. Nous avons eu le Chondrostome de Drême de plusieurs rivières, du Lot, près Cahors, de la Sâve, de l'Aude, de la Garonne, à Toulouse.

LE CHONDROSTOME DU RHONE

(CHONDROSTOMA RHODANENSIS)

Cette espèce, que nous avons obtenue exclusivement du Rhône et de quelques-uns de ses affluents, ressemble beaucoup à la précédente. Un aspect particulier permet cependant de la distinguer à la première inspection ; ses écailles sont plus brillantes et sa coloration est en général d'un ton jaunâtre, avec de très-petits points noirs plus ou moins nombreux, disséminés sur la tête et sur les régions supérieures du corps.

Ces caractères à la vérité seraient insuffisants pour voir, dans le Chondrostome des eaux de l'Est, une espèce différente du Chondrostome des eaux de l'Ouest, du midi de la France ; mais chez le premier, le Chondrostome du Rhône, la bouche est no-

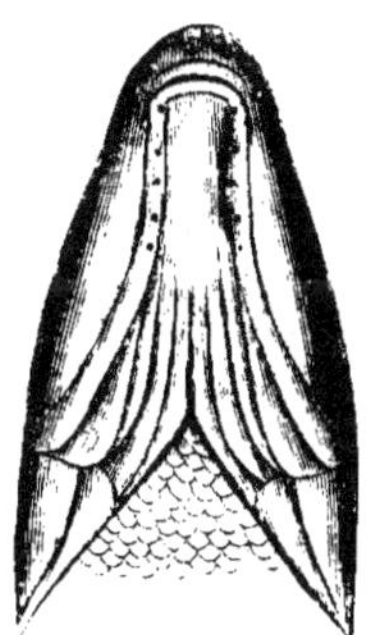

Fig. 108. — Téte, vue en dessous, du Chondrostome du Rhône.

tablement plus petite que chez le second et surtout plus en croissant ; les écailles ont leurs stries concentriques beaucoup plus espacées et par conséquent moins nombreuses ; leurs dents pharyngiennes, trouvées invariablement au nombre de six des deux côtés, sont notablement plus grêles.

Le Chondrostome du Rhône rappelle beaucoup par les formes le Chondrostome de Gené (*Ch. Genei*, Bonap.); mais chez ce dernier il n'y a que cinq dents pharyngiennes de chaque côté, et ces dents sont beaucoup plus massives.

Nous avons eu de nombreux individus de cette espèce, provenant les uns du Rhône, près d'Avignon, de l'Ouvèze, de la Durance, les autres des environs de Lyon. On la nomme à Avignon la *soffio* et à Lyon la *soafe* ou la *seufle* [1].

---

[1] On connaît plusieurs espèces européennes de Chondrostomes qui n'ont jamais été trouvées en France : Le *G. Genei*, Bonaparte, commun en Italie ; le *C. Rysela*, Agassiz, du Danube ; le *G. Soetta*, Bonap., dont les dents pharyngiennes sont au nombre de sept, des eaux de la Lombar-

LA FAMILLE DES SALMONIDES

(SALMONIDÆ)

Après les Cyprinides, les *Poissons blancs*, c'est-à-dire les Poissons généralement assez dédaignés, se placent d'une manière très-naturelle, sous le rapport des affinités zoologiques, les Salmonides ; la famille qui comprend les Saumons, les Truites, l'Éperlan, etc., ce qu'on appelle, sur les marchés, les *Poissons fins*, et, dans un certain monde, les *Poissons nobles*.

Malgré d'assez grandes différences dans les formes, dans l'aspect général des espèces des Salmonides, un Poisson de cette famille est toujours facile à reconnaître à un caractère bien particulier. Le caractère consiste dans la présence d'une très-petite nageoire adipeuse située en arrière de la nageoire dorsale. Cette nageoire *adipeuse*, comme l'indique son nom, est formée d'une certaine quantité de matière grasse, interposée dans l'épaisseur d'un simple prolongement des téguments. Elle n'a aucune trace de rayons.

Mais les Salmonides se distinguent encore par d'autres particularités. Ils ont, le plus souvent, les mâchoires, les os palatins, le vomer et même la langue pourvus de dents plus ou moins nombreuses et plus ou moins fortes, le bord de la mâchoire supérieure constitué à la fois par les os intermaxillaires et les os maxillaires, les ouïes fendues jusqu'à la gorge. Leurs nageoires ventrales sont situées, comme chez les Cyprinides, en

die ; le *C. Knerii*, Heckel, de la Dalmatie ; le *C. phoxinus*, Heckel, de la Dalmatie et de la Bosnie ; le *C. polylepis*, Steindachner, du Portugal.

Un prétendu hybride de ce dernier Chondrostome et d'un Barbeau est cité par M. Steindachner (*Catalogue préliminaire des Poissons d'eau douce du Portugal*, 1865.)

arrière des pectorales ; leur membrane branchiostège offre de sept à dix rayons ; leur corps est couvert d'écailles, très-petites chez beaucoup d'espèces, de médiocre dimension chez les autres.

Les Salmonides se font aussi remarquer par plusieurs caractères de leur organisation interne. Ainsi leur estomac présente constamment une dilatation en forme de sac, leur intestin est accompagné à son origine de nombreux appendices pyloriques, leur vessie natatoire est simple, leurs ovaires sont dépourvus d'oviducte, de telle sorte que les œufs mûrs, pour effectuer leur sortie, tombent d'abord dans la cavité abdominale.

Les Salmonides, ayant une chair délicate et de goût extrêmement agréable, sont tenus en très-haute estime pour la table. Leur abondance dans toutes les parties de l'Europe, la grande taille de quelques-uns d'entre eux, leur donnent une véritable importance au point de vue économique. Les différences dans les caractères, et surtout dans les conditions d'existence des espèces de cette famille, offrent un intérêt considérable au point de vue de l'histoire des animaux.

Parmi ces Poissons, les uns, habitants des mers, remontent chaque année les cours d'eau à des époques déterminées : ce sont les migrateurs ; les autres sont sédentaires, et ceux-là vivent ou dans les grands fleuves, ou dans les lacs aux eaux pures et transparentes, ou même dans les ruisseaux limpides.

LE GENRE CORÉGONE

(COREGONUS *Artedi*).

Les Corégones sont d'élégants Salmonides, un peu comprimés latéralement, couverts d'écailles très-faciles à détacher, assez grandes, arrondies, pourvues de fines stries concentriques, ayant une bouche, soit garnie de dents d'une extrême finesse, soit totalement privée de dents ; une nageoire dorsale, haute en avant, très-oblique vers là partie postérieure, s'élevant moins en arrière que les nageoires ventrales.

Une singulière particularité se manifeste chez les Corégones à l'époque du frai. C'est une sorte d'éruption cutanée, qui détermine sur chaque écaille une saillie blanche, allongée. Tout disparaît bientôt lorsqu'est passé le temps de la reproduction.

La plupart des Corégones habitent les lacs des régions alpines, quelques-uns vivent dans les eaux du nord de l'Europe ; d'autres sont des animaux marins qui remontent les fleuves périodiquement. Jusqu'ici on n'en a observé que peu d'espèces dans les lacs de la France, mais il est des lacs, ceux des Pyrénées par exemple, encore peu explorés par les naturalistes, où peut-être on rencontrera de nouveaux Poissons de ce genre. Les auteurs anglais ont décrit diverses espèces de Corégones des lacs de leur pays qui n'ont pas été rencontrées en France. Deux espèces du nord de l'Europe (*Coregonus marœna*, Bloch, et *C. albula*, Linné) paraissent aussi être étrangères aux eaux de la France.

Les Corégones comptent parmi les Poissons les plus estimés pour la table, leur chair est blanche et d'une extrême délicatesse.

LE CORÉGONE LAVARET

(COREGONUS LAVARETUS [1])

L'étranger venu pour la première fois à Aix en Savoie ou dans quelque autre localité voisine du lac du Bourget, ne manque pas d'entendre bientôt parler du Lavaret. Vous ne connaissez point le Lavaret ; vous n'avez jamais mangé du Lavaret, lui répètent à l'envi les indigènes. Comme bien souven l'étranger tend une oreille frappée d'un mot nouveau, l'habitant de la Savoie jouit de sa surprise et, heureux d'en remontrer, peut-être à un Parisien, en fait de bons mets, il daigne lui apprendre que le Lavaret est le Poisson le plus parfait qui existe, un Poisson sans égal pour la délicatesse de sa chair, pour son parfum ; un Poisson auprès duquel la Féra des Genevois ne mérite même pas grande considération.

Le Lavaret se distingue au premier abord des autres Corégones par la forme de son corps comprimé à peu près également de l'extrémité antérieure à l'extrémité postérieure. Il se fait aussi remarquer par une tête proportionnellement petite, dont le museau atténué et tronqué au bout ne forme qu'une faible saillie au-dessus de la mâchoire inférieure.

Ce Poisson est d'un magnifique blanc d'argent sur les côtés et sur les parties inférieures, avec le dos d'un gris bleuâtre ou verdâtre, les nageoires pâles chez les jeunes individus, lavées

[1] *Salmo Lavaretus*, Linné, *Syst. nat.*, édit. XII, t. I, p. 512 ; 1766. — *Salmo Wartmanni*, Bloch, part. III, n° 3ᵃ. — *Coregonus Lavaretus*, Valenciennes. *Hist. nat. des Poissons*, t. XXI, p. 406, pl. 627. — *Cor. Palea*, p. 477, pl. 628, et *Coregonus Reisingeri*, p. 499 ; 1848. — *Coregonus Wartmanni*, Heckel et Kner, *Die Süsswasserfische der östreichischen Monarchie*, p. 235 ; 1858. — Siebold, *Die Süsswasserfische von Mitteleuropa*, p. 243 ; 1863.

de gris vers leur extrémité et teintées de noirâtre chez les adultes, l'iris argenté. La région supérieure du corps est toujours pointillée ou sablée de noir ainsi que la tête, mais, à cet égard, on observe de grandes différences entre les individus selon leur âge et surtout selon les localités où ils ont vécu. Les points noirs, lorsqu'ils sont nombreux, donnent à l'animal une teinte plus sombre, comme on le voit principalement chez les individus du lac de Neuchâtel, que les naturalistes considéraient autrefois comme appartenant à une espèce distincte du Lavaret (*Coregonus Palea*).

Les écailles du Lavaret sont de médiocre dimension ; elles sont courtes surtout relativement à leur largeur ; aussi n'en compte-t-on pas moins de quatre-vingt-quatre à quatre-vingt-quinze, et le plus souvent quatre-vingt-sept ou quatre-vingt-huit dans la longueur du corps. Il y en a de neuf à dix rangées au-dessus de la ligne latérale et huit ou neuf au-dessous. La nageoire dorsale qui s'élève vers le milieu de la longueur du corps a quatre rayons simples et onze rameux, quelquefois dix seulement ; les ventrales, deux simples et dix ou onze rameux ; l'anale, quatre simples et onze ou douze rameux.

Le Lavaret atteint quelquefois, assure-t-on, le poids de 1 kilogramme et demi à 2 kilogrammes, mais la plupart des individus que l'on pêche n'ont pas plus de la moitié de ce poids et ne dépassent guère la longueur de 0^m,30 à 0^m,35. Ce Poisson se nourrit de très-petits animaux nageurs, comme certaines larves d'insectes, de crustacés et, en même temps, de frai et de débris organiques de toutes sortes. Les Lavarets se tiennent habituellement dans des eaux profondes, mais, vers la seconde moitié de novembre, ils se rapprochent des rivages et se réunissent

en grandes troupes pour venir frayer, ce qui a lieu pendant deux
à trois semaines, de novembre à décembre. Les assertions des

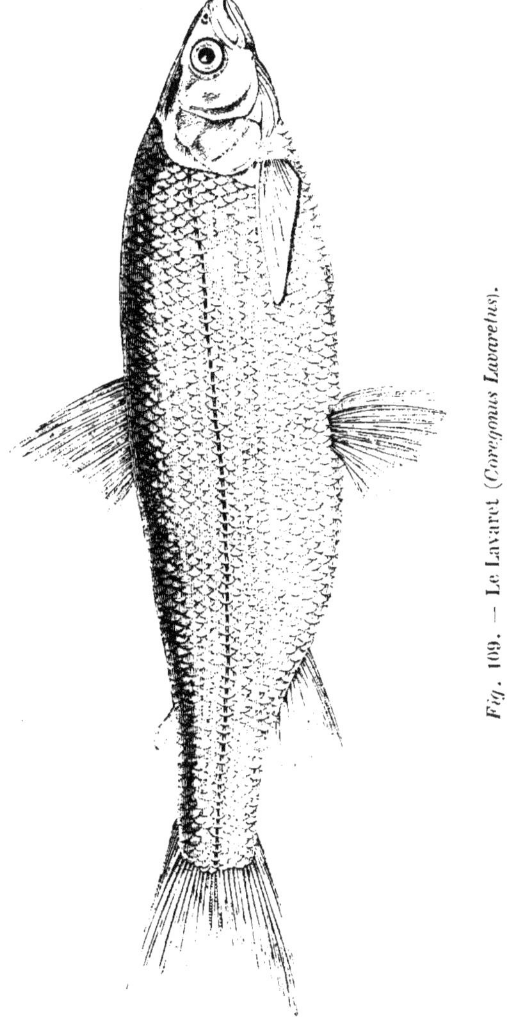

Fig. 109. — Le Lavaret (*Coregonus Lavaretus*).

auteurs relatives à l'époque à laquelle fraye cette espèce sont
fort contradictoires. On a été fixé à cet égard depuis qu'on

s'est occupé de la propagation du Lavaret dans des eaux où il n'existe pas et depuis les observations de M. Vogt.

En France, nous avons le Lavaret dans le lac du Bourget où il est très-abondant; il devient ainsi une ressource assez importante pour les localités voisines et surtout pour la ville d'Aix. Il ne se trouve ensuite que dans un bien petit nombre d'autres contrées. Nous croyons qu'il existe dans le département de l'Ain; M. Charvet le dit très-rare dans le Drac et dans l'Isère, mais assez commun dans le Guier, surtout en hiver [1]. Cependant la présence du Lavaret dans des rivières n'est pas sans me causer quelque surprise et je reste sous l'impression d'une crainte d'erreur. M. Valenciennes cite le Lavaret comme lui ayant été envoyé de Strasbourg; nous sommes persuadé que ce Poisson n'a jamais été pris aux environs de cette ville [2]. Il n'existe pas dans le lac Léman; Jurine l'a affirmé il y a plus de quarante ans, et toutes les informations que j'ai reçues des pêcheurs en 1862, pendant un séjour à Genève et en Savoie, confirment l'assertion du naturaliste genevois.

Cependant le Lavaret se trouve dans les lacs de Neuchâtel, de Constance, de Zug; il est abondant dans la plupart des lacs de la Bavière et de l'Autriche; on l'a pris en Angleterre et en Suède; ce qui explique comment, dans chaque pays, où il habite souvent un lac à l'exclusion des eaux des localités voisine, les naturalistes ont pu se croire pendant longtemps en possession d'une espèce particulière. Des comparaisons multi-

---

[1] *Statistique générale du département de l'Isère*, t. II, p. 231; 1846.

[2] Un auteur allemand, Baldner, a cité aussi le Lavaret comme ayant été pêché dans le Rhin. M. de Siebold pense que Baldner et Valenciennes ont pris, pour le Lavaret, des Houtings qui avaient eu le nez brisé.

pliées entre des individus des différentes parties de l'Europe
que nous venons de mentionner, ont conduit depuis peu les
zoologistes à reconnaître le Lavaret dans plusieurs Corégones
que l'on en avait crus distincts.

LE CORÉGONE FÉRA

(COREGONUS FERA [1])

La Féra est, pour les riverains du lac Léman, ce que le Lavaret est pour les riverains du lac du Bourget, le Poisson par excellence, on pourrait presque dire le Poisson national, car c'est le
Poisson dont on se montre fier devant les étrangers.

Malgré son étroite affinité avec le Lavaret, la Féra, dont la
chair est également fort délicate, a une saveur différente, peut-
être un peu moins parfaite, mais en réalité encore très-agréable.

La Féra est facile à distinguer du Lavaret à la première inspection. Elle est plus courte, plus ramassée ; ainsi, on ne
trouve pas dans la longueur de son corps quatre fois la longueur
de la tête, tandis que, chez le Lavaret, il y a ordinairement
quatre fois et demie cette longueur. Un autre caractère très-
apparent de la Féra, lorsqu'on la compare au Lavaret, consiste,
non pas seulement dans la tête plus forte proportionnellement,
mais surtout dans la forme du museau qui est plus haut, plus
tronqué et un peu oblique d'avant en arrière, de sorte que la
bouche paraît être plus en dessous.

[1] *Salmo Lavaretus*, Linné, *Syst. nat.*, t. I, p. 512 ; 1766. — *Coregonus
Fera*, Jurine, *Hist. des Poissons du lac Léman.* (*Mém. de la Soc. des sciences phys. et nat. de Genève*, t. III, p. 190, pl. VII ; 1825.) — Valenciennes,
Hist. nat. des Poissons, t. XXI, p. 472 ; 1848. — Heckel et Kner, *Süsswasserfische*, etc., p. 238 ; 1858. — Siebold, *Die Süsswasserfische*, etc.,
p. 251 ; 1863.

La couleur de la Féra, aussi variable que celle du Lavaret, est habituellement d'un gris brunâtre sur le dos, avec des reflets

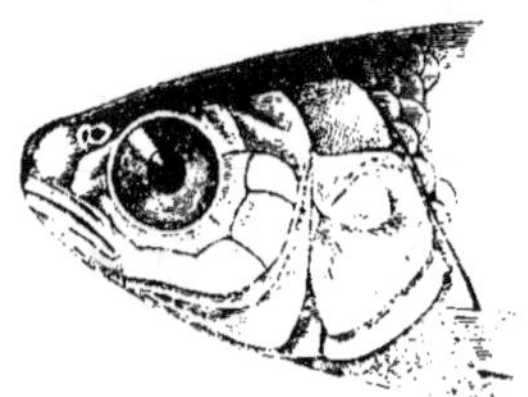

Fig. 110. — Tête de la Féra *(Coregonus Fera)*.

verdâtres et quelquefois bleuâtres sur les côtés et sur la tête, et des points, même des taches plus foncés, surtout dans le jeune âge. Des points noirâtres sont disséminés sur les écailles des flancs, où ils forment d'ordinaire une bordure plus ou moins prononcée. A cet égard, il y a des différences notables selon les époques de l'année, selon l'âge des individus, selon les endroits où ils ont vécu. De là viennent les noms de *Féra blanche*, de *Féra verte*, de *Féra noire*, en usage parmi les pêcheurs du Léman.

Les nageoires, qui se colorent en rose tendre à l'époque du frai, sont pointillées de noir ; la dorsale et la caudale ont même de petites bandes transversales plus ou moins rembrunies.

Fig. 111. — Écaille de la Féra.

Les écailles de la Féra diffèrent d'une manière bien sensible de celles du Lavaret ; elles sont plus longues, et ainsi de forme très-ovalaire ; elles ont une dimension supérieure, de telle sorte, qu'il n'y en a que de quatre-vingts à quatre-vingt-dix sur la ligne latérale.

La nageoire dorsale est composée de quatorze ou quinze rayons, dont les quatre premiers simples ; les pectorales en ont de seize à dix-huit ; les ventrales, de onze à treize ; l'anale, quatorze ou quinze, y compris les quatre premiers simples, dans quelques cas, treize seulement ; la caudale, de vingt-huit à trente-deux.

La Féra ne dépasse guère la taille de $0^m,30$ à $0^m,40$. De plus grands individus sont fort rares. Ceux qui continuent long-temps à croître prennent du volume par l'élargissement de leur corps, et c'est dans cette condition qu'ils ont toute l'estime des consommateurs.

Ce Poisson, comme ses congénères des lacs, fait sa nourriture de débris organiques et surtout de très-petits animaux, se montrant particulièrement avide des insectes qui voltigent à la surface de l'eau. Il fraye sur les herbes à une assez grande profondeur, et l'on a insisté sur ce fait qui indique une différence dans les habitudes avec le Lavaret déposant ses œufs très-près des rivages. L'époque du frai est le mois de décembre.

La Féra abonde dans le lac Léman. Pendant les mois d'été et d'automne, la pêche est si considérable, qu'on en voit arriver chaque jour à Genève de nombreux bateaux chargés. Dans mes excursions avec les pêcheurs de Thonon et d'Évian, j'en ai vu prendre de grandes quantités à la fin de septembre et au commencement d'octobre. Un fait remarquable, c'est l'absence de la Féra dans le lac du Bourget, la patrie du Lavaret, tandis

que ce Poisson existe dans divers lacs de la Suisse, de la Bavière et de l'Autriche.

LE CORÉGONE GRAVENCHE

(COREGONUS HYEMALIS [1])

La Gravenche est un Poisson du Léman, voisin de la Féra,
mais facile à distinguer de cette dernière par la forme du corps,
le volume de la tête, la coloration.

Chez la Gravenche, la tête est fortement inclinée en avant,
et la courbe du dos, très-prononcée depuis la nuque jusqu'à la
nageoire dorsale ; en même temps, le ventre est moins arrondi
que chez la Féra. La tête est plus grosse avec le museau aussi
épais, mais un peu plus arrondi à l'extrémité.

Les couleurs de ce Poisson sont en général plus pâles que
celles de la Féra ; la tête offrant également de petites tache
jaunâtres sur le sommet est d'une teinte violacée pâle et toute
sablée de noirâtre ; le dos est d'un gris violet très-clair avec des
points obscurs plus ou moins nombreux ; sur les côtés des
points semblables ou plus noirs forment une sorte de bordure
à chaque écaille. Les nageoires sont aussi plus pâles que chez
la Féra. Ces parties ne présentent rien de caractéristique dans
le nombre, toujours variable, de leurs rayons ; mais elles permettent de distinguer l'espèce par leur dimension, relativement
au volume du corps. Toutes les nageoires sont plus grandes

[1] *Coregonus hiemalis*, Jurine, *Histoire des Poissons du lac Léman*,
p. 200, pl. VIII ; 1825.— Valenciennes, *Histoire nat. des Poissons*, t. XXI,
p. 479 ; 1848. — Siebold, *Die Süsswasserfische von Mitteleuropa*, p. 254 ;
1863. — *Coregonus arronius*, Rapp, *Fische des Bodensees*, p. 22. — Heckel
et Kner, *Die Süsswasserfische*, etc. p. 240 ; 1858.

chez la Gravenche que chez la Féra, et cette différence est surtout frappante à l'égard des pectorales.

C'est Jurine qui le premier, en 1824, a fait connaître la Gravenche. Ce Poisson est assez commun dans le lac Léman, où il vit pendant onze mois de l'année à de telles profondeurs, qu'on ne l'aperçoit jamais. Il échappe ainsi aux filets des pêcheurs, toute cette longue période. C'est seulement au mois de décembre que les Gravenches se portent en troupes vers les rivages où elles viennent frayer. Cette opération achevée, elles redescendent bientôt dans les retraites inaccessibles aux redoutables engins inventés par les hommes.

Malgré son étroite parenté zoologique avec la Féra, la Gravenche, assure-t-on, a une chair plus ferme, une saveur particulière et, ce qui est étrange pour une espèce habitant des eaux profondes, on réussit à la faire vivre assez longtemps dans des réservoirs où les Féras périssent en moins d'une journée. Ce sont là de ces dissemblances dans les facultés des êtres, comme on en rencontre beaucoup, et pour lesquelles des recherches fort délicates seront nécessaires lorsqu'on voudra en connaître les causes.

LE CORÉGONE HOUTING

(COREGONUS OXYRHYNCHUS [1])

Le Houting est un Corégone d'un aspect assez singulier et d'habitudes fort différentes de celles des espèces précédentes. Poisson de mer, abondant dans la mer du Nord, comme les

[1] *Salmo oxyrhynchus*, Linné, *Syst. nat.*, t. I, p. 512; 1766. — *Coregonus oxyrhynchus*, Sélys-Longchamps, *Faune belge*, p. 222 ; 1842. — Valenciennes, *Hist. nat. des Poissons*, t. XXI, p. 488, pl. 630 ; 1848. — Siebold, *Die Süsswasserfische von Mitteleuropa*, p. 259 ; 1863.

Saumons, il remonte les grands cours d'eau à l'époque du frai, et alors on le pêche dans le Rhin, dans la Meuse.

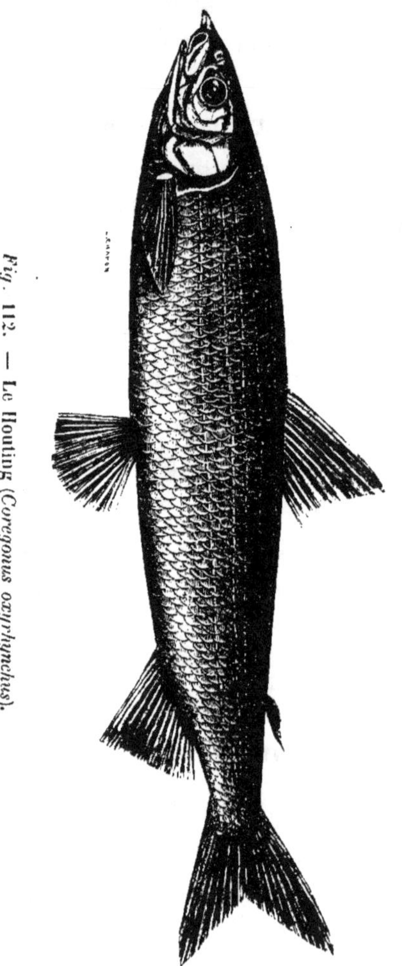

Fig. 112. — Le Houting (*Coregonus oxyrhynchus*).

Le nom de *Houting* est son nom vulgaire en Hollande où ce Poisson se prend chaque année en quantité considérable. Le

nom de Houting est devenu *Hautin* en Belgique, et notamment
à Anvers. En venant à Paris, il a subi une modification plus
marquée ; c'est l'*Outil* de nos marchandes de la Halle.

Le Houting, par tous ses caractères essentiels, est un vrai
Corégone ; mais un corps très-effilé, les flancs un peu arrondis,
les écailles assez résistantes, une apparence de fermeté des tissus
plus grande que chez les Corégones des lacs, donnent déjà, au
premier abord, une physionomie très-particulière à cette espèce.
Ce n'est pas là encore ce qu'elle offre de plus étrange ; un prolongement charnu du museau de forme conique, une sorte de
nez dont la teinte noirâtre tranche avec la couleur générale de
la tête et du corps, est le signe le plus caractéristique et le
plus frappant du Houting.

Ce Poisson est ordinairement, sur les régions supérieures,
d'un gris verdâtre affaibli sur les côtés où l'on remarque de
vagues lignes longitudinales d'un ton plus intense, et des points
épars bruns ou noirâtres ; sur les parties inférieures, il est d'un
blanc d'argent, parfois un peu jaunâtre.

La tête, chez cette espèce, est petite, mince, avec la mâchoire
supérieure très-avancée sur l'inférieure, l'intermaxillaire et
une plaque osseuse de la langue, garnis de dents d'une extrême finesse.

Les écailles, plus arrondies que chez nos autres Corégones,
ont leurs stries concentriques beaucoup plus serrées. On en
compte de quatre-vingts à quatre-vingt-cinq, sur la ligne latérale, et il y en a neuf à dix rangées au-dessus, neuf au-dessous.

La nageoire dorsale, située en avant de la portion moyenne
du dos, a quatre rayons simples et dix rameux, l'anale en a de
dix à douze branchus à la suite des quatre rayons simples.

Le Houting, dont la taille ordinaire est de 0^m,30 à 0^m,40, remonte les fleuves pour frayer pendant les mois d'octobre et de novembre. La plupart des individus s'éloignent médiocrement des embouchures, ce qui explique comment la pêche en est surtout productive en Hollande, d'où l'on fait des expéditions à Paris. On prend quelquefois le Houting dans le Rhin près de Strasbourg; il a même été pris à Cologne, mais dans des circonstances assez rares. Il est assez commun en Allemagne dans l'Elbe et ses affluents, le Weser, etc. Du reste, nous ne savons rien de l'histoire de ce Poisson; aucune observation n'a été faite encore sur l'éclosion des jeunes, sur le temps qu'ils passent dans les eaux douces, sur l'époque à laquelle ils se rendent à la mer.

LE GENRE OMBRE

(THYMALLUS, *Cuvier*)

Le genre Ombre est caractérisé par une bouche très-peu fendue comme celle des Corégones, mais pourvue de petites dents très-nombreuses aux mâchoires, au palais, aux os pharyngiens, par des écailles assez grandes, très-exactement imbriquées les unes sur les autres, par une nageoire dorsale fort longue, très-haute, commençant beaucoup en avant de l'insertion des nageoires dorsales.

Les Ombres ressemblent extrêmement aux Truites sous le rapport de la conformation interne.

Nous n'en avons en France qu'une seule espèce.

L'OMBRE COMMUNE

(THYMALLUS VEXILLIFER [1])

L'Ombre, assez commune sur divers points de la France,
n'est point cependant répandue d'une manière générale ; ce qui

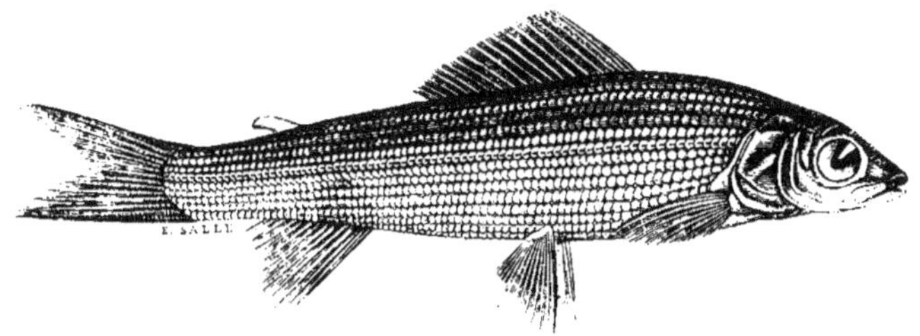

Fig. 113. — L'Ombre commune (*Thymallus vexillifer*).

explique comment on la voit très-rarement sur les marchés de
Paris.

C'est un des beaux Poissons des eaux douces. Rien n'est gracieux comme sa forme allongée, s'atténuant d'une manière gra-
duelle jusqu'à l'origine de la queue. Rien n'est plus élégant que
sa nageoire dorsale, magnifique voile fort longue et d'une hauteur remarquable. Il suffit d'apercevoir un tel animal pour juger combien il est heureusement conformé pour une natation

[1] *Salmo thymallus*, Linné, *Sys. nat.*, t. I, p. 512 ; 1766. — *Thymallus
vexillifer*, Agassiz, *Hist. des Poissons de l'Europe centrale*, pl. 16, 17
et 17 *bis*. — Valenciennes, *Hist. nat. des Poissons*, t. XXI, p. 438 ; 1848,
et *Thymallus gymnothorax*, p. 145, pl. 626. — *Thymallus gymnothorax*,
Günther, *Fische des Neckars*, p. 117 ; 1853. — *Thymallus vexillifer*, Heckel
et Kner, *Die Süsswasserfische der östreich. Monarchie*, p. 242 ; 1858. —
Thymallus vulgaris, Siebold, *Die Süsswasserfische von Mitteleuropa*,
p. 267 ; 1863.

facile et rapide. Les pêcheurs sont souvent habiles à suivre les mouvements des Poissons traversant des eaux limpides, mais l'Ombre échappe à leurs yeux exercés. Elle a passé, elle a fui comme une ombre, et l'*ombre* est devenue le nom vulgaire du Poisson doué d'une si merveilleuse agilité [1].

Rien n'est plus joli que sa parure, surtout lorsqu'elle est jeune. Ses écailles polies, à bord extérieur presque droit, très-exactement appliquées les unes sur les autres, figurent une sorte de mosaïque. Sa couleur sur toutes les régions supérieures est d'un bleu d'acier éclatant, rehaussé par des points noirs à la base des écailles ainsi que sur les joues et les opercules ; sur les parties inférieures, c'est le blanc de l'argent le mieux poli. Sa nageoire dorsale lavée de noirâtre est entrecoupée par de petites bandes transversales d'un noir plus intense, tandis que ses nageoires inférieures, pâles, sont légèrement teintées de jaune à leur base.

Quand l'âge vient pour l'Ombre, les couleurs perdent de leur brillant, l'éclat du bleu d'acier se ternit et passe plus ou moins au gris.

La tête de ce Poisson est aplatie en dessus et le museau est large et comprimé. Les mâchoires ont une seule rangée de petites dents aiguës semblables à celles qui existent sur le vomer et les palatins.

Les écailles, au nombre de quatre-vingt-cinq à quatre-vingt-dix sur la ligne latérale, formant sept à huit rangées au-dessus de cette ligne et neuf ou dix au-dessous, deviennent très-petites sous le ventre, et un espace plus ou moins grand reste toujours nu entre les nageoires pectorales. Cet es-

---

[1] *Effugiens oculis celeri Umbra natatu.* AUSONE.

pace entièrement privé d'écailles étant quelquefois très-limité, quelquefois assez étendu, M. Valenciennes a cru, d'après cette différence purement individuelle, à l'existence de deux espèces distinctes.

Les écailles de l'Ombre, lorsqu'elles sont détachées, montrent une forme pleine d'élégance; un peu plus larges que longues, elles ont leur bord libre un peu anguleux, leur bord basilaire gracieusement festonné, leurs stries concentriques espacées et bien régulières.

La nageoire dorsale a un nombre de rayons qu'on ne trouve chez aucun autre genre de Salmonides, cinq ou six rayons simples et seize ou dix-sept rayons rameux allant en décroissant de hauteur du premier au dernier. La nageoire caudale, courte et longue, a trois ou quatre rayons simples et neuf ou dix rameux.

L'Ombre ne dépasse guère la taille de $0^m,30$ à $0^m,40$. Elle vit dans les rivières et les ruisseaux limpides roulant sur un fond de sable et de gravier; elle se nourrit de petits animaux, mollusques, vers, insectes, tels que des larves de Diptères, de Phryganes, de Libellules, ainsi que de frai de poisson. L'Ombre paraît fuir les eaux très-froides, qui sont recherchées par les Truites, de même que les endroits parsemés de roches. Un fait remarquable, c'est que l'Ombre, qui habite toutes les contrées de l'Europe, se rencontre dans chaque pays dans des localités assez restreintes, et lorsqu'on a voulu, comme en Angleterre, la faire vivre dans des rivières où elle n'avait jamais été vue, dans le cours supérieur de la Tamise, par exemple, on n'y a pas réussi.

En France, ce Poisson, qui est bien rarement apporté sur le marché de Paris, se trouve dans les rivières de nos départements de l'Est, le Rhin, la Chiers, la Crunes, les cours d'eau des Ardennes, très-accidentellement dans la Moselle et dans la Meuse. M. le professeur Grenier, de Besançon, m'en a envoyé des individus qui avaient été pêchés dans la Loue. L'Ombre, croyons-nous, est plus abondante dans les rivières du département de l'Ain. On la voit fréquemment dans celles qui débouchent dans le lac Léman et dans le lac lui-même. Ce Poisson n'est pas très-rare dans le centre de la France, notamment dans l'Auvergne, d'où le nom d'Ombre d'Auvergne sous lequel il a été souvent désigné. Il existe aussi dans plusieurs des rivières qui se jettent dans le cours inférieur du Rhône. M. Fabre, d'Avignon, l'a pris dans la Sorgue.

Ce Poisson se trouve dans les eaux de l'Italie, de la Suisse, de l'Angleterre, de presque toute l'Allemagne, en Hongrie, en Suède, en Laponie.

L'Ombre ne fraye pas en hiver, comme la plupart des autres Salmonides, mais au commencement du printemps, en mars et en avril. Ses œufs très-nombreux sont assez petits et d'un blanc opalin. L'incubation s'effectue dans l'espace d'une quinzaine de jours ; elle est donc très-rapide, si on la compare à celle des autres Salmonides.

L'Ombre est regardée comme un excellent Poisson pour la table ; une chair blanche, délicate, ayant un parfum spécial que l'on a comparé à l'odeur du thym et d'où serait venu le nom scientifique *Thymalle* appliqué à ce Poisson. Un illustre gastronome lui aurait donné l'épithète de *Reine de délices*, et, rapporte un auteur anglais, Walton, saint Ambroise, l'évêque de Milan, l'appelait la *Fleur des Poissons*.

L'Ombre, *Oumbré* des Provençaux, est connue en Alsace sous le nom allemand de *Aesche*.

LE GENRE ÉPERLAN
(OSMERUS, *Artedi. Cuvier*)

Un corps long et mince, couvert d'écailles ovalaires si minces
qu'elles apparaissent à la vue simple comme une sorte de gaufrage ; une mâchoire supérieure garnie d'une seule rangée de
dents très-fines ; une mâchoire inférieure pourvue d'une rangée
externe de dents à peu près semblables à ces dernières et d'une
rangée de dents plus fortes ; tous les os qui circonscrivent la
cavité buccale, le vomer, les palatins, également munis, ainsi
que la langue de très-fortes dents aiguës ; une nageoire dorsale,
courte, assez haute, insérée en avant des nageoires ventrales,
sont les signes qui permettent de distinguer avec certitude les
Éperlans de tous les autres Salmonides.

Les Éperlans sont de petits Poissons de mer, qui entrent dans
les fleuves, sans se porter cependant à de bien grandes distances des côtes. Nous n'en voyons qu'une seule espèce dans les
eaux de la France.

L'ÉPERLAN COMMUN
(OSMERUS EPERLANUS [1])

« Aux bouches des riuières qui tombent dans l'Océan, comme
à Rouan é à Anuers, on trouue souuent l'Esperlan, ainsi
nommé pour sa belle é nette blancheur semblable à celle de la
perle. Il ha une autre belle merque, c'est qui sent la violette. »

[1] *Salmo eperlanus*, Linné, *Syst. nat.*, t. I, p. 511 ; 1766. — *Osmerus
eperlanus*, Yarrell, *British Fishes*, t. II, p. 75 ; 1836. — Valenciennes,
Hist. nat. des Poissons, t. XXI, p. 371, pl. 620 : 1848. — Siebold, *Die
Süsswasserfische von Mitteleuropa*, p. 271 : 1863.

Ne disait-il pas quelquefois fort bien, ce maistre Guillaume Rondelet, docteur-régent en médecine en l'Université de Montpellier. Peindrait-on aujourd'hui, en moins de mots, les traits

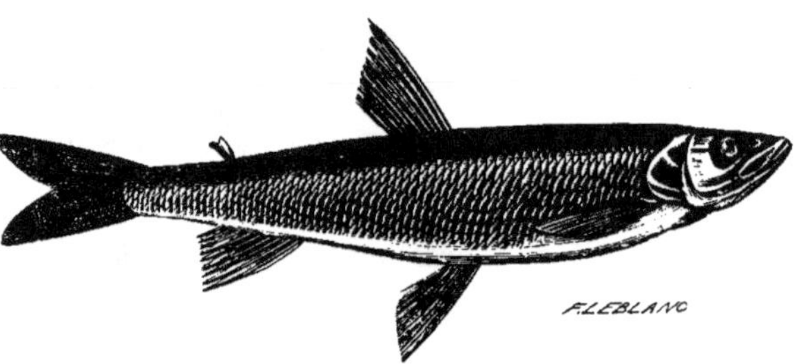

Fig. 114. — L'Éperlan commun (*Osmerus Eperlanus*).

les plus frappants de l'Éperlan ; il vient aux bouches des rivières, et Rouen a le privilége de le voir venir ; il est d'une blancheur comparable à celle des perles fines ; il exhale le parfum des violettes.

Après cela, il faut entrer dans la description des détails. L'Éperlan est long, comprimé latéralement, avec le dos presque droit, le museau aminci, la fente buccale très-oblique de bas en haut, la mâchoire inférieure de la sorte, beaucoup plus longue que la supérieure et courbée vers l'extrémité, les dents du vomer, au nombre de quatre, très-grandes comme celles de la langue et un peu courbées, les palatins et les ptérygoïdes pourvus d'une longue rangée de dents plus petites.

Les écailles de l'Éperlan, d'une extrême minceur, figurent des losanges sur la peau de l'animal ; lorsqu'elles sont détachées, elles se montrent larges, courtes, ovalaires, n'ayant que cinq ou six stries circulaires régnant près des bords. La ligne latérale ne se prolonge pas au delà de la huitième ou dixième écaille.

La nageoire dorsale, qui est courte et haute, n'a que dix ou onze rayons dont les trois premiers simples ; l'anale en a également trois simples, et onze, douze ou treize rameux; la caudale est très-fourchue.

L'Éperlan est d'un vert clair, plus ou moins pointillé de noir sur les parties supérieures, d'un blanc d'argent sur la mâchoire inférieure, les opercules, les côtés et la région ventrale. La couche argentée pouvant se détacher avec une grande facilité, les écailles deviennent alors transparentes. Mais la teinte générale des parties supérieures de ce Poisson est très-variable, elle est tantôt plus claire, tantôt plus foncée, tantôt bleuâtre.

L'Éperlan a le plus ordinairement une longueur de $0^m,15$ à $0^m,18$, mais on en voit des individus qui arrivent à la taille de $0^m,25$. Ce Poisson se nourrit de petits animaux et vient frayer dans les eaux saumâtres, pendant les mois de mars et d'avril, mais, jusqu'ici, personne n'a observé son développement.

Les Éperlans entrent dans les fleuves en grandes masses au printemps et paraissent y faire un séjour très-prolongé ; néanmoins, ils ne remontent jamais au delà de l'endroit où se fait sentir la marée. Il remonte la Seine jusqu'à Rouen. On en pêche beaucoup aussi vers l'embouchure de l'Orne, de la Loire, etc.

LE GENRE SAUMON

(SALMO, *Linné*)

La plupart des auteurs modernes ont admis la distinction générique des Saumons et des Truites. Quelques-uns même ont été plus loin en admettant un partage des Truites. Pour les auteurs qui ont adopté le genre Saumon et le genre Truite, la circonscription de ces deux genres est différente. Pour les uns, certaines espèces appartiennent au genre Truite; pour les autres, au genre Saumon. Le Saumon commun a été pris par la plupart des ichthyologistes modernes comme le type du genre Saumon, mais M. de Siebold, qui admet le genre Saumon et le genre Truite, place le Saumon commun dans le genre Truite. Ces divergences dans les vues d'habiles naturalistes suffisent pour montrer que la distinction entre les Saumons et les Truites ne repose pas sur des caractères bien importants. Aussi n'aurions-nous pas hésité à revenir à la grande division des Saumons, telle qu'elle était acceptée par Cuvier et les zoologistes de son temps, si l'habitude de distinguer les Saumons et les Truites n'était en quelque sorte devenue vulgaire.

Les Saumons, comme les Truites, ont des dents fortes et pointues aux deux mâchoires, aux palatins, à la langue. Ils en ont aussi au vomer, mais chez plusieurs espèces, la pièce principale en est dépourvue [1], tandis que chez les autres, elle n'en est privée que lorsque l'âge a amené leur chute [2]. Tous les Saumons ont les écailles petites et en ovale allongé. Leurs pièces operculaires sont très-unies et forment en arrière une courbe très-prononcée. Cette particularité permet surtout de distinguer assez aisément les Saumons des Truites.

L'OMBLE-CHEVALIER

(SALMO SALVELINUS [3])

L'Omble-Chevalier est un habitant sédentaire des lacs de l'Eu-

---

[1] Les seules que M. de Siebold conserve dans le genre Saumon, chez lesquelles la pièce principale du vomer est très-courte.

[2] Comme chez le Saumon commun.

[3] *Salmo salvelinus,* Linné, *Syst. nat.* t. I, p. 511; 1766. — *Salmo umbla,* Agassiz, *Poissons de l'Europe centrale,* pl. IX. X, Xª et XI. — *Salmo sal-*

rope centrale ; jamais il n'entre dans les rivières ; c'est tout à fait accidentellement qu'on a pris ce Poisson dans le Rhône, où sans doute il peut parfois se trouver entraîné par le courant.

L'Omble-Chevalier, très-variable dans ses proportions, suivant l'âge, le sexe, les conditions d'existence qu'il a subies, a toujours le corps comprimé latéralement et plus ou moins élancé. Ses écailles, de la même forme que celles des Truites, sont si petites, qu'à la vue simple, elles sont peu distinctes et donnent seulement à la peau une apparence de gaufrage.

Ce Poisson offre des teintes claires et fraîches d'un aspect fort agréable. Le plus souvent il est d'un gris de perle ou d'un gris bleuâtre sur toutes les parties supérieures, et cette nuance s'affaiblit sur les côtés pour se fondre d'une manière insensible avec la teinte argentée des régions inférieures ou la couleur orangée rougeâtre qui se manifeste sur le ventre et la gorge pendant la saison d'hiver, c'est-à-dire à l'époque du frai. Très-ordinairement, il existe des taches rondes blanchâtres ou d'un rouge pâle, disséminées sur les côtés du corps. Quelquefois ces taches se montrent presque exclusivement au-dessus de la ligne latérale ; chez beaucoup d'individus on en voit en plus ou moins grand nombre au-dessous de cette ligne. La nageoire dorsale, de même que la caudale, est habituellement d'un gris foncé, et les nageoires inférieures, d'un jaune plus ou moins vif, sont souvent sablées de noir et ornées au bord antérieur d'un liséré blanc.

L'Omble-Chevalier a la tête forte, abaissée en avant, avec le

velinus et *S. umbla*, Valenciennes, *Hist. nat. des Poissons*, t. XXI, p. 233 et 246 ; 1848. — Heckel et Kner, *Die Süsswasserfische der östreichischen Monarchie*, p. 280 et 285 ; 1858. — *Salmo salvelinus*, Siebold, *Die Süsswasserfische von Mitteleuropa*, p. 280 ; 1863.

museau large, un peu déprimé ; la mâchoire supérieure légèrement en saillie sur l'inférieure ; le vomer garni à sa partie
antérieure de dents crochues, en général au nombre de cinq,

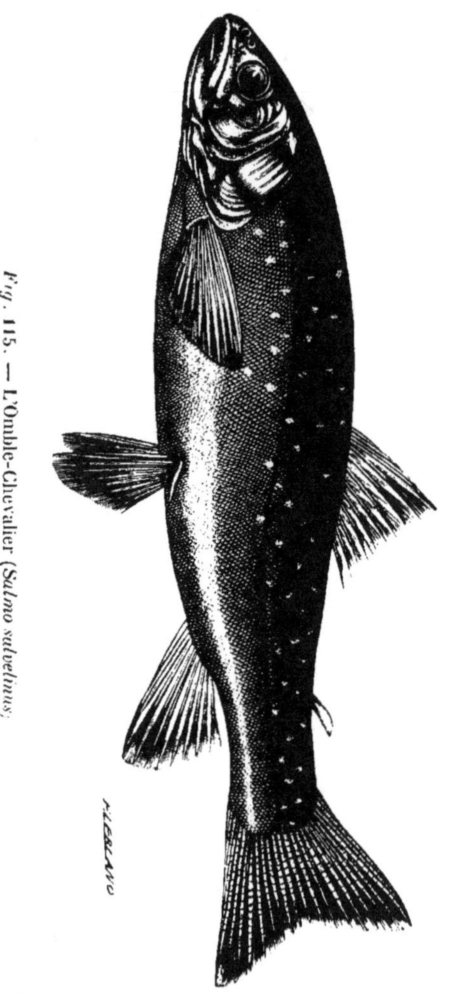

Fig. 115. — L'Omble-Chevalier (*Salmo salvelinus*).

quelquefois de six ou de sept ; l'œil grand ; l'opercule large,
ayant son bord libre légèrement arqué et quelques stries
transversales en arrière.

Chez cette espèce, la nageoire dorsale a neuf rayons rameux, plus rarement dix et l'anale huit ou neuf à la suite des trois rayons simples ; les nageoires pectorales et ventrales sont toujours plus longues chez les mâles que chez les femelles. C'est là une différence dont on voit peu d'exemples parmi nos Poissons d'eau douce.

L'Omble-Chevalier atteint habituellement la longueur de $0^m,30$ à $0^m,40$; il arrive quelquefois à une taille bien supérieure, mais les individus de grande dimension paraissent rares, c'est, du moins, ce que je dois croire d'après les pêches effectuées en ma présence au lac du Bourget et au lac Léman.

Ce Poisson est répandu dans la plupart des lacs de la Suisse, de la Bavière, de l'Autriche. Des individus de l'Allemagne méridionale ayant le corps moins haut que celui des individus de nos lacs de la Savoie, avaient été considérés autrefois comme étant d'une autre espèce. Cette différence a été reconnue, depuis, tout individuelle [1].

L'Omble-Chevalier se nourrit particulièrement d'insectes et de petits crustacés ; il fraye pendant les mois d'octobre et de novembre. Ses œufs assez gros sont d'un jaune clair et d'une certaine transparence.

---

[1] On trouve, dans les lacs du nord de l'Angleterre et de l'Écosse, des Poissons, *très-voisins* de l'Omble-Chevalier, qui sont désignés par les auteurs de la Grande-Bretagne sous le nom vulgaire de *Charrs*. Il n'a pas encore été établi si quelques-uns de ces *Charrs* sont de véritables espèces ou seulement des variétés locales de l'Omble-Chevalier. Le docteur Günther, attaché au British Museum, pense qu'il n'y a pas moins de cinq espèces de Saumons appartenant à la *division des Charrs, propres* à la Grande-Bretagne. Rien ne nous paraît plus douteux.

LE SAUMON COMMUN

(SALMO SALAR [1])

Si nous étions au dix-huitième siècle, où l'on appelait encore avec une certaine emphase le Lion, le roi des animaux, il faudrait appeler le Saumon le roi des Poissons d'eau douce. A la vérité, le Saumon est plus un Poisson de mer qu'un Poisson d'eau douce, mais il vient chaque année déposer ses œufs dans

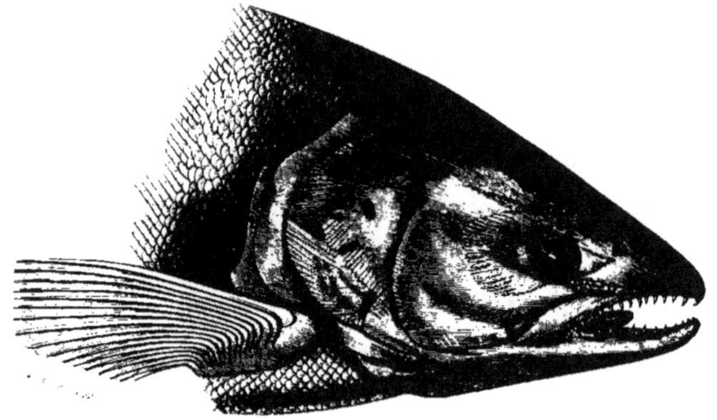

Fig. 116. — Tête et portion antérieure du corps du Saumon commun
(*Salmo Salar*).

les fleuves et les rivières à d'énormes distances des côtes; il naît ainsi dans les eaux douces, il y passe au moins la première année de son existence, souvent davantage et, après avoir été

[1] Linné, *Systema naturæ*, édit. XII, t. I, p. 509 ; 1766. — Yarrell, *British fishes*, t. II, p. 1 ; 1836. — Agassiz, *Poissons de l'Europe centrale*, pl. I, Iᵃ, Iᵇ, II. — *Salmo Salmo* (femelle) et *Salmo hamatus* (mâle), Valenciennes, *Hist. nat. des Poissons*, t. XXI, p. 169 et 212, pl. 614 et 615 ; 1848. — *Salmo salar* (femelle) et *Salmo hamatus* (mâle), Heckel et Kner, *Die Süsswasserfische der östreichischen Monarchie*, p. 273 et 276 (1858). — *Trutta salar*, Siebold, *Die Süsswasserfische von Mitteleuropa*, p. 293 ; 1863.

faire un voyage à la mer, il revient bientôt aux lieux où il est né.

La présence du Saumon dans nos cours d'eau, plus que l'abondance de la plupart des autres Poissons, devient une source d'industrie, de commerce, de bien-être pour les populations ; source malheureusement fort amoindrie, même depuis une époque assez récente. Le Saumon présente donc un haut intérêt sous le rapport économique.

Au point de vue de l'histoire des êtres, il offre également un intérêt considérable. C'est une histoire pleine de faits curieux et instructifs que celle d'un Poisson voyageur, tour à tour fluviatile et marin, marin et fluviatile, d'un Poisson qui subit à chaque âge des changements assez remarquables pour n'avoir été reconnus qu'après l'observation suivie des mêmes individus aux diverses périodes de leur existence. L'histoire du Saumon est aujourd'hui assez avancée, et elle date pourtant d'une époque peu éloignée. Nous la devons presque entièrement à des naturalistes et à de simples observateurs de la Grande-Bretagne.

On a souvent répété que les Grecs n'avaient point parlé du Saumon ; rien de plus facile à comprendre : ce Poisson n'existe pas dans la Méditerranée ; il n'a donc jamais été vu dans les fleuves qui viennent se décharger dans cette mer. Seul parmi les Latins, Pline a eu connaissance du Saumon ; il l'a mentionné comme appartenant à l'Aquitaine, c'est-à-dire, au pays arrosé par la Gironde, la Garonne, la Dordogne, où il était préféré à tous les autres Poissons de mer. C'est Ausone [1] qui, ensuite, l'a particulièrement signalé en indiquant par des épithètes, soit les

---

[1]   Nec te puniceo rutilantem viscere, Salmo,
Transierim. . . . .
Teque inter geminas species neutrumque et utrumque,
Qui necdum Salmo nec jam Salar, ambiguusque
Amborum, medio Fario intercepte sub ævo.

différents âges de l'espèce, soit le Saumon et les Truites confondus dans une même désignation générale.

Le Saumon dans son état adulte a une forme allongée, son corps, d'une épaisseur remarquable vers la tête, a peu de hauteur, ce qui le fait paraître, considéré de profil, assez grêle et même fusiforme. C'est du reste un bel animal, tout argenté sur les côtés, d'un blanc de nacre sur les parties inférieures, d'un gris bleuâtre ou verdâtre sur les régions supérieures, avec des taches noires plus ou moins arrondies, disséminées sur la tête et sur l'opercule, souvent aussi avec de petites taches également noires, éparses sur la nageoire dorsale et, en général, des taches plus ou moins obscures, variables sous le rapport du nombre et de la forme, répandues sur les côtés du corps. Mais la coloration des Saumons est sujette à de grands changements selon les circonstances. Lorsque ces Poissons arrivent de la mer, dans les fleuves, au moment de frayer, on voit leurs teintes, particulièrement chez les mâles, prendre une nouvelle vivacité, des taches rouges apparaître dans le voisinage de la ligne latérale et même sur les opercules, le ventre s'empourprer, ainsi que la base de la nageoire anale, le bord antérieur des ventrales, les bords supérieur et inférieur de la caudale. Après avoir frayé, ces animaux affaiblis perdent leurs riches couleurs et reviennent à leur première condition. Ce n'est pas tout encore; Jardine, l'auteur d'un grand ouvrage sur les Salmonides de la Grande-Bretagne [1], nous a appris que chez le Saumon mâle dans sa parure de noce, se produisait un remarquable épaississement de la peau du dos et des nageoires, qui disparaît bientôt après l'époque du frai.

[1] *British Salmonidæ.*

Chez ce Poisson à la forme élancée, la dimension de la tête représente à peu près un sixième de la longueur totale du corps. Le museau est arrondi, mais chez les mâles il est beaucoup plus long que chez les femelles, avec la mâchoire supérieure pourvue d'une fossette dans laquelle s'engage la pointe de la mâchoire inférieure. Celle-ci étant plus ou moins courbée et relevée au bout en manière de crochet, il arrive, surtout chez les vieux individus, que la bouche reste béante sur les côtés. Cuvier et ensuite plusieurs autres naturalistes, avaient admis l'existence d'une espèce de Saumon à bec crochu (*Salmo hamatus*) à laquelle le nom de *Bécard* a été appliqué.

Aujourd'hui, on est assuré que la courbure, parfois très-prononcée, de la mâchoire inférieure des mâles n'est pas un caractère spécifique, mais une simple particularité sexuelle et jusqu'à un certain point individuelle. L'œil du Saumon est petit ; son diamètre représente à peine le neuvième de la longueur de la tête.

Chez ce Poisson parvenu à un âge un peu avancé, la plaque antérieure du vomer, de forme pentagonale, est privée de dents ; la pièce principale offre une seule rangée de dents, et il est rare qu'il en reste plus de quelques-unes en avant ; ces dents tombent ordinairement de bonne heure, surtout celles qui sont situées en arrière.

L'opercule, intimement uni à l'interopercule et au subopercule, forme avec ces derniers une grande lame garnie de stries bien prononcées, ayant son bord postérieur arrondi. Ces caractères des pièces operculaires permettent de ne jamais hésiter à distinguer d'une Truite, un Saumon même d'un âge peu avancé.

Les écailles du Saumon sont très-petites ; elles ressemblent beaucoup à celles des Truites, mais leur largeur est un peu plus considérable surtout vers la base. On en compte de cent vingt à cent trente sur la ligne latérale, vingt-cinq ou vingt-six rangées au-dessus de cette ligne, dix-huit au-dessous.

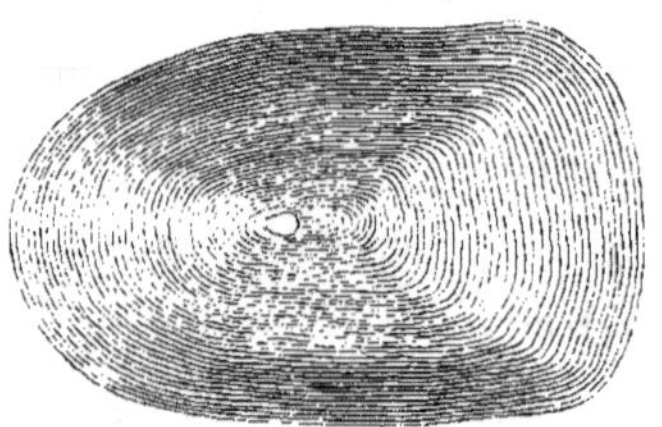

Fig. 117. — Écaille du Saumon commun prise sur les flancs.

La nageoire dorsale située plus près de la tête que de la queue, et plus longue que haute, offre douze ou quinze rayons, les trois ou quatre premiers simples, les autres branchus. Les nageoires pectorales ont quatorze rayons, les ventrales neuf ou dix, l'anale dix ou onze dont les trois premiers simples.

Tel est le Saumon qui, après avoir fait plusieurs séjours à la mer, remonte les fleuves et s'engage dans les rivières où doit s'opérer la ponte; mais, avant de prendre les caractères que nous venons de rapporter, le Saumon a traversé plusieurs âges marqués chacun par des particularités assez notables pour n'avoir été reconnues comme des phases de la vie d'une même espèce qu'après des observations effectuées à diverses reprises sur les mêmes individus.

Ces âges sont distingués par des noms particuliers chez les habitants de la Grande-Bretagne. Les noms de *Parr*, de *Smolt* et de *Grilse* sont aujourd'hui généralement adoptés en ce pays, et en l'absence des termes correspondants dans notre langue, nous pensons devoir n'en pas chercher d'autres.

Lorsque, chez le jeune Saumon, la vésicule vitelline est entièrement résorbée, le petit animal, long de 0^m,03, a encore une tête très-grosse relativement au volume de son corps, mais, peu de jours après avoir commencé à prendre de la

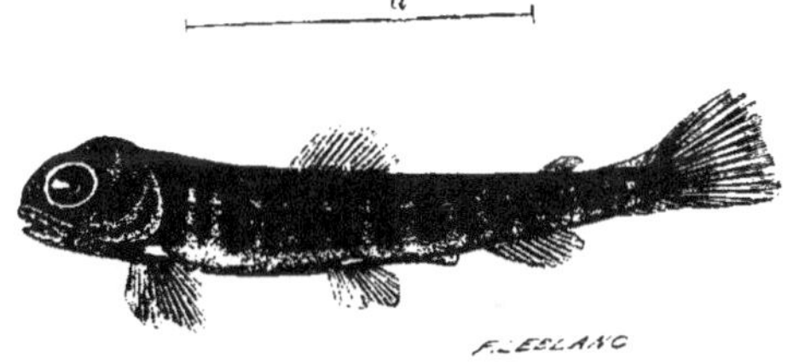

Fig. 118. — Jeune Saumon après la résorption de la vésicule ombilicale, grossi. — *a*, sa grandeur naturelle.

nourriture, la tête tend à s'abaisser, le museau à s'allonger, le dos à s'arrondir, et alors le petit Poisson prend l'aspect des Truites. Le jeune Saumon est d'une teinte grisâtre terne sur les régions supérieures et il offre de quinze à dix-huit bandes transversales noirâtres qui descendent du dos jusqu'à la région ventrale.

Pendant au moins une année, quelquefois davantage, le Saumon a conservé les ternes couleurs particulières à son jeune âge, l'état de *Parr*, mais, à un moment déterminé, un brusque changement se produit. Tout le corps prend un magnifique éclat métallique, il devient le *Smolt*, ainsi que les Anglais nomment le Saumon parvenu à son second âge.

Les parties supérieures sont d'un bleu d'acier étincelant. Huit ou dix grandes taches du même bleu brillant, comme voilées par un manteau d'argent, occupent les flancs et descendent au-dessous de la ligne latérale. Entre ces taches règne une teinte rougeâtre ou ferrugineuse très-vive. Une tache noire se voit ordinairement au milieu de l'opercule. Le ventre est d'un beau blanc de nacre. La nageoire dorsale est grise avec sa portion basilaire brune et une rangée transversale de taches de la même couleur; les nageoires pectorales ont un ton gris uniforme; les ventrales et l'anale sont presque incolores.

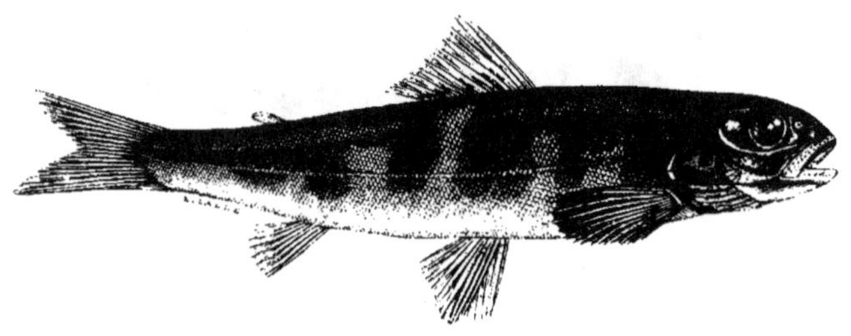

Fig. 119. — Jeune Saumon ou Saumonneau (*Smolt*).

Le Saumon, à l'état de *Smolt*, a l'apparence d'une petite Truite ; il a, comme ces dernières, le vomer bien garni de dents sur toute sa longueur, mais il est facile déjà de reconnaître que l'opercule est celui du Saumon. Un peu moins arrondi que chez les adultes, il a cependant son bord postérieur sensiblement courbe et les stries sont très-faciles à voir.

J'ai observé de ces jeunes Saumons si brillants, qui provenaient de l'Ill et du Rhin et dont la longueur était $0^m,10$ à $0^m,12$; d'autres des rivières des Vosges ayant $0^m,15$ à $0^m,18$ de long. Ils sont désignés dans le pays sous le nom de *Renay*.

Un peu plus d'une année s'écoule, avons-nous vu, depuis le moment de l'éclosion jusqu'à l'époque à laquelle le jeune Saumon, le *Parr*, commence à prendre sa livrée du second âge, celle de *Smolt*. Du mois d'avril au mois de juin, les écailles prennent leur vêtement argenté, et les bandes, alors plus ou moins confondues, s'affaiblissent, comme voilées, quelquefois presque complétement. Elles redeviennent plus distinctes par une immersion dans l'alcool.

Tant que les jeunes Poissons sont à l'état de *Parrs*, ils vivent isolément, ne cherchant jamais à se réunir, mais, devenus *Smolts*, c'est-à-dire, ayant pris leur *costume de voyage*, selon l'expression de quelques auteurs anglais, ils se rapprochent, se forment en troupes. C'est dans cette circonstance que les pêcheurs en ont fait souvent, sans difficulté, une déplorable destruction.

Un fait digne de remarque, qui paraît avoir été bien observé, notamment à Stortmontfield, sur la Tay en Écosse, c'est que les *Parrs* ne se changent point tous en *Smolts* au bout d'une année ; il y en a la moitié environ qui conservent la livrée du premier âge, séjournant deux et même trois ans dans les eaux douces.

Pendant tout le printemps, se succèdent les bandes de Saumonneaux descendant les rivières pour gagner l'Océan. Dans le trajet d'un parcours assez long, si des courants très-rapides se manifestent en certains endroits, les *Smolts* s'en montrent parfois effrayés. La troupe, peut-être, rebroussera chemin, mais revenant bientôt à sa première direction, quelques individus se laissent entraîner résolûment, et la cohorte entière se décide à les suivre. Arrivés à la partie inférieure du fleuve où remonte la marée, les Saumonneaux, avant de gagner la mer, s'arrêtent deux ou trois jours dans l'eau saumâtre comme pour se préparer à leur changement de séjour.

Que deviennent-ils alors ? Nul ne le sait d'une manière précise ; ils disparaissent dans les profondeurs de l'Océan où ne peuvent les atteindre les filets des pêcheurs.

Mais sept ou huit semaines sont à peine écoulées, que nos

Saumonneaux reparaissent dans les mêmes rivières, remontant jusqu'aux endroits où ils sont nés. Ces Poissons ne sont plus reconnaissables; ce ne sont plus des *Smolts*, ce sont des *Grilses;* aussi ne les reconnaissait-on pas, avant d'avoir pris le seul moyen possible de constater sûrement leur identité, c'est-à-dire d'attacher une marque à un certain nombre d'individus.

Cette idée si simple semble n'avoir reçu un commencement d'exécution qu'il y a environ trente-cinq ans. Auparavant, et encore un peu après, les naturalistes, sans être en mesure d'arriver à une solution, dissertaient sur la question de savoir si le *Saumonneau* des Français, *Samlet* ou *Parr* et *Smolt* des Anglais, *Sälmling* des Allemands, était d'une espèce particulière ou le jeune du Saumon, tandis que la plus naïve des expériences devait trancher la question. Il est vrai de dire que les naturalistes n'ont pas, en général, sous la main une rivière bien peuplée de Saumons.

Par une note publiée en 1830, nous voyons qu'un pêcheur de la Severn en Écosse, s'étant avisé de passer un fil de métal à la queue d'un *Samlet* ou *Smolt*, reprit plus tard l'animal devenu Saumon [1].

Les expériences ne tardèrent pas à se multiplier dans ce pays d'Écosse tout particulièrement favorable aux études sur le Saumon.

Ainsi, rapporte sir William Jardine, « pendant les deux années que les pêcheries du Sutherland ont été en la possession du duc, une suite d'expériences a été entreprise par ses agents... Le printemps dernier, plusieurs milliers de Saumonneaux ont été marqués dans les différentes rivières. Dans le

---

[1] Loudon's *Magazine of natural History*, vol. III, p. 94 ; 1830.

Laxford, les Saumonneaux marqués en avril revinrent au 25 juin. Ils pesaient alors 3 livres, et pendant la saison ils arrivèrent au poids de 6 livres et demie [1]. »

John Shaw, dont les observations ont beaucoup contribué à faire connaître l'histoire naturelle du Saumon, a signalé également les résultats d'expériences analogues, mettant hors de doute que le *Parr* est le jeune âge du Saumon [2].

Citons encore les recherches de M. Andrew Young. « Nous avons marqué des *Smolts* dans un double but, dit cet observateur, d'abord pour nous assurer s'ils revenaient dans les mêmes rivières, ensuite pour constater le temps qu'ils resteraient dans la mer. » — « Ils reviennent avec la plus grande ponctualité aux lieux où ils sont nés, dit encore M. Andrew Young ; la nature les a doués d'un si merveilleux instinct, que pas un seul d'entre eux ne dépasse sa propre demeure ou ne s'arrête à une station voisine. Nous avons vérifié tous ces faits, ajoute l'auteur, de telle sorte qu'une ombre de doute ne peut désormais subsister [3]. »

Un fait des plus remarquables, sujet d'étonnement de la part des observateurs, c'est la rapidité de croissance du Saumon à tous les âges pendant le temps qu'il passe à la mer. Le Saumonneau ou *Smolt* qui a vécu dans les rivières, une, deux et jusqu'à trois années pour atteindre la longueur de $0^m,12$ à $0^m,20$, devenu *Grilse* au bout de moins de deux mois de séjour dans l'Océan, est un Poisson d'un kilogramme et demi à deux kilogrammes. Les *Grilses*, après la ponte, demeurent encore quelque temps dans les eaux douces, puis, se rendant à la

---

[1] *The Edinburgh new Philosophical Journal*, vol. XVIII, p. 46; 1834-1835.
[2] *The Edinb. Philosoph. Journ.*, vol. XXI, p. 99 ; 1836.
[3] *The natural History and Habits of the Salmon.* — *Wick*, 1848.

mer où ils ne séjournent souvent pas plus de deux mois, ils reviennent à l'état de véritables Saumons, ayant atteint un poids variable de 3 à 6 kilogrammes ; la rapidité de leur accroissement est toujours en rapport avec la durée de leur voyage à la mer. Pour le Saumon qui en est à son second ou à son troisième voyage, l'accroissement n'est pas moins prodigieux pendant un très-court séjour à la mer. Tous les auteurs de la Grande-Bretagne citent avec admiration l'exemple de ce Saumon de la Tay, pris après la ponte et marqué d'une étiquette par le duc d'Atholl au mois de mars 1845. Le Poisson pesait dix livres (anglaises) ; repêché, muni de son étiquette, cinq semaines et trois jours plus tard, par conséquent après une bien courte excursion à la mer, il pesait vingt et une livres et un quart.

Chez le *Grilse* il n'y a plus aucune trace des bandes du *Parr*, visibles encore chez le *Smolt*. La tête est plus effilée, la queue n'est plus que faiblement échancrée. A beaucoup d'égards, ce sont les formes et la coloration du Saumon complétement adulte ; mais le corps est proportionnellement plus mince, et la teinte générale, plus pâle, plus uniforme, n'est pas encore rehaussée par des taches.

Les *Grilses* des deux sexes sont habiles à la reproduction aussi bien que les Saumons adultes ; mais, chose singulière et pourtant affirmée par ceux qui ont le mieux étudié les habitudes du Saumon, le *Parr* mâle, le jeune Poisson qui n'a pas encore été à la mer, est apte à féconder les œufs des *Grilses* et des Saumons, tandis que la femelle ne possède en aucun cas la faculté de pondre.

Dans la plupart des circonstances, les Saumons de divers âges, ayant séjourné une ou plusieurs fois à la mer, c'est-à-dire

les *Grilses* et les Saumons adultes et des individus en quelque
sorte intermédiaires, dont le premier séjour à la mer a pu être
de huit à dix mois, remontent ensemble les cours d'eau dans un
ordre qui ne varie guère. Les vieux individus forment la tête de
la colonne, les jeunes les suivent.

Lorsque le temps de la ponte est arrivé pour le Saumon, un
mâle et une femelle se réunissent. Deux mâles se trouvent-ils près
de la même femelle, une lutte s'engage entre eux, et le combat
dure tant que l'un des deux champions n'a pas quitté la place.
Plusieurs historiens du Saumon nous ont tracé le récit de ces
exploits chevaleresques. Chaque femelle a son mâle, mariage d'un
jour ou même d'une heure, il est vrai, car de part et d'autre une
nouvelle association ne tarde pas à se former. Dans le moment
où ils sont réunis, les deux individus semblent choisir d'un
commun accord l'endroit destiné à recevoir la ponte ; le mâle
et la femelle à la fois, se mettent à creuser dans le gravier un
lit d'une profondeur qui peut varier de $0^m,15$ à $0^m,25$;
la femelle y dépose ses œufs, le mâle les imprègne immédiatement de sa laitance. Un observateur attentif, nous dit
M. Andrew Young, peut voir aisément la chute successive
des œufs et de la laitance dans la cavité préparée par les deux
Saumons qui, en dernier lieu, travaillent encore en commun
pour abriter leur précieux dépôt sous une couche de gravier.

La fécondité de cette espèce est très-grande; on estime que
chaque femelle donne, à très-peu de chose près, autant de milliers d'œufs qu'elle pèse de livres (livre anglaise $= 453^{gr},5$).

Une eau bien courante est absolument nécessaire au développement des œufs de Saumon. Ils n'éclosent jamais dans une
eau tranquille; l'expérience souvent répétée a mis ceci hors de
doute. L'eau de mer fait périr non-seulement les œufs, mais

encore les alevins et les *Parrs*, c'est-à-dire tous les jeunes Saumons, tant qu'ils ne sont pas parvenus à l'état de *Smolts*.

D'un autre côté, l'impossibilité de faire vivre d'une manière continue des Saumons dans l'eau douce est bien établie. Des alevins placés dans des étangs artificiels, nous dit M. Andrew Young, ont grandi avec la même rapidité que ceux des rivières, mais il est tout à fait indispensable que le Saumon abandonne, à certaines saisons, les eaux douces pour se rendre à la mer. Retenu dans les eaux douces, il ne deviendrait jamais un véritable Saumon [1] ; retenu continuellement à la mer, il ne pourrait se reproduire. L'eau douce bien courante lui est indispensable pour sa reproduction ; les eaux salées, indispensables pour lui fournir une nourriture abondante : sans ces deux conditions réunies, la race s'éteindrait. C'est là un fait des mieux démontrés par les observations et par les expériences des savants et des hommes pratiques de l'Écosse.

Le Saumonneau emprisonné dans un étang ou même dans un vaste lac, grossit à peine à partir du moment où son instinct le pousse à aller se plonger dans les profondeurs de la mer ; sa chair se décolore et n'acquiert aucune des qualités comestibles si recherchées du Saumon.

Longtemps on a pensé que les Saumons n'entraient dans les rivières que pour frayer. Aujourd'hui il est reconnu que c'était là une erreur. Ces animaux, ayant pris un considérable accroissement, pendant un séjour à la mer de quelques semaines, se montrent très-empressés de revenir dans les eaux douces, à une époque encore bien éloignée de celle du frai. On a souvent parlé de l'ardeur que mettent les Saumons à remonter les fleuves et les rivières, bravant les obstacles, franchissant

(1) *Clean Salmon* des Anglais.

parfois des chutes d'eau considérables en exécutant des sauts
d'une remarquable hauteur. C'est un spectacle qui, en certains
endroits, attire la foule des curieux. La montée des Saumons,
aux chutes de Kilmorac sur le Beauly, dans l'Inverness-Shire,
au nord de l'Écosse, et à la cataracte de Liffey en Irlande, est
citée au touriste de la Grande-Bretagne comme l'un des plus
curieux spectacles de la nature. La renommée de cette merveille
est devenue européenne.

Tout le monde sait aujourd'hui que le Saumon fraye habituellement pendant les premiers mois d'hiver, c'est-à-dire en
novembre et en décembre. Cependant, les observateurs écossais
auxquels nous devons le plus grand nombre de faits acquis relativement à l'histoire du Saumon, affirment que des individus
commencent à pondre dès le mois de septembre, que d'autres
produisent encore dans les mois de janvier, de février et même
de mars. La température ordinaire de l'eau des rivières dans
lesquelles vivent les Poissons exerce à cet égard une influence
bien notable. La ponte se fait plus tôt dans les rivières qui sortent des lacs, plus tard dans celles qui descendent directement
des montagnes. La rigueur ou la douceur des hivers est une
autre cause de variation.

Les œufs du Saumon, d'une assez grande transparence,
d'un blanc opalin dans les jours qui suivent la ponte, d'une
agréable couleur rosée ou mieux *saumonnée*, quand le vitellus
(le jaune) s'est coloré, ont le volume d'un gros pois. Ceux des
Grilses sont toujours sensiblement plus petits que ceux des
Saumons adultes.

La durée de l'incubation des œufs est très-longue, mais elle
varie dans des limites fort larges, selon le degré de la température ; aussi l'éclosion des jeunes, provenant d'œufs pondus en

automne a lieu ordinairement au bout de quatre-vingt-dix jours, tandis que l'incubation des œufs pondus en novembre ou décembre, peut durer de cent à cent quarante jours. Les petits Poissons nouvellement éclos s'agitent avec vivacité, portant leur énorme vésicule [1] qui servira à les nourrir pendant à peu près cinq semaines. La vésicule entièrement résorbée, les alevins doivent prendre de la nourriture, et c'est là une époque de transition assez critique dans la vie de ces animaux. Beaucoup d'individus périssent à ce moment.

Pendant son premier âge, le Saumon se nourrit à la manière des jeunes Truites d'une foule d'insectes, de frai, et certainement aussi de petits poissons, dès qu'il est parvenu à une certaine grosseur. Pendant son séjour dans les eaux douces, à l'état adulte ou à l'état de *Grilse*, il est évident qu'il dévore une foule de poissons. Mais on est peu fixé encore sur la nature de l'objet de ses préférences dans le temps où il vit à la mer. Tous les naturalistes de l'Écosse, attentifs observateurs des habitudes du Saumon, en ont été réduits jusqu'à présent à de simples conjectures sur l'alimentation si profitable à nos Poissons migrateurs dans les eaux salées. Suivant les uns, les Saumons auraient une prédilection spéciale pour les œufs des Oursins, des Étoiles de mer, des Crabes, des Homards. Selon les autres, ils rechercheraient des eaux dans lesquelles fourmillent des masses de petits êtres, et ils n'auraient qu'à ouvrir la bouche pour engloutir d'énormes quantités d'aliments. D'autres assurent cependant qu'ils consomment surtout des poissons; qu'on en a trouvé dans l'estomac de plusieurs individus. Le cas néanmoins s'est montré assez rarement; la digestion s'opérerait avec une telle rapidité chez le Saumon,

1) Voir, p. 117.

que l'estomac serait habituellement trouvé à peu près vide.
Par suite de cette circonstance, on s'est demandé encore s'il
n'arriverait pas au Saumon, saisi de frayeur au moment où
il est pris, de dégorger sa nourriture.

Les qualités comestibles du Saumon sont assez connues et
trop bien appréciées pour qu'il soit utile d'entrer dans aucune
description à leur sujet. Remarquons seulement que des connaisseurs accordent une préférence aux Saumons de certaines
rivières sur ceux d'autres rivières, aux femelles sur les
mâles, etc. Les individus pris peu de temps après la ponte, les
Kelts, comme on les appelle en Angleterre, sont réputés
détestables ; la loi britannique en interdit la pêche.

Les Saumons placés dans de bonnes conditions croissent,
on l'a vu, avec une merveilleuse rapidité. Ils atteignent assez
fréquemment le poids de 10 à 12 kilogrammes ; mais on cite
des captures d'individus de très-forte taille, dont le poids s'éle-
vait jusqu'à 25 ou 30 kilogrammes, ou même davantage.

Le Saumon appartient en propre à la mer du Nord et à
l'Océan, et à presque tous les cours d'eau qui se déchargent
dans ces mers. Son abondance paraît diminuer graduellement
du nord au sud, à partir du 55ᵉ degré de latitude. Il ne
descend guère au delà du 42ᵉ degré, ce qui explique son absence
dans les eaux méditerranéennes, le détroit de Gibraltar étant
situé par le 36 parallèle [1].

[1] Le Danube nourrit une espèce particulière de Saumon, à quelques
égards intermédiaire par ses caractères entre l'Omble-Chevalier et le
Saumon commun. C'est le Saumon du Danube ou le *Huch* (*Salmo Hucho*
Linné) qui atteint de très-grandes dimensions. Depuis une quinzaine
d'années on a fait de nombreuses tentatives pour l'introduire dans les
eaux de la France. Rien encore cependant n'indique qu'il doive prendre
prochainement sa place dans la faune ichthyologique de notre pays.

LE GENRE TRUITE

(TRUTTA, *Nilsson*)

« Qui fera comparaison des Truittes avec des Saumons, qui regardera aussi leurs parties tant du dedans que du dehors, leurs meurs é façon de viure, il verra clerement que Truittes sont Saumons de riuière é de lac. » Ainsi disait encore, en 1558, Rondelet dans son *Histoire entière des Poissons, auec leurs pourtraits au naïf.*

Après ce qui a été exprimé relativement aux caractères génériques des Saumons, on peut voir combien étaient justes les remarques faites par notre vieil ichthyologiste, il y a plus de trois siècles.

Les Truites en effet, dont la bouche est aussi puissamment armée que celle des Saumons, ont la pièce principale du vomer garnie d'une ou deux longues files de dents, qui persistent pour la plupart chez les vieux individus ; mais ce caractère a bien peu de valeur, car le Saumon commun dans son jeune âge a sur le vomer des dents disposées comme chez les Truites. Il faut remarquer chez ces dernières l'opercule qui est dépourvu de stries et coupé droit en arrière.

Les Truites se trouvent à peu près partout où il y a des eaux limpides, et, selon les localités, selon l'âge des individus, ces animaux présentent des différences frappantes ; on a été porté ainsi à croire à l'existence d'espèces très-nombreuses dans ce genre. Les études récentes de plusieurs naturalistes ont conduit à faire reconnaître beaucoup de ces espèces pour de simples variétés.

L'observation a amené la connaissance d'un fait impor-

tant pour l'histoire des Truites. Il a été constaté, que des individus placés dans certaines conditions, encore imparfaitement
déterminées, demeurent stériles. Ces individus stériles diffèrent assez par leur aspect des individus féconds, pour avoir
été considérés comme appartenant à des espèces distinctes.

LA TRUITE DES LACS

(TRUTTA LACUSTRIS [1])

Dans plusieurs des grands lacs de l'Europe, vit une belle
espèce de Truite qui acquiert souvent une forte taille, une
Truite réputée excellente entre toutes ses congénères. On l'appelle en France, en Suisse, comme en Allemagne, la Truite
des lacs, et sur les marchés de Paris et de Lyon, on la désigne
d'après sa provenance ordinaire, sous le nom de *Truite du
lac de Genève.*

Le corps de la Truite des lacs, plus long proportionnellement
que chez la Truite commune, est d'une épaisseur remarquable
et paraît de la sorte presque cylindrique. Toujours d'une couleur assez claire chez cette espèce, le dos a une teinte gris de
perle plus ou moins foncée, passant légèrement au bleuâtre ou
au verdâtre ; les côtés sont d'une nuance grise fort pâle, et

---

[1] *Salmo lacustris*, Linné, *Systema naturæ*, t. I, p. 510 ; 1766. — Jurine,
Hist. des Poissons du lac Léman, p. 158, pl. IV ; 1825. — *Salmo Trutta* et
Salmo lemanus, Agassiz, *Poissons de l'Europe centrale*, pl. VII, VIIª et VIII.
— *Fario lemanus*, Valenciennes, *Hist. nat. des Poissons*, t. XXI, p. 300 ;
1848. — *Fario Marsiglii*, Heckel et Kner, *Die Süsswasserfische*, etc.,
p. 267 ; 1858. — Individus stériles. *Salmo Schiffermülleri*, Bloch,
part. III, p. 157, pl. 103. — *Salar Schiffermülleri*, Valenciennes, p. 344.
— *Salar Schiffermülleri* et *Salar lacustris*, Heckel et Kner, p. 261 et 265.
— Individus féconds et individus stériles. *Trutta lacustris*, Siebold, *Süsswasserfische*, p. 301 ; 1863.

toutes les parties inférieures d'un blanc d'argent. De petites taches noires, tantôt rondes, tantôt anguleuses, sont disséminées sur l'opercule et sur les côtés dans toute la longueur de l'animal. C'est seulement chez de jeunes individus, qu'on aperçoit de rares taches éparses d'un jaune orange. La nageoire dorsale d'une hauteur médiocre est grisâtre et ornée de très-petites marques noirâtres.

Les écailles de la Truite des lacs, plus longues que celles de la Truite commune, ont leurs stries concentriques plus rapprochées et plus régulières. La tête, chez cette espèce, qui est à la longueur du corps comme 1 est à 4,5, a le museau court et obtus, une petite fossette à la mâchoire supérieure dans laquelle s'engage le tubercule de la mâchoire inférieure, qui, même chez les mâles, n'offre jamais une courbe bien prononcée. La disposition des dents vomériennes fournit un des caractères les plus certains pour reconnaître la Truite des

Fig. 120. — Dents vomériennes de la Truite des lacs [1].

lacs, malgré quelques variations individuelles. Sur la pièce antérieure, il y a quatre dents formant une rangée transversale. Sur la pièce principale, les dents sont disposées sur une seule

[1] Le vomer, formant la voûte du palais, est représenté garni de ses dents, tel qu'il se montre lorsqu'on ouvre la bouche de l'animal.

série en avant, et sur deux séries plus ou moins confuses en
arrière.

L'opercule, qui est assez large, a son bord postérieur coupé
presque droit. La nageoire caudale est profondément divisée
chez les jeunes individus ; mais plus tôt, a-t-on remarqué, que
chez la Truite commune, la division disparaît et la queue est
alors terminée carrément.

Chez la Truite des lacs, les individus stériles diffèrent beaucoup des individus féconds ; ils ont le corps plus comprimé latéralement, le museau plus effilé, la bouche plus largement
fendue, les couleurs de leur dos sont plus pâles, les taches en
général moins nombreuses et d'une teinte moins foncée.

Les dimensions de la Truite des lacs sont souvent considérables ; on en prend quelquefois, dans le lac Léman, du poids
de 15 à 18 kilogrammes. Mais ce sont des cas assez rares. Au
moment de mes excursions sur le lac en 1862, il en fut pris
une qu'on me déclara, constatation faite, être du poids de 22 kilogrammes. Jurine en avait vu deux individus pêchés à des
époques différentes, l'un pesant 17^{kil},622 et l'autre 15^{kil},663.
Si l'on pouvait s'en rapporter à des récits anciens, on aurait
eu autrefois des Truites de 50 à 60 livres (24^{kil},475 à 29^{kil},370).
Les individus stériles n'atteignent jamais, à beaucoup près, la
taille des individus féconds. Quand s'approche le temps de frayer,
les Truites qui ont déjà acquis un certain volume abandonnent
les eaux des lacs et s'engagent dans les rivières, qu'elles paraissent remonter souvent jusqu'à de très-grandes distances. C'est
à partir de la fin de septembre que commence leur migration.
Dans les derniers jours de septembre et au commencement
d'octobre j'ai vu pêcher des Truites des lacs en assez grand
nombre dans la Draisse, petite rivière qui se décharge dans le

Léman, près de Thonon. A Genève, où des nasses sont tendues à la sortie du Rhône, on observe aisément le moment des passages qui sont connus sous les noms de *descente* et de *remonte*. A l'époque du frai, les Truites des lacs se parent de vives couleurs, et ces couleurs se modifient selon les cours d'eau dans lesquels pénètrent ces Poissons, selon les hauteurs auxquelles ils parviennent dans les rivières des montagnes. A leur retour dans les lacs, ils sont décolorés et amaigris; mais ils reviennent bientôt à une meilleure condition, dans les eaux où ils trouvent une nourriture abondante.

LA TRUITE DE MER

(TRUTTA ARGENTEA [1])

La Truite de mer, que l'on appelle aussi la Truite saumonée, est un Poisson fort estimé, vivant, comme le Saumon, d'une manière alternative dans les eaux salées et dans les eaux douces.

La Truite saumonée a le corps long, arrondi sur les côtés, rappelant la forme du Saumon plus que celle de la Truite commune, surtout dans un âge avancé. Un des caractères de cette espèce, c'est d'avoir la tête petite, proportionnellement à la longueur du corps. Quelques autres particularités faciles à saisir permettent encore de la distinguer assez sûrement de ses congénères : ainsi l'opercule, dont le bord postérieur est coupé bien droit, a moins de largeur que chez la Truite commune, les

[1] *Salmo Trutta*, Linné, *Syst. naturæ*, t. I, p. 509 ; 1766. — Yarrell, *British Fishes*, t. II, p. 36 ; 1836. — Jardine, *British Salmonidæ*, pl. XI, fig. 1 et 2 (jeune âge); 1839. — *Fario argenteus*, Valenciennes, *Hist. nat. des Poissons*, t. XXI, p. 294, pl. 616 ; 1848. — *Trutta Trutta*, Siebold, *Die Süsswasserfische von Mitteleuropa*, p. 314 ; 1863.

écailles sont plus grandes et les nageoires sont moins longues.
On remarque surtout la brièveté de la dorsale. Cependant
lorsque la Truite de mer est jeune, il serait parfois aisé de
la confondre avec la Truite commune, si l'on ne portait attention à l'arrangement des dents du vomer ; sur la pièce antérieure il y a ordinairement quatre dents, trois seulement dans

Fig. 121. — Dents vomériennes de la Truite de mer.

quelques cas ; sur la pièce principale, on observe, en avant, les
dents sur une rangée, en arrière sur deux rangées souvent
assez irrégulières et pouvant se confondre plus ou moins en
une seule.

La Truite de mer est argentée sur les côtés et ornée de petites taches noires éparses et en nombre plus ou moins restreint ; elle a le dos d'un gris bleuâtre, les parties inférieures
d'un blanc éclatant, ce qui la distingue au premier coup d'œil
de la Truite commune. Sa nageoire dorsale, d'une teinte grisâtre comme la caudale, est mouchetée de noir. Vers l'époque
du frai, la couleur bleue du dos devient plus vive. Mais la
Truite de mer subit des changements comparables à ceux
qui ont été observés chez le Saumon. Avant d'avoir été à la
mer, elles présentent des taches orangées sur les flancs ; de sorte

que sa coloration se rapproche beaucoup de celle de la Truite commune, excepté cependant sur les parties inférieures. Obser-

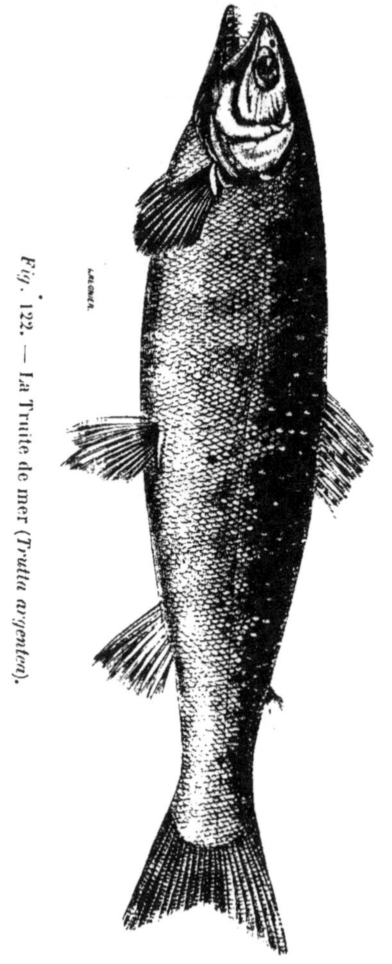

Fig. 122. — La Truite de mer (*Trutta argentea*).

vée ainsi dans son jeune âge, la Truite de mer a été prise par plusieurs naturalistes comme une espèce particulière (*Salmo Gœdenii*, Bloch). M. Lereboullet, le savant doyen de la Faculté de Strasbourg, m'en a fait parvenir des individus longs de 0^m,15 à 0^m,20, pêchés dans un petit affluent du Rhin, qui étaient remarquables par la beauté de leurs couleurs. Le dos, d'un noir magnifique, présentait des reflets éclatants d'un bleu d'acier. Une ponctuation noire s'étendait jusque sur le ventre ; des taches d'un noir intense se détachaient sur la teinte foncée des parties latérales supérieures, et deux ou trois rangées fort irrégulières de taches orangées parfaitement rondes couraient au-dessus et au-dessous de la ligne latérale ; les nageoires inférieures étaient sablées de noir.

La Truite de mer ou Truite saumonée, moins bien étudiée que le Saumon, paraît avoir des habitudes très-analogues à celles de ce dernier. Elle naît dans les rivières ; parvenue à une certaine taille, elle descend à la mer et remonte ensuite les eaux douces pour y frayer. Quelques auteurs l'ont donnée comme habitant aussi des lacs sans communication avec la mer, mais, selon toute apparence, il y a eu de leur part une confusion d'espèces.

La Truite saumonée, assure-t-on, séjourne dans les eaux douces plus longtemps que le Saumon : elle fraye du mois de septembre à la fin de novembre.

Ce Poisson, l'un des plus estimés pour la table, dont la chair a une teinte rose, la *couleur saumonée*, atteint une assez forte taille. On en voit fréquemment des individus, sur les marchés, du poids de 4 à 5 kilogrammes, et il s'en trouve qui arrivent au poids de 12 à 15 kilogrammes.

La Truite saumonée se pêche principalement dans les eaux de nos départements de l'Est, le Rhin, l'Ill, la Moselle, la Meuse et leurs affluents, et d'autre part dans la Loire et ses tributaires [1].

---

[1] M. Valenciennes (*Histoire naturelle des Poissons*, t. XXI, p. 338) a rap-

LA TRUITE COMMUNE

(TRUTTA FARIO [1])

La Truite ordinaire, répandue en Europe d'une manière au moins aussi générale que la Perche, se trouve dans presque toutes les parties de la France; elle est la grande tentation des pêcheurs à la ligne, qui ont facilement accès près de ces rivières aux eaux courantes et limpides où se plaît le Poisson paré de

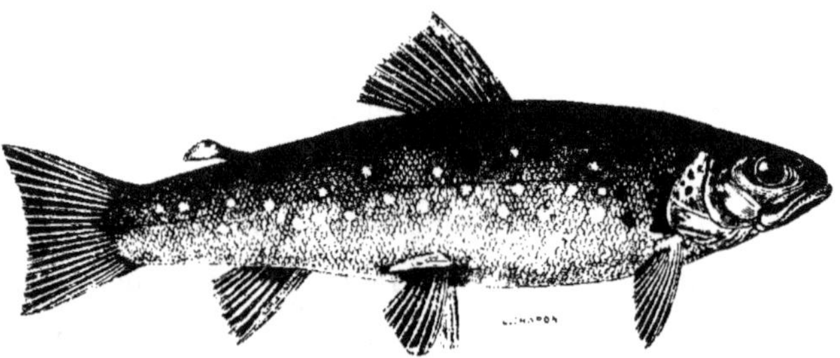

Fig. 123. — La Truite commune (*Trutta fario*).

taches rouges et noires bien connu de tout le monde. La belle capture, en effet, qu'une Truite de forte taille qui, servie sur la

porté au *Salmo ferox* de Jardine, qui est une Truite des lacs du Sutherland, peut-être une simple variété de notre Truite des lacs, des Truites du Forez, dont la mâchoire inférieure est courbée comme chez les Saumons bécards. Je n'ai pu trouver aucun caractère particulier à ces Truites. A mes yeux, ce sont évidemment des mâles de la Truite de mer, dont la conformation des mâchoires est très-analogue à celle des mâchoires de beaucoup de Saumons mâles.

[1] *Salmo fario*, Linné, *Systema naturæ*, t. I, p. 509 ; 1766. — Agassiz, *Poissons de l'Europe centrale*, pl. 3 à 5. — *Salar Ausonii*, Valenciennes, *Hist. nat. des Poissons*, t. XXI, p. 319, pl. 618 ; 1848. — Heckel et Kner, *Die Süsswasserfische*, etc., p. 248 ; 1858. — *Trutta fario*, Siebold, *Die Süsswasserfische von Mitteleuropa*, p. 319 ; 1863.

table, fera les délices des convives. Il n'est personne, sans doute, qui n'ait vu quelque amateur de pêche bien joyeux à la pensée de l'apparition prochaine de la *mouche de mai*, l'appât, par excellence, pour la Truite.

La Truite commune est médiocrement allongée et comprimée latéralement. Une certaine hauteur et l'aplatissement des flancs permettent même de distinguer, à la première inspection, l'espèce parmi ses congénères. Il est utile néanmoins de considérer avec attention des caractères plus précis pour être certain de ne pas se méprendre.

La Truite commune a une coloration d'un aspect toujours agréable, coloration qui varie infiniment sous le rapport de l'intensité, sous le rapport des nuances, sous le rapport, aussi, du nombre et de la vivacité des taches. En général, une teinte d'un vert olivâtre s'étend sur toutes les régions supérieures, et cette teinte affaiblie et plus jaunâtre règne sur les côtés, tandis que les parties inférieures sont d'un jaune clair brillant comme le laiton. Des taches noires, plus ou moins arrondies, se trouvent disséminées sur la région dorsale, sur les opercules, sur la nageoire du dos, et, d'autre part, des taches rondes d'un rouge orangé, souvent circonscrites par un cercle pâle ou bleuâtre, ornent les flancs au-dessus et au-dessous de la ligne latérale. Les nageoires inférieures et la nageoire caudale sont ordinairement jaunâtres, plus ou moins sablées de noir, et bordées d'une ligne de la même couleur. Mais, nous le répétons, ces couleurs, ces taches, sont infiniment variables selon l'âge et beaucoup plus encore selon les localités. Les individus des ruisseaux des Alpes se font habituellement remarquer par leur teinte noire répandue d'une manière générale. Chez les Truites qui habitent les lacs et les ruisseaux des hautes Vosges, le plus souvent, le dos est d'un bleu d'acier, les taches noires rondes sont éparses sur les côtés, de larges taches transversales bleuâtres occupent le milieu des flancs, traversées par la ligne latérale, et entre ces taches sombres on remarque une ou plusieurs taches rouges.

Dans plusieurs localités on trouve les Truites très-pâles. La plupart des individus de nos départements méridionaux que j'ai eu l'occasion d'examiner, ceux, par exemple, de la Durance et de la Sorgue, des affluents du Lot et de la haute Garonne, avaient le dos gris bleuâtre ou verdâtre assez clair, les taches noires très-petites, les taches rouges latérales ayant souvent l'apparence de gros points, parfois manquant absolument. L'absence de taches rouges se manifeste du reste sur les Truites dans une foule de circonstances.

Tout le corps, chez la Truite commune, est couvert de petites écailles qui, observées à la vue simple, ne diffèrent pas sensiblement de celles des autres Truites, mais détachées, on con-

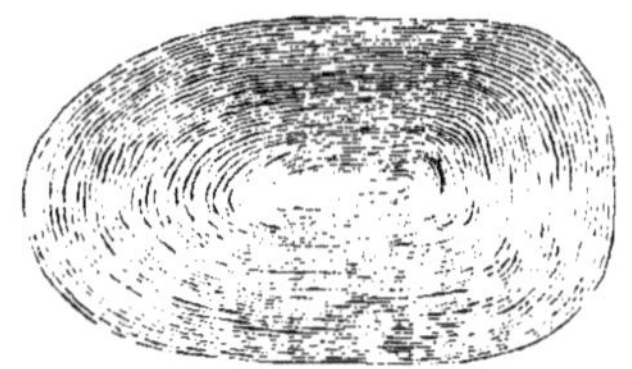

Fig. 124. — Écaille de la Truite commune, très-grossie.

state, à l'aide d'un grossissement, que leur forme est plus oblongue que chez les autres espèces, leurs stries plus espacées sur la portion découverte.

La tête est épaisse, avec le museau large et obtus, l'œil grand ; les dents vomériennes formant d'ordinaire, au nombre de trois, quelquefois au nombre de quatre, une petite rangée transversale sur la pièce antérieure, et disposées sur deux séries dans

toute la longueur du corps de l'os. Ces dents varient à quelques
égards sous le rapport du nombre et surtout du rapprochement
des deux séries, mais, comme leurs variations sont d'un ordre

Fig. 125. — Dents vomériennes de la Truite commune.

très-secondaire, elles fournissent peut-être le caractère le plus
certain pour distinguer, en toute occasion, la Truite commune
de ses congénères.

L'opercule est long et habituellement assez étroit, surtout à sa
partie supérieure ; cependant il y a, à cet égard, des différences
individuelles remarquables. Des Truites pêchées dans les petites
rivières du département de la Seine-Inférieure, la Lézarde, la
Gournay, que j'ai eu l'occasion d'observer en assez grand nombre, avaient l'opercule beaucoup plus large que presque tous les
individus que j'avais examinés sur divers points de la France ; la
probabilité d'une différence spécifique s'était présentée à mon
esprit ; mais il fut impossible de trouver, chez les Truites à
opercule large, aucun autre caractère propre à les distinguer
des Truites à opercule étroit et, en comparant des individus de
toutes provenances, toutes les nuances dans la largeur de l'o-
percule se sont offertes. Ce n'était donc qu'une particularité
sans importance. Sous le nom de Truite de Baillon (*Salar Bail-
loni*), M. Valenciennes a décrit une Truite pêchée dans la

Somme [1], qu'il a regardée comme étant d'une espèce distincte pouvant être venue des mers du Nord. Nous avons examiné avec le plus grand soin les individus étiquetés par M. Valenciennes, sans pouvoir y reconnaître autre chose que des Truites ordinaires.

Il n'est pas de Poisson, peut-être, qui se modifie avec plus de facilité que la Truite commune, selon la nature du milieu dans lequel il se trouve. Les eaux, les herbages, le fond, l'alimentation, exercent une influence marquée, non-seulement sur la coloration, mais aussi sur la taille, à quelques égards sur les formes, beaucoup sur la teinte de la chair. On ne saurait conserver aucun doute sur ce point, car des Truites de certaines rivières, offrant un aspect bien particulier, ne tardent pas à se modifier lorsqu'elles sont introduites dans d'autres rivières. L'effet est facile à constater, les causes encore impossibles à préciser. Personne jusqu'à présent n'a réussi à établir d'une manière satisfaisante par quelle cause les Truites ont dans telles localités, la chair blanche, ailleurs, de la couleur dite *saumonée*. M. Coste seulement a observé que cette teinte se transmettait des femelles à leurs œufs [2].

Nous considérons des Truites du poids d'un kilogramme comme d'assez beaux Poissons; ce qui est bien peu de chose pour des Truites; mais les individus de cinq, six, dix kilogrammes sont fort rares aujourd'hui. Cependant un meunier du département de l'Eure, M. Prunier, habitant de Lorey, aurait pris dans l'Eure, en octobre 1862, m'assure-t-on, deux Truites vraiment magnifiques, pesant l'une plus de 12 kilogrammes,

---

[1] *Hist. nat. des Poissons*, t. XXI, p. 342.
[2] *Comptes rendus de l'Académie des sciences*, t. L, p. 1011-1012; 1860

l'autre 9 kilogrammes. La plus belle a figuré avec éclat sur la table de l'un de nos riches financiers [1].

La Truite est d'une extrême voracité, elle est particulièrement avide de vers et d'insectes; mais elle s'attaque également à une infinité de Poissons et surtout à leur frai. On affirme que dans les rivières où viennent pondre les Saumons les Truites détruisent une grande quantité d'œufs de ces Poissons. Dans les petits ruisseaux pierreux, clairs et rapides, où l'on voit des larves d'insectes ou de ces vers que l'on nomme des Planaires, une recherche attentive y fait presque toujours découvrir de jeunes Truites.

Les Truites commencent à frayer dès le mois d'octobre. En novembre et décembre est leur plus grande activité qui ne s'arrête pas, du reste, avant le mois de février. Ces Poissons creusent des cavités à la manière des Saumons, et y cachent leur ponte dans les graviers. Leurs œufs sont assez gros, comme ceux de la plupart des Salmonides. La durée de l'incubation varie de quarante à soixante jours. La vésicule vitelline des nouveau-nés est résorbée dans l'espace de trois à cinq semaines, et les alevins grandissent ensuite avec plus ou moins de rapidité, selon les conditions qui leur sont offertes. A cet égard, une expérience assez curieuse d'un amateur anglais, M. Stoddart, mérite d'être rapportée. De jeunes Truites furent placées dans trois bassins différents; l'un fut approvisionné uniquement avec des vers, l'autre avec des vairons, le troisième avec des mouches. Les Truites nourries exclusivement avec des insectes ailés devinrent dans le même temps deux fois plus grosses que les autres; les individus nourris avec des vairons eurent l'avantage sur ceux

---

[1] D'après les notes de M. Millet.

qui avaient été alimentés avec des vers ou des larves. Tous les amateurs de pêche savent, au reste, combien les Truites se montrent avides des insectes qui volent près de la surface de l'eau. Dans la belle saison, c'est plaisir de voir ces Poissons sauter pour happer au passage les insectes ailés.

Pendant la première année, les Truites comme les jeunes Saumons ou les *Parrs* ont des bandes transversales bien marquées. Cette livrée du premier âge se modifie dans le cours de la seconde année.

La présence d'individus stériles de la Truite commune a été assez fréquemment constatée, surtout par les naturalistes de l'Allemagne. Les organes de la reproduction chez ces individus semblent être atrophiés; les œufs y demeurent à peu près de la grosseur de grains de millet.

LA FAMILLE DES CLUPÉIDES

(CLUPEIDÆ)

Les Clupéides sont tous des Poissons de mer. Quelques espèces, appartenant à un même genre, sont les seuls représentants de cette famille de Poissons, qui entrent périodiquement dans les fleuves comme les Saumons. Les principaux types de la famille des Clupéides, les Sardines, les Anchois, et surtout les Harengs, ont, comme chacun le sait, une importance énorme au point de vue des pêches maritimes. Les Aloses, les seuls Clupéides qui remontent les fleuves et les rivières, ont donné lieu autrefois à des pêches considérables, mais la diminution qui a atteint tous les Poissons migrateurs n'a pas épargné les Aloses.

Les Clupéides ont des ressemblances de conformation générale avec les Salmonides, pourtant il n'arrive à personne de faire

une confusion entre ces animaux. Les Clupéides n'ont pas de
nageoire adipeuse en arrière de la nageoire dorsale. Leur corps
est couvert de grandes écailles minces; le bord de leur mâchoire supérieure est constitué, au milieu par les intermaxillaires, sur les côtés par les maxillaires; leurs *ouïes* sont très-largement ouvertes.

Chez ces Poissons, l'intestin est pourvu de nombreux appendices pyloriques ; la vessie natatoire est simple.

LE GENRE ALOSE

(ALOSA, *Cuvier*)

Les Aloses, entre tous les Clupéides, sont caractérisées par
leur corps comprimé latéralement, par leur carène ventrale, entre les nageoires ventrales et la nageoire caudale, dentelée en
manière de scie ; par leur bouche, dont les intermaxillaires sé-

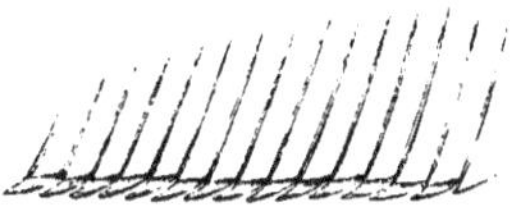

Fig. 126. — Carène ventrale de l'Alose commune, vue du côté droit.

parés l'un de l'autre par un assez grand intervalle, sont garnis,
comme les maxillaires, de dents très-fines, dont la mâchoire inférieure, les palatins, le vomer, la langue, sont entièrement dépourvus de dents.

Deux espèces du genre Alose remontent chaque année nos
cours d'eau et se portent à d'immenses distances des côtes.

L'ALOSE COMMUNE

(ALOSA VULGARIS [1])

L'Alose commune, l'*Alosaou* des Provençaux, habite toutes les mers qui baignent les côtes d'Europe ; elle fait son apparition dans nos fleuves et dans nos rivières au printemps, vers le mois de mai, d'où le nom vulgaire *Maifisch* « Poisson de mai » que lui donnent les Allemands.

L'Alose a le corps assez élevé et comprimé latéralement, avec

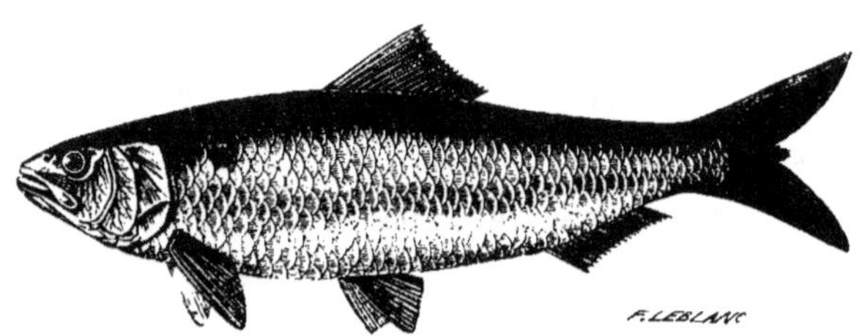

Fig. 127. — L'Alose commune (*Alosa vulgaris*).

des nageoires petites relativement à son volume, des écailles de dimensions inégales, irrégulièrement festonnées sur leur bord. Elle se fait remarquer par sa bouche fendue jusqu'en arrière des yeux avec les mâchoires garnies de dents fines et serrées, par ses yeux couverts en avant et en arrière d'un voile cartilagineux en forme de demi-lune et surtout par ses arcs branchiaux garnis de très-nombreuses épines ou lamelles :

[1] *Clupea alosa*, Linné, *Syst. nat.*, t. I, p. 523 ; 1766. *Alosa vulgaris*, Cuvier, *Règne animal*, t. II, p. 319 ; 1829. — *Alosa communis*, Yarrell, *British Fishes*, t. II, p. 213 ; 1836. — *Alosa vulgaris*, Valenciennes, *Hist. nat. des Poissons*, t. XX, p. 391, pl. 604 ; 1847. — Siebold, *Die Süsswasserfische von Mitteleuropa*, p. 328 ; 1863.

99 à 118 sur le premier arc branchial, 96 à 112 sur le second, 74 à 88 sur le troisième, 56 à 65 sur le quatrième.

L'Alose commune est d'une teinte générale argentée avec le dos verdâtre et une ou deux taches noires en arrière des ouïes. Elle atteint une assez forte taille et un poids qui peut aller jusqu'à 2 ou 3 kilogrammes.

Ce Poisson qui jouit de quelque estime de la part des consommateurs, fait son apparition au printemps dans la plupart de nos cours d'eau et remonte à des distances énormes des côtes. On voit les Aloses pénétrer dans tous les affluents du Rhône, remontant l'Isère au-dessus de Grenoble, arriver dans la Saône jusqu'à Gray. Dans les fleuves qui tombent à l'Océan, la Gironde, la Loire, les Aloses se montrent aussi en grande abondance, et elles s'engagent de même dans tous leurs affluents.

Nous ne savons presque rien encore de leurs habitudes.

L'ALOSE FINTE

(ALOSA FINTA [1])

Cette espèce ressemble à tel point à l'Alose commune, qu'elle a été confondue avec cette dernière par beaucoup de naturalistes et même par M. Valenciennes. Cuvier cependant, le premier, sut établir une distinction, en reconnaissant chez la Finte une forme plus allongée que chez l'Alose commune, des dents plus fortes aux deux mâchoires et cinq ou six taches noires le long des flancs qui n'existent pas chez la première.

[1] *Alosa Finta*, Cuvier, *Règne animal*, t. II, p. 320; 1829. — Yarrell, *British Fishes*, t. II; 1836. — Troschel, *Wiegmann's Archiv für Naturgeschichte*, 1852, t. I, p. 228. — Siebold, *Die Süsswasserfische von Mitteleuropa*, p. 332; 1863. — *Alosa vulgaris*, Valenciennes, *Hist. nat. des Poissons*, t. XX, p. 391; 1847.

Ces caractères avaient semblé de peu de valeur, mais M. Troschel, un professeur de l'Université de Bonn, a reconnu entre la Finte et l'Alose commune, une différence d'une telle importance, qu'il est devenu impossible de considérer l'une comme une variété de l'autre. Chez la Finte, les arcs branchiaux portent un nombre de lamelles bien moins considérable que chez l'Alose commune ; il y en a seulement de 39 à 43 sur les deux premiers, de 33 à 34 sur le troisième, de 23 à 27 sur le quatrième.

La Finte ne paraît dans les rivières que quelques semaines après l'Alose commune.

LA FAMILLE DES ÉSOCIDES

(ESOCIDÆ)

Les Ésocides composent une famille dont le Brochet, l'unique représentant dans les eaux douces de l'Europe, doit être considéré comme le type.

Ces Poissons ont le bord de la mâchoire supérieure formé au milieu par les intermaxillaires qui sont pourvus de dents, sur les côtés par les maxillaires où il n'y en a aucune. Ils ont une seule nageoire dorsale, et les *ouïes* très-largement fendues.

LE GENRE BROCHET

(ESOX, *Linné*)

Un corps allongé, arrondi sur le dos, couvert d'écailles de moyenne dimension ; une tête large et aplatie ; une bouche très-largement fendue avec le palais hérissé de dents très-nombreuses ; une mâchoire inférieure garnie de très-grosses dents

espacées ; une nageoire dorsale située très en arrière, constituent les principaux caractères du genre Brochet.

Ce genre n'est représenté en Europe que par une seule espèce [1].

LE BROCHET COMMUN

(ESOX LUCIUS [2])

De tous les êtres qui forment la population des eaux douces
de l'Europe, il n'en est aucun dont la réputation de voracité et
même de férocité soit mieux établie que celle du Brochet. Une
comparaison exprime, à cet égard, le sentiment populaire : le
Brochet, dit-on, est le *Requin des eaux douces*. Si la physionomie de certains Crocodiles avait été dès longtemps familière
aux habitants de l'Europe, on n'aurait pas manqué de trouver
de ce côté le motif d'une image. Lorsqu'a été découverte aux
rives du Meschacebé une espèce particulière de Crocodile, un
Caïman, on a été frappé de l'analogie que présentait le museau
de ce Crocodile, large et aplati comme une spatule, avec celui
du Brochet, et le redoutable animal de la Louisiane a été nommé
le Caïman à museau de Brochet (*Alligator lucius*).

Les personnes ayant l'idée que les êtres les plus mauvais
sont ceux qui croissent avec la plus grande facilité, qui prospèrent le mieux en toutes circonstances, seront parfaitement fondées
à prendre le Brochet comme exemple. Le vorace Poisson s'ac-

---

[1] Plusieurs espèces voisines se trouvent dans les eaux douces de
l'Amérique du Nord.

[2] *Esox lucius*, Linné, *Syst. nat.*, t. I, p. 516, 1766. — Jurine, *Hist. des
Poissons du lac Léman*, p. 230, pl. 15 ; 1825. — Yarrell, *British Fishes*, t. I,
p. 404 ; 1836. — Valenciennes, *Hist. nat. des Poissons*, t. XXIII, p. 279 ;
1846. — Heckel et Kner, *Die Süsswasserfische*, etc., p. 287 ; 1858. —
Siebold, *Die Süsswasserfische von Mitteleuropa*, p. 325 ; 1863.

commode de tous les climats, des eaux de toute nature, de la plaine ou de la montagne. Le Brochet abonde particulièrement

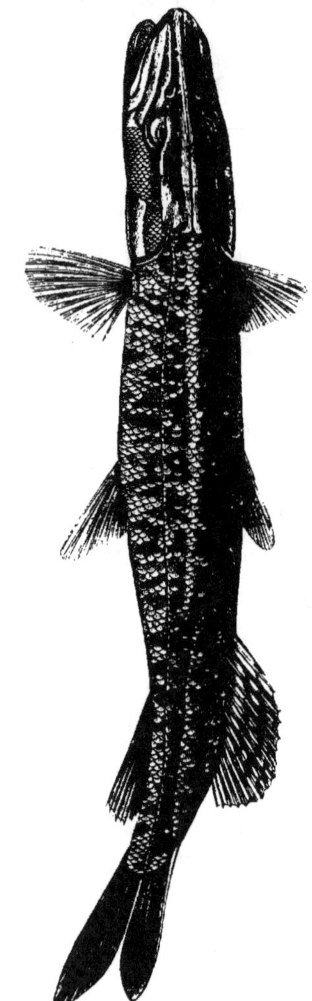

Fig. 128. — Le Brochet commun.

sous les froids climats de la Scandinavie, de la Russie, de la Sibérie, il est fort commun dans l'Europe centrale, un peu moins peut-être dans l'Europe méridionale, mais on le trouve en Asie jusque vers les parties centrales de ce continent. Le Brochet vit dans les étangs vaseux, où il extermine à profusion les Carpes et les autres Cyprinides; il parcourt les fleuves et les rivières comme un bandit acharné à la poursuite de tout ce qui peut être atteint ; il erre dans les grands lacs aux eaux bleues et limpides, où il engloutit dans sa vaste gueule, les Corégones à la chair délicate, les Truites au vêtement moucheté. Plus d'un pêcheur et d'un baigneur a reçu, nous assure-t-on, les atteintes de ses dents redoutables.

Le nom du Brochet est connu dans la France entière et dans tous les pays de langue française. On assure que ce nom, modifié en *Brouchès* chez les Provençaux, vient de la forme du corps de l'animal, qui ressemble assez à une *brochette*, si on l'examine de profil. Les jeunes individus sont appelés tantôt *Brochetons*, tantôt *Lancerons*, *Aiguillons*, *Poignards*, toujours des allusions à la forme du corps. Les noms de *Becquet*, de *Bécot*, de *Bec-de-canard*, de *Bec-de-canne* sont employés également dans diverses localités, et ici, l'on comprend que c'est la configuration du museau qui a semblé la particularité la plus frappante. Dans la plupart des idiomes étrangers, la puissance et l'acuïté des dents du Poisson, paraissent surtout avoir déterminé les désignations vulgaires.

La dénomination du Brochet en France, dans les anciens temps, était *Lucius*, nom de forme latine duquel sont dérivés chez nous les noms de *Luce* et de *Lucie*, et chez les Italiens, ceux de *Luccio* et de *Luzzo :* il est merveilleux de voir comme le Brochet a figuré souvent dans les anciennes armoiries. Celui qui faisait figurer des Brochets dans son blason voulait évidemment donner à croire, que lui aussi était un terrible personnage, capable de mordre vigoureusement. On s'est mis bien fort en frais d'imagination pour trouver l'étymologie de ce mot *Lucius*. On a cru l'avoir rencontrée dans le mot grec *Lukos* (*Lupus*, Loup), parce que le Brochet est un véritable loup pour les autres Poissons (*Lupus piscis*).

C'est dans le poëme d'Ausone que se trouve la première mention précise du Brochet, et ce qui peut être noté en faveur du bon goût du chantre de la Moselle, c'est son dédain pour le vorace Poisson.

Il s'agit ici d'un animal si parfaitement connu qu'une description minutieuse de ses caractères n'est pas bien nécessaire. Il suffira de rappeler ses traits les plus remarquables.

Le Brochet a le corps long, presque aussi élevé près de la nageoire caudale que vers la partie antérieure; de la sorte, le dos vu de profil, offre une ligne qui s'éloigne peu de la ligne droite. La tête fortement aplatie se prolonge en un large museau en forme de spatule. La mâchoire inférieure dépasse notablement la mâchoire supérieure.

La gueule, extrêmement vaste, est fendue jusqu'à la hauteur de l'œil, et les dents qui la garnissent sont très-diversement conformées. Aux intermaxillaires et au palais, ce sont de très-fortes dents entremêlées avec de plus petites; au vomer et à la langue de fines dents en brosse ou en carde; à la mâchoire inférieure de grandes dents coniques, un peu courbées en arrière et de grosseur inégale.

Les écailles du Brochet, en grande partie enveloppées par la peau, sont assez petites, aussi n'en compte-t-on pas moins de cent vingt à cent trente dans la plus grande longueur du corps, et vingt-cinq à trente rangées dans sa hauteur. Ces écailles détachées et observées sous un grossissement, paraissent extrê-

mement jolies ; elles offrent une certaine ressemblance par la
forme avec celles des Perches, ressemblance très-frappante malgré l'absence de toute dentelure au bord extérieur qui est arrondi. Elles ont leur bord basilaire partagé en quatre ou cinq
larges festons, leurs stries concentriques partout serrées et régulières, et elles ne présentent ni sillons ni canalicules. Un
fait singulier de l'écaillure du Brochet, c'est que plusieurs des
écailles de la ligne latérale qui court en droite ligne, manquent
de conduit de la mucosité et que des écailles ayant ce conduit,
et ainsi le caractère ordinaire des écailles de la ligne latérale, se
trouvent disséminées au-dessus ou au-dessous de cette ligne,
où les conduits muqueux font toujours défaut chez les autres
Poissons.

La nageoire dorsale, située très en arrière, presque exactement au-dessus de l'anale, a 7 ou 8 rayons simples et 13
à 15 branchus ; les nageoires pectorales, qui sont petites,
ont 15 ou 16 rayons dont un simple, les ventrales 9 ou 10,
l'anale 17 ou 18 avec les premiers simples ; la caudale,
qui est complétement divisée dans le milieu, en a 19. Le
Brochet est d'un vert grisâtre avec le dos plus foncé, les côtés
plus clairs et plus jaunes, le ventre blanchâtre, plus ou moins
pointillé de noirâtre. Sur les côtés se dessinent, d'une manière
assez variable, des bandes transversales ou des marbrures olivâ-
tres, très-irrégulières. Chez les individus qui ont vécu dans des
eaux limpides, la coloration a une remarquable vivacité ; elle est
sombre, au contraire, chez les individus qui ont séjourné dans
des eaux vaseuses.

Le Brochet, comme chacun le sait, parvient à une taille considérable. Les individus du poids de 10 à 15 kilogrammes ne
sont pas très-rares ; on en cite du poids de 20 à 25 kilogrammes,

seulement, ceux-là doivent être peu communs. Le Brochet se trouvant dans les conditions les plus favorables à son développement dans les pays froids, ce Poisson atteindrait fréquemment, assure-t-on, la longueur d'un mètre à un mètre et demi dans les eaux de la Norwége, de la Suède, de la Sibérie. On a parlé de Brochets ayant des dimensions bien autrement prodigieuses, et le poids énorme de 50 à 75 kilogrammes, mais il est toujours nécessaire de faire la part des exagérations.

Les Brochets frayent pendant les mois de mars et d'avril ; quelquefois dès la seconde quinzaine de février, recherchant alors les endroits les mieux abrités et les plus solitaires, les eaux tranquilles et peu profondes ; les femelles laissent échapper leurs œufs en se frottant le ventre sur les plantes aquatiques et même sur la vase.

La croissance du Brochet est rapide, mais cette rapide croissance a été fort diversement déterminée, par la raison simple, qu'elle est en rapport avec l'abondance de la nourriture. Dans tous les cas, la valeur des Brochets est loin d'égaler celle de la masse de poissons qu'il dévore en un court espace de temps. Des pêcheurs affirment qu'un Brochet doit consommer en une semaine au moins deux fois son propre poids. D'autres estiment que cette consommation peut être, en un seul jour, équivalente à son poids. Un auteur anglais rapporte que huit Brochetons (d'environ 5 livres anglaises chacun), dévorèrent huit cents Goujons en trois semaines et que l'un d'eux semblait insatiable.

On peut croire qu'un Brochet, ayant plusieurs années d'existence, et parvenu au poids de 8 à 10 kilogrammes, n'est arrivé à ce développement, qu'après avoir dépeuplé les eaux d'une quantité de Poissons qui formerait une masse de plusieurs centaines de kilogrammes. Un tel calcul conduit simplement à faire regarder la présence du Brochet dans les lacs et les rivières comme un véritable fléau.

Les pêcheurs en général pensent que la vie du Brochet ne se prolonge pas au delà d'une dizaine d'années. Nous n'avons, du reste, aucune certitude à cet égard. Une extrême longévité a été souvent attribuée à ce Poisson. On aurait pêché dans la Meuse, en 1610, un Brochet muni d'un anneau de cuivre portant la date de 1448, et combien de fois a-t-on cité la prétendue histoire, rapportée par Gesner, du Brochet du lac de Kayserweg, âgé de 267 ans, ainsi qu'on en put juger par l'anneau dont il était pourvu, où s'est trouvée gravée une inscription en langue grecque, dont la signification était : Je suis le Poisson qui le premier a été mis dans ce lac par les mains du maître de l'univers, Frédéric II, le 5 octobre 1230.

Le Brochet était fort dédaigné chez les Romains. On le pêchait en abondance dans les marais de l'Étrurie, où il contractait un goût de vase qui contribuait à lui ôter toute estime de la part des maîtres du monde, fort enclins d'ailleurs à priser avant tout les objets rares. Au moyen âge, le Brochet était très-commun en France, tandis qu'en Angleterre, il était assez peu répandu pour qu'on lui attribuât un prix fort élevé, une valeur bien supérieure à celle du Saumon.

LA FAMILLE DES MURÉNIDES

(MURÆNIDÆ)

Les Murénides, représentés dans nos eaux douces par les Anguilles seules, sont des Poissons chez lesquels manquent les nageoires ventrales, c'est-à-dire les membres postérieurs. Ils appartenaient, pour Cuvier, à cet ordre qu'il a désigné sous le nom expressif de *Malacoptérygiens apodes*.

Les Murénides ont encore d'autres caractères communs. Leur corps, d'une forme allongée, comme celui des serpents, est couvert d'une peau épaisse, visqueuse, où l'on aperçoit difficilement de très-petites écailles ; le bord de leur mâchoire supérieure n'est formé que par les intermaxillaires, les os maxillaires étant atrophiés ; leur épaule est écartée de la tête et suspendue à la colonne vertébrale ; leur estomac présente la forme d'un sac allongé ; leur vessie natatoire est simple.

LE GENRE ANGUILLE

(ANGUILLA, *Thunberg*)

Nous enregistrons le genre Anguille, et dans toute histoire des Poissons, il serait impossible de ne pas l'enregistrer. Cependant nous sommes persuadé qu'il disparaîtra un jour, comme a déjà disparu, dans l'ordre des Cyclostomes, le genre Ammocète.

Tout ce qui a été formulé d'opinions, écrit de dissertations, à propos de la génération des Anguilles, est incalculable et entièrement privé d'intérêt, en l'absence d'observations sérieuses. Si les Anguilles ont été regardées comme vivipares, c'est par des personnes qui avaient trouvé dans le corps de ces Poissons, des vers allongés, *anguilliformes*, connus sous le nom de *Filaires*. Des observateurs ont pensé reconnaître chez quelques Anguilles des organes de reproduction, mais c'étaient des organes fort peu développés et comme on les trouve chez les animaux qui sont loin encore de l'état adulte.

Les Anguilles sont certainement des larves ; ce sont des êtres incapables de se reproduire, des êtres qui doivent subir des changements avant de satisfaire à la loi de la reproduction. Quelle est la forme adulte des Anguilles? c'est ce qu'on ne peut affirmer ; c'est ce que l'on n'ose même guère soupçonner ; car, si certaines analogies semblent, d'un côté, offrir quelque probabilité, des différences de telle nature, d'un autre côté, paraissent devoir éloigner l'idée d'un rapprochement.

L'opinion que les Anguilles se métamorphosent en Anguilles de mer s'est présentée à l'esprit de plusieurs personnes. Yarrell l'a repoussée en ces termes :

« La pensée que les Anguilles de rivières, se rendant à la « mer, y restent et deviennent des Congres, réclame à peine « une remarque sérieuse.

« Le plus grand nombre de vertèbres trouvé chez nos An- « guilles d'eau douce est de 116 ; chez le Congre, il y en a 156 [1].»

Mais les métamorphoses des animaux ont causé souvent déjà de si grandes surprises !

En l'état actuel, les naturalistes distinguent le genre des Anguilles des autres genres de la famille des Murénides, surtout par les nageoires, dorsale et caudale, prolongées autour de la queue et y formant une caudale pointue. Les Anguilles ont les opercules petits, les *ouïes* très-peu fendues ; la bouche garnie de petites dents en carde.

L'ANGUILLE COMMUNE

(ANGUILLA VULGARIS [2])

L'Anguille est un Poisson si bien connu de tout le monde, qu'il n'est pas nécessaire d'en faire une longue description.

[1] *History of British Fishes*, t. II, p. 307.
[2] *Murœna anguilla*, Linné, *Systema naturœ*, t. I, p. 426 : 1766. — Ju-

L'Anguille se trouve à peu près dans toutes nos eaux douces,

Fig. 129. — L'Anguille commune, d'après un individu de la Seine
(*A. mediorostris*).

rine, *Hist. des Poissons du lac Léman*, pl. I; 1825. — *Anguilla vulgaris*,
Yarrell, *Hist. of British Fishes*, t. II, p. 381 ; 1836. — Günther, *Die
Fische des Neckars*, p. 128: 1853. — Siebold, *Die Süsswasserfische von
Mitteleuropa*, p. 342 ; 1863.

courantes et stagnantes ; on la voit ainsi partout en Europe, excepté dans les cours d'eau qui se déversent dans la mer Noire ou
dans la mer d'Azoff; son absence, dans le Danube, a été constatée par un grand nombre de naturalistes, à commencer par Albert le Grand. Un Poisson que l'on rencontre sous tant de climats
divers et dans les conditions les plus dissemblables, doit nécessairement varier beaucoup, au moins sous le rapport de la coloration. Les Anguilles que l'on prend dans les eaux limpides ,
comme les rivières bien courantes, les lacs de la Savoie, sont
ordinairement d'un beau vert foncé à reflets métalliques, quelquefois bleuâtre, avec les parties inférieures blanchâtres. Au
contraire, celles qui ont vécu dans des eaux bourbeuses sont,
ou d'un brun jaunâtre, ou d'un noir obscur. A cet égard, on
observe toutes les nuances imaginables.

Ce serait peu de chose que ces variations de couleur dont les
Poissons nous offrent une foule d'exemples. Mais les Anguilles
présentent des différences dans les formes, et l'on peut dire dans
les caractères, qui sont de nature à laisser les naturalistes dans
le plus grand embarras. Chaque forme observée parmi les
Anguilles se rencontre indistinctement dans toutes les régions,
dans toutes les eaux, qu'elles communiquent avec la mer du
Nord, avec l'Océan ou la Méditerranée. Les diverses formes
qu'affectent les Anguilles sont assez constantes ; elles sont connues
des pêcheurs et elles ont reçu d'eux des noms particuliers, avant
que des zoologistes aient cru à l'existence en Europe de plusieurs
espèces d'Anguilles; ce qu'au reste n'admettent pas encore
tous les auteurs.

Une Anguille est toujours l'animal serpentiforme, cylindrique
en avant, et comprimé vers la queue, ayant des écailles si petites
qu'on ne les aperçoit point à la vue simple : l'animal, dont la

mâchoire inférieure dépasse la mâchoire supérieure, dont les narines situées très en avant des yeux ont leurs deux orifices séparés par un intervalle considérable; l'animal chez lequel manque la ligne latérale et où, à la tête seule, on découvre des pores pour l'écoulement de la mucosité, chez lequel encore la nageoire anale commence notablement en arrière de la partie antérieure de la nageoire dorsale.

Mais parmi toutes les Anguilles présentant ces caractères communs, il y a des différences considérables et très-persistantes dans les formes de la tête. Ces différences sont-elles particulières à des espèces, ou sont-elles de simples modifications individuelles? Risso, le premier, a voulu les caractériser comme espèces; Cuvier a admis les distinctions de Risso; Yarrell a adopté l'opinion de Cuvier et a cru avoir trouvé la preuve de l'existence de plusieurs espèces d'Anguilles, dans le nombre des vertèbres qui serait différent suivant les espèces.

Je me suis attaché à déterminer ce nombre de vertèbres chez une foule d'Anguilles de toutes les provenances, en choisissant les plus dissemblables sous le rapport de la conformation de la tête, et j'ai toujours compté de 113 à 115 vertèbres, sans que les nombres 113, 114 et 115 s'appliquassent invariablement à tous les individus d'une même sorte. En tenant compte de la difficulté de séparer les dernières vertèbres; en reconnaissant la facilité d'une erreur; en n'osant repousser l'idée d'une différence individuelle, je n'ai trouvé de ce côté rien de suffisamment précis pour me former une conviction. Je signale ici les diverses formes que l'on observe chez les Anguilles, en attendant, de recherches ultérieures, la solution d'une question que les naturalistes ne peuvent trancher encore avec certitude.

L'ANGUILLE A LARGE BEC.

(ANGUILLA LATIROSTRIS [1])

Les Anguilles *à large bec* ou *à bec plat*, sont celles que nos pêcheurs désignent sous le nom de *Pimperneaux;* que les pêcheurs de l'Angleterre appellent *Grig Eel* ou *Glut Eel*. Elles

Fig. 130. — Tête, vue en dessus, de l'Anguille à large bec (*Anguilla latirostris*), d'après un individu du Doubs.

ont la tête extrêmement large, jusqu'à l'extrémité du museau, ainsi fort arrondi ; la mâchoire inférieure un peu moins saillante que chez les Anguilles à long bec ; les yeux, comme déjà l'a remarqué Cuvier, peut-être un peu plus grands proportionnellement. Chez tous les individus, j'ai compté 114 ou 115 vertèbres. J'en ai vu de toutes les parties de la France.

[1] Risso, *Histoire naturelle de l'Europe méridionale*, t. III, p. 199 ; 1827. — Yarrell, *History of British Fishes*, t. II, p. 298; 1836.

L'ANGUILLE A BEC MOYEN

(ANGUILLA MEDIOROSTRIS [1])

C'est l'Anguille *verniaux* de nos pêcheurs, l'Anguille la plus commune, le *Swig* des Anglais. Celle-ci a la tête conique, assez large à la hauteur des yeux, diminuant d'une manière insen-

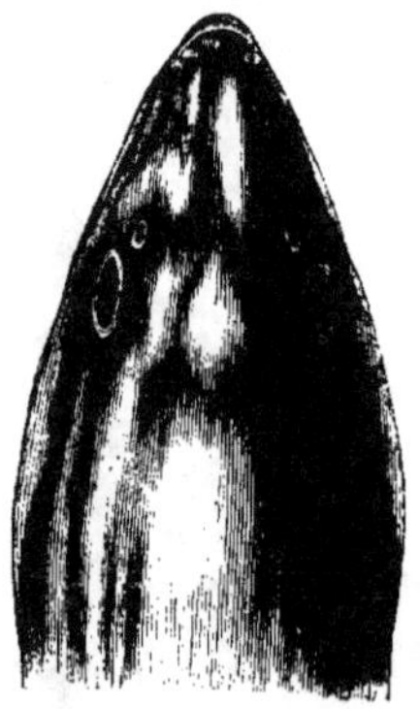

Fig. 131. — Tête, vue en dessus, de l'Anguille moyen-bec (*Anguilla mediorostris*).

sible jusqu'à l'extrémité du museau, qui est ainsi fort étroit. On remarque encore que les narines sont plus linéaires chez cette Anguille que chez la précédente ; mais ce caractère n'est pas d'une évidence telle qu'il soit toujours facile à saisir.

L'ANGUILLE A BEC OBLONG

(ANGUILLA OBLONGIROSTRIS)

Nous avons observé des Anguilles qui sont intermédiaires, sous le rapport de la forme de la tête, entre les *Anguilles à bec*

[1] Risso, *Hist. nat. de l'Europe méridionale*, t. III, p. 199 ; 1827. — Yarrell, *British Fishes*, t. II, p. 301 ; 1836.

moyen et les *Anguilles à long bec*. Leur tête est moins large à la base que chez les premières, moins grêle que chez les dernières, avec le museau plus court et plus obtus.

Nous avons recueilli un grand nombre de ces Anguilles à bec oblong dans l'Huveaune, près de Marseille, et nous avons eu du Lot et du lac de Bourget des individus presque semblables.

L'ANGUILLE A LONG BEC

(ANGUILLA ACUTIROSTRIS [1])

Cette Anguille présente presque toujours un corps proportionnellement plus effilé que chez les précédentes; une tête grêle, étroite même à la hauteur des yeux et continuant à s'amincir jusqu'à l'extrémité du museau. Par suite de cette

Fig. 132. — Tête, vue en dessus, de l'Anguille à long bec (*Anguilla acutirostris*).

conformation de la tête, les yeux paraissent se trouver plus rejetés sur les côtés que chez les autres Anguilles, et les mâ-

<hr>

[1] Risso, *Hist. nat. de l'Europe méridionale*, t. III, p. 198 ; 1827. — Yarrell, *British Fishes*, t. II, p. 284; 1836.

choires deviennent fort grêles. Suivant Yarrell, cette *espèce*
n'aurait que 113 vertèbres; j'en ai compté au contraire 114
chez une foule d'individus.

Ces diverses Anguilles, que l'on paraît rencontrer indifféremment dans toutes les parties de l'Europe, atteignent
une forte taille; cependant je n'ai jamais vu d'individus de
l'Anguille à long bec, ayant des dimensions aussi considérables
que certains individus des autres espèces ou variétés; espèces
ou variétés, répétons-nous, car en l'état actuel de nos connaissances, il serait impossible de se prononcer avec confiance.
Néanmoins, j'incline très-fortement à penser qu'il existe plusieurs espèces d'Anguilles, mais nous n'avons pas encore le
moyen de les bien caractériser.

Ces Poissons ont une vie fort longue. Un exemple en fournira
la preuve. J'avais vu, il y a très-longtemps, chez M. Desmarest,
professeur à l'École vétérinaire d'Alfort, une Anguille qui avait
été achetée pour être mise *à la tartare*. On ne se pressa point de
la livrer au fourneau; le naturaliste se plut à observer l'animal.
Dès ce moment, l'Anguille fut considérée comme une amie de la
maison. Je savais que ce Poisson existait encore chez le fils du
professeur d'Alfort; je l'ai prié de me dire à quelles observations il avait donné lieu. On ne lira pas sans intérêt la note
suivante que m'a transmise M. Eugène Desmarest, l'un des
naturalistes du Muséum d'Histoire naturelle.

« C'est depuis le 13 décembre 1828 que ma famille possède l'*Anguille* sur laquelle vous me demandez une note. Il y
a donc trente-sept ans que nous l'avons en domesticité.

« De 1838 à 1853 (pendant vingt-cinq ans), elle a été conser-
vée dans une grande terrine placée dans l'intérieur d'une

chambre. Cette terrine, dont l'eau était changée tous les sept
ou huit jours, quoique grande, ne pouvait cependant pas lui
permettre de se tenir étendue, et elle devait rester constamment repliée sur elle-même. Depuis 1853, elle a été placée,
d'abord à Batignolles, chez ma sœur, et depuis 1863, chez moi,
à Montrouge, dans un réservoir en zinc qui peut contenir
une vingtaine de seaux d'eau, que l'on renouvelle tous les
quinze ou vingt jours. C'est là son logement d'été; car, dès les
premières gelées et jusqu'au printemps, elle vient reprendre
son logement primitif, sa terrine.

« La longueur totale actuelle de mon Anguille est de $1^m,30$
à $1^m,40$; sa grosseur est de $0^m,08$ à $0^m,10$. Depuis que nous la
conservons, on peut dire, sans rien exagérer, qu'elle a grandi
d'environ un tiers. Son alimentation consiste en de petits filets
de bœuf, coupés en forme de vers, qu'il faut lui présenter flottants dans l'eau ; elle les saisit avec une grande vitesse et une
grande dextérité lorsqu'elle a faim, mais elle ne les mange jamais lorsqu'ils tombent au fond de son réservoir. Elle ne semble
pas vouloir une autre nourriture, et encore faut-il que le bœuf
soit bien frais. Elle refuse les vers de terre et même les petits
poissons, qu'elle n'aime toutefois pas voir auprès d'elle ; car
elle a constamment poursuivi et attaqué ceux que l'on a mis
quelquefois dans son réservoir. Elle ne mange guère que pendant l'été, depuis le mois d'avril jusqu'au mois d'octobre ; en
hiver, et j'ai souvent tenté l'expérience, elle refuse toute nourriture. Jamais elle n'a voulu manger de pain, ou une alimentation végétale quelconque. Pendant la saison chaude, ce n'est que
tous les six à huit jours qu'elle veut bien manger ; alors elle le
montre d'une manière manifeste : elle s'agite dans son bassin,
sort légèrement la tête hors de l'eau quand on approche de sa

demeure, ou lorsqu'on l'appelle. Les personnes qui lui donnent le plus habituellement sa nourriture semblent, en quelque sorte, être connues par elle; c'est ainsi que jadis elle venait à la voix de ma sœur, et qu'aujourd'hui elle paraît le faire également lorsque ma fille vient l'appeler au bord de son bassin. Jamais, quoiqu'on l'ait souvent maniée, elle n'a mordu personne; et, si cela est arrivé une seule fois, c'est qu'on avait mis le doigt dans sa gueule.

« Comme il faut la retirer de son bassin toutes les fois qu'on veut le nettoyer, elle s'est en partie habituée à être touchée, à être maniée, et, tout en essayant de rester dans l'eau, elle ne fait pas de trop grands mouvements pour s'échapper de la main qui la tient. De même, quand on cherche à la saisir dans l'eau, elle ne se retire pas trop brusquement, mais elle vous glisse des mains. Elle est souvent stationnaire dans son réservoir, cherchant constamment à se cacher derrière les pots de plantes aquatiques placés dans son bassin. Souvent, elle reste sans mouvement, étendue au fond de son réservoir, parfois elle se contourne autour des pots, et ce n'est guère que le matin ou le soir qu'elle nage lentement. Quand la température est plus élevée qu'à l'ordinaire, ses mouvements sont plus vifs, brusques parfois. De temps à autre, elle vient à la surface de l'eau. Bien lui en prend d'aimer à se trouver au fond du liquide qu'elle habite; car une fois, un chat affamé la guettait et n'était arrêté dans sa chasse que par l'eau interposée entre lui et le Poisson. Un coup de griffe cependant vint blesser l'Anguille auprès de l'œil, qui se recouvrit d'une peau blanchâtre, et que pendant plus d'un mois je crus perdu. Mais heureusement il n'en fut rien, et aujourd'hui l'organe oculaire, près duquel devait être la blessure, est semblable à celui qui était resté intact.

« Vers le mois de mai, notre Anguille devient encore moins active qu'en hiver même : deux ou trois fois alors elle rendit des corps mous, blanchâtres, que l'on regardait comme étant des œufs. Un peu après cette époque, elle semble très-agitée, à ce point même qu'elle se jeta plusieurs fois hors de sa terrine, et que deux fois à Batignolles, et une fois à Montrouge, nous la trouvâmes, ma sœur et moi, hors de son réservoir, sur le sable des allées du jardin. Là, elle était sans mouvement, molle, et n'aurait probablement pas tardé à mourir par le dessèchement, si nous ne l'avions pas replacée dans l'eau. Un autre accident lui est une fois arrivé : l'ayant laissée dans une cuisine trop froide, au milieu de l'hiver, je la trouvai le lendemain matin toute gelée et prise même dans les glaçons qui couvraient sa terrine ; je réchauffai le liquide glacé en y mettant de l'eau tiède, bientôt la glace fondit, et, petit à petit, le Poisson reprit ses mouvements. »

Les Anguilles sont d'une extrême voracité, mangeant des vers, des mollusques, détruisant en grande quantité le frai et les alevins des autres poissons ; ce qui est de nature à faire redouter leur trop grande abondance dans des eaux poissonneuses. Pendant les mois de mars et d'avril, des myriades de jeunes Anguilles, à peine plus grosses que des fils, remontent nos fleuves, se tenant en masses compactes près des rives, et se dispersant bientôt dans tous les cours d'eau secondaires. C'est ce qu'on appelle la *montée* des Anguilles. En Provence, on donne à ces jeunes Poissons les noms de *Buirons* et de *Bouyeirouns*.

Les Anguilles placées dans de bonnes conditions pour leur alimentation croissent rapidement, et dans l'espace de quelques années, elles peuvent acquérir le poids de 3 à 4 kilogrammes. Vers l'automne, ces Poissons parvenus à une certaine taille, redescendent à la mer, probablement pour ne plus rentrer dans les eaux douces. Si, à cette époque, les Anguilles se trouvent retenues par des obstacles ou emprisonnées dans des étangs, elles témoignent d'une grande agitation et souvent se jettent sur le rivage.

Du reste, on sait que les Anguilles peuvent sortir de l'eau sans grave inconvénient, qu'elles voyagent même volontiers dans les prés humides. A raison de leur peau visqueuse, lente à se dessécher, à raison surtout de la faible ouverture des *ouïes*, l'eau ne s'échappant guère de leur *chambre branchiale*, ces Poissons peuvent rester longtemps à l'air libre sans périr. Cette faculté que possèdent les Anguilles de ramper sur la terre, explique comment on trouve fréquemment de ces animaux dans des étangs et des mares où il n'en existait pas à une autre époque et où personne n'avait songé à en introduire.

Les Anguilles s'enfoncent très-habituellement dans la vase. Principalement aux approches de la saison froide qui amène chez elles un engourdissement complet, elles recherchent tous les moyens de se mettre à l'abri et de se cacher autant que possible.

Les qualités comestibles des Anguilles sont suffisamment appréciées de tout le monde pour rendre superflue toute remarque à ce sujet, et si les diverses sortes d'Anguilles ne jouissent pas de la même faveur auprès des connaisseurs, seuls, ceux-ci seraient capables de décrire les avantages que les unes possèdent sur les autres. Toujours est-il que l'Anguille, sous le rapport commercial, a parmi les Poissons d'eau douce une importance de premier ordre.

LES POISSONS CARTILAGINEUX

L'ORDRE DES GANOÏDES

Les représentants de l'ordre des Ganoïdes qui habitent les eaux de l'Europe, ont un squelette cartilagineux, comme on a pu le voir dans notre exposé des classifications [1]. Des types pourvus d'un squelette osseux, ont été néanmoins rattachés à ce groupe, en considération d'une particularité anatomique commune à ces divers Poissons : osseux et cartilagineux ; particularité consistant dans la présence de nombreuses valvules à l'entrée du bulbe aortique. Dans les Ganoïdes, les feuillets branchiaux sont libres à leur extrémité et les branchies sont revêtues d'un appareil operculaire.

Chez ces Poissons, l'intestin est pourvu d'une valvule spirale et il y a une vessie natatoire simple, communiquant à l'extérieur par un conduit. Nous n'avons à nous occuper ici, que d'une seule famille de l'ordre des Ganoïdes.

LA FAMILLE DES ACIPENSERIDES

(ACIPENSERIDÆ)

Les Acipensérides se reconnaissent aisément entre tous les Poissons, à leur corps allongé, garni de plaques osseuses cutanées, disposées en cinq séries, lui donnant une forme penta-

[1] Page 119.

gone ; à leur tête également couverte de plaques osseuses, unies les unes aux autres ; à leur bouche placée en dessous, privée de dents, et saillante ; à leur museau avancé et immobile ; à leur membrane branchiostège sans rayons.

Les Acipensérides ont un opercule qui ferme incomplétement la chambre branchiale ; une colonne vertébrale cartilagineuse qui s'étend jusqu'à l'extrémité de la plus longue division de la nageoire caudale.

Cette famille comprend uniquement le genre Esturgeon qui a été de la part de quelques naturalistes l'objet de certaines sub-divisions.

LE GENRE ESTURGEON

(ACIPENSER, *Linné*)

Les Esturgeons présentent toujours dans la longueur du corps cinq séries de plaques osseuses, les unes plus grandes, les autres plus petites, plus ou moins rugueuses, mais toujours pourvues d'une carène formant au milieu une pointe qui s'é-mousse avec l'âge. Ils ont la tête entièrement revêtue de plaques osseuses, la bouche transversale, privée de dents, quatre barbillons situés entre la bouche et l'extrémité du museau et disposés sur une ligne transversale.

Toutes les nageoires sont soutenues par des rayons articulés ; la dorsale est très-petite et située fort en arrière, au-dessus de l'anale ; la caudale est partagée en deux languettes, l'une supé-rieure fort longue, entourant toute l'extrémité caudale, l'autre inférieure et assez courte.

Tous les Esturgeons, animaux voraces, incapables pourtant,

à raison de la conformation de leur bouche, de s'attaquer à des proies volumineuses, sont des Poissons de mer qui atteignent une grande taille, mais ces Poissons de mer remontent périodiquement les grands cours d'eau. On connaît en Europe un assez grand nombre d'espèces de ce genre, seulement toutes ces espèces, à l'exception d'une seule, sont étrangères aux côtes de la France et à ses fleuves. Les Esturgeons abondent surtout dans la mer Noire et dans la mer d'Azow ; et c'est dans les deux plus grands fleuves de l'Europe, le Volga et le Danube, qu'on observe les différentes espèces de ce genre.

Les œufs de ces animaux sont extrêmement recherchés. On en fabrique ce mets fort estimé, célèbre sous le nom de *Caviar*, ce qui n'a pas peu contribué à amener la très-grande diminution, sinon la disparition des Esturgeons dans beaucoup de fleuves de l'Europe.

L'ESTURGEON COMMUN

(ACIPENSER STURIO [1])

L'Esturgeon commun est l'espèce répandue à la fois dans la mer du Nord, l'Océan, la Méditerranée et qui paraît plus ou moins rarement dans le Rhin, la Seine, la Loire, la Gironde, le Rhône où les pêcheurs dans leur idiome provençal le nomment *Estiioun*.

L'Esturgeon commun ressemble à plusieurs autres espèces du même genre et divers auteurs l'ont confondu avec le Ster-

[1] Linné, *Systema naturæ*, t. I, p. 403 ; 1766. — Bloch, part. III, p. 89, pl. 88. — Heckel et Kner, *Die Süsswasserfische der östreichischen Monarchie*, p. 362 : 1858. — Siebold. *Die Süsswasserfische von Mitteleuropa*, p. 363 : 1863.

let (*Acipenser ruthenus*) que nous ne voyons jamais dans les

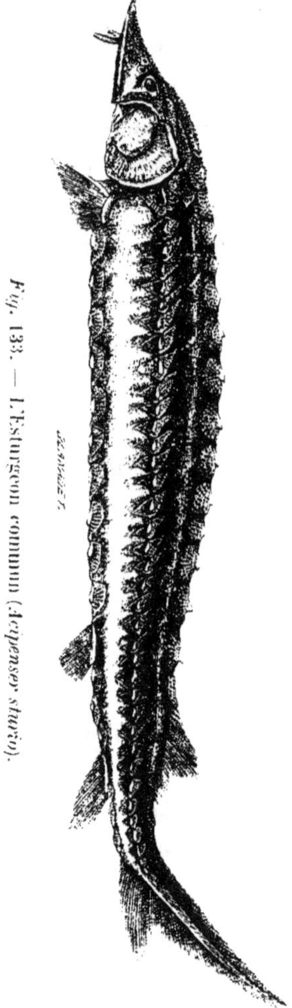

Fig. 133. — L'Esturgeon commun (*Acipenser sturio*).

eaux de la France. L'Esturgeon commun, d'une couleur jaunâtre assez claire, avec le ventre presque blanc, est très-carac-

térisé par le nombre et par la forme des plaques osseuses qui
couvrent son corps. Les plaques du dos et du ventre plus ou
moins rugueuses suivant l'âge de l'animal avec une saillie,
pointue chez les jeunes sujets, émoussée chez les vieux, sont
au nombre de 12 à 15. Celles qui constituent la série

Fig. 134. — Tête, vue en dessus, de l'Esturgeon commun.

latérale sont de forme triangulaire avec une arête médiocre,
et au nombre de 30 à 35, car il y a sous ce rapport des différences individuelles.

L'Esturgeon commun est aussi très-caractérisé par la forme
de sa tête. Cette tête, assez large à la base et jusqu'à la hauteur
des yeux, se rétrécit ensuite graduellement vers l'extrémité,

de manière à former un long museau conique, mais ce museau a toujours moins de longueur que chez le Sterlet.

La bouche est fort large et située très en arrière de l'extrémité du museau. Les quatre tentacules que l'on observe chez toutes les espèces du genre sont insérés plus près de l'extrémité

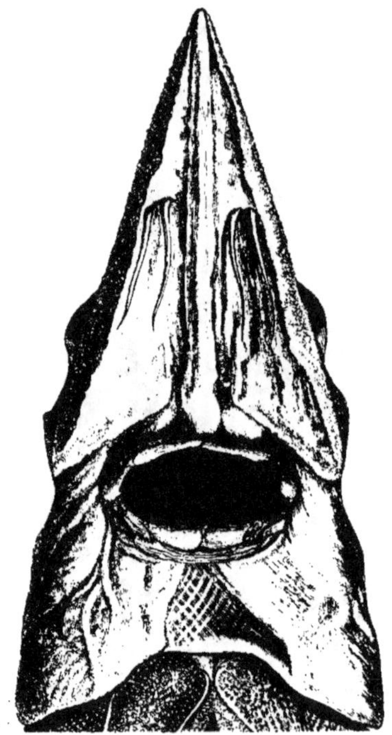

Fig. 135. — Tête, vue en dessous, de l'Esturgeon commun.

du museau que de l'orifice buccal. La lèvre inférieure, qui affecte la forme d'un bourrelet, présente une division dans son milieu.

L'Esturgeon entre chaque année dans nos grands cours d'eau, le Rhône, la Gironde, la Loire, bien rarement aujourd'hui dans la Seine.

Il se montrait autrefois en abondance dans presque tous les fleuves de la France et dans leurs principaux affluents. On cite aujourd'hui les époques où un Esturgeon fut pris dans la Seine, dans la Somme, dans l'Orne, dans la Moselle, etc. L'animal est souvent recueilli précieusement pour quelque cabinet d'histoire naturelle. Les individus qui arrivent à Paris, provenant de la Loire, de la Gironde ou du Rhône, figurent chez les marchands de comestibles à peu près comme des objets de curiosité. Cependant l'Esturgeon dont la taille est considérable, la chair succulente, fournirait une importante ressource alimentaire, s'il était possible de ramener son abondance des siècles passés. Il y aurait une étude complète à faire à ce sujet, car nous savons fort peu de chose des habitudes de ce Poisson.

Des Esturgeons arrivent à la taille de 5 à 6 mètres, mais il est rare que nous voyions sur les marchés des individus de plus de 2 mètres de long.

L'ORDRE DES CYCLOSTOMES.

L'ordre des Cyclostomes est composé, le nom l'indique, de Poissons dont la bouche sans mâchoires consiste en un suçoir circulaire ou demi-circulaire, avec une lèvre charnue. Ces Poissons ont le corps nu, cylindrique, rappelant la forme des Anguilles, sans nageoires pectorales et ventrales ; ils ont un seul orifice nasal, des branchies en forme de bourses, sans appareil operculaire, un squelette entièrement cartilagineux.

Les Cyclostomes dont nous avons à nous occuper appartiennent à une seule famille.

LA FAMILLE DES PÉTROMYZONIDES

(PETROMYZONIDÆ)

Les représentants de cette famille offrent des nageoires, dorsale et anale, soutenues par de nombreux rayons cartilagineux, des branchies au nombre de sept de chaque côté, communiquant avec l'extérieur par des orifices en forme de boutonnières, situés à la suite les uns des autres en arrière de la tête. Ils ont un orifice commun pour l'expulsion des résidus de la digestion et pour la sortie des produits de la génération. Ils manquent de vessie natatoire.

LE GENRE LAMPROIE

(PETROMYZON, *Linné*)

Au genre des Lamproies appartiennent les seuls Poissons de l'ordre des Cyclostomes qui habitent ou qui fréquentent nos eaux douces.

Aux caractères de l'ordre des Cyclostomes et de la famille des Pétromyzonides, il faut ajouter que, chez les Lamproies, la bouche conformée en suçoir est circulaire, que l'intérieur de cette bouche est pourvu de dents revêtues d'une gaîne cornée, de diverses formes et en nombre plus ou moins considérable, que la seconde nageoire dorsale s'étend jusqu'à la nageoire caudale.

On sait aujourd'hui que les Lamproies ne naissent pas avec tous les caractères des adultes. Des observations d'un professeur de Berlin, M. Auguste Müller, publiées en 1856, ont fourni la

preuve, au grand étonnement des naturalistes, qu'un Poisson
regardé jusqu'alors comme le type d'un genre particulier,

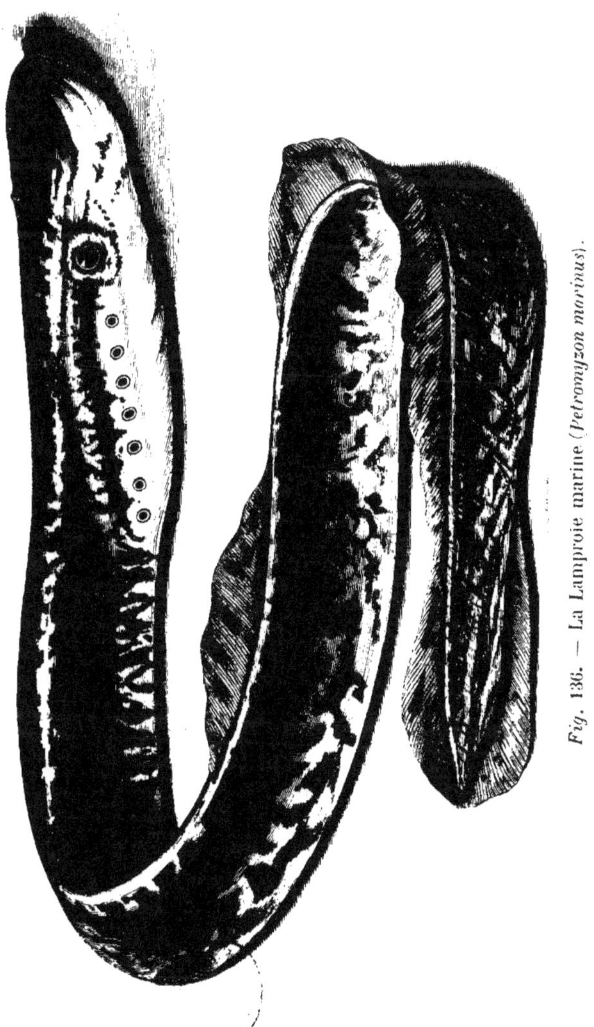

Fig. 136. — La Lamproie marine (Petromyzon marinus).

l'*Ammocète lamprillon* ou *lamproyon*, était simplement la larve
de la petite Lamproie de Planer (*Petromyzon Planeri*). Cette

annonce, faite pour la première fois, de l'existence de métamorphoses chez un Poisson, fut accueillie avec d'autant plus de réserve par plusieurs zoologistes, qu'ils ne s'expliquaient pas comment avaient pu échapper jusqu'ici à toutes les recherches les premières formes de la grande Lamproie marine. L'explication n'a pas encore été donnée.

LA LAMPROIE MARINE

(PETROMYZON MARINUS [1])

Au printemps, on voit apparaître dans la plupart des rivières de l'Europe, un animal long quelquefois d'un mètre, d'aspect étrange, à la peau nue et visqueuse, au corps cylindrique ; c'est la grande Lamproie ou la Lamproie marine, comme on l'appelle indifféremment. Ce singulier Poisson est d'un blanc grisâtre, quelquefois un peu jaunâtre, avec le dos, les côtés et les nageoires marbrés de bandes et de taches confuses, toujours extrêmement irrégulières, tantôt d'une teinte olivâtre foncée, tantôt d'un beau noir. Mais ce qu'il y a de plus remarquable encore chez la Lamproie marine, c'est la bouche complètement circulaire, vaste suçoir, énorme ventouse, entourée par une lèvre charnue garnie de cirrhes, ayant pour support une lame cartilagineuse. Cette bouche est pourvue sur toute sa surface intérieure de rangées circulaires de fortes dents, les unes simples, les autres doubles ; les plus grosses occupant la portion centrale, les plus petites formant les rangées extérieures. Une

---

[1] Linné. *Syst. naturæ*, t. I, p. 394 : 1766. — Bloch, part. III. p. 38, pl. 77. — Sélys Longchamps. *Faune belge*, p. 226 : 1842. — Heckel et Kner, *Die Süsswasserfische*, etc., p. 374 : 1858. — Siebold, *Die Süsswasserfische von Mitteleuropa*, p. 368 : 1863.

grosse double dent, située au-dessus de l'orifice buccal marque
la place de la mâchoire supérieure. Une large lame formant sept
ou huit grosses dents, représente la mâchoire inférieure. La
langue porte aussi trois larges dents, profondément denticulées
sur leur bord. Les yeux situés sur les côtés à une médiocre distance du premier des orifices respiratoires, sont assez petits.
Les nageoires dorsales sont séparées l'une de l'autre par un
assez grand intervalle.

La Lamproie marine a un canal intestinal, pourvu d'une

Fig. 137. — Bouche de la grande Lamproie marine (*Petromyzon marinus*),
de grandeur naturelle.

valvule spirale qui court en droite ligne, indice d'un régime
essentiellement carnivore ; un foie petit et divisé en plusieurs
languettes ; des organes reproducteurs symétriques occupent
toute la longueur de la cavité abdominale. Les ovaires, notamment,

sont immenses et se partagent en une multitude de feuillets. La Lamproie marine se nourrit de vers, d'insectes, de mollusques et même de poissons, parfois d'assez grande taille, auxquels elle s'attache avec son redoutable suçoir; il suffit de considérer cette ventouse si puissamment armée pour comprendre comment elle peut s'attacher à des corps volumineux et les sucer à la manière des sangsues.

Ce Poisson remonte les fleuves, les rivières, les canaux jusqu'à d'immenses distances des côtes, et l'on s'en étonne en considérant combien sa locomotion est lente; la Lamproie ne peut que ramper à peu près comme les Anguilles, et encore, avec moins d'agilité; cependant elle remonte la Loire jusqu'à Orléans et même bien au-dessus de cette ville, le Rhône et ses affluents à une très-grande hauteur. On la prend dans l'Isère, à Grenoble et même en Savoie. Ces diverses circonstances ont donné à penser à un habile ichthyologiste, le docteur Günther, que les Lamproies apparaissant dans les fleuves vers le mois de mai à la même époque que les Saumons et les Aloses, s'attachaient peut-être à ces Poissons pour se faire transporter [1]. Le fait n'a pu toutefois être constaté et l'on s'imagine difficilement qu'une Alose de taille ordinaire puisse traîner une lourde Lamproie, car, pour le Rhône et ses affluents, on ne peut attribuer aux Saumons le transport des Lamproies, auxquels d'ailleurs, personne ne les a vues attachées. Non-seulement les Lamproies sont pêchées dans les fleuves et les rivières, mais bien souvent aussi dans les canaux; il est fort ordinaire qu'elles se fixent par leur bouche aux barrages, aux écluses, comme elles s'attachent souvent après les pierres.

[1] *Die Fische des Neckars*, p. 138 ; 1853.

En voyant, à chaque printemps, les Lamproies quitter la mer, on a cru par analogie avec ce qui a lieu pour les autres Poissons migrateurs, qu'elles recherchaient les eaux douces pour y frayer. Cette supposition paraît aujourd'hui à peu près inadmissible. Jamais personne n'a pu voir ni leurs pontes, ni leurs jeunes; toutes les Lamproies marines que l'on pêche ont un volume considérable. D'un autre côté, d'après les observations de quelques naturalistes, chez tous les individus pris en rivière on trouverait les œufs, encore assez éloignés de l'état de maturité. L'histoire de la Lamproie marine demandera donc bien des observations, bien des expériences peut-être, avant d'être complète. Autrefois, la Lamproie marine, qui était fort estimée pour la table, paraît avoir été fort abondante ; on pourra en juger dans la suite de cet ouvrage, d'après la citation de certaines ordonnances relatives à la vente de ce Poisson dans Paris ; elle est devenue sinon rare, du moins assez peu commune pour qu'on ne s'occupe guère de sa présence ou de son absence sur les marchés.

LA LAMPROIE FLUVIATILE

(PETROMYZON FLUVIATILIS [1])

La Lamproie fluviatile, on le croit aujourd'hui volontiers, ne serait pas, comme son nom semble l'indiquer, un Poisson vivant d'une manière permanente dans les eaux douces.

Cette espèce est bien petite si on la compare à la Lamproie marine; sa taille ne dépasse guère $0^m,30$ à $0^m,40$. Sa cou-

[1] Linné, *Systema naturæ*, t. I, p. 394 ; 1766. — Yarrell, *British Fishes*, t. II, p. 604 : 1836. — Siebold, *Die Süsswasserfische von Mitteleuropa*, p. 372 : 1863.

leur est uniforme, d'un brun olivâtre sur les parties supérieures, d'un gris jaunâtre sur les côtés, d'un blanc argenté,
parfois un peu grisâtre sur les régions inférieures. La Lamproie fluviatile, extrêmement semblable à la Lamproie marine par sa conformation générale, par la position de ses
yeux, de ses orifices respiratoires, en diffère essentiellement par
l'armature de sa bouche. Il n'y a qu'une seule rangée circulaire
de dents ; une lame semi-circulaire portant deux dents au-devant
de l'orifice occupe la mâchoire supérieure ; la mâchoire inférieure est représentée par une lame transversale garnie de sept
petites dents aiguës. Toutes ces dents, comme celles de l'espèce
précédente, sont revêtues d'une gaîne cornée.

Les deux nageoires dorsales de la Lamproie fluviatile sont
séparées l'une de l'autre par un assez large intervalle ; la première commençant vers le milieu de la longueur du corps, est
peu élevée ; la seconde est beaucoup plus haute, mais elle s'a-
baisse vers l'extrémité postérieure et vient se confondre avec la
nageoire caudale.

La Lamproie fluviatile paraît avoir les mêmes habitudes que
la Lamproie marine ; des auteurs assurent qu'elle passe, comme
cette dernière, une partie de son existence dans la mer, et
qu'elle entre périodiquement dans les eaux douces. Cependant,
divers observateurs, parmi lesquels on peut citer le savant
ichthyologiste anglais, Yarrell, affirment qu'on la prend dans les
rivières à toutes les époques de l'année et qu'elle est uniquement
fluviatile. La vérité est que nous ne savons rien encore de positif, soit sur les habitudes, soit sur le développement de cette
espèce [1].

[1] M. Van Beneden a décrit sous le nom de *Petromyzon Omalii*, une
petite Lamproie remarquable par son appareil dentaire très-différent

Elle a été rencontrée dans la plupart des rivières de France, mais nous ne croyons pas qu'on la prenne nulle part en grande abondance.

Autrefois, on en pêchait annuellement, nous disent plusieurs naturalistes anglais, 1,000,000 ou 1,200,000 individus dans la Tamise seule, mais cette pêche est bien diminuée de nos jours.

LA LAMPROIE DE PLANER

(PETROMYZON PLANERI [1])

La Lamproie de Planer ou la petite Lamproie de rivière, comme on la désigne plus ordinairement ; le *Sucet*, la *Chatouille* ou *Satouille*, ainsi que l'appellent les pêcheurs de diverses localités, ne quitte jamais les eaux douces.

Plus petite que la Lamproie fluviatile, car sa plus grande taille est de $0^m,20$ à $0^m,25$, elle a la même coloration, mais son corps cylindrique est proportionnellement plus court.

La Lamproie de Planer se montre parfaitement distincte au premier coup d'œil, si l'on porte attention aux nageoires dorsales qui succèdent l'une à l'autre sans aucun intervalle.

D'un autre côté, la bouche, qui ne présente, comme chez la Lamproie fluviatile, qu'une seule rangée de dents, offre une différence dans la forme des dents ; ici, au lieu d'être aiguës

de celui des autres espèces du genre. Cette Lamproie n'a encore été rencontrée que sur la côte de Belgique. — *Bulletin de l'Académie de Belgique*, 2e série, 1857.

[1] Bloch, part. III, p. 47, pl. 78, fig. 3. — Yarrell, *British Fishes*, t. II, p. 607 : 1836. — Heckel et Kner, *Die Süsswasserfische*, etc., p. 380 : 1858. — Siebold, *Die Süsswasserfische von Mitteleuropa*, p. 375 : 1863.

Le jeune âge.— *Petromyzon branchialis*, Linné, *Syst. nat.*, t. I, p. 394 : 1766. — *Ammocœtes branchialis*, Yarrell, *British Fishes*, t. II, p. 609 ; 1836. — Heckel et Kner, *Die Süsswasserfische*, etc., p. 382 : 1858.

comme chez l'espèce précédente, les dents sont obtuses à l'extrémité.

La petite Lamproie paraît se rencontrer dans les eaux de presque toute l'Europe ; elle se tient ordinairement dans les

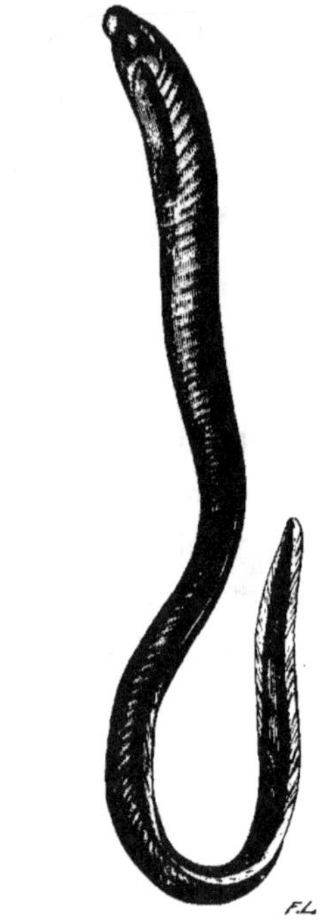

Fig. 138. — La Lamproie de Planer.

ruisseaux peu profonds, au milieu des pierres où elle rencontre les petits animaux dont elle fait sa nourriture. On assure qu'elle fraye pendant les mois de mars et d'avril.

Mais ce Poisson n'a pas dans le jeune âge les caractères de l'adulte, et il conserve les caractères du jeune âge jusqu'au moment où il a acquis à peu près toute sa croissance. On comprendra donc sans peine que les naturalistes aient admis deux espèces différentes, deux types de genres, dans les individus de la Lamproie de Planer, les uns à l'état adulte, les autres à l'état

Fig. 139. La larve ou *Ammocète* de la Lamproie de Planer, de grandeur naturelle, vue en partie du dos. — *Fig.* 140. Portion antérieure de la même, un peu grossie, vue en partie de la face ventrale. — *Fig.* 141. Partie postérieure de la même, vue de profil.

de larve, jusqu'au jour où furent suivis pas à pas les changements qui se manifestent lorsque l'animal passe de l'état de larve à l'état adulte.

La Lamproie de Planer à l'état de larve, c'est l'Ammocète branchiale (*Ammocœtes branchialis*) d'une foule d'auteurs, le *Lamprillon* des pêcheurs.

Lorsque la Lamproie n'a pas encore subi ses métamorphoses, lorsqu'elle est à l'état d'*Ammocète*, elle diffère singulièrement de l'adulte. Son corps au moment où elle a pris sa croissance entière n'est pas moins long, mais il est moins cylindrique ; sa bouche n'est pas arrondie, elle affecte la forme d'un fer à cheval, la lèvre inférieure formant une saillie en avant, et cette bouche est complétement dépourvue de dents. Lorsque cette larve commence à subir les changements qui vont l'amener à l'état de Lamproie, on voit la bouche qui commence à devenir plus circulaire ; les lèvres prennent davantage la forme de bourrelets ; l'œil peu distinct chez la larve et comme voilé devient plus apparent. La bouche s'arrondit enfin d'une manière à peu près complète ; les dents paraissent, d'abord fort petites, mais elles acquièrent rapidement la forme et le volume qui les caractérisent chez l'adulte ; la peau devient plus argentée ; les orifices branchiaux se garnissent d'un rebord en saillie comme celui d'une boutonnière. Rien de plus facile que de suivre jour par jour ces changements, si l'on est en situation d'observer des Ammocètes ou larves de Lamproies arrivées au temps de leurs métamorphoses.

La Lamproie de Planer passe au moins deux années à l'état de larve ou d'*Ammocète* ; ce n'est qu'à sa troisième année, quelquefois peut-être au début de sa quatrième année d'existence, que sa métamorphose s'accomplit. Les Lamproies parvenues à l'état adulte ne tardent guère à effectuer leur ponte, ce qui a

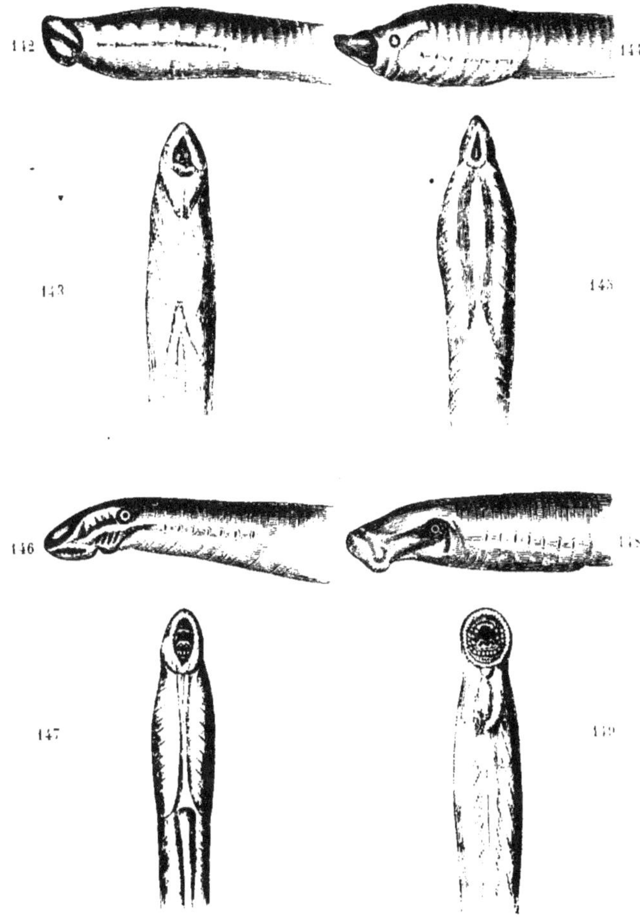

Métamorphoses de la Lamproie de Planer (*Petromyzon Planeri*).

Fig. 142. Portion antérieure de la larve (*Ammocœtes branchialis*) vue de profil. — *Fig*. 143. La même partie vue en dessous. — *Fig*. 144. Portion antérieure d'une larve plus âgée où les yeux commencent à apparaître. — *Fig*. 145. La même vue en dessous. — *Fig*. 146. Portion antérieure, vue de profil, d'une jeune Lamproie dont l'appareil dentaire est encore incomplètement développé. — *Fig*. 147. La même vue en dessous. *Fig*. 148. Portion antérieure, vue de profil, d'une Lamproie adulte *Petromyzon Planeri*. — *Fig*. 149. La même vue en dessous.

lieu pendant les mois de mars et d'avril. Elles périssent sans doute bientôt après cet acte accompli, car elles ne tardent pas à disparaître des eaux où l'on continue à trouver des Ammocètes. Ces faits constatés pour la première fois, il y a une dizaine d'années, par M. Auguste Müller, et aujourd'hui hors de doute, forment un intéressant chapitre dans l'histoire du développement des animaux vertébrés.

Les Lamproies, à l'état adulte, s'agitent beaucoup, cherchent leur proie, ne redoutent en rien la lumière ; à l'état de larves, elles se cachent dans les endroits obscurs, sous les pierres, dans la vase, et redoutent le grand jour ; elles ne peuvent vivre que des corpuscules qui leur sont apportés par le courant, leur bouche ne leur permettant pas d'opérer encore une véritable succion.

DE LA DISTRIBUTION DES POISSONS DANS LES EAUX DOUCES DE LA FRANCE.

Un double intérêt s'attacherait à la constatation exacte de la population de chaque grand cours d'eau et de ses tributaires, à la connaissance rigoureuse de la faune ichthyologique de chaque département. D'un côté, il y aurait à recueillir des enseignements propres à répandre une certaine lumière sur les questions relatives à la distribution géographique des êtres, si l'on était absolument fixé, dans tous les cas, sur les localités que fréquentent nos Poissons dans les différentes parties de la France. D'un autre côté, pour une appréciation juste des ressources alimentaires que peuvent fournir nos divisions territoriales, on trouverait de précieux éléments dans l'inventaire scrupuleusement dressé des produits de la pêche pour tous les Poissons de la France.

Ce qui importe donc avant tout, c'est de voir comment sont peuplés nos lacs, nos fleuves et nos rivières sur les divers points de leur parcours. Mais cet examen n'est pas sans quelque difficulté. Aucune région de la France ne se trouve ni rigoureusement délimitée, ni caractérisée par un nombre bien notable d'espèces particulières. Les statistiques de la pêche fluviale nous font encore presque entièrement défaut. C'est presque uniquement d'après nos propres études, et d'après des observations de

M. Millet, relatives aux Poissons voyageurs [1], que nous sommes en mesure de présenter un aperçu de la distribution des Poissons dans les eaux douces de la France. C'est la première fois que l'on tente d'établir une comparaison entre les faunes ichthyologiques des principales régions de notre pays; le cadre tracé, il pourrait être assez promptement rempli, si tous les naturalistes, si tous les observateurs disséminés dans nos départements, voulaient s'attacher, sur les lieux, à constater la présence des espèces qui s'y trouvent, à noter leur degré d'abondance ou de rareté et à consigner ensuite les résultats de leurs opérations.

Dans la situation présente, on est conduit pour l'examen comparatif des régions habitées par nos diverses espèces de Poissons, à adopter les principales divisions généralement admises, du *Nord*, de l'*Est*, du *Centre,* du *Sud-Est* et du *Sud-Ouest* et à tracer en outre quelques subdivisions.

Beaucoup d'espèces de Poissons ont une vaste distribution géographique, qui s'étend, non-seulement à la France entière, mais encore à la plus grande partie de l'Europe. Ces espèces, dans la plupart des cas, ne peuvent donner lieu à aucune mention spéciale.

Ainsi, la Truite commune est répandue à peu près partout où il y a des eaux limpides. Une statistique fidèle de la quantité de ce Poisson, que chaque département fournit annuellement à la consommation, contribuerait certainement à faire reconnaître

---

[1] M. Millet, inspecteur des forêts, a eu l'obligeance de me communiquer un tableau fort bien fait, sur lequel il a noté avec un grand soin d'après tous les renseignements qu'il a pu recueillir, la présence ou l'absence du Saumon, de la Truite, de l'Ombre commune, de l'Alose et de la grande Lamproie dans chaque département.

beaucoup de moyens d'augmenter un produit d'une assez grande valeur.

La Perche se trouve au Sud comme au Nord, à l'Ouest comme à l'Est, dans les eaux des plaines et des montagnes. Il en est de même du Chabot (*Cottus gobio*) et de la Loche franche ; ces Poissons semblent être partout où il y a des ruisseaux tranquilles et herbus. Parmi les Cyprinides, le Barbeau commun, le Goujon, la Tanche, l'Ablette commune, la Rotengle, le Gardon, la Chevaine commune, sont des habitants de la plupart des eaux de la France. Il en est ainsi pour le Brochet, pour l'Anguille, et nous n'avons actuellement aucun moyen d'indiquer avec certitude le degré d'abondance ou de rareté de ces Poissons dans les différentes localités.

Une connaissance des faunes de nos départements de l'Est et du Nord, plus complète que celle des faunes de l'Ouest et du Midi, nous conduit à porter en premier lieu notre examen sur les contrées qui avoisinent la Belgique et l'Allemagne.

Le pays traversé par le Rhin, arrosé par l'Ill, la Meuse, la Meurthe, la Moselle et leurs affluents, appelle l'attention, tout à la fois par l'importance de ses cours d'eau et par les rapports que leur population offre avec celle des fleuves et des rivières de l'Allemagne. C'est la région comprenant l'Alsace, les Vosges, la Lorraine et les Ardennes, où le caractère de la faune du Nord devient très-prononcé. Ce sera la région *Est-Nord*.

Commençons notre revue des Poissons vivant dans chaque contrée par les espèces considérées comme les plus importantes.

Les Salmonides apparaissent en première ligne.

Le Saumon se montre dans presque toutes les eaux de la région *Est-Nord*. Il remonte le Rhin beaucoup plus haut que Colmar, il s'engage dans les rivières des Vosges et vient frayer

jusqu'à Archettes, à 6 kilomètres environ au-dessus d'Épinal[1] ;
il entre également dans la Moselle et dans la Meuse, mais en
très-petit nombre. On assure ne l'avoir jamais vu dans l'Ornain.

C'est évidemment par erreur que l'Omble-Chevalier a été
cité comme ayant été pris dans la Moselle.

La Truite commune est abondante dans une foule de localités de l'Alsace, des Vosges, de la Lorraine et même des
Ardennes. Nous pensons que la Truite de mer remonte à peu
près tous les cours d'eau où l'on voit le Saumon et sans doute
d'autres encore ; mais cette espèce n'étant pas toujours bien
distinguée de la précédente, il serait difficile dans l'état actuel
de signaler les eaux qu'elle recherche et celles où on ne la rencontre pas.

L'Ombre est un Salmonide assez répandu dans nos départements de l'Est ; il existe dans le Rhin, dans plusieurs rivières
des Vosges, dans la Chiers, dans la Crunes, quelquefois dans la
Moselle, la Meurthe, la Meuse. Je ne le vois nulle part indiqué
comme ayant été pêché dans le département du Haut-Rhin.

On pêche l'Alose dans les grands cours d'eau où se rendent
les Saumons, mais elle s'engage moins souvent que ce dernier
dans les petites rivières. On la prend abondamment dans le
Rhin, dans la Moselle, la Meurthe, la Meuse, etc.

Parmi les Percides : la Perche, qui n'est pas rare dans les rivières, est très-répandue dans les lacs des Vosges où elle a pris
une physionomie particulière.

Dans la grande famille des Cyprinides, nous comptons quelques espèces, sinon particulières à la région *Est-Nord*, du
moins plus ordinaires dans cette contrée qu'ailleurs et représentant en quelque sorte des formes ichthyologiques qui ap-

______
[1] D'après les notes de M. Millet.

partiennent plus spécialement à l'Allemagne, comme le Carassin et la Gibèle, la Brême de Buggenhagen et la Brême rosse, l'Ablette hachette (*Alburnus dolabratus*), l'Ide mélanote, le Nase.

Il faut remarquer encore que la Loche d'étang (*Cobitis fossilis*) est surtout répandue dans nos départements de l'Est, que la Loche de rivière y est beaucoup plus abondante que dans les régions voisines, que la Lotte n'y est pas rare [1].

Il faut encore constater, sur cette grande étendue de pays, la présence d'une seule espèce d'Epinoche (*Gasterosteus leiurus*) et de deux espèces d'Epinochettes (*Gasterosteus lœvis* et *lotharingus*).

La région *Nord* est fort étendue. Elle doit comprendre au moins la Champagne, la Picardie, la Flandre, l'Artois, la Normandie, le département de la Sarthe, l'Orléanais, le département de Seine-et-Marne, la partie de la Bourgogne arrosée par l'Yonne. Dans les eaux de ces diverses parties de la France, nous rencontrons les mêmes espèces. Une exception peut seulement être indiquée à l'égard d'un petit nombre de Poissons qui habitent constamment le voisinage de la mer.

Le Saumon entre quelquefois dans l'Aisne, dans l'Oise, dans l'Escaut, et, s'il ne se montre jamais dans les rivières du Pas-de-Calais qui tombent à la mer, c'est uniquement, sans doute, parce que les cours d'eau de ce département ont un très-faible volume. Il remonte la Seine, rarement aujourd'hui, il est vrai, à cause de la détérioration du fleuve, mais il a été pêché néan-

(1) Dans cette *Histoire des Poissons des eaux douces* de la France, nous n'avons pas cru devoir faire mention du Silure (*Silurus glanis*), qui habite les fleuves de l'Allemagne. Autrefois on le pêchait dans le Rhin, dans l'Ill, dans la Moselle. Depuis des siècles il a disparu de ces rivières et c'est dans de bien rares circonstances qu'il a été pris dans le Rhin depuis les temps modernes.

moins jusqu'à Provins, dans la Vouzie, un petit affluent de la Seine. Il a été pris encore récemment dans l'Eure et dans l'Orne, où il était autrefois abondant, dans l'Yonne et l'un de ses affluents, la Cure. Selon toute apparence, on ne l'a jamais vu, soit dans la Sarthe, soit dans la Marne ou dans l'Aube.

Nous ne possédons pas des indications suffisantes sur les localités que fréquente la Truite de mer, pour nous y arrêter. Quant à la Truite commune, elle est répandue dans une infinité de localités du Nord de la France, et l'on sait généralement que les rivières des départements de l'Eure, du Loiret, etc., en sont assez bien pourvues.

L'Ombre commune semble n'avoir jamais été observée sur aucun point de la vaste région que nous venons de tracer.

D'un autre côté, l'Éperlan remonte la plupart des fleuves, mais on sait que ce Poisson ne dépasse guère la limite où la marée se fait sentir.

L'Alose, qui paraissait autrefois en grandes troupes dans toutes les rivières qui se jettent dans la Manche, devient de plus en plus rare.

Les Cyprinides n'offrent aucune espèce particulière à la région *Nord*, qui manque, au contraire, de plusieurs espèces répandues dans les autres parties de la France. L'embouchure des rivières de cette région est fréquentée par les Muges et par le Flet, mais ce sont là en réalité des Poissons de mer.

Différentes Épinoches appartiennent à cette région; pourtant il est à remarquer que leurs stations, toujours au voisinage de la mer, s'étendent fort peu dans l'intérieur des terres.

La péninsule armorique semblerait, par sa situation géographique, devoir être regardée comme une région distincte, *Ouest-Nord*. Nous connaissons encore d'une manière trop impar aite la faune ichthyologique de ses rivières pour être en mesure de la comparer rigoureusement aux faunes des contrées les plus voisines. Nous savons que la Loire, la Maine, ont à peu près toutes les espèces du Nord, et nous ne pourrions en citer aucune qui soit particulière à ces cours d'eau.

Si nous revenons à l'Est, nous pourrons reconnaître au Sud de l'Alsace, des Vosges et de la Champagne, une région *Est-Centrale*, comprenant tout le bassin de la Saône, s'étendant depuis ce bassin jusqu'à nos frontières orientales et au Sud jusqu'à la vallée de l'Isère. Seulement, une subdivision est nécessaire pour les lacs de la Savoie et du département de l'Ain.

Le Saumon ne se voit nulle part dans les eaux de cette vaste étendue de la France. Il en est de même, presque certainement, de la Truite de mer. L'Ombre, au contraire, est fréquente dans les eaux de presque tous les départements qu'embrasse cette région. Commune dans la plupart des rivières de l'Ain et du Jura, on la rencontre dans le Doubs, la Loue et l'Ognon, dans les lacs de la Savoie et quelquefois dans l'Isère.

La famille des Percides a un représentant dans la région *Est-Centrale*, que nous ne voyons pas au Nord, c'est l'Apron, qui semble ne pas être répandu d'une manière générale. Il n'a jamais été signalé comme habitant les eaux de la Savoie.

Parmi les Cyprinides, nous avons à citer une espèce particulière de Chondrostome (*Chondrostoma cærulescens*), pêché dans les rivières du département du Doubs, et le Blageon (*Squalius Agassizii*), que nous retrouverons plus au Sud, mais que l'on n'a jamais observé plus au Nord.

Dans la région *Est-Centrale* de la France, les lacs de la Savoie et du département de l'Ain constituent des stations spéciales où l'on trouve la plus grande partie des Poissons communs en Europe, mais où il existe aussi des espèces pour ainsi dire particulières aux eaux des lacs. C'est l'Omble-Chevalier abondant dans le lac Léman, dans le lac du Bourget, dans les eaux de quelques localités du département de l'Ain. Ce sont les Corégones, c'est-à-dire la Féra et la Gravenche du Léman, le Lavaret du lac du Bourget; c'est la Truite des lacs. Un fait singulier, dont nous n'avons pas l'explication, c'est la rareté des Poissons dans le joli lac d'Annecy; on n'en trouve guère qu'une douzaine d'espèces, celles qui vivent partout. La Lote y a été introduite en 1770 et s'est parfaitement multipliée. Ni l'Omble-Chevalier ni aucun des Corégones n'existent dans ce lac. Il y a peu d'années, on a tenté de les y introduire. De grandes quantités d'œufs et d'alevins de ces Poissons, ont été répandues dans les eaux du lac d'Annecy; il m'a été assuré, sur les lieux mêmes, que depuis il n'en avait jamais été pêché un seul individu, petit ou grand [1]. La Savoie nous a fourni une Blennie; mais jusqu'ici, l'espèce n'a été observée que sur un seul point.

Nous pouvons admettre parmi nos divisions une région *Centrale*, occupant le vaste espace compris entre le bassin de la Saône et l'Océan, s'étendant du Nord au Sud, entre les 48e et 45e degrés de latitude, c'est-à-dire de la Loire à la Dordogne.

Cette région, à la vérité, n'est caractérisée par aucune espèce particulière. Sa faune est pour ainsi dire la même que celle de la région *Nord*; seulement elle a en outre quelques représentants de la faune *Est-Nord*. C'est ainsi que l'Ombre, que nous ne voyons pas dans la région *Nord*, est fréquente dans beaucoup de rivières de la France centrale. On la pêche dans

---

[1] Une description du lac d'Annecy a été publiée par M. J. Boltshauser. — *Revue Savoisienne* par la Société florimontane d'Annecy, 1860; 1re année, p. 2 et p. 9.

l'Allier et elle est abondante, assure-t-on, dans la Loire, principalement à sa traversée des arrondissements de Montbrison et
de Roanne, mais aussi jusque dans la Haute-Loire. Rien ensuite n'indique qu'elle ait jamais été prise, soit dans la
Loire-Inférieure, soit sur aucun point du voisinage de l'Océan.

Le Saumon entre en grand nombre dans la Loire, et de là
il pénètre dans ses affluents, la Maine, la Vienne, et ensuite
dans la Creuse, l'Allier, la Sioule, la Besbre, le Cher.

Dans le siècle dernier, il remontait la Sioule presque jusqu'à
sa source auprès du Mont-Dore. Le comte de Pontgibaud, châtelain du lieu, avait une redevance qui lui produisait environ
cent cinquante Saumons par an ; depuis vingt-cinq ans, on n'en
a pas pris un seul sur le domaine de Pontgibaud. Le marquis de
Montboissier, châtelain du Pont-du-Château, sur l'Allier, avait
une redevance annuelle d'au moins douze cents Saumons en
1787. Les temps sont bien changés [1]. Le Saumon remonte la
Vendée, la Dordogne, et autrefois on le voyait jusque près des
sources de cette dernière rivière, la Dore et la Dogne ; il paraît qu'il n'entre, ni dans la Charente, ni dans les deux Sè-
vres ; je le trouve mentionné comme très-rare à l'entrée de ces
rivières par M. Ed. Beltremieux, de la Rochelle [2]. C'est probablement à la nature du fond et aux eaux limoneuses de ces
rivières qu'il faut attribuer l'absence du Saumon. Dans beaucoup de localités de cette région, la Truite est abondante.

L'Alose fréquente en général les mêmes eaux que le Saumon ;
on affirme cependant qu'on ne la voit jamais dans la Creuse, et
qu'on la prend au contraire dans la Mayenne où ne vient point
le Saumon.

---

[1] D'après les notes de M. Millet.
[2] *Faune du département de la Charente Inférieure*, 1864.

Ce que l'on est convenu d'appeler le Midi de la France doit être divisé ici en deux régions : une région *Sud-Est*, une région *Sud-Ouest*.

La première ou la région *Sud-Est*, comprend le bassin du Rhône au-dessous de Lyon et tout le territoire qui s'étend de ce fleuve aux Alpes et à la Méditerranée. La faune ichthyologique de cette portion de la France a des traits particuliers.

Le Saumon n'y existe nulle part. Malgré les tentatives faites pour l'introduire dans le Rhône et dans l'Hérault, nous doutons beaucoup encore qu'on parvienne actuellement à l'y rencontrer. Suivant toute probabilité, la Truite de mer ou Truite saumonée manque également. La Truite commune, au contraire, est répandue presque partout, dans les eaux limpides. L'Ombre se trouve dans le Rhône, dans la Durance, la Sorgue.

L'Alose remonte le Rhône en grandes troupes et passe dans la plupart de ses affluents, la Drôme, l'Isère et quelquefois le Drac ; elle entre également dans l'Hérault ; mais nous pensons qu'elle ne s'engage pas dans les petites rivières qui descendent des Alpes et traversent soit le département du Var, soit le département des Alpes Maritimes. Risso, de Nice, n'a jamais vu pêcher ce poisson que sur la côte.

Un type qui paraît confiné dans la partie orientale de la France, l'Apron, se prend dans l'Isère, dans la Durance et probablement dans quelques parties du Rhône, tandis que la Gremille manque dans presque toute la région *Sud-Est*.

Parmi les Cyprinides, le Barbeau méridional, que l'on pêche dans la Sorgue et, sans doute, dans d'autres affluents du Rhône, dans le Lez et l'Hérault, dans le Var, semble jusqu'ici appartenir exclusivement à la région *Sud-Est*. En l'état présent, nous y voyons une Ablette particulière (*Alburnus Fabræi*), sans être en mesure de dire si elle est répandue dans une grande partie de la région ; puis c'est une Chevaine, un Chondrostome (*Chondrostoma rhodanensis*) que l'on ne voit pas dans les régions du Centre ou du Nord. Le Blageon, déjà rencontré dans la région *Est-Centrale*, existe également dans beaucoup de localités, du Rhône au Var.

Dans les autres familles il faut noter encore la présence d'une Blennie, d'une Épinoche d'espèce particulière, pour montrer combien d'espèces contribuent à donner un caractère à la faune ichthyologique de la région *Sud-Est*.

La région *Sud-Ouest*, c'est le pays qui s'étend de la Dordogne aux Pyrénées, de l'Océan au voisinage du Rhône. Entre les régions *Sud-Est* et *Sud-Ouest*, on ne saurait tracer une limite précise, mais on est frappé d'une différence manifeste, si l'on compare les habitants des eaux des bassins du Rhône et de la Garonne. Le Saumon se voit dans la Garonne, dans l'Adour et probablement dans la plupart des rivières qui courent vers l'Océan. L'Ombre n'est signalée nulle part dans la région Sud-Ouest. Il en est de même de l'Apron et de la Gremille ; mais pour cette dernière, dont la répartition géographique est très-vaste, il est prudent de ne pas s'y arrêter.

Pour les Cyprinides, il faut peut-être noter l'absence du Barbeau méridional, mais il faut surtout noter la présence de Chevaines et de Vandoises, que l'on n'a point observées dans les autres régions. Enfin, il est impossible de ne pas reconnaître d'autre part dans les faunes des deux régions du Midi de la France, des analogies évidentes. La Blennie Cagnette étrangère aux départements du Centre et du Nord est commune aux deux régions. Il en est de même de la Chevaine méridionale.

HISTOIRE ÉCONOMIQUE

§ 1. — Les Poissons considérés sous le rapport
de l'intérêt public.

Par leurs formes et leurs couleurs infiniment variées, par
leur organisation spéciale, remarquablement modifiée à tant
d'égards suivant les types, mais toujours merveilleusement
adaptée à des conditions d'existence particulières, par leurs instincts encore trop imparfaitement connus, les Poissons fournissent des sujets d'observation du plus haut intérêt au naturaliste, au philosophe, à quiconque a l'esprit assez élevé pour
admirer ce qui est admirable dans la vie des êtres, à celui enfin
qui est capable de comprendre que toute connaissance acquise
dans le domaine de la nature est un bien apporté à la cause de
la civilisation. Cependant ce n'est pas à raison de ces faits d'une
incontestable grandeur, appréciés dans des limites fort
étroites à cause de leur grandeur même, que les Poissons
sont l'objet de l'intérêt ou des préoccupations de la multitude. Les Poissons aux yeux de la foule n'ont d'importance qu'au point de vue économique. Leur importance en
effet est considérable sous ce rapport, même étant restreinte

aux espèces des eaux douces. Il s'agit donc, non-seulement de conserver cette importance déjà si réduite de nos jours, mais encore de l'accroître.

C'est d'abord, dans la pêche sur les rivières et les lacs, une industrie qui occupe un grand nombre d'hommes et procure le pain de leurs familles. C'est ensuite une branche de commerce, principalement dans les grandes villes où, sur les marchés, des femmes trouvent une occupation lucrative. C'est, pour toutes les classes de la société, une masse et une variété de substances alimentaires dont le seul défaut est d'être trop restreinte. Les uns y trouvent simplement une nourriture saine et agréable, les autres des objets de luxe pour leurs tables somptueuses, des objets de gourmandise pour leurs repas délicatement composés. C'est enfin, dans la pêche à la ligne, un amusement, une distraction, une occupation dans la vie oisive, propre à chasser l'ennui, dont le résultat est de faire entrer dans la maison une augmentation de subsistances.

Les avantages que les populations tirent de la pêche sont nombreux; on ne saurait donc trop craindre de continuer à en voir amoindrir la source. Les véritables amoureux de la création ne s'arrêtent point à la pensée de la destruction des animaux sans en concevoir une profonde tristesse, car c'est le spectacle de l'inintelligence n'apercevant rien au delà du moment présent, rien au delà de l'objet d'une préoccupation d'un jour, ne songeant jamais que viendra un lendemain.

On se plaît cependant à contempler l'humanité, jouissant des biens de la nature dans une juste mesure, mesure constamment indiquée par le degré d'abondance ou de rareté de chaque espèce. Ici, c'est la jouissance dans son acception la plus large; jouissance pour satisfaire des besoins matériels, jouissance pour donner une occupation au corps et à l'esprit, un repos à l'âme.

En voyant les pêcheurs de profession, jetant leurs filets sur ces grands fleuves, sur ces nombreuses rivières qui arrosent la France, sur ces lacs, magnifiques ornements de quelques coins de notre pays, on se demande avec intérêt : Combien sont-ils, ces hommes gagnant leur vie uniquement avec le produit de nos eaux intérieures ?

Rien ne répond à semblable question. Tous les cinq ans, se renouvelle le recensement de la population. On publie le tableau donnant le chiffre d'habitants de chaque canton, de chaque village, mais dans le dénombrement des hommes, suivant leur profession, il y a des professions oubliées ou confondues. L'industrie de la pêche fluviale, malgré son caractère spécial, n'existe pas dans les documents officiels.

Après les pêcheurs, patrons et ouvriers, travaillant en grand, avec bateaux et filets, viennent les pêcheurs qui travaillent en petit et les pêcheurs qui s'amusent. La profession de pêcheur à la ligne ! cela paraît incroyable de nos jours, et pourtant, il paraît hors de doute qu'il existe bon nombre d'individus n'ayant pas d'autre moyen d'existence que cette pêche. Ce sont des amis de l'indépendance absolue, très-résignés, probablement, à se contenter de peu, au moins serait-il agréable de le supposer. On pêche quelques Poissons en recevant le bienfait du grand air, on les vend pour quelques sous, et l'on n'a ni à recevoir les ordres, ni à subir la contrainte de personne. On a, enfin, la liberté de l'homme primitif. Il ne serait pas impossible de concevoir une sorte de sympathie pour des philosophes pratiques restant ainsi, au sein de la civilisation, un exemple de la vie humaine aux premiers âges du monde, mais nous aurions besoin d'être

assurés de la vertu des pêcheurs à la ligne de profession et de
ne pas songer que le choix d'un pareil état est sans doute déterminé par la paresse, par le goût du vagabondage, par de
mauvais instincts.

La pêche à la ligne est surtout envisagée, à bien juste titre,
comme une source de plaisir, de bonheur même pour un grand
nombre d'hommes. Plaisir incompris et digne des plus mor-
dantes railleries pour beaucoup d'autres. Les amateurs de pêche à la ligne se contentent en général de voir, dans les mauvais
plaisants, des gens imparfaitement doués par la nature, gens
incapables de discerner où l'on trouve la joie pure, le bonheur
paisible. Ils ont le courage de leur opinion, ces pêcheurs, et il y
a lieu de les en féliciter. La pêche à la ligne, à mes yeux, est une
admirable invention ; à mon sens, elle mérite d'être encouragée.
Je puis en faire l'éloge avec assurance, certain de n'être pas
entraîné par la passion, car jamais, au grand jamais, je ne me
suis rendu coupable de la capture d'un frétillant Goujon ou
d'une blanche Ablette, et mes dispositions personnelles sont
telles que le passé peut répondre pour l'avenir. C'est au point
de vue de la psychologie, au point de vue de l'hygiène, au point
de vue de la morale, que la pêche à la ligne me semble appelée
à recevoir une juste considération.

La pêche à la ligne ne doit-elle pas développer chez ceux qui
l'aiment des qualités de l'ordre intellectuel ? Que l'on y songe. Si
la définition du génie que nous avons reçue de M. de Buffon :
« une longue patience, » était bien l'expression de la vérité, la
plupart des pêcheurs à la ligne auraient le droit d'être comptés
au nombre des hommes de génie. Une longue patience ! qui en
offre le spectacle mieux que le pêcheur à la ligne ? Sans croire
autant que M. de Buffon, la patience suffisante pour produire

toujours des œuvres grandioses, on doit la compter néanmoins comme l'une des belles et nobles qualités de l'homme. Tout ce qui peut la développer chez les individus est ainsi une chose avantageuse.

La pêche à la ligne fait naître encore chez quelques-uns, dans une mesure plus ou moins étendue, le talent de l'observation. Dans cette pêche où, l'homme a besoin de découvrir les meilleurs moyens de tirer parti d'un faible engin, ne voit-on pas des habiles, étudiant les habitudes de différents Poissons, épiant le moment favorable pour mettre l'appât à la portée de l'animal vorace, apprenant à reconnaître, d'après la nature de l'eau, d'après la contexture de la rive, si l'endroit est fréquenté par certaines espèces. Chez ceux-là, l'observation est intervenue, le talent de l'observation a grandi, et ce talent acquis produira ses bons effets dans d'autres circonstances de la vie.

Le talent de l'observation, c'est-à-dire la faculté de voir tout ce que l'on regarde, de comprendre tout ce que l'on voit, est peut-être la faculté la plus haute de l'intelligence humaine. C'est le talent d'observation qui fait le général d'armée, le grand capitaine, voyant l'ensemble et les détails, comprenant la valeur des situations et la portée de tous les incidents. C'est le talent de l'observation qui crée le politique sagace, habile à discerner les passions, les faiblesses humaines. C'est, par-dessus tout, le talent d'observation, qui fait le penseur, découvrant au sein de la nature, comment s'accomplissent des phénomènes, où la raison humaine arrive à la dernière limite possible de son champ d'exploration.

Si un talent, lorsqu'il est élevé à sa plus haute puissance, devient capable des plus grandes choses, il faut estimer que ce talent, même réduit à de faibles proportions, est encore une source d'avantages dans les diverses situations sociales.

La pêche, la chasse, conduisent souvent des amateurs, d'abord frivoles, à acquérir un grain de ce talent d'observation ; à ce titre, ces plaisirs peuvent être regardés comme des exercices qu'il ne faut point dédaigner. Sous le rapport de l'hygiène, la pêche à la ligne a une valeur impossible à méconnaître. Voyez plutôt cet ouvrier ; il a passé la semaine entière enfermé dans l'atelier, il s'échappe le dimanche et va respirer le grand air. De bon matin, il prend ses cannes, ses hameçons, sa boîte aux appâts, son panier, et fait souvent une longue course, le cœur joyeux, pour atteindre le rivage, où, plein d'espérance dans la bonne fortune, il s'arrêtera dans un lieu solitaire rempli des charmes de la nature. Quel exercice serait plus favorable à la conservation de la santé, à l'entretien de la vigueur du corps ? Le pêcheur n'encourra la réprobation de l'hygiéniste que si une aveugle passion le pousse à entrer dans l'eau et à y séjourner des heures entières pour être plus à portée de faire des victimes.

Un semblable exercice est-il moins salutaire pour l'employé qui a passé de longues journées sur ses écritures. Un tel délassement n'est-il pas du meilleur effet pour le désœuvré, propriétaire, rentier, retraité, dont l'ennui ou l'inertie amènerait l'affaiblissement du corps ?

Au point de vue de la morale : le goût de la pêche fait merveille, il ne laisse plus le temps de songer au cabaret, il arrête la fréquentation de la mauvaise compagnie. N'avez-vous pas rencontré parfois une de ces humbles familles partant pour une expédition à la recherche des Goujons, l'homme, la femme, les petits enfants, chacun avec sa part des engins ? Le produit de la pêche, si la journée a été bonne, fera les frais du dîner de la famille.

En présence de ces résultats , comment ne pas concevoir quelque sympathie pour les amateurs de pêche? Je demanderais volontiers aux amateurs qui ont des loisirs, de ne pas s'occuper uniquement de la capture des Poissons, mais de remarquer les habitudes des espèces aux diverses époques de leur existence et de consigner leurs observations. Ils prendraient bientôt intérêt à un examen attentif des instincts, encore incomplétement étudiés, de beaucoup de Poissons, et l'histoire naturelle trouverait profit à recueillir des faits qui, pour être bien observés, doivent être suivis avec persévérance.

A tous les avantages que fournissent les Poissons des eaux douces, ne faut-il pas encore ajouter ceux des petites industries auxquelles ils donnent lieu, la construction des bateaux, la fabrication des filets et de tous les engins de pêche? On conviendra alors que les produits *naturels* d'un pays doivent être, pour le bien général, ménagés avec la plus grande sollicitude.

§ 2. — Les Poissons considérés sous le rapport de leur valeur alimentaire.

Souvent on s'est préoccupé des qualités alimentaires de la chair des Poissons ; parfois, des craintes se sont manifestées sur l'inconvénient possible de l'usage trop exclusif ou trop prédominant du Poisson dans le régime alimentaire. Rien cependant ne justifie la moindre appréhension à cet égard. L'expérience, commencée sans doute dès les premiers âges du monde, s'est continuée chez une infinité de peuples sur une telle échelle à travers les siècles, qu'il n'est difficile à personne de se former une opinion solidement appuyée sur les faits. A la vérité, depuis Hippocrate, on a signalé, sans la moindre preuve, la chair du Poisson comme l'excitant d'une passion qui d'ordinaire ne doit pas être excitée; on a attribué à l'usage du Poisson des maladies qui frappent les habitants de la partie méridionale du Finmark et de quelques régions de la Norwége[1]; on a imputé à la chair du Barbeau des accidents dont plusieurs auteurs ont conservé le souvenir; mais ces accidents ont été si rares, qu'on n'oserait jamais regarder l'imputation comme fondée, pas plus que pour les maladies du Finmark, dont sont exemptes les autres populations ichthyophages du Nord de l'Europe. Ce qui est plus certain, c'est l'effet, au moins désagréable, produit par les œufs d'un petit nombre de Poissons de rivière ou d'étang, ceux du Brochet par exemple et du Barbeau[2].

Les anciens, et en particulier les Hébreux, d'après la défense de Moïse, rejetaient les Poissons sans nageoires et sans écailles, les Anguilles par exemple. La défense, d'après l'avis de divers auteurs, était une mesure d'hygiène. L'Anguille en effet est un Poisson extrêmement huileux, et l'on sait combien les matières grasses, si délectables pour les hommes des pays froids, sont répugnantes pour les habitants des pays chauds. C'est très-vraisemblablement dans cette circonstance que se trouve, comme pour la chair du porc, le motif d'exception dont les Poissons sans écailles avaient été frappés.

Le goût du Poisson devint extrême chez les Grecs et les Romains; l'usage en était très-général, et jamais aucun indice

[1] La *Spedalskeld* et la *Radesyge*.
On trouve dans l'*Histoire générale des pêches* par Noël (Paris, 1815) de nombreux détails sur l'usage des Poissons. — Un jeune médecin mort depuis peu, G. C. Allard, les a reproduits dans une thèse intitulée *Du Poisson considéré comme aliment*, Paris 1853.
[2] Plusieurs espèces marines de Poissons des côtes de l'Amérique et de

fâcheux ne s'est manifesté par suite de ce régime. Les peuples d'une industrie peu avancée ont presque toujours beaucoup vécu des produits de la pêche, et cela assurément sans le moindre dommage pour leur santé. Les Gaulois, au rapport de Posidonius, consommaient beaucoup de Poissons ; il n'en est guère autrement de nos jours sur divers points de la Hollande, de la Suède, du Danemark, sur la plupart des côtes maritimes, sur les rives des grands fleuves de l'Asie et de l'Amérique. Les populations qui usent de cet aliment dans la mesure la plus large, n'en présentent certes pas moins que les autres les caractères de la vigueur et de la santé.

Les Polynésiens aux formes athlétiques sont la preuve vivante que l'homme n'a rien à perdre sous le rapport du développement physique, de la nécessité ou de l'habitude de faire sa principale nourriture du produit des eaux. Après avoir visité aux rives de l'Adriatique, la lagune de Comacchio, M. Coste a tracé le portrait le plus flatteur d'une petite population, soumise à un régime toujours identique, à un régime presque exclusivement formé de trois espèces de Poissons, l'Anguille, le Muge et l'Acquadelle (espèce du genre Athérine) [1].

Depuis Hippocrate et Galien, les Poissons sont regardés comme une excellente classe d'aliments. Les anciens s'étaient

l'océan Pacifique acquièrent des propriétés vénéneuses en accumulant dans leurs tissus des substances étrangères dont la nature n'a pu encore être déterminée. On cite ainsi plusieurs espèces malfaisantes de la mer des Antilles. M. le commandant Jouan a donné une énumération de celles des côtes de la Nouvelle-Calédonie (*Revue des Soc. savantes*, t. IV, et *Mém. de la Société des sciences naturelles de Cherbourg*, t. XI). Heureusement n'avons-nous rien de pareil à redouter de la plupart des Poissons.

[1] *Voyage d'exploration sur le littoral de la France et de l'Italie*, p. 6 et 9. Paris, 1861.

formé une idée déjà précise de la différence de qualité nutritive
que présentent les diverses espèces. Parmi les Poissons d'eau
douce, Hippocrate signale la Perche comme une espèce d'une
digestion facile, l'Anguille et en général les espèces d'eau bourbeuse comme particulièrement pesantes[1]. Galien, ainsi qu'il est
répété dans une foule d'ouvrages, prescrit de donner aux vieil-
lards et aux convalescents la chair des Poissons, au moins de
certains Poissons, de préférence à la viande. Dans l'antiquité
on avait été très-loin dans l'appréciation des qualités comestibles des Poissons, suivant la nature des eaux où ils avaient été
pêchés, suivant l'époque de l'année et d'autres circonstances
encore. On n'ignorait pas plus qu'aujourd'hui que les Poissons
chargés de leurs œufs et de leurs laitances, sont dans une condition de santé bien meilleure que ceux qui viennent de frayer.
Chez les premiers, la chair est succulente, agréable au goût; chez
les seconds, elle est sèche et d'un goût affadi. Tous les hygié-
nistes se sont occupés de la valeur alimentaire des Poissons ;
plusieurs d'entre eux ont eu la prétention de classer les
espèces d'après leurs propriétés nutritives. C'était aller bien
loin, en l'état de nos connaissances sur la digestion des
divers aliments, et surtout en présence des variations si remarquables dans la manière dont fonctionne l'estomac chez
les individus. Il n'échappe du reste à personne, que la Truite,
l'Éperlan, mieux encore le Lavaret et la Féra, la Perche, le
Goujon et la plupart des Cyprinides ont une chair délicate, et
par conséquent facile à digérer pour des estomacs médiocrement robustes, que la chair de l'Anguille, du Saumon, de
l'Esturgeon est plus nutritive et en même temps plus pesante

---

[1] Hippocrate, *Œuvres complètes*, trad. Littré; *Des affections*, t. VI.
p. 265.

sur l'estomac [1]. Mais, outre la légèreté plus ou moins grande de la chair de certains Poissons, n'y a-t-il pas des principes aromatiques échappant à toute analyse chimique, et très-utiles dans l'acte de la digestion, qui existent chez certaines espèces et manquent chez les autres? Chacun ressent une appétence particulière pour des Poissons dont la chair est parfumée, de bon goût, une répugnance pour ceux dont la chair, quoique très-légère, est de goût fade. Ensuite c'est la préparation qui intervient, pouvant modifier plus ou moins les qualités nutritives et digestives de l'aliment.

Les chimistes ont fait des analyses comparatives de la chair des différents animaux, essayant ainsi de déterminer rigoureusement leur valeur alimentaire relative. Ces analyses présentent certes un haut intérêt, mais on se tromperait, si l'on croyait pouvoir les employer à fixer complétement ce que vaut chaque espèce par rapport à une autre espèce.

C'est à M. Payen que nous devons surtout la connaissance de l'ensemble des principes immédiats qui entrent dans la constitution de la chair des Poissons [2]. Avant lui d'autres chimistes, Schultz, Limpricht, etc., s'étaient occupés de ce sujet, mais ils n'avaient fait aucune mention de la matière grasse; singulier oubli, car personne ne l'ignore, il suffit de faire bouillir un Poisson dans l'eau pour voir des gouttes d'huile s'élever à la surface; tout le monde le sait; on *engraisse* des Carpes et d'autres Poissons. Et si les chimistes avaient visité les Musées d'anatomie, ils auraient appris combien la difficulté d'avoir des

[1] On trouve énoncées à ce sujet les opinions les plus fondées dans plusieurs traités d'hygiène. — Michel Lévy, *Traité d'hygiène*, 4e édit. Paris, 1862.—Fonssagrives, *Hygiène alimentaire*, etc., p. 106. Paris, 1861.

[2] Payen, *Précis théorique et pratique des substances alimentaires*, 4e édition. p. 214 et suivantes; 1865.

squelettes de Poissons qui ne soient pas imprégnés de graisse, fait souvent le désespoir des préparateurs et des conservateurs obligés de recourir à l'éther sulfurique pour dégraisser et blanchir les os.

Schultz a fait l'analyse de la Carpe; plus récemment, M. Limpricht a publié les résultats d'une analyse du Gardon, également de la famille des Cyprinides [1] ; l'un et l'autre, sans tenir le moindre compte de la matière grasse.

M. Payen a repris l'analyse du Gardon qui a fourni les résultats suivants :

Eau...	67,030
Matières azotées (déduites de l'azote = 2,329)	15,145
Matières grasses (représentant 45,3 p. 100 de chair séchée).......................	13,250
Substances minérales (déterminées par incinération)............................	2,720
Matières non azotées et perte.............	1,855
	100,000

La matière grasse a les caractères généraux des huiles de poisson ; elle est de couleur jaune-brunâtre, fluide à la température de 20 à 25°, laissant déposer une portion moins fluide, grenue et blanchâtre.

Chez l'Anguille, ainsi que l'on devait s'y attendre, la proportion de matière grasse est beaucoup plus considérable. Voici ce qu'a fourni à l'analyse, l'Anguille *dépouillée et débarrassée de toutes ses parties non comestibles.*

Eau...	62,07
Matières azotées (déduites de l'azote = 2 p. 100)..........................	13,00
Matières grasses (représentant 63 p. 100 de matière sèche).......................	23,86
Substances minérales déterminées par incinération..................................	0,77
Matières non azotées et perte.............	0,30
	100,00

M. Payen, d'un autre côté, a reconnu déjà des différences sensibles dans les huiles de Poissons. Celle du Saumon est siccative ; celle de l'Anguille, beaucoup plus résistante à l'action de l'air. Sous le rapport de la consistance, la matière grasse varie singulièrement selon les espèces. A la température de 22°, elle est fluide chez l'Anguille principalement, ensuite chez l'Ablette, le Saumon, le Goujon ; semi-fluide chez le Brochet, la Carpe, le Gardon ; consistante chez le Barbeau.

M. Payen a encore déterminé, dans plusieurs espèces de poissons d'eau douce, les quantités proportionnelles d'azote et de carbone. Ces quantités sont à peu près semblables à celles que fournit la viande de bœuf chez le Brochet et la Carpe. L'azote est en proportion un peu moins forte chez le Saumon, le Goujon, l'Ablette, l'Anguille ; beaucoup plus faible chez le Barbeau. D'après ces données, on peut concevoir une idée assez exacte de la valeur alimentaire de nos principales espèces de Poissons fluviatiles.

§ 3. — De l'industrie et du commerce auxquels donnent lieu en France les Poissons des eaux douces.

La part que les Poissons d'eau douce fournissent dans l'alimentation des habitants des diverses parties de la France est, dans l'état actuel, très-difficile à déterminer, non-seulement d'une manière exacte, mais encore d'une manière bien approximative.

Lorsque, en 1861, le service des eaux, qui dépendait de l'administration des Forêts, fut mis à la charge de l'administration des Ponts et Chaussées, la pêche fluviale était ainsi affermée :

Par l'administration des Forêts, 7,555 kilomètres, donnant un produit de . . . . 575,643 fr.

Soit 76 fr. par kilomètre.

Par l'administration des Ponts et Chaussées, 4,975 kilomètres . . . . 146,134 fr.

Soit 29 fr. par kilomètre.

L'administration des Ponts et Chaussées expliquait cette infériorité de produit, par la raison que les canaux, sous le rapport du volume et de la surface des eaux, sont dans des conditions inférieures à celles des rivières. L'administration des Forêts repoussait cette explication, en alléguant que la pêche affermée par les Ponts et Chaussées s'exerçait sur des rivières et des cours d'eau de premier ordre qui avaient été canalisés [1].

Je n'ai pu me procurer des renseignements précis sur les modifications qui ont été apportées depuis que le service des eaux intérieures de la France a été attribué en entier à l'administration des Ponts et Chaussées.

D'après les évaluations de l'administration des Forêts, et surtout d'après les études de M. Millet, la pêche, dans toutes les eaux douces de la France, ne produirait pas annuellement plus de 22,400,000 kilogrammes de Poisson. Cette quantité, à laquelle doit s'ajouter la part fournie par l'importation, donnerait seulement à chaque habitant de la France une consommation annuelle de 630 grammes.

La vente des Poissons pêchés dans les eaux douces, est une branche de commerce qui a son importance, comme on peut en juger par la visite des marchés. Malheureusement la statistique fait presque entièrement défaut pour cette branche

---

[1] *Documents communiqués par l'administration des Forêts.*

de commerce, et l'on en est réduit aux plus vagues appréciations.

Dans la plupart des villes, l'autorité ne fait aucun relevé, ni des espèces, ni des quantités vendues sur les marchés. Le Poisson consommé dans les hôtels, dans les auberges, dans les établissements plus ou moins attrayants, recherchés par les habitants des grandes cités, dans leurs promenades des jours de fête, est en général reçu directement des mains des pêcheurs, et échappe ainsi à tout enregistrement possible. Il y a ensuite ce qui passe sur la table des propriétaires d'étangs, comme aussi des propriétaires ayant droit de pêche dans les rivières qui traversent leurs domaines. Il y a le produit de la pêche à la ligne, pêche insignifiante en apparence, insignifiante, en effet, à en juger d'après le contenu du panier d'un pauvre homme qui a passé de longues heures pour prendre quelques Ablettes ou quelques Goujons ; mais combien sont-ils dans la France entière, ces amateurs de pêche, emportant chaque jour leur petit lot, et qui donc a jamais songé à faire l'addition de tous ces petits lots emportés dans l'espace d'une année ? Et puis, la pêche à la ligne comme tout en ce monde a des habiles et des heureux qui parfois font de belles captures ; il y a enfin le rapt des braconniers, véritables barbares, ravageant un cours d'eau dans l'espace de quelques nuits à l'aide des engins les plus destructeurs, tels que ces filets, portant dans le langage de ces sauvages des pays civilisés, l'épithète significative de *Rince-Tout*.

Sur les marchés de Paris et de Lyon, il est fait chaque jour, par les soins de l'autorité, un relevé des quantités de Poissons mises en vente et des prix auxquels sont vendues au moins les espèces principales. Malheureusement, il n'en est pas ainsi dans la plupart des autres villes de France, de sorte qu'il demeure impossible de savoir ce que fournit à la consommation, même approximativement, chaque espèce, et de constater, si, dans un temps déterminé, elle se montre toujours avec une égale abondance ou si, au contraire, elle devient plus rare.

Des renseignements sur le marché de Paris, puisés aux sources les plus sûres, c'est-à-dire dans les pièces conservées à la préfecture de police, ont été publiés en 1856, par M. Husson; en 1862, par M. Robert de Massy [1].

Nous ne possédons aucune indication précise sur les quantités de Poissons vendues sur les marchés, aux différentes époques de l'ancienne monarchie. On sait seulement que l'approvisionnement de Paris en Poissons d'eau douce, reçut une grave atteinte par suite du décret de la Convention nationale en date du 4 décembre 1793, qui obligeait tous les propriétaires à opérer le desséchement de leurs étangs. Après les jours de la révolution, la liberté étant rendue à la propriété, beaucoup d'étangs furent remis en leur état primitif et les Poissons reparurent successivement à la halle, en plus grande abondance. La population ayant augmenté, les demandes devenaient plus nombreuses. On songea alors pour tâcher d'accroître l'approvisionnement de la capitale, à diminuer les droits ou à en affranchir même entièrement certaines denrées. Le Poisson d'eau douce avait subi autrefois une taxe de 21 pour 100 de sa valeur, plus tard, réduite à 12 pour 100; il cessa bientôt d'être soumis à l'octroi municipal.

D'après le relevé dressé par M. Husson [2], les quantités de Poissons d'eau douce, consommées à Paris, de l'an XIII à 1853, sont comme les indique le tableau suivant :

---

[1] *Les consommations de Paris*, par Armand Husson. Paris, 1856. — *Des halles et des marchés et des objets de consommation à Londres et à Paris* par J. Robert de Massy. Paris, 1861-1862.

[2] *Loc. cit.*, p. 263.

Années.	Quantités évaluées en poids.	Consommation moyenne par tête et par an.
1804 (an XIII).....	293,700 kil.	457 gr.
1817...............	244,962	343
1826...............	368,365	491
1846...............	477,923	453
1851...............	525,004	498
1853...............	690,075	655

Pour les années 1817 et 1826, les quantités sont évaluées d'après la valeur connue des ventes.

Les quantités de Poissons d'eau douce, formant l'approvisionnement de la Halle, en 1853, se décomposaient selon les espèces ou au moins selon les genres, de la manière suivante :

Carpes.................	100,123
Brochets	132,390
Anguilles.............	133,010
Perches	8,905
Tanches...............	27,720
Brèmes................	15,135
Barbillons............	21,474
Lamproies.............	1,174
Goujons...............	17,910
Poissons blancs.........	117,274
Total...........	575,205

Cette statistique est évidemment incomplète. En reproduisant le tableau donné par M. Husson, il nous a fallu en retrancher les Écrevisses qui ont infiniment moins de rapports avec les Poissons, que les Poissons n'en ont avec les Bœufs et les Lapins ; d'un autre côté, il n'est nullement question des Truites, dont le marché est ordinairement assez bien approvisionné. Il n'est pas question davantage des Poissons migrateurs que l'on pêche beaucoup plus dans les rivières que dans la mer, comme les Aloses, les Éperlans, les Saumons et même les Flets.

Les Parisiens, a-t-on souvent remarqué, mangent du Poisson d'eau douce, particulièrement dans leurs promenades sur les bords de la Marne et de la Seine, mais on n'a aucun moyen de déterminer l'importance de cette consommation. Les fritures sont demandées, paraît-il, en nombre immense, et, rapporte M. Husson, les malheureux traiteurs n'y pouvant suffire, se montrent si ingénieux, qu'ils suppléent avec un art infini et une extrême facilité à l'absence de vrais Goujons. Ils fabriquent des Goujons avec l'Anguille de mer, à l'aide d'un emporte-pièce ; et l'amateur de friture n'en estime pas moins qu'il faut venir au bord de l'eau pour manger de bon Poisson de rivière.

Depuis 1853, la quantité de Poissons d'eau douce, vendue à Paris, a augmenté chaque année par suite de l'extension du rayon d'approvisionnement. Autrefois, ce rayon n'allait pas au delà de 60 à 80 kilomètres, aujourd'hui, il s'étend jusqu'à 300 et 400 kilomètres et même davantage, car Paris reçoit actuellement des expéditions de Belgique et de Hollande et l'on a compté qu'il avait été importé en France en 1858, plus d'un million de kilogrammes de Poissons d'eau douce, provenant de la Belgique, de l'Association allemande, de l'Angleterre, de la la Suisse, des États-Sardes.

En 1854, il a été vendu à Paris :

Carpes	125,220 kilogrammes.
Brochets	162,920
Anguilles	115,220
Perches	8,935
Tanches	33,410
Brèmes,	17,080
Barbillons	21,935
Lamproies	728
Goujons	20,343
Poissons blancs	126,240
Total	634,061 kilogrammes.

Nous n'avons pu avoir de chiffres précis pour ces dernières années, mais nous savons, par la somme totale des ventes, que la progression n'a pas cessé d'année en année. Le montant des ventes n'excédait pas 500,000 fr. en 1840 ; il s'est élevé, en 1859, à 1,095,082 fr.: 807,851 fr. pour le Poisson ordinaire, 287,231 fr. pour le Poisson de luxe ; en 1860, à 1,227,495 fr.: 95,612 fr. pour le Poisson ordinaire, 325,783 fr. le Poisson de luxe ou Poisson fin [1].

Les prix des Poissons d'eau douce n'ont subi sur le marché de Paris, depuis le commencement du siècle, que des variations assez légères.

Le prix moyen, d'après les relevés publiés par M. Husson, a été, en :

1804 (an XIII) de	1f53 le kil.
1846	1,67
1851	1,42
1853	1,26

Les prix moyens par espèce pendant les années 1846, 1851, 1853, 1863, ont été les suivants :

	1846	1851	1853	1863	
Carpes, le kil.	1f18	1f19	1f27	1f10 à 1f70	
Brochets, la pièce	4,72	4,58	4,88	0,30	6,00
Anguilles, la pièce	2,22	2,11	2,09	0,20	5,00
Perches, le kil.	1,32	0,93	1,16	0,90	1,00
Tanches, le kil.	1,27	1,14	1,17	0,90	1,10
Brèmes, le kil.	0,90	0,75	0,97	0,70	0,80
Barbillons, le kil.	1,26	1,04	1,11	0,70	1,00
Goujons, le panier de 2 à 3 kil.	9,62	7,93	8,37		
Poissons blancs (ablettes, etc.)	0,84	0,77	0,86	0,50	0,60

Pour les Poissons migrateurs :

<hr>

[1] Robert de Massy, *loc. cit.*, 2e partie, p. 308.

	1846	1851	1853	1860	1863
Saumons, la pièce...	29f03	35f90	32f26	8 à 55 fr.	7 à 54 fr.
Truites, la manne [1]...	10,43	10,73	14,45	5 à 50	12 à 15
Aloses, les deux......	6,23	5,29	7,51	3 à 12	»
Éperlans, la manne..	3,95	4,92	4,50	»	»

Le prix de tous les Poissons est, comme chacun le sait, très-variable, selon l'importance des arrivages, selon la température, selon les jours de la semaine, maigres ou ordinaires. Mais, dans tous les cas, le Poisson arrivé aux mains des consommateurs a supporté des *charges* qui en ont beaucoup augmenté le prix.

Le Poisson, dit ordinaire ou commun, est assujetti à un droit d'octroi de 0f15 par kilogramme et à un droit de marché de 5 pour 100 de sa valeur ; le Poisson de luxe, les Saumons, les Truites, les Éperlans, les Aloses, les Esturgeons, subit un droit d'octroi de 0f60 par kilogramme, et un droit de marché de 10 pour 100 de sa valeur.

Aujourd'hui, presque tout le Poisson d'eau douce arrive à la Halle ; seulement, il y a, en outre, des marchands autorisés à tenir sur la rivière, des bateaux à Poissons qui servent d'entrepôt et sont, à ce titre, placés sous la surveillance de l'octroi.

Un facteur spécial institué pour la vente du Poisson d'eau douce (décret du 28 janvier 1811), et assujetti à un cautionnement de 6,000 fr., perçoit une remise de 1 pour 100 sur le prix des articles vendus au comptant, et 1 et demi pour 100 sur ceux vendus à crédit. Cette remise est payée par les acheteurs. Il paraît même que pour les ventes à crédit la perception du facteur est en réalité supérieure au taux réglementaire et s'élève à 2 pour 100.

---

[1] Dans les statistiques, les Truites de mer et les Truites ordinaires sont toujours confondues.

Le facteur au Poisson d'eau douce a, comme les facteurs à la marée, le caractère d'agent administratif; ne recevant pas ordinairement d'expéditions directes comme mandataire, il est assisté de commissionnaires qui représentent auprès de lui les expéditeurs et auxquels il remet le montant des ventes. On voit combien de causes contribuent à augmenter pour les consommateurs le prix des denrées alimentaires.

Cependant, pour le Poisson d'eau douce, il y a des marchands apportant et vendant eux-mêmes le Poisson qu'ils achètent ordinairement aux pêcheurs des environs de Paris. Les ventes ont lieu soit à l'amiable, soit aux enchères publiques, et le facteur peut faire des ventes de gré à gré, ce qui est interdit aux facteurs à la marée (ordonnance royale du 13 septembre 1814). Dans tous les cas, il encaisse la recette jusqu'au moment où il doit la remettre à l'expéditeur ou au marchand. C'est ainsi que la perception des droits de la ville est toujours garantie.

Les produits des droits établis au profit de la ville et du facteur se sont élevés en 1859, pour la ville, à 69,178 fr. : 40,443 fr. sur le Poisson commun, 28,729 fr. sur le Poisson de luxe, et pour le facteur à 10,761 fr. : 8,078 fr. sur le poisson commun, 2,872 fr. sur le Poisson de luxe [1].

Il ne faut pas perdre de vue que la plupart des Poissons migrateurs, Saumons, Truites, Aloses, ne figurent pas sur le marché des Poissons d'eau douce, et qu'ils sont généralement confondus avec la marée.

Les marchandes de Poissons d'eau douce occupent, à la Halle (pavillon n° 9), vingt-quatre places fixes et quelques places mobiles. Le droit perçu pour les places fixes est de 1f,50 par

[1] Tous ces détails sont empruntés à l'ouvrage de M. Robert de Massy, 2e partie, p. 306.

jour; il a donné un produit à la ville, en 1859, de 13,129 fr., en 1860, de 13,144 fr. Le droit pour les places mobiles est de 1',40 par jour. Le droit de places existe dans tous les autres marchés, mais il est partout moins élevé qu'à la Halle.

La consommation de Paris, en Poissons, et en particulier en Poissons d'eau douce, est bien faible, si on la compare à celle de quelques autres villes d'Europe, de Londres, par exemple. On assure qu'il se vend annuellement, sur le marché de Londres, un demi-million de Saumons représentant une valeur de plus de 3 millions de francs, et dix millions d'Anguilles donnant 670,000 fr.

La ville de Lyon, relativement à sa population, est infiniment mieux approvisionnée en Poissons d'eau douce que la ville de Paris. Son marché est pourvu des meilleures installations, car la plupart des marchands ont des bassins où ils conservent les Poissons vivants.

Les renseignements que j'ai obtenus sur l'approvisionnement du marché de Lyon, m'ont été obligeamment transmis par M. Kauffmann, contrôleur du service des subsistances, qui se propose de faire un travail complet sur les consommations de la ville de Lyon.

C'est seulement depuis l'année 1859 que la municipalité exerce un contrôle sur la vente du Poisson d'eau douce ; aucune indication n'a pu être recueillie pour les années antérieures, et pour ces dernières années nous avons le regret de ne trouver aucune distinction entre les espèces qui composent habituellement l'approvisionnement du marché.

Le tableau suivant donne simplement l'indication des quantités pour chaque année.

| | Quantités. | | |
Années.	Poissons ordinaires.	Poissons fins.	Totaux.
1859.............	» » kil.	» » kil.	348,264 k
1860.............	417,216	34,656	451,872
1861.............	462,080	36,902	498,982
1862.............	530,002	45,052	575,054
1863.............	366,275	35,454	401,729
1864.............	317,730	29,609	347,339

On remarque, depuis 1862, une diminution qui paraît ne s'être point arrêtée pendant l'année 1865.

L'approvisionnement mensuel offre les mêmes variations qu'à Paris ; il est le plus considérable pendant le temps du carême ; c'est-à-dire les mois de février et de mars et ensuite pendant le mois de novembre ; il est le plus faible durant les mois d'été, mai, juin, juillet et août.

La presque totalité des Poissons, dits communs ou ordinaires, qui se vendent sur le marché de Lyon, provient des étangs de la Dombes. La pêche du Rhône et de la Saône fournit fort peu de chose ; son produit, du reste, est surtout consommé dans les petites localités environnantes. Le marché de Lyon reçoit des Lavarets du département de l'Ain et du lac du Bourget ; des expéditions de Truites, de Féras et de Lotes de Genève, des Truites saumonées des lacs de la Lombardie. On voit que le rayon d'approvisionnement de la seconde ville de France a une grande étendue, et qu'il donne une remarquable variété de produits. Le marché de Lyon est ainsi pourvu habituellement de plusieurs espèces de Poissons qu'on ne rencontre jamais ou qu'on voit très-rarement sur le marché de Paris.

Après avoir noté les prix auxquels se vendent à Paris les différentes espèces de Poissons, il n'est pas sans intérêt de comparer les cours sur le marché de Lyon.

Le tableau qui suit offre les prix de la vente en gros ou de l'achat par les marchands, et les prix des ventes aux consommateurs. Les prix sont ceux du temps présent qui paraissent avoir peu changé depuis plusieurs années.

	Vente aux marchands.		Vente aux consommateurs.	
Carpes, le kil.............	0f80 à	2f00	1f00 à	3f00
Brochets (suivant la taille).	2,00	6,00	2,50	7,00
Anguilles...............	2,50	6,00	3,00	7,00
Perches...............	0,80	2,00	1,60	3,00
Tanches...............	1,40	2,70	2,00	5,50
Brêmes	0,60	1,20	0,80	2,50
Barbeaux ou Barbillons...	1,00	2,50	2,00	3,00
Goujons...............	1,50	2,50	2,00	3,00
Chavassons (Chevaines, etc.)	0,80	2,00	0,80	2,50
Soafes (Chondrostomes)...	0,00	0,00	0,80	1,00
Petits Poissons blancs.....	0,00	0,00	0,60	0,80
Saumons, le kil..........	2,50	7,00	3,50	8,00
Truites (de Genève et d'Italie).................	3,00	5,00	6,00	8,00
Lavarets (de l'Ain)........	1,00	2,00	2,00	3,00
Féras (de Genève)........	1,00	2,50	1,50	3,50
Lotes (de Genève)........	1,00	2,50	1,50	3,50
Aloses.................	0,80	1,20	1,00	2,00

Le mode de vente adopté à Lyon, comme le montre ce tableau, est bien supérieur à celui ou plutôt à ceux qui sont en usage à Paris. A Lyon, toutes les espèces sans exception se vendent au poids, ce qui a lieu également sur les marchés de beaucoup de villes du midi de la France; à Paris, les unes se vendent au poids, les autres à la pièce ou à la paire, les autres encore, au panier ou à la manne. De là, une impossibilité d'établir d'utiles comparaisons. Il y a, sous ce rapport, un vice dont on aimerait à voir se préoccuper la municipalité parisienne.

A Lyon comme à Paris, le Poisson subit un droit d'octroi.

Ce droit, fixé par un décret en date de 1832, est de 0ʳ,40 par kilogramme sur les Poissons fins, de 0ʳ,20 sur les Poissons ordinaires, de 0ʳ,10 sur les Poissons communs, c'est-à-dire, les Carpes, les Tanches et les Barbeaux. Un autre droit, appelé proportionnel, est prélevé en faveur du facteur à la vente à la criée, auquel sont adressées directement des expéditions. Il s'élève à 10 pour 100 de la valeur, pour les Poissons fins, à 6 pour 100, pour les Poissons ordinaires. La location des places sur les marchés varie ensuite, suivant l'étendue de l'emplacement, de 0ʳ,25 à 2 fr. par jour.

Par suite de questions adressées à la Société d'agriculture, des sciences et arts et belles-lettres de l'Aube, par un préfet dont on ne saurait trop louer l'initiative, M. de Bantel, nous avons, sur la pêche fluviale dans le département de l'Aube [1], un rapport intéressant, dans lequel on trouve quelques faits relatifs au commerce des Poissons d'eau douce dans la ville de Troyes. La commission chargée de ce rapport s'est déclarée dans l'impossibilité absolue de déterminer, même approximativement, les quantités des principales sortes de Poissons pêchés annuellement dans le département. Elle n'a pu se procurer un seul document officiel ou officieux sur ce point.

A l'égard de l'approvisionnement de la ville de Troyes, en l'absence de toute statistique, le Poisson d'eau douce n'étant soumis à aucun droit ni à aucun contrôle, on a dû se contenter d'une estimation approximative. Ce sont les étangs assez nombreux dans le département de l'Aube qui fournissent au

---

[1] Par une Commission composée de MM. Jules Ray, Lebasteur, Clément Mullet, Anner-André et Gayot, rapporteur. — *Mémoires de la Société d'agriculture, des sciences, etc., du département de l'Aube;* Troyes, 1861.

chef-lieu la plus grande partie de son approvisionnement en Poisson d'eau douce ; de telle sorte que la Carpe compte à peu près pour les deux tiers dans la consommation totale de cette denrée.

La consommation annuelle de la ville de Troyes a été évaluée ainsi :

Carpes....................	21,900 kil.
Les autres espèces ensemble.	10,950
Soit un total de......	32,850

Les prix moyens des différentes espèces de Poissons sur le marché de Troyes, ont été donnés comme il suit :

Carpes vivantes, le kil.................	1f,20 à	1f,40
Carpes mortes.......................	0,80	1,00
Brochets vivants.....................	2,50	3,00
Brochets morts......................	1,80	2,00
Anguilles...........................	2,50	3,00
Perches............................	2,00	2,40
Tanches............................	1,20	1,40
Brèmes............................	0,90	1,00
Barbeaux ou Barbillons..............	1,10	1,50
Goujons, le cent....................	4,00	5,00
Meuniers (Chevaines), le kil..........	1,00	1,20
Petits Poissons blancs................	0,80	0,90
Truites ordinaires...................	3,00	4,00
Truites pêchées dans l'Aube et ses affluents, moins estimées à Troyes.....	2,00	2,20
Truites saumonées...................	2,56	3,00
Lotes.............................	2,00	2,50

Au moment de la pêche des étangs, la Carpe se vend *en gros*, aux marchands de Troyes de 0f,75 à 0f,95 le kilogramme, et le Brochet, de 0f,90 à 1 franc.

L'administration des Forêts s'était beaucoup préoccupée, il y a quelques années, de dresser la statistique de la consommation du Poisson d'eau douce dans les principales villes de France. Voici, d'après un document émané de cette administration, les renseignements obtenus. Les quantités annuelles sont données en kilogrammes, sans distinction des espèces :

Départements.	Villes.	Kilogrammes.
Ain	Bourg	36,700
Aisne	Laon Saint-Quentin	107,866
Allier	Moulins	14,885
Alpes (Basses-)	Digne	32
Alpes (Hautes-)	Gap	1,364
Aube	Troyes	7,158
Corrèze	Brives Tulle Ussel	8,800
Creuse	Guéret	1,500
Doubs	Besançon Baume Montbéliard Pontarlier	43,280
Eure	Évreux	2,171
Gard	Nimes	111,175
Garonne (Haute-)	Toulouse	20,360
Gers	Auch	1,135
Loire (Haute-)	Brioude	1,600
Lot	Cahors	8,000
Lot-et-Garonne	Agen	3,000
Lozère	Mende	868
Manche	Avranches Saint-Lô Mortain Valognes	5,000
Morbihan	Ploërmel	6,000
Moselle	Metz	14,561
Nièvre	Nevers	29,000
Nord	Les sept chefs-lieux d'arrondissement	36,500

Départements.	Villes.	Kilogrammes.
Pas de-Calais.....	Arras	3,500
Rhin (Bas-........	Strasbourg..........	139,500
Rhin (Haut-)......	Colmar.............	30,000
Sarthe...........	Le Mans...........	9,333
Somme.	Abbeville......... / Amiens.........: / Doullens......... / Montdidier....... / Péronne.........	26,300
Vendée..........	Napoléon-Vendée. / Fontenay........ / Sables d'Olonne..	1,433
Vosges.	Épinal.............	25,000

Il nous est impossible de dire le degré de confiance que l'on
doit accorder à ces chiffres, malgré le soin que l'on a pris pour
les recueillir [1] ; mais, en les reproduisant, nous croyons donner
une première indication utile aux personnes convenablement
placées pour faire les constatations avec toute la rigueur désirable.

§ 4. — La Pisciculture depuis les temps anciens jusqu'à la fin du XVIIIe siècle.

On assure que l'art d'élever et de multiplier les Poissons est
pratiqué en Chine depuis une très-haute antiquité. L'époque, néanmoins, n'a pu être fixée. En 1735, le P. Duhalde, de
la célèbre Compagnie de Jésus, a révélé le premier, à quel point
les enfants du Céleste-Empire pourraient en remontrer aux habitants de l'Europe, en fait d'*aquiculture*.

« Dans le grand fleuve Yang-tse-kiang, dit le P. Duhalde,

---

[1] On remarquera, pour la consommation de la ville de Troyes, l'énorme différence entre le chiffre recueilli par l'administration des
Forêts et celui qui est donné par la Commission locale citée plus haut.

« non loin de la ville de Kicou-king-fou, de la province de Kiang-
« si, en certains temps de l'année, il s'assemble un nombre
« prodigieux de barques pour y acheter des semences de Pois-
« son. Vers le mois de mai, les gens du pays barrent le fleuve
« en différents endroits avec des nattes et des claies, dans une
« étendue d'environ neuf ou dix lieues, et laissent seulement au-
« tant d'espace qu'il en faut pour le passage des barques ; la se-
« mence du Poisson s'arrête à ces claies ; ils savent la distinguer
« à l'œil où d'autres personnes n'aperçoivent rien dans l'eau ; ils
« puisent de cette eau mêlée de semence et en remplissent plu-
« sieurs vases pour la vendre, ce qui fait que dans ce temps-là,
« quantité de marchands viennent avec des barques pour l'a-
« cheter et la transporter dans diverses provinces, en ayant soin
« de l'agiter de temps en temps. Ils se relèvent les uns les autres
« pour cette opération. Au bout de quelques jours, on aperçoit
« des semences semblables à de petits tas d'œufs de Poissons,
« sans qu'on puisse démêler encore quelle est leur espèce ; ce
« n'est qu'avec le temps qu'on la distingue. Le gain va souvent
« au centuple de la dépense, car le peuple se nourrit en grande
« partie de Poissons [1]. »

Beaucoup de voyageurs ont signalé les pratiques des Chinois
pour élever des Poissons, et des renseignements nouveaux, du
reste un peu vagues, ont été donnés sur ce sujet, il y a quelques
années, par le P. Huc. « Vers le commencement du printemps,
« dit ce missionnaire, un grand nombre de marchands de frai
« de Poisson, venus de la province de Canton, parcourent les
« campagnes pour vendre la semence aux propriétaires d'étangs.
« Leur marchandise, renfermée dans des tonneaux qu'ils trai-

____

[1] *Histoire de l'Empire de la Chine*, t. 1, p. 35 ; 1735.

« nent, est une sorte de liquide gras, jaunâtre, assez semblable
« à de la vase. Il est impossible d'y distinguer à l'œil le moindre
« animalcule. Pour quelques sapèques, on achète plein une
« écuelle de cette eau bourbeuse, qui suffit pour ensemencer un
« étang assez considérable : on jette cette vase dans l'eau, et en
« quelques jours les poissons éclosent à foison. Quand ils sont
« devenus un peu gros, on les nourrit en jetant à la surface de
« l'eau des herbes tendres et hachées menu ; on augmente la ra-
« tion à mesure qu'ils grossissent. Le développement de ces
« Poissons s'opère avec une rapidité incroyable. Un mois tout
« au plus après leur éclosion, ils sont pleins de force, et c'est le
« moment de leur donner de la pâture en abondance. Matin et
« soir, les propriétaires de viviers font faucher les champs et ap-
« portent à leurs Poissons d'énormes charges d'herbes. Les
« Poissons montent à la surface de l'eau et se précipitent avec
« avidité sur cette herbe, qu'ils dévorent en folâtrant et en fai-
« sant entendre un bruissement perpétuel : on dirait un grand
« troupeau de lapins aquatiques. La voracité de ces Poissons ne
« peut être comparée qu'à celle des vers à soie, quand ils sont
« sur le point de filer leur cocon. Après avoir été nourris de
« cette manière pendant une quinzaine de jours, ils atteignent
« ordinairement le poids de deux ou trois livres, puis ils ne
« grossissent plus. Alors on les pêche et on va les vendre tout
« vivants dans les grands centres de population. Les piscicul-
« teurs de Kiang-si élèvent uniquement cette espèce de Pois-
« sons, qui est d'un goût exquis [1].

Les Chinois sont des maîtres en plus d'un art, et, dans cet art
que nous appelons aujourd'hui la pisciculture, ils semblent être

---

[1] *L'Empire chinois*, t. II, chap. 10.

fort habiles. En outre, ils possèdent un Poisson herbivore qui s'élève avec une facilité extrême, une rapidité merveilleuse, du reste probablement fort exagérée. Les animaux herbivores sont en général beaucoup plus faciles à acclimater et surtout à domestiquer que les animaux carnassiers ; il serait donc désirable au plus haut degré, de voir tenter l'introduction en France du Poisson de la province de Kiang-si. Nous ignorons à la vérité quel est ce Poisson ; le baron Baude, l'auteur d'un écrit sur l'empoissonnement des eaux douces [1], dans son désir d'éclaircir plusieurs points, a beaucoup questionné l'abbé Huc ; mais le bon Père n'était pas naturaliste ; il avait vu simplement en amateur des choses curieuses. Les renseignements acquis permettraient néanmoins au gouvernement d'en savoir davantage par l'intermédiaire de ses agents, et sans doute de rendre avec peu d'efforts un véritable service au pays. On a réussi à apporter en Europe et à y naturaliser le *Poisson rouge*, pour le seul plaisir des yeux ; pourquoi réussirait-on moins avec une espèce utile ?

Le temps où remonte en Europe la *Pisciculture*, c'est-à-dire l'*élevage des Poissons*, ne saurait être précisé. On a attribué aux Romains l'invention de cet art ; on a écrit que chez les anciens l'art avait été poussé à un remarquable degré de perfection. Cependant la lecture attentive des écrits de l'antiquité ne conduit pas à voir des preuves bien évidentes que l'on ait beaucoup songé à Rome à *élever* des Poissons, dans l'acception juste de ce mot, et bien moins encore à s'occuper de la fécondation de leurs œufs. Il y a une douzaine d'années, un jeune naturaliste d'un esprit distingué, Jules Haime [2], a répondu victorieuse-

---

[1] *Revue des deux Mondes* : 15 janvier 1861.
[2] *Bulletin de la Société zoologique d'acclimatation*, t. I, p. 245 ; 1854.

ment à cette assertion qui faisait un peu trop d'honneur à l'industrie romaine.

On construisait, à Rome, des viviers, des réservoirs magnifiques, afin de posséder, en abondance, des Poissons de toutes sortes, destinés, soit à l'amusement, à la distraction que procurent les mouvements agiles des animaux, leurs formes gracieuses ou étranges, leurs couleurs chatoyantes, soit à garnir chaque jour des tables somptueuses. Des Poissons étaient même nourris avec le plus grand soin, pour être engraissés. Mais quel que fût le luxe avec lequel étaient construits les viviers, quels que fussent les moyens dispendieux ou extravagants employés pour engraisser les Murènes ou d'autres espèces, il est certain que ce n'était point là la propagation des Poissons, en un mot la Pisciculture.

Il faut arriver au moyen âge pour commencer à reconnaître l'exercice de la *Pisciculture*. C'est alors uniquement des étangs que l'on s'occupe. Les ordres monastiques, les grands propriétaires exploitent leurs étangs avec plus ou moins d'art. Suivant toute apparence, cette exploitation des eaux dormantes était pratiquée comme on la pratique encore aujourd'hui.

On a décrit avec détail, dans une foule d'ouvrages spéciaux, les dispositions qu'il convient de donner aux étangs, les procédés à suivre pour l'empoissonnement, pour la pêche, etc. Nous ne pouvons les rapporter ici. D'ailleurs les moyens pratiques doivent varier nécessairement selon les localités, selon la nature des étangs où s'élèvent les Poissons. On sait que c'est la Carpe qui avec le plus de facilité donne les meilleurs produits. Après la Carpe, vient la Tanche. Le Brochet est regardé comme fort utile pour empêcher la multiplication excessive des Carpes. Ces dernières, devenues trop nombreuses dans un étang, se

nuisent réciproquement et se trouvent bientôt plus ou moins
arrêtées dans leur croissance. A diverses époques, l'idée d'introduire certains Poissons dans des rivières et des lacs où l'on
n'en voyait point, n'a pu manquer de se produire. Le lac Lovitel, de la commune de Venosc-en-Oisans, département de l'I-
sère, ne nourrissait aucun Poisson avant 1770, affirment les habitants du pays. Vers cette époque, le curé de l'endroit, M. Gar-
den, qui s'occupai td'histoire naturelle .essaya d'empoissonner
ce lac; il y jeta des Truites qui s'y sont considérablement multipliées. On en pêche dans le lac Lovitel qui pèsent jusqu'à 6 kilogrammes [1].

Dans quelques contrées, des pêcheries ont été établies et amé-
nagées avec beaucoup d'art pour l'exploitation des Poissons qui
de la mer remontent dans les eaux douces. La pêcherie de Comacchio, sur l'Adriatique, dont l'origine paraît remonter à une
époque fort ancienne, est célèbre. Elle a été longuement décrite par Bonaveri et surtout par Spallanzani [2]. Au printemps,
à l'époque de la montée des Anguilles, on ouvre les communications qui existent entre les bassins de la lagune et la mer, les
jeunes anguilles pénètrent en grandes masses par tous les passages libres. Retenues dans les bassins, où elles trouvent une
nourriture abondante, elles croissent rapidement. A l'époque
où leur instinct les pousse à redescendre à la mer, les pêcheurs
pratiquent au fond des bassins de petits chemins bordés de roseaux; les Anguilles les suivent de préférence et sont ainsi con-
duites dans une sorte de chambre étroite où elles s'accumulent

---

[1] Charvet, *Statistique générale du département de l'Isère*, t. II, p. 250;
1846.

[2] Lazaro Spallanzani, né en 1729, successivement professeur à Reg-
gio, à Modène et à Pavie, mort en 1799.

sans pouvoir en sortir. C'est alors qu'on les récolte en immense quantité.

Le baron de Montgaudry, un neveu de Buffon, exhuma, dans le moment où l'on prônait avec le plus d'ardeur la fécondation artificielle, c'est-à-dire de 1853 à 1854, quelques vieilles citations dont il crut pouvoir tirer une conclusion capable d'inspirer la modestie aux pisciculteurs modernes. Dom Pinchon, moine de l'abbaye de Réome, qui vivait au XIVe siècle, aurait su parfaitement s'y prendre pour opérer la fécondation artificielle des Truites. Je crois que le fait, très-vraisemblable en lui-même, n'est cependant pas démontré.

Au commencement de la seconde moitié du XVIIIe siècle, les brillantes découvertes de l'abbé Spallanzani enrichissaient les sciences naturelles d'une façon inattendue. Spallanzani, l'expérimentateur plein de génie, a été souvent cité comme le premier qui ait eu l'idée des fécondations artificielles. Dans le but de s'assurer de la manière dont l'œuf est rendu fécond, opération apparaissant alors, aux yeux de tous, enveloppée de mystères, il imprégnait des œufs de grenouilles avec la semence du mâle qu'il prenait de l'animal vivant. Le succès obtenu par Spallanzani dans sa recherche toute scientifique eut un grand retentissement ; cependant, les expériences de l'illustre physiologiste italien n'ayant été faites qu'en 1768 [1], il est avéré que la fécondation artificielle avait été imaginée ailleurs, à une époque plus ancienne.

En 1763, en effet, un petit journal du Hanovre [2] publiait un article dont l'auteur, un lieutenant de Lippe-Detmoldt, Jacobi, annonçait avoir réussi à opérer la fécondation artificielle du

---

[1] Publiées seulement en 1787. — *Expériences pour servir à l'histoire de la génération des animaux et des plantes;* Pavie et Genève.

[2] *Hannover Magazin.*

Saumon et de la Truite, et à en tirer des avantages pratiques, dans une exploitation établie aux environs de Noterlem, dans le Hanovre.

Avant de recourir à la voie d'un journal pour faire connaître les résultats de ses expériences, Jacobi, cherchant à propager sa découverte et à répandre les bienfaits que, dans son opinion, on était en droit d'en espérer, avait adressé, paraît-il, des communications manuscrites à de célèbres naturalistes de son temps, à Buffon, à de Fourcroy, directeur des fortifications en Corse, un ancêtre du célèbre professeur, à Gleditsch, en Allemagne. Les savants français ne semblent pas s'être préoccupés de suite du mémoire du lieutenant hanovrien. L'écrit, d'ailleurs, était en allemand, et au siècle dernier, les hommes de science trouvaient tout simple de se passer de la connaissance des langues étrangères. Gleditsch, qui n'avait pas les mêmes raisons, se montra plus empressé ; en 1764, il communiqua à l'Académie de Berlin, un extrait du travail de Jacobi, qu'il avait reçu des mains du baron Veltheim von Harbke [1].

En France, les expériences relatives à la fécondation artificielle des Poissons, reçurent, quelques années plus tard, une publicité beaucoup plus large qu'on ne le supposait encore assez récemment. Le mémoire de Jacobi fut publié à Paris en 1770, par Paul, auquel on doit un résumé des seize volumes qui composaient alors les *Mémoires* de l'Académie de Berlin [2].

---

[1] *Denkschriften der Königlichen Academie zu Berlin*, für den Jahre 1764, t. XX, p. 47 ; 1766.

[2] *Mémoires de l'Académie royale de Prusse* ; extraits de 16 volumes in-4°, qui composent les Mémoires de la dite Académie ; Paris, Panckoucke, 1770, 7 volumes in-12. — P. 13 de l'*Appendice* du 7e volume. — *Collection académique*, t. IX de la partie étrangère, p. 42 de l'*Appendice*. Paris, Panckoucke, 1770, in-4°.

Le marquis de Pezay, dans les *Soirées helvétiennes* [1], signala à son tour les heureux résultats obtenus à Noterlem et nous voyons par cet ouvrage que l'Angleterre, voulant récompenser un grand service, attribua une pension à l'ingénieux lieutenant du Hanovre.

D'un autre côté, Adanson, dans son cours, au Jardin du Roi, en 1772, faisait connaître à ses auditeurs la pratique de la fécondation artificielle.

Voyez plutôt, comment s'exprimait, le voyageur célèbre, le naturaliste dont l'érudition a été souvent admirée. Après avoir traité de la génération des Poissons, il poursuit en des termes qui ne laissent prise à aucune équivoque. « Il est si vrai que cette « fécondation se fait en dehors du corps des femelles, par le con- « tact de la liqueur séminale du mâle, disait Adanson, que l'on « pratique habituellement cette fécondation artificielle sur les « bords du Weser, dans la Suisse, dans le palatinat du Rhin, « et dans la plupart des pays montueux et élevés de l'Allemagne. « Pour cet effet, on prend par la tête, un Saumon femelle, en no- « vembre ou en décembre, ou une Truite, en décembre ou jan- « vier, c'est le temps où ces Poissons frayent, on les tient sus- « pendus au-dessus d'un vase de bois bien net et foncé d'une « pinte d'eau environ ; si les œufs sont bien mûrs, ils tom- « bent d'eux-mêmes dans le vase, sinon on les y fait tomber en « pressant légèrement le ventre de la femelle avec la paume de « la main. On prend ensuite, et de même, un Saumon mâle.... » N'est-ce pas comme si l'on avait sous les yeux l'inévitable vignette qui orne tous les écrits publiés depuis une quinzaine d'années sur la fécondation artificielle, où un Poisson est tenu

---

[1] P. 169, Amsterdam, 1771.

par une main, et pressé par une autre, ou tenu par deux mains et pressé par une troisième main ?

La publication, en 1845, des œuvres d'Adanson, par les soins de M. Payer, a apporté le témoignage irrécusable de cette circonstance [1]. Il est digne de remarque que le grand établissement consacré aux sciences naturelles, autrefois le Jardin du Roi, depuis 1793 le Muséum d'histoire naturelle, a eu à toutes les époques un enseignement dans lequel on n'oublie guère de s'occuper des questions d'intérêt général.

La copie du manuscrit de M. Jacobi, parvenue entre les mains de M. de Fourcroy, plus d'une fois confondu avec l'éloquent professeur du Muséum qui, né en 1755, était bien jeune alors, ne devait pas être perdue. Cet écrit envoyé par le grand chancelier des duchés de Bergues et de Juliers pour son Altesse palatine, le comte Goldstein, auquel a été souvent attribuée, par erreur, l'expérience de Jacobi, n'avait pas été traduit. M. de Fourcroy s'adressa au comte de Goldstein lui-même, qui s'empressa de mettre la notice en latin. Une traduction française du Mémoire entier fut insérée en 1773 dans le *Traité général des Pêches*, par Duhamel du Monceau [2].

Ceux qui devraient lire, ne lisent pas toujours. On a eu lieu de s'en apercevoir à propos de la fécondation artificielle des Poissons. Jacobi, ses intermédiaires, le comte de Goldstein, le naturaliste Gleditsch, furent radicalement oubliés. Pendant

---

[1] *Cours d'histoire naturelle* fait en 1772 par Michel Adanson, publié sous les auspices de son neveu, avec une introduction et des notes, par M. Payer, t. II, p. 70; Paris, Victor Masson, in-18, 1845. — L'attention a déjà été appelée sur cette publication par M. Alvaro Reynoso. *Bulletin de la Société d'acclimatation*, t. III, p. 30; 1856-1857.

[2] *Traité général des pêches*, publié par ordre de l'Académie des sciences, IIe partie, p. 209. Paris, 1773.

soixante et quelques années, on ne songea plus à lire le *Traité des pêches de Duhamel*, véritable ouvrage classique pour la matière. Personne, semble-t-il, ne se souvint de la fécondation artificielle comme moyen d'élever des Poissons. Ainsi qu'il arrive toujours en pareille circonstance, la *découverte* étant faite à nouveau, les observations anciennes étant alors recueillies, ce devait être merveille de voir paraître les réclamations et les revendications.

Le XVIIIe siècle fini, les succès obtenus à Noterlem, pour la multiplication des Truites et des Saumons, n'ont pas laissé le moindre souvenir. Si le chevalier Joseph Bufalini, de Cesena, a réussi à féconder artificiellement plusieurs Poissons, il n'a rien eu en vue, de plus que de renouveler une expérience de Spallanzani [1].

§ 5. — La Pisciculture depuis le commencement du XIXe siècle jusqu'à l'époque actuelle.

La première période de notre siècle ne put être favorable au développement de l'industrie. Après les retentissants orages de la révolution française, la guerre est presque la seule occupation de l'Europe. Bien des choses que l'on savait au XVIIIe siècle, en France, en Italie, en Allemagne, en Angleterre, étaient perdues au commencement du XIXe. Le calme revenu, on avait presque tout à rapprendre, et ceci explique comment une pratique vulgaire soixante ans auparavant, une pratique dont on donnait, sans en omettre le moindre détail, des descriptions dans les cours publics de notre Muséum, n'avait pas laissé le plus léger souvenir.

---

[1] *Opuscoli scelti di Milano*, t. XV, anno 1791; et *Vie littéraire de Spallanzani*, par Tourdes, p. 63.

En 1837, un naturaliste anglais, John Shaw, pratiqua la fécondation artificielle des œufs d'un Saumon, dont il obtint aisément les jeunes, et le résultat de l'expérience a été consigné dans un Mémoire relatif à la propagation du Saumon.

Mais cette fécondation artificielle, citée de nos jours, comme une découverte presque complète, tout le monde en avait l'idée et trouvait sans peine le moyen de l'exécuter. Si l'on pouvait se procurer la liste de tous ceux qui en ont fait la *découverte*, la liste, certainement, serait longue. Mais il y a des gens simples, qui s'amusent ou se rendent utiles sans songer à faire de bruit.

En 1820, MM. Hivert et Pilachon, deux habitants de la Haute-Marne, fécondaient, paraît-il, des œufs de Truites, ils faisaient éclore les œufs, transportaient les alevins dans les ruisseaux qu'ils voulaient empoissonner.

Ces pratiques étaient même assez répandues dans les départements de la Côte-d'Or et de la Haute-Marne, rapporte M. de Montgaudry. A ses yeux, « la pisciculture, qui est arrivée des « Vosges en dernier lieu, pourrait très-bien avoir fait son édu- « cation dans les départements de la Côte-d'Or et de la Haute- « Marne [1]. » Des renseignements recueillis sur les lieux par M. Jourdier confirment cette opinion [2].

Au reste, la fécondation artificielle n'est évidemment que d'une importance secondaire pour la pisciculture. Le premier en France, qui, dans notre siècle, ait sérieusement appelé l'attention sur la nécessité de faire des études relatives aux moyens de multiplier les Poissons est le baron de Rivière. Il a insisté particulièrement sur les avantages que l'on obtiendrait en recueil-

---

[1] *Bulletin de la Société zoologique d'acclimatation*, t. I, p. 80 ; 1854.
[2] Jourdier, *Traité de pisciculture*, p. 16.

lant au printemps les jeunes Anguilles à l'embouchure des
fleuves, pour les distribuer en proportion convenable dans les
diverses eaux de la France, ajoutant qu'il « n'est pas de mare
« fangeuse, pas de fosse vaseuse couverte de quelques centi-
« mètres d'eau, où l'on ne puisse nourrir des Anguilles [1]. »
Rien de plus vrai, et cependant le baron de Rivière, lui, qui a
imaginé ce mot de *pisciculture*, dont l'usage s'est tant propagé
de nos jours, ne réussit pas à éveiller l'intérêt.

Il est dans l'histoire de la Pisciculture moderne un petit événement qui se produisit sans bruit en 1844 dans le département
des Vosges, et auquel on donna, cinq ou six ans plus tard, un
retentissement extrême et des proportions tant soit peu exagé-
rées. Ce petit événement, il faut le reconnaître, a exercé une
influence marquée sur le mouvement qui ne tarda pas à se
dessiner avec une sorte de fracas.

Un pêcheur de La Bresse, commune de l'arrondissement de
Remiremont, située dans la partie la plus élevée du canton de
Saulxures, Joseph Rémy, avait vu la Truite, autrefois commune
dans les ruisseaux de ses montagnes, diminuer de façon à porter un grave préjudice à son industrie. Les rivières et les ruisseaux avaient été dépeuplés dans les Vosges pendant la longue
sécheresse de 1842. L'humble pêcheur, homme de tact, doué
d'un certain esprit d'observation, comme l'a dit son panégyriste,
le Dr Haxo, ayant épié avec intelligence les habitudes de la Truite
au moment de frayer, en arriva à l'idée de la fécondation artificielle et la mit en pratique, comme elle l'avait été tant de fois,
comme elle devait l'être de nos jours, sur une bien plus vaste
échelle. Rémy, chagrin de ne savoir pas tirer un parti avantageux

---

[1] *Considérations sur les Poissons et particulièrement sur les Anguilles*. —
Mémoires de la Société royale et centrale d'Agriculture, année 1840.

de ce qu'il regardait comme son secret, se trouvant malade, confia le secret à l'aubergiste chez lequel il allait prendre ses repas, Antoine Géhin. Celui-ci devint pour lui un collaborateur intelligent et plein de zèle, il se fit pêcheur, il se fit pisciculteur. Les noms de Rémy et de Géhin ne devaient plus désormais être séparés. Il fallait réussir à éveiller l'intérêt de quelques personnes notables ; nos deux pauvres associés rencontrèrent, sous ce rapport, des difficultés comme il s'en rencontre inévitablement pour tous ceux dont la position est modeste, ils parvinrent cependant à leur but, au moins jusqu'à un certain point, car M. Mansion, inspecteur des écoles primaires des Vosges, à la suite d'une tournée où il avait pris des informations, communiqua à la Société d'émulation, les renseignements qu'il avait recueillis. La Société des Vosges, il faut le dire bien haut, à sa louange, s'occupa aussitôt de la question. Dans un rapport de M. Sarrazin, sur les récompenses accordées à l'agriculture et à l'industrie par la Société d'émulation [1], les procédés de Rémy et Géhin sont décrits. **M.** Micard, garde général des forêts, avait favorisé les premiers essais de Rémy en lui donnant la facilité de pêcher, même en temps de frai, dans les ruisseaux des forêts [2].

Malgré le Mémoire de John Shaw, malgré les résultats dont se vantait, en Angleterre, M. Boccius, malgré les expériences heureuses de Rémy et Géhin, encouragées par la Société d'émulation des Vosges, tout dormait encore. Les succès de ces hommes adonnés avec plus ou moins d'ardeur à la multiplication des Poissons, n'avaient pas retenti plus loin que le murmure des rivières et des ruisseaux devenus le théâtre de leurs exploits.

[1] *Annales de la Société d'émulation des Vosges*, t. V, p. 301 ; 1844.
[2] D'après une communication de l'administration des Forêts.

Mais le 23 octobre 1848, M. de Quatrefages, qui sait comment
s'y prennent les naturalistes pour avoir des œufs fécondés quand
ils veulent étudier le développement de certains animaux; M. de
Quatrefages, qui a repêché la communication du comte de
Goldstein, lit à l'Académie des sciences, un Mémoire dont le but
est de montrer que les fécondations artificielles feraient disparaître toutes les causes de destruction des œufs de Poissons. « Si
« je ne me trompe, disait l'auteur, il y a, dans ce procédé, les
« indications nécessaires pour donner naissance à une indus-
« trie toute nouvelle, au moins en France. »

La lecture de M. de Quatrefages, à l'Académie des sciences,
reproduite ou mentionnée par divers journaux, produisit
l'effet de la fusée projetée bien haut, dans l'air, annonçant le
commencement de l'action. Tout le monde, à partir de ce moment, songea aux fécondations artificielles et fonda les plus
brillantes espérances sur la nouvelle *Pisciculture*.

Cependant la communication de M. de Quatrefages à l'Académie des sciences eut encore besoin de plus de quatre mois pour
parvenir jusqu'à Épinal, siége de cette Société d'émulation des
Vosges qui avait fort judicieusement encouragé les travaux de
Rémy et Géhin. Le 2 mars 1849, le secrétaire de la Société,
longtemps très-peu empressé de propager la connaissance de
la *découverte* des deux pêcheurs de La Bresse, écrit à l'Académie
pour lui annoncer que M. de Quatrefages a été devancé dans
l'idée d'empoissonner les eaux au moyen de la fécondation artificielle par deux hommes ingénieux, qui ont reçu à Épinal, en
1844, une marque d'estime parfaitement méritée.

Lorsqu'un retentissement remarquable ayant pour objet les
succès de Rémy et Géhin dans la propagation des Truites, se
produisit, après un silence de plusieurs années, un ingénieur

anglais, habitant de Hammersmith, près Londres, M. Gottlieb Boccius, s'annonça comme ayant beaucoup devancé nos pêcheurs des Vosges dans l'idée de repeupler les rivières à l'aide de la fécondation artificielle. M. Boccius vint en France vers 1850, et les naturalistes qui reçurent sa visite à cette époque n'auront certes pas oublié de quels prodigieux résultats obtenus, se vantait l'ingénieur anglais. Il s'attribuait le mérite d'avoir mis en pratique la fécondation artificielle sur une immense échelle et d'en avoir signalé tous les avantages dès l'année 1841, et cette date acceptée avec trop de confiance se trouve consignée dans plusieurs écrits relatifs à la pisciculture [1]. La date est absolument inexacte. M. Boccius a publié, il est vrai, en 1841, un petit Traité sur l'élève des poissons d'eau douce en vue d'en faire une source de profit pour les propriétaires territoriaux [2]; mais dans cet opuscule, qui, du reste, n'est pas sans intérêt, il n'est question d'autre chose que des dispositions et des soins à donner aux étangs. C'est en 1848, quatre années après le rapport de la Société d'émulation des Vosges sur les travaux de Rémy et Géhin, que l'auteur a mis au jour un second écrit dans lequel il s'attache à montrer, à côté des causes de la dépopulation des rivières, l'utilité de la ponte, de la fécondation et de l'éducation artificielles pour remédier à un mal toujours croissant [3].

Malgré la situation politique passablement agitée à cette époque, ému par les promesses que l'on faisait retentir d'une

[1] Voyez notamment : Coste, *Instructions pratiques sur la pisciculture*, 2ᵉ édit., p. 13 ; 1856.

[2] *A Treatise on the management of Fresh-Water-Fish, with a view to making them a source of profit to landed proprietors*. London, in-8°, 1841.

[3] *A Treatise on the production and management of Fish in Fresh-Waters by artificial spawning, breeding and rearing*, etc. London, 1848.

augmentation facile et rapide de la quantité de substances alimentaires en procédant au repeuplement des eaux de la France
à l'aide des *nouveaux* procédés de pisciculture, le gouvernement se préoccupa bientôt d'une question aussi importante
pour le pays. Un de nos savants les plus illustres, M. Dumas,
se trouvait alors à la tête du Ministère de l'agriculture et du
commerce. Le ministre chargea le naturaliste le plus autorisé,
M. Milne Edwards, de se livrer à un examen propre à fixer
l'opinion « sur la valeur des divers essais faits depuis quelque
temps, soit en France, soit en Angleterre, pour assurer la
multiplication du Poisson dans les étangs et rivières, et pour
augmenter les produits de la pêche fluviatile. » Après s'être
rendu compte sur les lieux mêmes des résultats déjà obtenus,
M. Milne Edwards adressa un rapport au Ministre à la date du
26 août 1850. Dans cet écrit, où sont rappelés d'abord les travaux de Jacobi et le recours aux fécondations artificielles si fréquent de la part des zoologistes adonnés à des recherches sur le
développement des animaux, les opérations et les succès de
Rémy et Géhin sont appréciés avec l'intérêt le plus marqué,
« car, dit M. Milne Edwards, ces pauvres paysans de La Bresse
« paraissent avoir été les premiers à faire chez nous l'applica-
« tion des fécondations artificielles à l'élève du Poisson, et ils
« ont le mérite d'avoir créé ainsi en France une industrie nou-
« velle........ Ayant constaté, par une longue suite d'observa-
« tions, le mode de reproduction de la Truite, et s'étant assurés
« de la possibilité d'opérer à volonté la fécondation de ses œufs,
« ils se sont appliqués à multiplier ce Poisson pour en repeupler
« les ruisseaux de leur canton. Le succès est venu couronner
« leurs efforts, et, malgré la faiblesse des ressources dont ils
« pouvaient disposer et les difficultés de toutes sortes qu'ils

« rencontrèrent , ils ont obtenu des succès considérables.

« Ainsi ils ont empoissonné, avec de jeunes Truites obtenues
« au moyen de la fécondation artificielle, deux étangs situés à
« peu de distance du village de La Bresse, où ils habitent, et une
« de ces réserves a fourni l'année dernière environ 1,200 Truites
« âgées de deux ans. MM. Géhin et Rémy évaluent à environ
« 50,000 le nombre de jeunes individus qu'ils ont lâchés dans
« la *Moselotte*, petite rivière qui passe à La Bresse et se jette
« dans la *Moselle*, près de Remiremont; ils ont mis en pratique
« leurs procédés d'empoissonnement dans plusieurs autres loca-
« lités du même canton, ainsi que le constatent diverses pièces
« fournies par les autorités de Saulxure, de Cornimont et de
« Gérardmer. Enfin M. Kientry, maire de Waldestein, dans le
« département du Haut-Rhin, les a chargés de repeupler le
« cours d'eau de sa commune, et cet administrateur habile as-
« sure qu'ils ont parfaitement réussi.

« J'ajouterai que, voulant se rendre aussi utiles que possible,
« nos pêcheurs n'ont jamais fait mystère de leurs procédés et
« y ont initié tous ceux qui leur témoignaient le désir de se li-
« vrer à des expériences analogues. »

Passant ensuite aux procédés mis en usage par Rémy et
Géhin, M. Milne Edwards en fait une énumération détaillée. Il
signale l'utilité, pour fournir aux jeunes Truites une nourriture abondante et appropriée à leurs besoins, de laisser ou d'introduire quelques grenouilles dans les eaux où elles se tiennent,
car le frai de ces Batraciens est un aliment qu'elles recherchent
avec avidité, et les têtards constituent aussi une excellente pâture
pour les Truites plus avancées en âge.

« Lorsque les petites Truites que l'on élève de la sorte, pour-
« suit M. Milne Edwards, sont destinées à servir de suite à

« l'empoissonnement d'une rivière, il faut les placer dans les
« ruisseaux tributaires de celles-ci et choisir les cours d'eau qui
« bouillonnent sur un fond de cailloux ou de rochers.

« A mesure que ces Poissons grandissent, ils descendent spon-
« tanément vers les eaux plus profondes, et n'y arrivent que
« lorsqu'ils sont déjà assez agiles pour avoir des chances de se
« soustraire aux ennemis qu'ils y rencontrent....... Lorsque
« c'est dans des étangs ou des viviers qu'on veut les élever, il
« faut aussi avoir la précaution de séparer complétement les
« produits de chaque année, car les grosses Truites dévorent
« les petites, et, pour éviter cette cause de destruction, il faut
« que tous les individus aient le même âge.

« Les travaux de MM. Géhin et Rémy me semblent d'autant
« plus dignes d'encouragements que le succès ne peut donner
« que peu ou point de profit à ces deux hommes dévoués et ac-
« tifs, mais contribuera à accroître les ressources alimentaires
« dont les populations riveraines ont la disposition.

« Ce ne serait même qu'en considérant les opérations d'em-
« poissonnement comme des travaux d'utilité publique, et en les
« faisant exécuter aux frais de l'État, qu'on pourrait espérer
« donner une importance réelle à nos pêches fluviatiles ; mais,
« en y consacrant des fonds même très-faibles, on arriverait, je
« n'en doute pas, à des résultats importants pour le pays.

« Si les procédés d'empoissonnement pratiqués par MM. Rémy
« et Géhin n'étaient applicables qu'à la Truite et à quelques
« autres Poissons d'un produit faible, je n'y accorderais pas
« tout l'intérêt que j'y attache ; mais on peut l'employer pour
« l'élève du Saumon, et je suis convaincu qu'il serait facile de
« rendre ainsi à nos rivières de Bretagne les richesses ichthyo-
« logiques qui tendent à en disparaître, et même d'alimenter

« le Saumon dans des fleuves qui, jusqu'ici, n'ont été que peu
« ou point fréquentés par ce Poisson. »

M. Milne Edwards insiste en dernier lieu sur la facilité avec
laquelle peut s'effectuer le transport des œufs fécondés, sur l'utilité de la propagation de diverses espèces de Poissons, et il con-
clut ainsi :

« L'empoissonnement de nos rivières serait une opération
« d'utilité publique ; ce serait donc, ce me semble, à l'État qu'im-
« comberait le soin d'y pourvoir. Des essais de ce genre, faits
« sur une grande échelle, mais conduits avec sagesse et confiés
« à des hommes intelligents, n'entraîneraient pas à de fortes
« dépenses et pourraient conduire à des résultats importants.
« Si vous jugiez convenable d'en faire exécuter, vous trouveriez
« dans les deux pêcheurs de La Bresse dont je viens d'avoir
« l'honneur de vous entretenir, Monsieur le Ministre, des agents
« capables et zélés, et j'ajouterai que les charger de ce travail
« serait, ce me semble, la meilleure récompense que le Gouver-
« nement pût leur accorder.

« Du reste, une entreprise pareille nécessiterait des études
« préliminaires sérieuses et soulèverait plusieurs questions pour
« la solution desquelles le concours de l'administration des eaux
« et forêts serait nécessaire, ainsi que les lumières des natura-
« listes, et peut-être serait-il bon d'en charger une commission
« mixte [1]. »

Nous avons voulu citer textuellement les principaux passages
du Rapport de M. Milne Edwards. En historien fidèle, nous
devions rapporter où en était la question relative à la pisciculture

---

[1] *Rapport sur l'empoissonnement des rivières.* — Ministère de l'agriculture et du commerce. — Commission de pisciculture. — Travaux et
Rapports. — *Annales des sciences naturelles,* 3ᵉ série, t. XIV, p. 53 ; 1850.

en 1850 ; montrer avec quelle justice étaient exposés les mérites des deux humbles pêcheurs devenus célèbres; avec quelle sagesse étaient donnés les conseils; avec quelle réserve étaient indiquées les espérances qu'on était en droit de concevoir pour l'avenir. Cette sagesse et cette réserve se sont trouvées justifiées par les résultats obtenus depuis cette époque, c'est-à-dire dans l'espace de plus de quinze ans.

Conformément au vœu exprimé par M. Milne Edwards, une commission fut nommée par un arrêté du ministre de l'agriculture et du commerce en date du 28 septembre 1850 [1].

« Vu, disait cet arrêté, le rapport de M. Milne Edwards, du 26 août, sur les travaux de MM. Géhin et Rémy, du département des Vosges, relatif à la fécondation artificielle des Poissons; considérant l'utilité de répandre et de généraliser autant que possible cette découverte, arrête : une Commission est formée près du département de l'Agriculture et du commerce pour aviser aux moyens de multiplier le Poisson dans les rivières, lacs et étangs du pays. »

Les espérances fondées sur la pisciculture devinrent si grandes, que l'on songea à introduire et à acclimater en France une foule de Poissons étrangers aux eaux du pays. L'idée nous semble bonne pour certaines espèces offrant des qualités spéciales, mais sans doute il ne serait pas très-avantageux de l'appliquer d'une manière trop générale.

---

[1] Cette commission fut ainsi composée, savoir : MM. Milne Edwards, Valenciennes, membres de l'Institut : de Suzanne, inspecteur des forêts; de Bon, commissaire de la marine; de Franqueville, chef de la navigation et des ports au Ministère des travaux publics; Monny de Mornay, chef de la division de l'agriculture au département de l'Agriculture et du commerce; Coste, professeur d'embryogénie au Collége de France; Doyère, professeur de zoologie à l'Institut national agronomique. — L'arrêté est signé : Dumas.

Quoi qu'il en soit à cet égard, M. Valenciennes, le savant ichthyologiste, reçut au printemps de l'année 1851, du Ministre de l'agriculture et du commerce, la mission de se rendre en Allemagne pour y rechercher quelques-uns des grands Poissons d'eau douce de cette contrée qui manquent aux rivières, lacs et étangs de la France[1].

Le voyage de M. Valenciennes se borna à la Prusse, et là, le savant naturaliste réussit à se procurer plusieurs espèces dont il amena à Paris des individus vivants. C'était le Sandre, un Poisson de la famille des Percides[2], de grande taille, estimé pour la table, dont il rapporta en France huit individus vivants; puis le Silure, un des Poissons les plus voraces de la création, dix-sept individus, parmi lesquels s'en trouvait un du poids de 10 kilogrammes et long de $1^m,20$, furent amenés à Paris et déposés avec les Sandres dans les bassins des réservoirs de Marly. M. Valenciennes rapporta encore une douzaine de Lotes, autant de l'Ide mélanote[3], un Cyprinide, de valeur assez médiocre, croyons-nous, et des Loches d'étangs. Ces Poissons appartiennent à la faune de la France, et, si l'on tenait à les propager, il était préférable de commencer par s'occuper de cette propagation aux lieux mêmes où vivent ces Poissons.

Si nous voulions chercher nous-même à donner une idée de ce que l'on attendait, il y a quinze ans, des expériences de

---

[1] *Rapport sur les espèces de Poissons de la Prusse qui pourraient être importées et acclimatées dans les eaux douces de la France*, adressé à M. le ministre de l'agriculture et du commerce. — *Annales agronomiques*, t. II, p. 613, et *Exposé des tentatives faites pour acclimater en France plusieurs Poissons des eaux douces de l'Allemagne.* — *Comptes rendus de l'Académie des sciences*, t. XXII, p. 817; 1851.

[2] Voy. p. 128.

[3] L'espèce que M. Valenciennes désigne sous le nom de *Cyprinus jeses*.

pisciculture qui devaient être effectuées dans les bassins de Versailles, où l'on avait placé les Poissons amenés de Berlin, un peu fatigués du voyage, nous aurions la crainte de ne point y réussir. Une communication faite à l'Académie des sciences par M. Coste suppléera d'une manière complète à notre insuffisance.

« Les expériences sur l'acclimatation des Poissons et sur « leur multiplication, disait M. Coste dans cette notice, pourront « être faites désormais dans les *conditions les plus favorables* « par les soins d'une commission instituée près du Ministère du « commerce [1].

« A Versailles, des bassins spacieux, nombreux, pouvant « être vidés à volonté, présentent les conditions les plus va- « riées, où les espèces nouvelles, élevées séparément, pourront « être *facilement propagées* par la fécondation artificielle. Dans « ces bassins, nous pourrons introduire facilement les « espèces qui vivent alternativement dans les eaux salées et les « eaux douces, et les *habituer* à vivre d'une manière perma- « nente dans les étangs et à s'y propager... les Saumons, les « Aloses, les Lamproies, les Plies. »

M. Coste annonçait devoir demander au Ministre le transport en France du Gourami de l'Inde, qui a été autrefois transporté avec succès à l'Ile de France, et c'est aussi une des introductions d'animaux étrangers que nous aimerions à voir tenter.

Mais, poursuivait M. Coste dans sa note à l'Académie des sciences, « Si, comme *il n'y a pas à en douter*, les expériences de la Commission réussissent, les eaux de Versailles deviendront un moyen d'acclimatation des Poissons, une sorte de *haras*, qu'on me permette cette expression, où seront propagées les espèces

---

[1] La Commission désignée plus haut.

les plus productives qu'on pourra distribuer ensuite dans toutes les parties de la France. »

Il est regrettable d'avoir à le dire, les Poissons du Brandebourg sont morts sans laisser de postérité [1] ; les espèces qui vivent alternativement dans les eaux salées et les eaux douces *ne se sont pas habituées* à vivre d'une manière permanente dans les étangs ; les bassins de Versailles n'ont pas fourni de produits aux différentes parties de la France.

Deux ingénieurs des Ponts et chaussées, MM. Detzem et Bertot, songèrent à mettre à profit leur situation personnelle pour peupler le canal du Rhône au Rhin. Par une notice en date du 8 mai 1851 [2], ils nous apprendront que, ayant été invités par M. le préfet du Doubs à vérifier si la méthode mise en usage dans les Vosges pouvait aboutir à des résultats appréciables, ils se sont mis à l'œuvre, et leurs succès dans les opérations de fécondation artificielle les conduisent à concevoir des espérances magnifiques pour l'avenir. Avec le concours de leurs agents, ils ont eu, dans l'espace de quatre mois, 3,382,000 œufs fécondés de Saumons, Truites, Perches, Brochets, etc., et l'on aurait eu l'éclosion de cinq cents petits métis provenant d'œufs de Saumons avec de la laitance de Truites. Il eût été bien intéressant pour l'histoire naturelle de pouvoir étudier ces produits parvenus à un âge un peu avancé. Toujours est-il, qu'à la date du 7 mai 1851, MM. Detzem et Bertot avaient à jeter, dans les bassins confiés à leurs soins, 1,683,211 Poissons nouvellement éclos.

Cette facilité de faire éclore des Poissons par centaines de

---

[1] On m'assure cependant, que quelques Silures vivent encore, mais ils n'ont rien produit et semblent s'être amaigris.

[2] *Comptes rendus de la Société d'émulation du Doubs*, 1851.

mille, conduisit bientôt les deux ingénieurs du canal du Rhône au Rhin à calculer combien de Poissons pourraient vivre dans les eaux de la France. Estimant la population actuelle de ces eaux à 25 millions de Poissons, ils admettaient que, si la fécondation artificielle était partout mise en pratique, le nombre des Poissons s'élèverait, au bout de quatre ans, à trois milliards cent soixante dix-sept millions cinq cent mille, et donnerait un revenu de plus de 900 millions.

C'était évidemment ne considérer qu'un côté de la question, et le moindre côté de la question, à notre avis. Le plus difficile n'est pas de faire éclore des myriades de jeunes Poissons, mais d'avoir les moyens de les faire vivre et grandir, et c'est à une nécessité d'un ordre semblable, que les pisciculteurs modernes ont donné le moins d'attention.

Il est juste de dire que MM. Bertot et Detzem, en présence de ce chiffre d'un revenu de plus de 900 millions, qui a en effet quelque chose de séduisant, s'empressent d'ajouter :

« Est-il possible de doter la France d'un pareil revenu ?

« Nous sommes forcés de dire, qu'en face de ce chiffre inat-
« tendu, nous ne pouvons pas nous défendre d'un *sentiment de*
« *méfiance ;* nous comprenons très-bien qu'il produira la même
« impression sur tous ceux qui examineront les calculs dont il
« ressort. »

Certes, jamais *sentiment de méfiance* n'aurait été mieux justifié par les circonstances dans lesquelles se trouvent de nos jours les rivières de la France.

MM. Detzem et Bertot, encouragés par le Ministre de l'agriculture, du commerce et des travaux publics, poursuivirent leurs travaux avec tout le zèle imaginable. Établis à Lœchlebrunn, à quelques kilomètres d'Huningue, ils continuèrent à

opérer des fécondations de Truites et de Saumons sur une
grande échelle. Dans un second rapport, à la date du 7 mars 1852,
ils annonçaient avoir eu, depuis le 6 novembre précédent,
722,600 œufs fécondés, ayant donné plus de 700,000 poissons.

Dès le moment où l'attention fut appelée par M. de
Quatrefages sur les avantages des fécondations artificielles pour
le repeuplement des eaux de la France, M. Coste s'occupa avec
une ardeur extrême de la pisciculture. Reprenant l'idée du baron
de Rivière, qu'il n'a pourtant cité nulle part, il fit au Collége
de France des expériences sur l'alimentation et la croissance
des jeunes Anguilles qui remontent les fleuves à chaque printemps. Ces animaux, nourris avec des débris de chair convertis
en une sorte de pâtée, atteignirent dans l'espace de vingt-huit
mois, la taille de $0^m,33$ de long et de $0^m,07$ de circonférence :
le résultat méritait d'être signalé. M. Coste indiqua ensuite des
moyens pour le transport de la montée[1], et afin de donner une
idée de l'importance économique des Anguilles, il reproduisit
textuellement les principaux passages de la description des pêcheries de Comacchio, donnée par Spallanzani, telle qu'elle a
été traduite par Toscan[2], sans toutefois faire aucune mention
de cette origine. Plus tard, il visita ces pêcheries et put alors en
tracer le tableau d'après ses observations personnelles[3].

Dans un mémoire sur les moyens de repeupler les eaux de la

---

[1] *Comptes rendus de l'Académie des sciences*, t. XXIX, p. 797, 1849 ; et
t. XXX, p. 473, 1850. — *Rapport sur la pisciculture* adressé à M. le
Ministre de l'agriculture et du commerce, 20 décembre 1850.

[2] Conf. Coste, *Instructions pratiques sur la pisciculture*, p. 93 et 94 ;
1853, et Spallanzani, *Voyages dans les deux Siciles*, traduits par G. Toscan, t. VI, p. 141, 143, 144, 147, 148, 149, 150, 151 ; an VIII.

[3] *Voyage d'exploration sur le littoral de la France et de l'Italie* ; 1855.
— 2ᵉ édition ; 1861.

France[1], M. Coste a formulé les espérances qu'il croyait pouvoir attendre de l'établissement de pisciculture fondé à Huningue à l'aide d'un crédit de 30,000 francs, accordé par le Ministre de l'agriculture et du commerce. « Ce crédit, disait-il, nous ayant « mis en mesure d'entreprendre *l'une des plus grandes expé-* « *riences dont les sciences naturelles aient jamais donné* « *l'exemple !* » Le même savant nota d'autre part comment on réussissait à nourrir dans des viviers les jeunes Saumons et les jeunes Truites avec une pâtée formée de chair musculaire bouillie[2], les avantages obtenus avec les frayères artificielles du parc de Maintenon, imaginées par le docteur Lamy[3]. Mais déjà en 1853 M. Coste avait publié des *Instructions pratiques sur la pisciculture*, ouvrage dont il donna une nouvelle édition en 1856[4].

En voyant des hommes de science, des expérimentateurs s'occuper activement des moyens de repeupler les eaux de la

---

[1] *Comptes rendus de l'Académie des sciences*, t. XXXVI, p. 237 ; 1853.

[2] *Comptes rendus de l'Académie*, t. XXXVI, p. 642.

[3] *Comptes rendus de l'Académie*, t. XXXVIII, p. 935 ; 1854.

[4] Des notes ou des aperçus sur la pisciculture ont été insérés dans divers recueils : — De Caumont, *Annuaire normand* pour 1850. — *Bull. de la Soc. centrale d'agriculture*, diverses observations de MM. Géhin, Richard, de Behague, t. VI, p. 461 et 469, 1851 ; de M. Noblet, t. VII, p. 403, 1852 ; de M. Quénard, t. VIII, p. 95, 1853. — De Saint-Ouen, *Rapp. au directeur général des eaux et forêts sur le repeuplement des cours d'eau navigables et flottables;* mars 1853. — Comarmond, *De la pisciculture de la Truite. Acad. de Lyon ;* 1852. — Fournet, *Mém. de la Soc. d'agriculture de Lyon;* 1853. — De Vibraye et de Pontgibaud, Lettres insérées dans le *Précis analytique de l'Académie de Rouen:* 1854. — Sivard de Beaulieu, *Essai sur la multiplication des Poissons dans le département de la Manche; Annuaire normand ;* 1854, etc., etc. — Charles Caron, *Expériences faites à l'établissement départemental de l'Oise.* — *Mém. de la Soc. académique de l'Oise;* 1855.

France et compter obtenir des succès magnifiques à l'aide des fécondations artificielles, certaines personnes se laissèrent entraîner à croire un peu trop aisément que Rémy et Géhin avaient fait un prodige et qu'on songeait à leur ravir la gloire qui leur appartenait. Le docteur Haxo, secrétaire de la Société d'émulation des Vosges, lança un petit écrit dans le but d'apprendre au monde, que si les savants ont *entrevu* la solution du problème de l'Ichthyogénie (la propagation des Poissons), ce sont deux simples pêcheurs qui l'ont résolu, et que cette belle découverte a été pour la première fois appliquée sur une grande échelle dans cette partie de la France qu'on appelle les *montagnes des Vosges* [1]. Une nouvelle édition de cet opuscule notablement grossi, fut publiée deux ans plus tard [2], et l'imaginerait-on, le Rapport de M. Milne Edwards, empreint d'un sentiment de bienveillance extrême pour les deux pêcheurs de La Bresse, est vigoureusement attaqué, parce qu'il rappelle comment la pratique des fécondations artificielles est devenue depuis longtemps familière à tous les naturalistes. Les félicitations, les encouragements n'avaient pourtant pas été épargnés aux deux pêcheurs des Vosges. Géhin, venu à Paris au commencement de l'année 1850, avait été présenté au Prince, président de la République, tout comme un personnage ; il avait reçu du gouvernement, en conformité du vœu exprimé par M. Milne Edwards, la mission d'empoissonner les rivières de plusieurs départements [3].

[1] *Réflexions sur l'Ichthyogénie ou éclosion artificielle des œufs de Poissons.* Épinal, 1851.

[2] *De la fécondation artificielle des œufs de Poissons.* Épinal, 1853. — Extr. des *Ann. de la Soc. d'Émulation des Vosges.*

[3] Un bureau de tabac et une indemnité annuelle de 1,500 fr. furent accordés à Rémy ; à Géhin, un bureau de tabac à Strasbourg, une sub-

Si d'un côté, on manifestait un engouement particulier pour les travaux de Remy et Géhin, d'un autre côté, pour l'instruction de tous, on relevait dans nombre d'ouvrages, des indications très-précises sur les moyens d'empoissonnement mis en pratique en divers lieux. C'est ainsi que l'on eut à citer, outre plusieurs des écrits dont nous avons déjà fait mention, ceux de M. Hartig[1] et de M. Knoche[2].

En 1854, la Société zoologique d'acclimatation fut fondée sous la direction d'Isidore Geoffroy Saint-Hilaire. Le mouvement favorable à l'entreprise du repeuplement des eaux se prononça davantage encore. C'était une nouvelle facilité pour faire connaître les résultats des expériences.

M. Coste mit sous les yeux de la Société de jeunes Saumons et de jeunes Truites élevés depuis une année dans les bassins du Collége de France, et annonça des résultats aussi heureux obtenus chez plusieurs propriétaires. En même temps, il indiqua quelques perfectionnements apportés à ses appareils d'éclosion[3].

M. Millet, qui l'un des premiers fit les efforts les plus consciencieux et les plus intelligents pour arriver au repeuplement de nos cours d'eau, qui avait déterminé l'Administration des forêts, à établir dans les départements de nombreux bassins d'éclosion et d'alevinage, exposa les avantages qu'il reconnaissait aux appareils dont il avait fait usage depuis plusieurs années,

vention annuelle de 500 fr. plus un traitement de 1,200 fr., une indemnité de 10 fr. par jour dans les temps de voyage, et 2 fr. 50 c. par myriamètre dans les excursions d'un département à l'autre.

[1] *Lehrbuch der Teichwirthschaft*, p. 411 ; 1831.

[2] *Zeitschrift für den landwirthschaftlichen Verein des Grossherzogthums Hessen*, n° 37, p. 407 ; 1840.

[3] *Bulletin de la Soc. zool. d'acclimatation*, t. I, p. 11 : 1854.

et insista avec beaucoup d'énergie et croyons-nous avec infiniment de raison, sur la préférence qu'il y avait lieu de donner
dans la plupart des circonstances à l'établissement de frayères
artificielles sur les fécondations artificielles[1]. Bientôt après,
M. Millet traita de l'hygiène et de l'alimentation des jeunes Poissons, des meilleurs moyens à employer pour le transport des œufs
et du Poisson vivant[2] ; il fit connaître les principaux résultats
obtenus dans des expériences longtemps poursuivies dans la gare
de Choisy-le-Roi ; il publia ensuite une notice intéressante sur
les mesures à prendre pour assurer le repeuplement des cours
d'eau de la France, car il y est traité des obstacles empêchant
le passage des Poissons, des inconvénients du curage et du
dragage, des lois et règlements concernant la pêche[3].

M. le marquis de Vibraye qui, depuis 1850, s'efforçait de multiplier les Poissons dans son domaine de Cheverny (Loir-et-
Cher), signala ce qu'il avait organisé et ce qu'il avait obtenu
dans ses tentatives pour la propagation du Saumon, de la
Truite et de l'Omble-Chevalier. Des Truites avaient atteint la
taille de $0^m,35$ dans l'espace de vingt et un mois[4]. La suite

[1] *Bulletin de la Soc. zool. d'acclimatation*, t. I, p. 75 ; et 1854, *Confé-
rence Mole*, imprimée, mars 1854. — *Bulletin de la Soc. philomathique* et
journal *l'Institut*, 1854, p. 257.

[2] *Bulletin de la Soc. zool. d'acclimatation*, t. II, p. 67 et 193 ; 1855. —
Bulletin de la Soc. impériale et centrale d'agriculture, t. XI, p. 495 ; 1856.

[3] *Bulletin de la Soc. d'acclimatation*, t. III, p. 77 et 223 ; 1856. —
Voir aussi : *Pisciculture pratique*, Extr. des actes de l'Académie de Bordeaux, 1856, où l'auteur s'occupe en particulier des cours d'eau du
département de la Gironde. — Voir encore, une notice du comte Maxime
de Causans, relative aux nouvelles méthodes de pisciculture pour la
propagation de la Truite. Soc. d'acclimatation, t. VI, p. 118 ; 1859.

[4] *Bulletin de la Soc. zool. d'acclimatation*, t. I, p. 331, 1854 ; t. II,
p. 375, 1855 ; t. V, p. 270, 1858.

des opérations cependant n'a pas été heureuse, comme je l'ai
appris de M. de Vibraye lui-même.

M. Pouchet, le savant professeur de Rouen, s'était mis également à l'œuvre ; il a consigné d'utiles observations sur les
causes de la mortalité des jeunes Poissons, sur leur alimentation, etc. [1].

M. de Tocqueville a montré l'influence fâcheuse de la lumière
sur les œufs de Truites [2].

M. Coste ne s'en tenait pas à l'idée de repeupler les rivières ;
il avait conçu l'espoir de faire vivre des Truites et des Saumons
dans les eaux dormantes. Il fit transporter dans le lac du bois de
Boulogne, sur la demande, dit-il, de M. le Ministre de l'agriculture, du commerce et des travaux publics, environ 50,000
jeunes de Truite commune, de Truite des lacs, de Truite saumonnée de Saumon franc, de Saumon Heuch. Leur accroissement
est rapide, annonce M. Coste, et quelques mois après, il poursuit
en ces termes : « L'expérience de physiologie appliquée qui s'ac-
« complit depuis deux ans dans les bassins artificiels du bois
« de Boulogne donne aujourd'hui de si *importants résultats* et
« devient *tellement concluante,* qu'on peut la considérer
« comme la preuve acquise de la possibilité de réaliser *à coup*
« *sûr* dans les bassins d'eau presque dormante, l'élève et l'accli-
« matation sur une *grande échelle* des espèces les plus esti-
« mées [3]. »

[1] *Bulletin de la Soc. zool. d'acclimatation,* t. I, p. 474 ; 1854. Voir aussi :
Lettre sur les bancs d'Anguilles de la Seine et *Rapport sur les établissements
de pisciculture,* adressés à M. Ernest Leroy, préfet de la Seine Inférieure.
Rouen, 1856.

[2] *Bulletin de la Soc. philomathique* et journal l'*Institut,* 1855, p. 116.

[3] *Comptes rendus de l'Académie des sciences,* t. XLI, p. 924, 1855 ; et
t. XLII, p. 312 ; 1856. — Voir aussi : Cloquet, *Bulletin de la Soc. zool.
d'acclimatation,* t. VI, p. 255 ; 1859.

Ainsi qu'on aurait dû s'y attendre cependant, d'après la connaissance des habitudes et des conditions d'existence naturelles des Truites et des Saumons, les Poissons placés dans le lac du bois de Boulogne, comme ceux qui furent mis dans les étangs de Saint-Cucufa, de Vincennes, etc., n'ont pas tardé à périr. On conçoit le désir d'un homme de science d'entreprendre une expérience, même si les faits les mieux établis lui disent qu'elle doit échouer. On s'explique moins aisément la prévision, formulée avec éclat, d'en faire naître des résultats considérables.

M. Réné Caillaud ne peut manquer d'être compté parmi ceux qui se sont occupés de la pisciculture avec une grande activité. Il s'est efforcé de repeupler les cours d'eau de la Vendée et de la Charente-Inférieure ; il est parvenu à introduire la Truite dans plusieurs rivières que ce Poisson ne fréquentait pas, et plus récemment il a songé à pratiquer l'élève de certains Poissons, notamment des Muges, dans les eaux douces [1]. Nous souhaitons le succès de l'entreprise sans oser l'espérer.

M. de la Bonninière de Beaumont a rendu compte des essais de pisciculture entrepris dans le département de l'Aveyron [2].

Un établissement de pisciculture a été fondé à Maintenon, en 1856, sous le patronage de M. le duc de Noailles. Un rapport sur cet établissement a été publié, en 1861, par un membre de la Société des sciences naturelles de Seine-et-Oise, M. Rabot [3].

« La pisciculture de Maintenon, admirablement située au « fond d'une riche vallée, dit ce rapport, à quelques pas d'un

---

[1] *Bulletin de la Soc. zool. d'acclimatation*, t. V; 1858. *Annuaire de la Soc. de la Vendée*; 1859. — *Bull. Soc. d'acclimatation*, t. X, p. 189 ; 1863.

[2] *Mémoire de la Soc. centrale d'agriculture de l'Aveyron*; 1860.

[3] *Mémoires de la Société des sciences naturelles de Seine-et-Oise*, t. VI, p. 50; 1861.

« cours d'eau, où le Poisson, sortant des réservoirs, trouve un
« lieu favorable à son accroissement, M. Guitel l'a toujours
« dirigée, et grâce aux études qu'il a faites sous la direction de
« M. Coste, grâce à quelques perfectionnements, résultat de son
« expérience personnelle, en a fait un *établissement pratique*
« *donnant d'excellents résultats.* »

« Grâce à l'expérience de son directeur, continue le rappor-
« teur, la pisciculture de Maintenon a produit cette année près
« de 40,000 élèves de la famille des Salmonides, tels que Saumons
« de *différentes variétés*, Truites ordinaires, Truites des lacs de
« la Suisse. Cette magnifique espèce, autrefois si rare sur nos
« tables, est aujourd'hui parfaitement acclimatée dans les ri-
« vières de Maintenon, où l'on en pêche qui atteignent le poids
« de 3 kilogrammes. »

La première année 250 petites Truites des lacs ont été *acclimatées.* Ce sont les termes de l'écrit auquel nous empruntons
ces détails.

A la troisième année, on aurait obtenu dans l'établissement
même 500 jeunes Truites *provenant de celles de la première année.*

La quatrième et la cinquième année, on aurait produit
3,500 et 4,500 jeunes Truites, et de *beaux résultats* auraient
également été obtenus pour la Carpe, le Brochet, la Perche.

Une personne ayant assez récemment visité Maintenon,
m'assure que ce tableau d'une si merveilleuse prospérité est un
peu flatté, et je regrette très-fort de n'avoir pas été à même de
constater par moi-même cette *acclimatation* si complète de la
Truite des lacs, condamnée à vivre d'une manière permanente
dans de petites rivières. Il me reste toujours une crainte que
cette espèce ne soit, en quelques circonstances, confondue avec
la Truite commune.

Dans beaucoup de départements les préfets ont témoigné d'un zèle digne de tous les éloges pour les progrès de la pisciculture. Des conseils généraux ont voté des sommes, afin que des opérations soient entreprises.

M. P. Gervais, ayant eu de la sorte des facilités particulières à sa disposition, commença en 1857 à s'occuper de la multiplication des Poissons dans le département de l'Hérault. Des rapports du préfet [1] constatent que les eaux de l'Hérault, de la Vis, de la Vidourle, du Lez, de la Mosson, etc., ont reçu de jeunes Poissons, Saumons, Truites des lacs, au nombre de 15 à 20,000 pendant plusieurs années, et en outre 700,000 œufs de Féras. Tout a semblé marcher de la manière la plus satisfaisante. M. Gervais a également publié des rapports à ce sujet [2]. Il assure en 1862 que « les Saumons introduits dans l'Hérault commencent à s'y reproduire », qu'on en a pêché du poids de 600 à 800 grammes. Si les Saumons se reproduisent, ils ont été à la mer; alors comment se fait-il que des observations précises n'aient été faites par personne sur le départ et le retour de ces Poissons? Comment se fait-il qu'un zoologiste habile comme M. Gervais n'ait jamais noté, si, à des époques déterminées, il a vu les Saumons à l'état de *Parr*, à l'état de *Smolt*, à l'état de *Grilse?* En l'absence d'explications à cet égard, est-il possible de s'abandonner à une confiance entière?

M. Lecoq, de Clermont-Ferrand, a trouvé près du Conseil général du Puy-de-Dôme la même assistance que M. Gervais, et il a également rendu compte de ses essais de pisciculture [3].

---

[1] *Bull. de la Soc. d'agriculture de l'Hérault*; 1858. — *Bull. de la Soc. d'acclimatation*, t. VII, p. 30; 1860.

[2] *Bull. de la Soc. d'agriculture de l'Hérault;* 1862, 1863, 1864.—*Comptes rendus de l'Académie des sciences*, t. LIV, p. 148; 1862.

[3] *Bull. de la Soc. zool. d'acclimatation*, t. VII, p. 518; 1860.

Dans le même département, M. Rico s'est occupé de la propagation du Saumon dans les eaux dormantes, et, M. Gillet de Grandmont, rendant compte des expériences, affirme que deux individus de cette espèce ont été pêchés dans le lac Pavin, ayant atteint, l'un, le poids de 500 grammes, l'autre, le poids de 700 grammes[1]. Des Saumons d'un pareil volume, élevés dans de semblables conditions, auraient dû être placés dans un musée d'histoire naturelle pour l'instruction générale. Ils y auraient figuré comme une contradiction palpable des résultats si laborieusement acquis par les habiles expérimentateurs de l'Écosse. Dans une notice récente, M. R. Caillaud déclare qu'il regarde l'éducation du Saumon en eau douce comme *douteuse*[2]. Nous pensons qu'il a bien raison.

A Toulouse, M. Joly, professeur à la Faculté des sciences de cette ville, s'occupe, depuis quelques années, de la multiplication, dans le midi de la France, de nos meilleures espèces de Poissons[3]. Nous ne pouvons dire encore l'importance des résultats obtenus.

Deux publications intéressantes pour la pisciculture ont été faites par le Ministère de l'Agriculture, du Commerce et des Travaux publics. C'est une notice sur l'établissement d'Huningue, rédigée par M. l'Ingénieur en chef des travaux du Rhin, et un rapport sur la pêche fluviale dans la Grande-Bretagne, par le même ingénieur, M. Coumes[4]. Le premier de ces docu-

---

[1] *Bull. de la Soc. d'acclimatation*, t. X, p. 261 et 332; 1863.

[2] *Bull. de la Soc. d'acclimatation*, 2e série, t. I, p. 785; 1864.

[3] *Mém. de l'Académie des sciences, inscriptions et belles-lettres de Toulouse*, 1863.

[4] *Notice historique sur l'établissement de pisciculture de Huningue*, 1862. — *Rapport sur la pisciculture et la pêche fluviale en Angleterre, en Écosse et en Irlande*, in-4°; 1863.

ments fait connaître l'établissement d'Huningue dans ses phases successives, et ensuite la nature et l'importance des opérations qui y ont été effectuées. Des tableaux particuliers fournissent l'indication précise des quantités d'œufs de Salmonides fécondés chaque année et des distributions de ces œufs dans tous les départements de la France. Le nombre de ces distributions s'élève à un chiffre considérable. Le second document fournit les renseignements les plus instructifs pour la propagation et la conservation des Saumons dans les rivières.

Depuis une dizaine d'années, il a été publié encore d'intéressantes notices sur l'empoissonnement des eaux douces et sur l'état de la pisciculture en France, où l'on trouve souvent des indications utiles. Une notice de Jules Haime, qui date de 1854, a été particulièrement remarquée[1]. Sont venues ensuite des notes de M. Cloquet[2] et de M. René Caillaud[3], destinées à constater des résultats obtenus. Des instructions pour le repeuplement des cours d'eau, rédigées par M. Millet, ont été publiées en 1860 par l'administration des Forêts. M. Baude a émis ses vues particulières sur l'empoissonnement des eaux douces[4], M. Charles Deville a présenté des remarques au sujet de la pêche fluviale[5], et M. de Quatrefages a développé des considérations d'un ordre élevé sur la fertilité et la culture de l'eau[6]. Plusieurs propriétaires se sont livrés avec zèle à des travaux de pisciculture et ont eu parfois des succès réels dans la propagation de la Truite. Leurs noms se trouvent souvent cités dans

---

[1] *La Pisciculture, Revue des Deux Mondes*, 1er juin 1856.
[2] *Bull. de la Soc. d'acclimatation*, t. V, p. 49 ; 1858.
[3] *Ibid.*, 2e série, t. I, p. 580 ; 1864.
[4] *Revue des Deux Mondes*, 15 janvier 1861.
[5] *Annales forestières*, mars 1861.
[6] *Bull. de la Soc. d'acclimatation*, t. IX, p. XLIX ; 1862.

les écrits dont il vient d'être fait mention et dans les ouvrages de M. Coste. M. le comte de Galbert, à la Buisse, canton de Voiron (Isère), entre autres, semble être arrivé à faire une industrie véritable de l'élève de la Truite [1].

L'impulsion donnée en France s'est fait sentir dans presque tous les pays d'Europe, et depuis plusieurs années, la Belgique, la Hollande, la Suisse, l'Allemagne, l'Italie, l'Espagne, ont des établissements de pisciculture.

§ 6. — Des pratiques mises en usage pour la pisciculture.

De temps immémorial, on a pratiqué la pisciculture ou plutôt l'*Aquiculture*, pour employer une expression peut-être meilleure, introduite depuis quelques années. Les étangs, qui avaient une si grande importance au moyen âge, ont toujours été l'objet d'aménagements constituant une véritable aquiculture.

Les étangs offrent un moyen de tirer parti du sol avec peu de travail et à très-peu de frais. Si leur exploitation n'est pas des plus productives, on comprend néanmoins qu'elle ait dû être fort appréciée dans les pays où la population était peu abondante, où la culture était peu avancée. Dans les localités où la culture des étangs est la mieux entendue, d'après l'avis des hommes les plus compétents, on les alterne en eau et en labourage ; en eau, ils fournissent du Poisson et quelque pâturage, ou un peu de fourrage pour les bestiaux. Desséchés, mis en *assec*, suivant le terme consacré, on obtient de bonnes récoltes, sans engrais et avec peu de travail.

[1] Son établissement piscicole a été décrit par M. Victor Borie, *Journal d'Agriculture pratique*.

Ce n'est pas ici le lieu de parler des étangs à divers points de vue d'utilité publique, comme dans les endroits où ils servent au flottage, comme dans les pays où ils sont employés à l'irrigation des prairies ou à fournir de l'eau à de petites rivières, dont on augmente ainsi le volume, de façon à les rendre flottables.

Il n'y a pas lieu, pensons-nous, de s'arrêter davantage à ce qui concerne la culture des étangs. Les pratiques de cette culture sont assez généralement bien connues, les avantages et les inconvénients qu'elles présentent ont fourni matière à une foule de publications et à de nombreuses discussions. Ce qui excite aujourd'hui l'intérêt du public, ce qui éveille partout l'espérance d'un nouveau bien-être pour les masses, d'une nouvelle richesse pour le pays, ou du moins, du retour à une ancienne richesse, aujourd'hui perdue, c'est la pisciculture moderne, l'aquiculture pratiquée d'après les données fournies par l'expérience et par l'observation.

Le récit des essais, des travaux de tout genre, pour obtenir la multiplication des Poissons, a déjà montré à quels moyens on a eu recours dans ce but, et, jusqu'à un certain point, à quels résultats on est arrivé. Il importe cependant de faire un résumé de tous les procédés indiqués par les expérimentateurs qui pensent être en possession des meilleurs moyens de rendre l'aquiculture vraiment profitable.

On l'a vu, M. Coste, qui s'est beaucoup occupé de cette importante question, a publié, dès 1853, un petit ouvrage intitulé: *Instructions pratiques sur la pisciculture*, dont il a donné une seconde édition en 1856. Ce traité, où les faits sont exposés avec beaucoup de clarté, a été fort commode pour toutes les personnes qui ont voulu faire éclore des œufs de Truites ou de

Saumons, soit avec le désir de faire des opérations sérieuses, soit dans un simple but de curiosité ou d'amusement. Le petit livre de M. Coste a été traduit en plusieurs langues et plus souvent imité que traduit [1]. D'un autre côté, diverses personnes, qui se sont occupées particulièrement de la fécondation et de l'éclosion des Poissons, ainsi que de la nourriture des alevins, ont parfois imaginé de petits procédés ou certaines pratiques qu'il convient de ne point passer sous silence. Il est juste de citer en première ligne les expériences de M. Millet, inspecteur des forêts, qui, avec des moyens bien restreints, s'est adonné, depuis plus de quinze ans, avec infiniment de zèle et d'intelligence, à l'étude de toutes les questions qui se rattachent à l'aquiculture. On doit également faire une mention spéciale des résultats obtenus par les directeurs de l'établissement d'Huningue, MM. Bertot et Detzem, qui font chaque année des distributions très-considérables d'œufs fécondés de Salmonides.

Les pisciculteurs de l'époque actuelle ont porté principalement leur attention sur les *frayères artificielles*, sur les *procédés de fécondation artificielle*, sur les *appareils pour l'éclosion des œufs*, sur les *soins à donner aux œufs*, sur *l'alimentation des jeunes Poissons ou alevins*.

L'idée des frayères artificielles paraît assez heureuse en l'état

---

[1] Nous avons sous les yeux plusieurs écrits de ce genre publiés en France : Jourdier, *Traité de pisciculture*. — Fraiche, *Traité des procédés de multiplication naturelle et artificielle des Poissons.*—Pierre Carbonnier, *Guide pratique du pisciculteur*, avec beaucoup d'observations propres à l'auteur. — P. Joigneaux, *Pisciculture et culture des eaux*, etc., etc. D'autres publiés en Allemagne : *Die Geheimnisse der künstlichen Fischzucht*, 1858 (sans nom d'auteur). — J. F. Neu, *Die Teichwirtschaft*, etc., *nach praktischen Erfahrungen in der Ober-Lausitz.* Bautzen, 1859. — Dr Raphaël Molin, *Die rationelle Zucht der Süsswasserfische*, in-8°. Wien, 1864 (ouvrage étendu), etc., etc.

où se trouvent actuellement nos rivières et nos canaux. M. Millet
a insisté devant la Société d'acclimatation avec la plus grande
énergie sur la préférence à donner, dans beaucoup de circonstances, aux frayères artificielles sur les fécondations artificielles.
La fécondation artificielle n'est pas toute l'industrie, a dit avec
raison M. Coste [1], et cependant l'opinion contraire s'est beaucoup propagée. On n'a certes pas oublié les merveilleux résultats
que l'on devait obtenir au moyen des fécondations artificielles.
Les Poissons abandonnés à eux-mêmes s'y prenaient mal pour
avoir une nombreuse postérité ; on les remplacerait dans l'ac-
quittement de leurs devoirs, et les avantages seraient incalcu-
lables. Plus de quinze ans se sont écoulés depuis les jours de
ces séduisantes annonces, sans avoir encore fourni de brillants
résultats.

Parmi les Poissons, les uns, comme les Salmonides, déposent leurs œufs dans de petites cavités au milieu du gravier ou
dans les interstices des pierres ; les autres, tels que les Perches,
les Cyprinides : Carpes, Brèmes, Gardons, etc., attachent leurs
œufs, agglutinés au moyen d'une matière visqueuse, aux végétaux aquatiques, aux pierres, à tous les corps enfin où les
œufs peuvent être fixés. C'est pour ces derniers surtout que les
frayères artificielles doivent parfois être d'une certaine utilité.

La construction d'une frayère artificielle est une chose fort
simple. Il s'agit de former un cadre avec des bâtons ou des
lattes, et d'attacher à ce cadre avec des liens, des branchages,
des bruyères, des plantes aquatiques, de façon à constituer des
massifs irréguliers. Il est aussi aisé de donner aux appareils de
ce genre une forme circulaire en prenant des cerceaux pour
cadres. Les formes, et surtout les dimensions à donner à ces

____
[1] *Instructions*, etc., p. 20.

frayères doivent nécessairement varier selon la nature, selon la largeur des cours d'eau dans lesquels on les immerge, en les

Fig. 150. — Frayère artificielle.

assujettissant au fond avec des pierres et en les retenant à un piquet ou à un poteau placé sur le rivage. Les appareils maintenus en place de la sorte, sont facilement tirés de l'eau si un besoin l'exige.

On comprendra aisément l'avantage de ces frayères artificielles dans des rivières ou des canaux si bien curés, qu'il n'y a plus que de l'eau claire, comme le remarquait justement M. Leverrier dans une des réunions des sociétés savantes tenues à la Sorbonne, où il avait été traité de l'aménagement des eaux [1].

Pour les Salmonides, qui pondent sur le gravier et dont les œufs restent libres, les frayères artificielles sont fort simples à établir : on couvre dans certaines parties les bords du lit de rivières peu profondes et bien courantes, ou le fond de ruisseaux, d'une couche épaisse de gravier ou de cailloux, et l'on y forme de petites cavités ou des rigoles semblables à celles que creusent les Saumons et les Truites pour y déposer leurs œufs. M. Millet recommande d'élever des monticules de cailloux sur les bords de ces rigoles. A l'aide de ces artifices, les Truites particulièrement, s'arrêtent souvent pour pondre dans les endroits qu'elles ne fréquentaient pas auparavant et où il convient de les retenir.

La fécondation artificielle a été la préoccupation dominante de ceux qui, depuis quinze à vingt ans, se sont adonnés à des travaux de pisciculture. Les procédés à suivre pour obtenir les œufs et la laitance destinée à les féconder, devaient ainsi être avant tout l'objet de remarques spéciales. S'emparer de quelques Poissons à l'époque de la maturité des œufs, est le premier acte à accomplir ; mais, pour opérer cette capture en temps opportun, il est besoin d'observations continues, et l'entreprise en est fort difficile. Les Poissons doivent être saisis

---

[1] *Revue des Sociétés savantes*, t. III, p. 239 ; 1863.

presque au moment où ils vont effectuer leur ponte, et ce moment ne peut jamais être précisé d'une manière rigoureuse. Les œufs ne sont pas parvenus à maturité chez tous les individus d'une espèce, le même jour ; il y a des variations individuelles, il y a des variations générales d'une année à l'autre, selon la température. Afin d'obvier à ces inconvénients, M. Coste a proposé de prendre les Poissons destinés à être employés comme reproducteurs, un peu avant l'époque du frai et de les tenir captifs dans des bassins fermés où il devient facile de reconnaître chaque jour l'état de leurs ovaires et de leurs laitances. Jusqu'ici on n'a signalé, dans cette captivité, aucune influence fâcheuse sur les Poissons.

Lorsque le moment de la ponte approche, des signes particuliers l'indiquent. Les femelles ont les flancs distendus par leurs ovaires, l'orifice gonflé et plus ou moins rouge ; les mâles sont toujours moins alourdis que les femelles, mais sous la moindre pression du ventre la laitance jaillit au dehors.

C'est le moment d'opérer. Pour les Salmonides qui pondent en hiver, la température la plus favorable pour la fécondation artificielle est entre 5 et 10 degrés au-dessus de zéro.

Une femelle est saisie et maintenue au-dessus d'un vase de verre, de terre ou de bois ; en exerçant alors une légère pression d'avant en arrière sur le ventre de l'animal, absolument comme le prescrivait Adanson dans son cours au Jardin du Roi, en l'année 1772, on détermine l'expulsion des œufs. Après la femelle, vient le tour du mâle ; on agit à son égard, pour obtenir l'évacuation de la laitance, de même qu'avec la femelle. Quand l'eau a pris une apparence laiteuse, la quantité de laitance est jugée suffisante. Le liquide doit alors être agité et les œufs légèrement remués, afin que leur surface se trouve partout exposée au contact de la matière fécondante ; aussi est-il nécessaire que les œufs ne soient jamais rassemblés au fond d'un vase en masse trop considérable. Pour le même usage, M. Millet emploie un tamis double en canevas ou en toile métallique.

Dans le but de faciliter l'imprégnation des œufs, M. Coste conseille de placer dans le récipient, avant l'opération, une corbeille à mailles fines que l'on élève et que l'on abaisse successivement, en ayant soin de ne pas la sortir du liquide.

Après quelques minutes de repos, les œufs se trouvent fécondés, et, s'il s'agit d'œufs de Salmonides, il faut les transporter sans retard dans des appareils à éclosion, ou dans des boîtes que l'on place dans des ruisseaux ; pour les œufs des Truites et des Saumons, une eau bien claire et courante est toujours nécessaire.

C'est pour les Salmonides en particulier, que les fécondations artificielles peuvent rendre de véritables services ; le transport des œufs étant facile, le transport des Poissons vivants presque impossible. Nous en comprenons moins l'utilité au contraire pour les Carpes, Tanches, etc., et même pour la Perche, que l'on trouve d'ailleurs un peu partout. On objecte, il est vrai, que les œufs sont ainsi soustraits à la voracité d'une foule d'animaux aquatiques. L'avantage, néanmoins, n'est pas encore très-démontré.

Si l'on opère la fécondation artificielle des œufs de Carpe, de Tanche, de Perche, qui s'agglutinent et s'attachent aux corps étrangers, on agit comme avec les Salmonides, mais en prenant soin de faire couler les œufs sur des bouquets de plantes aquatiques ou sur des balayettes de bruyères que l'on a pris soin de placer dans le récipient. Lorsque l'opérateur se trouve en possession d'une quantité suffisante de bouquets chargés d'œufs, ce qui s'obtient aisément avec un petit nombre de Poissons, la fécondité des Cyprins et des Perches étant prodigieuse, il ne reste plus qu'à les mettre dans l'eau qui convient à l'espèce.

Les pisciculteurs pratiquant la fécondation artificielle, ont à s'occuper du choix d'un appareil pour l'éclosion des œufs. Les premiers expérimentateurs avaient eu recours à un moyen fort simple. Jacobi plaçait les œufs fécondés sur une couche de gravier dans une boîte de bois garnie à ses extrémités d'une toile métallique. La boîte était déposée dans un ruisseau, et les œufs mis de la sorte dans les conditions qu'ils rencontrent à l'état de nature et préservés des chances de destruction auxquelles sont exposées en liberté, les pontes des animaux aquatiques. MM. Hivert et Pilachon n'avaient pas d'autre procédé ; Rémy et Géhin employaient des boîtes de fer-blanc criblées de trous. Toujours la même méthode ; l'usage de boîtes, de caisses, plutôt que de corbeilles ou de paniers d'osier, n'a aucune importance dans la pratique.

Le moyen présente cependant de nombreux inconvénients, surtout pour des opérations un peu vastes. C'est la difficulté d'exercer une surveillance continuelle sur les boîtes ou les paniers immergés dans une rivière, la difficulté d'observer si la condition des œufs demeure satisfaisante, la difficulté encore. d'extraire des boîtes, les Poissons nouveau-nés sans les blesser. On s'est aperçu, en outre, que souvent les grillages se trouvent obstrués par des corps étrangers, par des sédiments calcaires. etc., qui amènent la perte des œufs. M. Coste a imaginé un appareil à éclosion simple et d'une disposition commode. L'appareil consiste en un assemblage de rigoles ou d'auges pourvues d'une gouttière pour l'écoulement de l'eau. Dans une petite expérience, une seule auge placée sous un robinet rend

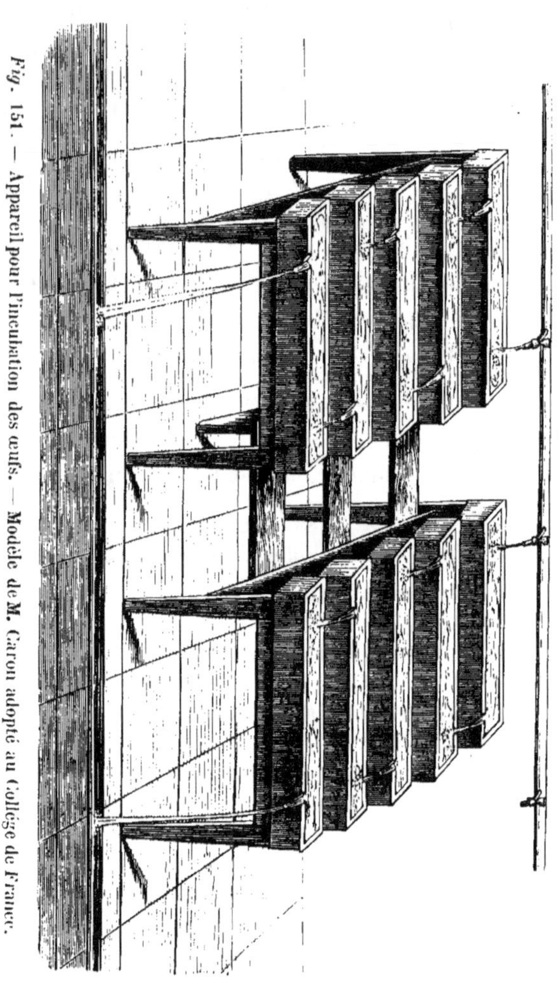

Fig. 151. — Appareil pour l'incubation des œufs. — Modèle de M. Caron adopté au Collège de France.

tout le service qu'il est permis de désirer. S'il s'agit d'opérations considérables, on multiplie les auges en les plaçant sur des gradins. Un seul filet d'eau, arrivant dans le bassin le plus élevé, tombe successivement dans tous les autres jusqu'au dernier, établissant de la sorte un courant continu. Si l'on dispose les auges comme un double escalier, il est facile d'en avoir un plus grand nombre encore sur un petit espace, pouvant être alimentées par un seul filet, car il suffit que la rigole supérieure soit pourvue d'une gouttière de chaque côté.

Les auges en faïence ou en poterie émaillée doivent être préférées soit aux vases en métal, soit aux baquets en bois, qui ont le défaut d'altérer la pureté de l'eau.

L'incubation des œufs de Salmonides s'obtient, du reste, partout avec une extrême facilité. Bien des personnes aujourd'hui s'amusent à faire éclore des Saumons et des Truites dans leur appartement. Une assiette placée sur la cheminée ou sur une table contient les œufs. En ayant soin de renouveler l'eau de l'assiette, trois ou quatre fois par jour, l'évolution s'effectue sans plus de difficulté.

Cependant, lorsqu'on opère sur des quantités d'œufs un peu considérables, il y a des précautions à prendre pour empêcher la mortalité. Les expérimentateurs sont tombés d'accord sur les avantages de la suspension des œufs. D'abord on a fait usage de claies d'osier ; des inconvénients ont obligé à y renoncer. M. Millet a adopté des châssis en *toile métallique galvanisée*, et il affirme qu'en aucune circonstance le métal *préparé* n'a exercé d'influence fâcheuse sur les embryons. M. Coste a imaginé des claies en baguettes de verre. Le verre ne peut être suspect d'être nuisible aux œufs ; sa fragilité seule pourrait devenir parfois une cause d'embarras. Un inconvénient d'une autre nature a pourtant été attribué aux claies formées de baguettes de verre ; les jeunes Poissons au moment de leur naissance laisseraient aisément passer la partie la plus mince de

leur corps entre les baguettes et se trouveraient souvent pris
de la sorte sans parvenir à se dégager. Ce sont là, au reste, des
pratiques d'ordre secondaire, sur la valeur desquelles les opé-
rateurs devront être bientôt fixés.

Pour obtenir de bons résultats dans l'incubation des œufs, il
est utile de se préoccuper de la température convenable et du
degré d'intensité de la lumière. Dans la connaissance acquise
de l'époque du frai de chaque espèce de Poisson, on trouve une
excellente indication de la température moyenne dont il est
essentiel de peu s'écarter. Avec la même connaissance, on
arrive à estimer dans quelle mesure la lumière doit être distri-
buée. Les œufs des espèces qui pondent en été, supportent une
vive lumière. Il en est autrement des espèces qui pondent en
hiver au milieu des graviers.

Si l'eau employée dans les appareils à éclosion est d'une
grande pureté et s'écoule avec rapidité, on voit peu d'œufs s'altérer ; mais cette double condition n'étant pas satisfaite, les pertes augmentent et il est recommandé d'enlever avec une pince
ou une pipette les œufs *gâtés*, afin de ne jamais laisser les œufs
sains en contact avec ces derniers. Souvent aussi des *byssus* se
développent à la surface des œufs et amènent la mort des
embryons. Dans tous les cas, il est conseillé de faire disparaître
à l'aide d'un pinceau tous les corps étrangers qui s'attachent
aux œufs, en un mot, de maintenir la propreté la plus rigoureuse.

Les jeunes Poissons éclos, l'eau claire leur suffit pendant une
période variable selon les espèces ; période dont le terme est
toujours annoncé par la disparition de la vésicule ombilicale.
C'est seulement après la résorption complète de cette vésicule,
que les jeunes Poissons commencent à manifester le besoin de

se nourrir ; il devient nécessaire alors de leur donner des aliments, si l'on tient à attendre qu'ils aient acquis une certaine force, avant de les abandonner dans les cours d'eau. Ce qui convient aux Truites et aux Saumons nouveau-nés, ce sont de jeunes Poissons plus faibles, de petites larves d'insectes, etc. La chair pilée ou hachée, les pâtées, dont on a fait usage avec plus ou moins de succès, offrent une multitude d'inconvénients faciles à concevoir.

Les fécondations artificielles étant particulièrement utiles dans les circonstances où il s'agit de propager des espèces dans des eaux où elles n'existent pas, il a été essentiel de s'occuper des conditions dans lesquelles le transport des œufs pouvait avoir lieu, avec le moins de danger possible. Pour des transports à courte distance, les œufs laissés dans l'eau arrivent en général à destination sans accident, si l'on ne leur fait subir un ballottage trop violent. Il n'en est pas de même dans les cas où les œufs doivent être envoyés au loin.

Les observateurs écossais avaient bien reconnu la possibilité de sortir de l'eau les œufs de Saumons et de les conserver assez longtemps avec un peu d'humidité. Ce n'était pas tout encore, néanmoins ; il fallait s'assurer du moment de l'incubation où le transport aurait lieu avec les plus faibles chances de perte, et les personnes qui en France se sont efforcées de diriger la nouvelle pisciculture, ont acquis la preuve, après des essais et des tâtonnements inévitables, que l'instant à choisir pour les expéditions, est celui où l'embryon commence à devenir bien distinct au travers de la coque de l'œuf ; c'est alors, l'œuf *embryonné*, suivant l'expression aujourd'hui admise par les praticiens.

Le moment de l'expédition arrivé, on prend une boîte et,

d'après l'avis de M. Coste, on forme, pour les œufs de Salmonides, un lit de sable fin mouillé au fond de la boîte. Une couche d'œufs est placée sur ce premier lit, puis un nouveau lit de sable et une nouvelle couche d'œufs, et ainsi de suite. Une certaine quantité de mousse humide, associée au sable, a l'avantage, à cause de sa légèreté, d'empêcher que des pressions trop fortes ne soient exercées sur les œufs. M. Millet recommande, comme moyen plus simple et préférable à l'usage du sable, l'emploi de linges mouillés qui maintiennent les œufs sans jamais les écraser.

§ 7. — Des conditions nécessaires à la propagation des Poissons.

Si l'on veut s'en rapporter avec une confiance entière aux écrits déjà nombreux, où les avantages de la fécondation artificielle des œufs sont présentés avec un accent qui témoigne d'une intention bien arrêtée de n'admettre aucune contradiction; si l'on prend la peine de parcourir l'énumération des succès qui se répètent depuis quinze ans, il sera difficile de ne pas croire jusqu'à nos plus petits ruisseaux peuplés par des légions de Truites, tous nos fleuves visités chaque printemps par d'immenses troupes de Saumons. Cependant les Truites et les Saumons n'arrivent pas sur les marchés des villes de France en quantité notoirement plus considérable que par le passé; on ne rencontre guère encore de pêcheurs assurant que les rivières, dépeuplées il y a quelques années, possèdent aujourd'hui une nombreuse population.

Les fécondations artificielles ont été pratiquées sur une vaste échelle; l'établissement d'Huningue a pu satisfaire avec une extrême libéralité aux demandes qui lui ont été adressées de tous les points de la France en œufs de Saumons. Et néanmoins, tous les succès obtenus jusqu'ici se bornent, croyons-nous, à quelques résultats heureux, dans un très-petit nombre de propriétés particulières, offrant des conditions favorables pour la multiplication de la Truite.

Dans la plupart des rapports des expérimentateurs qui se sont occupés le plus ardemment de la pisciculture, on voit que chacun se félicite de ses succès, car les œufs de Saumons, de Truites, de Féras, etc., presque toujours fournis par l'établissement de Huningue, ont donné des milliers de jeunes Poissons ; les pertes ont été insignifiantes, même jusqu'au moment où a été entièrement effectuée la résorption de la vésicule vitelline. Alors des milliers de jeunes Poissons ont été jetés dans une rivière, dans un lac ; tout s'est passé de façon à faire concevoir de belles espérances. Pourtant, de ceux qui sont interrogés au bout d'un certain temps, sur le degré de prospérité de leur exploitation, n'en reçoit-on pas à peu près invariablement cette réponse : Les Poissons sont morts ; ils ont disparu ?

Ils sont morts, en effet, et, dans la plupart des circonstances, ils devaient mourir d'après toutes les prévisions possibles. Que penserait-on d'une personne ayant l'idée de propager les Lièvres sur un sol entièrement nu ? Les Lièvres ne peuvent vivre dans un désert, remarquerait chacun, et, généralement, l'on ne remarque pas que l'on a fait le désert dans nos cours d'eau.

Dans son rapport de 1851, M. Milne Edwards indiquait la nécessité de beaucoup d'études, si l'on voulait réussir à multiplier les Poissons ; études indispensables dans chaque localité où l'on se proposait d'agir. On a cru pouvoir se passer de ces études. M. de Quatrefages, de son côté, a fait la remarque suivante, qui mérite bien d'être rapportée : « Une foule de pisciculteurs, ne

s'attachant qu'aux meilleures espèces, *sèment* exclusivement de
« la Truite et du Saumon…, c'est-à-dire des espèces carnassières
« et très-voraces, qui, une fois lâchées dans un cours d'eau, ne
« trouvent pas à s'y nourrir ; ces espèces en sont réduites à
« s'entre-dévorer et disparaissent. Il faut, dans les mêmes eaux,
« multiplier les espèces herbivores, sinon il sera impossible de
« les peupler [1]. »

Rien de plus vrai, mais ce n'est pas tout encore.

Il ne suffit pas que des Poissons, même des herbivores, soient
mis dans l'eau pour qu'ils vivent et grandissent, et, dans une
infinité de rivières, il n'y a plus de nos jours que de l'eau claire
ou bourbeuse. C'est le désert. Les herbes ont été arrachées,
anéanties au préjudice des espèces herbivores. La disparition
des herbes a entraîné la disparition des mollusques fluviatiles,
Limnées, Planorbes, Paludines, des insectes, des vers, qui, dans
les conditions ordinaires, entrent pour une part énorme dans
l'alimentation de nos meilleures espèces de Poissons. La disparition des herbes a enlevé aux Poissons dont les œufs s'agglutinent les moyens de déposer leur ponte dans les seules conditions
où les œufs puissent se développer ; elle a enlevé aux jeunes
Poissons les retraites, les refuges contre les atteintes de leurs
ennemis.

Attribuer, uniquement à une pêche trop active la rareté, actuelle de certains Poissons dans des cours d'eau, où ces Poissons
vivaient autrefois en abondance, c'est beaucoup se tromper. Les
ravages produits par des pêches inintelligentes sont, certes,
bien réels ; mais ce n'est pas, sans doute, sur une foule de points,
la seule cause de la diminution des Poissons. La cause principale

---

[1] *Bulletin de la Soc. zool. d'acclimatation*, t. IX, p. 65 ; 1862.

est due au curage des rivières, à l'enlèvement des herbes, et
avec les herbes, d'une masse d'animaux et souvent de frai de
Poissons.

Le jour où l'on veut faire vivre des Truites ou d'autres Salmonides dans une rivière, il est indispensable de s'assurer, avant
tout, si dans la rivière vivent des insectes, des vers, des mollusques, de petites espèces de Poissons, comme des Vairons,
des Chabots et des Loches, et, dans le cas où leur absence est
constatée, de commencer par introduire de ces animaux, ainsi
que la végétation qui leur est nécessaire. Il y a peu d'années, je
visitais, aux environs de Montivilliers (Seine-Inférieure), une
propriété dans laquelle couraient une rivière et des ruisseaux
limpides, offrant une belle végétation près de leurs bords ; on
s'émerveillait en voyant l'abondance des Truites, grosses et petites, qui se jouaient dans ces eaux pures. C'est qu'en cet endroit
étaient réunies toutes les conditions favorables à la ponte et à
l'alimentation de la **Truite.**

Rémy et Géhin, qui avaient eu des succès pendant plusieurs
années, étaient obligés de *nourrir* leurs Truites, de leur apporter
du frai et des têtards de grenouilles, de petites espèces de Poissons, etc. ; il arriva que les eaux du voisinage furent mises à
contribution d'une manière excessive ; les deux pêcheurs con-
statèrent avec chagrin que la nourriture manquait à leurs
Truites. Eh, disait Géhin à l'un de ses parents, de qui je tiens ce
renseignement, savez-vous que nous ne trouvons plus assez
d'animaux pour nourrir nos Truites ; elles se mangent les unes
les autres ; bientôt nous n'en aurons plus. Bientôt, en effet,
il n'en restait guère.

En essayant de propager en un lieu une espèce animale, on
n'est en droit d'espérer un succès que si l'on a acquis une con-

naissance exacte des conditions nécessaires à la vie et à la reproduction de l'espèce, que si l'on s'est assuré ensuite de l'existence de ces conditions dans la localité. Si les conditions font défaut, il est indispensable avant tout d'arriver à les produire. Il est entré dans la croyance d'une infinité de personnes qu'il suffisait de *semer* du poisson, à peu près indifféremment dans toutes les eaux, pour avoir de bonnes récoltes. De là, de continuelles déceptions, capables de jeter le plus regrettable discrédit sur la valeur des indications de la science relativement aux applications à l'industrie et à l'agriculture. En procédant à l'aventure, il faut. s'attendre à voir, presque toujours, les résultats se traduire par des pertes de temps et d'argent ; en procédant d'une manière scientifique, c'est-à-dire appuyé de la connaissance profonde des conditions nécessaires à la vie et au développement des êtres que l'on désire multiplier, on n'agira qu'avec les plus grandes chances de succès.

Les échecs sans nombre, les pertes considérables, l'expérience du passé, doivent être aujourd'hui un enseignement pour l'avenir.

Chacun a eu confiance dans les promesses de l'ostréiculture, et la confiance a été trompée. Les huîtres semblaient pouvoir être multipliées à profusion sur toutes les côtes, parce que la faculté procréatrice de ces animaux est immense, et, depuis qu'on s'occupe de cette branche d'industrie, les huîtres sont devenues chaque année plus rares que l'année précédente[1]. Voici, au reste,

---

[1] M. Robert de Massy (*Des halles et des marchés*, etc., p. 316) constate la diminution annuelle de l'approvisionnement des huîtres à Paris de 1853 à 1860, en même temps que l'élévation du prix.

Nombre de cents d'Huîtres		Prix du cent d'Huîtres	
en 1853,	en 1860,	en 1853,	en 1860,
978,700	484,706	2 fr. 27	4 fr. 58

ce qu'on peut lire dans un document officiel, encore récent, émané du Ministère de la Marine : « Pendant l'année 1864, « 1,501 établissements, destinés au rapide développement ou à « la fixation des huîtres ont été créés. Partout l'Administration « s'efforce de faire apprécier aux riverains l'avantage de trans- « former en lieux de production les plages sur lesquelles vient « échouer le naissin, les parcs du rivage étant le complément « nécessaire des huîtrières sous-marines, dont elles augmentent « et améliorent les produits ; enfin des essais récents permettent « de mieux augurer de l'avenir, en ce qui concerne le repeuple- « ment, *infructueusement tenté jusqu'à ce jour*, des huîtrières « sous-marines [1]. »

Pourquoi ce repeuplement a-t-il été tenté *infructueusement* d'une manière aussi générale ? Parce que l'on a attendu le succès de la bonne chance. On a oublié de procéder avant toute opé- ration à une étude complète des conditions d'existence et de développement de l'huître. Il y aurait eu profit, cependant, à observer des huîtres à tous les âges, dans les conditions natu- relles où elles prospèrent. Animaux fixés bientôt après la nais- sance, ces mollusques se nourrissent de corpuscules flottants, qu'ils attirent à l'aide de leurs palpes ; la nature de ces corpus- cules n'a pas été exactement déterminée. Il était utile de cons- tater leur degré d'abondance dans les eaux où les huîtres se développent le mieux, et ensuite, de s'assurer s'ils existaient dans les eaux où l'on se proposait de créer des bancs artificiels, s'ils n'avaient pas disparu des localités où ils venaient autrefois en abondance ; on ne s'en est point préoccupé. D'autres faits méritaient encore d'être observés, comme l'influence du fond,

---

[1] *Exposé de la situation de l'Empire présenté au Sénat et au Corps lé- gislatif.* Marine, p. 163. — *Moniteur universel.* Fév. 1865.

des abris, de la profondeur ; on s'est passé de toutes ces observations et l'on a opéré *infructueusement*. Si l'Administration de la Marine, animée des plus excellentes intentions, eût demandé à un naturaliste, exercé à ces sortes de recherches, une étude bien complète de l'huître ; avec une semblable étude pour guide, il est permis de le croire, on aurait dépensé moins d'argent *infructueusement*.

Je cite ce fait en dehors de mon sujet, comme un exemple saisissant de la nécessité d'une connaissance scientifique très-parfaite des animaux que l'on désire multiplier pour procéder avec avantage à des essais industriels. En agissant au hasard, un succès fort limité n'est pas *absolument impossible* ; mais c'est tout.

Pour les Poissons des eaux douces, et en particulier pour les Salmonides, les mêmes errements ont été suivis. La Truite était l'espèce la mieux connue dans ses habitudes ; à l'égard de celle-ci, des résultats avantageux ont pu être obtenus en quelques endroits, mais, à l'égard des autres, qui dira ce qu'ont produit les millions d'œufs de Saumon, d'Omble-Chevalier, de Féra, etc., expédiés par l'établissement d'Huningue ? L'histoire du Saumon était faite, au moins en grande partie ; il semble que personne en France n'ait songé à la lire. Cette lecture eût refroidi les espérances que l'on fondait sur le lac du bois de Boulogne, sur l'étang de Saint-Cucufa aux environs de Paris, sur le lac Pavin en Auvergne, etc.

La séduction a été immense en voyant avec quelle facilité on obtient l'éclosion de jeunes Poissons, et cependant une plainte énergique s'est élevée à l'occasion d'une recherche trop active des œufs de Salmonides dans les cours d'eau et les lacs de la Suisse. Entièrement dégagé de tout intérêt personnel dans la question, voulant rendre hommage à tous les efforts dont le but est d'augmenter le bien-être des populations, désirant qu'on ne s'abandonne pas au découragement, parce qu'on s'est trop aisément abandonné à l'espérance, je dois, pour l'instruction générale, rappeler cette plainte. Dans un *Congrès de pisciculture* qui eut lieu à Lausanne, en 1859, il a été dit que « les nou-« velles méthodes de pisciculture, appliquées par quelques sa-« vants et quelques ingénieurs, au lieu d'apporter chez eux la « richesse et l'abondance, n'avaient eu d'autre effet, jusqu'à « présent, que d'amener la pénurie et presque la disette. » M. H. Costaz rapporte que l'établissement d'Huningue faisant ses approvisionnements d'œufs par l'intermédiaire de pêcheurs qui reçoivent un prix fixé par litre ou par kilogramme, ces pêcheurs se hâtent de ramasser la plus grande quantité possible d'œufs pour les expédier à Huningue au fur et à mesure de leur fécondation. La précipitation qu'ils apportent dans cette opération ne leur permettant pas de tenir compte de toutes les circonstances défavorables, il y aurait des pertes considérables ; des femelles étant prises quand leurs œufs ne sont pas encore arrivés à maturité, la totalité des œufs étant extraite en une seule fois, etc. [1]

Nous avons parlé de la nécessité de conserver de la végétation dans les rivières. C'est une remarque générale qui, s'appliquant à tous nos cours d'eau, appelle l'attention des particuliers et de l'Administration supérieure. Les besoins de la navigation peuvent exiger que le lit des fleuves et des rivières demeure entièrement libre sur une grande surface ; mais, dans tous les cas, il faudrait laisser croître les plantes aquatiques près des berges. Dans les canaux, une grande faute est commise, lorsque les

---

[1] H. Costaz, *Mémoire sur la destruction du Saumon dans le Rhin,* avril 1859.

herbes qui poussent contre les parois sont arrachées. Nous avons vu des canaux, herbus sur leurs bords, où pullulaient les animaux de tous genres, devenir, résultat inévitable, entièrement déserts, après un curage et la destruction de toutes les plantes aquatiques. La végétation a l'avantage de rendre à l'eau, au moins dans une certaine mesure, la pureté que lui fait perdre la présence de matières organiques en décomposition.

A l'égard du préjudice causé par les égouts des grandes villes, et surtout par les résidus versés dans les rivières par les usines, les plaintes n'ont pas manqué. Elles ne sont que trop fondées. Tout en admirant la grandeur du développement industriel de notre époque, il est permis de signaler comme un acte digne d'un temps de barbarie, l'empoisonnement de nos cours d'eau, qui occasionne la mort des Poissons, l'anéantissement d'une partie de nos ressources alimentaires. S'imagine-t-on que soit possible le repeuplement des rivières où s'écoulent d'une manière incessante les résidus des fabriques de soude, des fabriques de couleurs, des papeteries, des distilleries, des lavages de laine, des fabriques de colle et de gélatine, des fabriques de sucre? Combien de fois n'a-t-on pas vu flotter à la surface d'une rivière une foule de Poissons morts à la suite d'un écoulement un peu considérable des déjections d'une usine. Il y a trente-cinq à quarante ans, une petite rivière et deux pièces d'eau, sur un domaine de M. de Sommariva, étaient corrompues par les eaux d'une féculerie de pommes de terre; les Poissons périrent. De là, une suite de procès[1]. Je lis qu'à la fin de l'année 1861, il y eut une grande mortalité de Poissons dans l'Escaut, causée par le déversement dans la rivière, de l'eau contenue dans la cuve du

---

[1] *Annales d'hygiène publique et de médecine légale*, t. XI, p. 251; 1834.

gazomètre de Cambrai [1]. Des exemples de cette nature pourraient être multipliés presque à l'infini.

Dans certaines fabrications, on est parvenu à tirer un parti avantageux de résidus autrefois abandonnés et toujours nuisibles [2]. Il est urgent de demander pour toutes les industries des recherches afin d'obtenir le même résultat, ou la destruction de ces résidus, si leur emploi est impossible. De graves difficultés se présentent, il est vrai, dans l'état actuel ; il importe néanmoins de songer à les faire disparaître. A une époque récente, le préfet du département du Nord voulut, par un arrêté, interdire aux fabricants de sucre de faire écouler leurs *vinasses* dans les rivières. Les fabricants alléguèrent l'impossibilité d'agir autrement et déclarèrent leur intention de fermer leurs usines, si l'on persistait dans l'idée de les obliger à consommer d'énormes quantités de combustible pour évaporer les vinasses. L'arrêté fut aussitôt rapporté. Les industriels estiment si grande l'importance de leurs produits, qu'ils comprennent peu, en général, qu'on les gêne dans le but de conserver le Poisson dans les rivières et même de protéger la santé publique, en empêchant la corruption des eaux. Encore une fois, il y a là un reste de barbarie ; on ne saurait trop se préoccuper de le faire disparaître.

Le rouissage du chanvre et du lin, dans les rivières, produit des effets désastreux. D'autres méthodes sont connues et mises en usage pour la préparation de ces matières textiles ; n'est-il pas temps d'interdire absolument une pratique funeste ?

---

[1] *Rapports du Conseil de salubrité du Nord*, t. XX, p. 270 ; 1862.

[2] Voir les *Rapports des Conseils de salubrité du département du Nord*, le *Rapport sur l'assainissement industriel et municipal dans la Belgique et la Prusse rhénane*, par M. Ch. de Freycinet, p. 63 ; Paris, 1865. etc.

Un mal plus difficile à arrêter est occasionné, dans plusieurs localités, par le chaulage des terres. Lorsque de grandes pluies viennent laver ces terres, de notables quantités de chaux sont entraînées dans les rivières et causent la mort de beaucoup de Poissons. Depuis des siècles, la défense de jeter dans les eaux des drogues et, en particulier, de la *coque du Levant*[1], dans le but de faire périr les Poissons et de s'en emparer sans peine, a été mille fois renouvelée. Mais n'importe-t-il pas de prendre des mesures qui rendent impossibles ces actes de sauvagerie?

Une calamité d'un autre genre, déjà bien des fois signalée, et s'aggravant chaque jour davantage, c'est la présence sur les rivières des barrages qui mettent obstacle à la *remonte* et à la *descente* des Poissons migrateurs. Autrefois, la Bretagne était réputée la province de France la plus favorisée pour la pêche du Saumon. Avant 1789, cette pêche était affermée 200,000 livres par an[2]. Aujourd'hui, sur toutes les rivières, les barrages des moulins arrêtent les Saumonneaux qui affluent devant ces obstacles à une époque de l'année où on les détruit par myriades.

M. Millet, ayant constaté avec un grand soin les conditions dans lesquelles se trouvent actuellement les rivières de la Bretagne et de la Normandie, m'a communiqué à ce sujet des notes intéressantes. Ainsi, l'Aulne, dans le département du Finistère, qui recevait autrefois beaucoup de Saumons, n'en a plus, aujourd'hui que la rivière a été canalisée et pourvue d'écluses. Il en est de même pour le Pensez et les autres cours d'eau, depuis l'établissement de moulins.

Des obstacles analogues existent dans l'Ille-et-Vilaine, sur le

[1] Le fruit du *Menispermum cocculus*.
[2] Baude, *l'Empoissonnement des eaux douces.* — *Revue des Deux Mondes,* 15 janvier 1861.

Couesnon ; dans le département de la Manche, sur la Sée, la Sélune, la Sienne ; dans le Calvados, sur la Touques, la Dives, l'Orne, la Seulle.

Sur la Risle, l'affluent de la Seine, où le Saumon était autrefois le plus abondant, tout passage du Poisson est maintenant interdit par le grand barrage éclusé de Pont-Audemer.

Dans le cours supérieur de la Loire, sur l'Allier et sur la plupart de nos cours d'eau, les mêmes obstacles se sont multipliés.

On a cité, sur la Dordogne, les barrages de Mauzac et de Bergerac, où, depuis quelques années, on a installé des échelles ; sur ses affluents, l'Isle, la Dronne, les écluses et les moulins qui rendent impossibles les passages des Poissons migrateurs [1]. Il en est de même sur les affluents de la Garonne.

Les *escaliers* ou *échelles* à Saumon ont été réclamées avec la plus grande insistance ; malheureusement, les réclamations n'ont pas été suivies d'un grand effet.

Ces échelles, qui permettent aux Saumons de franchir les chutes, peuvent varier à l'infini dans leur mode de construction [2] ; mais, dans leur forme la plus simple, elles consistent en une série d'auges superposées comme les marches d'un escalier. Les Truites et les Saumons gravissent aisément ces marches. En disposant les bassins sur deux files, on établit un passage allant alternativement à droite et à gauche, passage spirale qui est plus facile encore à franchir pour les Poissons.

S'il est indispensable d'établir des *échelles* partout où il y a des barrages et des chutes, afin que les Saumons puissent re-

[1] Millet. *Du repeuplement des eaux de la France.* — *Actes de l'Académie de Bordeaux* ; 1856.

[2] Coste, *Voyage d'exploration*, etc., p. 254 ; 1861. — Coumes, *Notice sur la pisciculture et la pêche fluviale* en Angleterre, en Écosse et en Irlande ; 1860.

monter, il est à craindre que cela ne suffise pas toujours pour les autres Poissons migrateurs; il serait donc à désirer qu'on ouvrît des passages, comme il en a été ouvert quelques-uns dans des barrages, placés près des embouchures de rivières, par les soins du commissariat de la marine. Ces passages peuvent être fort utiles pour la descente des Saumonneaux.

En résumé, pour arriver au repeuplement des eaux de la France :

Il importe que l'Administration supérieure interdise d'une manière absolue tout ce qui fait entièrement obstacle au passage des Poissons migrateurs ; qu'elle prenne des mesures pour interdire l'écoulement dans les rivières des résidus des fabriques et de toutes les matières capables de nuire aux êtres vivants ; qu'elle empêche, sur tous les cours d'eau, la destruction complète de la végétation aquatique.

Maintenant, toutes les fois qu'il s'agira de propager une espèce, il ne faudra pas perdre de vue la nécessité de connaître d'avance les habitudes de l'espèce et de constater, si dans l'endroit où l'on désire la multiplier elle rencontrera les conditions nécessaires à son existence et à sa propagation. Avec ces études préliminaires, les particuliers, opérant dans des limites étroites, trouveront assurés les éléments du succès.

M. Millet a eu l'idée toute scientifique d'analyser les eaux d'une infinité de rivières, et de déterminer ainsi celles qui paraissent le plus particulièrement favorables à nos différents Poissons. C'est un travail que je regrette de ne pouvoir faire connaître avec détail. Au reste la présence ou l'absence de plantes et d'animaux dans les rivières et les ruisseaux sera toujours une indication de la plus haute valeur.

M. Coste aura rendu un service considérable, croyons-nous,

en déterminant l'Administration supérieure à prendre en main une œuvre aussi importante que le repeuplement des eaux, en excitant le zèle et l'intérêt d'un grand nombre de particuliers pour cette cause, en montrant à tous avec quelle facilité naissent les jeunes Poissons. En présence de certaines dificultés à les faire vivre indifféremment dans toutes les conditions, nous désirons aujourd'hui que le découragement ne succède pas à des espérances fondées sur des promesses chimériques. Le succès appartiendra à ceux qui poursuivront leurs travaux de pisciculture, non plus en procédant à peu près à l'aventure, mais en agissant ainsi, d'après les indications fournies par la science ; c'est-à-dire, d'après une connaissance acquise des habitudes, des conditions d'existence et de développement des espèces que l'on veut multiplier. Si l'on *sème* du Poisson dans l'attente d'une récolte, il faut agir, comme agissent les agriculteurs ; ils sèment dans le terrain propice et surtout dans le terrain soigneusement préparé pour recevoir la graine. Jeter de jeunes Poissons dans une rivière déserte, autant vaudrait semer du froment dans de la craie ou dans du sable.

HISTOIRE DE LA LÉGISLATION

RELATIVE A LA PÊCHE ET AU COMMERCE DES POISSONS DES EAUX DOUCES.

§ 1. — Les anciennes ordonnances royales depuis les premiers siècles de la Monarchie française jusqu'en 1669.

L'extrême facilité avec laquelle on peut s'emparer des Poissons, dans les fleuves et les rivières, a obligé les rois et les gouvernements des peuples de l'Europe, depuis une époque fort ancienne, à soumettre la pêche à des restrictions, au moins dans les eaux du domaine public.

D'après le droit romain, toutes les rivières, même celles qui n'étaient ni navigables ni flottables, étaient réputées publiques, non pas, dit M. Troplong, qu'elles fussent communes comme l'air, l'eau, la mer, et qu'elles n'appartinssent à personne ; car elles étaient la propriété du peuple romain ; l'usage seul en appartenait à tous. Chaque citoyen pouvait y pêcher, y puiser de l'eau, s'y baigner, etc.

En France, on suivait d'autres règles ; les rivières non navigables appartenaient, presque partout, au seigneur haut-justicier, comme indemnité pour les charges qui pesaient sur lui pour l'administration de la justice.

Depuis l'abolition de la féodalité, le silence de la loi sur la propriété des cours d'eau non navigables et non flottables, a donné lieu à des dissidences sur la question de savoir à qui ils appartiennent [1]. La question n'a pas été tranchée.

[1] Troplong, *De la prescription*, n° 145.

D'après un avis du Conseil d'État, en date du 27 pluviôse an XIII, approuvé par l'empereur Napoléon, l'abolition de la féodalité ayant été faite, non au profit des communes, mais bien au profit des vassaux, la pêche des rivières non navigables ne peut, en aucun cas, appartenir aux communes, mais les propriétaires riverains doivent en jouir, et perdre cet avantage seulement par la suite, la rivière devenant navigable.

En France, comme en Angleterre, comme en Allemagne, comme dans la plupart des autres États, on a vu la nécessité d'interdire la pêche dans la saison où les Poissons se livrent à l'acte de la reproduction, d'empêcher qu'on ne s'emparât des Poissons trop jeunes et surtout qu'on ne se servît d'engins propres à ravager les cours d'eau.

Interdire la pêche au temps du frai; aucune mesure n'est plus justifiée; mais les curieuses méprises commises à toutes les époques fournissent des preuves multipliées que le législateur commet une grave faute, lorsqu'en ces sortes de matières, il croit pouvoir se passer des lumières du naturaliste. Ainsi l'Ordonnance royale de 1669, qui, pendant cent soixante années, a été le code de la pêche, dans le but d'empêcher la destruction de la Truite, en interdit la capture « depuis le 1er février jusqu'à la mi-mars, » et comme la Truite fraye pendant les mois de décembre ou de janvier, les pêcheurs avaient eu le loisir de s'emparer de tous les individus chargés d'œufs et de laitances. Dans le siècle actuel, il a été habituellement réservé aux préfets de suspendre la pêche par un simple arrêté aux époques où les Poissons doivent frayer dans les eaux du département confié à leur administration, et nous savons que beaucoup de préfets, ne pouvant s'imaginer que la saison des amours, pour tous les êtres, fût autre que le printemps, prenaient grand soin d'interdire la pêche des Truites au mois d'avril.

Au moyen âge, les Poissons avaient pour l'alimentation publique une importance que l'on ne soupçonne plus de nos jours ; les abbayes, les monastères, recevaient une foule de redevances et de donations en Poisson et surtout en Anguilles et en Harengs.

Ce qui est clairement démontré par tous les actes émanés de l'autorité royale depuis six cents ans, c'est la diminution constante de la population des rivières de la France. Les premiers rois de la monarchie ne se préoccupèrent en aucune façon de cette matière. D'après les plus grandes probabilités, Charlemagne fut le premier de nos souverains qui songea au parti à tirer des eaux douces. Dans un capitulaire de l'an 800, il prescrivit d'entretenir en bon état les étangs et les rivières de ses maisons de campagne, d'en creuser de nouveaux dans tous les lieux où il serait possible d'en établir, et de faire vendre au profit de son trésor le Poisson qui en proviendrait [1]. On le voit, en homme qui comprend la charité, le grand empereur pensait ici plus à lui-même qu'à son peuple.

Pendant des siècles, l'Esturgeon appartenait au roi dans plusieurs monarchies de l'Europe. Il en était ainsi en Suède d'après les lois du pays ; et lorsque les Normands se furent emparés de la Neustrie, ils consacrèrent ce privilége en faveur de leurs ducs. Ceux-ci en firent souvent alors des concessions aux seigneurs servitoriaux des fiefs situés sur les côtes ou vers l'embouchure des fleuves. Le sire de Tancarville fut de la sorte mis en possession du droit d'Esturgeon dans la Seine, depuis son château fort jusqu'à Harfleur. Combien y aurait-il lieu de

---

[1] Baluze, *Capit. Regum Franciæ*, t. I, p. 881.

donner aujourd'hui d'un pareil droit? Un Esturgeon pêché dans la basse Seine, si ce n'est pas précisément un phénomène, c'est au moins une assez grande rareté.

Robert, comte d'Eu, le fondateur de l'abbaye du Tréport en 1057, fit don à Saint-Michel de tous les Esturgeons que prendraient les pêcheurs, hommes ou vassaux de ce monastère. Les religieux de l'abbaye de Fécamp faisaient pêcher les Esturgeons à l'embouchure de la Dive, comme l'apprend un acte passé vers 1100 entre Guillaume, abbé de Fécamp, et Gilbert, abbé de Saint-Étienne de Caen [1]. Beaucoup de religieux jouissaient du même droit, ainsi que celui sur les meilleures espèces : le Saumon, l'Alose, la Lamproie, réputés Poissons francs (*Pisces franci*). On cite, entre autres, l'abbesse de la Trinité de Caen, l'évêque de Dol, en Bretagne, l'archevêque d'Arles. Des pêches particulières de l'Esturgeon étaient pratiquées à Tarascon sur le Rhône en 1063, à Fronsac sur la Gironde en 1273; mais, comme on peut le constater par les Ordonnances des rois de France, ces pêches étaient exercées en vertu d'une aliénation du domaine. Les ducs de Bretagne, de Gascogne, etc., ne possédaient le droit d'attribution qu'en leur qualité de feudataires de la couronne [2].

Les Anguilles devaient être autrefois en prodigieuse abondance dans les eaux de la France. On en a la preuve par ce fait que, pendant le xiiᵉ siècle, il y eut une foule de donations de ce Poisson aux monastères. Il y eut même des baux à rente qui s'acquittaient seulement en milliers d'Anguilles [3].

---

[1] *Cartular. abb. Sancti Stephani de Cadomo*, fol. 54.

[2] *Ordonnances des Rois de France*, t. VI, p. 47, 51. — Noël, *Histoire générale des pêches*, p. 346, 347.

[3] Noël, *Histoire générale des pêches*, p. 351.

A dater du xiiie siècle, on avait déjà constaté évidemment l'appauvrissement de la population de nos eaux douces, car, à partir de cette époque, les ordonnances des rois de France relatives à la pêche et à la vente du Poisson se succèdent à de courts intervalles; beaucoup d'entre elles sont motivées sur la diminution et sur le renchérissement progressifs du Poisson.

Une ordonnance de Louis IX, de l'an 1258, a pour objet de réglementer la vente du Poisson d'eau douce à Paris. Il n'y avait pas alors d'économistes pour prêcher la liberté du commerce et s'en fier à la concurrence pour le plus grand avantage des acheteurs.

Une ordonnance de Philippe le Bel de 1312 montre jusqu'à quel point était déjà reconnue la nécessité de veiller à la protection des Poissons trop jeunes. « Sachez, dit cette ordonnance aux maîtres des eaux et forêts, que, par nostre grand conseil et par noz barons, nous avons fait certaines ordonnances sur les pêcheurs et sur la manière de pescher en toutes rivières, grandes et petites, en la manière qui s'ensuit. » Cette manière qui s'ensuit, c'est qu'on ne puisse « pescher d'engin, de quoi « la maille ne soit de moulle d'un gros tournois d'argent, que « l'on ne prenne Brochetaux (petits Brochets) qui ne vallent « deux deniers, la Vandoise et le Chenevel (Chevaine), s'ils « n'ont cinq poulces de long, le Barbel (Barbeau), dont les deux « ne vallent un denier tournois, le Carpel (Carpe), dont les « deux ne vallent un denier, les Anguilles, dont les quatre ne « vallent un denier tournois. Nous deffendons la blanche Rosse « (Gardon) si elle n'a cinq poulces de long et qu'on ne la puisse « prendre avant demy-avril jusqu'à demy-mai... Nous deffen- « dons que marchand de Poissons n'achète Poissons qui ne « soit de l'ordonnance dessus dite : et s'ils estoient repris

« soustrayans ou vendans, ils payeront autant comme ceux qui
« l'ont pesché.........[1]. »

Cette ordonnance est instructive à plus d'un titre. Nous savons par cette pièce que la Carpe était répandue en France au commencement du xive siècle. On remarque l'absence de toute mention de la Truite ou du Saumon. On y voit que nos législateurs de 1865 ont été de longtemps précédés dans l'idée de défendre le colportage du Poisson dont la pêche est prohibée.

Cinq années plus tard, c'est-à-dire en 1317, une ordonnance de Philippe V, en date du 3 mai, règle la police de la pêche dans la rivière d'Yonne, et détermine de quelles sortes de filets il sera permis de se servir.

Un document du même genre, émané de Charles IV, le 26 juin 1326, ayant pour objet d'apporter une nouvelle rigueur dans la défense d'engins trop destructeurs et dans la protection des jeunes Poissons, fournit la preuve que la dévastation commençait à faire sentir ses fâcheux effets.

« Comme les fleuves, dit l'ordonnance de Charles IV, et
« chacun par soi et les rivières grandes et petites de nostre
« royaume, par malice et par engins pourpensez des pescheurs,
« soient aujourd'hui sans fruit et par eulx sont empeschez les
« Poissons à croistre en leur droict estat, ni ne sont de nulle
« valeur, quand ils sont pris d'eux, et ne profitent pas à en user
« en leurs mains, ainçois qu'ils sont plus chers qu'ils n'ont
« accoutumé ; laquelle chose tourne au grand dommage tant des
« riches comme des pauvres gens de nostredit royaume, et de
« nous et de nostre droit royal, à qui appartient curer et penser
« du bon estat et profit comme de nostredit royaume. »

[1] *Ordonnances des Rois de France*, t. I, p. 541.

Les poissons plus chers qu'ils n'ont accoutumé; ce sera l'exclamation continuellement répétée pendant la durée de chaque siècle.

Remarquons encore que les espèces désignées pour une protection spéciale en 1326, sont : *Barbel, Carpe, Tanche, Brême, Lubel* (Brochet), *Anguille.*

C'est bientôt à Philippe VI (1328) à s'occuper de prohiber une foule d'engins et à interdire la pêche à certaines époques.

Des Poissons qui paraissent aujourd'hui en quantité tellement insignifiante sur le marché de la capitale, qu'on n'y porte presque aucune attention, étaient encore bien certainement d'une abondance extrême au xive siècle. C'est la conclusion inévitable à tirer, pour la Lamproie, des termes d'une ordonnance du roi Jean, de 1350, qui interdit les revendeurs. Le fléau des intermédiaires entre les producteurs et les acheteurs date de loin.

« Nul n'ira contre les marchans de Lemproyes, achepter pour « revendre ; et qui autrement le fera, il l'amendera à volonté.

« Toutes manières de marchans de Lemproyes, dès qu'ils « seront partis de leurs hôtels pour venir à Paris, feront ap- « porter leurs denrées et descendre aux boutiques et aux Pierres- « le-Roy, et ne pourront entrer en la ville de Paris, si ce n'est « en plein jour, sur peine de perdre le Poisson et d'amende « volontaire [1]. »

On songeait toujours à la nécessité d'interdire la pêche à l'époque du frai, quitte à se tromper aussi gravement que possible sur l'époque véritable ; car une autre ordonnance de la même date que la précédente prescrit : « que nulz ne preigne

[1] *Ordonnances des Rois de France,* t. II, p. 350.

Bechet (Brochet)..... d'avant la feste de Saint-Laurent ; et s'il le fait, il doit soixante sols. »

Pendant le malheureux règne de Charles VI, malgré les plus douloureuses préoccupations, on ne peut oublier l'utilité du Poisson, et les ordonnances se succèdent, dans l'espoir d'en assurer la conservation. En 1387, on fixe la longueur et le prix des Poissons qui seront pêchés dans la rivière de Somme. En 1402, on fixe de nouveau la dimension des mailles des filets et le prix des Poissons qui pourront être pêchés. En 1413, on réglemente encore la vente du Poisson d'eau douce à Paris [1].

En 1453, une ordonnance de Charles VII porte sur les priviléges et statuts des maîtres pêcheurs et marchands de Poissons d'eau douce à Paris. En 1476, ces mêmes priviléges et statuts sont confirmés par une ordonnance de Louis XI.

Dès le commencement de son règne, François Ier, par ordonnance rendue le 11 février 1516, défend de nouveau tous les engins trop destructeurs et particulièrement ceux qui permettent de s'emparer des jeunes Poissons. Cette prohibition déjà tant de fois répétée se fonde toujours sur les mêmes considérations.

« Comme les fleuves et les rivières grandes et petites de nostre
« royaume, par malice et engins pourpensez des pescheurs,
« soient aujourd'hui comme sans fruit, et par eux soient les
« Poissons empeschez à croistre leur droit estat, soient de
« nulle valeur quand sont prins par eux, et ne profite pas à en
« user en leurs mains ; ainçois montrent qu'ils sont plus chers
« qu'il n'est accoutumé. Laquelle chose tourne en grand

---

[1] *Ordonnances des Rois de France*, t. VIII et t. X.

« dommage, tant des riches comme des pauvres de nostre
« royaume..... [1]. »

Le même mal continue à se faire sentir, malgré les édits et
les ordonnances. Les défenses sont peu de chose, si, faute d'une
surveillance active, il est aisé de s'y soustraire sans grave péril.
On s'aperçut que la prohibition de certains engins, demeurait
illusoire, et l'on pensa alors à empêcher les pêcheurs de se servir
des filets qui n'auraient pas reçu une marque de l'autorité.

Cette prescription est nettement formulée dans une ordonnance de Henri IV, du mois de mai 1597. « Afin aussi, dit
« cette ordonnance, de remédier et pourvoir aux fraudes, astuces
« et tromperies des pescheurs, lesquels avec un nombre infini
« d'engins prohibez et deffendus par les ordonnances, pes-
« chent indifféremment toutes sortes de Poissons, en dépeu-
« plant toutes nos dites eaues, fleuves, rivières et estangs, et
« causent en ce faisant la cherté d'iceux ; nous avons inhibé et
« deffendu ; inhibons et deffendons à tous pescheurs d'u-
« ser d'aucuns engins, bien que licites et permis par lesdites
« ordonnances, qu'ils n'ayent esté au préalable marquez de
« l'ordonnance de nos officiers, etc. [2]. »

La dépopulation des eaux de la France ne cessait de s'ag-
graver ; l'autorité royale s'en préoccupait, sans réussir à arrêter
le mal. Tout le préjudice, jusqu'à la fin du XVI⁰ siècle, est
attribué uniquement à l'emploi d'engins avec lesquels les jeunes Poissons « sont prins et empêchez de croistre à leur droict
estat. » Ce devait être, en effet, la cause principale de la diminution du Poisson dans les rivières. et si d'autres causes exis-

---

[1] *Ordonnances des Rois de France.* — Baudrillart, *Traité général des
eaux et forêts, chasses et pêches,* t. I, p. 11 ; 1829.

[2] *Ibid.* — Baudrillart, *ibid.,* p. 29.

taient, comme des curages et la destruction des plantes aquatiques, on ne s'en apercevait pas. Il est permis de se douter d'a-
près les plaintes continuelles au sujet des engins prohibés, que
la surveillance des autorités était peu active ou fort difficile.

§ 2. — La législation depuis 1669, jusqu'en 1829.

En 1669, une ordonnance, beaucoup plus étendue que toutes
les précédentes qu'elle devait abroger, devint et resta le code
des pêcheurs jusqu'au XIXe siècle.

Voici les principales dispositions de cette célèbre ordonnance.

1° — Défendons à toutes personnes, autres que maîtres
pêcheurs reçus ès-siéges des maîtrises par les maîtres particuliers ou leurs lieutenans, de pêcher sur fleuves et rivières
navigables, à peine de cinquante livres d'amende et de confiscation du Poisson, filets et autres instruments de pêche pour la
première fois, et pour la seconde, de cent livres d'amende,
outre pareille confiscation, même de punition plus sévère s'il y
échet.

2° — Nul ne pourra être reçu maître pêcheur, qu'il n'ait
au moins l'âge de vingt ans.

3° — Les maîtres pêcheurs de chacune ville ou port, où
ils seront au nombre de huit et au-dessus, éliront tous les ans,
aux assises qui se tiendront par les maîtres particuliers ou leurs
lieutenans, un maître de communauté qui aura l'œil sur eux,
avertira les officiers des maîtrises des abus qu'ils commettront ;
et aux lieux où il y en aura moins que huit, ils convoqueront
ceux des deux où trois plus prochains ports ou villes, pour tous
ensemble en nommer un d'entre eux qui fera la même charge,

le tout sans frais, et sans exaction de deniers, présens ou festins, à peine de punition exemplaire et d'amende arbitraire.

4° — Défendons à tous pêcheurs de pêcher aux jours de dimanche et de fête, sous peine de quarante livres d'amende ; et, pour cet effet, leur enjoignons expressément d'apporter tous les samedis et veilles de fêtes, incontinent après le soleil couché, au logis du maître de communauté, tous leurs engins et harnois, lesquels ne leur seront rendus que le lendemain du dimanche ou fête après soleil levé, à peine de cinquante livres d'amende et d'interdiction de la pêche pour un an.

5° — Leur défendons pareillement de pêcher en quelques jours et saisons que ce puisse être, à autre heure que depuis le lever du soleil jusques à son coucher, sinon aux arches de ponts, aux moulins et aux gords où se tendent des dideaux ; auxquels lieux ils pourront pêcher tant de nuit que de jour ; pourvu que ce ne soit à jour de dimanche ou fête, ou autres défendus.

6° — Les pêcheurs ne pourront pêcher pendant le tems de fray ; sçavoir, aux rivières où la Truite abonde sur tous les autres Poissons, depuis le premier février jusques à la mi-mars ; et aux autres, depuis le premier avril jusques au premier de juin, à peine, pour la première fois, vingt livres d'amende et d'un mois de prison, et du double de l'amende et de deux mois de prison pour la seconde, et du carcan, fouet et bannissement du ressort de la maîtrise pendant cinq années, pour la troisième.

7° — Exceptons toutefois de la prohibition contenue en l'article, la pêche aux Saumons, Aloses et Lamproyes, qui sera continuée en la manière accoutumée.

8° — Ne pourront aussi mettre bires ou nasses d'osier à bout des dideaux, pendant le tems de fray, à peine de vingt

livres d'amende, et de confiscation du harnois pour la première
fois et d'être privé de la pêche pendant un an pour la seconde.

9° — Leur permettons néanmoins d'y mettre des chausses
ou sacs du moule de dix-huit lignes en quarré, et non autrement, sur les mêmes peines; mais après le temps de fray passé,
ils y pourront mettre des bires ou nasses d'osier à jour, dont
les verges seront éloignées les unes des autres de douze lignes
au moins.

10° — Faisons très-expresse défense aux maîtres pêcheurs de
se servir d'aucuns engins et harnois prohibés par les anciennes
ordonnances sur le fait de la pêche, et en outre de ceux appellés
giles, tramail, furet, épervier, chaslon et sabre, dont elles ne
font point de mention, et de tous autres qui pourront être inventés au dépeuplement des rivières; comme aussi d'aller au
barandage, et mettre des bacs en rivière; à peine de cent livres
d'amende pour la première fois, et de punition corporelle pour
la seconde.

11° — Leur défendons en outre de bouiller avec bouilles
ou rabots, tant sous les cheverins, racines, saules, osiers, terriers
et arches, qu'en autres lieux, ou de mettre lignes avec échets et
amorces vives, ensemble de porter chaînes et clairons en leurs
batelets, et d'aller à la fare, ou de pêcher dans les noues avec
filets, et d'y bouiller pour prendre le Poisson et le fray qui a pu
y être porté par le débordement des rivières, sous quelque prétexte, en quelque tems et manière que ce soit; à peine de cinquante livres d'amende contre les contrevenans, et d'être banni
des rivières pour trois ans, et de trois cents livres contre les
maîtres particuliers ou leurs lieutenans, qui en auront donné
la permission.

12° — Les pêcheurs rejetteront en rivière les Truites ,

Carpes, Barbeaux, Brêmes et Mouniers qu'ils auront pris, ayant moins de six pouces entre l'œil et la queue ; et les Tanches, Perches et Gardons qui en auront moins de cinq ; à peine de cent livres d'amende, et confiscation contre les pêcheurs et marchands qui en auront vendu ou acheté.

Dans les articles suivants il est dit : Voulons qu'il y ait en chacune maîtrise un coin, dans lequel l'écusson de nos armes sera gravé et autour le nom de la maîtrise, duquel on se servira pour harnois ou engins des pêcheurs, qui ne pourront s'en servir que le sceau n'y soit apposé. — Défendons à toutes personnes de jeter dans les rivières aucune chaux, noix vomique, coque du Levant, mommie, et autres drogues ou appâts, à peine de punition corporelle. Puis viennent la défense de la pêche aux flambeaux sur les étangs glacés, les prescriptions relatives à la taille des Poissons destinés à l'empoissonnement des étangs, etc.

Cette ordonnance du mois d'août 1669, revêtue de la signature de Louis XIV et de Colbert, qui en réalité n'ajoutait rien de très-important aux précédentes Ordonnances, dénote à un singulier degré la prétention des législateurs de l'époque. On sent qu'ils étaient parfaitement convaincus d'avoir produit une œuvre parfaite, où tout était prévu et devait ainsi donner pleine satisfaction aux intérêts du pays.

Comme en effet tout est judicieux ! voyez plutôt. Il n'est permis à personne de prendre un Poisson, s'il n'est reçu maître pêcheur, et le maître pêcheur doit déposer son filet le samedi soir et ne le reprendre que le lundi matin, de façon à ne pas inquiéter le Poisson pendant la journée du dimanche. La pêche est interdite au temps du frai. C'est pour le mieux. Mais les pêcheurs peuvent s'emparer à loisir des Truites qui frayent en décembre et en janvier. Quant aux Poissons migrateurs, les

Saumons, les Aloses, les Lamproies, les espèces qui comptent parmi les plus productives et les plus estimées, il n'y a aucun ménagement à conserver à leur égard. Une pareille ordonnance est signée du grand nom de Colbert.

L'ordonnance de 1669 n'avait eu en vue dans la prohibition de certains engins que les rivières navigables et flottables, un arrêt du Conseil du Roi, en date du 27 novembre 1701, étendit la prohibition à la pêche sur les rivières qui ne sont ni navigables ni flottables.

De son côté, le duc de Lorraine, Léopold Ier, faisait une déclaration (23 juin 1708), contre les abus qui se commettaient dans l'exercice de la pêche de la Truite et de l'Ombre [1].

Dans ces temps de privilége, les gentilshommes ne s'imaginaient pas aisément qu'une prohibition quelconque pût les concerner ; un arrêt fut rendu le 27 novembre 1731, pour leur apprendre que la défense des filets et engins prohibés s'appliquait à toutes les rivières, « quand même la propriété en appartiendrait à des seigneurs particuliers. »

Les sentences ne manquèrent pas contre les individus pris avec des engins de la nature de ceux qui étaient interdits, mais ayant reçu certaines modifications et surtout des noms nouveaux ne figurant pas dans la grande ordonnance. Après chaque saisie, se renouvelèrent les prescriptions du grand-maître des eaux et forêts de France pour la marque des bateaux et des filets, pour les visites chez les pêcheurs, les cabaretiers, etc., afin de constater si l'on n'a pas pris de Poissons au-dessous *de la jauge fixée par les ordonnances et règlements.*

Une déclaration du roi, en date du 14 août 1773, portant qu'il n'a pas été possible d'insérer, dans l'ordonnance de 1669,

[1] *Recueil des édits et ordonnances de Lorraine*, t. I, p. 637-638.

des dispositions particulières et propres à chaque pays et à chaque rivière, il est de justice d'en modifier les dispositions suivant l'exigence des cas..... « prohibe la pêche dans certaines rivières qui se rendent à la Manche et où la Truite abonde, depuis le 15 décembre jusqu'au 1ᵉʳ février, et interdit sur ces rivières les barrages de toute nature « pouvant empêcher la Truite de remonter librement dans l'étendue desdites rivières et d'y frayer. »

A côté d'une mesure sage, apparaît une disposition au moins étrange.

Un arrêt du Conseil des eaux et forêts, du 25 mars 1777, maintient les habitants de Monthermé dans le droit de pêcher le Saumon et l'Alose dans les rivières de Meuse et de Sémoy *en tout temps, tant de jour que de nuit et avec toutes espèces d'engins et de filets*..... N'eût-il pas été préférable d'ordonner ou au moins de conseiller franchement la destruction du Saumon et de l'Alose ? Peut-être la *destruction* des plus précieuses espèces de Poissons eût-elle été empêchée par un esprit d'opposition de la part des intéressés.

Les droits féodaux et les priviléges ayant été supprimés le 25 août 1792 par le fameux décret de l'Assemblée nationale, tous les citoyens eurent la pleine liberté de pêcher dans les rivières navigables et flottables. On peut supposer si, dans ce temps de malheur et de désordre, beaucoup d'individus songèrent à se procurer leur subsistance en mettant à contribution les rivières et les étangs. La dévastation des cours d'eau fit en quelques années les progrès les plus inquiétants. Les pouvoirs publics s'en émurent et un arrêté du Directoire en date du 28 messidor an VI (16 juillet 1798), « considérant « que la suppression du droit exclusif de la pêche, en don-

« nant à chacun la faculté de pêcher dans les rivières naviga-
« bles et flottables, n'entraîne point l'abrogation des règles
« établies pour la conservation des différentes espèces de Pois-
« sons..... les articles de l'ordonnance de 1669 doivent
« continuer d'avoir leur exécution. »

Les pêcheurs restaient sans doute bien nombreux et le mal
en devint manifeste, comme le prouve la loi votée le 14 floréal
an X (4 mai 1802), déclarant que « nul ne pourra pêcher dans
« les rivières navigables, s'il n'est muni d'une licence, ou s'il
« n'est adjudicataire de la pêche. »

« L'intérêt public, disait, à la suite, une circulaire du 28 prai-
« rial (19 juin 1802), demandait depuis plusieurs années que
« de telles dispositions remissent en vigueur le régime conser-
« vateur de la pêche qu'avait établi l'ordonnance de 1669. »

« Il faut réparer, dans la masse des subsistances, le vide qu'a
« opéré l'abus de cet exercice et restituer au Trésor public une
« branche de revenu. »

« Ce double résultat exigeait, pour l'obtenir, l'affermissement
« du principe qui a constamment placé dans le domaine de
« l'État les fleuves et les rivières navigables et la prohibition
« d'y pêcher sans être muni d'une licence ou bail à ferme... »

Sous l'ancienne monarchie, les cours d'eau de la France
avaient sans doute été déjà bien dépeuplés, mais l'autorité n'a-
vait cessé de faire des efforts pour empêcher la dévastation.
Pendant la révolution, les dégâts de toute nature n'avaient pas
manqué d'être commis, et ce n'est probablement qu'à partir
de cette époque, que nos grands fleuves et nos rivières commencèrent à couler dans un lit souvent dégarni de toute végétation, sur un fond où la vie animale avait presque entièrement
disparu.

Le 3 novembre 1803, un arrêté du gouvernement déclara que les fleuves et rivières navigables de divers arrondissements forestiers seraient divisés en cantonnements de pêche.

L'interprétation de l'article de la loi du 14 floréal, « permet- « tant de pêcher tant à la ligne flottante qu'à la main, » avait paru douteuse. Un arrêté du gouvernement (27 janvier 1804), le Conseil d'État entendu, détermina que, « tout individu autre « que les fermiers de la pêche ou le *pourvu* de licence, ne « pourra pêcher sur les fleuves et rivières navigables, *qu'avec* « *une ligne flottante tenue à la main.* »

Certaines difficultés entre les Administrations des eaux et forêts et des ponts et chaussées vinrent à se produire dès le commencement du siècle actuel et, le 5 octobre 1804, une cir- culaire ministérielle constatant qu'il s'est élevé des difficultés aux adjudications des gords et pêcheries établis sous les arches des ponts et dans les lits des rivières navigables ; qu'il a été observé que ces établissements pouvaient nuire à la navigation, déclare en conséquence qu'il a été décidé, *qu'à l'avenir ces ad- judications n'auraient lieu que de concert avec les ingénieurs des ponts et chaussées.*

On s'en tenait toujours strictement à l'exécution des articles de l'ordonnance de 1669. Des particuliers ayant été trouvés pêchant après le coucher du soleil avaient été absous par les tribunaux. La Cour de cassation par un arrêt du 8 novem- bre 1805 cassa les jugements.

Après le rétablissement de l'autorité, les cantons de pêche avaient été affermés pour la courte période de trois ans. Par une circulaire du 18 juin 1806, l'administration témoigna qu'il semblerait convenable de fixer à six années la durée des nou- veaux baux, et ce terme fut adopté par une décision ministérielle (23 août 1806). En même temps, on renouvelait les prescriptions de l'ordonnance de 1669 relatives aux engins prohibés, aux marques des filets, à la défense de pêcher en temps de frai, excepté pour les Saumons, les Aloses et les Lamproies. Pourquoi s'inquiétait-on si peu des Saumons et des Aloses?

D'après la jurisprudence adoptée par la Cour de cassation, il n'y a pas lieu à poursuite contre ceux qui pêchent en temps non prohibé et sans engins défendus dans les rivières qui ne sont ni navigables ni flottables, si les propriétaires ne se plaignent pas; mais il demeure indifférent pour l'application des peines aux délits de pêche, que les délits aient été commis dans des rivières navigables ou non navigables par des pêcheurs ou des individus étrangers à cette profession.

L'acte le plus important de la fin de cette période est le décret du 23 décembre 1810, par lequel le service de la pêche dans les canaux et les rivières canalisées est attribué à l'Administration des ponts et chaussées.

§ 3. — La législation actuelle.

Il y avait cent soixante ans que l'ordonnance royale rendue par Louis XIV était à peu près tout le code de la pêche, lorsqu'on s'aperçut que plusieurs dispositions de ce code avaient besoin d'être modifiées. On reconnaissait la nécessité de modifier un peu le fond et de changer surtout la forme qui avait vieilli.

Alors intervint une loi à la date du 15 avril 1829, promulguée le 24 du même mois, qui n'a subi encore que de légères atteintes par suite d'ordonnances plus récentes, et d'une loi spéciale votée, depuis, par le Corps législatif.

Voici les principales dispositions de cette loi de 1829 :

Article premier. — Le droit de pêche sera exercé au profit de l'État.

1° Dans tous les fleuves, rivières, canaux et contre-fossés navigables ou flottables avec bateaux, trains ou radeaux, et dont l'entretien est à la charge de l'État ou de ses ayants cause.

2° Dans les bras, noues, boires et fossés qui tirent leurs eaux des fleuves et rivières navigables ou flottables dans lesquels on peut en tout temps passer ou pénétrer librement en bateau de pêcheur, et dont l'entretien est également à la charge de l'État.

Sont toutefois exceptés les canaux et fossés existants ou qui seraient creusés dans les propriétés particulières et entretenus aux frais des propriétaires.

3° Dans toutes les rivières et canaux autres que ceux qui sont désignés dans l'article précédent, les propriétaires riverains auront, chacun de son côté, le droit de pêche jusqu'au milieu du cours de l'eau, sans préjudice des droits contraires établis par possessions ou titres.

4° Des ordonnances royales, insérées au *Bulletin des lois,* déterminent, après une enquête *de commodo et incommodo,* quelles sont les parties des fleuves et rivières et quels sont les canaux désignés dans les deux premiers paragraphes de l'article 1ᵉʳ où le droit de pêche sera exercé au profit de l'État.

De semblables ordonnances fixeront les limites entre la pêche fluviale et la pêche maritime dans les fleuves et rivières affluant à la mer. Ces limites seront les mêmes que celles de l'inscription maritime; mais la pêche qui se fera au-dessus du point où les eaux cesseront d'être salées sera soumise aux règles de police et de conservation établies pour la pêche fluviale.

Dans le cas où des cours d'eau seraient rendus ou déclarés navigables ou flottables, les propriétaires qui seront privés du droit de pêche auront droit à une indemnité préalable, qui sera réglée selon les formes prescrites par les articles 16, 17 et 18 de la loi du 8 mars 1810, compensation faite des avantages qu'ils pourraient retirer de la disposition prescrite par le gouvernement.

5° Les contestations entre l'Administration et les adjudicataires relatives à l'interprétation et à l'exécution des conditions des baux et adjudications, et toutes celles qui s'élèveraient entre l'administration ou ses ayants cause et des tiers intéressés à raison de leurs droits ou de leurs propriétés, seront portées devant les tribunaux.

6° Tout individu qui se livrera à la pêche sur les fleuves et rivières navigables ou flottables, canaux, ruisseaux ou cours d'eau quelconques, sans la permission de celui à qui le droit de pêche appartient, sera condamné à une amende de 20 francs au moins, et de 100 francs au plus, indépendamment des dommages-intérêts.

Il y aura lieu, en outre, à la restitution du prix du Poisson qui aura été pêché en délit; et la confiscation des filets et engins de pêche pourra être prononcée.

Néanmoins il est permis à tout individu de pêcher à la ligne flottante tenue à la main, dans les fleuves, rivières et canaux désignés dans les deux premiers paragraphes de l'article 1er de la présente loi, le temps du frai excepté.

Le titre II de cette loi de 1829, est relatif à l'administration et à la régie de la pêche; le titre III, aux « adjudications des cantonnements de pêche; » le titre IV, à la « conservation et police de la pêche. » Il est interdit de placer aucun barrage ou appareil de pêche pouvant empêcher entièrement le passage du Poisson. Une amende de 30 à 300 francs et un emprisonnement d'un mois à trois ans, doivent frapper « quiconque aura jeté

« dans les eaux des drogues ou appâts qui sont de nature à
« enivrer le poisson ou à le détruire. » L'article 26 de la loi
abandonne le soin de déterminer les temps, saisons et
heures pendant lesquels la pêche sera interdite dans les rivières
et cours d'eau quelconques, à des ordonnances royales ainsi que
la « prohibition des procédés de pêche capables de nuire au
repeuplement des rivières. Le titre V précise comment doivent être exercées les poursuites au nom de l'administration et
dans l'intérêt des fermiers de la pêche et des particuliers. Le
titre VI fixe les peines et condamnations ; le titre VII a pour
objet l'exécution des jugements [1].

Par ordonnance du 15 novembre 1830, les filets traînants et
divers autres engins de pêche sont prohibés. En même temps,
sont autorisés pour la pêche des petites espèces, Goujons,
Ablettes, Loches, etc., les filets dont les mailles ont 15 millimètres de largeur. Aucune restriction, dit cette ordonnance, ni
pour le temps de la pêche, ni pour l'emploi des filets « ou engins,
ne sera imposée aux pêcheurs du Rhin. » Étrange privilége !
Dans chaque département, le préfet doit déterminer, sur l'avis
du Conseil général et, après avoir consulté les agents forestiers,
les temps où la pêche doit être interdite.

Par une décision du ministre des finances du 26 décembre 1831, les dispositions du décret du 23 décembre 1810 relatives à la mise en ferme de la pêche dans les canaux, furent
étendues aux rivières canalisées. Par une nouvelle décision du
13 septembre 1832, « Lorsqu'une rivière aura été rendue navigable par suite d'ouvrages d'art, la location de la pêche sera
confiée à l'Administration des ponts et chaussées. »

[1] *Code forestier suivi de l'ordonnance réglementaire du code de la pêche
fluviale et du code de la chasse*, publié par les soins de la Direction générale des forêts. — Paris, 1860.

Une ordonnance du 10 juillet 1835 est venue déterminer les parties des fleuves et rivières et des canaux navigables et flottables, sur lesquelles la pêche doit être exercée au profit de l'État. Un tableau annexé a précisé le point où s'étend l'inscription maritime. Cette limite a été modifiée par décret, le 4 juillet 1853, pour les fleuves, rivières et canaux compris dans les quatre premiers arrondissements maritimes (Cherbourg, Brest, Lorient et Rochefort).

Le 22 décembre 1840, une ordonnance royale fut rendue pour homologuer deux arrêtés des préfets du Haut-Rhin et du Bas-Rhin, ayant pour objet d'interdire dans le Rhin :

1° La pêche du Saumonneau pendant les mois de mars, avril et mai de chaque année :

2° La pêche et la destruction de la femelle du Saumon pendant les mois de novembre et de décembre. — Singulière prévoyance ! Comme si les mâles n'étaient pas aussi indispensables que les femelles pour la reproduction de l'espèce.

Une ordonnance du 22 février 1842 réduit à 8 millimètres la largeur des mailles des filets destinés à la pêche des Ablettes et donne aux préfets le soin de déterminer dans quels lieux et à quelles conditions ce mode de pêche pourra être exercé. On n'a dit nulle part, si l'on déterminait d'abord, comme le voudrait la plus simple logique, la capacité de MM. les préfets sur les questions ichthyologiques.

Par un décret du 8 mai 1861, la police, le curage et l'amélioration des cours d'eau non navigables ni flottables furent réunis à l'Administration des ponts et chaussées.

On a vu comment peu à peu s'était agrandie la part du corps des Ponts et chaussées dans le service de la pêche. Ce service se trouvait donc partagé depuis le décret du 23 décembre 1810, entre les deux administrations des Eaux et forêts et des Ponts et chaussées. A cette dernière, appartenaient les canaux et les rivières canalisées; à la première, tous les autres cours d'eau. On s'attacha à montrer les désavantages de cette séparation, les avantages de l'unité d'action, de la concentration de toutes les parties d'un service dans les mêmes mains [1]. Les arguments ne font pas défaut pour la défense d'une semblable thèse. Certains reproches d'impuissance étaient formulés contre l'Administration des forêts, ce qui motiva une réponse demeurée sans effet [2].

Au mois d'avril 1862, le ministre d'État adressa à l'Empereur un rapport ayant pour objet de faire ressortir les avantages que l'on devait attendre de l'attribution de tout le service de la pêche à l'Administration des ponts et chaussées. Après avoir constaté le dévouement et le zèle des agents forestiers, le ministre M. Walewski poursuivait en ces termes : « Aussi, s'il ne se fût agi que de police et de surveillance de la « pêche, l'Empereur n'eût-il pas songé sans doute à modifier « les attributions qui étaient si dignement remplies. Mais « Votre Majesté poursuit un but plus élevé; ce qu'elle se « propose, c'est d'appliquer sur une vaste échelle les nouveaux « procédés de repeuplement des eaux, que la science moderne « a imaginés ou mis en lumière; c'est de créer pour les popu- « lations de l'Empire de nouvelles ressources alimentaires et de « donner au pays un nouvel élément de prospérité.

---

[1] Voy. Baude, *Empoissonnement des eaux douces.* — *Revue des deux Mondes,* 15 janvier 1861. — Coste, *Rapport à l'Empereur sur l'organisation de la pêche fluviale en France.* — *Voyage d'exploration sur le littoral de la France et de l'Italie,* p. 211 ; 1861.

[2] Charles Deville, *De l'empoissonnement des eaux douces et de la police de la pêche fluviale.* — *Réponse à un article publié par M. le baron J. Baude.* — *Annales forestières,* mars 1861.

« Pour atteindre ce but, la première condition, c'est de créer
« l'unité d'action et de direction... »

Ce rapport fut suivi d'un décret ainsi conçu :

« La surveillance, la police et l'exploitation de la pêche dans les
« fleuves, rivières et canaux navigables et flottables non com-
« pris dans les limites de la pêche maritime, ainsi que la sur-
« veillance et la police dans les canaux, rivières, ruisseaux et
« cours d'eau quelconques non navigables ni flottables, sont
« placées dans les attributions de notre ministre de l'Agricul-
« ture, du commerce et des travaux publics, et confiées à l'Admi-
« nistration des ponts et chaussées. » (*Moniteur*, 30 avril 1862.)

Le corps des ingénieurs des Ponts et chaussées est composé
d'hommes distingués, trop haut placés dans l'opinion publique
pour qu'il soit même besoin de le constater. Mais, comment ne
pas remarquer, que les sciences naturelles n'entrent pour aucune part dans l'instruction des ingénieurs des Ponts et chaussées? La zoologie ne fait partie à aucun degré de l'enseignement de l'École polytechnique. Dans ces conditions, il reste
bien à craindre que nos habiles ingénieurs des Ponts et chaus-
sée, pourvus d'un vaste savoir, trouvent peu d'attrait à des observations, à des études indispensables, qui leur sont toujours demeurées étrangères. Deux ou trois exceptions que l'on peut
invoquer ne font point disparaître le fait général. Comment d'ailleurs ne pas redouter que les ingénieurs, dont le but et le désir
sont de faire de belles routes, parfaitement propres, songent
peu à ménager les frayères, les refuges, la subsistance des poissons et s'inquiètent moins encore de suppléer par des moyens
artificiels à ce qui manque aujourd'hui? Ce sera peut-être plus
qu'une crainte, si l'on examine chaque jour les travaux en voie
d'exécution sur nos cours d'eau.

On s'est aperçu que les Truites et les Saumons ne devenaient pas très-communs, malgré les fécondations artificielles, et le gouvernement a songé à un autre moyen. Le moyen est simple, il consiste à laisser ces espèces se propager toutes seules, et à empêcher simplement qu'on ne les inquiète pendant un temps assez long. Une loi a été présentée au Corps législatif ; cette loi a été votée le 15 mai 1865.

En voici les principales dispositions.

1° Des décrets rendus en Conseil d'État, après *avis des Conseils généraux* des départements, détermineront :

Les parties des fleuves, rivières, canaux réservés pour la reproduction, et dans lesquels la pêche des diverses espèces de Poissons sera absolument interdite pendant l'année entière ;

Les parties des fleuves, rivières, canaux et cours d'eau dans les barrages desquels il pourra être établi, après enquête, un passage appelé échelle, destiné à assurer la libre circulation du poisson.

2° L'interdiction de la pêche pendant l'année entière ne pourra être prononcée pour une période de plus de cinq ans. Cette interdiction pourra être renouvelée.

L'article 3 a pour objet les indemnités aux propriétaires riverains ; l'article 4, les décrets à intervenir pour les époques d'interdiction de la pêche.

5° Dans chaque département, il est interdit de mettre en vente, de vendre, d'acheter, de transporter, de colporter, d'exporter et d'importer les diverses espèces de Poissons pendant le temps où la pêche en est interdite.

L'article 6 fait une exception pour le Poisson destiné à la reproduction ; l'article 7 est relatif aux pénalités ; l'article 9 laisse à des décrets ultérieurs à déterminer le mode de vérification des filets; l'article 10 précise les conditions de recherche des infractions.

Voici pourtant où en est en France la législation relative à la pêche en 1866. Rien de précis, des lois appelant des ordonnances ou des décrets pour corriger tout ce qu'elles laissent de vague. Bien des lacunes, bien des fautes ont déjà été signalées. On n'en a pas tenu compte.

En première ligne apparaît le soin abandonné à l'administration préfectorale de fixer le temps où la pêche doit être interdite, d'autoriser l'établissement des barrages sur les cours d'eau, etc. [1]. On comprend aisément les fautes graves qui doivent se commettre. Les préfets en général se montrent assez indifférents aux actes de la vie des Poissons. On interdit de jeter dans les rivières des drogues, comme de la coque du Levant, dans le but d'enivrer le Poisson, et le croirait-on ? la vente des drogues n'ayant pas d'autre objet se fait dans toutes les communes sans la moindre difficulté, malgré des réclamations plusieurs fois renouvelées [2]. A l'égard des engins, des prohibitions sont faites avec toutes sortes de désignations, et à l'aide de quelques changements et d'un nom nouveau, on échappe à la loi. C'est en vain que l'on a demandé qu'il fût dit : *Tout ce qui n'est pas nominativement permis est défendu* [3]. Aucune interdiction n'existe, de prendre

---

[1] Il appartient aux préfets, sous l'approbation du ministre de l'Intérieur et sauf tout recours des parties intéressées devant ce ministre : d'ordonner le curage des canaux et rivières navigables et flottables, de régler les emplacements des usines, etc. Cormenin, *Droit administratif, Cours d'eau.*

[2] *Rapport sur la pêche fluviale dans le département de l'Aube. — Soc. d'agriculture, des sciences, arts et belles-lettres de l'Aube,* 1851.

[3] Millet, *Pisciculture pratique. — Recueil des actes de l'Académie de Bordeaux,* 1856.

les œufs de poissons, de bouleverser les frayères, de dégarnir les rives de leurs arbres et de leurs arbustes, etc.

N'est-il pas temps de songer à donner dans nos écoles quelques-unes de ces notions capables de faire comprendre à chacun l'intérêt de tous ? N'est-il pas temps de renoncer à ces arrêtés, à ces mesures prises dans un département, négligées dans un autre, c'est-à-dire à un arbitraire dont les conséquences sont fâcheuses ? Aujourd'hui nos connaissances scientifiques sur les Poissons des eaux douces de la France sont avancées et seraient bientôt tout à fait suffisantes après certaines études locales pour que l'on fasse une loi sur la pêche, où tout serait prévu et complétement fixé. Oui ; mais qui donc rédigerait le projet de loi ? Nous ne sommes plus au temps où le Conseil d'État avait dans son sein un naturaliste éminent, qui répandait des lumières dont le souvenir n'est pas entièrement perdu. Ce qui manque pour améliorer le code de la pêche, c'est ce qui manque aussi pour améliorer tous les codes concernant les productions naturelles de notre pays, l'absence d'une connaissance du sujet, chez ceux qui sont chargés de préparer les lois.

FIN.

TABLE ALPHABÉTIQUE

DES NOMS DES POISSONS [1].

[1] Les noms français et tous les noms vulgaires sont en caractère romain, les noms scientifiques en italique.

FIN DE LA TABLE ALPHABÉTIQUE.

ERRATA.

Page 431, ligne 18. Il fraye sur les herbes. *Lisez :* Il fraye sur les graviers.

Page 597, ligne 28, Note. *Lisez : Journal d'agriculture pratique*, année 1858, t. I, p. 158.

CORBEIL, typogr. et stér. de CRÉTÉ.